简化设计丛书

建筑师和承包商用简化设计

原第9版

[美] 詹姆斯·安布罗斯 编著
董军 王士奇 肖军利 译

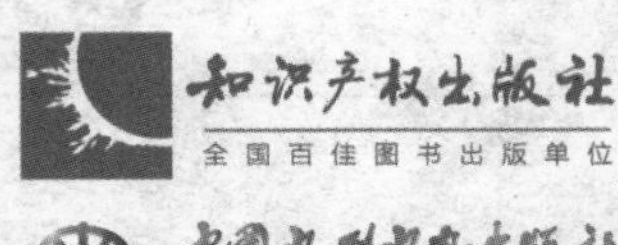

知识产权出版社
全国百佳图书出版单位
中国水利水电出版社
www.waterpub.com.cn

内容提要

本书是“简化设计丛书”中的一册。本书为利用力学基本原理分析一般结构提供了基本的指导，重点集中在基本概念及分析和设计的方法上。本书为原书第九版，由于参考标准、设计和施工实践的迅速改变，在前一版的基础上增加了一些新的内容，包括第六部分建筑体系实例的扩展和对柱、框架、梁的性能的补充。

本书内容表达形式简单，即使是数学知识水平较低和缺乏工程背景的人员也能很容易地读懂。

本书可供建筑师、承包商参考，也可用作相关专业的本科生及研究生的教材或教学参考书。

责任编辑：张　冰　曹永翔

图书在版编目（CIP）数据

建筑师和承包商用简化设计：第9版/（美）安布罗斯（Ambrose，J.）编著；董军，王士奇，肖军利译. —北京：知识产权出版社：中国水利水电出版社，2014.1

（简化设计丛书）

书名原文：Simplified Engineering for Architects

ISBN 978-7-5130-1434-2

Ⅰ.①建…　Ⅱ.①安…②董…③王…④肖…　Ⅲ.①建筑结构—结构设计　Ⅳ.①TU318

中国版本图书馆CIP数据核字（2012）第177761号

简化设计丛书

建筑师和承包商用简化设计　原第9版

［美］詹姆斯·安布罗斯　编著

董　军　王士奇　肖军利　译

出版发行：知识产权出版社　中国水利水电出版社

社　　址：北京市海淀区马甸南村1号　　邮　　编：100088

网　　址：http://www.ipph.cn　　邮　　箱：bjb@cnipr.com

发行电话：010-82000860转8101/8102　　传　　真：010-82005070/82000893

责编电话：010-82000860转8024　　责编邮箱：zhangbing@cnipr.com

印　　刷：北京中献拓方科技发展有限公司　　经　　销：新华书店及相关销售网点

开　　本：787mm×1092mm　1/16　　印　　张：27.75

版　　次：2006年6月第1版　　印　　次：2014年1月第2次印刷

字　　数：658千字　　定　　价：56.00元

京权图字：01-2003-4616

ISBN 978-7-5130-1434-2

本丛书由南京工业大学组译

帕克/安布罗斯　简化设计丛书
翻 译 委 员 会

第9版

前　言

本书适用于对建筑的结构设计感兴趣的人。本书已连续出版60多年，主要面对那些缺乏由诸如土木工程学院提供的大学水平的工程课程完整基础的人。同时，也非常适合建筑师和从事建筑结构工程的其他人员学习，所以采用了这个书名。

然而，在过去和现在，大多数土木工程课程只能提供很少的学习建筑和建筑结构工程实际发展领域知识的机会。因此，具有工程学位、正在寻找建筑结构设计工作但在一般的建筑结构和建筑构造细节方面没有足够基础的人员，也可以广泛地使用本书。

因此，本书的目的有两方面。首先，它为利用力学基本原理分析一般结构提供了基本的指导。正如帕克教授1938年在第一版序中（随后是其节选）所述，这些内容是用较低水平的数学知识和具有很少或没有工程基础的人员也能够很容易学懂的形式表达的。因此，本书内容严格限制在一定的范围内，但对简单结构的分析和设计的基本步骤提供了清晰的解释。

因为参考标准和设计、施工实践的迅速改变，必须定期修订本书的资料。本版本已经进行了更新，然而，由于持续的变化，本书中难免有一些资料在短期内已经过时。本书的重点集中在基本概念及分析和设计的过程上，因此，一些具体数据的使用对于基本资料的学习并不重要。对于实际的设计，应该从当前的参考资料中获取有关数据。

除了更新具体信息，每个新版本都提供重新审议本书所包含的资料的机构、表达和范围的机会。虽然新版中的一些内容是前一版中已有的内容，但是新版在前一版的基础上做了一些小的改动。进行一些调整在很大程度上是为了增加一些新的资料而不增加本书的篇幅。新的内容包括第六部分建筑体系实例的扩展以及柱、框架、梁性能的补充。

在最近的版本中已提供了所有计算练习题的答案。然而，本书被大量用作教材，所以有的教师要求保留一些不给出答案的问题。本版为了满足这些要求，提供了一些附加的练习题，并选择性地给出了问题的答案。无论如何，至少为与每一正文证明问题相关的一个问题提供了答案，这样安排是为了适合使用本书自学的读者。

本书中用于正文说明和习题的数据来源是最好不过的。我非常感激各方的企业组织允许我引用这些数据资料，感谢提供数据的企业组织。

作为本版的作者及学术和专业界的代表，我必须对约翰·威利父子公司连续出版这本有较高利用价值的书表示感激。特别是本版，我非常感谢威利的编辑和员工给予的令人满意的和出色的支持。

我再次对我的妻子佩吉（Peggy）在本版的准备期间对我的鼓励、支持和大量的帮助表示感谢。像别的创造性的成果一样，本书的准备工作需要5%的灵感和95%的勤奋，在这两方面我的妻子都给了我很大的帮助。

詹姆斯·安布罗斯

2000 年 1 月

第1版

前　言

（摘　　录）

对于一般的年轻建筑设计师或承包商来说，在给定的条件下选择合适的结构构件是一项困难的任务。由于大量现有的工程图书都假设读者已具备有关基本原理的知识，因此对初学者几乎无用。某些工程问题的确是太难，但是许多常见问题的解决方法非常简单也是事实。考虑到这点和意识到解决结构问题存在表面的困难，撰写了本书。

为了理解工程问题的讨论，学习者必须知道他们所从事职业的各种术语。另外，还必须理解力平衡的基本原理。本书的第一部分——结构力学原理是为那些希望了解本学科的简要介绍的人提供的。接下来的第二部分是结构问题，包括最常用的建筑材料、木材、钢、钢筋混凝土和屋面桁架。本书主要提供了大量的问题及其解决方法，这样做的目的是为了说明在结构构件设计时的实际步骤。同时，给出类似的问题让学习者解决。虽然厂商印刷的手册对高级学员是必要的，但是在这里提供了大量适当的表格以至于在使用本书时可以直接随手获得足够的数据。

讨论问题时注意避免使用高等数学的知识，只需要具有算术和高中代数知识。对解决结构问题时常用公式的术语及其应用做了解释，但只对最基本公式做了推导。这些推导表明了这些公式的简单和如何把基本原理转化为实际应用公式。

本书没有介绍新的计算方法，也没有包括所有的计算方法。作者希望为具有很少或没有本学科知识的人员提供常见问题的简化方法。当然，深入的技术训练是所期望的，希望通过对基本原理的介绍，能够提供有价值的知识和打开更高级研究的大门。

哈里·帕克

于宾夕法尼亚州　费城

1938年3月

目 录

第 9 版前言

第 1 版前言（摘录）

绪论 …… 1

第一部分 结构力学原理

第 1 章 受力分析 …… 9

1.1 力的特性 …… 9

1.2 静力平衡 …… 11

1.3 力的合成 …… 12

1.4 力的分解与合成 …… 13

1.5 力多边形 …… 14

1.6 平面桁架的图解分析 …… 16

1.7 平面桁架的代数分析 …… 20

第 2 章 力的作用 …… 25

2.1 力和应力 …… 25

2.2 弯曲 …… 27

2.3 变形 …… 28

2.4 变形和应力：关系和问题 …… 28

2.5 直接应力的设计应用 …… 30

2.6 动力特性 …… 32
2.7 工作状态和极限状态 …… 36

第3章 梁和框架研究 …… 37
3.1 力矩 …… 37
3.2 梁的荷载和支反力 …… 40
3.3 梁中的剪切 …… 42
3.4 梁的弯矩 …… 45
3.5 梁中弯矩的方向 …… 48
3.6 梁性能的列表值 …… 52
3.7 抗弯力的形成 …… 55
3.8 梁中的剪应力 …… 57
3.9 连续梁和约束梁 …… 59
3.10 具有内部铰的结构 …… 67
3.11 受压构件 …… 71
3.12 刚框架 …… 78
3.13 静不定结构的近似分析 …… 83

第4章 截面特性 …… 86
4.1 形心 …… 86
4.2 惯性矩 …… 88
4.3 惯性矩的传递 …… 91
4.4 综合特性 …… 93
4.5 截面特性列表 …… 95

第二部分 木结构

第5章 木制跨越构件 …… 105
5.1 结构木材 …… 105
5.2 抗弯设计 …… 109
5.3 梁的剪力 …… 111
5.4 承压 …… 112
5.5 挠度 …… 113
5.6 托梁和椽木 …… 115
5.7 屋面板和楼面板 …… 120
5.8 胶合层板制品 …… 123
5.9 木纤维制品 …… 123
5.10 其他木结构制品 …… 123

第6章 木柱 …… 126
6.1 实心锯成木柱 …… 126

6.2 木柱设计 …… 129
6.3 木支柱结构 …… 130
6.4 压弯柱 …… 131
6.5 其他受压木构件 …… 133

第 7 章 木结构的连接 …… 135
7.1 螺栓连接 …… 135
7.2 钉接 …… 141
7.3 其他紧固装置 …… 143

第三部分 钢结构

第 8 章 钢结构制品 …… 149
8.1 钢结构的设计方法 …… 149
8.2 钢制品的材料 …… 150
8.3 钢结构制品的类型 …… 151

第 9 章 钢梁和框架构件 …… 155
9.1 梁的设计因素 …… 155
9.2 抗弯设计 …… 156
9.3 钢梁的剪力 …… 160
9.4 梁的挠度 …… 163
9.5 梁的屈曲 …… 168
9.6 安全荷载表 …… 174
9.7 集中荷载对梁的影响 …… 178
9.8 钢框架中可供选用的楼板 …… 179
9.9 钢桁架 …… 181
9.10 平跨预制桁架 …… 181

第 10 章 钢柱和框架 …… 188
10.1 柱的截面形式 …… 188
10.2 长细比和端部条件 …… 188
10.3 柱的安全轴向荷载 …… 191
10.4 钢柱的设计 …… 192
10.5 受弯柱 …… 200
10.6 柱框架和连接 …… 202
10.7 梁柱框架 …… 204

第 11 章 钢结构连接 …… 208
11.1 螺栓连接 …… 208
11.2 螺栓连接需要考虑的因素 …… 212
11.3 螺栓连接设计 …… 215

11.4 螺栓框架连接 …… 219
11.5 螺栓桁架连接 …… 222
11.6 焊缝连接 …… 224
11.7 焊缝连接的设计 …… 226

第 12 章 轻型钢结构 …… 229
12.1 轻型钢产品 …… 229
12.2 压型钢板 …… 230
12.3 轻型钢结构体系 …… 233

第四部分 混凝土结构和砌体结构

第 13 章 钢筋混凝土结构 …… 237
13.1 概述 …… 237
13.2 梁：工作应力方法 …… 242
13.3 特殊梁 …… 249
13.4 板 …… 257
13.5 梁中的剪力 …… 260
13.6 钢筋的锚固长度 …… 268
13.7 挠度控制 …… 274

第 14 章 平跨混凝土体系 …… 275
14.1 板梁体系 …… 275
14.2 梁的设计总则 …… 279
14.3 单向托梁结构 …… 281
14.4 井格结构 …… 283
14.5 双向实心板结构 …… 285
14.6 特殊平跨体系 …… 287

第 15 章 混凝土柱和框架 …… 288
15.1 压力效应 …… 288
15.2 混凝土柱的设计总则 …… 290
15.3 混凝土柱的设计方法和设计辅助 …… 294
15.4 混凝土柱的特殊问题 …… 299
15.5 梁柱框架 …… 302

第 16 章 基础 …… 309
16.1 浅基础 …… 309
16.2 墙基础 …… 309
16.3 柱基础 …… 314
16.4 柱脚 …… 321

第 17 章　砌体结构概述 …… 325
17.1　砌块 …… 325
17.2　砂浆 …… 326
17.3　基本结构的考虑因素 …… 326
17.4　结构砌体 …… 327
17.5　过梁 …… 329
第 18 章　结构砌体的设计 …… 331
18.1　无筋结构砌体 …… 331
18.2　配筋砌体：总则 …… 333
18.3　砌体柱 …… 334

第五部分　强度设计

第 19 章　强度设计法 …… 339
19.1　强度法和应力法 …… 339
19.2　计算荷载 …… 340
19.3　抗力系数 …… 341
19.4　设计方法的发展 …… 341
第 20 章　钢筋混凝土结构的强度设计 …… 342
20.1　强度法的一般应用 …… 342
20.2　抗弯分析和设计：强度法 …… 343
20.3　柱 …… 346
第 21 章　钢结构的强度设计 …… 347
21.1　弹性和非弹性性能 …… 347
21.2　连续梁和约束梁中的塑性铰 …… 351

第六部分　建筑物结构体系

第 22 章　结构总则 …… 355
22.1　概述 …… 355
22.2　恒载 …… 355
22.3　建筑规范对结构的要求 …… 356
22.4　活载 …… 360
22.5　侧向荷载 …… 361
第 23 章　实例 1 …… 364
23.1　概述 …… 364
23.2　木结构的重力荷载设计 …… 364
23.3　侧向荷载设计 …… 368
23.4　钢结构和砌体结构方案 …… 373

23.5 桁架屋面方案 …… 377
23.6 基础 …… 380

第 24 章 实例 2 …… 382
24.1 重力荷载设计 …… 382
24.2 侧向荷载设计 …… 385
24.3 钢结构和砌体结构方案 …… 387

第 25 章 实例 3 …… 389
25.1 概述 …… 389
25.2 结构选择 …… 392
25.3 钢结构的设计 …… 393
25.4 桁架楼面结构方案 …… 398
25.5 桁构排架的抗风设计 …… 401
25.6 刚性钢框架需要考虑的因素 …… 405
25.7 砌体墙结构需要考虑的因素 …… 405
25.8 混凝土结构 …… 409
25.9 基础设计 …… 421

习题答案 …… 423

参考文献 …… 427

译后记 …… 428

简化设计丛书 …… 430

绪　论

本书的基本目的是发展结构设计这个主题。然而，要完成必要的设计工作，必须使用各种结构分析方法。这些分析工作包括考虑结构所需承担的作用和估计结构在承担这些作用时的反应。可以通过各种方法进行分析，基本的方法是使用数学模型和建立物理模型。对于设计人员，任何分析主要的第一步都是结构的形象化和在力的作用下结构必须产生的反应。为了鼓励读者养成在进行重要的数学分析的抽象过程之前能首先清晰地看出发生了什么的习惯，本书广泛地使用了插图。

0.1　结构力学

力学是物理学的一个分支，主要研究物体上力的作用。大多数工程设计和分析都以力学的应用为基础。是力学的一个分支，主要研究由于作用力的自然平衡（静力平衡）而处于不变运动状态下的物体。也是力学的一个分支，主要研究运动或由于力的作用使形状发生改变的过程。静力状态不随时间而改变；动力状态意味着作用和反应取决于时间。

当外力作用在物体上时，有两件情况可能发生。一是在物体内部会产生抵抗外力作用的内力。这些内力在物体材料上产生应力。二是在外力作用下物体产生变形或形状改变。材料强度学或材料力学研究的是材料抵抗外力作用和因外力产生物体应力及变形的性能。

应用力学和材料强度学一起常被看成结构力学和结构分析的全面代表。这是具有分析过程的结构分析的基础。另一方面，设计是一个逐步精确的过程，在这个过程中，结构首先被图形化；然后再分析此结构产生的力的反应和估计它的性能。最后，可能是在几次分析和修改之后，找出一个合理的结构形式。

0.2 计量单位

本书的前几个版本在基本表达式中使用的是美制单位（ft、in、lb 等）。在本版中，基本内容中使用的是美制单位，在括号中使用的是对应的公制单位。虽然现在美国的建筑业在向公制单位过渡，但我们这里采用表达方式有实用价值。本书使用的大部分参考文献一直是以美制单位为主，并且在大部分美国受教育的读者即使现在使用公制单位，还是把美制单位作为“第一语言”。

表 0.1 列出的标准计量单位是在本书中使用的美制单位的缩写和结构设计工作中的一般用法。用同样的形式，表 0.2 给出了相应的公制单位。表 0.3 给出了一种单位向另外一种单位换算的换算系数。直接使用换算系数将产生具有相当精确形式的所谓的硬换算。

在本书中，许多单位换算的表达是软换算，换算值取整为某一更适应单位系统有效位数的近似值。因此木材 2×4（在美制单位中实际为 1.5in×3.5in）换算为公制单位的精确值是 38.1mm×88.9mm。但是“2×4”的公制单位换算值通常为 40mm×90mm，这对大多数工程应用而言是足够准确。

表 0.1　　计量单位：美制单位

单位名称	缩写	建筑设计中的应用
长度		
英尺	ft	大尺寸、建筑平面图、梁跨度
英寸	in	小尺寸、构件横截面的尺寸
面积		
平方英尺	ft^2	大面积
平方英寸	in^2	小面积、横截面参数
体积		
立方码	yd^3	大体积的土或混凝土（一般称为“码”）
立方英尺	ft^3	材料的量
立方英寸	in^3	小体积
力、质量		
磅	lb	尤指重量、力、荷载
千磅	kip、k	1000 磅
吨	ton	2000 磅
磅每英尺	lb/ft、plf	线荷载（如梁上的荷载）
千磅每英尺	kip/ft、klf	线荷载（如梁上的荷载）
磅每平方英尺	lb/ft^2、psf	平面上的分布荷载、压力
千磅每平方英尺	kip/ft^2、ksf	平面上的分布荷载、压力
磅每立方英尺	lb/ft^3	相对密度、单位重量
力矩		
磅·英尺	ft·lb	扭矩或弯矩
磅·英寸	in·lb	扭矩或弯矩
千磅·英尺	kip·ft	扭矩或弯矩
千磅·英寸	kip·in	扭矩或弯矩
应力		
磅每平方英尺	lb/ft^2、psf	土压力
磅每平方英寸	lb/in^2、psi	结构应力
千磅每平方英尺	kip/ft^2、ksf	土压力
千磅每平方英寸	kip/in^2、ksi	结构应力
温度		
华氏度	℉	温度

表 0.2 计量单位：公制单位

单位名称	缩写	建筑设计中的应用
长度		
米	m	大尺寸、建筑平面、梁跨度
毫米	mm	小尺寸、构件横截面尺寸
面积		
平方米	m^2	大面积
平方毫米	mm^2	小面积，横截面参数
体积		
立方米	m^3	大体积
立方毫米	mm^3	小体积
质量		
千克	kg	材料的质量（等同于美制单位中的重量）
千克每立方米	kg/m^3	密度（单位重量）
力、荷载		
牛顿	N	结构上的力或荷载
千牛顿	kN	1000 牛顿
应力		
帕	Pa	应力或压力（1 帕＝1 牛顿/平方米）
千帕	kPa	1000 帕
兆帕	MPa	10^6 帕
千兆帕	GPa	10^9 帕
温度		
摄氏度	℃	温度

表 0.3 单位换算系数

由美制单位换算为公制单位时所乘的系数	美制单位	公制单位	由公制单位换算为美制单位时所乘的系数
25.4	in	mm	0.03937
0.3048	ft	m	3.281
645.2	in^2	mm^2	1.550×10^{-3}
16.39×10^3	in^3	mm^3	61.02×10^{-6}
416.2×10^3	in^4	mm^4	2.403×10^{-6}
0.09290	ft^2	m^2	10.76
0.02832	ft^3	m^3	35.31
0.4536	lb（质量）	kg	2.205
4.448	lb（力）	N	0.2248
4.448	kip（力）	kN	0.2248
1.356	lb·ft（力矩）	N·m	0.7376
1.356	kip·ft（力矩）	kN·m	0.7376
16.0185	lb/ft^3（密度）	kg/m^3	0.06243
14.59	lb/ft（荷载）	N/m	0.06853
14.59	kip/ft（荷载）	kN/m	0.06853
6.895	psi（应力）	kPa	0.1450
6.895	ksi（应力）	Mpa	0.1450
0.04788	psf（荷载或压力）	kPa	20.93
47.88	ksf（荷载或压力）	kPa	0.02093
0.566×（℉－32）	℉	℃	（1.8×℃）＋32

对本书某些内容而言，计量单位并不重要。在这些例子中所需的仅仅是找到数值答案。问题的形象化、解答的数学过程步骤和答案的数量与具体单位没有关系，只与相对值有关。在这种情况下，为了减少可能的混淆，取消了双重单位的表达方式。

0.3 计算的精度

几乎没有具有很高尺寸精度的建筑结构。即使是最认真、细心的工人和建造者，也很难实现精确的尺寸。同时考虑到对作用在任一结构上的荷载的预测也缺少准确性，所以精确的结构计算变得无实际意义。但这并不能说明这是草率的数学计算、过于草率的工程，或性能分析使用的是含糊理论。然而，这使得不要去过分注意第二位数后的任何数字成为了一个事实（103 或 104，哪个精确?）。

现在，尽管更多的专业设计方法可以得到计算机的支持，但是这里举例说明的大多数方法是非常简单的并且是很实用的手算方法（8 位有效数字的科学计数法已有足够的精度）。对计算结果进行了舍入。

随着计算机的使用，计算机算法的精度有些不同。一个设计人员不仅要根据计算结果作出判断，还要知道怎样更好地输入计算机和一个答案精度的实际意义。

0.4 符号

常用的简写符号如表 0.4 所示。

表 0.4　　常用的简写符号表

符　号	符号意义	符　号	符号意义
$>$	大于	$6'$	6ft
$<$	小于	$6''$	6in
$\geqslant$	大于或等于	Σ	求和
$\leqslant$	小于或等于	ΔL	L 的增量

0.5 术语

本书使用的符号一般与建筑设计行业使用的术语一致，原则上遵守 1997 出版的《统一建筑规范》（Uniform Building Code，参考文献 1）的用法。下表包括了本书和相关书目中常用的所有术语。某些地方使用了专用术语，特别是和单一材料有关的地方，如木、钢、砌体、混凝土等。读者应参考特殊领域的术语。某些专用术语将在本书以后的章节中解释。

建筑规范，包括统一建筑规范，所使用的一些专用术语在规范中都有详细的定义，读者可以参考这些定义的解释。用于计算说明的术语将在本书的正文中解释。

A_g——截面的总面积，按最外侧尺寸定义；

A_n——净面积；

C——压力；

D——直径，变形；

E——弹性模量（一般）；
I——惯性矩；
L——长度（通常是跨度）；
M——弯矩；
P——集中荷载；
S——截面矩；
T——扭矩；
W——总重力荷载，物体的重量或恒荷载，总风荷载，总的均布荷载或由重力引起的压力；
a——单位面积；
e——非轴向荷载的偏心距，从荷载作用点到截面形心的距离；
f——计算应力；
h——墙或柱的有效高度（通常指无支撑高度）；
l——长度（通常用于跨度）；
s——钢筋的中心间距。

第一部分

结构力学原理

本部分包括研究结构性能涉及的基本力学概念及其应用。研究目的有两个：一是深刻理解结构的功能和如何发挥其功能的一般要求；二是结构设计过程中进行判断训练的量化基础的实际需要。如果说理解问题是解决该问题必需的第一步，那么本章的分析研究应看作是任何成功、明达的设计过程的基础。

虽然本书充分利用了数学，但大多数情况下它只是提高计算过程效率的一种手段。关键的内容是概念而不是数学计算。

第1章 受力分析

结构的基本功能是抵抗力的作用。具体的力有不同的来源，并且对任一给定的结构必须考虑到其可能的作用。本章介绍了在分析力的作用和效应时用到的一些基本概念和过程，所选主题和图解说明的过程限于那些与设计常见建筑结构直接相关的问题。

1.1 力的特性

力是力学的基本概念之一，这一点并不能对其进行简单、准确的定义。对于本阶段的研究目的，力可定义为使物体产生运动或运动趋势，或使物体的运动发生改变的因素。一种力是重力，该力将所有物体吸引向地心。重力的大小即为物体的重量。

一个物体中材料的总和即为其质量。在美制（老式英制）单位中，重力等同于重量。在公制单位中，对重量与重力作了区分，力的单位是牛顿（N）。在美制单位中，力的基本单位是磅（lb），而工程中常用千磅（1000lb），或更确切地为 kip。

为了定义力的概念，我们必须明确如下几点：

（1）力的大小，或力的总量，以重量单位来量度如 lb 或 N。

（2）力的位置，指的是其路径的方向，称为力的作用线。力的位置通常用力的作用线与某些参照基准（如水平线）所成角度来描述。

（3）力的方向，即力沿其作用线作用的方向（如向上或向下，向右或向左）。它常根据力的符号用代数方法表示，或为正或为负。

根据这三个特性，力可用如图 1.1（a）所示的一箭头符号图解表示。按某一比例绘图时，箭头线的长度代表力的大小，其倾斜角度表示力的方向，箭头的方向代表力的指向。这一表示形式不仅仅只是一种记号，实际的数学计算也可以应用这些力的箭头线。本书中，在进行代数计算时箭头线用作一种视觉符号，在进行图解分析时它才真正地表示力。

力除了具有大小、位置和方向这些基本特性外，还有一些对某些研究可能有意义的其他特性，如：

关于其他力的作用线或其作用对象的力的作用线的位置，如图 1.1（*b*）所示。对于梁、荷载（作用力）位置的移动影响支承力（反力）的变化。力沿其作用线的作用点在分析力对物体明确的影响时可能很重要，如图 1.1（*c*）所示。

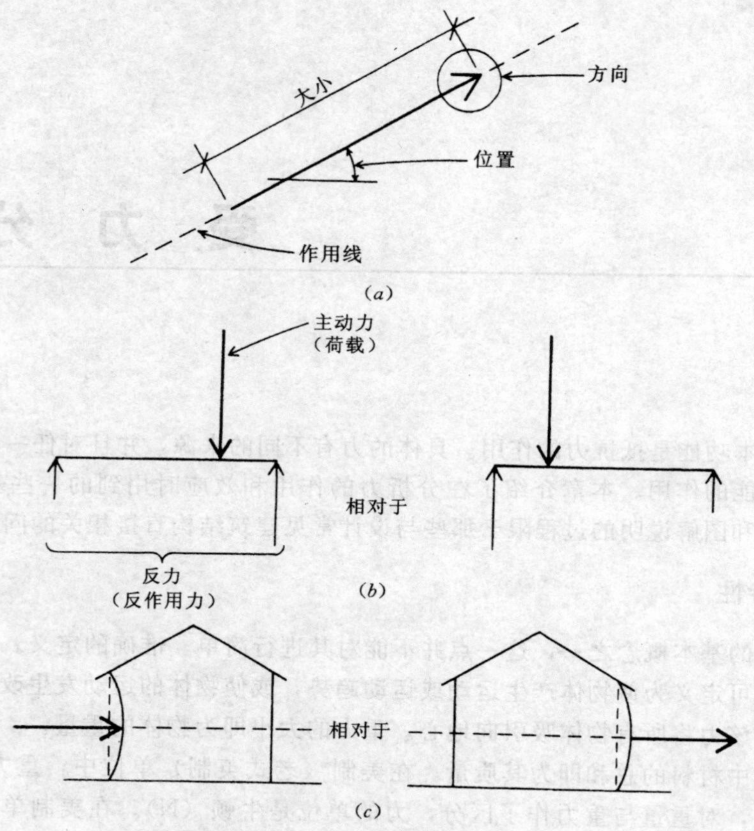

图 1.1 力的表示和作用

（*a*）力的图解示意图；（*b*）反力；（*c*）力作用点的影响

当力未能被抵抗住时，势必产生运动。静力的一个本质特征是其存在于静力平衡状态，即没有运动发生。为了维持静态平衡，必须具有一个平衡的力系。静力分析中的一个重要考虑因素是组成力系的一组给定的力中力的几何分布特性。力系分类的常用方法包括考虑力系中的力是否为以下三个方面。

（1）共面——所有的力作用在一个平面内，如竖直墙面。

（2）平行——所有的力具有相同的方向。

（3）汇交——所有的力作用线相交于同一点。

考虑这三方面，可能的变化列于表 1.1 中，图解说明如图 1.2 所示。

表 1.1　　力系的分类[①]

力系变化	限定条件			力系变化	限定条件		
	共面	平行	汇交		共面	平行	汇交
1	是	是	是	5	否[②]	是	是
2	是	是	否	6	否	是	否
3	是	否	是	7	否	否	是
4	是	否	否	8	否	否	否

① 见图 1.2。
② 不可能，平行且汇交的力肯定是共面的。

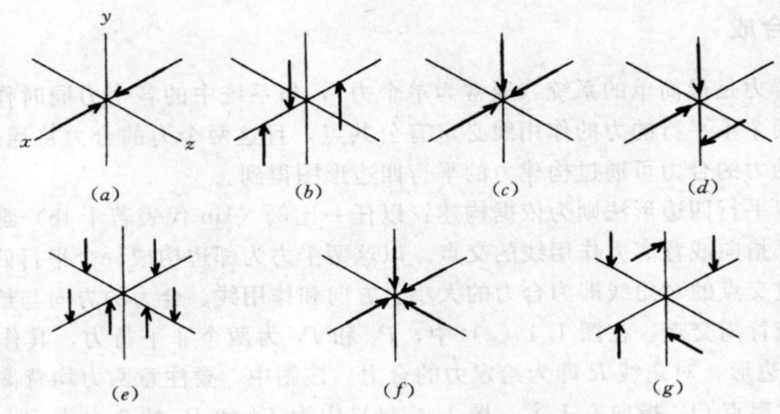

图 1.2　力系的种类

提示　表中变化 5 实际上是不可能的，因为一组平行且汇交的共同作用力不可能不共面；事实上，力都落在一条作用线上，这被称作共线。

无论用代数法还是图解法，在进行任何分析前必须以刚才所说明的方式确定一组力。

在前面，把力定义为使物体产生运动或运动趋势，或使物体的运动发生改变的因素。运动被认为是关于具有固定位置的某一物体的位置改变。当点的运动轨迹为一直线时，该点的运动为平移。当轨迹为曲线时，运动为曲线运动或转动。当点的迹线位于同一平面内，为平面运动。其他的运动则为空间运动。

1.2　静力平衡

如前所述，当物体静止或作匀速运动时即处于平衡状态。当作用在物体上的力系没有引起运动时，就认为该力系处于静力平衡状态。

力的平衡的一个简例如图 1.3（*a*）所示。两个等值、反向位于同一作用线上的平行力 P_1 和 P_2 作用在同一物体上，若这两个力相互平衡，物体不会运动，该力系处于平衡状态，这两个力是汇交的。如果力系的作用线交于同一点，那么这些力是汇交的。

力的平衡的另一个例子如图 1.3（*b*）所示，一个大小为 300lb 的竖直向下的力作用在梁的中心，两个大小为 150lb 的竖直向上的力（反力）分别作用在梁端，这三个力组成的力系处于平衡状态。上述力相互平行，无公共交点，不汇交。

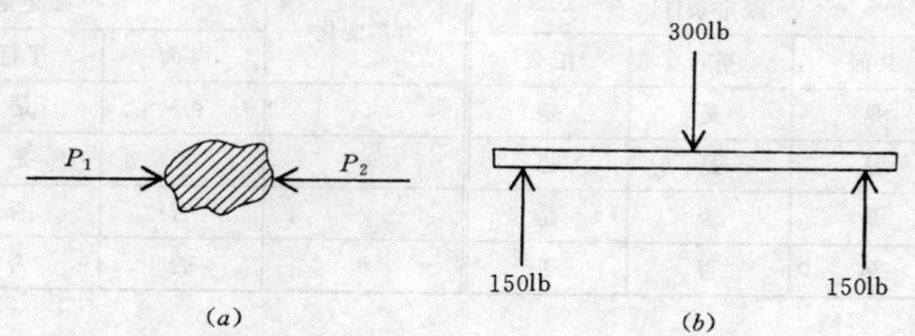

图 1.3 力的平衡

1.3 力的合成

力系的合力是最简单的系统（通常为单个力），与系统中的各个力同时作用具有相同效果。任意两个不平行的力的作用线必定有公共点，且这两个力的合力将通过该公共点。两个不平行的力的合力可通过构建力的平行四边形图得到。

该图形以平行四边形法则为依据构建：以任一比例（1in 代表若干 lb）画出两个非平行力，它们都指向或背离力作用线的交点。以这两个力为邻边构成一个平行四边形，该平行四边形通过交点的对角线即为合力的大小、方向和作用线。合力的方向与给定力的方向相同，指向或背离交点。在图 1.4（a）中，P_1 和 P_2 为两个非平行力，其作用线交于点 O，作平行四边形，对角线 R 即为给定力的合力。该图中，要注意两力均背离交点，因而合力方向也背离点 O，指向右上方。图 1.4（b）中力 P_1 和 P_2 的合力为 R，合力方向指向交点。

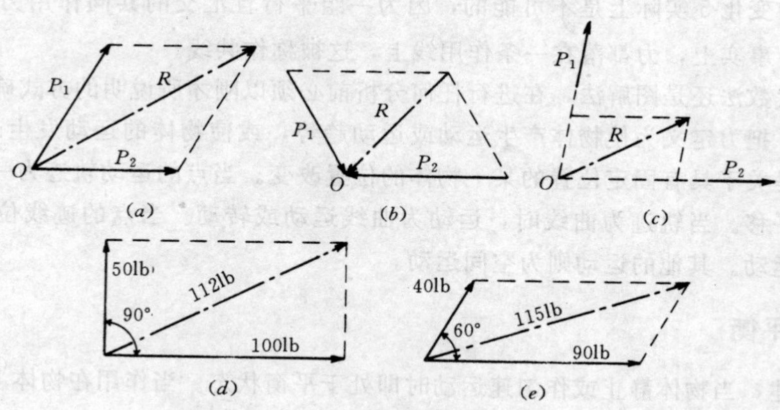

图 1.4 一组力的合成分析

我们可以认为力作用在其作用线上的任一点。图 1.4（c）中延伸力 P_1 和 P_2 的作用线至交点 O，在该点作力的平行四边形，对角线 R 即为力 P_1 和 P_2 的合力。确定合力的大小时，所用比例应当与绘制已知力时所用比例相同。

【例题 1.1】 如图 1.4（d）所示，一大小为 50lb 的竖向力和一大小为 100lb 的水平力，其作用线夹角为 90°，求合力。

解：按 1in＝80lb 的比例从交点量出这两个力，作力的平行四边形，对角线为合力。其大小约为 112lb，指向右上方，合力的作用线经过两已知力作用线的交点。用量角器量得该合力与 100lb 的力之间的夹角约为 26.5°。

【例题 1.2】　如图 1.4（*e*）所示，40lb 和 90lb 的力之间夹角为 60°，求合力。

解：按 1in＝80lb 的比例从交点量出这两个力，作力的平行四边形，可得合力大小约为 115lb，指向右上方，合力作用线经过两已知力作用线的交点，该合力与 90lb 的力之间的夹角约为 17.5°。

注意这两道例题，尽管可用数学方法求解，但在这里都用图解法作图求解。对于许多实际问题，图解法能够给出足够精确的结果，并且所花时间通常也少得多。作图不宜太小，较大的力的平行四边形可获得更高的精确度。

习题 1.3. A ～ F　作力的平行四边形求图 1.5（*a*）～（*f*）中一对力的合力。

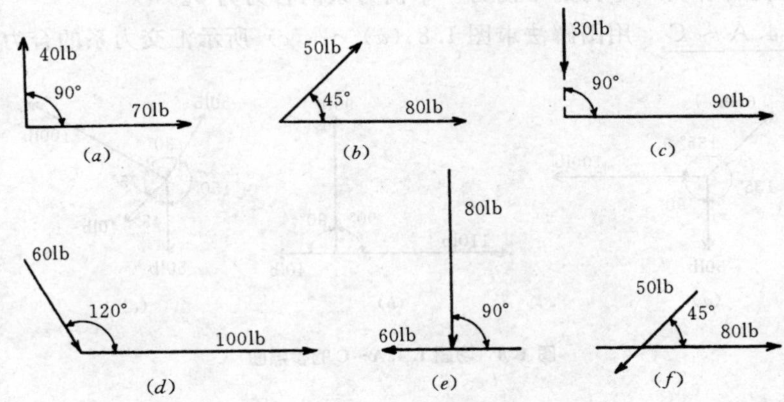

图 1.5　习题 1.3. A～F 的参照图

1.4　力的分解与合成

1. 分力

除了将力合成得到其合力，用分力代替单个力通常也是有必要的。分力是两个或两个以上共同作用的力，与给定的单个力的作用效果相同。在图 1.4（*d*）中，若 112lb 的力已知，则其竖向分力为 50lb，水平分力为 100lb，即 112lb 的力分解为竖向和水平分力。任一力都可看作是其分力的合力。

2. 组合合力

求两个以上非平行力的合力可先找出成对力的合力，最后求这些合力的合力。

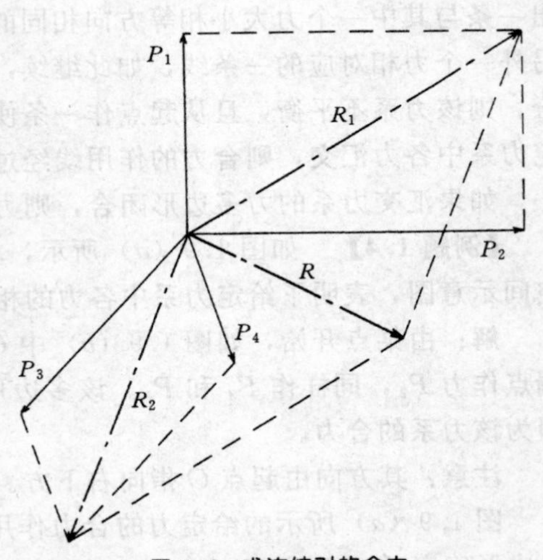

图 1.6　求连续对的合力

【例题 1.3】　求图 1.6 中汇交力 P_1、P_2、P_3 和 P_4 的合力。

解：作力的平行四边形，力 P_1 和 P_2 的合力为 R_1。类似地，P_3 和 P_4 的合力为 R_2，最后，合力 R_1 和 R_2 的合力为 R，R 即为四个力的合力。

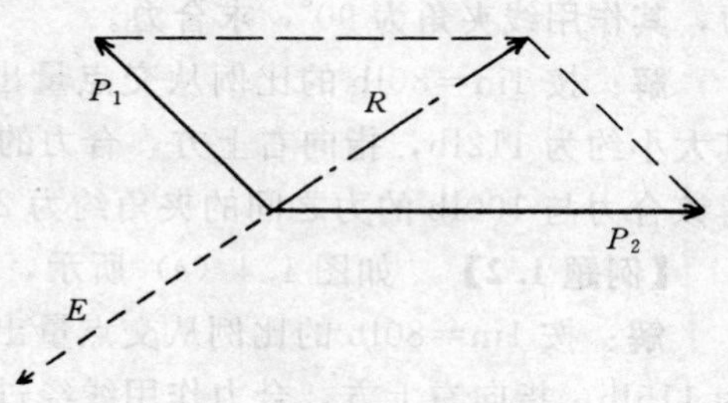

图 1.7　求平衡力

3. 平衡力

使力系保持平衡的力称作力系的平衡力。假设要研究含两个力 P_1 和 P_2 的力系，如图 1.7 所示。作力的平行四边形，得到合力 R，该力系并不平衡。维持平衡所需的力为虚线所示的力 E。平衡力 E 的大小和方向与合力相同，但指向相反。P_1、P_2 和 E 三个力组成一个平衡力系。

若两个力处于平衡，必定大小相等、指向相反，且具有相同方向和作用线。这两个力中的任何一个力称作另一个力的平衡力。平衡力系的合力为 0。

习题 1.4. A～C　用图解法求图 1.8 (*a*) ～ (*c*) 所示汇交力系的合力。

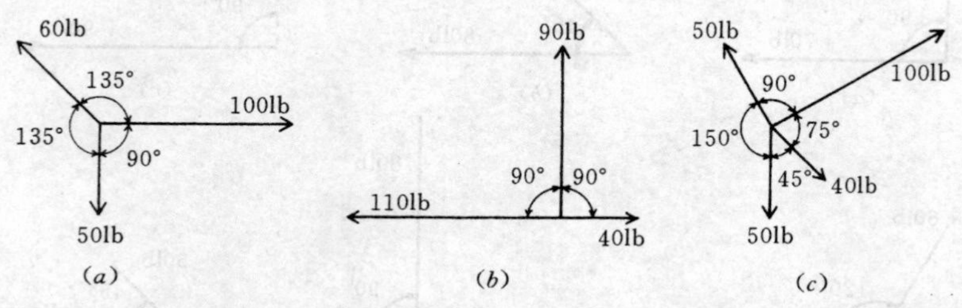

图 1.8　习题 1.4. A～C 的参照图

1.5　力多边形

通过作力多边形可得到汇交力系的合力。为作力多边形，先从一点开始按合适比例画出一条与其中一个力大小相等方向相同的平行线，再用同样方法由该线段的终点开始作与另外一个力相对应的一条线，如此继续，直到作出力系中所有给定的力。若力多边形不闭合，则该力系不平衡，且从起点作一条使多边形闭合的线段即得合力的大小和方向。若给定力系中各力汇交，则合力的作用线经过该交点。

如果汇交力系的力多边形闭合，则力系平衡，合力为 0。

【例题 1.4】　如图 1.9 (*a*) 所示，求 P_1、P_2、P_3 和 P_4 四个汇交力的合力。该图为空间示意图，表明了给定力系中各力的相对位置。

解：由某点开始，如图 1.9 (*b*) 中 O 点，作向上的力 P_1，在该表示力 P_1 的线段上端点作力 P_2，同样作 P_3 和 P_4。该多边形不闭合，因而力系不平衡。点划线表示的力 R 即为该力系的合力。

注意：其方向由起点 O 指向右下方。

图 1.9 (*a*) 所示的给定力的合力作用线通过这些力的公共交点，其大小和方向由力多边形确定。

作力多边形时，可以以任意顺序作出各力，图 1.9（c）中采用了不同顺序。但所求合力的大小和方向与图 1.9（b）求得的结果相同。

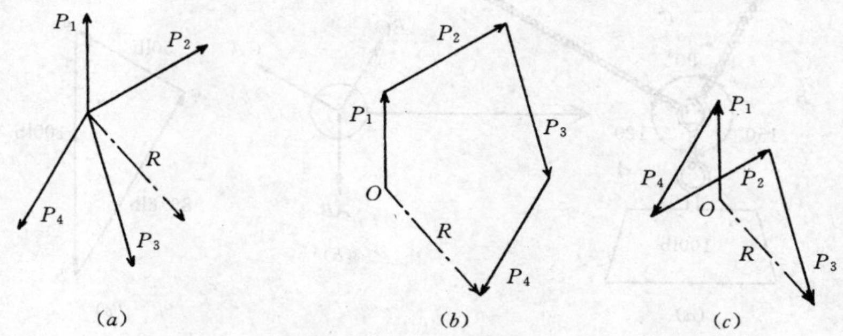

图 1.9 用力的矢量连续相加求合力

1. 鲍氏符号

至今，一直用 P_1、P_2 等符号表示力。被称作鲍氏符号的一种识别力的体制具有许多优点。在该体制中，空间示意图中力作用线的每边均标有字母，力就用两个字母表示。字母标明的顺序非常重要。图 1.10（a）为五个汇交力的空间示意图。绕交点顺时针方向看，力为 AB、BC、CD、DE 和 EA。当在力多边形中用线段表示力时，线段的每端均标有字母。例如，图 1.10（a）中竖直向上的力 AB 在力多边形［见图 1.10（b）］中则由从 a 到 b 的线段表示。空间示意图中用大写字母表示力，力多边形中则用小写字母。从力多边形中 b 点开始作力 bc，然后 cd，接着作 de 和 ea。因为力多边形闭合，所以这五个力处于平衡状态。

以下所有讨论中，均以顺时针方向观察力。完全理解这一表示力的方法非常重要。为使这种表示方法清楚明了，假定按逆时针方向作图 1.10（a）所示五个力的力多边形，将得到图 1.10（c）所示的力多边形。力的表示方法可用两者中任一种，为了一致，使用顺时针观察法。

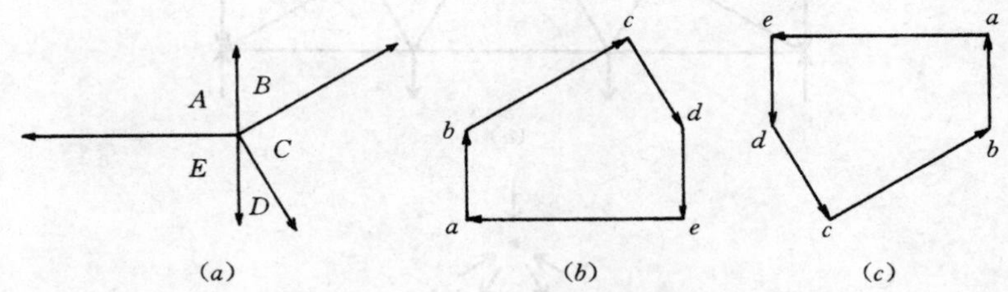

图 1.10 力多边形的绘制

2. 力多边形的运用

两根绳子系于顶棚，其端部连接在一圆环上，如图 1.11（a）所示的角度，一 100lb 的重物悬挂在该环上。显然，AB 绳中应力为 100lb，绳 BC 和 CA 中应力未知。

绳 AB、BC 和 CA 中的应力构成处于平衡的三个相交力。只有一个力的大小已知，即绳 AB 中的应力为 100lb。由于此三个汇交力平衡，所以其力多边形必定闭合。这就使得求出其余两个力的大小成为可能。现以合适的比例绘出线段 ab［见图 1.1（c）］，它表示大小为 100lb 向下的力 AB，线段 ab 为力多边形的一条边。由 b 点作绳 BC 的平行线，

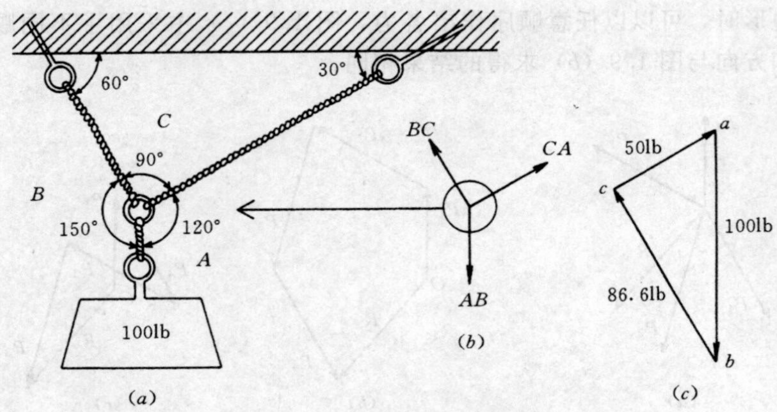

图 1.11 集中力系的求解

点 c 将在该线上某处。然后过点 a 作绳 CA 的平行线，点 c 将位于该线上某处。因为点 c 也在过点 b 平行于 BC 的线上，这两条线的交点即点 c。现在完成了这三个力的力多边形 abc。该多边形的边长代表绳 BC 和 CA 中力的大小，分别为 86.6lb 和 50lb。

尤其要注意图 1.11（a）中绳长并不表示绳中力的大小，其值是由力多边形［见图 1.11（c）］相应的边长决定的。

1.6 平面桁架的图解分析

运用所谓的结点法，可求解由一系列汇交力系组成的平面桁架中的各构件内力。图 1.12 所示为一桁架的构造、荷载和支反力的空间示意图，该图下方为桁架各节点的隔离

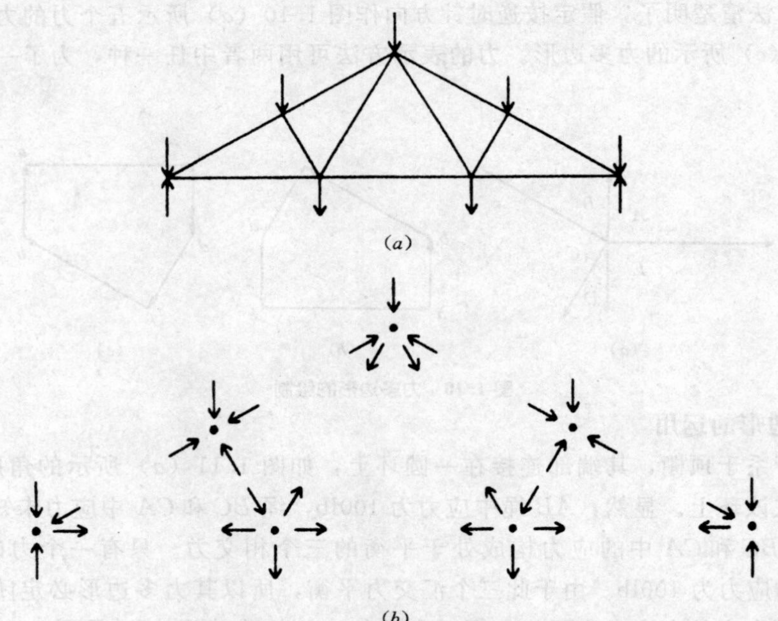

图 1.12 用来表示桁架和其作用的图例

（a）空间图：显示桁架的构成荷载和支承条件；（b）单个节点图：显示单个节点的自由体图

体图。为表明它们之间的相互关系，这些示意图按与各节点在桁架中的布置相同的方式排列。而每一节点又构成一完整的平面汇交力系，必须保持独立的平衡。解此题就由确定所有节点的平衡状态构成。现通过图解说明这一解题过程。

图 1.13 所示为承受竖向重力荷载的单跨平面桁架。用此例子来说明确定桁架内力即各构件中拉力和压力的过程。图中的空间图形显示了桁架的构成、荷载和支承条件，图中字母（如第 1.5 节中所述）表示桁架各节点上的力。字母放置顺序是随意的，唯一必须注意的是各荷载和每个桁架构件之间要标一个字母，以便每个节点上的力可以用两个字母来表示。

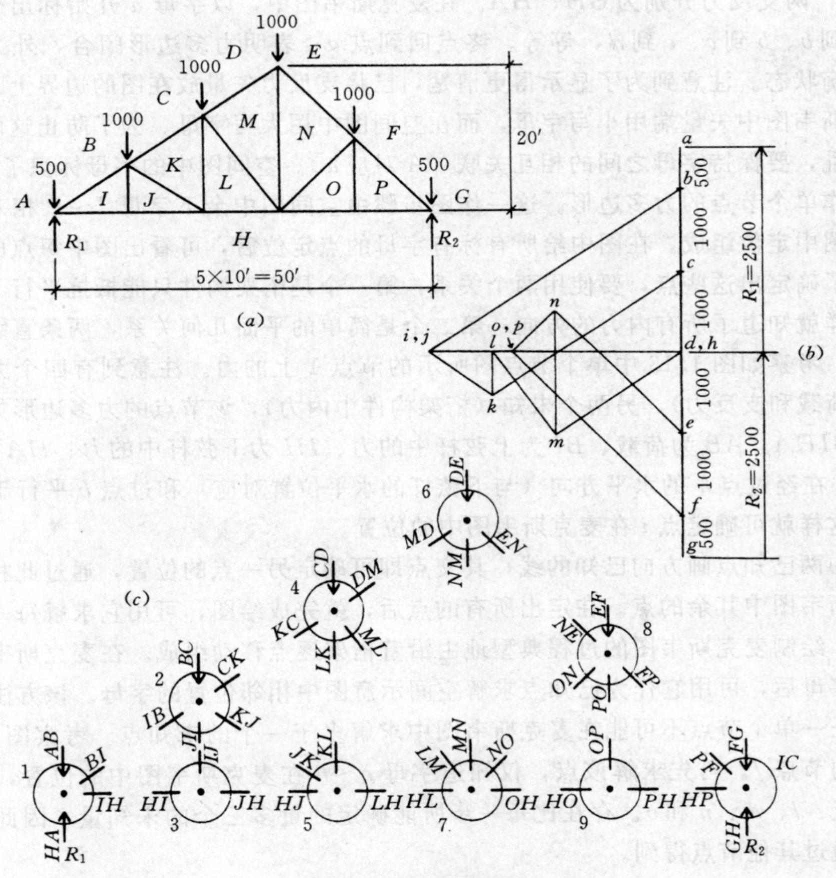

图 1.13 实例的图解图

(*a*) 空间图；(*b*) 麦克斯韦图；(*c*) 单个节点图

图 1.13 中单个节点图为把各节点上的完整力系和桁架所有构件各节点之间的相互关系形象化提供了一种有效的手段。每个节点上的力是使用空间图中绕节点顺时针方向观察得到的两个字母符号标识的。要注意每一桁架构件相对的两端点处其两个字母的标识符号顺序相反。因而当在左支承节点（节点 1）表示时，桁架左端顶弦杆标记为 *BI*；而在第一个上弦杆的内节点（节点 2）表示时，记为 *IB*。这一过程的目的将在下述图解分析中得到说明。

图 1.13 中的第三幅图是桁架内力和外力的复合力多边形。它称作麦克斯韦（Maxwell）图，以早期的提出者之一，英国工程师詹姆斯·麦克斯韦（James Maxwell）的名字命名。该图包括了桁架内力的大小和指向的完整结果。绘制步骤如下所示：

（1）作外力的力多边形。在这之前，必须求得支反力值。求支反力可以使用图解法，但用代数法求解通常更快更简便。在此例中，虽然桁架和荷载不对称，但是很容易看出支反力分别等于桁架总荷载的一半，即 5000/2＝2500lb。由于该例中的外力方向相同，所以这些外力的力多边形实际为一条直线。使用两个字母的标识符号表示这些力，并从左端以字母 A 开始绕桁架外边界顺时针方向观察力。从而这些荷载为 AB、BC、CD、DE、EF 和 FG，两支反力分别为 GH、HA。在麦克斯韦图中，以字母 a 开始标出外力矢量序列，从 a 到 b、b 到 c、c 到 d，等等。终点回到点 a，表明力多边形闭合，外力处于必要的静力平衡状态。注意到为了显示得更清楚，已将支反力矢量放在图的边界上。并且注意到在麦克斯韦图中矢量端用小写字母，而在空间图中用大写字母。为了防止这两图中所有可能的混乱，要保持字母之间的相互关联（A 对应 a）。空间图中的字母标识了线的交点。

（2）作单个节点的力多边形。这一作图步骤由空间图中余下字母 $I \sim P$ 相对应的点在麦克斯韦图中定位组成。在图中给所有标有字母的点定位后，可看出图中每点的完整力多边形。为了确定出这些点，要使用两个关系：第一个是桁架构件只能抵抗平行于构件方向的力，这样就知道了所有内力的方向；第二个是简单的平面几何关系，两条直线的相交可确定一点。考察如图 1.13 中单个节点图所示的节点 1 上的力。注意到有四个力，其中两个已知（荷载和支反力），另两个未知（桁架构件中内力），该节点的力多边形如麦克斯韦图所示 $ABIHA$。AB 为荷载、BI 为上弦杆中的力、IH 为下弦杆中的力、HA 为支反力。注意到 i 必在经过点 h 的水平方向（与下弦杆的水平位置对应）和过点 b 平行于上弦杆的方向上，这样就可确定点 i 在麦克斯韦图中的位置。

用图中两已知点画方向已知的线，其交点即可确定另一点的位置，通过此相同过程可得出麦克斯韦图中其余的点。在定出所有的点后，就完成绘图，可用它求解每一内力的大小和指向。绘制麦克斯韦图的过程典型地由沿着桁架逐点移动组成。在麦克斯韦图中确定一内节点字母后，可用它作为已知点求解空间示意图中相邻位置的字母。该方法唯一的局限是对于任一单个节点不可能在麦克斯韦图中求解多于一个的未知点。考察图 1.13 单个节点图中的节点 7。首先求解该点，仅知道字母 $a \sim h$ 在麦克斯韦图中的位置，必须定位四个未知点：l、m、n 和 o。存在比每一步所能确定的量多三个的未知量，因此这三个未知量必须通过其他节点得到。

在麦克斯韦图中求解得单个未知点和求解一个节点上的两个未知力相对应，因为空间图中每个字母在内力识别中使用了两次。从而对前例中的节点 1，字母 I 是力的识别 BI 和 IH 中的一部分，如单个节点图所示。因此在麦克斯韦图中求解确定了一点，类似于在代数解答中求解两个未知量。如前所述，求解共面、汇交力系最多能得到两个未知量，桁架中各点也是如此。

完成麦克斯韦图后，可通过如下步骤从图中读出内力：

（1）量出图中线段的长度，用绘制外力矢量时所用比例确定力的大小。

（2）在空间图中绕单个节点顺时针方向读出力，并在麦克斯韦图中找到相同的字母顺序，确定各力的指向。

图1.14（a）所示为节点1上的力系和取自麦克斯韦图的力多边形。初始已知力如力多边形中实线所示，未知力如虚线所示。力系以字母 A 开始，按顺时针顺序读出这些力为 AB、BI、IH 和 HA。注意到麦克斯韦图中从 a 移动到 b 是按力的指向移动的，即从表示节点上外部荷载的力矢量的尾部指向端部。在麦克斯韦图中使用这一顺序力的指向流动将是持续的。因此在麦克斯韦图中从 b 到 i 即从力矢量的尾部指向端头，这表明力 BI 的端头在左端。将麦克斯韦图中力的指向转换到节点图中表明力 BI 为压力，即节点上作用的是推力而不是拉力。麦克斯韦图上从 i 到 h 表明力矢量的箭头在右方，这在节点图上转换成受拉效应。

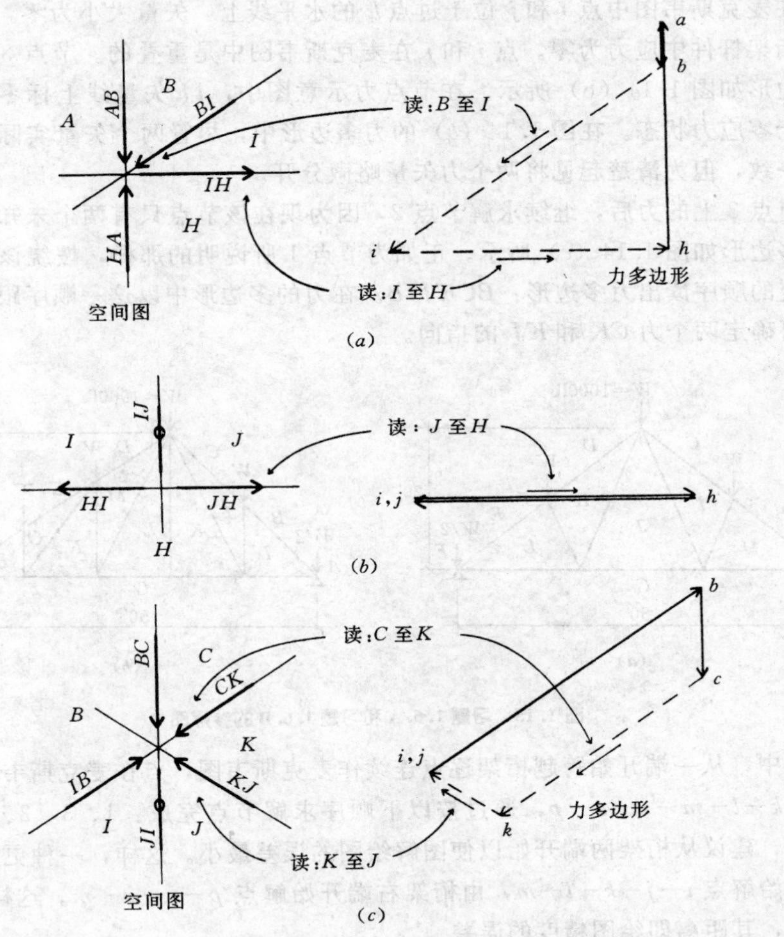

图1.14 节点1、2和3的图解解答

（a）节点1；（b）节点3；（c）节点2

如前所述求出节点1处的力后，可用桁架构件中的已知力 BI 和 IH 来考察相邻节点2和3。

提示 节点图中在构件的相对两端指向是相反的。

参照图1.13单个节点图，若上弦杆受压如节点1处的力 BI，则其箭头位于图的左下角，如图 1.14（*a*）所示。然而，同一个力在节点 2 处为 *IB*，其箭头位于节点 2 图的右上方，对节点产生推力效应。类似地，将箭头放在力 *IH* 右端表示节点 1 处下弦杆中的拉力效应，但相同拉力在节点 3 处却将箭头放在力 *HI* 左端表示。

如果选择求解顺序为先求解节点 1 然后节点 2，现可将上弦杆中的已知力传递到节点 2。这样，因为现在荷载 *BC* 和弦杆力 *IB* 已知，求解节点 2 处的五个未知量缩减为解三个未知量。然而仍不能求解节点 2，因为与三个未知量相对应在麦克斯韦图上存在两个未知点（*k* 和 *j*），因此选择节点 1 和当前只有两个未知力的节点 3。在麦克斯韦图中，从点 *i* 作垂直矢量 *IJ*，从点 *h* 作水平矢量 *JH* 可得到未知点 *j*。因为点 *i* 也过点 *h* 处于水平位置，因此在麦克斯韦图中点 *i* 和 *j* 位于过点 *h* 的水平线上，矢量大小为零。这说明此荷载条件下该桁架杆件中应力为零。点 *i* 和 *j* 在麦克斯韦图中是重叠的。节点 3 的节点力示意图和力多边形如图 1.14（b）所示。在节点力示意图中，*IJ* 矢量线上标零而不是箭头来说明其处于零应力状态。在图 1.14（*b*）的力多边形中，尽管两个矢量实际上在同一条直线上并且一致，但为清楚起见将两个力矢量略微分开。

求出节点 3 上的力后，继续求解节点 2，因为现在该节点只有两个未知力。节点 2 上的力和力多边形如图 1.14（*c*）所示。正如为节点 1 所说明的那样，按绕该节点顺时针方向观察确定的顺序读出力多边形：*BCKJIB*。在力的多边形中以这一顺序跟随力的箭头连续方向，可确定两个力 *CK* 和 *KJ* 的指向。

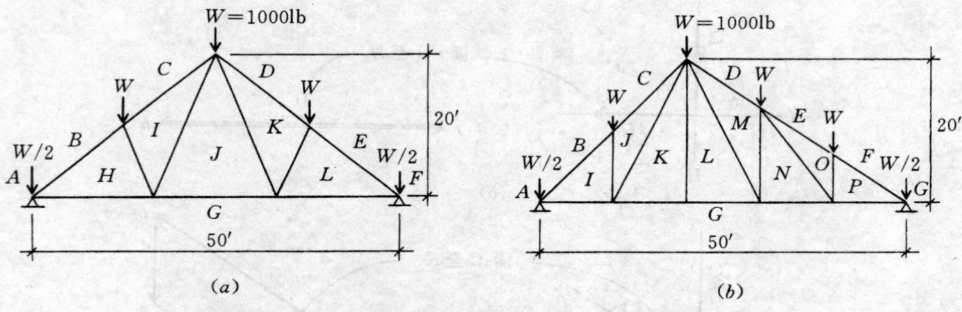

图 1.15 习题 1.6.A 和习题 1.6.B 的参照图

在此例中，从一端开始跨越桁架逐点连续作麦克斯韦图，点在麦克斯韦图中的定位顺序为 *i—j—k—l—m—n—o—p*，通过按以下顺序求解节点完成：1、3、2、5、4、6、7、9、8。然而，建议从桁架两端开始以使图解绘图的误差最小。这样，一种更好的方法是从桁架左端开始解点 *i—j—k—l—m*，由桁架右端开始解点 *p—o—n—m*。这样使得点 *m* 出现两个位置，其距离即绘图精度的误差。

<u>习题 1.6.A 和 习题 1.6.B</u> 用麦克斯韦图求解图 1.15 中桁架的内力。

1.7 平面桁架的代数分析

用麦克斯韦图求解桁架内力实际上相当于用节点法代数求解。该方法由用简单的力平衡方程求解各点的集中力系组成。这一过程将用图 1.13 所示的桁架说明。

和图解法一样，先确定荷载和支反力组成的外力，然后按照图解法所用顺序考察各节点的平衡。与麦克斯韦图只能找到一个未知点相对应，该顺序的局限是每一步在任一个节点只能解两个未知力（两个平衡条件得到两个方程）。参照图1.16，求解节点1。

如图所示，画出该节点上力系中已知力的大小和指向。而未知内力用无箭头的线段表示，因为其指向和大小起初未知。对于既不竖直也不水平的力，用其竖向和水平分量代替。然后考察力系平衡的两个必要条件：竖向力之和为零，水平力之和为零。

如果进行代数求解，力的指向将自行确定。但是建议只要有可能尽量通过简单观察节点条件预先确定指向，这将在求解中说明。

节点1有待求解的问题如图1.16（a）所示，图1.16（b）中为用竖向和水平分量表示的所有力。注意到虽然现在未知量数目增加到三个（HB、BI_v 和 BI_h），但力 BI 的两个分量存在数值关系。当此条件加入两个代数平衡条件，可用的关系总数是三个，从而具备求解三个未知量的必需条件。

竖向平衡条件如图1.16（c）所示。由于水平力不影响竖向平衡，则荷载、支反力和上弦杆力的竖向分量平衡。简单观察力和已知的大小值，显然力 BI_v 必须向下作用，表明力 BI 为压力。通过对节点简单的视觉观察可得力 BI 的指向。

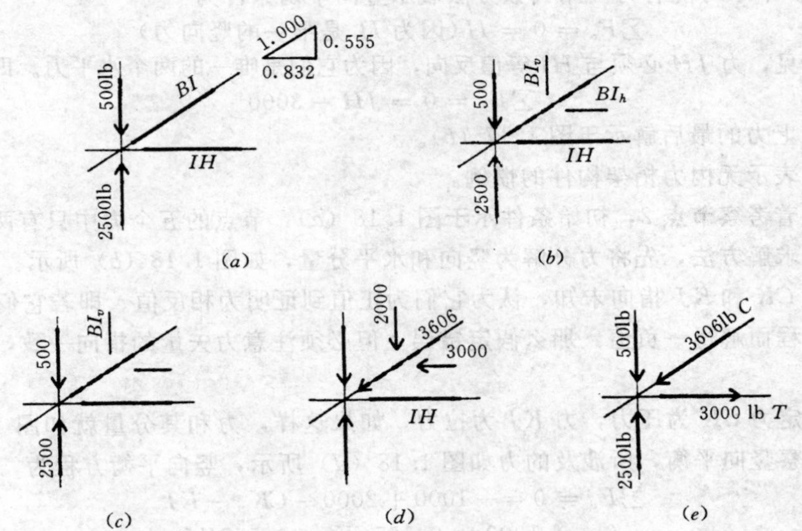

图1.16 节点1的代数求解

（a）内力条件；（b）未知力的分解；（c）竖向力平衡求解；（d）水平力平衡求解；（e）最终解

竖向平衡的代数方程（向上的力为正）为

$$\sum F_v = 0 = +2500 - 500 - BI_v$$

从此方程确定力 BI_v 大小为2000lb。运用力 BI、BI_v 和 BI_h 间的已知关系，若其中任一个力已知，就能确定这三个量的值。因此，

$$\frac{BI}{1.000} = \frac{BI_v}{0.555} = \frac{BI_h}{0.832}$$

由此可得

$$BI_h = \frac{0.832}{0.555} \times 2000 = 3000\text{lb}$$

和
$$BI = \frac{1.000}{0.555} \times 2000 = 3606\text{lb}$$

该节点的分析结果如图 1.16 (*d*) 所示。观察可得水平力平衡条件。代数表示（力指向右为正）该条件为

$$\sum F_h = 0 = IH - 3000$$

由此确定力 *IH* 为 3000lb。

因此，该节点的最终解如图 1.16 (*e*) 所示。在图中，内力通过用 *C* 表示压力，*T* 表示拉力来标识指向。

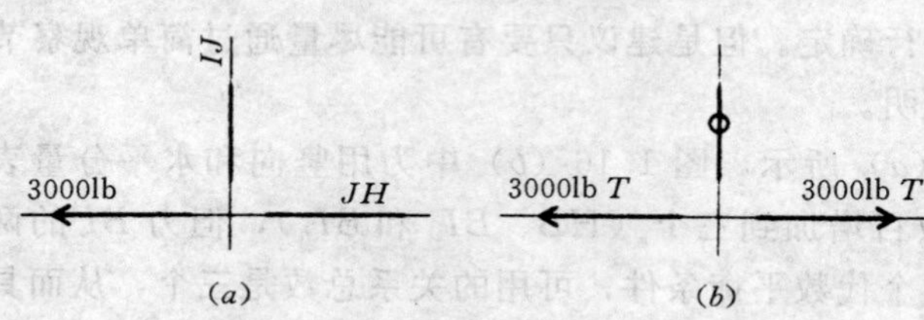

图 1.17 节点 3 的代数求解
(*a*) 内力条件；(*b*) 内力解

与图解法类似，继续考察节点 3 的力，该节点的初始条件如图 1.17 (*a*) 所示，有一个已知力 *HI*，两个未知力 *IJ* 和 *JH*。因为该节点上的力都是竖向和水平的，不必运用分量。考察竖向平衡，显然构件 *IJ* 中不可能有力。用代数方法表示竖向平衡条件为

$$\sum F_v = 0 = IJ\text{（因为 } IJ \text{ 是唯一的竖向力）}$$

同样易见，力 *JH* 必须与 *HI* 等值反向，因为它们是唯一的两个水平力。即代数表示为

$$\sum F_v = 0 = JH - 3000$$

节点 3 上力的最后解示于图 1.17 (*b*)。

注意：表示无内力桁架构件的惯例。

现在接着考察节点 2，初始条件示于图 1.18 (*a*)，节点的五个力中只有两个未知。采用节点 1 的求解方法，先将力分解为竖向和水平分量，如图 1.18 (*b*) 所示。

因为力 *CK* 和 *KJ* 指向未知，认为它们为正值到证明为相反值。即若它们用假定指向列入代数方程而解得一负值，那么假定错误。但必须注意力矢量的指向一致，如以下解答所说明的。

任意假定力 *CK* 为压力，力 *KJ* 为拉力。如果这样，力和其分量就如图 1.18 (*c*) 所示。然后考察竖向平衡，所涉及的力如图 1.18 (*d*) 所示，竖向平衡方程为

$$\sum F_v = 0 = -1000 + 2000 - CK_v - KJ_v$$

或

$$0 = +1000 - 0.555CK - 0.555KJ \tag{1.1.1}$$

现在考察水平方向平衡条件，力为

$$\sum F_h = 0 = +3000 - CK_h - KJ_h$$

如图 1.18 (*e*) 所示，方程为

$$0 = +3000 - 0.832CK + 0.832KJ \tag{1.1.2}$$

提示 力矢量指向和代数符号的一致性，以向上和向右为正。

现联立解这两个关于未知力的方程，如下所示：

(1) 方程 (1.1.1) 乘以 0.832/0.555 得

$$0 = \frac{0.832}{0.555} \times (+1000) + \frac{0.832}{0.555} \times (-0.555CK) + \frac{0.832}{0.555} \times (-0.555KJ)$$

$$0 = +1500 - 0.832CK - 0.832KJ$$

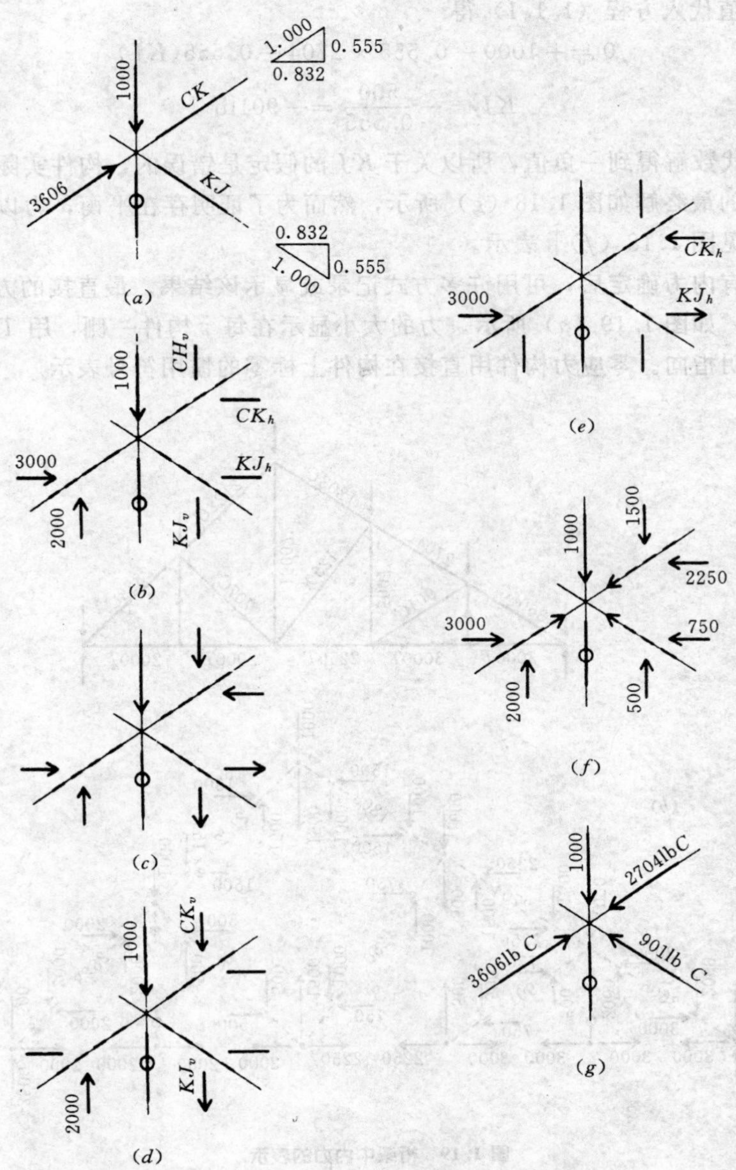

图 1.18 节点2的代数求解

(a) 内力条件；(b) 未知力的分解；(c) 代数求解时未知力的假定指向；(d) 竖向力平衡求解；(e) 水平力平衡求解；(f) 分力的最终结果；(g) 力的最终结果

(2) 该方程与方程（1.1.2）相加，得 CK

$$0 = +4500 - 1.664CK$$

$$CK = -\frac{4500}{1.664} = 2704\text{lb}$$

注意：力 CK 为压力的假定是正确的，因为代数解为正值。

将力 CK 值代入方程（1.1.1）得

$$0=+1000-0.555\times 2704-0.555(KJ)$$

$$KJ=-\frac{500}{0.555}=-901\text{lb}$$

因为 KJ 代数解得到一负值，所以关于 KJ 的假定是错误的，构件实际上受压。

节点 2 力的最终解如图 1.18（g）所示，然而为了证明存在平衡，力以其竖向和水平分量的形式［见图 1.18（f）］表示。

当桁架所有内力确定后，可用许多方式记录或显示该结果。最直接的方式是在桁架的比例图上表示，如图 1.19（a）所示。力的大小显示在每个构件一侧，用 T 表示拉力或 C 表示压力来表明指向。零应力构件用直接在构件上标零的惯用符号表示。

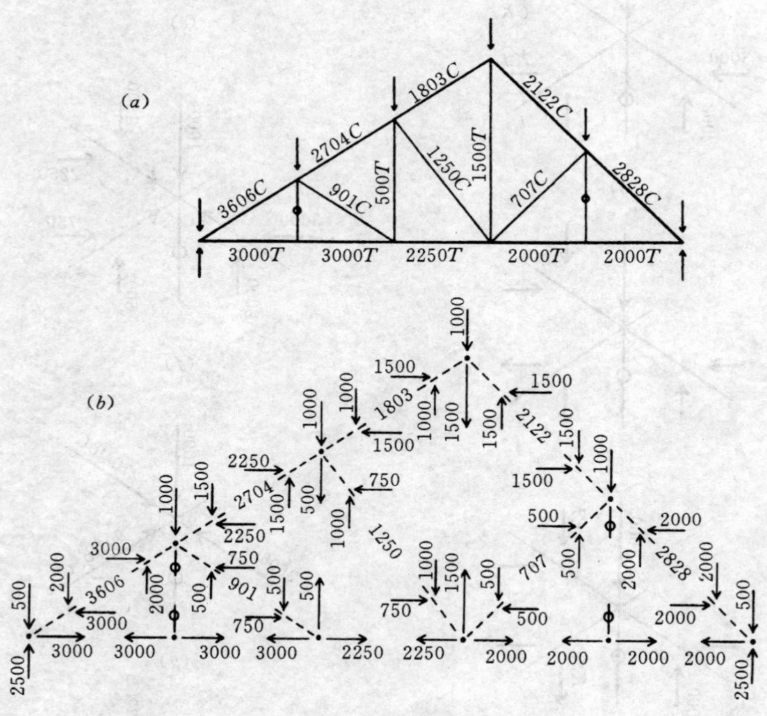

图 1.19 桁架中内力的表示

（a）构件力；（b）单个节点图

当用节点法代数求解时，结果可如图 1.19（b）所示在单个节点图上表示，如果斜向构件中用水平和竖向分量表示，容易证明各节点平衡。

习题 1.7.A 和 习题 1.7.B 用节点代数法解图 1.15 所示的桁架的内力。

第2章

力的作用

本章提出了力作用的两个原理。首先论述结构抵抗外力作用的发展，包括应力和应变机理。其次讨论了具有动力特性的力的作用——与静力相对——时间因子是一个重要问题。

2.1 力和应力

图 2.1 (*a*) 所示为一重 6400lb 的金属块支承在一横截面为 8in×8in 的短木条上。短木条依次支承在一砌块基础上。金属块作用在木条上的力为 6400lb，即 6.4kip。

注意：木条将大小相等的力（不计木条重量）传递到砌块基础上。

如没有运动（即平衡），则基础中必存在大小相同、方向向上的力。为了保持平衡，力的作用必定以方向相反的成对力存在。此例中力的大小是 6400lb，砌块和木条提供的抵抗力也为 6400lb。木条的抵抗力，称作内力，由应力形成，定义为木条每单位横截面面积上的内力。对于图示情形，每平方英寸横截面必形成大小为 6400/64＝100lb/in^2 (psi) 的应力［见图 2.1 (*b*)］。

外力可能有很多来源，但在本质上只区分为静力或动力。现在只讨论静力。外力有三种类型——拉力、压力或剪力。

当力作用在物体上有使物体缩短或使物体各部分压在一起的趋势时，该力为压力，物体内的应力为压应力。图 2.1 中金属块作用在木块上产生了压力，木块内的应力即为压应力。

图 2.1 (*c*) 为一直径是 0.5in 悬挂于顶棚上的钢棒，一 1500lb 重的重物系于钢棒下端。该重量形成一拉力，该拉力有使受到作用的物体伸长或使物体各部分分开的趋势。该例中钢棒横截面面积计算为 πR^2，即 $3.1416\times0.25^2=0.196\text{in}^2$。因此，钢棒中单位拉伸

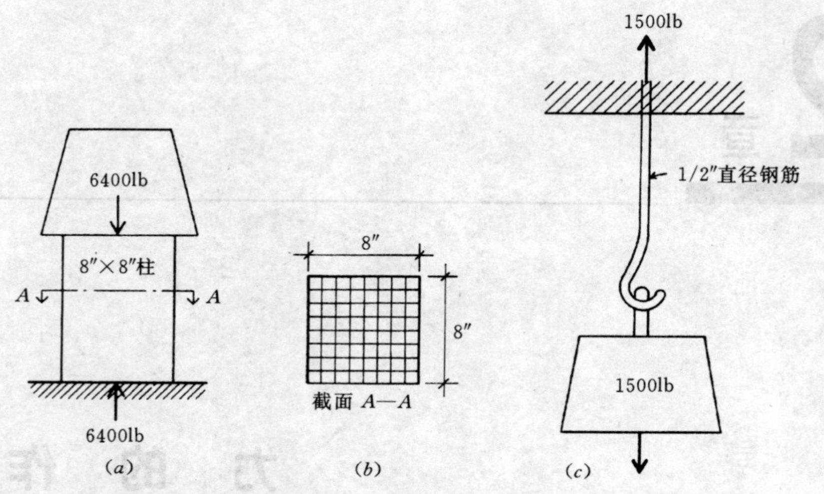

图 2.1 直接作用力和应力：压力和拉力

应力为 1500/0.196＝7653psi。

本书中，重量用美制单位给出，可以看作力。对于公制单位，直接将力的单位 lb 转换成 N（见绪论中的讨论和表 3 给出的转换基数）。这样对于图 2.1（*a*）中木块有

$$力 = 6400\text{lb} = 4.448 \times 6400 = 28467\ \text{N}\ 或\ 28.467\text{kN}$$

$$应力 = 100\text{psi} = 6.896 \times 100 = 689.5\text{kPa}$$

考察图 2.2（*a*）所示的用直径为 0.75in 的螺栓连接在一起的两根钢条，作用在螺栓上的力为 5000lb。除了钢条中的拉力和钢条对螺栓的承压作用，螺栓有在两根钢条的接触面因剪切作用而破坏的趋势。这种力的作用称作剪力；当指向相反的两个平行力作用于物体时而产生——趋于使物体的一部分与其相邻部分产生滑移。螺栓横截面面积为 $(3.1416\times0.75^2)/4=0.4418\text{in}^2$（$285\text{mm}^2$），单位剪应力为 5000/0.4418＝11317psi（78.03MPa）。

提示 该例阐明了剪应力的计算，表明如果作用在钢条上的力方向相反，在钢条中产生压力而不是拉力，而应力大小相同。

简单直接的应力基本关系可阐述为

$$f=\frac{P}{A}\quad 或\quad P=fA\quad 或\quad A=\frac{P}{f}$$

第一种形式用于确定应力；第二种形式用于求解构件的荷载（总力）承载力；第三种形式用于推导荷载在已知极限应力给定条件下构件所需的面积。

图 2.2 螺栓中形成的剪应力简单直接。另一种受剪情况如图 2.3（*a*）所示，一荷载作用于两端支承在墙上的梁。由图 2.3（*b*）显示的梁的一种可能破坏形式是墙间梁由于梁两端的剪切破坏而下落。第 3.8 节中讨论了这种应力的形成。

习题 2.1.A 一轧制铁条受到一 40kip（177.92kN）的拉力。若容许单位拉伸应力为 12ksi（82740kPa），铁条所需横截面面积是多少？

习题 2.1.B 如果木桩的容许单位压应力为 1100psi（7585kPa），那么横截面实际

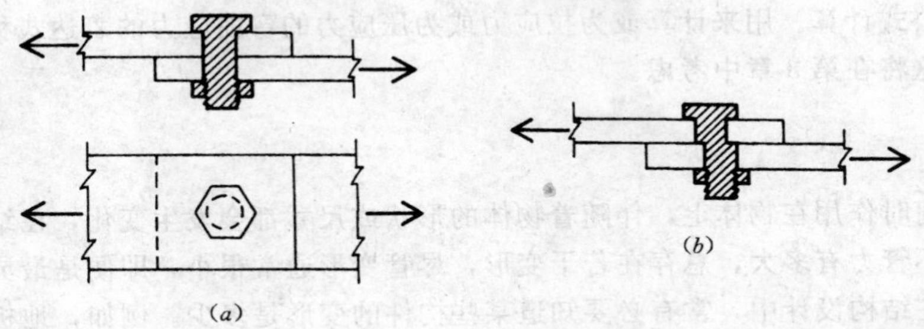

图 2.2　直接作用力和应力：剪切

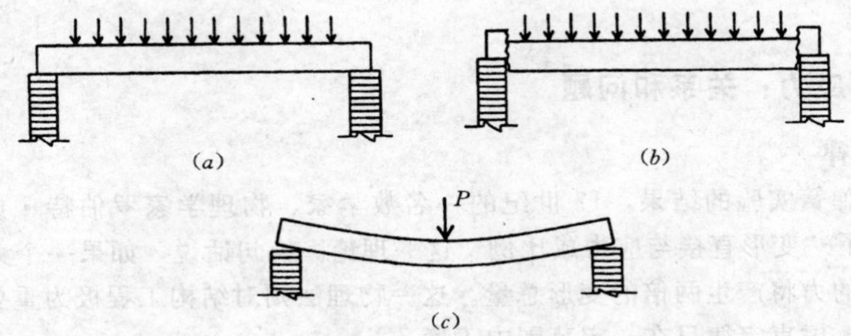

图 2.3　梁中的作用力

(a) 典型的荷载条件；(b) 梁的剪力；(c) 弯曲

尺寸为 9½in（241.3mm）见方的木桩可施加多大的轴向荷载？

习题 2.1.C　如果剪力为 9000lb（40.03kN），容许单位剪应力为 15ksi（103425kPa），图 2.2（a）所示的螺栓直径应为多少？

习题 2.1.D　土壤的容许承载能力为 8000psf（383kPa），如果总荷载（包括基础重量）为 240kip（1067.5kN），方形基础的边长为多少？

习题 2.1.E　若图 2.2（a）中直径为 $1\frac{1}{4}$in（31.75mm）的钢螺栓用作紧固件，螺栓的容许单位应力为 15ksi（103425kPa），求通过该连接可传递的剪力。

习题 2.1.F　一空心铸铁短柱为圆形截面，外径为 10in（254mm），壳厚为 ¾ in（19.05mm）。如果容许单位压应力为 9ksi（62.055kPa），该柱能承受多大荷载？

习题 2.1.G　若容许单位拉伸应力为 20ksi（137900kPa），确定一钢条承受 50kip（222.4kN）拉力所需最小横截面面积。

习题 2.1.H　一方形短木柱承受一 115kip（511.1kN）的荷载，若容许单位压应力为 1000psi（6895kPa），方形木材名义尺寸应为多大（见表 4.8）？

2.2　弯曲

图 2.3（c）所示为一在跨中承受集中荷载 P 的简支梁。这是弯曲或挠曲的例子。梁的上部纤维受压，下部纤维受拉。虽然钢和混凝土不像木材那样是纤维材料，但无限小这一概念对研究任一材料内的应力关系是有用的。这些应力沿梁的横截面非均匀分布，不能

用直接应力公式计算。用来计算或为拉应力或为压应力的弯曲应力的表达式称作梁公式或挠曲公式，这将在第 3 章中考虑。

2.3 变形

无论力何时作用在物体上，伴随着物体的形状或尺寸都会发生变化，在结构力学里这称作变形。不管力有多大，总存在若干变形，尽管变形通常很小，即便是最灵敏的仪器也很难测量。在结构设计中，常有必要知道某些构件的变形是多少。例如，地板搁栅可能足以安全地承受给定荷载，但挠曲（反映弯曲引起变形的术语）可能导致下面的石膏板开裂或走在地板上的人会感觉弹性太大。通常情况下，可以容易地确定变形大小。这将在以后更详细地讨论。

2.4 变形和应力：关系和问题

1. 虎克定律

作为钟摆弹簧实验的结果，17 世纪的一名数学家、物理学家罗伯特·虎克（Robert Hooke）提出了“变形直接与应力成比例”这一理论。换句话说，如果一个力产生某一变形，那么两倍的力将产生两倍的变形总量。这一物理法则对结构工程极为重要，尽管正如已发现的结论，虎克定律只在一定范围内正确。

2. 弹性极限和屈服点

假定将一横截面面积为 $1in^2$ 的结构钢筋放入试验机内作拉伸试验，精确测量其长度，然后施加一 5000lb 的拉力，当然该力在钢筋中产生一单位拉应力为 5000psi。再测量其长度，发现钢筋已伸长一定量，称为 $x$in，若再施加 5000lb 力，伸长量将为 $2x$，即为第一次施加 5000lb 的力后所记录的变形量的两倍。继续试验，将发现对于每一个 5000lb 的附加荷载增量，钢筋的长度将增加与施加初始 5000lb 力相同的变形量；即变形（长度变化）直接与应力成比例。到目前为止，虎克定律是正确的，但当单位应力达到 36000psi 时，对于每一附加的 5000lb 荷载，长度增加多于 x。这一单位应力称作弹性极限或屈服应力，它随不同钢筋等级而变化。超过这一应力极限，虎克定律将不再适用。

在这一关系中可注意到另一种现象。在刚才描述的试验中，能观察到当卸掉任一产生的单位应力小于弹性极限的荷载时，钢筋恢复到原长。如果卸掉产生的单位应力大于弹性极限的荷载，会发现钢筋已永久性地伸长。这一永久变形称作残余变形。基于掌握的这一事实，也可定义弹性极限为超过该值卸去荷载后材料不能恢复原长的单位应力。

若超过弹性极限后继续试验，可得到荷载没有任何增加而变形增加的一点。这一变形发生时的单位应力称作屈服点，其值略高于弹性极限。因为屈服点（有时称作屈服应力）可通过试验比弹性极限更为精确地确定，是特别重要的一个单位应力。非延性材料如木材和铸铁弹性极限定义不准确，无屈服点。

3. 极限强度

超过屈服点后，前节所述的试验钢筋再一次对增加的荷载产生抵抗力。当荷载足够大时，发生破坏。钢筋在破坏前的单位应力称极限强度。对于该试验中假定的钢筋等级，在应力约为 80000psi（550MPa）时极限强度可能发生。

设计结构构件是使其在正常使用条件下的应力不超过弹性极限，即使其在该值和极限强度间有相当富余的储备强度。采用这一方法是因为弹性极限以上的应力产生的变形是永久性的，因此会改变结构的外观。

4. 安全系数

结构的实际荷载和材质均匀性存在的不确定程度要求设计时考虑一些储备强度，储备强度的程度就是安全系数。虽然关于这一术语的定义没有一致的认识，接下来的论述将用来在头脑中建立这一概念。

考察一结构用钢，其极限单位拉伸应力为58000psi（400MPa），屈服点应力为36000psi（250MPa），容许应力为22000psi（150MPa）。若安全系数定义为极限应力与容许应力的比值，其值为58000/22000，即2.64。另一方面，若其定义为屈服点应力与容许应力的比值，其值为36000/22000，即1.64。这个变化相当大，因为当应力超过弹性极限时结构构件开始变形破坏，更高的值可能误导，因而目前安全系数这一术语没有广泛采用。通常建筑规范为所使用的结构中钢的等级规定了设计中使用的容许单位应力。

若要求鉴定结构的安全性，问题可分解为考察每个结构单元，求解其在现存荷载条件下实际的单位应力，并将此应力与当地建筑规程规定的容许应力做比较。这一过程被称为结构分析。

5. 弹性模量

在材料弹性极限内，变形与应力直接成比例。这些变形的大小可用弹性模量［表明材料刚度的一个数字（比值）］计算。

如果单位应力较高而材料变形相对较小，就说明该材料是刚性的。例如，横截面为$1in^2$、长为10ft的钢棒在2000lb拉伸荷载作用下将伸长0.008in，而相同尺寸的木块在相同拉伸荷载下将伸长0.24in。就说明钢比木材刚性强，因为对于相同的单位应力，钢的变形不是那么大。

弹性模量定义为单位应力除以单位变形。单位变形是指变形的百分数，通常称应变。因它表示一个比值，所以是无量纲的，定义如下

$$s=\frac{e}{L}$$

式中　s——应变；

e——实际的尺寸变化；

L——构件的原长。

弹性模量用字母E表示，以lb/in^2为单位，且对大多数建筑材料拉和压具有相同值。假定f代表单位应力，s代表单位应变，则

$$E=\frac{f}{s}$$

而由第2.3节的定义，可得$f=P/A$。显然，如L表示构件的长度，e表示总变形，则单位长度的变形s，必等于总变形除以长度，即$s=e/L$。现在将这些值代入按定义确定的方程：

$$E=\frac{f}{s}=\frac{P/A}{e/L}=\frac{PL}{Ae}$$

也可写成以下形式：

$$e=\frac{PL}{AE}$$

式中 e——总变形，in；

P——力，lb；

l——长度，in；

A——横截面面积，in^2；

E——弹性模量，lb/in^2。

注意：E 与 f 用相同单位（lb/in^2）表示，因为在方程 $E=f/s$ 中 s 是一无量纲的数值。

对钢材，E=29000000psi（200000000kPa），对于木材则取决于种类和等级，从小于1000000psi（6895000kPa）的某值变化到约1900000psi（13100000kPa）。对于混凝土，常见的建筑等级 E 值在 2000000psi（13790000kPa）到 5000000psi（34475000kPa）之间变动。

【例题 2.1】 一直径为 2in（50.8mm）、长为 10ft 的圆形钢棒承受 60kip（26688kN）的拉力，在该荷载作用下该钢棒将伸长多少？

解：直径 2in 钢棒的截面面积为 3.1416in^2（2027mm^2）。校核钢筋应力是否在弹性极限范围内，有

$$f=\frac{P}{A}=\frac{60}{3.1416}=19.1\text{ksi}(131663\text{kPa})$$

位于普通结构用钢的弹性极限（36ksi）范围内，为此可知求变形的公式适用。已知 P=60kip、L=120in、A=3.1416in^2 和 E=29000000psi，代入这些值，计算钢棒总伸长为

$$e=\frac{PL}{AE}=\frac{60000\times120}{3.1416\times29000000}=0.079\text{in}$$

$$e=\frac{266.88\times10^6\times3050}{2027\times200000000}=2.0\text{mm}$$

习题 2.4.A 长 2ft（610mm）、1in（25.4mm）见方的钢棒要伸长 0.016in（0.4064mm）要施加多大的力？

习题 2.4.B 长为 12ft（610mm）、标称尺寸为 7.5in（190.5mm）见方的花旗松木柱，在 45kip（200kN）的轴向荷载下将缩短多少？

习题 2.4.C 对一长 16in（406mm）、1in（25.4mm）见方的结构钢棒进行常规质量控制测试。测试得到的数据表明钢棒承受 20.5kip（91.184kN）的拉力时伸长 0.0111in（0.282mm）。计算钢材的弹性模量。

习题 2.4.D 一长 40ft（12.19mm）、直径为½in（12.7mm）的圆形钢棒承受 4kip（17.79kN）的荷载，它将伸长多少？

2.5 直接应力的设计应用

在涉及直接应力方程的例题和习题中，对给定荷载下构件中产生的单位应力（$f=P/$

A）和确定构件承担一给定荷载所需尺寸（$A=P/f$）时所使用的容许单位应力作了区别。当然，方程的后一种形式是设计时所用的。确定不同的材料的受拉、受压、受剪和弯曲的容许应力的过程不同，在行业规程中有规定。来源于这些参考数据的示例列于表2.1。

在实际设计工作中，对于特殊要求一定要参考适用于特殊地区建筑物建设的建筑规范。许多市政规范不经常修正，因而可能使得与生产建议的容许应力现行版不一致。

除了剪力，目前所研究的应力是直接或轴向应力，即假定这些力沿横截面均匀分布。给出的例题和习题属于三种常见的类型：①结构构件的设计（$A=P/f$）；②安全荷载的确定（$P=fA$）；③构件安全性分析（$f=P/A$）。

【例题2.2】　设计（确定其尺寸）一方形的优质花旗松短木柱来承担30000lb（133440N）的压力荷载。

解： 参照表2.1可知，木材平行于纹理方向的容许单位压应力为1150psi（7929kPa），柱所需面积为

$$A=\frac{P}{f}=\frac{30000}{1150}=26.09\ \text{in}^2(16829\text{mm}^2)$$

表2.1　常见结构材料参数

材料和特性	常用值	
	psi	kPa
结构钢		
屈服强度	36000	250000
容许拉力	22000	150000
弹性模量 E	29000000	200000000
混凝土		
f'_c（规定的抗压强度）	3000	20000
承压强度	900	6000
弹性模量 E	3000000	21000000
结构木材		
（花旗松—落叶松，精选结构等级，柱和木材）		
压力、平行于纹理	1150	8000
弹性模量 E	1600000	11000000

由表4.8可知，6in见方的方柱加工尺寸为5½in（139.7mm），面积为30.25in²（19517mm²）。

【例题2.3】　边长为2ft（0.6096m）的方形混凝土短柱，确定其轴向受压的安全荷载。

解： 柱面积为4ft²或576in²（0.3716 m²），表2.1给出混凝土的容许单位压应力为900psi（6206kPa），因此，柱能承受的安全荷载为

$$P=fA=900\times576=528400\text{lb}(206\text{kN})$$

【例题2.4】　体育馆的传动导轨通过钢棒悬于屋架，各钢棒承担受拉荷载11200lb（49818N）。圆形钢棒的直径为7/8in（22.23mm），端部缩锻（通过锻造变大）。该缩锻使得钢棒的全截面面积［0.601in²（388mm²）］可利用；否则，螺丝孔道将削减钢棒截面积。分析该设计是否安全。

解：因为悬挂钢棒的毛面积有效，产生的单位应力为

$$f=\frac{P}{A}=\frac{11200}{0.601}=18636\text{psi}$$

$$\left(f=\frac{49818\times10^{3}}{388}=128397\text{kPa}\right)$$

表 2.1 给出钢材的容许应力为 22000psi（151690kPa），大于荷载产生的应力。因此，该设计安全。

剪应力公式

前述的直接应力公式的计算形式当然也能用于剪应力公式 $f_v=P/A$。

注意：剪应力横切作用于截面，而不是与其成直角。而且，即使剪应力方程可直接应用于图 2.2（*a*）和图 2.2（*b*）所示情形，但用于梁［见图 2.3（*b*）］时必须作修改。后一种情形将在以后更详细地论述。

习题 2.5.A　确定钢棒承担 26kip（115648kN）的拉伸荷载所需的最小横截面面积。

习题 2.5.B　一方形优质花旗松短木柱要承担 61kip（271.3kN）的轴向荷载，其名义尺寸应为多少（运用表 4.8）？

习题 2.5.C　一钢棒直径为 1.25in（31.75mm），若其端部缩锻，可承担的安全拉伸荷载为多少？

习题 2.5.D　一 11.5in（292.1mm）见方的花旗松短木柱的木材等级为一级，其可承担的安全荷载为多少？

习题 2.5.E　一尺寸为 5.5in×7.5in（实为 139.7mm×190.5mm）的优质花旗松短木柱承受轴向荷载 50kip（222.4kN）。分析该设计是否安全。

习题 2.5.F　一 18in（457.2mm）见方的混凝土短柱，承受轴向荷载 150kip（667.2kN），此结构是否安全？

2.6 动力特性

一门好的物理实验课程应能对动力特性涉及的基础原理和关系提供一种合理的解释。更好的准备是工程动力学方面的课程，直接论述其在各种工程问题中的应用。本节简要总结动力学的基本概念，对那些知识背景有限的人有所帮助，对那些以前对该课题有所研究的人也是一种复习。

动力学一般领域可分为动力学和运动学。运动学专门研究运动，即时间-位移的关系和运动几何学。动力学增加了对产生或阻止运动的力的考虑。

1. 运动学

运动可形象化为一个运动着的点或组成一物体的一系列相关联的点的运动。运动可几何限定和尺寸量化。图 2.4 中，点沿一路径（其

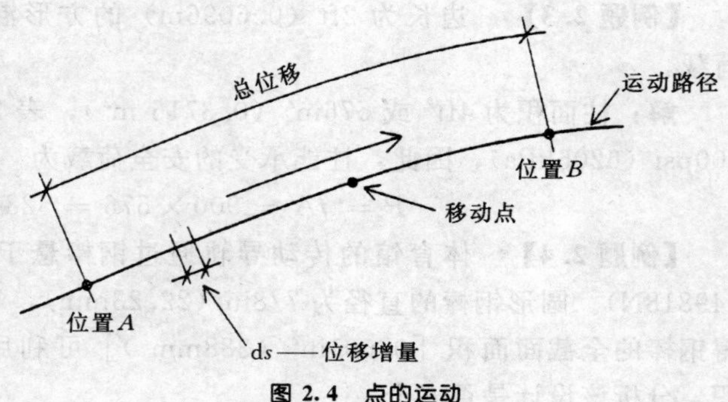

图 2.4　点的运动

几何特征）运动一定距离，该点在路径上任意两个分离位置间运动的距离称为位移（s）。运动的概念即该位移随时间的发生，此时间-位移函数的一般数学表达式为

$$s = f(t)$$

速度（v）定义为位移关于时间的变化率。作为一瞬时值，速度表示为位移增量（$\mathrm{d}s$）与该位移增量所消耗时间增量（$\mathrm{d}t$）的比。使用这一微分，速度可定义为

$$v = \frac{\mathrm{d}s}{\mathrm{d}t}$$

即速度是位移对时间的一阶导数。

如果位移以关于时间的常量比率发生，也就是说有常量速度。这种情况下速度可不用微分学，可更简单地表示为

$$v = \frac{\text{总位移}}{\text{总时间}}$$

当速度随时间变化，其变化比率称为加速度（a）。因此，作为一瞬时变化，有

$$a = \frac{\mathrm{d}v}{\mathrm{d}t} = \frac{\mathrm{d}^2 s}{\mathrm{d}t^2}$$

即加速度是速度对时间的一阶导数或位移对时间的二阶导数。

2. 运动

动力学的一个主要研究内容是运动的本质。尽管建筑结构实际上并不容许运动（与机器零件不同），但因为其对力作用的反应所以必须考虑其运动。这些运动可能是实际发生的非常小的变形，或只是设计者必须考虑到的一种破坏反应。以下是运动的一些基本形式：

(1) 平移。当一物体以简单的线性位移运动，即量得的位移是距某参考点距离的简单变化时，发生平移。

(2) 转动。当运动可用角位移（即绕一固定参考点旋转）度量时，发生转动。

(3) 刚体运动。刚体是无内在变形发生的物体，物体的所有微粒彼此间保持固定的关系。三种类型的刚体运动都是可能的。当物体所有的微粒在相同时间沿相同方向运动时，发生平移；当物体内所有微粒绕空间某一共同的称作转动轴的固定线沿圆形轨迹线运动时，发生转动；当物体内所有微粒在平行平面内运动时，发生平面运动。平面内的运动可能是平动或转动的任意组合。

(4) 可变形体的运动。此时物体将作为一个整体运动，物体的微粒彼此间也发生运动。通常这是一种较刚体运动更为复杂的运动形式。虽然在许多情况下它可分解成较简单的运动分量。这种运动是流体和弹性体运动的本质。弹性结构在荷载下的变形即为此变形，包括单元离开初始位置的运动和其外形的改变。

3. 动力学

如前所述，动力学包括对产生运动的力的额外考虑，即加到位移和时间变量里的是对物体的质量的考虑。由牛顿物理学，机械力的简单定义为

$$f = ma\ \text{（质量乘以加速度）}$$

质量是使物体抵抗运动状态的改变这一惯性特性的量度。研究质量更常用的术语是重量，是一个按以下定义的力：

$$W = mg$$

其中 g 为重力加速度（32.3ft/s²）。

重量在字面意义上是一动力，虽然它是当速度假定为零时的静力量度的标准方式。因此在静力分析中，力可以简单地表示为

$$F = W$$

在动力分析中，当使用重量量度质量时，力可表达为

$$F = ma = \frac{W}{g}a$$

4. 功、能、能量和动量

如果一个力使物体运动，力就做了功，功可定义为力与位移（通过的距离）的乘积。如果在位移中力是常量，功可简单地表示为

$$W = Fs = 力 \times 通过的总距离$$

能量可定义为做功的能力。能量以各种形式存在：热能、机械能、化学能等。对于结构分析，所关注的是以两种形式之一出现的机械能。势能是贮藏的能量，如在压缩的弹簧中或提升的重物里。当弹簧被释放或重物下落时就会做功；动能为运动着的物体所有，需要功来改变其运动状态，即使其减速或加速。

在结构分析中，能量被认为是不可毁灭的，即虽然它可被转移或转化，但不可能被毁灭。如果弹簧用来推动物体，受压弹簧里的势能可转化成动能。在蒸汽机中，燃料的化学能转化成热能，然后转化为蒸汽的压力，最后转化成机械能作为引擎的输出传递。

一个本质的概念是能量的守恒，是用输入和输出能量对其不可毁灭性的一种陈述。这一概念可根据功来陈述，如果对物体所做的功完全使用，将等于完成的功加上由于热量、空气摩擦等原因引起的所有损失。在结构分析中，这一概念能够得到类似于静力平衡的功平衡关系。正如静力平衡中所有力必须平衡，对于功的平衡，输入功必须等于输出功（加上损失）。

5. 简谐运动

在结构动力效应分析中主要考虑的一个特殊问题是简谐运动问题。一般用来阐明这种运动的两个要素是摆动的钟摆和跳跃的弹簧。钟摆和弹簧有一个在保持静止的静力平衡的中性位置。若通过向一侧拉开钟摆或压缩弹簧将其从中性位置移开，它们将有回到中性位置的趋势。然而，由于动量它们将到达一反向位移位置而周期运动（如钟摆的摆动、弹簧的跳跃）。

图 2.5 说明了跳跃的弹簧的典型运动。运用微分学和基本的运动和力的方程，可推导位移-时间关系为

$$S = A\cos Bt$$

余弦函数图形的基本形式如图 2.5（*b*）所示。距中性位置最大的位移称为振幅。一个完整循环所耗时间称作周期。给定单位时间内完整循环的数量称作频率（通常以转/秒为单位），等于周期的倒数。每个作简谐振动的物体有一个基本周期（也称自然周期），由其重量、刚度、尺寸等确定。

任何趋于使振幅在连续几周内减小的影响称为阻尼效应。摩擦中的热损失、空气阻力

等是自然阻尼效应。缓冲器、平衡块、减震材料和其他装置也能用来使振幅衰减。图 2.5（*c*）显示了有阻尼简谐振动的形式，是大多数这种运动的常见形式，因为没有初始偏移力的持续作用，永久运动是不可能的。

共振是偏移力自身的周期与被推动的物体的周期一致时产生的一种效应。例如，人在跳水板上以板的基本周期有节奏地跳跃，从而导致板的自由运动的加强和放大。这一运动形式在图 2.5（*d*）中说明。无约束的共振效应可导致无限大的幅值，毁灭或损坏运动物体或其支承。阻尼与共振效应的平衡有时可能形成一振幅峰值水平的常量运动。

受荷建筑趋向于如同弹簧的作用。在材料的弹性应力范围内将其移开中性位置（不受荷），当释放时将进入简谐振动形式。结构的整体周期和其各部件的周期是影响其动力荷载响应的主要特性。

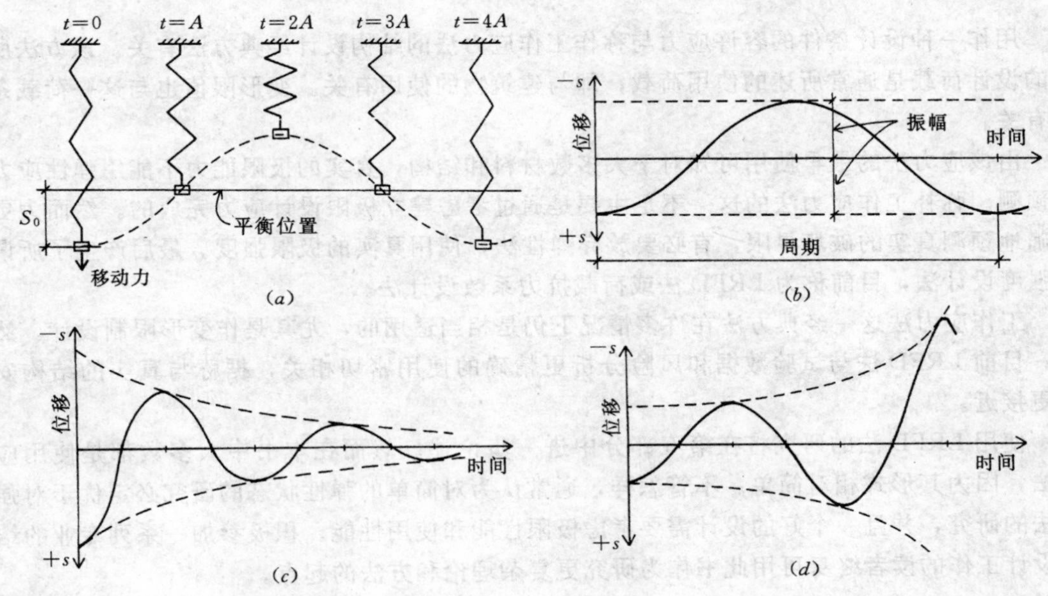

图 2.5　简谐运动分析

（*a*）运动的弹簧；（*b*）点的运动 $S=A\cos BT$；（*c*）阻尼运动；（*d*）共振

6. 等效静力效应

通过消除动力分析的复杂过程，使用等效静力效应实际上可以提供更简单的分析和设计。为使其可能，必须将荷载效应和结构响应转变为静力项。

对于风荷载，主要的转变是将风的动能转换为等效的静压力，然后类似于均布重力荷载处理。对于各种空气动力效应，要作额外的考虑，如地面阻碍、建筑外形和吸力，但这些并不改变功的基本静力特征。

对于地震效应，首要的转变是确定一假定的水平静力施加于结构来激励地面运动过程中的侧向运动效应。该力按建筑物恒重的某一百分数计算，一旦建筑物运动，此恒重是动能荷载的真正来源——正如钟摆和弹簧的重量使它们在初始偏移位置释放后保持运动。所使用的具体的百分数由许多因素确定，包括结构的某些动力响应特性。

当设计考虑风和地震效应时，使用明显较低的安全系数，因为容许应力允许增加。实际上，这不是设计安全度低一点的问题，而只是对实际引入静力（重力）效应和等效静力效应作补偿的一种方式。从而计算所得的总应力确实是十分虚拟，因为事实上是将静力强度效应加到动力强度效应，而此情形中 2+2 并不一定等于 4。

不管修正系数和转换的数量，用来说明动力行为的等效静力分析的性能存在一些局限。许多阻尼和共振效应得不到说明，结构真实的性能能力用应力和应变的大小不能精确度量。某些情况下需要进行真实的动力分析，不管是用数学分析还是用物理测试。但事实上这样的情况十分少见。绝大多数建筑设计情形里存在大量经验。对大多数潜在动力效应确实不重要或只用重力或等效静力法设计能得到充分考虑的情况，经验允许一般化。

2.7 工作状态和极限状态

用作一种设计条件的容许应力与称作工作应力法的结构设计经典方法有关。该方法所用的设计荷载是通常所述的使用荷载；即与建筑物的使用有关。变形限值也与这一荷载条件有关。

由该应力法的最早使用可知对于大多数材料和结构，真实的极限能力不能用弹性应力法预测。弥补工作应力法的这一不足主要是通过考虑建立极限设计应力完成的。然而为更精确地预测真实的破坏界限，有必要放弃弹性法，使用真实的极限强度。最后产生了所谓的强度设计法，目前称为 LRFD 法或荷载抗力系数设计法。

工作应力法这一经典方法在许多情况下仍是相当适用的，尤其是作变形限制设计。然而，目前 LRFD 法与试验数据和风险分析更精确的使用密切相关，据称与真实的结构安全更接近。

使用 LRFD 法的研究将在第五部分中进一步论述。然而在本书中大多数都是使用应力法，因为其形式相对简单。不管怎样，通常认为对简单的弹性状态的研究必定优于对强度法的研究，并且一个好的设计需要考虑极限性能和使用性能。积极参加一系列专业的结构设计工作的读者终身可用此书作为研究更复杂理论和方法的起点。

第3章

梁和框架研究

本章包括研究梁、柱和简单框架性能需要考虑的事项。由于是对各种关系的一种基本解释，力和尺寸所用单位不如其数值重要。为此，为简洁和简化，文中大部分数字计算仅用美制单位完成。但考虑到希望使用公制单位的读者，习题用双重单位制列出。

3.1 力矩

力矩这一术语通常用于工程问题，准确理解该术语的含义是极其重要的。想象一个3in的长度、26in^{2}的面积或100lb的力非常容易，而力矩则比较不易理解；它是力乘以距离。力矩是力绕一给定点或给定轴产生转动的趋势。一个力对一给定点力矩的大小是力的大小（lb、kip和N等）乘以该力矩给定点的距离（ft、in和m等）。该点称为力矩中心，距离称作杠杆（力）臂或力矩（力）臂，用过力矩中心作一条垂直于力作用线的线段来测量。力矩用合成单位表示为lb·ft和lb·in，kip·ft和kip·in，或N·m。总之

$$力矩 = 力的大小 \times 力矩臂$$

考察图3.1（*a*）所示的100lb的水平力。若点A为力矩中心，该力的力臂为5ft，于是该100lb的力关于点A的力矩为$100\times5=500$ft·lb。在图解说明中，力趋向于绕点A产生顺时针转动（如虚线箭头所示），称为正力矩。若点B为力矩中心，该力趋向于绕点B产生逆时针转动，称为负力矩。重要的是记住绝不能以没有特定的点或轴而考察一个力的力矩。

图3.1（*b*）表示作用在支承于A点上的杆的两个力。力P_1关于点A的力矩为$100\times8=800$ft·lb，为顺时针方向或为正。力P_2关于点A的力矩为$200\times4=800$ft·lb，这两个力矩值相等，但力P_2趋向于绕点A产生一逆时针力矩或负力矩。此正负力矩大小相同，处于平衡状态；即没有运动。阐明这一点的另一种方式是说绕点A的正负力矩之和

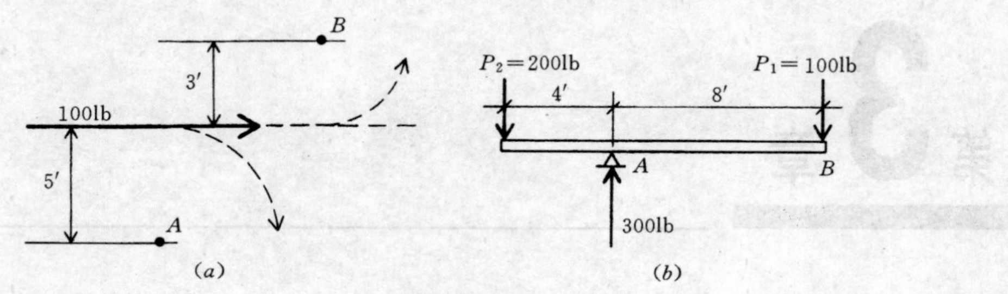

图 3.1 力矩的形成

为零，即

$$\sum M_A = 0$$

更一般地表述，如果一力系平衡，则力矩的代数和为零。这是平衡法则之一。

在图 3.1（b）中，取点 A 为力矩中心，但基本法则对任意点均成立。例如，若点 B 取作力矩中心，点 A 处大小为 300lb 的向上的支承力力矩是顺时针方向（为正），力 P_2 的力矩是逆时针方向（为负）。于是

$$300 \times 8 - 200 \times 12 = 2400 - 2400 = 0$$

注意：力 P_1 对点 B 的力矩为 100×0=0，因而在书写方程时被省略。当力矩中心取在杆的左端力 P_2 的作用点下时，读者应确信力矩之和也为零。

1. 平衡法则

当一物体上作用有多个力时，每个力均趋向于使物体移动。如果这些力的大小和位置使得其合力对物体不产生运动，就说这些力平衡（见第 1.2 节）。一组一般的共平面力的静力平衡的三个基本法则为

（1）所有竖向力的代数和为零。

（2）所有水平力的代数和为零。

（3）所有力关于任一点的力矩代数和为零。

这些法则有时也称作平衡条件，如下所示（符号$\sum$表示求和，即问题所涉及的所有相似项代数相加）：

$$\sum V = 0 \quad \sum H = 0 \quad \sum M = 0$$

力矩法则$\sum M=0$ 在以前的论述中被提到过。

表达式$\sum V=0$ 是向下的力之和等于向上的力之和的另一表达方式。从而图 3.1（b）中的杆满足$\sum V=0$，因为大小为 300lb 的向上的力等于力 P_1 和 P_2 之和。

2. 梁上的力矩

图 3.2（a）所示为作用于梁上的大小分别为 100lb 和 200lb 的两个向下的力。两支承间梁长 8ft，支承力又称作支反力，分别为 175lb 和 125lb。这四个力相互平行并且平衡；因而$\sum V=0$ 和$\sum M=0$ 这两个法则适用。

首先，因为力处于平衡状态，向下的力之和必须等于向上的力之和。向下的力之和即荷载为 100＋200＝300lb；向上的力之和即支反力为 175＋125＝300lb。从而可知，力总和为零。

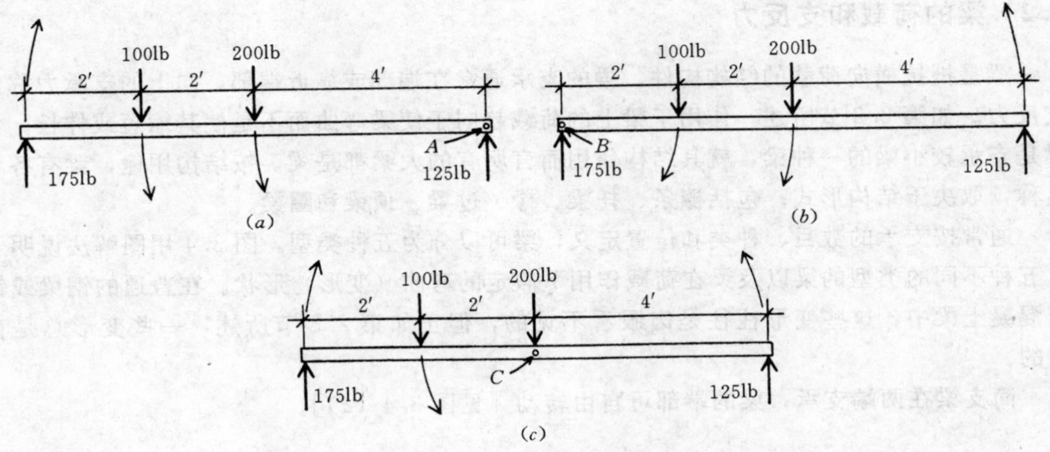

图 3.2　关于所选点的力矩之和

其次，因为力矩处于平衡状态，对于任一力矩中心，产生顺时针转动的力矩（正力矩）之和必须等于产生逆时针转动的力矩（负力矩）之和。考虑关于右支承点 A 的力矩方程，对该点产生顺时针转动趋势的力为 175lb，其力矩为 175×8＝1400ft・lb，对同一点产生逆时针转动趋势的力分别为 100lb 和 200lb，其力矩为 100×6ft・lb 和 200×4ft・lb，从而，如果 $\sum M_A=0$，则

$$175\times 8=100\times 6+200\times 4$$

$$1400=600+800$$

$$1400\text{ft}\cdot\text{lb}=1400\text{ft}\cdot\text{lb}$$

此法则成立。

向上的力 125lb 从前述方程中省略，因为其关于点 A 的力臂为 0ft，从而其力矩为零。过力矩中心的力对该点不产生转动。

现选左支承点 B 为力矩中心［见图 3.2（b）］。通过相同推理，若 $\sum M_B=0$，则

$$100\times 2+200\times 4=125\times 8$$

$$200+800=1000$$

$$1000\text{ft}\cdot\text{lb}=1000\text{ft}\cdot\text{lb}$$

再次证明此法则成立。在这种情况下，175lb 力关于力矩中心的力臂为 0ft，其力矩为零。

读者可任选其他点验证。如选图 3.2（c）中点 C 作力矩中心，可进一步证实该点力矩之和为零。

习题 3.1.A　图 3.3 所示为一作用有三个荷载和两个支反力的梁处于平衡状态。选五个不同的力矩中心，并写出各点的力矩方程，说明顺时针力矩之和等于逆时针力矩之和。

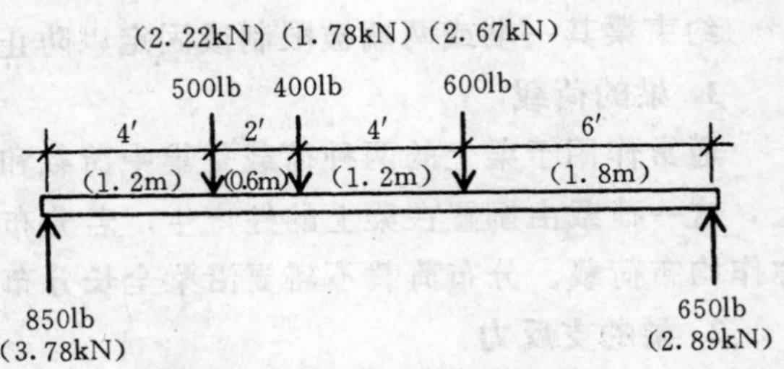

图 3.3　习题 3.1.A 的参照图

3.2 梁的荷载和支反力

梁是抵抗横向荷载的结构构件。梁的支承通常在端部或靠近端部，向上的支承力称作支反力。如第 2.2 节所述，作用于梁上的荷载趋向于使梁弯曲而不是使其缩短或伸长。大梁是支承较小梁的一种梁，就其结构作用而言所有的大梁都是梁。按结构用途，梁有各种名称，取决于结构形式；包括檩条、托梁、椽、过梁、顶梁和圈梁。

通常按支承的数目、种类和位置定义，梁可以分为五种类型。图 3.4 用图解法说明了这五种不同的类型的梁以及梁在荷载作用下假定的弯曲（变形）形状。在普通的钢梁或钢筋混凝土梁中，这些变形往往是肉眼看不见的，但正如第 2.3 节所述，一些变形总是存在的。

简支梁在两端支承，梁的端部可自由转动［见图 3.4（*a*）］。

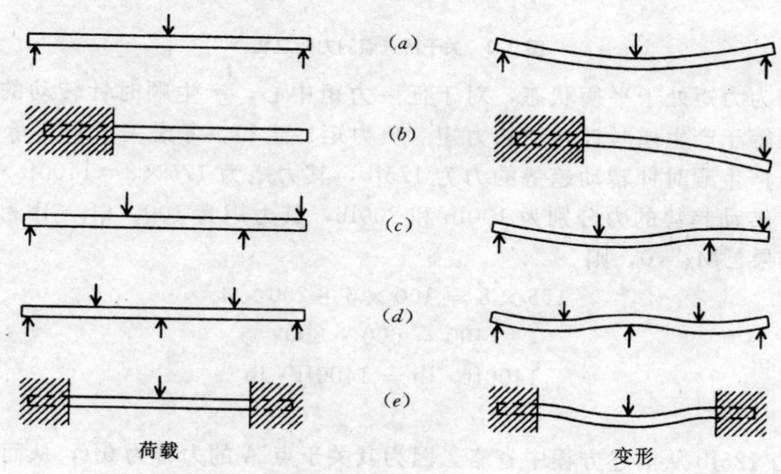

图 3.4 梁的类型

（*a*）简支；（*b*）悬臂；（*c*）悬挑；（*d*）连续；（*e*）约束

悬臂梁只在一端支承，一个典型的例子是埋入墙中并伸出墙面的梁［见图 3.4（*b*）］。

外伸梁是一端或两端伸出其支承的一种梁。图 3.4（*c*）为只在一端伸出支座的梁。

连续梁搁置在多于两个的支承上［见图 3.4（*d*）］。连续梁通常用于钢筋混凝土和焊接钢结构。

约束梁其一端或两端被限制或固定以防止转动［见图 3.4（*e*）］。

1. 梁的荷载

通常作用于梁上的两种荷载是集中荷载和分布荷载。集中荷载假定其作用在具体的点上，这一荷载由搁置在梁上的柱产生。若分布荷载对每单位长度的梁施加大小相等的力，称作均布荷载。分布荷载不需要沿梁全长分布。

2. 梁的支反力

支反力是作用在支承上的力，与向下的力或荷载保持平衡。简支梁的左支反力和右支

反力通常分别称为 R_1 和 R_2。

若长 18ft 的梁在距支承 9ft 处有一大小为 9000lb 的集中荷载，容易看出各支承处向上的力将相等，大小为荷载的一半，即 4500lb。但考虑如将 9000lb 的荷载放在距一端 10ft 处，如图 3.5 所示，向上的支承力将是多少呢？当然它们将不再相等。这里可用力矩法则。考虑关于右支承 R_2 的力矩和，可得

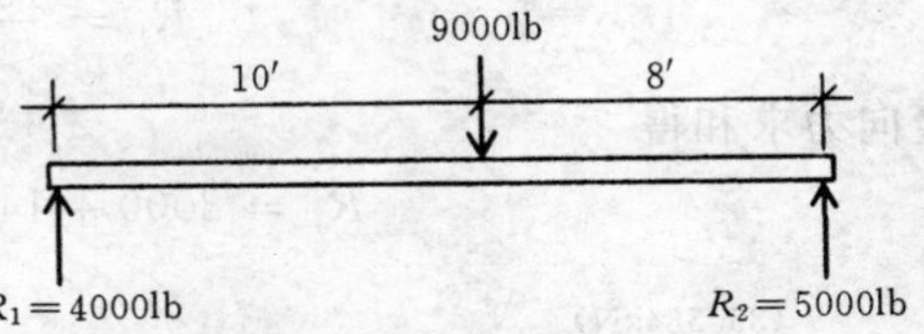

图 3.5　单个荷载下梁的支反力

$$\sum M = 0 = +R_1 \times 18 - 9000 \times 8$$

$$R_1 = \frac{72000}{18} = 4000\text{lb}$$

$$\sum V = 0 = +R_1 + R_2 - 9000 \text{ 或 } R_2 = 9000 - 4000 = 5000\text{lb}$$

然后考察竖向平衡，解的准确性可对左支承取矩得到检验。这样可得

$$\sum M = 0 = -R_2 \times 18 + 9000 \times 10, R_2 = \frac{90000}{18} = 5000\text{lb}$$

【例题 3.1】　长为 20ft 的简支梁作用有三个集中荷载，如图 3.6 所示，求支反力大小。

解： 取右支承为力矩中心

$$\sum M = 0 = +R_1 \times 20 - 2000 \times 16 - 8000 \times 10 - 4000 \times 8$$

由此可得

$$R_1 = \frac{32000 + 80000 + 32000}{20} = 7200\text{lb}$$

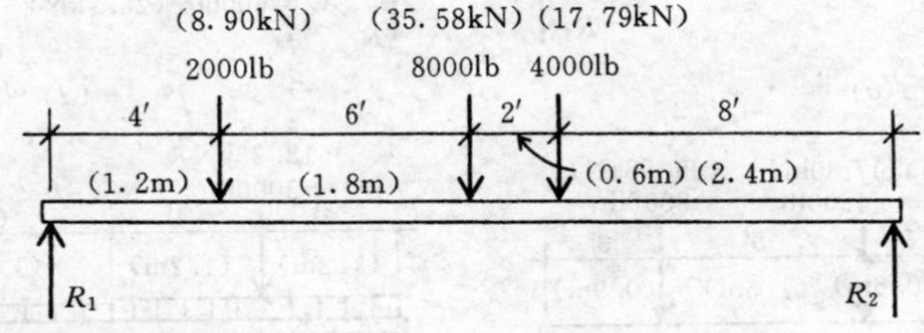

图 3.6　例题 3.1 的参照图

由竖向力之和可得

$$\sum M = 0 = +R_2 + 7200 - 2000 - 8000 - 4000, R_2 = 6800\text{lb}$$

用所有求得的关于左支承点的力矩——或除了右支承以外的任意其他点——将可以检验计算的正确性。

下述例子用来说明均布荷载作用在梁上的解答。这一计算的便利之处是将总的均布荷载当作一作用在均布荷载中点的集中荷载。

【例题 3.2】　长 16ft 的简支梁承受如图 3.7（a）所示荷载，求支反力。

解： 全部的均布荷载可当作是单个集中力作用在距右支承 5ft 处；这一荷载如图 3.7（b）所示。考察关于右支承点的力矩，

$$\sum M = 0 = +R_1 \times 16 - 8000 \times 12 - 14000 \times 5$$

由此可得

$$R_1=\frac{166000}{16}=10375\text{lb}$$

竖向力求和得

$$R_2=8000+14000-10375=11625\text{lb}$$

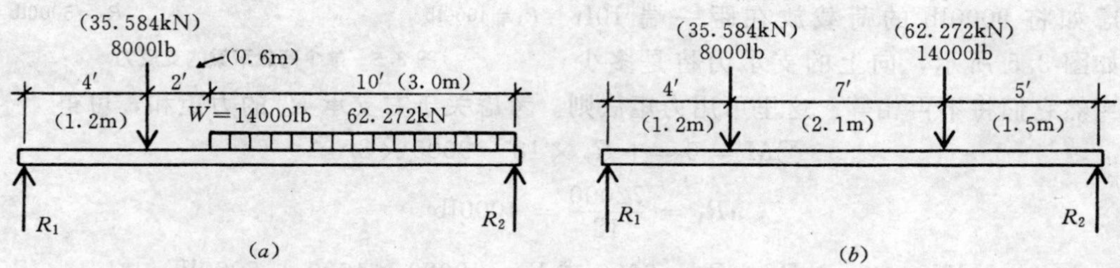

图 3.7 例题 3.2 的参照图

关于左支承点的力矩之和将再一次检验计算的正确性。

一般来说，任一只有两个产生竖向反力的支承的梁将可以静定求解。这包括前例中的简支梁和悬臂梁。

习题 3.2.A～F 求图 3.8 所示的梁的反力。

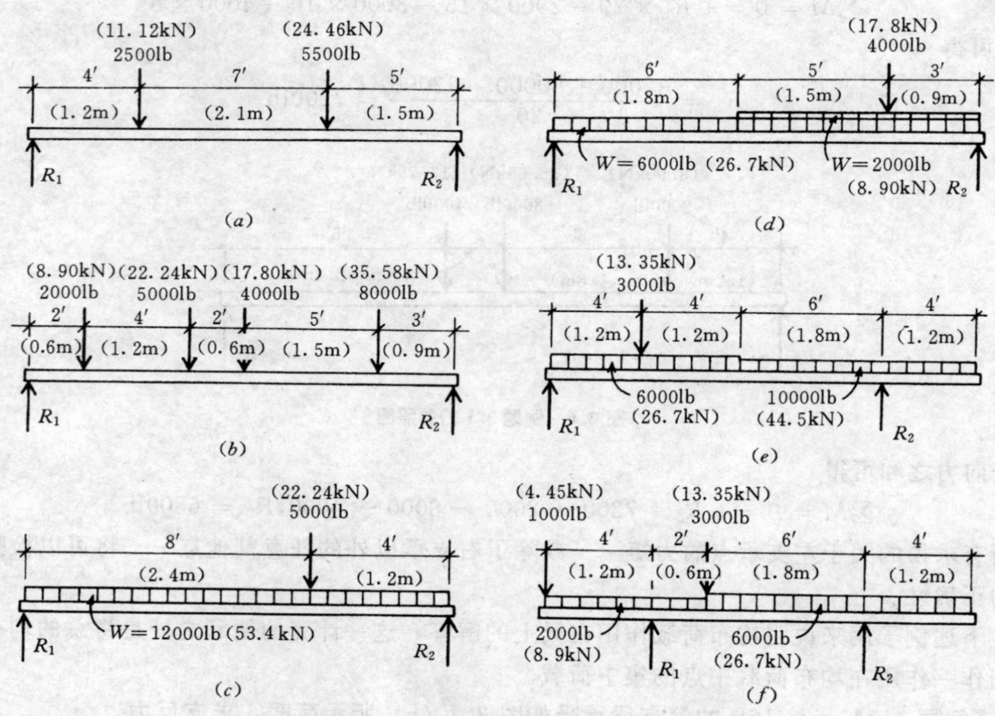

图 3.8 习题 3.2.A～F 的参照图

3.3 梁中的剪切

图 3.9（a）表示一均布荷载 W 沿全长分布的简支梁。对这样受荷的实际梁的检查可

能不会发现荷载对梁的一些影响。然而，梁有三种明显的主要破坏趋势，图 3.9（b～d）说明了这三种现象。

第一，梁有在支承间下落的破坏趋势［见图 3.9（b）］，称为竖向剪切。第二，梁可能弯曲破坏［见图 3.9（c）］。第三，木梁中纤维有在水平方向相互滑移的趋势［见图 3.9（d）］，称为水平剪切。自然地，合理设计的梁并不以前面所述的任一方式破坏，但是这些破坏可能性总是存在的，在结构设计中必须考虑。

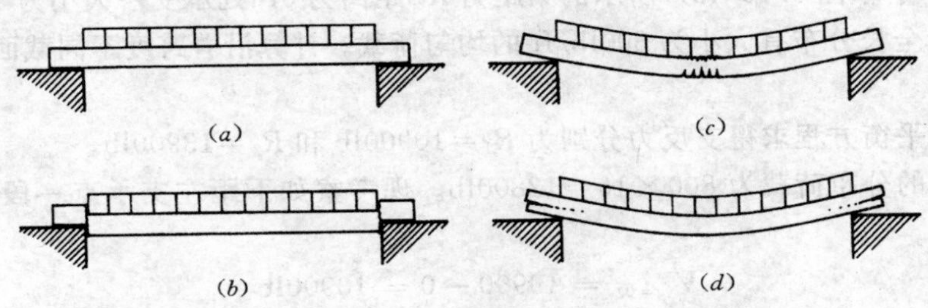

图 3.9　梁中的应力破坏

1. 竖向剪切

竖向剪切是梁的一部分相对于其相邻部分发生竖向移动的趋势。梁长上任一截面上的剪力大小等于该截面任一侧竖向力的代数和。竖向剪力通常用字母 V 表示。例题和习题中计算剪力值时，考察截面左侧的力，但要记住用右侧的力将可得到相同大小的力。为求得梁长上任一截面竖向剪力的大小，将该截面左侧或右侧的力简单相加，由该方法可得简支梁剪力的最大值等于较大的支反力。

【例题 3.3】　图 3.10（a）所示为作用有两个集中荷载 600lb 和 1000lb 的简支梁。求沿梁长不同点处的竖向剪力值。虽然梁的自重形成均布荷载，但在本例中忽略不计。

解：如前所述，计算支反力，得到 $R_1=1000\text{lb}$ 和 $R_2=600\text{lb}$。

接着考察距力 R_1 右侧无限短的距离处的竖向剪力 V 的值。运用剪力等于支反力加上该截面左侧荷载这一法则，列出

$$V = R_1 - 0 \quad 或 \quad V = 1000\text{lb}$$

零表示该截面左侧荷载值，当然为零了。先取距 R_1 右侧 1ft 处的截面；同样

$$V_{(x=1)} = R_1 - 0 \quad 或 \quad V_{(x=1)} = 1000\text{lb}$$

下标（$x=1$）表示所取剪力的截面位置，即截面距力 R_1 的距离。该截面上剪力仍然是 1000lb，并且具有相同大小直到 600lb 的荷载处。

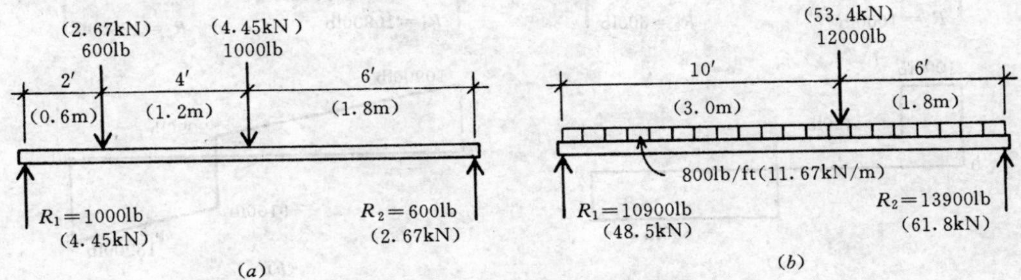

图 3.10　例题 3.3 和例题 3.4 的参照图

考察的下一截面距 600lb 荷载右侧非常短的距离。在该截面

$$V_{(x=6+)} = 1000 - 600 = 400\text{lb}$$

因为没有荷载影响，剪力保持相同大小直到 1000lb 的荷载处。距 1000lb 荷载右侧一小段距离处的截面上

$$V_{(x=2+)} = 1000 - 600 - 1000 = -600\text{lb}$$

这一大小持续到右支反力 R_2 处。

【例题 3.4】 图 3.10（*b*）所示的梁距力 R_2 距离为 6ft 处承受一大小为 12000lb 的集中荷载，并沿全长分布有大小为 800lb/ft 的均匀荷载。计算沿着跨度不同截面上的竖向剪力值。

解：通过平衡方程求得支反力分别为 $R_1=10900\text{lb}$ 和 $R_2=13900\text{lb}$。

注意：总的分布荷载为 $800\times16=12800\text{lb}$。现考察如下距左支承点一段距离的截面上的竖向剪力。

$$V_{(x=0)} = 10900 - 0 = 10900\text{lb}$$
$$V_{(x=1)} = 10900 - 800\times1 = 10100\text{lb}$$
$$V_{(x=5)} = 10900 - 800\times5 = 6900\text{lb}$$
$$V_{(x=10-)} = 10900 - 800\times10 = 2900\text{lb}$$
$$V_{(x=10+)} = 10900 - (800\times10 + 12000) = -9100\text{lb}$$
$$V_{(x=16)} = 10900 - (800\times16 + 12000) = -13900\text{lb}$$

2. 剪力图

例题 3.3 和例题 3.4 中，计算了沿梁长的几个截面的剪力值。为了使这些结果形象化，习惯将这些值绘在一张图上，称作剪力图，绘制方法如下所述。

为绘制该图，首先要按规定比例画出梁并给荷载定位。通过重复图 3.10（*a*）和（*b*）中的荷载图，已分别完成于图 3.11（*a*）和（*b*）中。在梁的下方画一水平基准线表示零剪力。在该线的上方和下方以任一比例绘出不同截面上的剪力值；正值即加号剪力值放在线的上方，负值即减号剪力值放在下方。例如，图 3.11（*a*）中 R_1 处剪力值是＋1000lb。剪力保持相同的值直到 600lb 的荷载处，此处剪力降为 400lb。这一相同的值持续到另一荷载 1000lb 处，在该处降为－600lb 并持续到右支反力处。很明显，要画剪力图只需计算

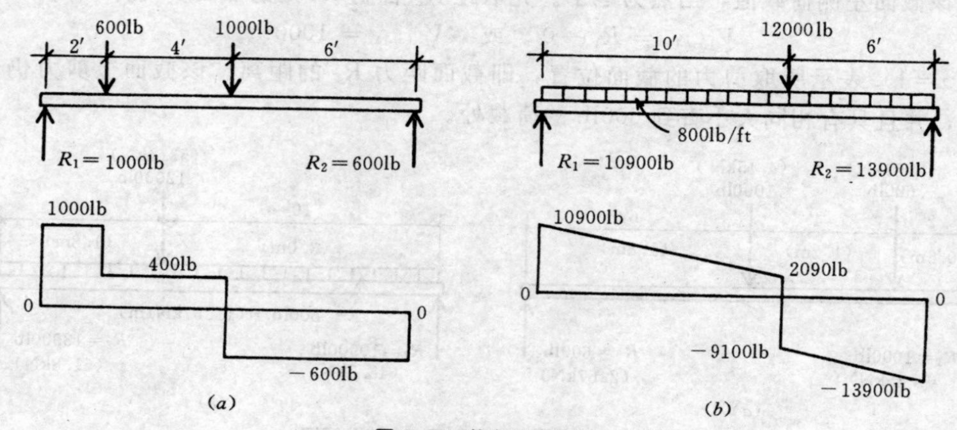

图 3.11 剪力图的绘制

几个重要点的剪力值。绘好剪力图，通过按比例测量图中的垂直距离，可容易地得到梁任一截面的剪力值。用同样方式可绘制图 3.11（*b*）中梁的剪力图。

注意以下两个有关竖向剪力的要点：

（1）最大值。各例中的剪力图确认了早先所观察到的最大剪力在有较大值的支反力处并且其值等于较大的支反力这一事实。图 3.11（*a*）中最大剪力是 1000lb，图 3.11（*b*）中最大剪力是 13900lb。在标定最大剪力值时不考虑正负号，因为该图只是表示绝对数值的惯用方法。

（2）零剪力点。剪力由正值转变到负值的所在点，称这点为零剪力点。图 3.11（*a*）中，该点在 1000lb 荷载下方，距力 R_1 6ft。图 3.11（*b*）中，则在 12000lb 荷载下方，距力 R_1 10ft。

提示　留意这些点主要所关心的是它表明了下节中研究的梁中最大弯矩值的位置。

习题 3.3.A～F　画出图 3.12 中梁的剪力图，并注意所有剪力临界值的位置及零剪力点。

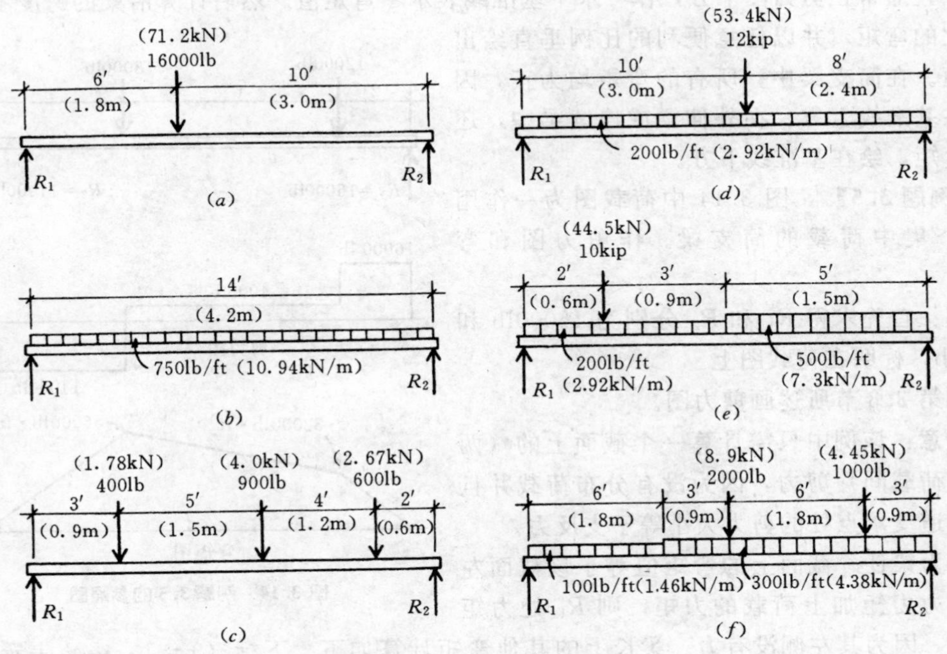

图 3.12　习题 3.3.A～F 的参照图

3.4　梁的弯矩

在梁中引起弯曲的力是支反力和荷载。考察距力 R_1 6ft 处的 $X-X$ 截面（见图 3.13），力 R_1 即 2000lb 趋向于绕该点产生顺时针转动。因为力为 2000lb，力臂是 6ft，则力矩为 $2000\times6=12000$lb・ft。考察截面右侧的力：6000lb 的 R_2 荷载为 8000lb，其力臂分别为 10ft 和 6ft，可得到相同的值。支反力的力矩为 $6000\times10=60000$lb・ft，对截面来说为逆时针方向，8000lb 力的力矩为 $8000\times6=48000$lb・ft，为顺时针方向。于是，60000lb・ft

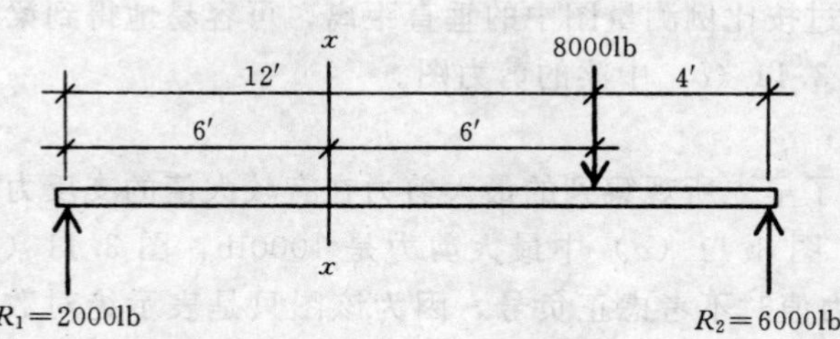

图 3.13 所选梁的横截面上的内部弯曲

−48000lb・ft=12000lb・ft，即为趋向于绕截面逆时针转动的合成力矩。这一值与左侧欲产生顺时针转动的力矩大小相同。

从而，用截面左侧或右侧的力没有区别，力矩大小相同。该力矩称作弯矩（或内部弯矩），因为它是在梁中产生弯曲应力的力矩。其大小沿梁长变化。例如，距 R_1 4ft 处，只有 2000×4 即 8000lb・ft。弯矩是截面任一侧力矩的代数和。为了简便，取左侧的力；于是梁任一截面上的弯矩值等于截面左侧反力力矩加上荷载力矩。因为力矩是力乘以距离的结果，故单位是 lb・ft 或 kip・ft。

1. 弯矩图

弯矩图的绘制采用与剪力图相同的方法。按规定比例画出显示有荷载位置的梁跨。在下方并且通常在剪力图下方，作一水平基准线表示零弯矩值。然后计算沿梁的跨度不同的截面上的弯矩，并以任意便利的比例垂直绘出这些值。在简支梁中，所有的弯矩均为正，因而画在基准线上方。在外伸梁或连续梁中，还有负弯矩，绘在基准线下方。

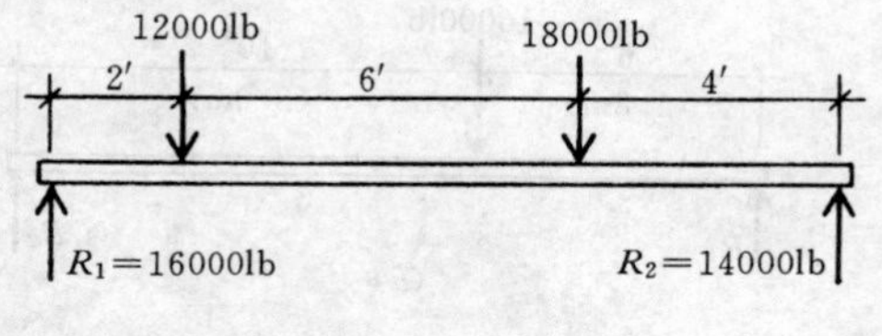

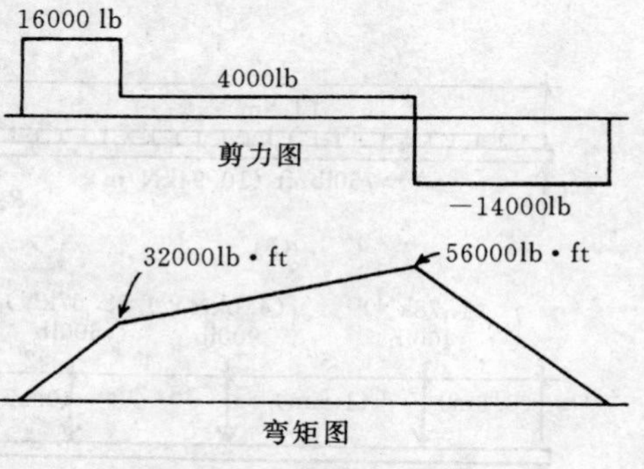

图 3.14 例题 3.5 的参照图

【例题 3.5】 图 3.14 中荷载图为一作用有两个集中荷载的简支梁。作剪力图和弯矩图。

解： 首先求得 R_1 和 R_2 分别为 16000lb 和 14000lb，标明在荷载图上。

如第 3.3 节所述画剪力图。

注意： 该例中只需计算一个截面上的（两个集中荷载间）剪力，因为没有分布荷载并且已经知道支承点处的剪力大小等于支反力。

因为梁任一截面上的弯矩值等于该截面左侧支反力力矩加上荷载的力矩，则 R_1 处力矩必为零，因为其左侧没有力。梁长上的其他弯矩计算如下。下标（$x=1$，…）表示距已计算出弯矩值的 R_1 处的距离。

$$M_{(x=1)} = 16000 \times 1 = 16000\text{lb} \cdot \text{ft}$$
$$M_{(x=2)} = 16000 \times 2 = 32000\text{lb} \cdot \text{ft}$$
$$M_{(x=5)} = 16000 \times 5 - 12000 \times 3 = 44000\text{lb} \cdot \text{ft}$$
$$M_{(x=8)} = 16000 \times 8 - 12000 \times 6 = 56000\text{lb} \cdot \text{ft}$$
$$M_{(x=10)} = 16000 \times 10 - (12000 \times 8 + 18000 \times 2) = 28000\text{lb} \cdot \text{ft}$$
$$M_{(x=12)} = 16000 \times 12 - (12000 \times 10 + 18000 \times 4) = 0$$

绘出这些值的结果见图 3.14 中的弯矩图，计算出的弯矩值多于需要的数值。众所周知简支梁支承处的弯矩为零，此例中只需要荷载正下方处的弯矩值。

2. 剪力和弯矩间的关系

在简支梁中，支承点之间某点处剪力图通过零点。如前面的计算所述，在此方面的一个重要原则是剪力经过零点处弯矩为最大值。图中，在荷载 18000lb 下方即 $x=8$ 处剪力通过零点，注意到在相同点处弯矩有最大值 56000ft·lb。为设计木梁或钢梁，只需绘剪力图找到剪力通过零点的截面即可，然后计算该点的弯矩值。

【例题 3.6】　作图 3.15 所示梁的剪力图和弯矩图。该梁承受一 400lb/ft 的均布荷载和一距力 $R_1$4ft、大小为 21000lb 的集中荷载。

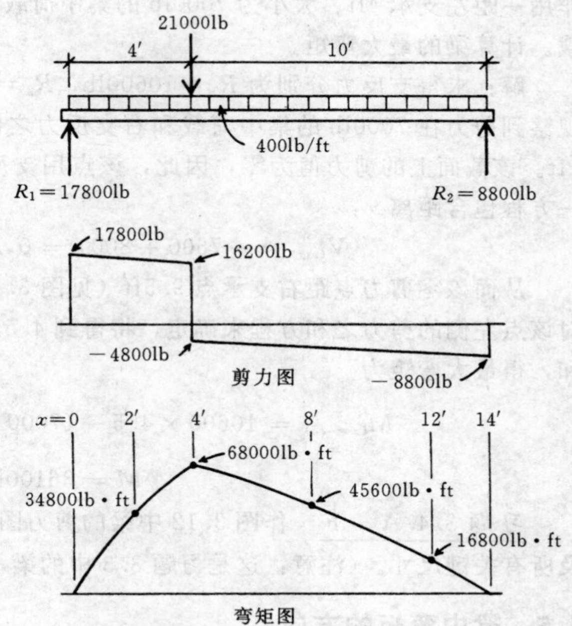

图 3.15　例题 3.6 的参照图

解：求得支反力分别为 $R_1=17800$lb 和 $R_2=8800$lb。用第 3.3 节所述的方法确定临界剪力值并作剪力图，如图 3.15 所示。

虽然唯一必须计算的是剪力经过零点处的弯矩值，但为了绘出弯矩图的真实形状，要明确一些其他的弯矩值。因此，

$$M_{(x=2)}=17800\times2-400\times2\times1=34800\text{lb}\cdot\text{ft}$$

$$M_{(x=4)}=17800\times4-400\times4\times2=68000\text{lb}\cdot\text{ft}$$

$$M_{(x=8)}=17800\times8-(400\times8\times4+21000\times4)=45600\text{lb}\cdot\text{ft}$$

$$M_{(x=12)}=17800\times12-(400\times12\times6+21000\times8)=16800\text{lb}\cdot\text{ft}$$

对例题 3.5 和例题 3.6（见图 3.14 和图 3.15）观察得到没有荷载作用部分的梁的剪力图用水平线表示。对均布荷载作用部分的梁，剪力图用倾斜直线表示。当只有集中荷载作用时，弯矩图用倾斜直线表示，若是分布荷载则用曲线表示。

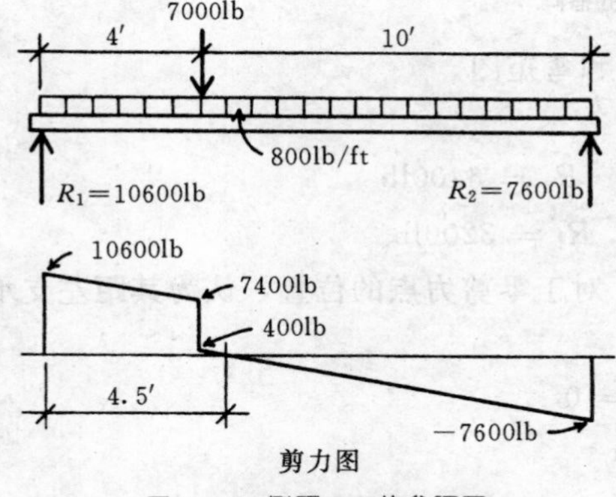

图 3.16　例题 3.7 的参照图

有时，当梁有集中荷载和均布荷载时，剪力并不在集中荷载下方经过零点。均布荷载相对集中荷载较大时通常会发生这种情况。因为在设计梁时需要求出最大弯矩，所以必须知道该值所在点的位置。当然，这是一个剪力为零的点，其位置可以很容易地通过下述例子说明的过程确定。

【例题 3.7】　图 3.16 中荷载图所示为一梁

作用一距左支承 4ft、大小为 7000lb 的集中荷载和沿全跨分布的大小为 800lb/ft 的均布荷载。计算梁的最大弯矩。

解：求得支反力分别为 $R_1 = 10600\text{lb}$，$R_2 = 7600\text{lb}$，并在荷载图中标出。作剪力图，观察到剪力在 7000lb 的集中荷载和右支反力之间的某点过零点。设该点距 R_2 的距离为 $x$ft。该截面上的剪力值为零，因此，该点用支反力和荷载表示的剪力表达式等于零。这一方程包含距离 x：

$$V_{(\text{at}x)} = -7600 + 800x = 0, x = 7600/800 = 9.5\text{ft}$$

从而该零剪力点距右支承点 9.5ft（见图 3.16），距左支承点 4.5ft。该位置也可通过对该点左侧的剪力之和方程来确定，将得到 4.5ft 这一答案。采用惯例对截面左侧弯矩求和，得最大弯矩为

$$M_{(x=4.5)} = 10600 \times 4.5 - \left(7000 \times 0.5 + 800 \times 4.5 \times \frac{4.5}{2}\right)$$

$$M = 36100\text{lb} \cdot \text{ft}$$

习题 3.4.A ～ F　作图 3.12 中梁的剪力图和弯矩图，标出所有剪力和弯矩的临界值及所有关键尺寸。（注意：这是习题 3.3 中的梁，其剪力图已绘好。）

3.5 梁中弯矩的方向

1. 简支梁

当简支梁弯曲时，假定其形状趋向于如图 3.17（*a*）所示。这种情况下，梁的上部纤维受压。对这一条件，认为弯矩为正（＋）。描述正弯矩的另一种方式是假定当弯曲梁的曲线向上凹入时弯矩为正。当梁伸出支座［见图 3.17（*b*）］时，部分梁可能在上部有取决于荷载的拉应力。这种情况下的弯矩为负（－）；弯曲梁的曲线向下凹入。当作弯矩图时，采用前述方法，正负弯矩用图形表示。

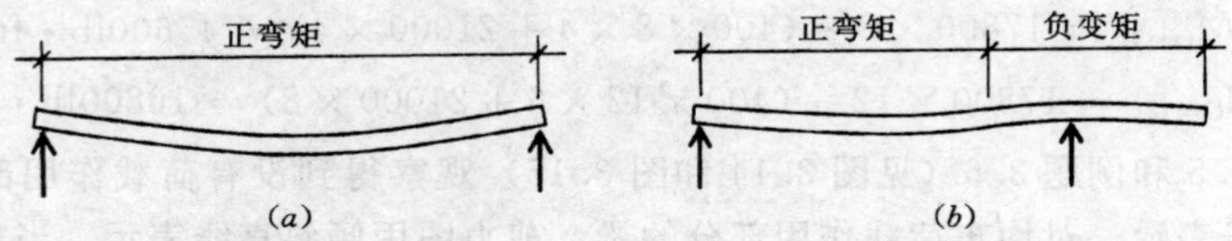

图 3.17　梁中弯矩的指向

【例题 3.8】　作图 3.18 所示外伸梁的剪力图和弯矩图。

解：计算支反力

由关于 R_1 的 $\sum M$：$R_2 \times 12 = 600 \times 16 \times 8$，$R_2 = 6400\text{lb}$

由关于 R_2 的 $\sum M$：$R_1 \times 12 = 600 \times 16 \times 4$，$R_1 = 3200\text{lb}$

确定了支反力，剪力图的绘制就十分简单了。对于零剪力点的位置，认为其距左支承点的距离为 x，则

$$3200 - 600x = 0$$

$$x = 5.33\text{ft}$$

对于绘制弯矩图需要的临界值，有

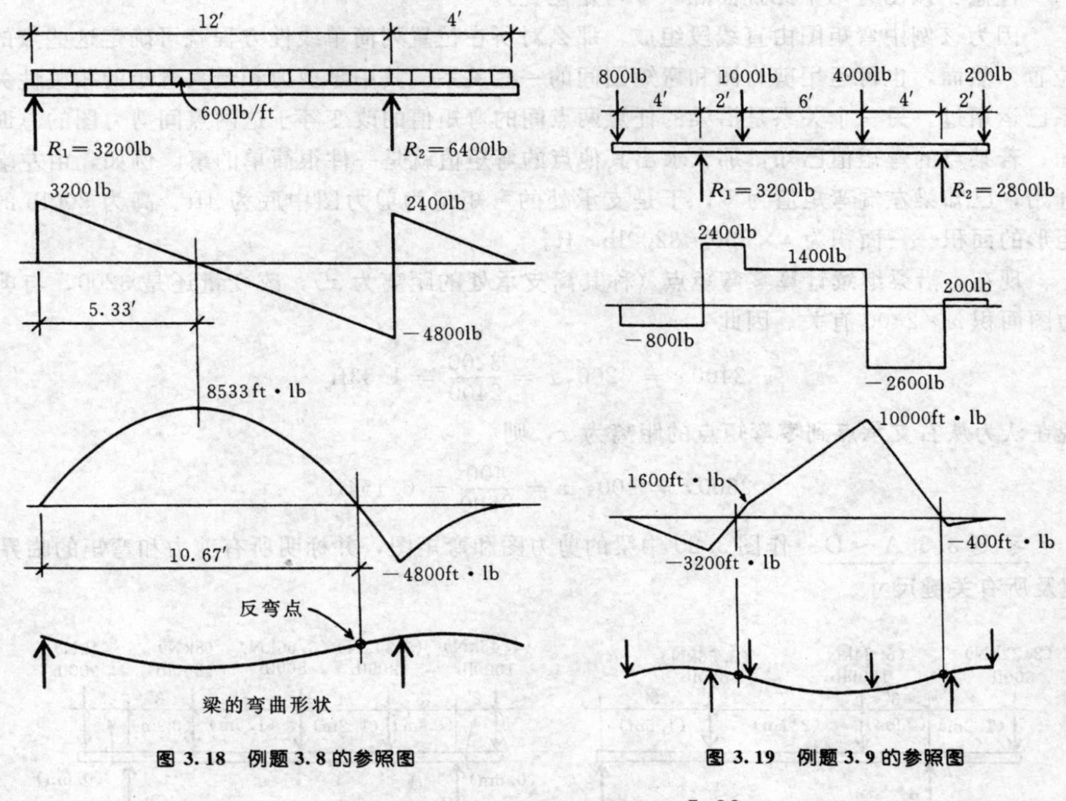

图 3.18　例题 3.8 的参照图　　**图 3.19　例题 3.9 的参照图**

$$M_{(x=5.33)}=3200\times5.33-600\times5.33\times\frac{5.33}{2}=8533\text{lb}\cdot\text{ft}$$

$$M_{(x=12)}=3200\times12-600\times12\times6=-4800\text{lb}\cdot\text{ft}$$

分布荷载的弯矩图形式为一曲线（抛物线），这点可通过在图上绘制一些附加的点得到证实。

对于此例，剪力图经过零点两次，两个点都预示着弯矩图的顶点——一个为正，另一个为负。因为正弯矩图的顶点实际上是抛物线的顶点，那么零弯矩的位置就简单地是前面求得值 x 的两倍。该点与梁的弹性曲线（挠曲形状）的变化相对应，被称作挠曲形状上的无挠曲点。零弯矩点的位置也可通过对未知位置的弯矩之和列方程求得。此情形中称新的未知点为 x，则有

$$M=3200\times x-600\times x\times\frac{x}{2}=0$$

解此二次方程将得到 $x=10.67$ft。

【例题 3.9】　计算图 3.19 所示外伸梁的最大弯矩。

解：求得支反力分别为 $R_1=3200$lb，$R_2=2800$lb。同样，现在可像绘制荷载图和反力图一样从左到右地绘制剪力图。注意到剪力在 4000lb 的荷载处和两端支承处过零点。和往常一样，这些点是弯矩图形式的关键点。

使用通常的弯矩求和，可得支承处和所有集中荷载处的弯矩值。

注意：该图有两个无挠曲点（零弯矩位置）。

因为该例中弯矩图由直线段组成，那么对所在位置列简单线性方程就可确定这些点的位置。然而，也可运用剪力图和弯矩图间的一些关系。其中零剪力和最大弯矩的相关性关系已运用过。另一个关系是沿梁的任意两点间的弯矩值的改变等于这两点间剪力图的总面积。若某点的弯矩值已知，那么求出其他点的弯矩值就是一件很简单的事。例如，由左端开始，已知梁左端弯矩值为零，于是支承处的弯矩值为剪力图中底为 4ft、高为 800lb 的矩形的面积——面积为 4×800＝3200lb・ft。

现在，沿梁继续计算零弯矩点（称其离支承处的距离为 x），改变量还是 3200，与剪力图面积 $x\times 2400$ 有关。因此

$$2400x = 3200, x = \frac{3200}{2400} = 1.33\text{ft}$$

现在认为从右支承点到零弯矩点的距离为 x，则

$$2600x = 400, x = \frac{400}{2600} = 0.154\text{ft}$$

<u>习题 3.5.A～D</u>　作图 3.20 中梁的剪力图和弯矩图，并标明所有剪力和弯矩的临界值及所有关键尺寸。

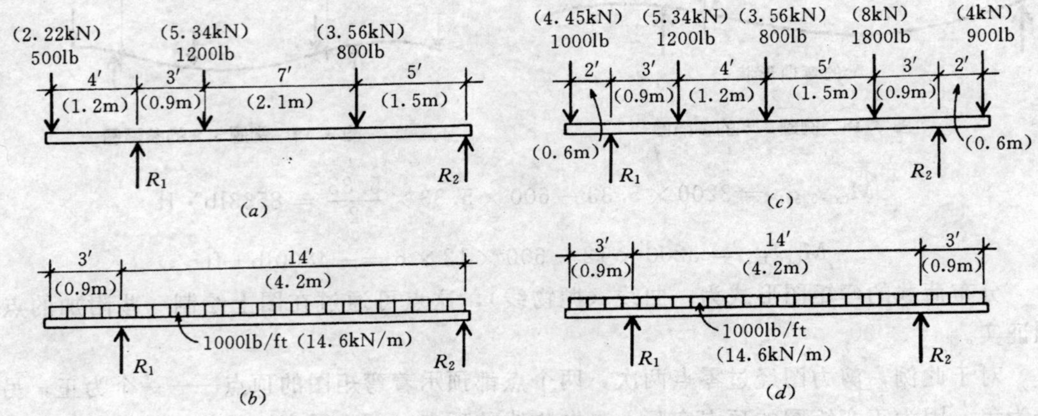

图 3.20　习题 3.5.A～D 的参照图

2. 悬臂梁

为使剪力和弯矩符号与其他梁保持一致，如图 3.21 所示将固定端放在右边来画出悬臂梁是便利的。然后和以前一样从左端开始在图上绘出剪力值和弯矩值。

【例题 3.10】　图 3.21（*a*）所示的悬臂梁距墙面 12ft，并在自由端作用有一大小为 800lb 的集中荷载。作其剪力图和弯矩图。最大剪力和弯矩为多少？

解：沿梁整个长度的剪力值为－800lb。墙端弯矩最大；其值为－800×12＝－9600 lb・ft。剪力图和弯矩图如图 3.21（*a*）所示。

注意：悬臂梁弯矩值全部为负，与贯穿其长度向下凹入的变形形状相对应。

虽然未显示，但此例中的支反力为一大小为 800lb 的向上的力和一大小为 9600lb・ft 的顺时针方向的抵抗矩。

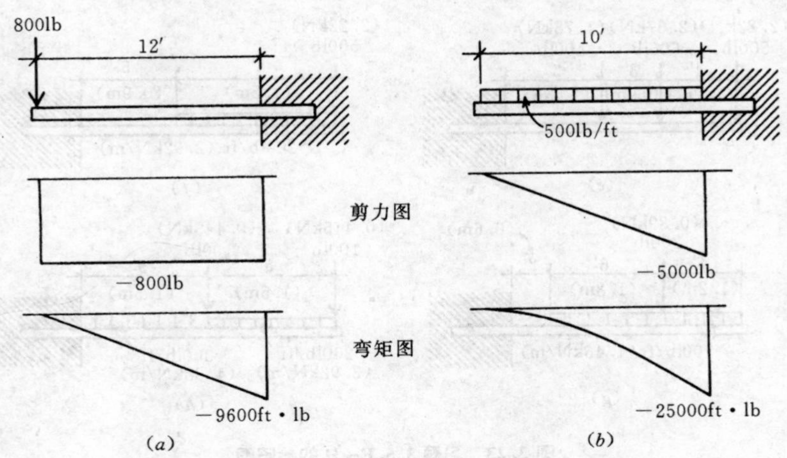

图 3.21 例题 3.10 和例题 3.11 的参照图

【例题 3.11】 作图 3.21（*b*）所示沿全长承受 500lb/ft 均布荷载的悬臂梁的剪力图和弯矩图。

解： 总荷载为 500×10=5000lb。支反力为一大小为 5000lb 的向上的力，其弯矩为

$$M = 500 \times 10 \times \frac{10}{2} = 25000\text{lb} \cdot \text{ft}$$

注意： 该值也等于固定端和自由端之间的剪力图的总面积。

【例题 3.12】 图 3.22 所示的悬臂梁在图示位置有一大小为 2000lb 的集中荷载和 600lb/ft 的均布荷载。作其剪力图和弯矩图。最大剪力值和弯矩值为多少？

解： 实际上，支反力等于最大剪力和弯矩。直接由力求解得

$$V = 2000 + 600 \times 6 = 5600\text{lb}$$

$$M = 2000 \times 14 + 600 \times 6 \times \frac{6}{2} = 38800\text{lb} \cdot \text{ft}$$

图形十分容易确定。由集中荷载的力矩或由简单的矩形剪力图面积：2000×8=16000lb・ft，可得到作弯矩图所需的另一个弯矩值。

注意： 从自由端到均布荷载的起点的弯矩图为直线，而从该点到固定端又变为一曲线。

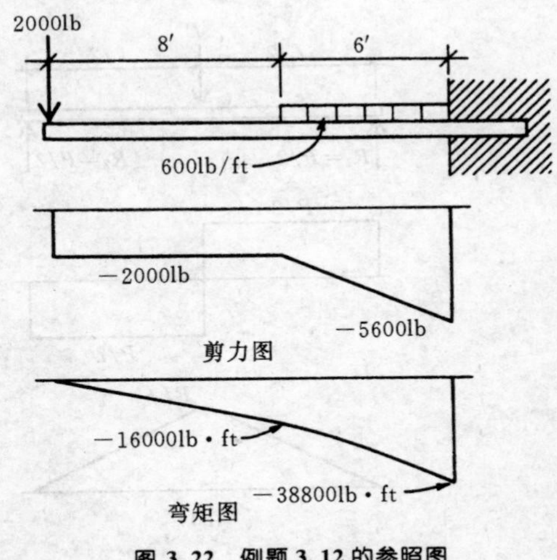

图 3.22 例题 3.12 的参照图

建议将图 3.22 左右倒转重做例题 3.12。所有的数字结果将相同，但剪力沿全长将均为正。

<u>习题 3.5.E ~ H</u> 作图 3.23 中梁的剪力图和弯矩图，指出所有剪力和弯矩临界值及所有关键尺寸。

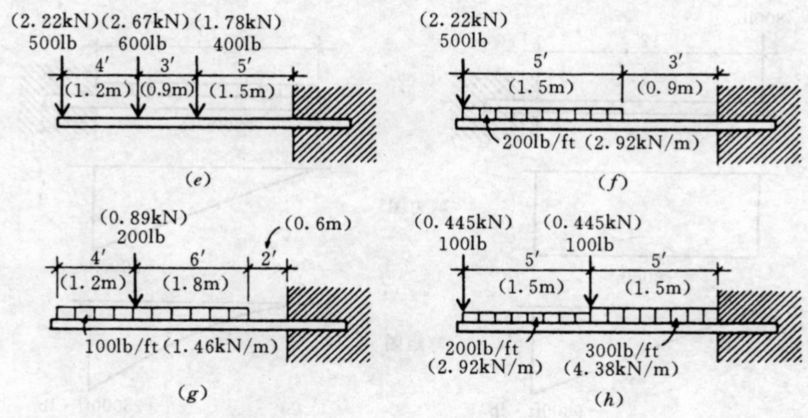

图 3.23 习题 3.5.E～H 的参照图

3.6 梁性能的列表值

1. 弯矩公式

本章提出的计算梁反力、剪力和弯矩的方法使求解各种荷载条件下的设计使用的临界值成为可能。然而，由于某些情况经常出现，直接使用公式给出最大值十分便利。结构设计手册包含许多这样的公式，最常用的两个公式将在下述例题中推导。

2. 承受跨中集中荷载的简支梁

实际上，在简支梁跨中作用集中荷载的情况经常发生。称荷载为 P，支承点间跨长为

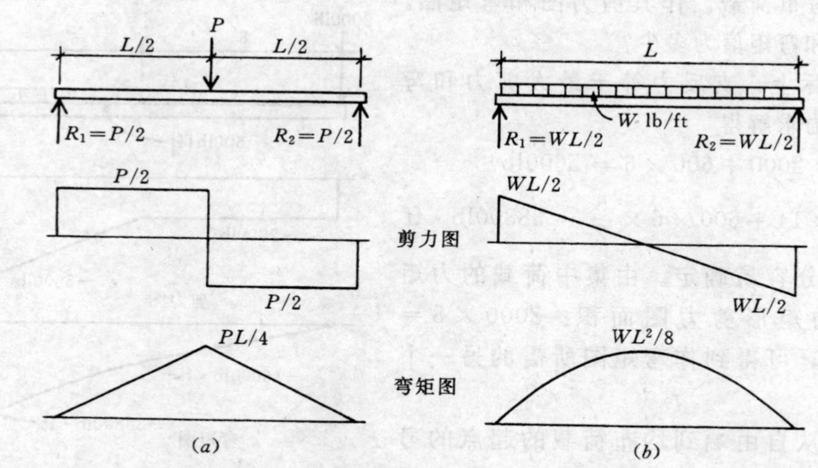

图 3.24 简支梁荷载作用下相关值

L，如 3.24 (a) 中荷载图所示。对这一对称荷载，每个反力为 $P/2$。很显然剪力将在距力 $R_1L/2$ 处过零点，因此，最大弯矩发生在跨中荷载的下方。计算此截面上的弯矩值：

$$M=\frac{P}{2}\times\frac{L}{2}=\frac{PL}{4}$$

【例题 3.13】 长 20ft 的简支梁在跨中有一大小为 8000lb 的集中荷载。计算最大

弯矩。

解：正如刚才所推导的，这一条件下给出的最大弯矩值的公式是$M=PL/4$。因此

$$M=\frac{PL}{4}=\frac{8000\times 20}{4}=40000\text{lb}\cdot\text{ft}$$

3. 承受均布荷载的简支梁

作用有均布荷载的简支梁是最常见的受荷梁，它反复发生。任一梁，其自身恒重作为一种承受的荷载通常为此种形式。称跨长为L，单位荷载为w，如图3.24（b）所示。梁上总荷载为$W=wL$，从而每一支反力均为$W/2$或$wL/2$。最大弯矩发生在跨中距力R_1为$L/2$处。列出该截面M值：

$$M=\frac{wL}{2}\times\frac{L}{2}-w\times\frac{L}{2}\times\frac{L}{4}=\frac{wL^2}{8}\text{或}\frac{WL}{8}$$

注意：该公式中单位荷载w或总荷载W二者择其一使用。在各种参考书中两种形式都能见到，仔细鉴别使用哪一个是很重要的。

【例题3.14】　长14ft的简支梁作用有大小为800lb/ft的均布荷载，计算最大弯矩。

解：正如刚才所推导的，给出受均布荷载的简支梁的最大弯矩公式为$M=wL^2/8$。将这些值代入：

$$M=\frac{wL^2}{8}=\frac{800\times 14^2}{8}=19600\text{lb}\cdot\text{ft}$$

或使用总荷载$800\times 14=11200$lb

$$M=\frac{wL}{8}=\frac{11200\times 14}{8}=19600\text{lb}\cdot\text{ft}$$

4. 梁列表值的运用

一些最常见的梁的荷载如图3.25所示。除了支反力R、最大剪力V和最大弯矩M的公式，还给出了最大挠度D的表达式（挠度公式暂且不讨论，将在随后小节梁的设计中研究）。

图3.25中，若荷载P和W是以lb或kip为单位，竖向剪力V也将以lb或kip为单位。当荷载以lb或kip给出、跨度以ft为单位时，弯矩M将以lb·ft或kip·ft为单位。

更多系列梁的图形和公式包含于美国钢结构协会（AISC）出版的《钢结构手册》（Mannal of Steel Construction，参考文献3）和钢筋混凝土协会（Concrete Reinforcing Steel Institute，CRSI出版的CRSI手册，参考文献6）中。

图3.25还给出了为ETL的指定值，代表了等效列表荷载。这些值可用来推导假定的均布荷载，当其施加于梁时将产生与给定荷载条件相同的最大弯矩。

习题3.6.A　一简跨梁作用有两个集中荷载，每个荷载大小为4kip（17.8kN），作用在24ft（7.32m）跨度的三分点上。求梁中最大弯矩值。

习题3.6.B　一简支梁沿18ft（5.49m）的跨长作用有2.5kip/ft的均布荷载。求梁中最大弯矩值。

习题3.6.C　跨长32ft（9.745m）的简支梁在距一端12ft（3.66m）处作用有12kip（53.4kN）的集中荷载。求梁中最大弯矩值。

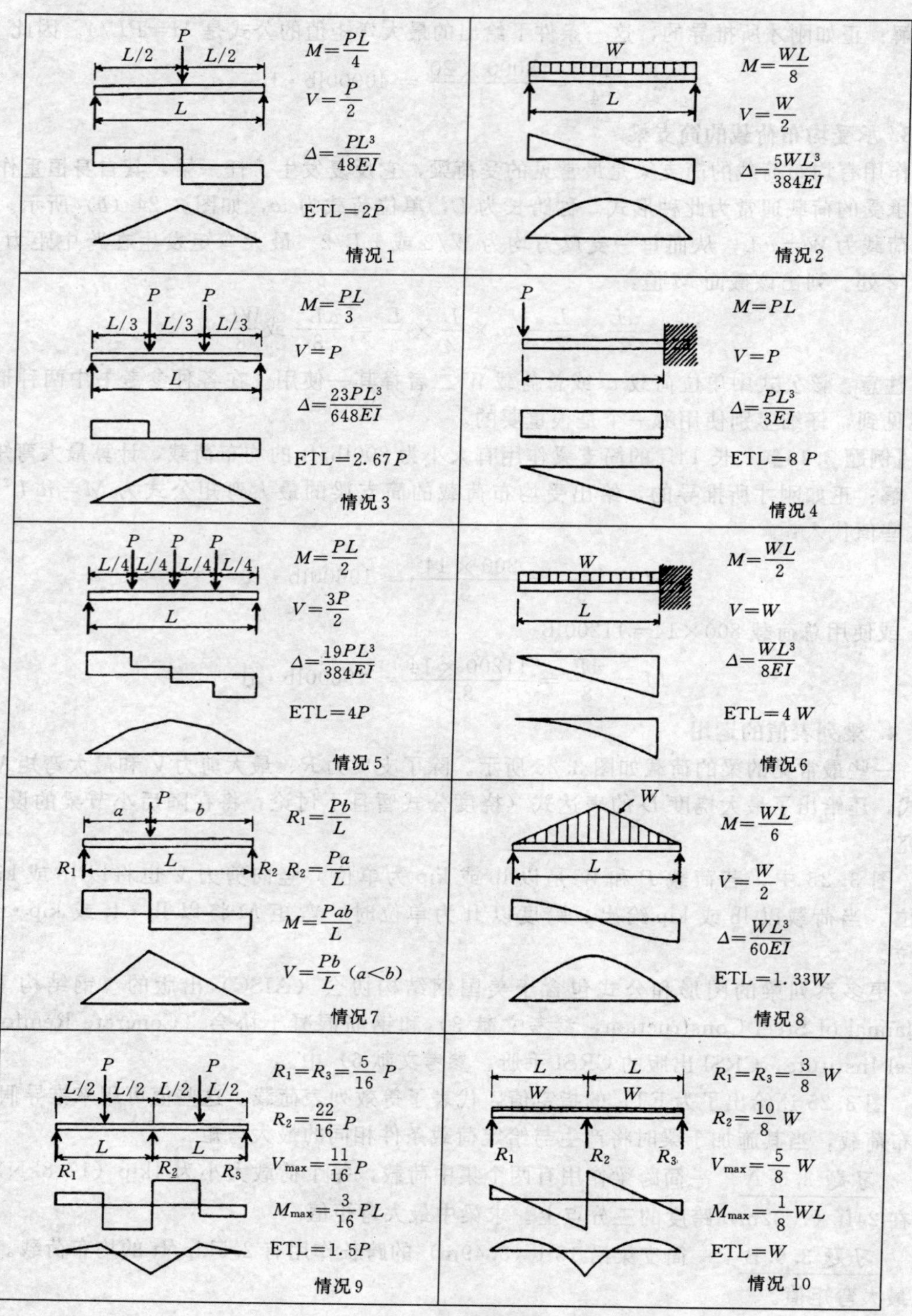

图 3.25 典型梁荷载和支承条件下的值

习题 3.6.D　一跨长 36ft 的简支梁作用有一均布荷载，从端部零值变化到中点最大值 1000lb/ft（见图 3.25 中情况 8）。求梁中最大弯矩值。

3.7　抗弯力的形成

正如前面小节所述，弯矩是对梁上外力使梁弯曲变形趋势的一种度量。本节的目的是考察梁内被称作抵抗矩的抵抗弯曲的作用。

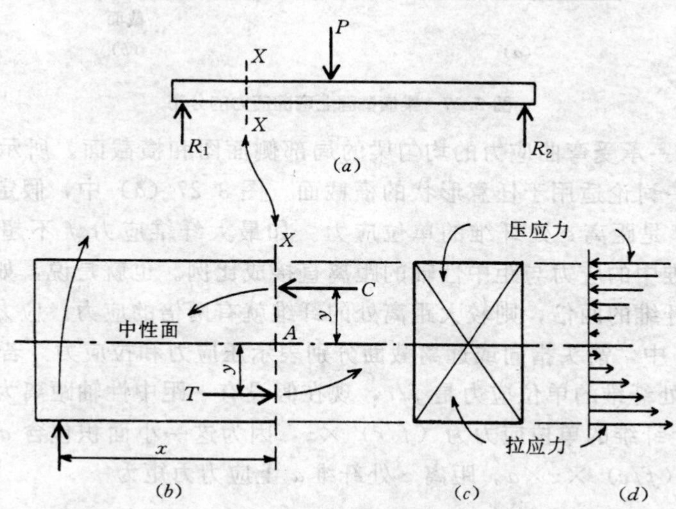

图 3.26　梁中弯曲应力的形成

图 3.26（*a*）所示为一矩形截面简支梁承受单个集中荷载 *P*。图 3.26（*b*）是梁左支承点与截面 *X*—*X* 之间部分的放大图。观察到支反力 R_1 趋向于绕考察截面所在 *A* 点产生顺时针转动，这被定义为该截面内的弯矩。在这种梁中，上部纤维受压，下部纤维受拉。有一水平面将压应力和拉应力分开，被称为中性面，此平面上既没有弯曲压应力，也没有弯曲拉应力。中性面与梁横截面的相交线［见图 3.26（*c*）］被称为中性轴（NA）。

命名 *C* 为作用在横截面上部的所有压应力之和，*T* 为作用在下部截面的所有拉应力之和。截面上那些应力的力矩之和使梁保持平衡，称之为抵抗矩，其大小与弯矩相等。关于点 *A* 的弯矩为 R_1x，关于同一点的抵抗矩为 $Cy+Ty$。弯矩趋向于产生顺时针转动，抵抗矩趋向于产生逆时针转动。若梁平衡，则弯矩相等

$$R_1x = Cy + Ty$$

即弯矩等于抵抗矩。这就是梁的挠曲（弯曲）性质。对任意一种梁，计算出弯矩并设计以可能经受住弯曲趋势；这就需要选择构件的截面形状、尺寸和材料，使其能形成等于弯矩的抵抗矩。

弯曲公式

弯曲公式 $M=fS$，是抵抗矩的表达式，包括了梁横截面的尺寸和形状（公式中由 *S* 代表）及梁的材料（由 *f* 表示），可用于所有均匀梁即由一种材料（如钢或木材）组成的梁设计。引入下列的简短推导来说明该公式所依据的原则。

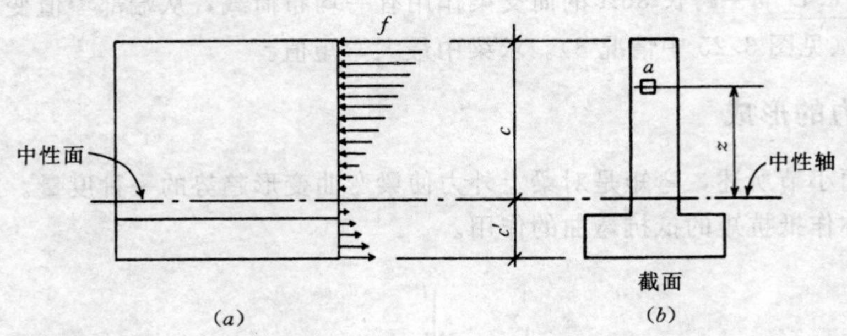

图 3.27 梁横截面上弯曲应力的分布

图 3.27 表示一承受弯曲应力的均匀梁的局部侧面图和横截面。所示横截面关于中性轴不对称，但这一讨论适用于任意形状的横截面。图 3.27（a）中，假定 c 是纤维距中性轴最远的距离，f 是距离 c 处纤维的单位应力。如最大纤维应力 f 不超过材料的弹性极限，那么其他纤维中的应力与距中性轴的距离直接成比例。也就是说，如果一纤维距中性轴的距离是另一纤维的两倍，则较大距离处的纤维就有两倍的应力。应力用小的箭头线表示在图 3.27（a）中，箭头指向或远离截面分别表示压应力和拉应力。若以 in 为单位表示 c，那么 1in 距离处纤维的单位应力是 f/c，现在假设有一距中性轴距离为 Z 的无限小的面积 a，则该面积上纤维的单位应力为（f/c）$\times z$，因为这一小面积包含 $a\text{in}^2$，那么面积上纤维的总应力为（f/c）$\times z\times a$。距离 z 处纤维 a 上应力力矩为

$$\frac{f}{c}\times z\times a\times z \text{ 或 } \frac{f}{c}\times a\times z^2$$

存在大量这样微小的面积。用符号 $\sum$ 表示这个非常大的数目之和，

$$\sum\frac{f}{c}\times a\times z^2$$

意思为横截面上所有应力关于中性轴的力矩之和。这就是抵抗矩，抵抗矩等于弯矩。因此可得

$$M=\frac{f}{c}\sum a\times z^2$$

$\sum a\times z^2$ 可读作“所有单元面积与它们距中性轴的距离平方的乘积之和”。这称为惯性矩，用字母 I 表示。因此代入前方程可得

$$M=\frac{f}{c}\times I \text{ 或 } M=\frac{fI}{c}$$

上式称为弯曲公式或梁公式。通过应用这一公式可以设计任一由单一材料组成的梁。用 S 代替 I/c 该表达式可进一步简化。I/c 称作截面矩，这一术语将在第 4.4 节中更充分地说明。作这一代换，公式变为

$$M=fS$$

对于该弯曲公式，对木梁使用的讨论见第 5.2 节，对钢梁见第 9.2 节，对钢筋混凝土梁则见第 13.2 节。

3.8　梁中的剪应力

梁中产生的剪力直接抵抗梁横截面上的竖向力。由于梁中剪力和弯曲的相互作用，所以梁内应力抵抗的确切性质取决于梁的形式和材料。例如，木梁中，木纤维通常为跨度方向且木材对沿木纤维的水平方向劈裂的抵抗力很低。与这相类似的一种情况示于图 3.28，该图为一堆承受梁荷载的松散木板。板间只有微小的摩擦，各板将相互滑动产生最底部的如图所示的荷载形式。这就是木梁中的破坏趋势，木梁的剪切现象通常被描述为水平剪切。

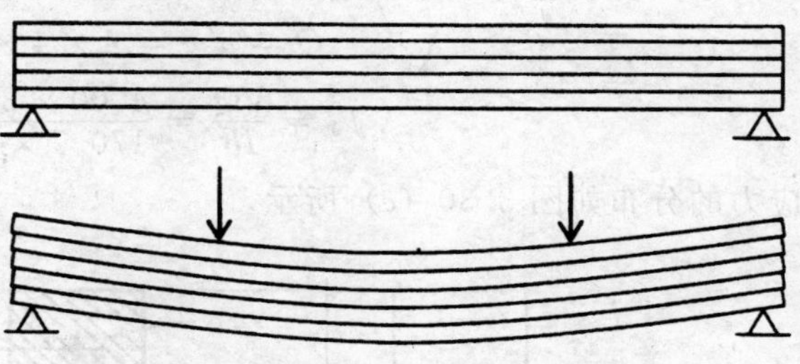

图 3.28　梁中水平剪力的特性

梁中的剪应力沿梁的横截面并非如简单直接剪切情况（见第 2.1 节）所假定的那样均匀分布。从对试验梁的观察和对剪力和弯矩联合作用下梁段平衡的推导，得到下列梁中剪应力的表达式：

$$f_v = \frac{VQ}{Ib}$$

式中　V——梁截面上的剪力；

Q——计算出应力所在点和截面边缘间的截面积关于中性轴的矩；

I——截面关于中性（中心）轴的惯性矩；

b——计算应力所在点处截面的宽度。

观察到 Q 的最大值，从而求出最大剪应力，其将在中性轴处产生，截面顶端和底部的剪应力将为 0。本质上这与截面上弯曲应力的分布形式相反。不同几何形状的梁截面的剪力分布形式如图 3.29 所示。

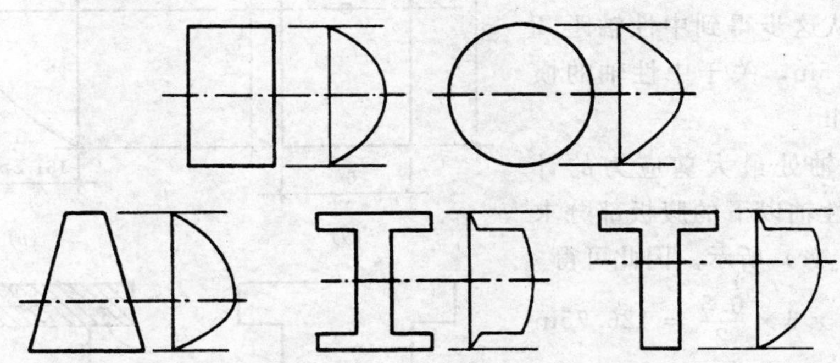

图 3.29　各种横截面形状的梁内剪应力的分布

下列例题说明了一般剪应力公式的应用。

【例题 3.15】一矩形梁截面，高 8in、宽 4in、承受 4kip 的剪力，求最大剪应力［见图 3.30（a）］。

解：对于矩形截面，关于中心轴的惯性矩为（见图 4.13）

$$I=\frac{bd^3}{12}=\frac{4\times 8^3}{12}=170.7\text{in}^4$$

静力矩 Q 是面积 a' 和其距横截面中性轴的中心距离的乘积［y 见图 3.30（b）］。这是 Q 可获得的最大值，也将产生该截面最大的剪应力。因此，

$$Q=a'y=4\times 4\times 2=32\text{in}^3$$

$$f_v=\frac{VQ}{Ib}=\frac{4000\times 32}{170.7\times 4}=187.5\text{psi}$$

剪应力的分布如图 3.30（c）所示。

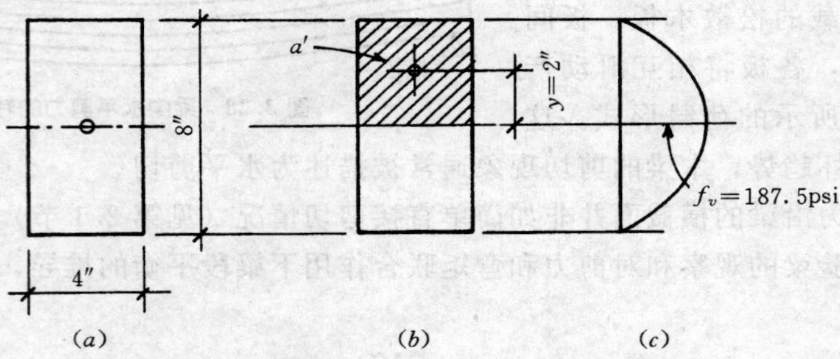

图 3.30 例题 3.15 的参照图

【例题 3.16】 图 3.31（a）所示的 T 形截面梁承受 8kip 的剪力，求最大剪应力和 T 形截面腹板和翼缘连接处的剪应力值。

解：因为该截面关于其水平中心轴不对称，该题的第一步是确定中性轴的位置并确定截面关于中性轴的惯性矩。为节省篇幅，这一工作在此不列出，将在第四章中例题 4.1 和例题 4.8 中展示。从这步得到中性轴距 T 形截面底端 6.5in，关于中性轴的惯性矩为 1046.7in^4。

对于中性轴处最大剪应力的计算，Q 值用中性轴以下的腹板部分求得，如图 3.31（c）所示。因此可得

$$Q=a'y=6.5\times 6\times\frac{6.5}{2}=126.75\text{in}^3$$

因此中性轴上的最大应力为

$$f_v=\frac{VQ}{Ib}=\frac{8000\times 126.75}{1046.7\times 6}=161.5\text{psi}$$

对于腹板和翼缘连接处的应力，用图 3.31（d）所示面积确定 Q。因此可得

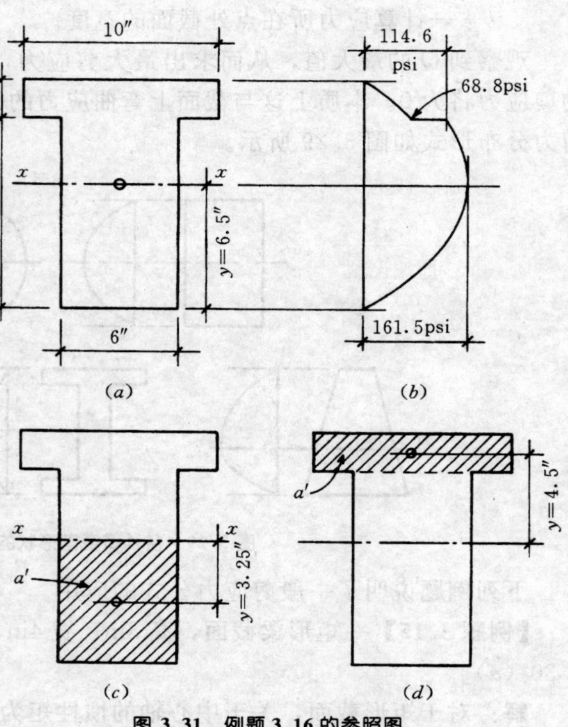

图 3.31 例题 3.16 的参照图

$$Q = 2 \times 10 \times 4.5 = 90\text{in}^3$$

该截面上剪应力的两个值，如图 3.31（b）所示，为

$$f_{v1} = \frac{8000 \times 90}{1046.7 \times 6} = 114.6\text{psi}（腹板中）$$

$$f_{v2} = \frac{8000 \times 90}{1046.7 \times 10} = 68.8\text{psi}（翼缘中）$$

在许多情形中，不需使用梁中剪应力一般表达式的复杂形式。对于木梁，截面大多为简单矩形，可作如下简化：

从图 4.13 中可知

$$I = \frac{bd^3}{12}$$

和

$$Q = b \times \frac{d}{2} \times \frac{d}{4} = \frac{bd^2}{8}$$

从而可得

$$f_v = \frac{VQ}{Ib} = \frac{V \times bd^2/8}{bd^3/12 \times b} = 1.5\frac{V}{bd}$$

这就是设计规范考察木梁中剪力所规定的公式。

对于大多为 I 形横截面的钢梁，剪力几乎完全由腹板承担（见图 3.29 中 I 形截面的剪力分布）。因为腹板中应力非常接近于均匀分布，用简化计算公式足以满足要求

$$f_v = \frac{V}{dt_w}$$

式中　d——全高；

t_w——梁腹板的厚度。

对于钢筋混凝土梁，也习惯用完全简化的剪应力计算公式。这一形式的设计应用取决于梁中钢筋的选择和放置的许多要求。这一过程将在第 13.5 节中说明。木材和钢的组合截面的情况必须使用梁剪应力的一般公式。

习题 3.8.A　一 I 形截面梁全高 16in（400mm），腹板厚 2in（50mm），翼缘宽 8in（200mm）、厚 3in（75mm）。若梁承受 20kip（89kN）的剪力，计算临界剪应力，并画出横截面上剪应力分布。

习题 3.8.B　一 T 形梁截面全高 18in（450mm），腹板厚 4in（100mm），翼缘宽 8in（200mm）、厚 3in（75mm）。若该梁承受 12kip（53.4kN）的剪力，计算临界剪应力，并画出横截面上剪应力分布。

3.9　连续梁和约束梁

1. 连续梁

对在支承处连续的构件弯曲作详细讨论超出了本书的范围，但本节提供的素材将作为此主题的入门。连续梁是搁在两个以上支承点上的梁。大部分连续梁，其最大弯矩值小于一系列跨度和荷载相同的简支梁。连续梁是现场浇筑混凝土结构的特征，但在木结构和钢结构中不常发生。

约束条件下潜在的连续性和弯曲这一概念在图 3.32 中阐明。图 3.32（a）表示一搁置在三个支承上并在两跨中点承担相同荷载的简支梁。若如图 3.32（b）所示在中间支承处将梁切开，结果就成为了两个简支梁。每个简支梁将如图所示发生挠曲。然而，当梁在中间支承处连续时，挠曲曲线如图 3.32（a）中虚线所示。

很显然，图 3.32（b）中间支座处无弯矩形成，而图 3.32（a）中此支承处一定存在弯矩。两种情况中，跨中均有正弯矩；即梁底部有拉力，顶端有压力。支承处负弯矩的效应是减少跨中最大弯矩和挠度值，此为连续性的基本有利条件。

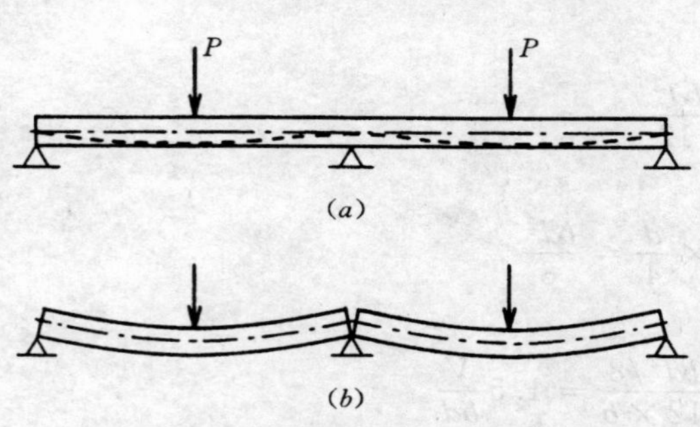

图 3.32 连续梁与简支梁的对比

单独运用静力平衡方程无法求解连续梁的反力和弯矩值。例如，图 3.32（a）中梁有三个未知反力，与荷载组成一平行力系，对于这种情况只有两个平衡条件，从而只有两个可利用的方程求解这三个未知量。这是在代数上称作不确定的一种情形，具有这一特征的结构就称为静不定。

不定结构的求解需要附加条件来补充由简单静力可得到的条件。这些附加条件可由结构的变形和应力机理推导。现已形成了各种研究不定结构的方法。目前尤其感兴趣的是那些被计算机辅助程序的应用所取代的方法。现在任意不确定度的所有结构都能应用现有的程序分析。

高度静不定结构的一个程序问题是进行研究前必须确定结构某些方面的问题。那些给出合理的近似解答且不需大量分析的简洁方法对这一目的是有用的。这些近似方法之一在第 25 章钢框架结构分析中说明。

2. 三弯矩法则

对连续梁求解支反力和作剪力图的一个方法基于三弯矩法则。这一法则涉及连续梁任意三个连续支座处的弯矩之间的关系。应用这一法则得到一个方程，称为三弯矩方程。均布荷载作用下，惯性矩为常量的两跨连续梁三弯矩方程为

$$M_1L_1 + 2M_2(L_1 + L_2) + M_3L_2 = -\frac{W_1L_1^3}{4} - \frac{W_2L_2^3}{4}$$

式中各项如图 3.33 所示。下列例题阐明了该方程的运用。

（1）等跨的两跨连续梁。这是最简单的情形，对称性再加上由于梁外端的不连续消去 M_1 和 M_3，公式可以被简化。方程可简化为

$$4M_2L = \frac{wL^3}{2}$$

荷载和跨度作为已知数据，求解这一情形简化为求解中间支承处的负弯矩 M_2，变形该方程得到直接求解未知弯矩的形式；因此可得

$$M_2 = -\frac{wL^2}{8}$$

求得该弯矩，现在可应用得到的静力条件来求解梁的其他数据。下列例子阐明了此过程。

【例题 3.17】 计算图 3.34（a）所示梁的支反力并作其剪力图和弯矩图。

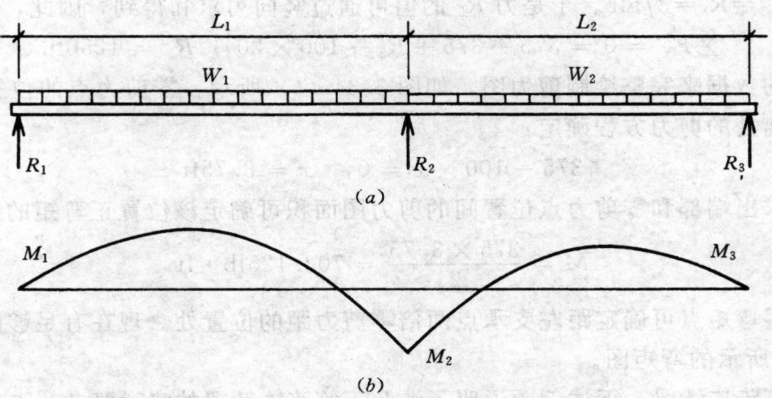

图 3.33　三弯矩方程的参照图

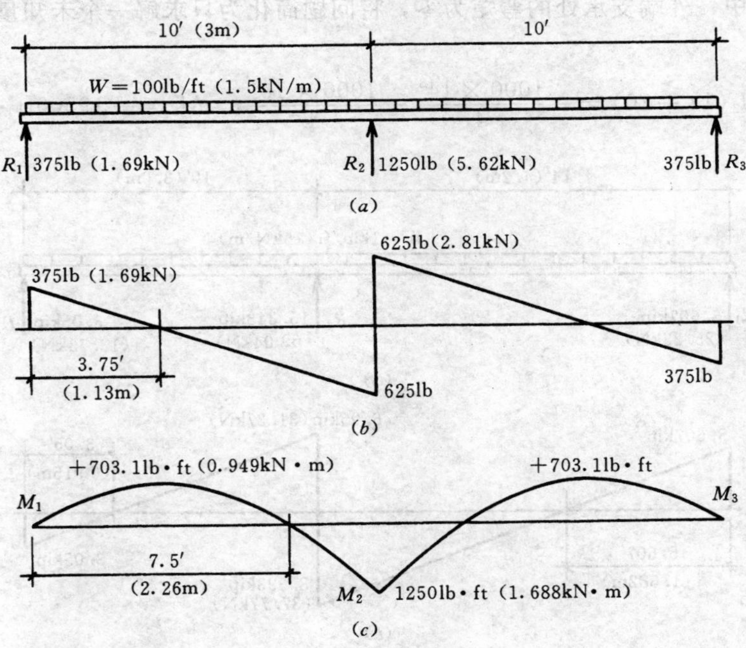

图 3.34　例题 3.17 的参照图

解：只有两个平行力系的静力条件不可能直接求解三个未知反力。然而，使用中间支承处的弯矩方程可得到如下所示的可用条件：

$$M_2=-\frac{wL^2}{8}=-\frac{100\times10^2}{8}=-1250\text{lb}\cdot\text{ft}$$

接着，以通常方式列出距左支承右边 10ft 处的弯矩方程，该方程等于现在已知的值 1250lb·ft：

$$M_{(x=10)}=R_1\times10-100\times10\times5=-1250$$

由此可得

$$10R_1=3750,\quad R_1=375\text{lb}$$

由于对称，$R_3=R_1=375\text{lb}$。于是力 R_2 的值可通过竖向力求和得到，因此，

$$\sum F_V=0=375+375+R_2-100\times 20,\quad R_2=1250\text{lb}$$

已确定足够的数据来完整绘制剪力图，如图 3.34（*b*）所示。零剪力点的位置可通过距左支承未知距离处的剪力方程确定：

$$375-100\times x=0,\quad x=3.75\text{ft}$$

弯矩求和或求出端部和零剪力点位置间的剪力图面积可确定该位置正弯矩的最大值。

$$M=\frac{375\times 3.75}{2}=703.125\text{lb}\cdot\text{ft}$$

由于对称，零弯矩点可确定距左支承点两倍零剪力距的位置处。现在有足够的数据绘制如图 3.34（*c*）所示的弯矩图。

（2）不等跨连续梁。下述例题说明了涉及不等跨连续梁的略微复杂一点的问题。

【例题 3.18】 作图 3.35（*a*）所示梁的剪力图和弯矩图。

解：该例中，外端支承处的弯矩为零，将问题简化为只求解一个未知量。将已知量代入方程可得

$$2M_2(14+10)=-\frac{1000\times 14^3}{4}-\frac{1000\times 10^3}{4},\quad M_2=-19500\text{ft}\cdot\text{lb}$$

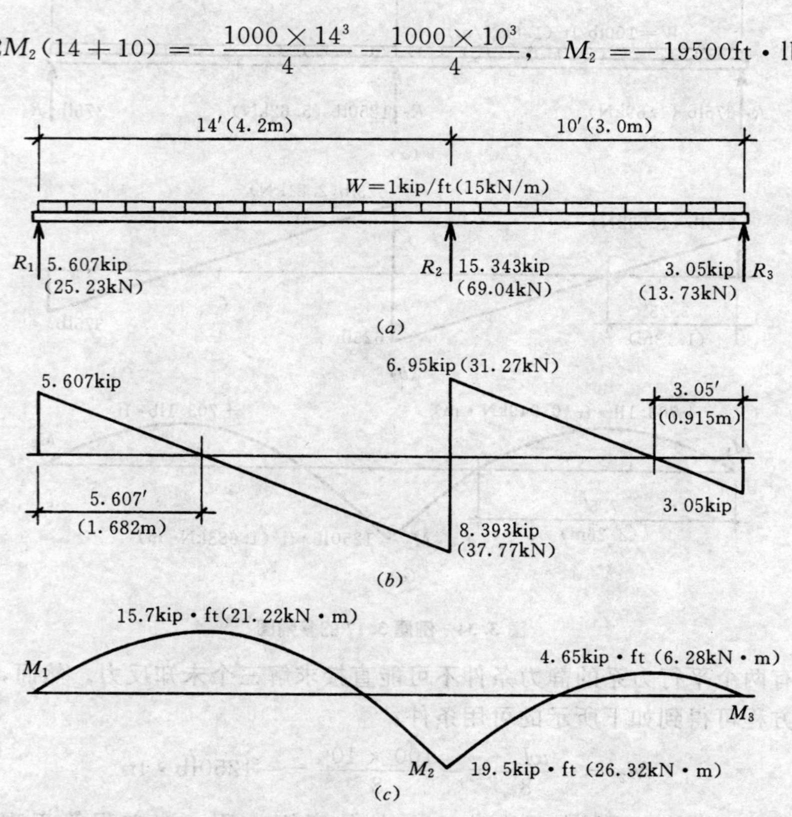

图 3.35 例题 3.18 的参照图

列出距左支承右边 14ft 处一点的力矩之和：

$$14R_1-1000\times 14\times 7=-19500,\quad R_1=5607\text{lb}$$

然后用点右边的力列出距右支承左边 10ft 处一点的方程：

$$10R_3 - 1000 \times 10 \times 5 = -19500, R_3 = 3050\text{lb}$$

竖向力求和将得到 $R_2=15343\text{lb}$。三个支反力确定后，完成剪力图所需的剪力值就知道了。零剪力点和零弯矩点及两跨间正弯矩值的确定可如例题 3.17 所述的方法完成。绘好的图形如图 3.35（a）和（b）所示。

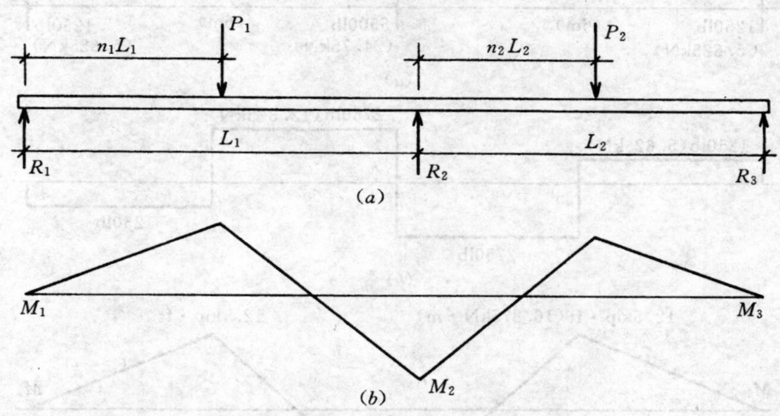

图 3.36 连续荷载下的两跨梁

（3）集中荷载作用下的连续梁。例题 3.17 和例题 3.18 中，荷载为均匀分布。图 3.36（a）所示为每跨作用有单个集中荷载的两跨梁。此梁弯矩图的形状如图 3.36（b）所示。对这些条件，三弯矩方程的形式为

$$M_1L_1 + 2M_2(L_1 + L_2) + M_3L_2$$
$$= -P_1L_1^2n_1(1-n_1)(1+n_1) - P_2L_2^2n_2(1-n_2)(2-n_2)$$

式中各项如图 3.36 所示。

【例题 3.19】 计算图 3.37（a）所示梁的支反力并作其剪力图和弯矩图。

解：对此例题，注意到 $L_1=L_2$，$P_1=P_2$，$M_1=M_3=0$，且 $n_1=n_2=0.5$，将这些条件和已知数据代入方程

$$2M_2(20+20) = -4000\times 20^2\times 0.5\times 0.5\times 1.5 - 4000\times 20^2\times 0.5\times 0.5\times 1.5$$

由此可得：

$$M_2 = 15000\text{lb}\cdot\text{ft}$$

现在可如例题 3.17 和例题 3.18 那样用中间支承上的弯矩值来求解端部支反力。由该值求得的反力值为 1250lb。然后竖向力求和确定 R_2 值为 5500lb，这是作剪力图的充分数据。注意到图中零剪力点是显而易见的。

由截面上弯矩求和或简单地由剪力图中矩形面积可确定最大正弯矩值。因为该弯矩图由直线组成，所以零弯矩点的位置可简单地按比例确定。

（4）三跨连续梁。例题 3.17～例题 3.19 说明研究连续梁的关键步骤是确定支承处的负弯矩值。三弯矩方程对两跨梁的使用已得到论证，但该方法可应用于多跨梁的任意两相邻跨。例如，当应用于图 3.38（a）所示三跨梁时，首先是左跨和中间跨，接着是中间跨和右跨。这将得到两个方程包含两个未知量：两个内支承处的负弯矩。该例中，由于梁的对称性，过程将被简化，但其应用具有一般性，适用于任意跨度和荷载布置。

同简支梁和悬臂梁一样，可考察一般的跨度和荷载条件，并为在更简单的考察过程中

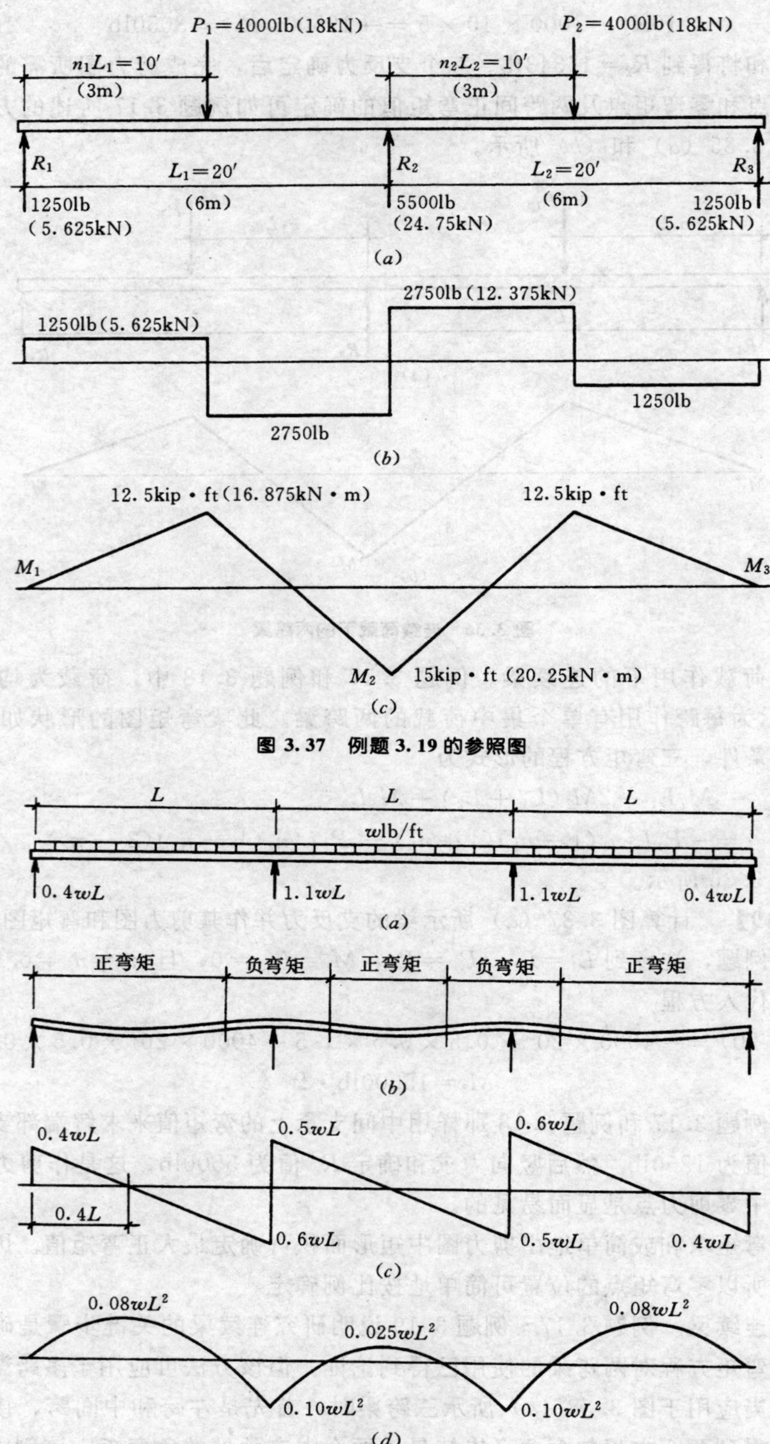

图 3.37 例题 3.19 的参照图

图 3.38 均布荷载下的三跨梁

的后续应用推导梁的特性值公式。因此，图 3.38 中列出的梁支反力、剪力和弯矩值可用于任一同样的支承和荷载条件。许多常见情形的列表值可从各种参考书中得到。

习题 3.9.A　一两跨连续梁，支承一大小为 2kip/ft（29.2kN/m）包含自重的均布荷载，跨长为 12ft（3.66m）和 16ft（4.88m）。求三个反力值并作完整的剪力图和弯矩图。

习题 3.9.B　一两跨连续梁，承受一大小为 1kip/ft（14.6kN/m）包含自重的均布荷载。此外，在长 24ft（7.32m）的两跨的中心承受 6kip（26.7kN）的集中荷载。求三个反力值并作完整的剪力图和弯矩图。

3. 约束梁

在第 3.2 节中我们把简支梁定义为每一端搁置在一支承上的梁，支承处无弯曲约束；端部是简单支承的。荷载作用下趋向于假定简支梁的形状如图 3.39（*a*）所示。图 3.39（*b*）所示梁，其左端被约束或固定，即梁端自由转动被阻止。图 3.39（*c*）所示为一两端约束的梁，端部约束效应类似于梁内部支承处连续产生的效应：梁中引入了负弯矩。因此，图 3.39（*b*）中梁的形状有一个变形点，说明跨内弯矩的符号改变了一次。该跨的反应形式类似于两跨梁中的一跨。

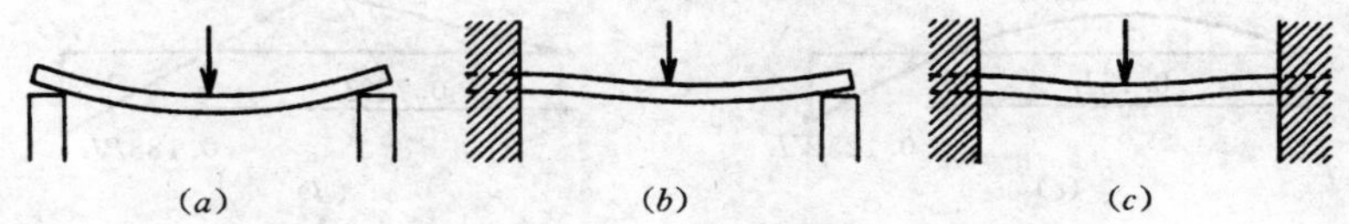

图 3.39　支承处各种形式的转动约束下梁的行为

（*a*）无约束；（*b*）一端约束；（*c*）两端约束

两端约束的梁有两个变形点，在每一端附近存在一个弯矩的符号转变。虽然该梁的弯矩值略微不同，但其挠曲形状的一般形式类似于三跨梁中的中间跨（见图 3.38）。

虽然只有一跨，但图 3.39（*b*）、（*c*）中的梁均为静不定梁。对一端固定梁的研究包括求解三个未知量：固定端的两个支反力再加上约束弯矩。图 3.39（*c*）中的梁有四个未知量。然而只有少许常见情况及公式列表值可从参考书中容易地得到。图 3.40 给出了均布荷载和跨中集中荷载作用下一端固定梁和两端固定梁的值。其他荷载作用的值也可从参考书中得到。

【例题 3.20】　图 3.41（*a*）表示一两端固定跨长 20ft 的梁和一总荷载为 8kip 的均布荷载。求竖向反力并作完整的剪力图和弯矩图。

解：尽管梁有两个不确定度（四个未知量，只有两个静力平衡方程），但其对称性使一些研究数据不证自明。这样，可观察出两个竖向反力，从而两端的剪力值各等于总荷载的一半，即 4000lb。对称还表明零弯矩点的位置，从而可知最大正弯矩点的位置在跨中。同样，端部弯矩虽然不定却彼此相等，所以只剩下一个待定值。

由图 3.40（*a*）中的数据，可知负的端弯矩为 $0.0833WL$（实为 $1/12WL$）＝（8000×20）/12＝13333lb·ft。跨中最大正弯矩为 $0.04167WL$（实为 $1/24WL$）＝（8000×20）/24＝6667lb·ft。零弯矩点距梁端为 $0.212L=0.212\times20=4.24$ft。

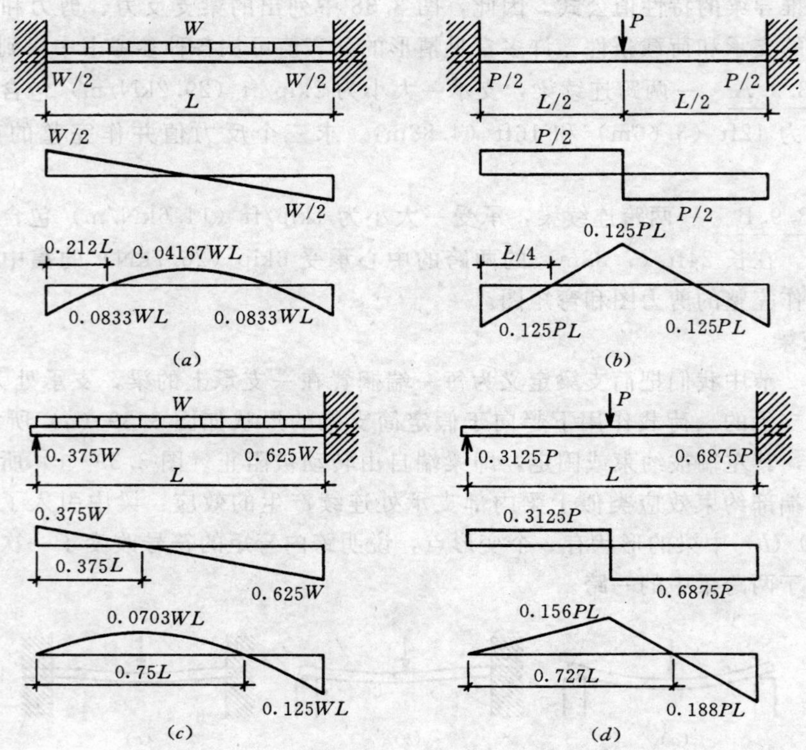

图 3.40 受限梁的值

【例题 3.21】 一端固定另一端简支的梁跨长 20ft，作用有一总荷载为 8000lb 的均布荷载［见图 3.42 (*a*)］。求竖向反力并作剪力图和弯矩图。

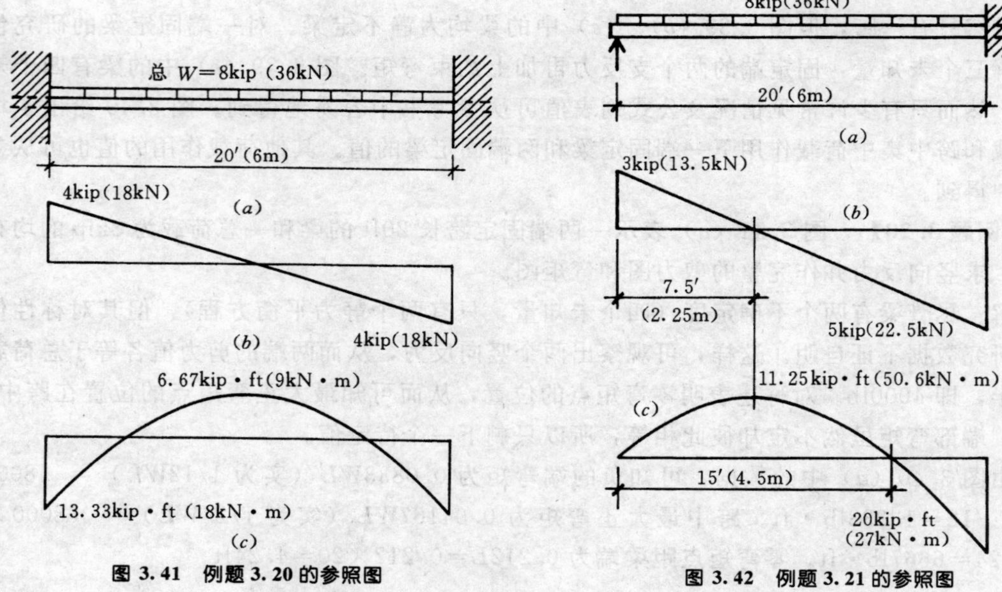

图 3.41 例题 3.20 的参照图

图 3.42 例题 3.21 的参照图

解：此例与前例有相同的跨度和荷载。而这里一端固定，另一端简支［见图 3.40（c）］。梁竖向反力等于端部剪力，因此由图 3.40（c）中数据可得

$$R_1 = V_1 = 0.375 \times 8000 = 3000\text{lb}$$
$$R_2 = V_2 = 0.625 \times 8000 = 5000\text{lb}$$

且最大弯矩值为

$$+M = 0.0703 \times 8000 \times 20 = 11248\text{lb} \cdot \text{ft}$$
$$-M = 0.125 \times 8000 \times 20 = 20000\text{lb} \cdot \text{ft}$$

零剪力点距左端 0.375×20=7.5ft，零弯矩点距左端的距离为该距离的两倍，即 15ft。

习题 3.9.C　一跨长 22ft（6.71m）的梁两端固定，在跨中部承受一大小为 16kip（71.2kN）的集中荷载。求反力并作完整的剪力图和弯矩图。

习题 3.9.D　一跨长 16ft（4.88m）的梁一端固定另一端简支，一 9600lb（42.7kN）的集中荷载作用在跨中心。求竖向反力并作完整的剪力图和弯矩图。

3.10　具有内部铰的结构

许多结构中，在支承处或修改结构性能的结构内部存在着消去一些潜在内力的情况。本书提出的大部分结构中的固定或铰结（无转动约束）的支座约束是一种情形。现在考察在结构内部修改其性能的一些约束条件。

1. 内部铰

对于图 3.43（a）中所示的结构，观察到存在四个潜在的反力分量：A_x、A_y、B_x 和 B_y。这些都是图示荷载作用下结构稳定所需要的，这样研究外力时有四个未知量。因为荷载和反力组成一个一般的平面力系，存在三个平衡条件（见第 3.1 节，例如$\sum F_x=0$、$\sum F_y=0$，$\sum M_p=0$），因此，如图 3.43（a）所示，结构静不定，单独使用静力平衡条件不能得出完整结果。

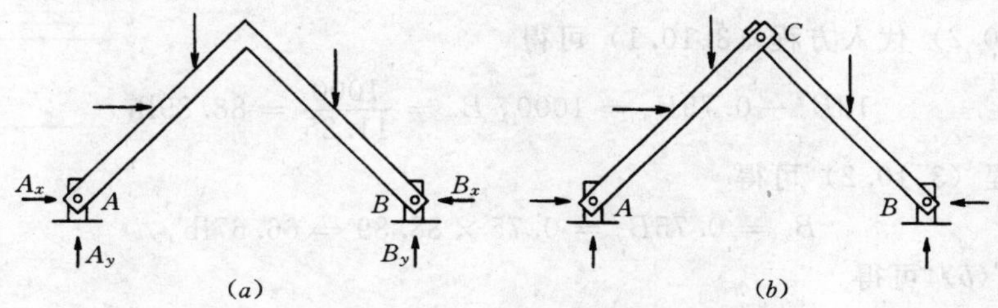

图 3.43　内部铰效应

若图 3.43（a）中结构的两个构件用铰结点彼此连接，如图 3.43（b）所示，反力分量的数目不减少，结构依然稳定。然而此内部铰建立了第四个条件可加到三个平衡条件中，从而有四个条件可用来求解四个反力分量。解这种结构反力的方法在例题 3.22 中阐述。

【例题 3.22】　解图 3.44（a）所示结构的反力分量。

解：列出四个平衡方程并同时求解这四个未知量是可能的。但如果用些技巧来简化方程，可以更容易去求解这些问题。一个技巧是列出关于点的弯矩方程消去一些未知量，从而减少单个方程中未知量的数目。考虑整个结构为一自由体，如图 3.44（b）所示。

$$\sum M_A = 0 = +400 \times 5 + B_x \times 2 - B_y \times 24$$

$$24B_y - 2B_x = 2000 \quad 或 \quad 12B_y - B_x = 1000 \qquad (3.10.1)$$

现在考虑右边构件的自由体图，如图 3.44（c）所示，则有

$$\sum M_C = 0 = +B_x \times 12 - B_y \times 9$$

因此可得

$$B_x = \frac{9}{12}B_y = 0.75B_y \qquad (3.10.2)$$

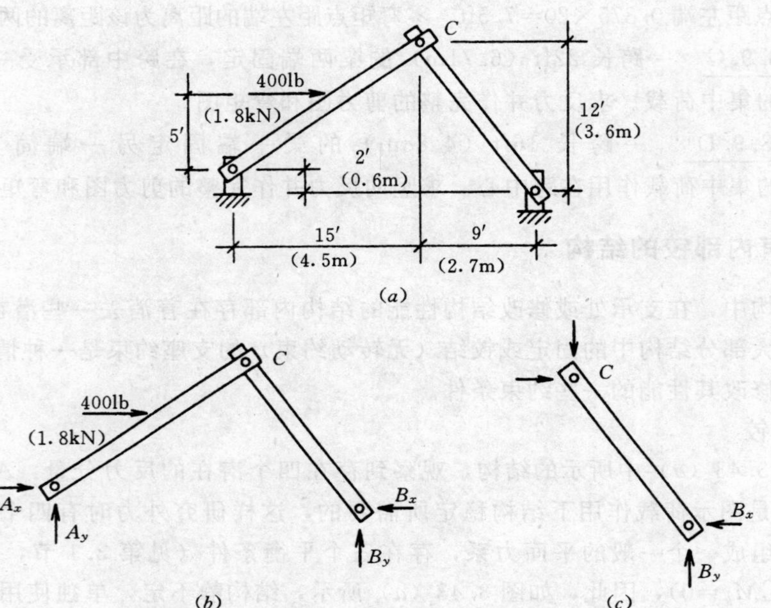

图 3.44　例题 3.22 的参照图

将方程（3.10.2）代入方程（3.10.1）可得

$$12B_y - 0.75B_y = 1000，B_y = \frac{1000}{11.25} = 88.89\text{lb}$$

从而，由方程（3.10.2）可得

$$B_x = 0.75B_y = 0.75 \times 88.89 = 66.67\text{lb}$$

参考图 3.44（b）可得

$$\sum F_x = 0 = A_x + B_x - 400 = A_x + 66.67 - 400，A_x = 333.33$$

$$\sum F_y = 0 = A_y + B_y = A_y + 88.89，A_y = 88.89\text{lb}$$

注意：方程（10.2.2）中说明的条件在此例中是成立的，因为右边构件像一个二力构件一样发挥作用。如荷载直接施加到构件，情况有所不同，要求解联立方程。

此外，如图 3.44（b）所示假定的 A_x 和 A_y 的指向是不正确的，要由力求和确定。若 B_y 向上作用，那么 A_y 一定向下作用，因为它们是唯一的两个竖向力。若 A_x 和 B_x 合起来抵抗荷载，那么 A_x 向左作用。

2. 具有内部铰的连续梁

第 3.9 节中研究了连续梁的性能。观察到如图 3.45（a）所示的梁为静不定梁，有许

多反力分量（3 个）超过平行力系平衡条件（2 个）。这样一个梁的连续性导致图 3.45（*a*）中梁的下方所示的挠曲形状和弯矩变化。如果梁在中间支承处不连续，如图 3.45（*b*）所示，这两跨中每跨如简支梁一样独立发挥作用，挠曲形状和弯矩如图所示。

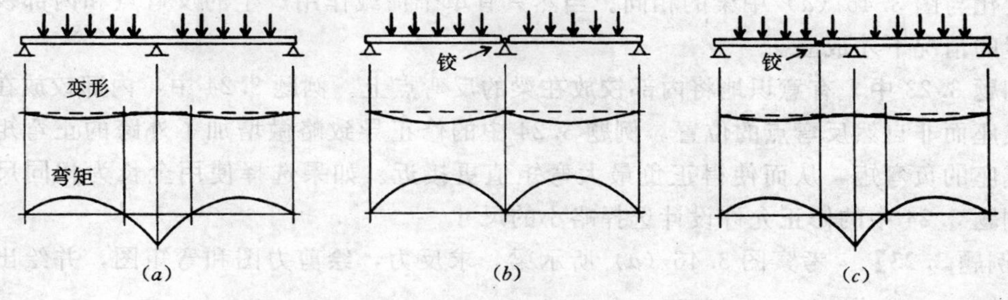

图 3.45　多跨梁中内部铰的作用

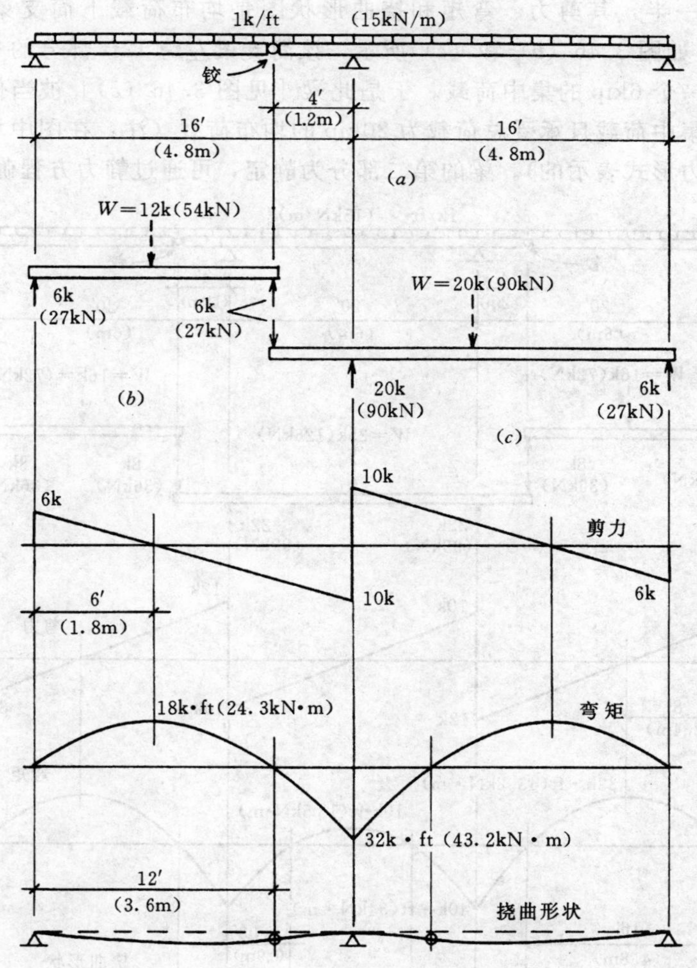

图 3.46　例题 3.23 的参照图

如果一多跨梁在距支承某点处内部不连续，其性能可能仿效真实的连续梁。图 3.45 (*c*) 所示的连续梁，内部铰位于连续梁发生弯曲变化处的点上。挠曲形状的改变是零弯矩的标志，从而铰实际上并没改变结构的连续本性。因此，图 3.45 (*c*) 中梁的挠曲形状和弯矩变化与图 3.45 (*a*) 中梁的相同。当然只有单个荷载作用产生的反弯点和内部铰在相同位置的情况下才成立。

例题 3.23 中，有意识地将内部铰放在梁的反弯点上。例题 3.24 中，内部铰放在略微靠近支座而非自然反弯点的位置。例题 3.24 中的修正导致略微增加了外跨的正弯矩而减少了支座的负弯矩，从而使得正负最大弯矩值更接近。如果选择使用全长为相同尺寸的梁，例题 3.24 中的修正允许设计选择略小的尺寸。

【例题 3.23】 考察图 3.46 (*a*) 所示梁，求反力，绘剪力图和弯矩图，并绘出挠曲形状。

解：由于存在内部铰，左跨前 12ft 的第一段梁如一简支梁作用。因此，两个反力相等，为总荷载的一半，其剪力、弯矩和挠曲形状图是均布荷载下简支梁的图形（见图 3.25 中情况 2)。如图 3.46 (*b*) 和 (*c*) 所示，该简支梁左跨 12ft 部分的右端上的反力成为余下梁左端处一个 6kip 的集中荷载。于是此梁［见图 3.46 (*c*)］被当作一端外伸，在悬臂端承受单个集中荷载且承受总荷载为 20kip 的均布荷载（注：在图中均布荷载是以代表其合力的单个力形式表示的)。梁的第二部分为静定，可通过静力方程确定其反力。

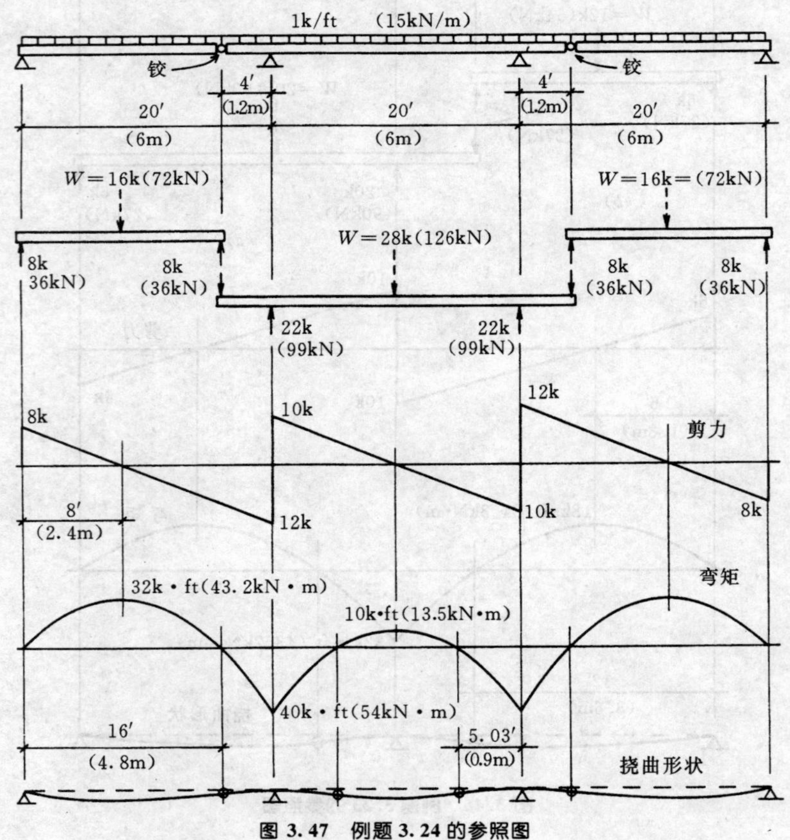

图 3.47 例题 3.24 的参照图

反力已知，即可完成剪力图。

注意：跨中零剪力点和最大正弯矩位置间的关系。对这一荷载，正弯矩曲线是对称的，从而零弯矩（和梁变形）位置到端部的距离为零剪力点的两倍。如前所述，此例中的铰确切地位于连续梁的反弯点（为比较，见第 3.9 节例题 3.17）。

【例题 3.24】　分析图 3.47 所示的梁。

解：步骤实际上与例题 3.23 相同。

注意：这一有四个支承的梁需要两个内部铰成为静定。

和前面一样，研究从考察充当简支梁的端部开始。第二步是将其当作两端外伸的梁考察其中心部分。

习题 3.10. A 和 B　求解图 3.48（*a*）和（*b*）所示结构的反力分量。

习题 3.10. C～E　研究图 3.48（*c*）～（*e*）所示的梁。求解反力并作剪力图和弯矩图，标明所有临界值。绘出挠曲形状并确定与内部铰无关的反弯点（注：习题 3.10. D 和第 3.9 节中的例题 3.18 有相同荷载和跨度）。

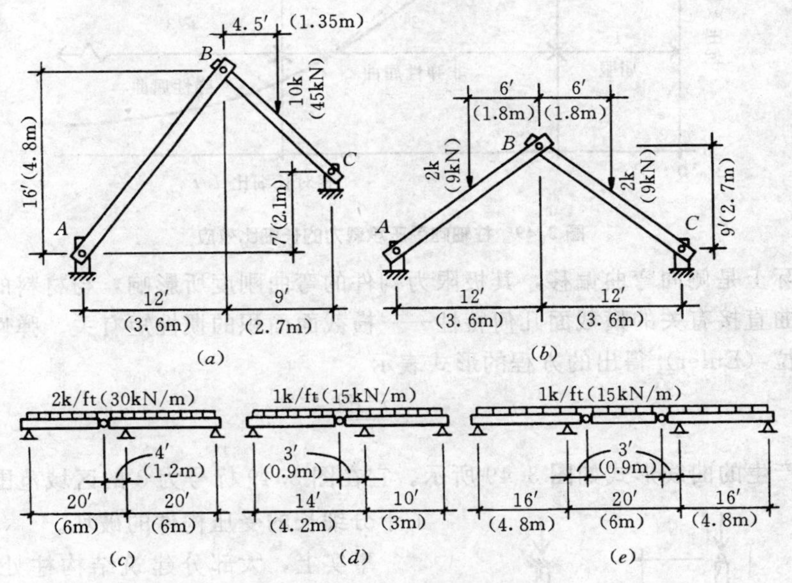

图 3.48　习题 3.10. A～E 的参照图

3.11　受压构件

压力是以许多方式在结构中形成的，包括伴随内部弯曲形成的压力分量。本节中，考察的是主要作用为抵抗压力的构件。通常这包括桁架构件、桥墩、支撑墙和支承地基，尽管这里主要论述线形受压构件——柱。

1. 长细比效应

虽然必须考虑规定的长细比要求（称相对长细比），大部分柱非常细长（见图 3.49）。在极端时，极限情况是非常牢固或短的柱压碎破坏，而非常细长或高的柱侧向屈曲破坏。

这两种基本的极限反应机理——压碎和屈曲——本质上是完全不同的。压碎是一种应力抵抗现象，其极限表示为图 3.49 中的一条水平线，主要是由受压构件中材料的受压抵抗力和材料总量（横截面面积）确定的。这一性能局限在图 3.49 中标号为 1 的区域内。

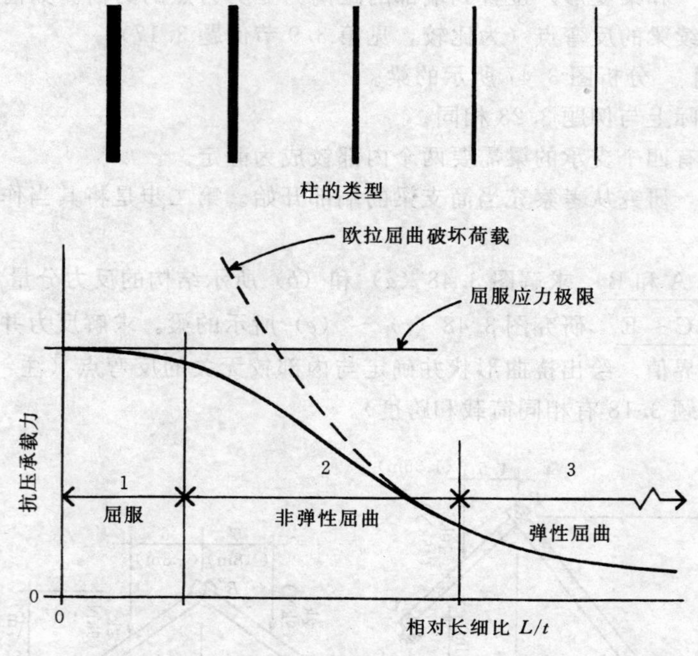

图 3.49 柱轴向受压承载力的长细比效应

屈曲实际上是侧向弯曲偏移，其极限为构件的弯曲刚度所影响，与材料的刚度（弹性模量）和挠曲直接有关的横截面几何特性——横截面面积的惯性矩有关。弹性屈曲的经典表达式用欧拉（Euler）得出的方程的形式表示

$$P = \frac{\pi^2 EI}{L^2}$$

该方程产生的曲线形式如图 3.49 所示。它在图 3.49 标号为 3 的区域范围内近似预测了十分细长的受压构件的破坏。

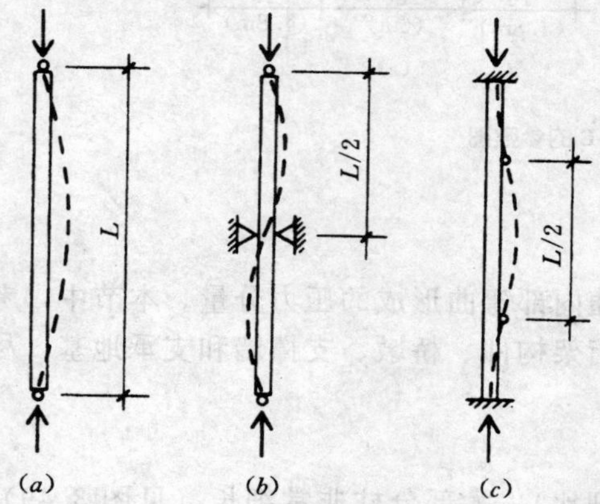

图 3.50 不同端部条件和侧向约束所影响的柱屈曲形式

事实上，大部分建筑结构柱处于非常坚固和非常细长之间，换句话说在图 3.49 中标号为 2 的区域范围内。因此，其性能是介于纯应力反应和纯弹性屈曲之间某处的一种中间形式。在这一范围内结构反应的预测必须通过以某种方式由水平线转换到欧拉曲线的经验方程确定。这些解释对于木柱见第六章，对钢柱见第十章。

屈曲可能受约束影响，如阻止侧向运动的侧向支撑，或限制构件端部转动的支承条件。图 3.50（*a*）显示的构件情况是欧拉公式所阐述的反应的一般基础。这一反应形式可通过侧向约束改变，如图 3.50（b）所示产生了一多方式挠曲形状。图 3.50（c）中构件端部被约束阻止其转动（描述为固定端）。这也修改了挠曲形状，从而修改了由屈曲公式产生的值。调整的一个方法是将屈曲公式中使用的柱的长度修正为弯曲变形点之间的长度，这样一来，图 3.50（b）和（c）中柱的有效屈曲长度将为柱真实总长度的一半。对欧拉公式的研究将说明这一修正长度对屈曲抵抗力的影响。

2. 弯曲的形成

弯矩可以以很多方式在结构构件中形成。当一构件承受轴向压力时，压力效应和出现的任一弯曲可以各种方式相互关联。

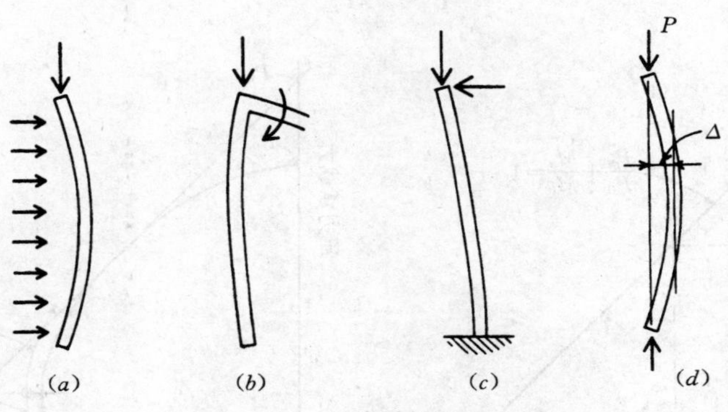

图 3.51　柱中弯曲的形成

图 3.51（a）所示为外墙充当承压墙或包含有柱的建筑结构中一种十分常见的情况。由风或地震作用产生的竖向重力荷载和侧向荷载共同导致了如图所示的荷载。若构件非常柔，当构件的轴偏离竖向压力荷载的作用线时会形成一个附加弯矩。此附加弯矩是荷载与构件挠度的乘积，即如图 3.51（d）所示的 P 乘以 Δ。从而称为 $P-\Delta$ 效应。

其他各种情形也能产生 $P-\Delta$ 效应。图 3.51（b）所示为一刚框架结构的端柱，柱的顶端由于与梁的抗弯连接引起弯矩。虽然外形略微不同，但柱的反应与图 3.51（a）中的相似。

图 3.51（c）显示了重力和侧向荷载的共同作用对顶端支承有广告牌或储水槽的竖向悬臂结构的效应。

在以上任一种情形中 $P-\Delta$ 效应可能重要或不重要。确定其严重性的主要因素涉及所产生的挠度大小和结构的相对刚度。然而如竖向荷载 P 非常小，即使是显著的挠度也可能不重要。一种最坏的情况是主要的 $P-\Delta$ 效应可能产生加速破坏，增加的弯曲产生更大的挠度，反过来该挠度又产生更大的弯矩等。

3. 弯曲和轴向压力的交互作用

结构构件受到联合作用的许多情形导致了轴向力和内在弯矩的形成。这两种作用产生的应力都是直接应力（拉力或压力），可联合考虑成一种净应力条件。这对随后的研究所考虑的某些情况是有用的，但对于承受弯矩的柱，这种情形包含两种本质上不同的作用：柱受压作用和梁的作用。因此，对于柱的研究，通过所谓的交互作用来考虑联合是通常的做法。

图 3.52（a）表示出了交互作用的经典形式。图中涉及了如下符号：

（1）构件（无弯矩）的最大轴向承载力为 P_0。

（2）构件（无压力）的最大弯矩承载力为 M_0。

（3）在低于 P_0 的某一压力荷载（表示为 P_n）下，假定构件有某一容许弯矩值（表示为 M_n）与轴向荷载联合作用。

（4）假定 P_n 和 M_n 的共同作用落在连接点 P_0 和 M_0 的一条直线上。该直线形式可表示为

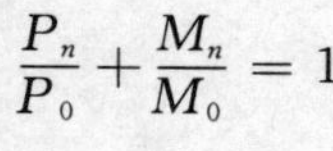

$$\frac{P_n}{P_0}+\frac{M_n}{M_0}=1$$

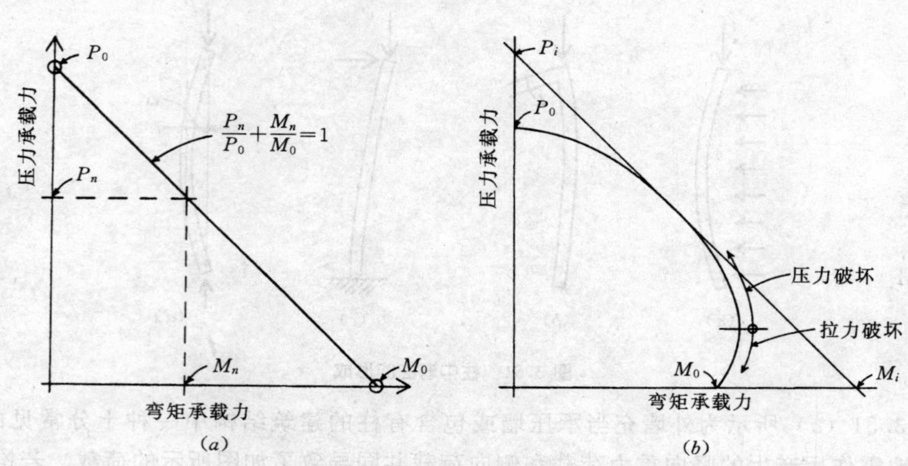

图 3.52 柱中轴向压力和弯矩的交互作用

（a）交互公式的经典形式；（b）加固混凝土柱中交互作用反应的形式

使用应力而不是荷载和弯矩可作类似于图 3.52（a）的图形。这是木结构和钢构件所使用的方法，其图像采取的形式可表示为

$$\frac{f_a}{F_a}+\frac{f_b}{F_b}\leqslant 1$$

式中 f_a——轴向荷载的计算应力；

F_a——柱的受压容许应力；

f_b——弯曲计算应力；

F_b——梁的弯曲容许应力。

由于各种原因，真实的结构并不严格符合图 3.52（a）所示的经典的直线反应形式。图 3.52（b）表示了钢筋混凝土柱特有的一种反应形式。在中间区域，与理论的直线性能有一些近似，但在反应图形的两端存在着相当大的差异。正如在第十五章中所解释的，这与受压（上端）和受拉（下端）的钢筋混凝土材料本质特性有关。

钢构件和木构件也与交互作用的直线形式的反应存在着不同的偏离。特殊问题包括非弹性性能、侧向稳定效应、构件横截面的几何条件和构件初始挺直度的缺陷。木柱将在第六章中研究，钢柱则在第十章中研究。

4. 组合应力：压力加弯曲

压力和弯矩的共同作用对结构产生了各种效应。如刚才所描述的柱的交互作用就是一个这样的例子。其他情形中，可能实际的组合应力本身是关键的，图中支承应力的形成是一个这样的例子。支承基础和其支承土的接触面上，考察应力的“截面”是接触面，即基础的底面。下述论述了这种考察的方法。

图 3.53 说明了一横截面上的直接应力和弯矩相联合的一种经典方法。此情形中，“横截面”是基础底面和土的接触面。虽然可以组合力和弯矩起源，一种常用的分析技巧是转换成一产生相同组合效应的等效偏心力。假定的离心距值 e 用弯矩除以力得到，如图 3.53 所示。截面上净应力或组合应力的分布形象化为力和弯矩单独产生的应力之和。对

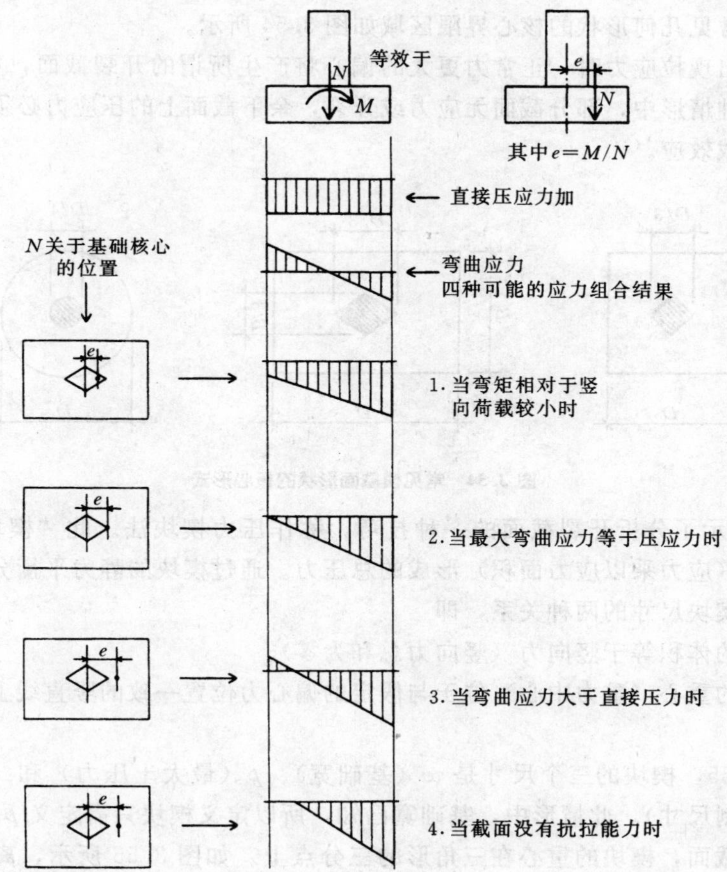

图 3.53　由偏心压力产生的压应力和弯曲应力的组合

于截面边缘的界限应力，常用的组合应力方程为

$$P = \text{直接应力} \pm \text{弯曲应力}$$

或

$$P = \frac{N}{A} - \frac{Nec}{I}$$

此组合应力的四种情形如图 3.53 所示。当 e 很小时发生第一种情形，产生非常小的

弯曲应力。从而截面承受所有压应力，从一边最大值变化到相对边的最小值。

当两种应力分量相等时发生第二情形，于是最小应力成为零。此为第一种和第三种情况的边界条件，因为 e 的任何增加将在截面产生一些反向应力（此情形中，为拉力）。

第二种应力情况对基础是重要的，因为对于基础与土的界面拉应力是不可能的。情形 3 只对梁、柱或其他一些连续的固体单元是可能的。产生第二种情况的 e 值可通过令两个应力分量相等推导出，如下所示：

$$\frac{N}{A}=\frac{Nec}{I}\ ,\quad e=\frac{I}{Ac}$$

这一 e 值建立了所称的截面的核心界限。该核心定义为截面重心周围偏心力在截面上不会产生反向应力的一个区域。此区域任一几何形状的形状和尺寸可应用推导出的 e 值公式确定。三种常见几何形状的核心界限区域如图 3.54 所示。

当不可能出现拉应力时，正常力更大的偏心将产生所谓的开裂截面，如图 3.53 中情形 4 所示。此种情形中，部分截面无应力或开裂，余下截面上的压应力必须完全抵抗力和弯矩的联合荷载效应。

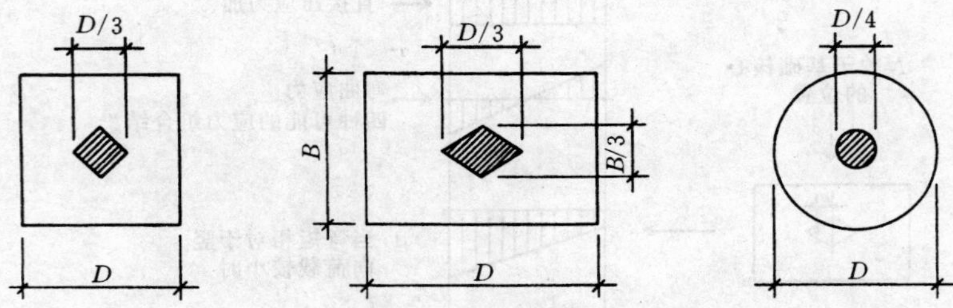

图 3.54 常见横截面形状的核心形式

图 3.55 显示了分析开裂截面的一种技巧，称作压力楔块法。此"楔块"为一体积，代表了土压力（应力乘以应力面积）形成的总压力。通过楔块的静力平衡分析，可以得到用来确定应力楔块尺寸的两种关系，即

(1) 楔块的体积等于竖向力（竖向力总和为零）。

(2) 楔块的重心（重力中心）位于与假定的偏心力位置一致的竖直线上（弯矩之和为零）。

参照图 3.55，楔块的三个尺寸是 w（基础宽）、p（最大土压力）和 x（开裂截面有应力部分的限制尺寸）。此情形中，基础宽已知，所以定义楔块只需定义 p 和 x。

对于矩形截面，楔块的重心在三角形的三分点上。如图 3.55 所示，离边缘的距离定义为 a，那么 x 等于 a 的三倍。可观察到 a 等于基础宽的一半减去 e，从而在算出偏心距后，就可确定 a 和 x 的值。

可用其三个尺寸将应力楔块的体积表示为

$$V=\frac{1}{2}wpx$$

确定了 w 和 x，可确定楔块余下的尺寸，将体积方程变形为

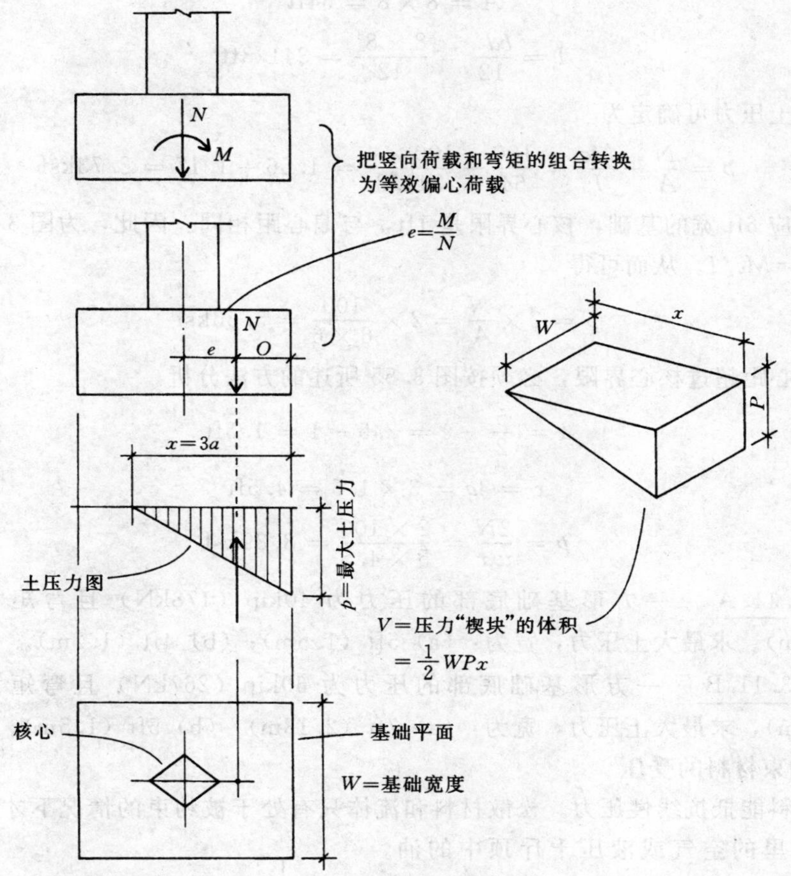

图 3.55　用压力楔块法研究开裂截面上的联合应力

$$p=\frac{2N}{wx}$$

由于压缩土的变形，图 3.53 所示组合应力的所有四种情形将导致基础的转动（翘起）。基础的设计中，必须详细考虑这一转动的程度及其对支承结构的影响。长期荷载（如恒载）不产生不均匀应力通常是所期望的。这样，图 3.53 中情形 2 和情形 4 所示的应力的极端情形只在短期荷载下才被允许。

【例题 3.25】　求一方形基础的土压力最大值。基础底部的轴向压力为 100kip 且力矩为 100kip・ft。求基础宽分别为（a）8ft；（b）6ft；（c）5ft 时的压力。

解：第一步是确定等效偏心距并将其与基础的核心界限比较，确定图 3.53 中的哪种情形适用。

（a）对应所有部分，偏心距为

$$e=\frac{M}{N}=\frac{100}{100}=1\text{ft}$$

对于 8ft 宽的基础，核心界限是 8/6＝1.33ft；因此情形 1 适用。

对于土压力的计算，必须确定截面（8ft×8ft）的特性。从而有

$$A = 8 \times 8 = 64\text{ft}^2$$

$$I = \frac{bd^3}{12} = \frac{8 \times 8^3}{12} = 341.3\text{ft}^4$$

同时，最大土压力可确定为

$$p = \frac{N}{A} + \frac{Mc}{I} = \frac{100}{64} + \frac{100 \times 4}{341.3} = 1.56 + 1.17 = 2.73\text{ksf}$$

（b）对应 6ft 宽的基础，核心界限是 1ft，与偏心距相同。因此，为图 3.54 中应力情形 2，$N/A = Mc/I$。从而可得

$$p = 2 \times \frac{N}{A} = 2 \times \frac{100}{6 \times 6} = 5.56\text{ksf}$$

（c）偏心距超过核心界限，必须按图 3.55 所述的方法分析。

$$a = \frac{5}{2} - e = 2.5 - 1 = 1.5\text{ft}$$

$$x = 3a = 3 \times 1.5 = 4.5\text{ft}$$

$$p = \frac{2N}{wx} = \frac{2 \times 100}{5 \times 4.5} = 8.89\text{ksf}$$

习题 3.11.A　一方形基础底部的压力为 40kip（178kN）且弯矩为 30kip・ft（40.7kN・m）。求最大土压力，宽为：(a) 5ft（1.5m）；（b）4ft（1.2m）。

习题 3.11.B　一方形基础底部的压力为 60kip（267kN）且弯矩为 60kip・ft（81.4kN・m），求最大土压力，宽为：(a) 7ft（2.13m）；（b）5ft（1.5m）。

5. 受约束材料的受压

固体材料能抵抗线性压力。松散材料和流体只有处于被约束的情况下才能抵抗压力，如汽车轮胎里的空气或液压千斤顶中的油。受约束材料的受压产生三维压应力状态，如图 3.56（*b*）所示，可形象化为三轴状态。

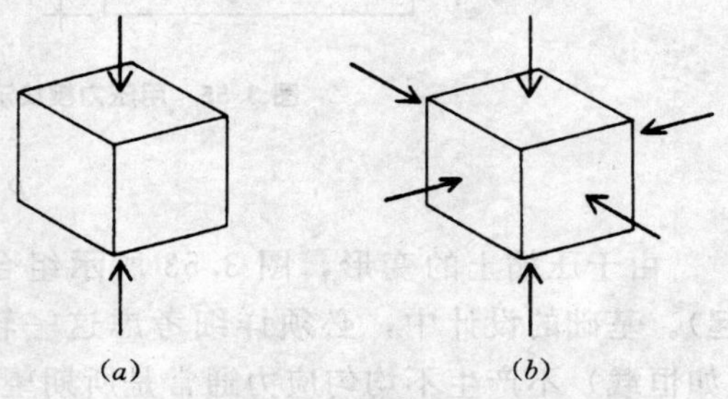

图 3.56　约束材料中的简单线性压力与三维压力的对比

三轴应力状态主要发生于松散的土中。埋于一定覆盖层土之下（也就是地表之下）支承基础的支承材料土有代表性。上部土的质量——加上周围土的约束——为基础的支承材料三轴受压的实现创造了可能。尽管松散的砂和湿软的粘土作支承材料仍不十分理想，但必定存在这种约束。

对流体或松散材料的约束是强制性的，但其也能提高材料的抵抗力。若钢筋环绕柱产生一重要的约束则钢筋混凝土柱中心的混凝土可能有异常大的抗压承载力。

3.12　刚框架

能通过在构件端部传递弯矩的连接而彼此相连两个或两个以上构件的框架称作刚框架。形成这一框架的连接称作弯矩连接或抗弯连接。大部分刚框架为静不定，单独考虑静力平衡得不到分析结果。本节列出的计算例题都是具有使其静力可解的条件从而完全能用

本书提供的方法分析的刚框架。

1. 悬臂框架

考察图 3.57（a）所示的框架，由在交点刚性连接的两个构件组成。竖向构件在其底部固定，为框架的稳定提供所需的支承条件。水平构件承受均布荷载，起简单悬臂梁的作用。因其单个的固定支承该框架描述为悬臂框架。图 3.57（b～f）所示的五幅图是研究该框架性能的有用构件。它们的组成如下所示：

（1）整个框架的自由体图，显示了荷载和反力分量［见图 3.57（b）］。研究此图有助于确定反力性质，以及明确框架整体稳定的必要条件。

（2）单个构件的自由体图［见图 3.57（c）］。这些图有时对形象化框架各部分的交互作用有很大价值，对计算框架外力也是有用的。

（3）单个构件的剪力图［见图 3.57（d）］。这些图有时对形象化或实际计算各元件的弯矩变化是有用的。除了与弯矩所使用的符号一致，不需特别的惯用符号。

（4）单个构件的弯矩图［见图 3.57（e）］。这些弯矩图非常有用，尤其是对于确定框架的变形。所使用的符号惯例是将弯矩绘在固定构件的受压（凹入）一侧。

（5）受荷框架的变形形状［见图 3.57（f）］。此为弯曲框架放大的轮廓，通常叠加在未受荷的框架的轮廓线上以作参考。这对形象化框架的性能非常有用，对明确外部支反力的特征和框架各部分间交互作用的形式尤其有用。变形形状和弯矩图形式之间的相关性是一项有用的核对。

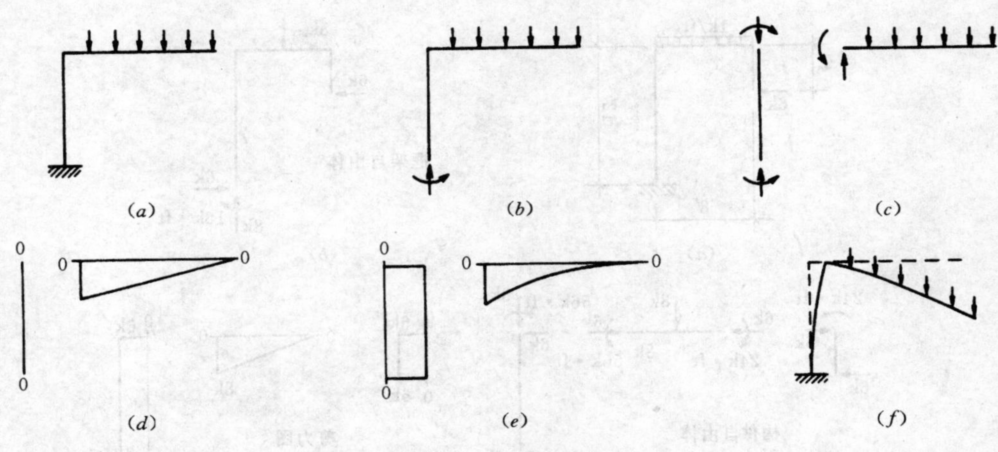

图 3.57　刚框架分析图

当进行研究时，通常并不按刚才所述的顺序形成这些构件。事实上，建议先勾画变形形状以便其与研究中其他因素的相关性可用来核对所做工作。下述例题图解说明了简单悬臂框架的分析过程。

【例题 3.26】　求图 5.38（a）所示框架的反力分量，并作自由体图、剪力图和弯矩图及变形形状。

解： 第一步是确定反力。考察整个框架的自由体图［见图 3.58（b）］，有

$$\sum F = 0 = +8 - R_V,\ R_V = 8\text{kip}(\text{向上})$$

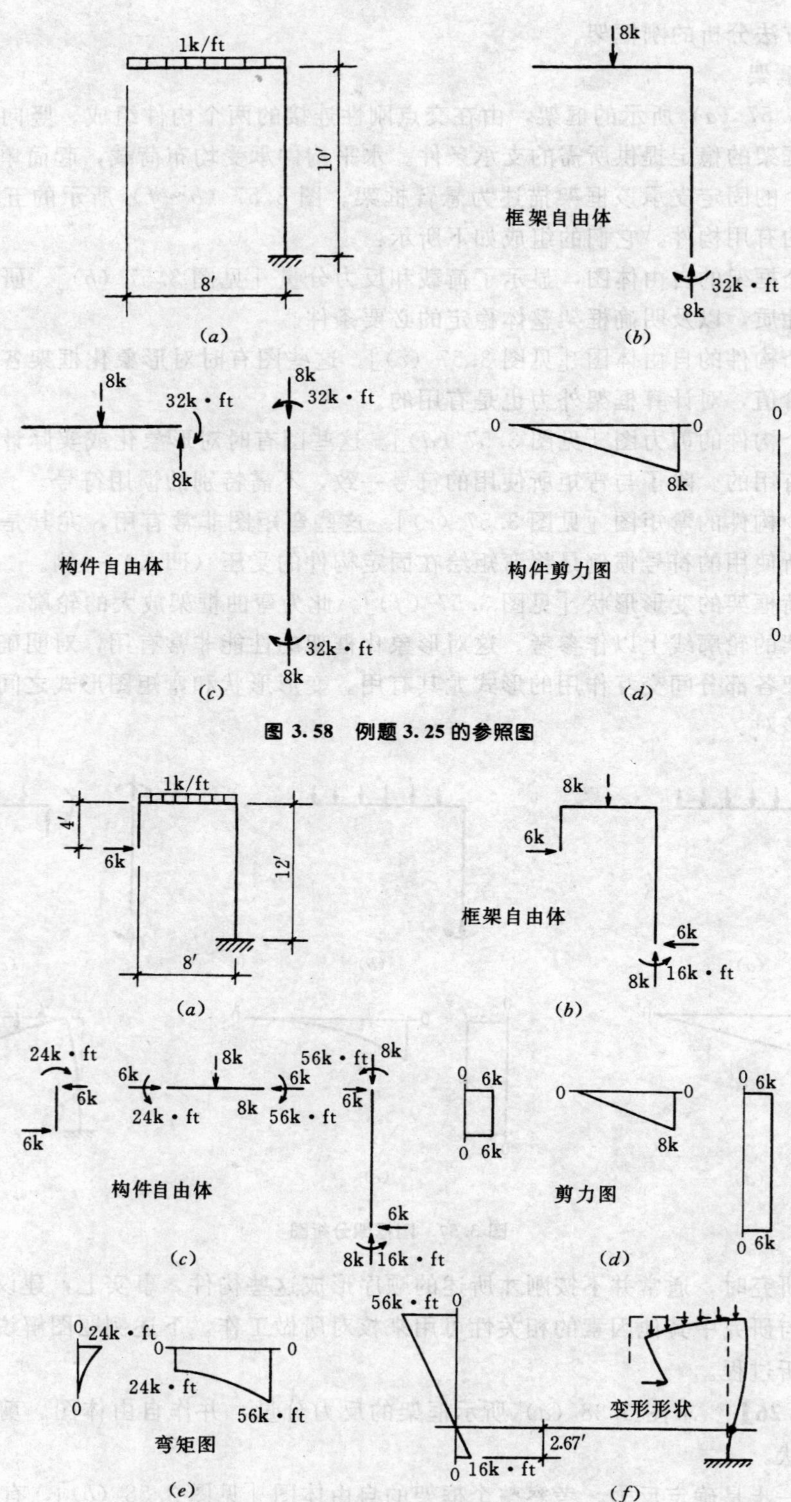

图 3.58 例题 3.25 的参照图

图 3.59 例题 3.26 的参照图

关于支承，有

$$\sum M = 0 = M_R - 8 \times 4, M_R = 32\text{kip} \cdot \text{ft}(顺时针)$$

注意：反力分量的指向即符号已在合理画出自由体图时标出。

考察单个构件的自由体图将得到需要弯矩连接传递的作用。这些作用可应用框架任一构件的平衡条件计算出来。注意到两构件力和弯矩的指向相反，这简单地表明了一构件对另一构件的作用力与其受到的反作用力相反。

此例中，竖向构件无剪力。结果，从构件的顶端到底部弯矩无变化。构件的自由体图、剪力图、弯矩图及变形形状都应证实这一事实。水平构件的剪力图和弯矩图可简单地看作一悬臂梁的剪力图和弯矩图。

用此例及许多简单的框架，不借助于数学计算即可想像变形性质的特征。建议分析中第一步就这样做并在工作中不断地核对关于变形结构的各项计算是否合乎逻辑。

【例题 3.27】　求图 3.59（*a*）所示框架的反力分量，并绘剪力和弯矩图及变形形状。

解：此框架中，为稳定需要三个反力分量，因为荷载和反力组成了一个普通的共平面力系。使用整个框架的自由体图［见图 3.59（*b*）］，用一共平面力系的三个平衡条件来求水平和竖向反力分量及弯矩分量。如有必要，可将反力分量合成为一单个力的矢量，尽管

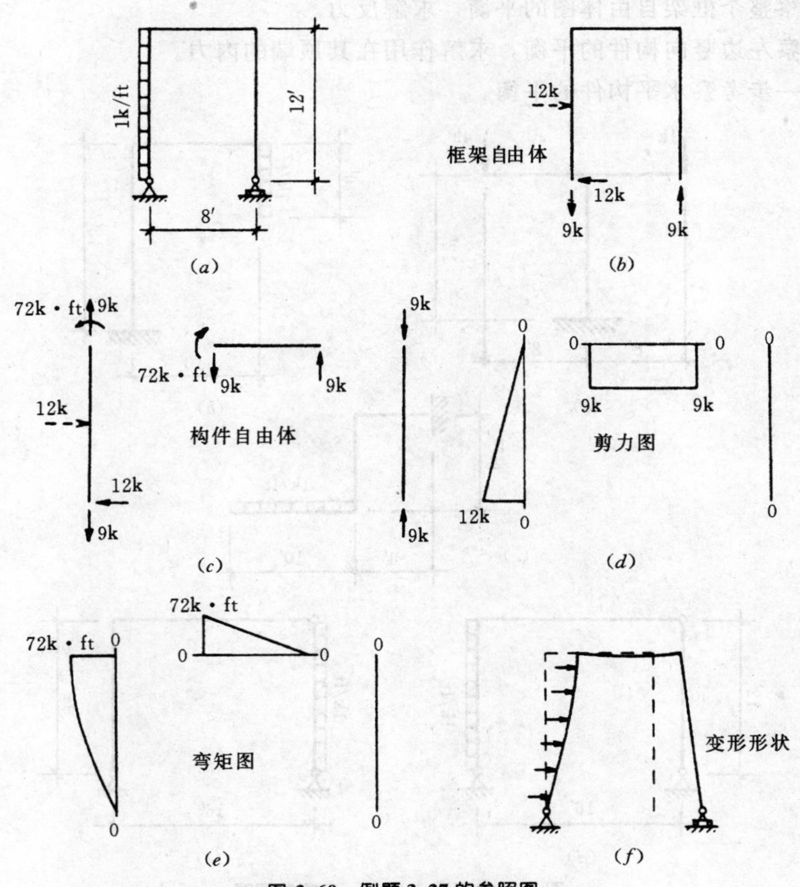

图 3.60　例题 3.27 的参照图

设计中很少需要这样。

注意弯曲发生在较大的竖向构件中，因为水平荷载关于支承的弯矩比竖向荷载的大。此例中，准确地绘制变形形状前必须进行这一计算。

读者应验证单个构件的自由体图确实处于平衡，并且所有图形之间存在所需的相关性。

2. 单跨框架

有两个支承的单跨刚框架通常静不定，同样地在下节中研究。下述例题图解说明了由支承和内部构造的特定条件确定了其静定可解的单跨框架的情形。事实上，这些条件理论上是可得到的，但实际使用中不易实现。此处给出的例题在本节工作的范围内，为读者提供了一次练习。

【例题 3.28】　研究图 3.60 所示框架的反力和内在条件。注意右边支承只允许一向上的竖向反力，而左边支承允许竖向和水平分量。两支承都不提供弯矩抵抗力。

解： 典型的研究单元如例题 3.26 和例题 3.27 图解所述，如图 3.55 所示。建议的工作步骤如下所示：

(1) 勾画变形形状（此例中有点棘手，但是一个很好的练习）。

(2) 考察整个框架自由体图的平衡，求解反力。

(3) 考察左边竖向构件的平衡，求解作用在其顶端的内力。

(4) 进一步考察水平构件的平衡。

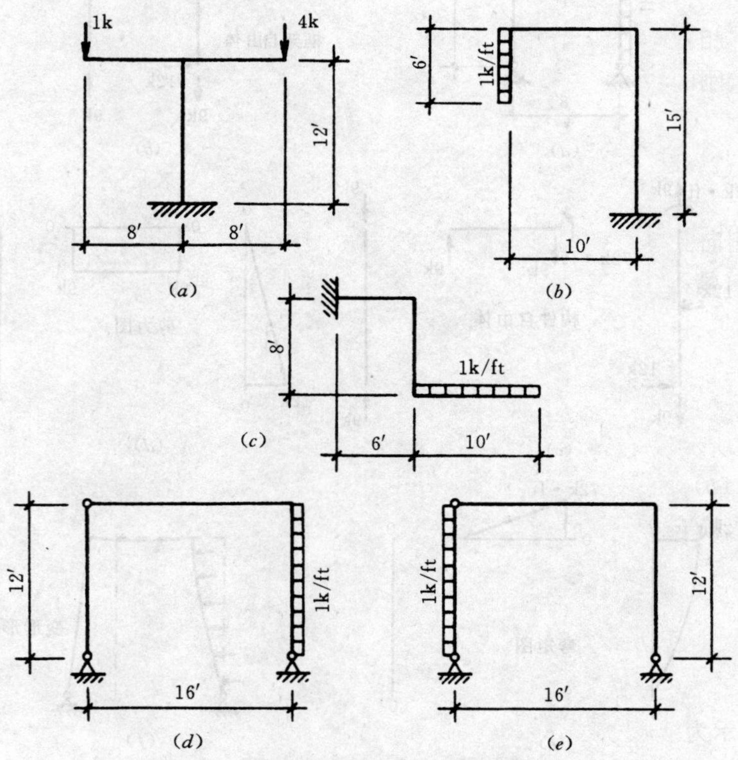

图 3.61　习题 3.12. A～E 的参照图

(5) 最后，考察右边竖向构件的平衡。

(6) 作剪力图和弯矩图，并校核所有工作的相关性。

在尝试做习题前，建议读者试着独立地得到图 3.60 所示结果。

习题 3.12.A～C　求图 3.61 (*a*) ～ (*c*) 所示框架的反力分量，并画整个框架和单个构件的自由体图，作单个构件的剪力图和弯矩图，并勾画受荷结构的变形形状。

习题 3.12.D 和 E　采用例题 3.26～3.28 所述的方法分析图 3.16 (*d*)、(*e*) 所示框架的反力和内力条件。

3.13　静不定结构的近似分析

建筑结构刚框架的形成存在许多可能性。两种常见的框架是由多层建筑中单个平面内的多层柱和多跨梁组成的单跨排架和竖向平面排架。

正如其他特性复杂的结构，高度静不定刚框架给出了应用计算机辅助方法的好例子。用限定构件法编程是有用的，并被专业设计者频繁使用。所谓的简便手算方法如弯矩分配法在过去是受欢迎的。它们的“简便”只是相对于更费力的手算方法而言；应用到复杂的框架上，它们又成为一件相当费力的事——于是得到只有一个荷载条件的解答。

当框架结点不移动，即只有转动运动时，刚框架性能就非常简单，通常这对重力荷载作用在对称框架——且只对对称的重力荷载情形才成立。若框架不对称或荷载非均匀分布，或施加侧向荷载，则框架结点将侧向移动（称作框架的侧移），且此节点位移将产生附加力。

若节点位移相当大，由于 $P-\Delta$ 效应（见第 3.11 节），可能竖向构件中的力效应显著增加。在相对较刚的框架中，有非常重的构件，这一效应通常不是关键的。在极柔的框架中这一效应可能是重要的。此例中，必须计算节点实际的侧向位移以得到用来确定 $P-\Delta$ 效应的偏心距。钢筋混凝土框架一般刚度很大，于是此效应通常不如更柔的木或钢框架重要。

刚框架的侧向变形与框架的整体刚度有关。当几个框架分担一个荷载时，如在有多个框架的多层建筑情形中，必须确定框架的相对刚度。这通过考察其相对变形抵抗力来完成。

单跨刚框架排架

图 3.62 显示了单跨刚框架排架的两种情况。图 3.62 (*a*) 中，框架柱底铰接，产生了图 3.62 (*c*) 所示的荷载变形形状，其反力分量如图 3.62 (*e*) 中整个框架的自由体图所示。图 3.62 (*b*) 中，框架柱端固接，产生了所显示的略作修正的性能。这些是常见情况，底部条件依赖于支承结构和框架自身。

图 3.62 中的框架均为静不定，需要通过静力以外的某些条件分析。然而若框架对称且荷载均布，则上部结点不发生侧向运动，此性能是一种典型形式。尽管也可得到这一常见结构形式的性能列表值，对这一情况可用弯矩面积、三弯矩方程或弯矩分配进行分析。

图 3.63 所示为一在上部结点施加一侧向荷载的单跨排架。此例中，上部结点侧向移动，框架采取所显示的形状，反力分量如图所示。尽管一部分解是显而易见的，但这也表

示一种静不定情况。例如，图 3.63（*a*）中底部铰接框架，对于柱底的弯矩方程将消去该处的竖向反力和两个水平反力，剩下一个求解其他竖向反力的方程。于是若认为基础有相同反力，则每一水平反力可简单地取为荷载的一半。从而完全确定了框架的性能，尽管理论上是静不定结构。

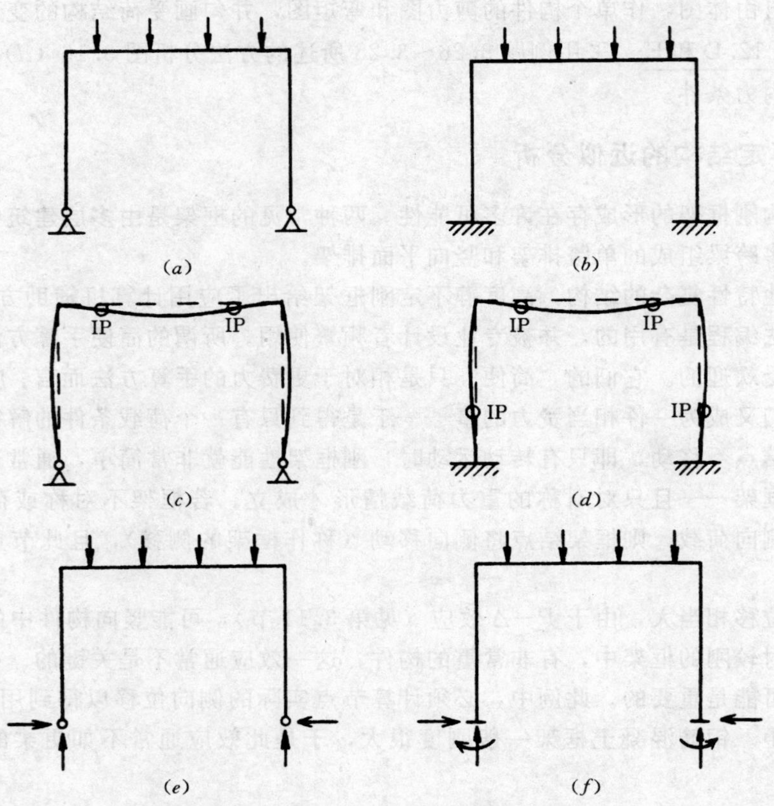

图 3.62 重力作用下单跨排架的性能

对于图 3.63（*b*）中柱底固定的框架，可用类似方法求解直接反力分量值，而这一简化方法求不出固定端弯矩值。如弯矩分配法或任一求解静不定结构的方法所做的那样，这一分析和图 3.62 中框架的分析必须考虑构件的相对刚度。

刚框架结构出现得十分频繁，如构成多层建筑部分结构的多层多跨排架。在大多数情形中，这一排架用作侧向支撑构件；尽管一旦其作为一抗弯框架构成，它将对所有类型的荷载起作用。设计多层刚框架的各种考虑将在第 15.5 节中研究。

多层刚排架高度静不定，其分析是复杂的，需要考虑各种不同的荷载组合。当受荷或构成不对称时，它将侧向运动，使内力分析进一步复杂化。除了早期的近似设计外，目前的分析需用计算机辅助系统完成，这一系统的软件也十分容易得到。

对初步设计，有时可能用近似分析方法得到合适精度的构件尺寸。实际上，许多依然矗立的老式高层建筑就是完全用这些技术设计的，是对其效能的合理证明。多层刚框架近似分析的一个例子将在第 25.8 节实例分析实例三中给出。

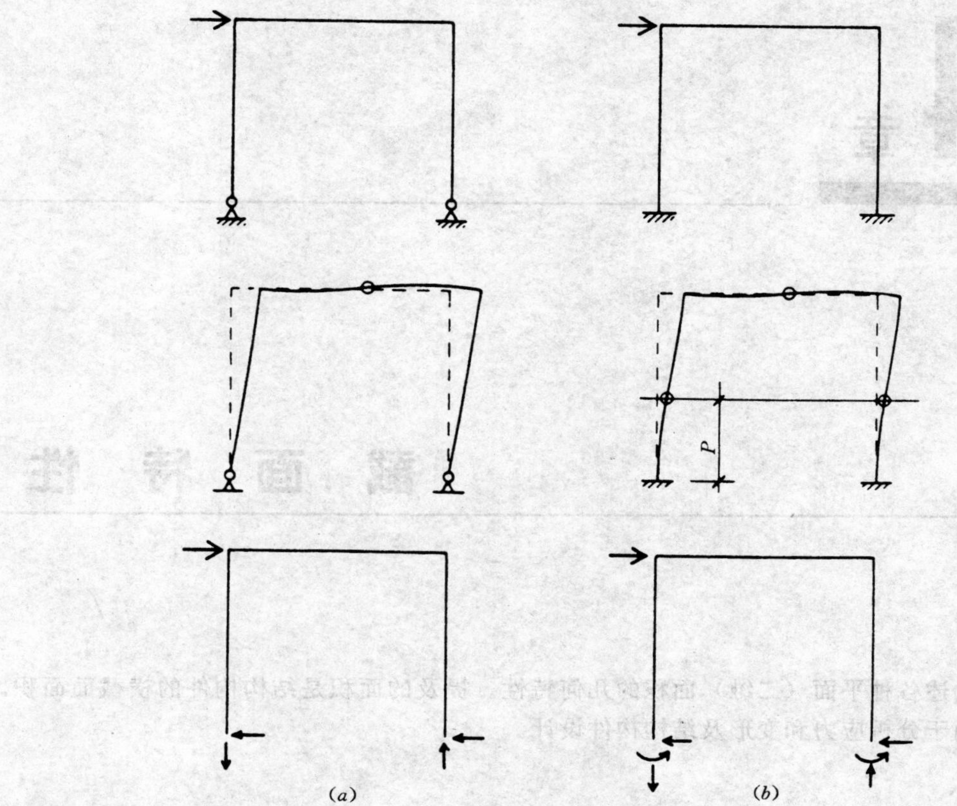

图 3.63　侧向荷载作用下单跨排架的性能

第4章

截 面 特 性

本章论述各种平面（二维）面积的几何特性。提及的面积是结构构件的横截面面积。几何特性用于分析应力和变形及结构构件设计。

4.1 形心

固体的重心是一个假想的点，可认为所有的重量集中在该点或合成重量经过该点。因为二维平面面积没有重量，所以没有重心。平面面积中与具有相同面积和形状的薄片的重力中心相对应的点称为该面积的形心。形心是一平面面积各种几何特性的一个有用参照。

例如，当梁承受产生弯曲的力时，梁中某一平面上方的纤维受压，该平面下方的纤维受拉。这一平面为中性应力平面，也简称为中性面（见第 3.7 节）。对于梁的一个横截面，中性面与该横截面的交线为一直线；该直线经过截面的形心，称为梁的中性轴。中性轴对研究梁中弯曲应力是非常重要的。

对称形状的中性轴的位置十分明显。若面积有一对称线（轴），形心将位于该线上。若有两条明显的对称线，形心将位于其相交点。考察图 4.1（a）所示的矩形面积，显然可以很容易地确定形心在其几何中心。该点可通过测量距离（宽度的一半和高度的一半）定位，或可通过几何绘图得到——为矩形两对角线的交点。

注意：下述分析中提及的表 4.3～4.8 和图 4.13 位于本章末。

对于更复杂的形式，如那些轧制钢构件（称作型钢），其形心也将位于任一对称轴上。从而对于宽翼缘型钢（实际上为 I 形钢或 H 形钢），两相交主轴将通过其交点定义形心（见表 4.3 中的参考图）。对于槽钢（实际上为 U 形钢），只有一个对称轴（在表 4.4 中该轴标记为 $X-X$），因此必须通过计算确定形心沿这一直线的位置。给定槽钢就可以确定这个值，它作为特性尺寸 x 列于表 4.4 中。

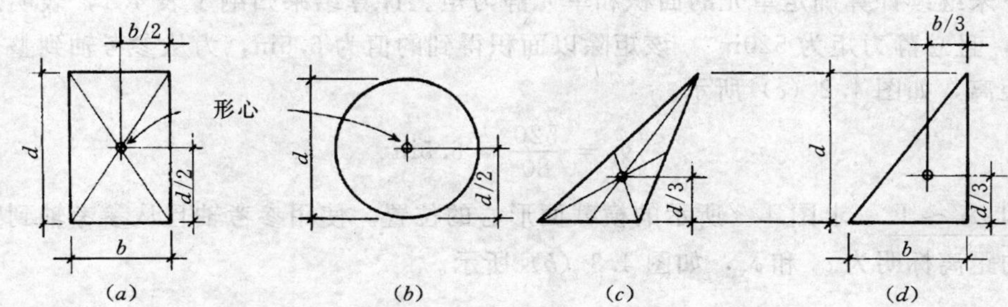

图 4.1　各种平面形状的形心

对许多结构构件，其横截面关于两轴对称：方形、矩形、圆形、环形（管）等等。或者其特性定义在参考资料中，如《钢结构手册》（参考文献 3），从中可得到钢材形状的特性。然而，有时必须确定由多个部分联合组成的组合形状的一些几何特性，如形心。确定形心的过程涉及静力矩的使用，静力矩定义为一面积乘以该面积形心距其所在平面的参考轴的垂直距离。若面积能简化为简单分量，则总的静力矩可通过分量的矩求和得到。因为该总和等于总面积乘以其距参考轴的形心距，所以形心距可通过矩的总和除以总面积确定。因为有许多几何假定，说比做更困难，正如下述简单的例题所述。

【例题 4.1】　图 4.2 所示为一梁的横截面，关于水平轴［图 4.2（c）中的 $X-X$］不对称。求该形状水平形心轴的位置。

解：这一问题常用的方法是首先将该形状分成面积和形心易确定的单元。这里选择的分割如图 4.2（b）所示的标号为 1 和 2 的两部分。

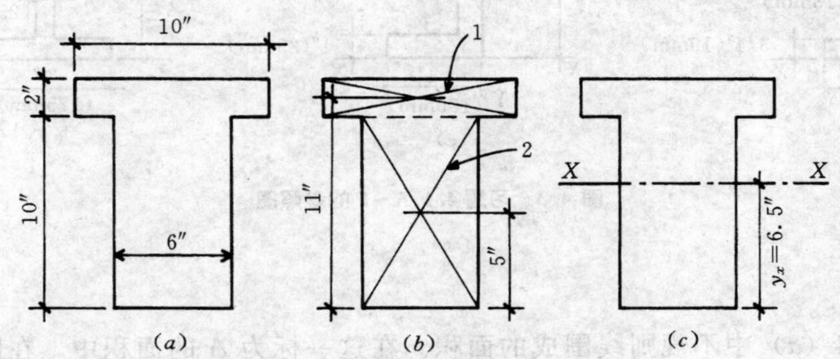

图 4.2　例题 4.1 的参照图

第二步是选择任一参考轴来计算静力矩，且该形状的形心距容易测量。该形状的一条便利的参考轴在其顶端或底部。选择底部，各部分的形心到这一参考轴的距离如图 4.2（b）所示。

表 4.1　　**形心计算一览表：例题 4.1**

部分	面积（in^2）	y（in）	$A\times y$（in^3）
1	2×10=20	11	220
2	6×10=60	5	300
Σ	80		520

接下来继续计算确定单元的面积和单元静力矩。计算结果归纳于表 4.1，表明总面积为 80in²，且总静力矩为 520in³。该矩除以面积得到的值为 6.5in，为从参考轴到整个形状形心的距离，如图 4.2（*c*）所示。

$$y_x = \frac{520}{80} = 6.5\text{in}$$

习题 4.1.A～F 求图 4.3 所示的横截面形心的位置。使用参考轴且从参考轴到整个形状形心的距离标明为 c_x 和 c_y，如图 4.3（*b*）所示。

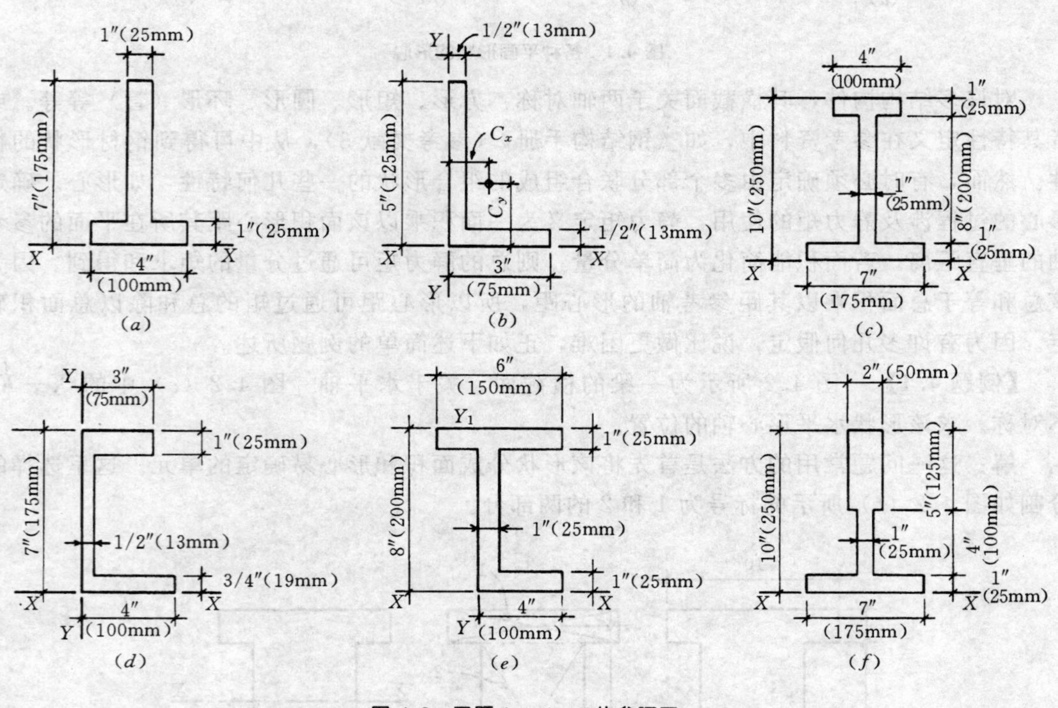

图 4.3 习题 4.1.A～F 的参照图

4.2 惯性矩

考察图 4.4（*a*）中不规则线围成的面积。在这一标为 *A* 的面积中，在距标为 *X*－*X* 轴的 *z* 距离处取一微小的单元面积 *a*。若这一单元面积乘以其距参考轴距离的平方，就确定了量 $a \times z^2$。若整个面积的所有单元都这样标识，就得到这些乘积的总和，此结果定义为该面积的惯性矩或二阶矩，标识为 *I*，这样可得

$$\sum az^2 = I \text{ 或特殊情况下的 } I_{X-X}$$

该符号表示了面积关于 *X*－*X* 轴的惯性矩。

惯性矩是有些抽象的术语，不能像面积、重量或重心那样给出形象的实体。但是，它是一个真实的几何特性，在考察结构构件的应力和变形中成为一个基本因素。尤其关心的是关于形心轴的惯性矩，并且最值得注意的是关于形状主轴的惯性矩。图 4.4（*b*～*f*）指出了各种形状的主轴。

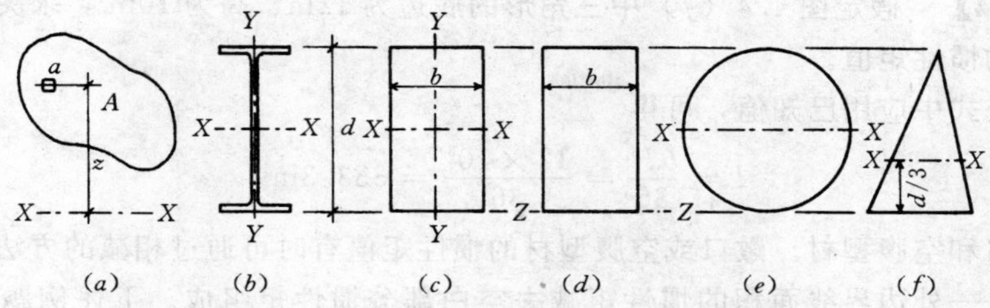

图 4.4　各种形状横截面的惯性矩参照轴的分析

审查表 4.3～4.8 将揭示表中形状关于主轴的惯性矩的特性。本书在各种计算中使用这些值。

几何图形的惯性矩

惯性矩值通常可从结构特性表中查得。有时，也需要计算给定形状的值。这可能是一简单形状，如方形、矩形、圆形或三角形。对于这些形状，可推导简单公式来表示惯性矩值（正如面积、圆周公式等一样）。

(1) 矩形。考察图 4.4（c）所示的矩形，宽为 b 且高为 d。两主轴为 $X-X$ 和 $Y-Y$，均过此面积的形心（该例中为简单中心）。对于这一情形，关于形心轴 $X-X$ 的惯性矩计算为

$$I_{X-X}=\frac{bd^3}{12}$$

并且关于 $Y-Y$ 轴的惯性矩为

$$I_{Y-Y}=\frac{db^3}{12}$$

【例题 4.2】　求 6in×12in 的木梁关于一过其形心且平行于截面窄边的轴的惯性矩值。

解：参照表 4.8，该截面的实际尺寸为 5.5in×11.5in。于是可得

$$I=\frac{bd^3}{12}=\frac{5.5\times11.5^3}{12}=697.1\text{in}^4$$

与表中 I_{X-X} 值一致。

(2) 圆形。图 4.4（e）所示一圆形面积，其直径为 d 且轴 $X-X$ 过其中心。对此圆形面积，惯性矩为

$$I=\frac{\pi d^4}{64}$$

【例题 4.3】　计算直径为 10in 的圆形横截面关于过其形心的轴的惯性矩。

解：关于任一过形心的轴的惯性矩为

$$I=\frac{\pi d^4}{64}=\frac{3.1416\times10^4}{64}=490.9\text{in}^4$$

(3) 三角形。图 4.4（f）中三角形高为 h 底边为 b，对平行于三角形底边的形心轴的惯性矩为

$$I=\frac{bd^3}{36}$$

【例题 4.4】 假定图 4.4（f）中三角形的底边为 12in、高为 10in，求关于平行于底边的形心轴的惯性矩值。

解：在公式中应用已知值，可得

$$I = \frac{bd^3}{36} = \frac{12 \times 10^3}{36} = 333.3\text{in}^4$$

（4）敞口和空腹型材。敞口或空腹型材的惯性矩值有时可通过相减的方法计算。这由求实体面积——外边界线面积的惯性矩减去空白部分惯性矩组成。下述例题说明了此过程。注意这只适用于对称形状。

【例题 4.5】 计算图 4.5（a）中空腹箱形截面关于一过形心且平行于窄边的水平轴的惯性矩。

解：首先求箱形外边界所定义形状的惯性矩：

$$I = \frac{bd^3}{12} = \frac{6 \times 10^3}{12} = 500\text{in}^4$$

然后求空白空间所定义面积的惯性矩：

$$I = \frac{4 \times 8^3}{12} = 170.7\text{in}^4$$

空腹截面的惯性矩值为其差值，从而可得

$$I = 500 - 170.7 = 329.3\text{in}^4$$

【例题 4.6】 求图 4.5（b）所示的一管状横截面关于一过其形心的轴的惯性矩。管壳的厚度为 1in。

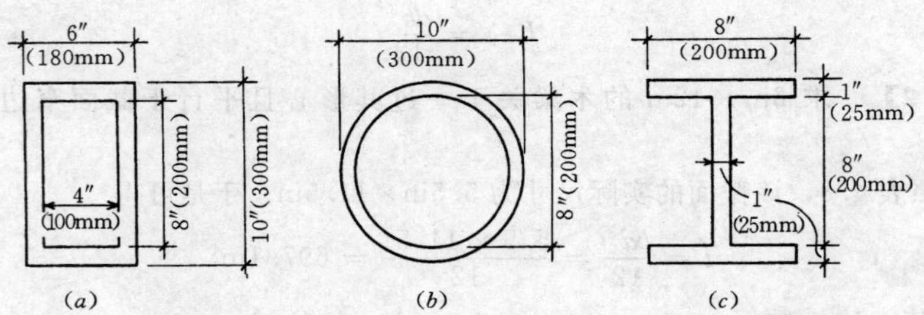

图 4.5 例题 4.5～例题 4.7 的参照图

解：像例题 4.5 那样，求两个值并相减。或者作如下单一计算：

$$I = (\pi/64)(d_o^4 - d_i^4) = (3.1416/64)(10^4 - 8^4) = 491 - 201 = 290\text{in}^4$$

【例题 4.7】 参考图 4.5（c），计算 I 形截面关于一过形心且平行于翼缘的水平轴的惯性矩。

解：本质上与例题 4.5 的计算类似。两个空白部分可合并成宽 7in 的单一部分；从而可得

$$I = \frac{8 \times 10^3}{12} - \frac{7 \times 8^3}{12} = 667 - 299 = 368\text{in}^4$$

提示 这一方法只有当外部形状的形心和空白部分的形心重合时才能使用。例如，不能用来求图 4.5（c）中 I 形截面关于其竖向形心轴的惯性矩。对于这一计算，可用

下节所研究的方法。

4.3　惯性矩的传递

非对称复杂形状惯性矩的确定不能通过前述例题中图解说明的简单方法完成。必须使用一个包括惯性矩关于一远轴的传递的附加步骤。完成这一传递的公式如下所示

$$I = I_0 + Az^2$$

式中 I——横截面关于所需参考轴的惯性矩；

I_0——横截面关于与参考轴平行自身形心轴的惯性矩；

A——横截面面积；

z——两平行轴间的距离。

这些关系图解说明于图 4.6，图中 $X-X$ 为面积的形心轴，$Y-Y$ 为被传递惯性矩的参考轴。

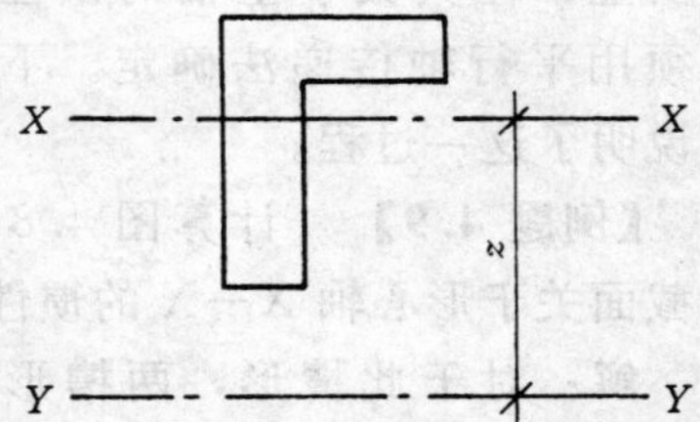

图 4.6　平行轴的惯性矩传递

这一原则的应用将在下述例题中说明。

【例题 4.8】　求图 4.7 中 T 形面积关于其水平形心轴（$X-X$）的惯性矩（注：该截面的形心位置在第 4.1 节例题 4.1 中解得）。

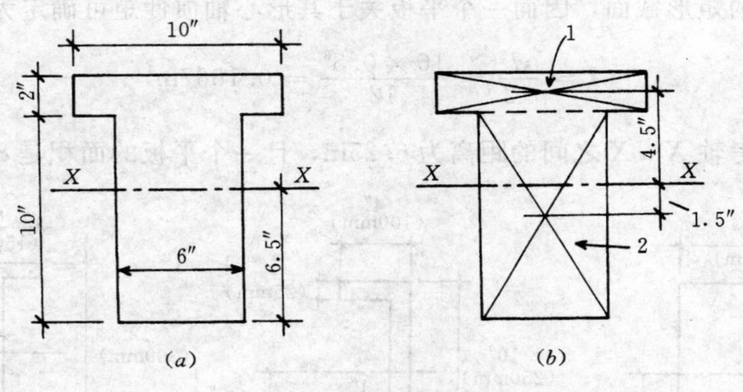

图 4.7　例题 4.8 的参照图

解： 若形状不对称，这些问题中必需的第一步是确定形心轴的位置。此例中，T 形截面关于竖向轴对称，但关于水平轴不对称。确定水平轴的位置是在第 4.1 节例题 4.1 中解决的问题。

接下来的一步是将复杂的形状分解成形心、面积和形心轴惯性矩易求得的部分。如例题 4.1 中所述，这里该形状分成矩形翼缘部分和矩形腹板部分。

此处使用的参考轴是水平形心轴。表 4.2 归纳了确定平行轴传递法的因素。所求的关

表 4.2　惯性矩计算一览表：例题 4.9

部分	面积 (in²)	y (in)	I_0 (in⁴)	$A\times y^2$ (in⁴)	I^x (in⁴)
1	20	4.5	$10\times2^3/12=6.7$	$20\times4.5^2=405$	411.7
2	60	1.5	$6\times10^3/12=500$	$60\times1.5^2=135$	635
Σ					1046.7

于水平形心轴的 I 值确定为 1046.7in^4。

必须解决的这一问题的一种常见情况是由距离较远的部分组成的组合结构构件。图 4.8 所示为一种这样的截面，图中两块平板和两轧制槽形截面连接组成一箱形截面。尽管这一组合截面实际上关于其主轴对称，且主轴的位置明显，但其关于主轴的惯性矩值必须用平行轴传递法确定。下述例题说明了这一过程。

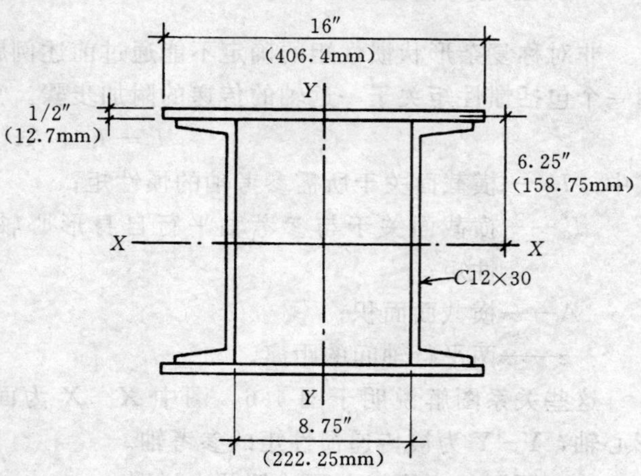

图 4.8 例题 4.9 的参照图

【例题 4.9】 计算图 4.8 中组合截面关于形心轴 $X-X$ 的惯性矩。

解：对于此情形，两槽形截面这样布置其形心轴与参考轴一致。从而槽形截面的 I_0 值也是其绕所求参考轴的实际惯性矩，且这里所求值简单地为表 4.4 给出的关于 $X-X$ 轴惯性矩的两倍，即 $2\times162=324\text{in}^4$。

平板为简单的矩形截面，因而一个平板关于其形心轴惯性矩可确定为

$$I=\frac{bd^3}{12}=\frac{16\times0.5^3}{12}=0.1667\text{in}^4$$

平板形心轴和参考轴 $X-X$ 之间的距离为 6.25in，且一个平板的面积是 8in^2。从而一个平

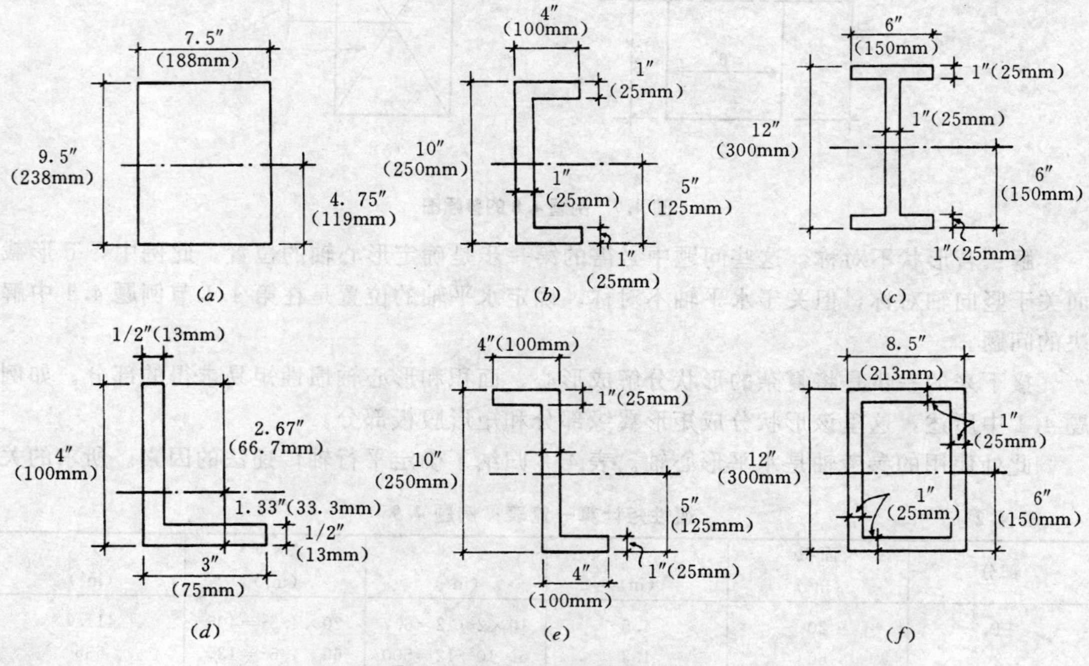

图 4.9 习题 4.3.A～F 的参照图

板关于参考轴的惯性矩为

$$I_0 + Az^2 = 0.1667 + 8 \times 6.25^2 = 312.7\text{in}^4$$

两平板的值是该值的两倍，即 625.4in⁴。

各部分的值相加，答案是 $324 + 625.4 = 949.4\text{in}^4$。

习题 4.3.A～F　计算图 4.9 中的横截面关于指定的形心轴的惯性矩。

习题 4.3.G～I　利用钢型材特性表中任一适当的数据，计算图 4.10 中的组合截面关于形心轴 $X-X$ 的惯性矩。

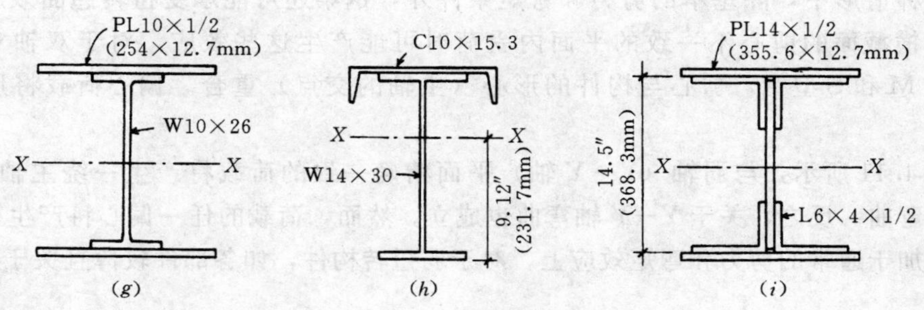

图 4.10　习题 4.3.G～I 的参照图

4.4　综合特性

1. 截面模量

如第 3.7 节所提出的，弯曲应力公式的 I/c 项称作截面模量。使用截面模量为计算弯曲应力或确定构件的弯矩承载力提供了一捷径。然而，这一特性的真实价值在于其对构件相对弯曲强度的量度。作为一种几何特性，它是对一给定构件横截面的弯曲强度的一种直接表征。从而各种横截面的构件可严格以其 S 值为基准的弯曲强度等级来排序。因其用途，S 值与其他重要的特性一起列在钢构件和木构件表格中。

截面矩应用的例子在第二部分和第三部分研究木梁和钢梁的设计中给出。对标准形式（结构木材和轧制型钢）的构件，其 S 值可从类似本章末提出的那些表格中得到。对于非标准的复杂形式，S 值必须计算，一旦确定了形心轴和关于该形心轴的惯性矩，该值就可以很容易地算出。

【例题 4.10】　验证一 6×12 的木梁关于平行于短边的形心轴的截面矩表列值。

解：由表 4.8 可知，这一构件的实际尺寸是 5.5in × 11.5in，且惯性矩值为 697.068in⁴。于是可得

$$S = \frac{I}{c} = \frac{697.068}{5.75} = 121.229\text{in}^3$$

与表 4.8 中的值一致。

2. 回转半径

对于细长受压构件的设计，一个重要的几何特性是回转半径，其定义为

$$r = \sqrt{\frac{I}{A}}$$

正如惯性矩和截面模量值，回转半径是相对于构件横截面平面内具体轴的。从而若 r 值公式里所用的 I 是关于 $X-X$ 形心轴的，那么该轴也是对应的 r 值的参照。

特别重要的 r 值是最小回转半径。因为该值将与横截面的最小 I 值有关，又因为 I 是构件弯曲刚度的一种表征，于是最小 r 值将象征着构件对弯曲的最弱响应。具体地这涉及细长受压构件的屈曲抵抗力。屈曲本质上是一种侧向反应，且其最可能发生在 I 或 r 最小的轴上。这些关系的使用在第二部分和第三部分对木柱和钢柱的讨论中。

3. 剪心

在各种情形中，除基本的剪力和弯矩条件外，钢梁还可能承受扭转翘曲效应。当梁在与构件横截面的剪心不一致的平面内受荷时可能产生这些效应。对于双轴对称的形状如 W、M 和 S 型钢，剪心与构件的形心（主轴的交点）重合。偏心荷载将形成构件的扭曲。

如图 4.11 所示，与弱轴（$Y-Y$ 轴）平面精确一致的荷载将产生一绕主轴（$X-X$ 轴）的纯弯曲。反之，关于 $Y-Y$ 轴弯曲也成立。然而，荷载的任一偏心将产生翘曲扭转效应，附加于通常的剪力和弯矩效应上。对于弱扭转构件，如各部件较薄且关于 $Y-Y$ 轴

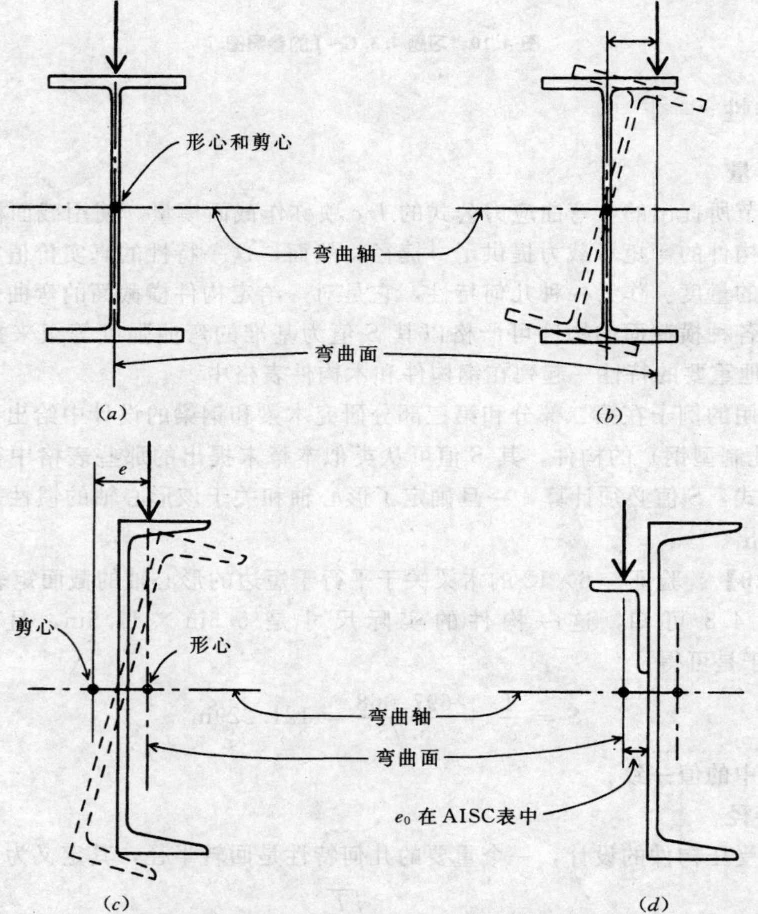

图 4.11 与梁横截面的剪心不在一条直线上的荷载在梁中产生的扭转

的弯曲抵抗力较低的敞口 I 形钢截面，扭转作用可能非常容易成为梁极限破坏的主要模态。

对于关于两轴均不对称的形状，如 C 形钢和角钢，剪心的位置与截面的形心不重合。例如，对于槽形截面，剪心位于截面的背面某点，如图 4.11（*c*）所示。从而，槽形截面通过其形心或其竖向腹板的载荷将产生扭曲。避免这一现象的方法是在可能的地方放一角钢在槽钢上以使容许荷载接近于槽钢剪心作用。

各种形状和组合形状的剪心和形心位置如图 4.12 所示。对于两心重合的构件［见图 4.12（*a*）］，主要考虑的是确保荷载作用在构件的形心平面内。对于两中心分开的构件［见图 4.12（*b*）］，形心轴荷载将产生扭曲。然而，即使这两中心分开，若荷载平面也通过剪心，则过形心的荷载可能不产生扭曲，如图 4.12（*c*）所示的单个 T 形和槽形及两角钢和两槽钢的组合形状。

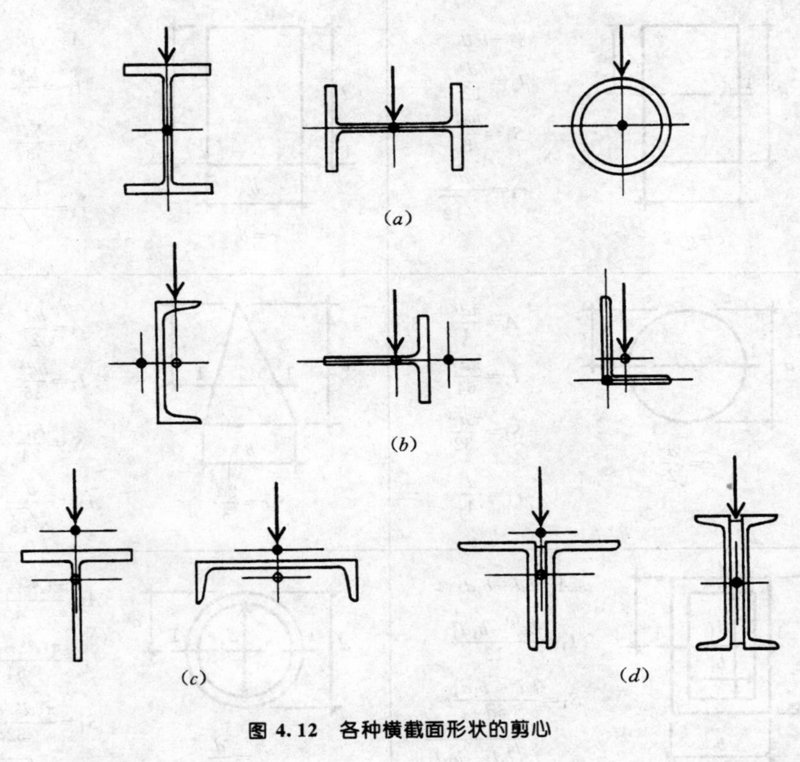

图 4.12　各种横截面形状的剪心

4.5　截面特性列表

图 4.13 给出了各种简单平截面的几何特性的公式。实际上有些可用于单个结构构件或复杂构件的组合。

表 4.3～表 4.8 列出了各种平截面的特性。这些截面是工厂生产的标准木截面和钢截面。标准是指截面的形状和尺寸固定且每一具体的截面以某一方式标识。木构件和钢构件的标准名称在第二部分和第三部分中讨论。

结构构件可用于各种目的，从而对于一些结构用途，其方向可能不同。对于任一平截面，截面的主轴是重要的。这是两个互相垂直的形心轴，截面关于此轴的惯性矩值分别为最大和最小，从而标识为强轴和弱轴。若截面有一对称轴，则其将为主轴——强轴或弱轴。

对于有两条互相垂直的对称轴的截面（H、I形钢等），一个轴将为强轴，另一个则为弱轴。在特性表中，列出的 I、S 和 r 值都指明关于一具体的轴，且参考轴用表中图形指明。

表中给出的其他值为重要的尺寸，总横截面面积和 1ft 长构件的重量。木制构件的重量在表中给出，假定结构软木的平均密度为 35lb/ft^3。宽翼缘和槽形钢构件的重量作为其牌号的一部分给出；从而 W8×67 的构件重 67lb/ft。对于角钢和钢管，其重量由钢的密度 490lb/ft^3 确定，在表中给出。

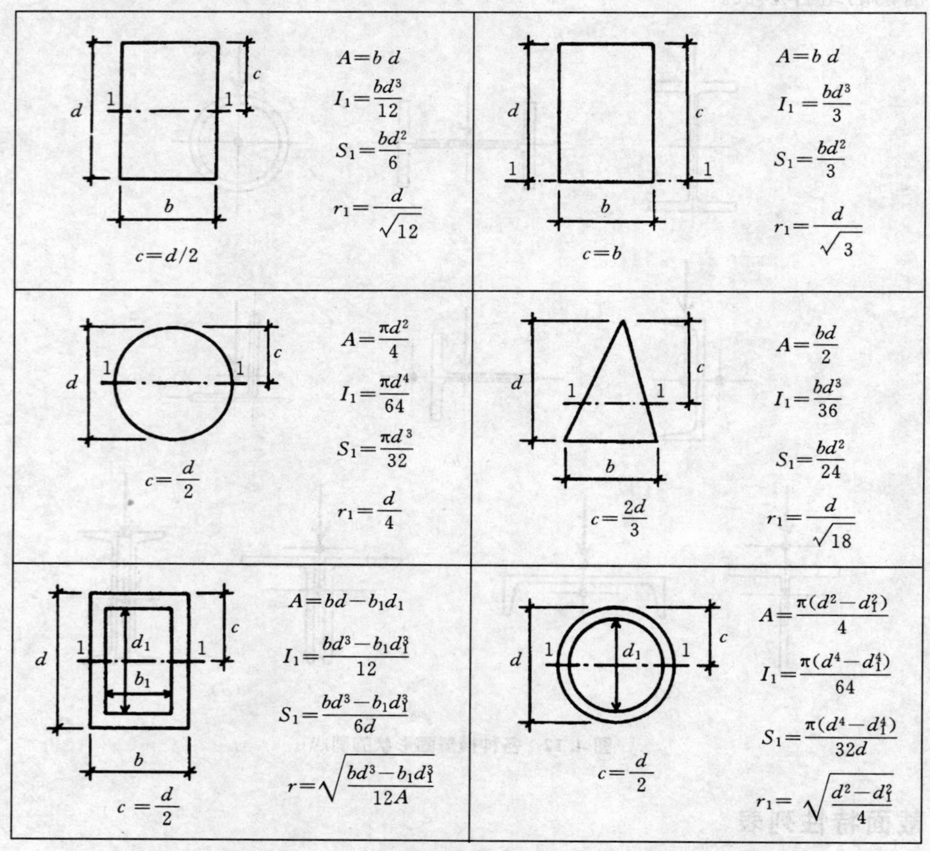

图 4.13 各种几何形状横截面的特性

A—面积；I—惯性矩；S—截面矩；r—回转半径

一些构件的牌号表明了其真实的尺寸。从而，一 10in 的槽钢和一 6in 的角钢真实的尺寸为 10in 和 6in。对于 W 型钢、钢管和结构木材，标注的是名义尺寸，其真实的尺寸必须从表中查得。

表 4.3　　**W 型钢的特性**

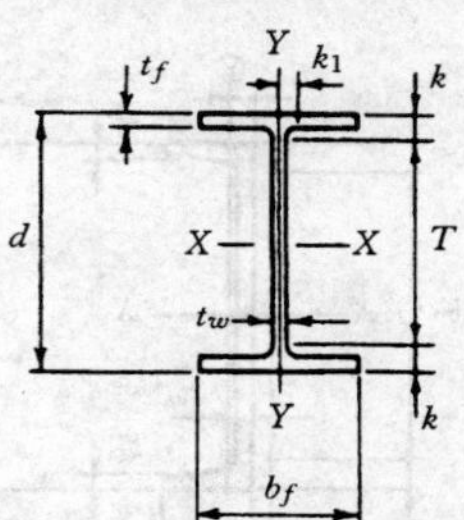

形状		面积 A	高度 d	腹板 t_w	翼缘		k	弹性特性						
					宽度	厚度		轴 $X-X$			轴 $Y-Y$			弹性模量
					b_f	t_f		I	S	r	I	S	r	Z_x
		in^2	in	in	in	in	in	in^4	in^3	in	in^4	in^3	in	in^3
W30	×116	34.2	30.01	0.565	10.495	0.850	1.625	4930	329	12.0	164	31.3	2.19	378
	×108	31.7	29.83	0.545	10.475	0.760	1.562	4470	299	11.9	146	27.9	2.15	346
	×99	29.1	29.65	0.520	10.450	0.670	1.437	3990	269	11.7	128	24.5	2.10	312
W27	×94	27.7	26.92	0.490	9.990	0.745	1.437	3270	243	10.9	124	24.8	2.12	278
	×84	24.8	26.71	0.460	9.960	0.640	1.375	2850	213	10.7	106	21.2	2.07	244
W24	×84	24.7	24.10	0.470	9.020	0.770	1.562	2370	196	9.79	94.4	20.9	1.95	224
	×76	22.4	23.92	0.440	8.990	0.680	1.437	2100	176	9.69	82.5	18.4	1.92	200
	×68	20.1	23.73	0.415	8.965	0.585	1.375	1830	154	9.55	70.4	15.7	1.87	177
W21	×83	24.3	21.43	0.515	8.355	0.835	1.562	1830	171	8.67	81.4	19.5	1.83	196
	×73	21.5	21.24	0.455	8.295	0.740	1.500	1600	151	8.64	70.6	17.0	1.81	172
	×57	16.7	21.06	0.405	6.555	0.650	1.375	1170	111	8.36	30.6	9.35	1.35	129
	×50	14.7	20.83	0.380	6.530	0.535	1.312	984	94.5	8.18	24.9	7.64	1.30	110
W18	×86	25.3	18.39	0.480	11.090	0.770	1.437	1530	166	7.77	175	31.6	2.63	186
	×76	22.3	18.21	0.425	11.035	0.680	1.375	1330	146	7.73	152	27.6	2.61	163
	×60	17.6	18.24	0.415	7.555	0.695	1.375	984	108	7.47	50.1	13.3	1.69	123
	×55	16.2	18.11	0.390	7.530	0.630	1.312	890	98.3	7.41	44.9	11.9	1.67	112
	×50	14.7	17.99	0.355	7.495	0.570	1.250	800	88.9	7.38	40.1	10.7	1.65	101
	×46	13.5	18.06	0.360	6.060	0.605	1.250	712	78.8	7.25	22.5	7.43	1.29	90.7
	×40	11.8	17.90	0.315	6.015	0.525	1.187	612	68.4	7.21	19.1	6.35	1.27	78.4
W16	×50	14.7	16.26	0.380	7.070	0.630	1.312	659	81.0	6.68	37.2	10.5	1.59	92.0
	×45	13.3	16.13	0.345	7.035	0.565	1.250	586	72.7	6.65	32.8	9.34	1.57	82.3
	×40	11.8	16.01	0.305	6.995	0.505	1.187	518	64.7	6.63	28.9	8.25	1.57	72.9
	×36	10.6	15.86	0.295	6.985	0.430	1.125	448	56.5	6.51	24.5	7.00	1.52	64.0
W14	×216	62.0	15.72	0.980	15.800	1.560	2.250	2660	338	6.55	1030	130	4.07	390
	×176	51.8	15.22	0.830	15.650	1.310	2.000	2140	281	6.43	838	107	4.02	320
	×132	38.8	14.66	0.645	14.725	1.030	1.687	1530	209	6.28	548	74.5	3.76	234
	×120	35.3	14.48	0.590	14.670	0.940	1.625	1380	190	6.24	495	67.5	3.74	212
	×74	21.8	14.17	0.450	10.070	0.785	1.562	796	112	6.04	134	26.6	2.48	126
	×68	20.0	14.04	0.415	10.035	0.720	1.500	723	103	6.01	121	24.2	2.46	115
	×48	14.1	13.79	0.340	8.030	0.595	1.375	485	70.3	5.85	51.4	12.8	1.91	78.4
	×43	12.6	13.66	0.305	7.995	0.530	1.312	428	62.7	5.82	45.2	11.3	1.89	69.6
	×34	10.0	13.98	0.285	6.745	0.455	1.000	340	48.6	5.83	23.3	6.91	1.53	54.6
	×30	8.85	13.84	0.270	6.730	0.385	0.937	291	42.0	5.73	19.6	5.82	1.49	47.3
W12	×136	39.9	13.41	0.790	12.400	1.250	1.937	1240	186	5.58	398	64.2	3.16	214
	×120	35.3	13.12	0.710	12.320	1.105	1.812	1070	163	5.51	345	56.0	3.13	186
	×72	21.1	12.25	0.430	12.040	0.670	1.375	597	97.4	5.31	195	32.4	3.04	108
	×65	19.1	12.12	0.390	12.000	0.605	1.312	533	87.9	5.28	174	29.1	3.02	96.8
	×53	15.6	12.06	0.345	9.995	0.575	1.250	425	70.6	5.23	95.8	19.2	2.48	77.9
	×45	13.2	12.06	0.335	8.045	0.575	1.250	350	58.1	5.15	50.0	12.4	1.94	64.7
	×40	11.8	11.94	0.295	8.005	0.515	1.250	310	51.9	5.13	44.1	11.0	1.93	57.5
	×30	8.79	12.34	0.260	6.520	0.440	0.937	238	38.6	5.21	20.3	6.24	1.52	43.1
	×26	7.65	12.22	0.230	6.490	0.380	0.875	204	33.4	5.17	17.3	5.34	1.51	37.2
W10	×88	25.9	10.84	0.605	10.265	0.990	1.625	534	98.5	4.54	179	34.8	2.63	113
	×77	22.6	10.60	0.530	10.190	0.870	1.500	455	85.9	4.49	154	30.1	2.60	97.6
	×49	14.4	9.98	0.340	10.000	0.560	1.312	272	54.6	4.35	93.4	18.7	2.54	60.4
	×39	11.5	9.92	0.315	7.985	0.530	1.125	209	42.1	4.27	45.0	11.3	1.98	46.8
	×33	9.71	9.73	0.290	7.960	0.435	1.062	170	35.0	4.19	36.6	9.20	1.94	38.8
	×26	7.61	10.33	0.260	5.770	0.440	0.875	144	27.9	4.35	14.1	4.89	1.36	31.3
	×19	5.62	10.24	0.250	4.020	0.395	0.812	96.3	18.8	4.14	4.29	2.14	0.874	21.6
	×17	4.99	10.11	0.240	4.010	0.330	0.750	81.9	16.2	4.05	3.56	1.78	0.844	18.7

资料来源：在出版单位美国钢结构协会的允许下，根据《钢结构手册》（参考文献 3）中的数据改编。该表为参考文献中大量成套表格的一部分。

表 4.4 **美国标准槽钢的特性**

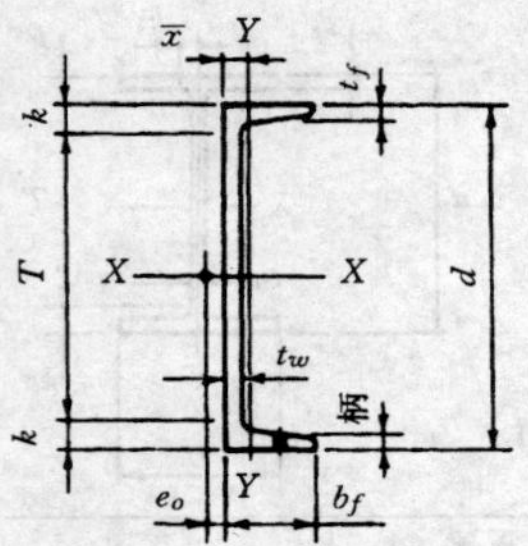

形状	面积 A	高度 d	腹板 t_w	翼缘 宽度 b_f	翼缘 厚度 t_f	k	弹性特性 轴 $X-X$ I	轴 $X-X$ S	轴 $X-X$ r	轴 $Y-Y$ I	轴 $Y-Y$ S	轴 $Y-Y$ r	x①	e_o②
	in^2	in	in	in	in	in	in^4	in^3	in	in^4	in^3	in	in	in
C15×50	14.7	15.0	0.716	3.716	0.650	1.44	404	53.8	5.24	11.0	3.78	0.867	0.798	0.583
×40	11.8	15.0	0.520	3.520	0.650	1.44	349	46.5	5.44	9.23	3.37	0.886	0.777	0.767
×33.9	9.96	15.0	0.400	3.400	0.650	1.44	315	42.0	5.62	8.13	3.11	0.904	0.787	0.896
C12×30	8.82	12.0	0.510	3.170	0.501	1.13	162	27.0	4.29	5.14	2.06	0.763	0.674	0.618
×25	7.35	12.0	0.387	3.047	0.501	1.13	144	24.1	4.43	4.47	1.88	0.780	0.674	0.746
×20.7	6.09	12.0	0.282	2.942	0.501	1.13	129	21.5	4.61	3.88	1.73	0.799	0.698	0.870
C10×30	8.82	10.0	0.673	3.033	0.436	1.00	103	20.7	3.42	3.94	1.65	0.669	0.649	0.369
×25	7.35	10.0	0.526	2.886	0.436	1.00	91.2	18.2	3.52	3.36	1.48	0.676	0.617	0.494
×20	5.88	10.0	0.379	2.739	0.436	1.00	78.9	15.8	3.66	2.81	1.32	0.692	0.606	0.637
×15.3	4.49	10.0	0.240	2.600	0.436	1.00	67.4	13.5	3.87	2.28	1.16	0.713	0.634	0.796
C9×20	5.88	9.0	0.448	2.648	0.413	0.94	60.9	13.5	3.22	2.42	1.17	0.642	0.583	0.515
×15	4.41	9.0	0.285	2.485	0.413	0.94	51.0	11.3	3.40	1.93	1.01	0.661	0.586	0.682
×13.4	3.94	9.0	0.233	2.433	0.413	0.94	47.9	10.6	3.48	1.76	0.962	0.669	0.601	0.743
C8×18.75	5.51	8.0	0.487	2.527	0.390	0.94	44.0	11.0	2.82	1.98	1.01	0.599	0.565	0.431
×13.75	4.04	8.0	0.303	2.343	0.390	0.94	36.1	9.03	2.99	1.53	0.854	0.615	0.553	0.604
×11.5	3.38	8.0	0.220	2.260	0.390	0.94	32.6	8.14	3.11	1.32	0.781	0.625	0.571	0.697
C7×14.75	4.33	7.0	0.419	2.299	0.366	0.88	27.2	7.78	2.51	1.38	0.779	0.564	0.532	0.441
×12.25	3.60	7.0	0.314	2.194	0.366	0.88	24.2	6.93	2.60	1.17	0.703	0.571	0.525	0.538
×9.8	2.87	7.0	0.210	2.090	0.366	0.88	21.3	6.08	2.72	0.968	0.625	0.581	0.540	0.647
C6×13	3.83	6.0	0.437	2.157	0.343	0.81	17.4	5.80	2.13	1.05	0.642	0.525	0.514	0.380
×10.5	3.09	6.0	0.314	2.034	0.343	0.81	15.2	5.06	2.22	0.866	0.564	0.529	0.499	0.486
×8.2	2.40	6.0	0.200	1.920	0.343	0.81	13.1	4.38	2.34	0.693	0.492	0.537	0.511	0.599

① 到截面形心的距离。

② 到截面剪心的距离。

资料来源：在出版单位美国钢结构协会的允许下，根据《钢结构手册》（参考文献 3）中的数据改编。该表为参考文献中大量成套表格的一部分。

表 4.5　　　　　　**单 角 钢 特 性**

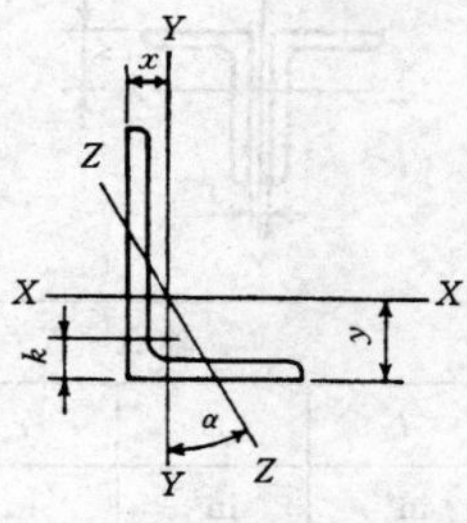

尺寸和厚度	k	每英尺重量	面积 A	轴 X—X				轴 Y—Y				轴 Z—Z	
				I	S	r	y	I	S	r	x	r	tan
in	in	lb	in²	in⁴	in³	in	in	in⁴	in³	in	in	in	α
8×8　×1⅛	1.75	56.9	16.7	98.0	17.5	2.42	2.41	98.0	17.5	2.42	2.41	1.56	1.000
×1	1.62	51.0	15.0	89.0	15.8	2.44	2.37	89.0	15.8	2.44	2.37	1.56	1.000
8×6　×¾	1.25	33.8	9.94	63.4	11.7	2.53	2.56	30.7	6.92	1.76	1.56	1.29	0.551
×½	1.00	23.0	6.75	44.3	8.02	2.56	2.47	21.7	4.79	1.79	1.47	1.30	0.558
6×6　×⅝	1.12	24.2	7.11	24.2	5.66	1.84	1.73	24.2	5.66	1.84	1.73	1.18	1.000
×½	1.00	19.6	5.75	19.9	4.61	1.86	1.68	19.9	4.61	1.86	1.68	1.18	1.000
6×4　×⅝	1.12	20.0	5.86	21.1	5.31	1.90	2.03	7.52	2.54	1.13	1.03	0.864	0.435
×½	1.00	16.2	4.75	17.4	4.33	1.91	1.99	6.27	2.08	1.15	0.987	0.870	0.440
×⅜	0.87	12.3	3.61	13.5	3.32	1.93	1.94	4.90	1.60	1.17	0.941	0.877	0.446
5×3½　×½	1.00	13.6	4.00	9.99	2.99	1.58	1.66	4.05	1.56	1.01	0.906	0.755	0.479
×⅜	0.87	10.4	3.05	7.78	2.29	1.60	1.61	3.18	1.21	1.02	0.861	0.762	0.486
5×3　×½	1.00	12.8	3.75	9.45	2.91	1.59	1.75	2.58	1.15	0.829	0.750	0.648	0.357
×⅜	0.87	9.8	2.86	7.37	2.24	1.61	1.70	2.04	0.888	0.845	0.704	0.654	0.364
4×4　×½	0.87	12.8	3.75	5.56	1.97	1.22	1.18	5.56	1.97	1.22	1.18	0.782	1.000
×⅜	0.75	9.8	2.86	4.36	1.52	1.23	1.14	4.36	1.52	1.23	1.14	0.788	1.000
4×3　×½	0.94	11.1	3.25	5.05	1.89	1.25	1.33	2.42	1.12	0.864	0.827	0.639	0.543
×⅜	0.81	8.5	2.48	3.96	1.46	1.26	1.28	1.92	0.866	0.879	0.782	0.644	0.551
×5⁄16	0.75	7.2	2.09	3.38	1.23	1.27	1.26	1.65	0.734	0.887	0.759	0.647	0.554
3½×3½×⅜	0.75	8.5	2.48	2.87	1.15	1.07	1.01	2.87	1.15	1.07	1.01	0.687	1.000
×5⁄16	0.69	7.2	2.09	2.45	0.976	1.08	0.990	2.45	0.976	1.08	0.990	0.690	1.000
3½×2½×⅜	0.81	7.2	2.11	2.56	1.09	1.10	1.16	1.09	0.592	0.719	0.650	0.537	0.496
×5⁄16	0.75	6.1	1.78	2.19	0.927	1.11	1.14	0.939	0.504	0.727	0.637	0.540	0.501
3×3　×⅜	0.69	7.2	2.11	1.76	0.833	0.913	0.888	1.76	0.833	0.913	0.888	0.587	1.000
×5⁄16	0.62	6.1	1.78	1.51	0.707	0.922	0.865	1.51	0.707	0.922	0.865	0.589	1.000
3×2½　×⅜	0.75	6.6	1.92	1.66	0.810	0.928	0.956	1.04	0.581	0.736	0.706	0.522	0.676
×5⁄16	0.69	5.6	1.62	1.42	0.688	0.937	0.933	0.898	0.494	0.744	0.683	0.525	0.680
3×2　×⅜	0.69	5.9	1.73	1.53	0.781	0.940	1.04	0.543	0.371	0.559	0.539	0.430	0.428
×5⁄16	0.62	5.0	1.46	1.32	0.664	0.948	1.02	0.470	0.317	0.567	0.516	0.432	0.435
2½×2½×⅜	0.69	5.9	1.73	0.984	0.566	0.753	0.762	0.984	0.566	0.753	0.762	0.487	1.000
×5⁄16	0.62	5.0	1.46	0.849	0.482	0.761	0.740	0.849	0.482	0.761	0.740	0.489	1.000
2½×2　×⅜	0.69	5.3	1.55	0.912	0.547	0.768	0.831	0.514	0.363	0.577	0.581	0.420	0.614
×5⁄16	0.62	4.5	1.31	0.788	0.466	0.776	0.809	0.446	0.310	0.584	0.559	0.422	0.620

资料来源：在出版单位美国钢结构协会的允许下，根据《钢结构手册》（参考文献 3）中的数据改编。该表为参考文献中大量成套表格的一部分。

表 4.6　　　　长肢相并的双角钢特性

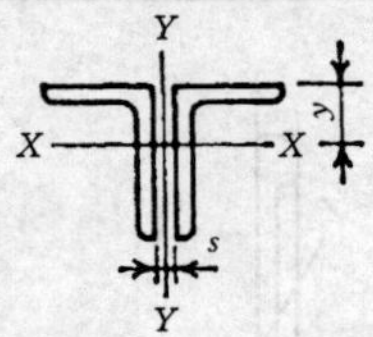

尺寸和厚度	每英尺重量	面积 A	轴 X—X				轴 Y—Y 相并肢的回转半径 (in)		
			I	S	r	y			
in	lb	in²	in⁴	in³	in	in	0	⅜	¾
8×6×1	88.4	26.0	161.0	30.2	2.49	2.65	2.39	2.52	2.66
×¾	67.6	19.9	126.0	23.3	2.53	2.56	2.35	2.48	2.62
×½	46.0	13.5	88.6	16.0	2.56	2.47	2.32	2.44	2.57
6×4×¾	47.2	13.9	49.0	12.5	1.88	2.08	1.55	1.69	1.83
×½	32.4	9.50	34.8	8.67	1.91	1.99	1.51	1.64	1.78
×⅜	24.6	7.22	26.9	6.64	1.93	1.94	1.50	1.62	1.76
5×3½×½	27.2	8.00	20.0	5.97	1.58	1.66	1.35	1.49	1.63
×⅜	20.8	6.09	15.6	4.59	1.60	1.61	1.34	1.46	1.60
5×3×½	25.6	7.50	18.9	5.82	1.59	1.75	1.12	1.25	1.40
×⅜	19.6	5.72	14.7	4.47	1.61	1.70	1.10	1.23	1.37
×5/16	16.4	4.80	12.5	3.77	1.61	1.68	1.09	1.22	1.36
4×3×½	22.2	6.50	10.1	3.78	1.25	1.33	1.20	1.33	1.48
×⅜	17.0	4.97	7.93	2.92	1.26	1.28	1.18	1.31	1.45
×5/16	14.4	4.18	6.76	2.47	1.27	1.26	1.17	1.30	1.44
3½×2½×⅜	14.4	4.22	5.12	2.19	1.10	1.16	0.976	1.11	1.26
×5/16	12.2	3.55	4.38	1.85	1.11	1.14	0.966	1.10	1.25
×¼	9.8	2.88	3.60	1.51	1.12	1.11	0.958	1.09	1.23
3×2×⅜	11.8	3.47	3.06	1.56	0.940	1.04	0.777	0.917	1.07
×5/16	10.0	2.93	2.63	1.33	0.948	1.02	0.767	0.903	1.06
×¼	8.2	2.38	2.17	1.08	0.957	0.993	0.757	0.891	1.04
2½×2×⅜	10.6	3.09	1.82	1.09	0.768	0.831	0.819	0.961	1.12
×5/16	9.0	2.62	1.58	0.932	0.776	0.809	0.809	0.948	1.10
×¼	7.2	2.13	1.31	0.763	0.784	0.787	0.799	0.935	1.09

资料来源：在出版单位美国钢结构协会的允许下，根据《钢结构手册》（参考文献 3）中的数据改编。该表为参考文献中大量成套表格的一部分。

表 4.7　　　　标准重量钢管的特性

尺寸				每英尺重量	特性			
名义直径	外径	内径	壁厚		A	I	S	r
in	in	in	in	lb	in²	in⁴	in³	in
½	0.840	0.622	0.109	0.85	0.250	0.017	0.041	0.261
¾	1.050	0.824	0.113	1.13	0.333	0.037	0.071	0.334
1	1.315	1.049	0.133	1.68	0.494	0.087	0.133	0.421
1¼	1.660	1.380	0.140	2.27	0.669	0.195	0.235	0.540
1½	1.900	1.610	0.145	2.72	0.799	0.310	0.326	0.623
2	2.375	2.067	0.154	3.65	1.07	0.666	0.561	0.787
2½	2.875	2.469	0.203	5.79	1.70	1.53	1.06	0.947
3	3.500	3.068	0.216	7.58	2.23	3.02	1.72	1.16
3½	4.000	3.548	0.226	9.11	2.68	4.79	2.39	1.34
4	4.500	4.026	0.237	10.79	3.17	7.23	3.21	1.51
5	5.563	5.047	0.258	14.62	4.30	15.2	5.45	1.88
6	6.625	6.065	0.280	18.97	5.58	28.1	8.50	2.25
8	8.625	7.981	0.322	28.55	8.40	72.5	16.8	2.94
10	10.750	10.020	0.365	40.48	11.9	161	29.9	3.67
12	12.750	12.000	0.375	49.65	14.6	279	43.8	4.38

资料来源：在出版单位美国钢结构协会的允许下，根据《钢结构手册》（参考文献 3）中的数据改编。该表为参考文献中大量成套表格的一部分。

表 4.8 **结构木材的特性**

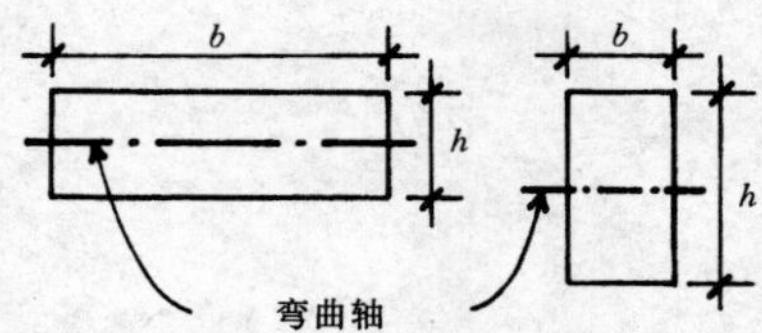

尺寸 (in)		面积	截面模量	惯性矩	重量①
名义	实际	A	S	I	
$b\times h$	$b\times h$	in²	in³	in⁴	lb/ft
2×3	1.5×2.5	3.75	1.563	1.953	0.9
2×4	1.5×3.5	5.25	3.063	5.359	1.3
2×6	1.5×5.5	8.25	7.563	20.797	2.0
2×8	1.5×7.25	10.875	13.141	47.635	2.6
2×10	1.5×9.25	13.875	21.391	98.932	3.4
2×12	1.5×11.25	16.875	31.641	177.979	4.1
2×14	1.5×13.25	19.875	43.891	290.775	4.8
3×2	2.5×1.5	3.75	0.938	0.703	0.9
3×4	2.5×3.5	8.75	5.104	8.932	2.1
3×6	2.5×5.5	13.75	12.604	34.661	3.3
3×8	2.5×7.25	18.125	21.901	79.391	4.4
3×10	2.5×9.25	23.125	35.651	164.886	5.6
3×12	2.5×11.25	28.125	52.734	296.631	6.8
3×14	2.5×13.25	33.125	73.151	484.625	8.1
3×16	2.5×15.25	38.125	96.901	738.870	9.3
4×2	3.5×1.5	5.25	1.313	0.984	1.3
4×3	3.5×2.5	8.75	3.646	4.557	2.1
4×4	3.5×3.5	12.25	7.146	12.505	3.0
4×6	3.5×5.5	19.25	17.646	48.526	4.7
4×8	3.5×7.25	25.375	30.661	111.148	6.2
4×10	3.5×9.25	32.375	49.911	230.840	7.9
4×12	3.5×11.25	39.375	73.828	415.283	9.6
4×14	3.5×13.25	46.375	102.411	678.475	11.3
4×16	3.5×15.25	53.375	135.661	1034.418	13.0
6×2	5.5×1.5	8.25	2.063	1.547	2.0
6×3	5.5×2.5	13.75	5.729	7.161	3.3
6×4	5.5×3.5	19.25	11.229	19.651	4.7
6×6	5.5×5.5	30.25	27.729	76.255	7.4
6×8	5.5×7.5	41.25	51.563	193.359	10.0
6×10	5.5×9.5	52.25	82.729	392.963	12.7
6×12	5.5×11.5	63.25	121.229	697.068	15.4
6×14	5.5×13.5	74.25	167.063	1127.672	18.0
6×16	5.5×15.5	85.25	220.229	1706.776	20.7
8×2	7.25×1.5	10.875	2.719	2.039	2.6
8×3	7.25×2.5	18.125	7.552	9.440	4.4
8×4	7.25×3.5	25.375	14.802	25.904	6.2
8×6	7.5×5.5	41.25	37.813	103.984	10.0
8×8	7.5×7.5	56.25	70.313	263.672	13.7
8×10	7.5×9.5	71.25	112.813	535.859	17.3
8×12	7.5×11.5	86.25	165.313	950.547	21.0
8×14	7.5×13.5	101.25	227.813	1537.734	24.6
8×16	7.5×15.5	116.25	300.313	2327.422	28.3
8×18	7.5×17.5	131.25	382.813	3349.609	31.9
8×20	7.5×19.5	146.25	475.313	4634.297	35.5
10×10	9.5×9.5	90.25	142.896	678.755	21.9
10×12	9.5×11.5	109.25	209.396	1204.026	26.6
10×14	9.5×13.5	128.25	288.563	1947.797	31.2
10×16	9.5×15.5	147.25	380.396	2948.068	35.8
10×18	9.5×17.5	166.25	484.896	4242.836	40.4
10×20	9.5×19.5	185.25	602.063	5870.109	45.0
12×12	11.5×11.5	132.25	253.479	1457.505	32.1
12×14	11.5×13.5	155.25	349.313	2357.859	37.7
12×16	11.5×15.5	178.25	460.479	3568.713	43.3
12×18	11.5×17.5	201.25	586.979	5136.066	48.9
12×20	11.5×19.5	224.25	728.813	7105.922	54.5
12×22	11.5×21.5	247.25	885.979	9524.273	60.1
12×24	11.5×23.5	270.25	1058.479	12437.129	65.7
14×14	13.5×13.5	182.25	410.063	2767.922	44.3
16×16	15.5×15.5	240.25	620.646	4810.004	58.4

① 以假定的 35lb/ft² 的平均密度为基础。

资料来源：在出版单位美国森林与纸业协会（American Forest and Paper Assaioction）的允许下，根据《木结构国家设计规范》（National Design Specification for Wood Construction，参考文献 2）中的数据改编。该表为参考文献中大量成套表格的一部分。

第二部分

木结构

在美国，木材长期以来一直是结构材料之一，只要条件适于采用木材，就可选用。由于木材在小规模建筑中能够满足防火规范的要求，所以得到了广泛的应用。像其他建筑制品一样，用于建筑结构的木构件为高精度的工业化体系所生产，并且材料和制品的质量也得到了严格的控制。除了一些建筑规范外，美国一些组织提出了木制品设计标准。本章内容基于这些标准之一的《木结构国家设计规范》（参考文献2），以下简称为NDS。

第5章

木制跨越构件

用作屋面和楼面的跨越体系通常采用大量的木制品。直接由原木锯成的实心木材（此处称作实心锯成木材）被用作标准尺寸的结构木材，例如通用尺寸 2×4。实心木板可机械地连接和装配起来形成各种结构，也可粘合在一起形成胶合制品。

广泛使用的制品是胶合板板条，是由三层或更多层很薄的木板粘合在一起形成的，大量用于墙罩面、屋面板和地板。这代表了基本木材的重新组合，而在本质上从结构和外观上保留了基本的纹理特性。

当基本木质纤维缩为小片，并通过粘附粘合物质形成木纤维制品（如纸、纸板、颗粒板）时，出现了一种更为广泛的重组。因为纸制品的商业用途，建立了很多纤维企业，并且木纤维制品的应用也稳定增加。在许多应用方面，木纤维板正逐渐取代胶合板和木板。

本章介绍在建筑屋面和楼面跨越结构发展中木制品的应用。

5.1 结构木材

结构木材包括实心锯成木材和在各种结构中使用的标准构件。单片木材将标明木材种类（原木的种类）、等级（质量）、尺寸、用途类别和评级机构。根据木材的这些特征可以确定用于工程设计中的各种结构性能。

除了木材（树）的天然特性外，影响结构等级的更重要的因素是密度（单位重量）、基本纹理样式（从原木中可以看出）、天然缺陷（节、龟裂、劈裂、油眼等）和含水量。因为这些天然缺陷的相对影响随着木块的尺寸和用途的变化而变化，所以结构木材根据其尺寸和用途进行分类。综合考虑这些和其他因素，可分为四个主要类别（注意：这里使用第 4.7 节所定义的名义尺寸）。

(1) 标准尺寸木材。截面的厚度为 2～4in，宽为 2in 或更宽（包括大多数支柱、椽、托梁和垫板）。

（2）梁和长条支承木材。矩形截面，厚为5in或更厚，宽为2in或大于厚度，利用窄面受荷的抗弯强度。

（3）柱和原木。方形或近似方形截面，5×5或更大，宽度比厚度大2in，主要是用作抗弯强度不特别重要的受压构件。

（4）盖板。厚度为2～4in的木材，在窄面上开舌槽或开键槽，作为平板使用（大多数用作厚木板）。

从广义上讲，木材可分为软木或硬木。像松木、柏木和红木这些软木是松柏科或针叶科。而硬木是阔叶木材，例如橡木和枫木。在美国结构木材中使用最广泛的两类木材是属于软木的花旗松和南方松。

1. 尺寸

如第4章所述，结构木材是使用略大于实际尺寸的名义尺寸描述的。然而，表4.8给出的结构计算特性也以在表中给出的实际尺寸为基础。

为了简明扼要，在正文和表格数据中，省略了公制单位。然而，在例题计算和习题中给出了美制单位和公制单位的数据。

2. 设计值表格

在确定木结构设计单位应力时必须考虑很多因素。经过大量的试验已得到了实际木材强度值。为了获得设计值，木材的实际值要考虑由于缺陷的强度损失、节的尺寸和位置、构件尺寸、木材的密度和使用时季节性条件或木材的具体含水量等系数进行修正。对于特殊的设计，要根据荷载的类型和特殊的结构用途进行修正。

表5.1给出了一般容许应力设计使用的设计值。它是改编自NDS并给出了常用木材花旗松木的数据。在使用表5.1时，必须明确以下信息的含义：

（1）品种。NDS中列出了26个不同品种的值，只有一种包含于表5.1。

（2）使用时的湿度条件。由于表中数据是按干燥条件计算得到的，所以在不同的湿度条件下，应根据NDS的说明进行调整。

（3）等级。根据外观等级标准，在表的第一列中标明了等级。

（4）尺寸和用途。表的第二列标明了尺寸范围或木材的用途。

（5）结构功能。表各列得到的是不同应力条件下的值。最后一列数据是材料的弹性模量。

在参考文献中，对表5.1有更多的脚注。表5.1中的数据将用于本书中的很多例题计算，解释了在参考文献脚注中一些问题。在很多情况下需要修正设计值，这在后面将会解释。

3. 压应力

在木构件中，存在很多可能产生接触压应力——实际上是表面压应力的情况。一些情况如下所示：

（1）在直接承受压力的木柱的底部。这是在平行纹理方向承受压应力的例子。

（2）支承在支座上的梁的端部。是一个在垂直纹理方向承受压应力的例子。

（3）螺栓节点中螺栓和螺栓孔周边的木材之间的接触面。

表 5.1　　**不同外观等级花旗松木的设计值①**　　单位：psi

品种和商业等级	尺寸和用途分类	纤维受弯的极限值 F_b		顺纹抗拉设计值 F_t	水平剪力 F_v	垂直纹理抗压设计值 F_{cL}	顺纹抗压设计值 F_c	弹性模量 E
		单一构件使用	多个构件使用					
木材厚度 2～4in								
精选结构	2in 或更宽	1500	1725	1000	95	625	1700	1900000
特级		1200	1380	800	95	625	1550	1800000
一级		1000	1150	675	95	625	1500	1700000
二级		900	1035	575	95	625	1350	1600000
三级		525	603	325	95	625	775	1400000
中间柱	2～6in 宽	700	805	450	95	625	850	1400000
原木								
密实精选结构	梁和支柱	1900	—	1100	85	730	1300	1700000
精选结构		1600	—	950	85	625	1100	1600000
密实一级		1550	—	775	85	730	1100	1700000
一级		1350	—	675	85	625	925	1600000
二级		875	—	425	85	625	600	1300000
密实精选结构	柱和原木	1750	—	1150	85	730	1350	1700000
精选结构		1500	—	1000	85	625	1150	1600000
密实一级		1400	—	950	85	730	1200	1700000
一级		1200	—	825	85	625	1000	1600000
二级		750	—	475	85	625	700	1300000
盖板								
精选盖板	盖板	1750	2000	—	—	625	—	1800000
商业盖板		1450	1650	—	—	625	—	1700000

① 表中的数据适用于标准持续加载和干燥的条件。木材尺寸（厚 2～4in）调整系数参见表 5.1A。其他的设计值根据 NDS 中的其他各种调整系数确定。

资料来源： 在出版者美国森林和纸业协会的允许下，根据《木结构国家设计规范》（参考文献 2）中的数据改编。在参考文献中的本表列出了其他几种类型的设计值和更多的脚注。

表 5.1A　　**特殊尺寸木材的调整系数**

等　级	宽度（高度）	厚度（宽度），F_b		F_t	F_c
		2in、3in	4in		
精选结构 一级和特级 一级、二级、三级	2in、3in、4in	1.5	1.5	1.5	1.15
	5in	1.4	1.4	1.4	1.1
	6in	1.3	1.3	1.3	1.1
	8in	1.2	1.3	1.2	1.05
	10in	1.1	1.2	1.1	1.0
	12in	1.0	1.1	1.0	1.0
	14in 及以上	0.9	1.0	0.9	0.9
中间柱	2in、3in、4in	1.1	1.1	1.1	1.05
	5in、6in	1.0	1.0	1.0	1.0
	8in 及以上，使用列表中三级的设计值和尺寸调整系数				

(4) 木桁架中两构件直接连接产生的压力。这是一种时常发生的不平行或垂直纹理的压应力状态。

对于连接，承压条件通常被合并到连接装置整体性能评价中，这将在第 7 章中讨论。定义受压接触面积的两个关键尺寸是螺栓直径和构件的厚度，这两个数据包含确定在螺栓设计值的数据中。

直接受压产生的极限压应力值仅取决于木材的种类和相对密度。一般根据密实度分为密实和不密实两种类型。表 5.1 给出了垂直纹理方向（如梁端）的压应力值。在 NDS 中，重新讨论了平行纹理方向的压应力值，对于花旗松木，F_g 有如下取值：

密实等级：1730psi

其他等级：1480psi

与纹理方向成一定角度的应力状态需要确定平行和垂直木材纹理方向应力的、两个极限应力状态间的允许值的折中值。这可以根据 NDS 中的相关公式获得。

4. 设计值的修正

表 5.1 给出的值是用于设计容许应力值的基本参考。表中的值是在标准条件下得到的，在很多情况下，设计值要根据结构计算的实际应用予以修正。在一些情况下，修正的形式是通过百分比系数简单地提高或降低来实现的。以下是修正的一般类型。

(1) 湿度。表或脚注定义了一个具体的假定含水量，这是本表数据的依据。如果木材具有较低的含水量，表中的数值可以提高。如果木材处于暴露在空气中或其他高湿环境中，表中的数值需要降低。

(2) 荷载持续时间。表中的数据是根据所谓的标准荷载持续时间确定的，实际上，在一些情况下这是无意义的。对于风和地震等短期荷载该值需要予以提高，而对于恒载等长期荷载该值需要予以降低。表 5.2 根据 NDS 列出了荷载持续时间的修正系数。

表 5.2　结构木材荷载持续时间的设计值修正系数①

荷载持续时间	修正系数	典型设计荷载	荷载持续时间	修正系数	典型设计荷载
长期	0.9	恒载	7 天	1.25	施工荷载
10 年	1.0	活载	10 分钟	1.6	风或地震荷载
两个月	1.15	雪载	瞬间②	2.00	冲击荷载

① 荷载持续时间修正系数不适用于弹性模量 E，也不适用于按照变形极限状态确定的垂直纹理抗压设计值 $F_{c\perp}$。

② 大于 1.6 的荷载持续时间修正系数不适用于用水溶性防腐剂或阻燃剂压力处理的结构构件。冲击荷载持续时间修正系数不适用于节点。

资料来源：在出版者美国森林和纸业协会的允许下，根据《木结构国家设计规范》（参考文献 2）中的数据改编。

(3) 温度。在超过 150 ℉的环境中，一些设计价值必须降低。

(4) 化学处理。注入防火、耐腐蚀、防害虫和昆虫的化学物质时，一些设计值需要降低。

(5) 尺寸。高度超过 12in 的梁的抗弯效率有所降低。这将在下一节中介绍。

(6) 屈曲。细长的柱或梁的承载力会下降。支撑是最好的解决方法，否则必须降低其应力。

(7) 荷载与木材纹理的方向。主要影响节点设计，将在第 7 章中论述。

必须认真分析每种设计情况以确定必要的修正。

5.2　抗弯设计

木梁的抗弯强度设计是使用弯曲公式（见第3.7节）完成的。设计中该方程的使用形式为

$$S=\frac{M}{F_b}$$

式中　M——最大弯矩；

F_b——最外边缘纤维的容许（弯曲）应力；

S——所需的梁截面模量。

在考虑梁的弯曲应力时，也要考虑其剪力、挠度、端部支承和侧向屈曲。然而一般的设计步骤首先是根据弯曲确定梁的尺寸，然后再考虑其他的条件。具体步骤如下所示：

(1) 确定最大弯矩。

(2) 选择所用木材的品种和等级。

(3) 根据表5.1确定基本的容许弯曲应力。

(4) 考虑对所用应力设计值的适当修改。

(5) 在弯曲公式中使用容许弯曲应力，求出所需的截面模量。

(6) 根据表4.8选择梁的尺寸。

【例题5.1】　一简支梁，跨度为16ft（4.88m），承受的总均布荷载（包括自重）为6500lb（28.9kN）。如果所用木材为花旗松木、精选结构等级，根据弯曲应力极限状态确定横截面面积最小的梁的尺寸。

解： 根据题意，此条件下的最大弯矩为

$$M=\frac{WL}{8}=\frac{6500\times 16}{8}=13000\text{ft}\cdot\text{lb}(17.63\text{kN})$$

下一步是使用容许应力的弯曲公式确定所需的截面模量。问题是在表5.1中有两种不同的类型，产生了两种不同的容许弯曲应力值。假设是使用单构件，在“厚度2～4in木材”下所列部分中所选等级的容许应力为1500psi，然而在“原木—梁和长条支承木材”下的容许应力为1600psi。使用后一种，所需的截面模量值为

$$S=\frac{M}{F_b}=\frac{13000\times 12}{1600}=97.5\text{in}^3(1.60\times 10^6\text{mm}^3)$$

然而，当F_b=1500psi时可按比例确定所需的截面模量值为

$$\frac{1600}{1500}\times 97.5=140\text{in}^3$$

根据表4.8可知，在两个尺寸种类中的最小构件为

$$4\times 16, S=135.661\text{in}^3, A=53.375\text{in}^2$$

$$6\times 12, S=121.229\text{in}^3, A=63.25\text{in}^2$$

注意： 根据表5.1A可知，4×16的容许应力是不变的，表5.1A中的系数为1.0。因此选择4×16，尽管它的弯曲应力值较低，但是它的横截面面积最小。

1. 梁的尺寸系数

高度超过 12in 的梁的最大容许弯曲应力将降低，降低的多少通过下述折减系数确定

$$C_f = \frac{12^{1/9}}{d}$$

表 5.3 给出了标准木材尺寸的此系数值。对于例题 5.1，这意味着 4×16 有效截面模量实际上为

$$S = 0.972 \times 135.661 = 131.86\ \text{in}^3$$

表 5.3 木梁尺寸系数

梁高 (in)	抗弯折减系数 C_f	梁高 (in)	抗弯折减系数 C_f
13.5	0.987	19.5	0.947
15.5	0.972	21.5	0.937
17.5	0.959	23.5	0.928

折减后的值仍然大于所需截面模量，因此此例中折减的应力不影响截面选择。

2. 重复构件的使用

注意：在表 5.1 中，对于特殊尺寸的木材具有两个容许弯曲应力值。第一个值是“用作单个构件”的值，一般是指单个梁。第二个值是“用作重复构件”的值，是指同时分担某一荷载的梁和椽木，因此在设计时可以提高容许应力值。

用作重复构件的值的使用要求一组至少要有三个梁并且它们之间的中心距离不得超过 24in。

下面是一个说明这种屋面椽木设计方法的例子。

【例题 5.2】 二级花旗松木椽，间距 16in，跨度 20ft。活载（不计雪荷载）为 20psf，总恒载（包括椽自重）为 15psf。只根据弯曲应力，确定木椽的最小尺寸。

解：对于这个间距，根据表 5.1 的“用作重复构件”，可以提高椽木的弯曲应力。因此对于二级椽木取 $F_b = 1035\text{psi}$。根据荷载作用情况，荷载持续时间的容许应力提高系数为 1.25（见表 5.2）。对于间距为 16in 的椽木最大弯矩为

$$M = \frac{wL^2}{8} = \frac{(16/12) \times (20 + 15) \times 20^2}{8} = 2333\ \text{lb} \cdot \text{ft}$$

所需的截面模量为

$$S = \frac{M}{F_b} = \frac{2333 \times 12}{1.25 \times 1035} = 21.64\ \text{in}^3$$

根据表 4.8 可知，最小的截面是 2×12，$S = 31.64\text{in}^3$（不受表 5.1A 的影响，系数取 1.0）。

3. 侧向支撑

当一个构件易发生受压屈曲破坏时，设计规范提供了对抗弯能力或容许弯曲应力的调整。为了减少这方面的影响，可在细梁（大多数托梁和椽木）上设置支撑，这可非常有效地阻止梁发生侧向和扭转屈曲。表 5.4 给出了 NDS 对支撑的要求。如果不设置支撑，必须根据规范确定折减后的抗弯能力。

一般支撑形式包括剪刀撑和块状支撑。剪刀撑包括十字形木材和成排的金属构件。块状支撑由同样大小的实心短木块组成，它们适用于构件成排且相邻很近的情况。

表 5.4　木梁侧向支撑要求

高厚比①	要　　求
≤2∶1	无支撑要求
3∶1，4∶1	在端部设置支撑，以防止侧向扭转
5∶1	在全跨的一侧设置支撑
6∶1	设最大间距为 8ft 的剪刀撑或块状支撑，在全跨的两侧设置支撑或在全跨一侧（受压边）和端部设置支撑，以防止侧向扭转
7∶1	在全跨两侧设置支撑，以防止侧向扭转

① 结构木材标准构件名义尺寸比。

资料来源：在出版者国家森林制品协会的允许下，根据《木结构国家设计规范》（参考文献 2）中的数据改编。

<u>习题 5.2.A</u>　一系列屋面梁使用一级花旗松木，梁的中心间距为 6ft（1.83m），跨度为 14ft（4.27m）。如果每个梁上的总均布荷载（包括自重）为 3200lb（14.23kN），根据弯曲应力选择有最小横截面面积的截面。

<u>习题 5.2.B</u>　一精选结构等级的花旗松木简支梁，跨度为 18ft（5.49m）。两个大小为 4kip（13.34kN）的集中荷载作用在梁的三分点上，忽略自重，根据弯曲应力确定有最小横截面面积的梁的大小。

<u>习题 5.2.C</u>　中心间距为 24in，跨度为 20ft 的木椽。活载（不计雪载）为 20psf，恒载（包括椽自重）为 15psf。根据弯曲应力，分别确定花旗松木椽的尺寸：(a) 一级；(b) 二级。

5.3　梁的剪力

在第 3.7 节中已经论述了经常在木梁中使用的矩形截面的最大梁剪力计算可表达为

$$f_v = \frac{1.5V}{A}$$

式中　f_v——最大单位水平剪应力，lb/in^2；

V——截面上的全部竖向剪力，lb；

A——梁的横截面面积。

木材的抗剪能力相对比较弱，典型的破坏形式是在梁的端部产生水平裂缝。这是受荷较大的短跨梁的最常见的问题，这种梁中的弯矩可能较小但是剪力很大。在木结构设计中，把这种应力描述为水平剪应力，表 5.1 给出了容许剪应力的值。

【例题 5.3】　一 6×10 的二级密实花旗松木梁，总水平分布荷载为 6000lb。求梁的剪应力。

解：根据荷载条件可知，在梁端部的最大剪力是总荷载的一半，即 3000lb。使用表 4.8 中截面的实际尺寸，最大应力为

$$f_v = \frac{1.5V}{A} = \frac{1.5 \times 3000}{52.25} = 86.1\ \text{psi}$$

参照表 5.1，在这个尺寸和“梁和支承木材”的分类下，容许应力为 85psi。因此在荷载条件下，梁是稍微超应力的。

对于支承在梁端、承受均布荷载的梁，当距支承的距离等于梁高时，规范允许减小设

计剪力。据此计算，尽管跨的长度没有给出，上例中的梁仍可能是满足条件的。

注意：在以下各题中，使用的是花旗松木且不考虑梁自重。

习题 5.3.A 一 10×10 的精选结构等级梁，在跨中作用单个集中荷载 10kip (44.5kN)。求梁的剪力。

习题 5.3.B 一 10×14 的密实精选结构等级梁，在四分点处作用三个集中力，每个集中荷载大小为 4300lb (19.13kN)。梁的抗剪是否安全?

习题 5.3.C 一 10×12 的二级密实等级梁，长 8ft (2.44m) 在距一端为 3ft (0.914m) 处作用单个集中荷载 8kip (35.58kN)。求梁的剪力。

习题 5.3.D 能够承担总均布荷载为 12kip (53.4kN) 的重量最轻的一级简支梁的横截面名义尺寸是多少? 仅考虑极限剪应力。

5.4 承压

当梁搁置在支柱上或在梁跨内有集中荷载作用时梁端会承压。在承压接触面上形成的应力是一个垂直于纹理的压应力，表 5.1 给出了其容许应力值。

当承压长度很短时，尽管表中给出的设计值可以安全地使用，但是最大容许应力在木构件边缘可能产生一些压痕。如果这种情况的出现是客观存在的，建议减小应力。过大的挠度也可能产生较大的竖向移动，可能是建筑物中的一个问题。

【例题 5.4】 一 8×14 一级花旗松木梁，端部承压长度为 6ft。如果梁端反力为 7400lb，梁是否能够安全承压?

解：梁承压应力等于承压反力除以梁的宽度和承压长度的积，因此可得

$$f = \frac{\text{承压力}}{\text{承压面积}} = \frac{7400}{7.5 \times 6} = 164 \text{ psi}$$

同表 5.1 中的容许应力 625psi 比较可知，此梁是非常安全的。

【例题 5.5】 一 2×10 悬臂木椽，支承在立柱墙一 2×4 端板上，木椽产生的荷载为 800lb。如果木椽和板都是二级，是否满足承压?

解：压应力为

$$f = \frac{800}{1.5 \times 3.5} = 152 \text{ psi}$$

此值大大小于容许应力 625psi，可见此梁是安全的。

【例题 5.6】 一两跨 3×12 的一级花旗松木梁，在 3×14 梁中间支承处承压。如果支座反力为 4200lb，此梁的承压是否安全?

解：假设两个梁正交，应力为

$$f = \frac{4200}{2.5 \times 2.5} = 672 \text{ psi}$$

此值稍大于容许应力 625psi。

习题 5.4.A 一 6×12 的一级花旗松木梁，端部支承长度 3in，支座反力为 5000lb (22.2kN)。这种情况是否满足承压?

习题 5.4.B 一 3×16 的悬臂椽木支承在 3×16 的梁上。如果两构件都是一级花旗

松木，支承梁上椽木产生的荷载为3000lb（13.3kN），承压是否满足？

5.5 挠度

对于托梁和木椽，木结构的挠度易于起决定性作用，在这里，通常采用跨高比加以限制。然而，长期高水平的弯曲应力作用也会产生下垂现象，这是客观存在的并且对建筑结构会产生一些视觉障碍或制作问题。一般来说，保守地考虑木结构的变形是明智的。为了确定极限值，必须确定是下垂屋面和楼面还是非常有弹性的楼面。在一些情况下，对于使用胶合分层板梁或是甚至使用钢梁都可能会产生很大的争论。

对于一般承受均布荷载的梁，其挠度可用下列方程表示：

$$D=\frac{5WL^3}{384EI}$$

在方程中代入 W、M 和弯曲应力的关系，方程可化为下列形式：

$$D=\frac{5L^2 f_b}{24Ed}$$

通常情况下，f_b 为1500psi，E 为1500ksi，表达式可简化为

$$D=\frac{0.03L^2}{d}$$

式中 D——挠度，in；

L——跨度，ft；

d——梁高，in。

图5.1为标准木材名义高度下的曲线的图形。为了参考，图中给出了挠度为$L/240$和$L/360$的相应的线。一般这两个值分别用于总荷载和活荷载挠度的设计极限值。参考文献中使用的跨高比极限值是25∶1，一般情况下考虑实际的跨度极限值。对于具有其他弯曲应力和弹性模量的梁，实际挠度按以下公式计算：

$$实际\ D=\frac{实际\ f_b}{1500}\times\frac{1500000}{实际\ E}\times 图中的\ D$$

下列例子说明了考虑挠度的典型问题。下面例题和习题中使用的木材都是花旗松木。

【例题5.7】 一8×12梁，$E=1600000$psi，承受总均布荷载为10kip，简支跨度为16ft。求梁的最大挠度。

解：从表4.8中，查得8×12截面的 $I=950\text{in}^4$。使用在此荷载作用下的挠度公式，得

$$D=\frac{5WL^3}{384EI}=\frac{5\times 10000\times(16\times 12)^3}{384\times 1600000\times 950}=0.61\ \text{in}$$

或者，使用图5.1可得

$$M=\frac{WL}{8}=\frac{10000\times 16}{8}=20000\ \text{lb}\cdot\text{ft}$$

$$f_b=\frac{M}{S}=\frac{20000\times 12}{165}=1455\ \text{psi}$$

根据图5.1可知，$D\approx 0.66$in 因此

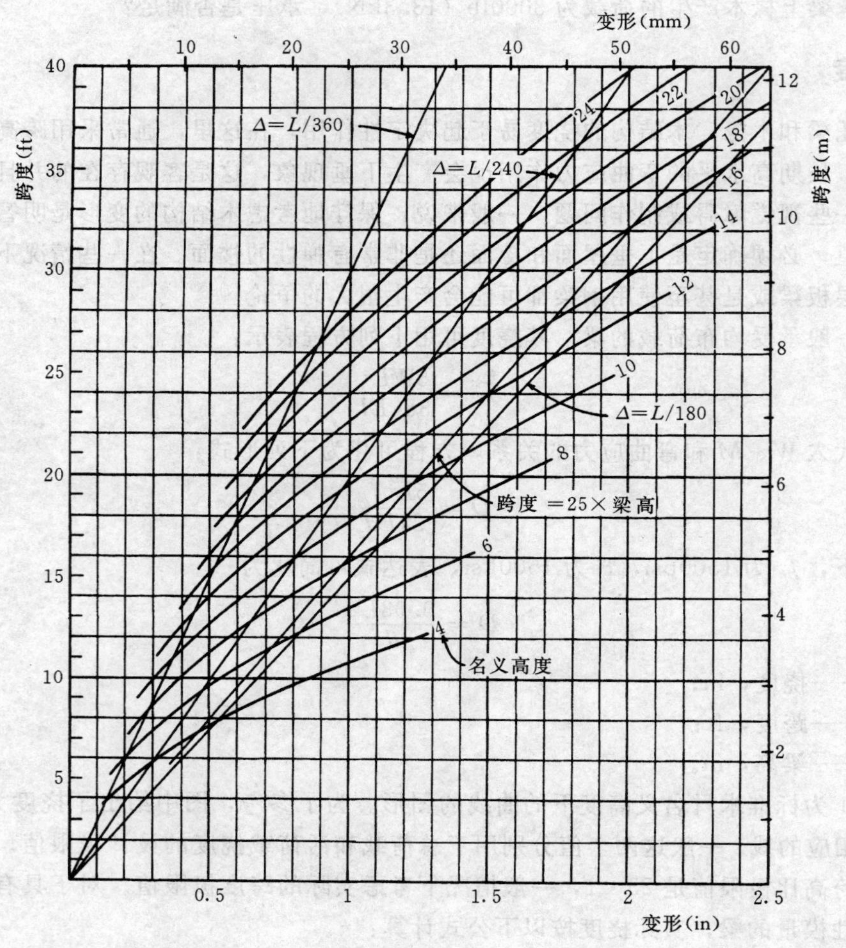

图 5.1 木梁的变形

假设条件：最大弯曲应力为 1500psi，弹性模量为 1500000psi

$$\text{实际} D=\frac{1455}{1500}\times\frac{1500000}{1600000}\times 0.66=0.60\text{in}$$

从此可以看出，这样得到的结果和计算的结果基本相同。

【例题 5.8】 一 6×10 梁，$E=1400000$psi，跨度为 18ft，承受两个集中荷载，一个作用在距梁端 3ft 处，其大小为 1800lb，另一个作用在距梁的另一端 6ft 处，其大小为 1200lb。根据集中荷载求梁的最大挠度。

解： 对于近似计算，使用等效均布荷载的方法，即假定总均布荷载产生的最大弯矩等于梁的实际最大弯矩。可使用该假定（等于均布）荷载计算均布荷载的挠度。由此可得

若
$$M=\frac{WL}{8}$$

则
$$W=\frac{8M}{L}$$

在实际荷载作用下的最大弯矩为 6600ft·lb（读者可根据一般的步骤证明这个结果）。

等效均布荷载为

$$W = \frac{8M}{L} = \frac{8 \times 6600}{18} = 2933 \text{ lb}$$

近似的挠度为

$$D = \frac{5WL^3}{384EI} = \frac{5 \times 2933 \times (18 \times 12)^3}{384 \times 1400000 \times 393} = 0.70 \text{ in}$$

在例题 5.7 中，挠度也可以通过由图 5.1 判断的实际的最大弯曲应力和实际的弹性模量求得。

提示　在下面的习题中，忽略梁的自重，设梁的挠度极限值为 L/240，木材为花旗松木。

<u>习题 5.5.A</u>　一 6×14 的一级梁，长 16ft (4.88m)，承受的总均布荷载为 6000lb (26.7kN)。求梁的挠度。

<u>习题 5.5.B</u>　一 8×12 的密实一级梁，长 12ft (3.66m)，在跨中承受的集中荷载为 5kip (22.2kN)。求梁的挠度。

<u>习题 5.5.C</u>　一 10×14 的精选结构等级梁，长 15ft (4.57m)，在梁的三分点上承受的两个集中荷载为 3500lb (15.6kN)。求梁的挠度。

<u>习题 5.5.D</u>　一 8×14 的精选结构等级梁，跨度为 16ft (4.88m)，承受的总均布荷载为 8kip (35.6kN)。求梁的挠度。

<u>习题 5.5.E</u>　一简支梁，跨度 18ft (5.49m)，承受的总均布荷载为 10kip (44.5kN)。根据容许变形求其质量最轻的截面尺寸木材等级为一级。

5.6　托梁和椽木

托梁和椽木是支承着结构屋面或楼面板的间距较密的梁。它们包括实心锯成木材、轻桁架或用实心木块、叠层板、胶合板或粉粒板构件组成的组合结构。本节只讨论实心锯成木材，这种木材通常被称为特定尺寸木材，它们的名义厚度为 2～3in，一般常用的尺寸有 2×6、2×8、2×10 和 2×12。尽管结构板的强度是一个因素，但是托梁的间距（中心间距）一般是由作装修板和顶棚的尺寸确定。板的钉合边必须落在托梁的中心。最常用的板的尺寸是 48in ×96in，这样能够得到被板尺寸整除的间距。最常用的间距有 24in、16in 和 12in。

1. 楼面托梁

木楼面结构的一般形式如图 5.2 所示。图中所示的结构板是胶合板，它一般不作为防磨损面使用。因此必须使用一些涂层，在这里使用是硬木地板。现在内部装饰更常用的是地毯或薄瓷砖，这两种材料要求具有比胶合板更平整的表面，随着也就产生了垫衬板（通常用颗粒板）或细石混凝土。

图中干饰面板作为顶棚直接挂在托梁的下面。如果需要悬挂顶棚，必须在托梁的下方设置次结构框架。

在图 5.2 中托梁的侧向支撑是剪刀撑。当托梁横截面较弱时，必须设置侧向支撑，托梁的长细比决定着对侧向支撑的需要（见表 5.4）。垂直于托梁的方向铺面材料边缺少支撑是在此结构中应该考虑的问题。使用具有企口边的结构板可以解决这个问题，但是仍必

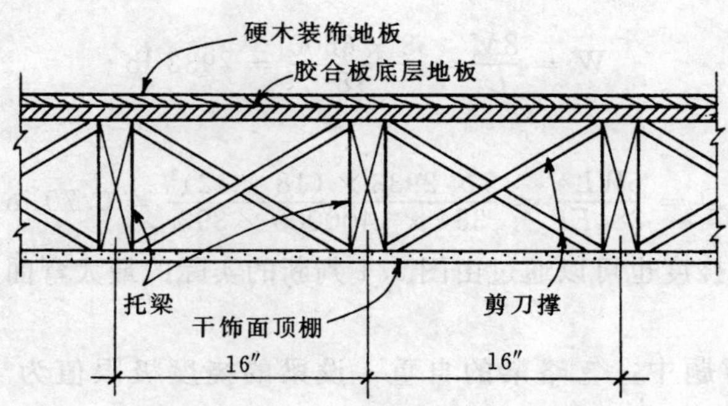

图 5.2 典型的托梁楼面结构

须支撑顶棚的边。一种解决办法是使用和铺面材料板尺寸相匹配的实心木块（托梁小木块）成排紧紧地安装在托梁之间。这个木块也有侧向支撑的功能。这种选择的另一因素是形成侧向力水平横隔墙作用的需要（见第 23 章）。

实心木块也可以用于垂直托梁的所有被支撑墙上或平行于托梁的墙上，但不能直接用于单个托梁上。作用在一般托梁系统而非其他楼面结构上的所有荷载都应该考虑。提高系统局部强度的简单方法是把托梁叠合在一起，这种方法一般用于开口边，如有楼梯间的边上。

剪刀撑或木块可以把相邻的托梁连接在一起，这样可以使托梁共同承担一些荷载。这是表 5.1 和第 5.1 节中所描述的“重复构件”的容许弯曲应力的基本种类。

托梁的设计包括确定承担的荷载然后应用前一节介绍的梁设计方法。然而，为了方便选择承受均布荷载的托梁（到目前为止，大多数荷载都是均布荷载），给出了很多包括各种尺寸和间距的托梁最大安全跨度的表。表 5.5 是这些表的一个代表，来源于 1997 年版《统一建筑规范》（参考文献 1）。在使用这个表时，应注意跨度是根据弹性模量计算的，表的最下面一项是各种托梁间距的所需弯曲应力 F_b。木材的弹性模量是其刚度和抵抗变形的指标，然而极限弯曲应力和其形成的最大弯矩是相关的。在表中综合考虑了这两方面的因素。由于不重要的剪力被忽略，这是承受较小的均布荷载的托梁的常见条件，所需的尺寸严格地取决于弯矩和变形限制。

表中的托梁间距基于平分板的常用长度（96in），平分 4 份得 24in、平分 5 份得 19.2in、平分 6 份得 16in、平分 8 份得 12in。表中活载挠度限制为托梁跨度的 1/360。下面的例子说明如何使用表 5.5。

【例题 5.9】 如果活载为 40psf、跨度为 15ft 6in、中心间距为 16in，使用表 5.5 选择托梁。

解： 参考表 5.5，发现 2×10 托梁的 E=1400000psi，对于跨度为 15ft 8in 梁的 F_b 至少为 1148psi。根据表 5.1 确定其为应力等级为级、花旗松木托梁（种类为“厚度 2～4in”的容许应力 1150psi）。

注意： 表 5.5 中托梁的设计恒载为 10psf，这是一般轻质木结构所具有的恒载，如表 5.2 所示。其他的表也将用于不同的恒载和活载，也可借助一般的梁的设计方法求得。

2. 椽木

椽木通过类似于楼面托梁的方式被应用于屋面板。但是楼面托梁一般用于平屋面，而

表 5.5 **楼面托梁的容许跨度**

设计标准：

变形——活载 40psf（1.92kN/m²）。

极限挠度为跨度的 1/360（in 或 mm）。

强度——活载 40psf（1.92kN/m²）和恒载 10psf（0.48kN/m²）确定的所需抗弯强度设计值。

托梁尺寸 (in)	间距 (in)	弹性模量 E（1000000psi） ×0.00689（N/mm²）																
×25.4（mm）		0.8	0.9	1.0	1.1	1.2	1.3	1.4	1.5	1.6	1.7	1.8	1.9	2.0	2.1	2.2	2.3	2.4
2×6	12.0	8—6	8—10	9—2	9—6	9—9	10—0	10—3	10—6	10—9	10—11	11—2	11—4	11—7	11—9	11—11	12—1	12—3
	16.0	7—9	8—0	8—4	8—7	8—10	9—1	9—4	9—6	9—9	9—11	10—2	10—4	10—6	10—8	10—10	11—0	11—2
	19.2	7—3	7—7	7—10	8—1	8—4	8—7	8—9	9—0	9—2	9—4	9—4	9—8	9—10	10—0	10—2	10—4	10—6
	24.0	6—9	7—0	7—3	7—6	7—9	7—11	8—2	8—4	8—6	8—8	8—10	9—0	9—2	9—4	9—6	9—7	9—9
2×8	12.0	11—3	11—8	12—1	12—6	12—10	13—2	13—6	13—10	14—2	14—5	14—8	15—0	15—3	15—6	15—9	15—11	16—2
	16.0	10—2	10—7	11—0	11—4	11—8	12—0	12—3	12—7	12—10	13—1	13—4	13—7	13—10	14—1	14—3	14—6	14—8
	19.2	9—7	10—0	10—4	10—8	11—0	11—3	11—7	11—10	12—1	12—4	12—7	12—10	13—0	13—3	13—5	13—8	13—10
	24.0	8—11	9—3	9—7	9—11	10—2	10—6	10—9	11—0	11—3	11—5	11—8	11—11	12—1	12—3	12—6	12—8	12—10
2×10	12.0	14—4	14—11	15—5	15—11	16—5	16—10	17—3	17—8	18—0	18—5	18—9	19—1	19—5	19—9	20—1	20—4	20—8
	16.0	13—0	13—6	14—0	14—6	14—11	15—3	15—8	16—0	16—5	16—9	17—0	17—4	17—8	17—11	18—3	18—6	18—9
	19.2	12—3	12—9	13—2	13—7	14—0	14—5	14—9	15—1	15—5	15—9	16—0	16—4	16—7	16—11	17—2	17—5	17—8
	24.0	11—4	11—10	12—3	12—8	13—0	13—4	13—8	14—0	14—4	14—7	14—11	15—2	15—5	15—8	15—11	16—2	16—5
2×12	12.0	17—5	18—1	18—9	19—4	19—11	20—6	21—0	21—6	21—11	22—5	22—10	23—3	23—7	24—0	24—5	24—9	25—1
	16.0	15—10	16—5	17—0	17—47	18—1	18—7	19—1	19—6	19—11	20—4	20—9	21—1	21—6	21—10	22—2	22—5	22—10
	19.2	14—11	15—6	16—0	16—7	17—0	17—6	17—11	18—4	18—9	19—2	19—6	19—10	20—2	20—6	20—10	21—2	21—6
	24.0	13—10	14—4	14—11	15—4	16—3	16—3	16—8	17—0	17—5	17—9	18—1	18—5	18—9	19—1	19—4	19—8	19—11
F_b	12.0	718	777	833	888	941	993	1043	1092	1140	1187	1233	1278	1323	1367	1410	1452	1494
	16.0	790	855	917	977	1036	1093	1148	1202	1255	1306	1357	1407	1456	1504	1551	1598	1644
	19.2	840	909	975	1039	1101	1161	1220	1277	1333	1388	1442	1495	1547	1598	1649	1698	1747
	24.0	905	979	1050	1119	1186	1251	1314	1376	1436	1496	1554	1611	1722	1722	1776	1829	1882

注 在此表最下面一项的所需的抗弯设计值 F_b 单位为 lb/in²（×0.00689 为 N/mm²），适用于表中所用的木材。跨度单位为 ft 或 in（1ft=304.8mm，1in=25.4mm），极限值为小于或等于 26ft（7925mm）。

资料来源：在出版者国际建筑师联合会（International Conference of Building Officals）的允许下，数据引自于 1997 年版《统一建筑规范》（Uniform Building Code，以下简称 UBC），第二卷，版权 1997。

表 5.6 小坡度或大坡度椽木的容许跨度

设计标准：

强度——活载 20psf（0.96kN/m²）加恒载 15psf（0.72kN/m²）确定所需弯矩设计值。

变形——活载 20psf（0.96kN/m²）。

极限挠度为跨度的 1/240（in 或 mm）。

椽尺寸 (in)	间距 (in)	弯矩设计值 F_b（psi） ×0.00689 为 N/mm²												
×25.4 为 mm		300	400	500	600	700	800	900	1000	1100	1200	1300	1400	1500
2×6	12.0	6—7	7—7	8—6	9—4	10—0	10—9	11—5	12—0	12—7	13—2	13—8	14—2	14—8
	16.0	5—8	6—7	7—4	8—1	8—8	9—4	9—10	10—5	10—11	11—5	11—10	12—4	12—9
	19.2	5—2	6—0	6—9	7—4	7—11	8—6	9—0	9—6	9—11	10—5	10—10	11—3	11—7
	24.0	4—8	5—4	6—0	6—7	7—1	7—7	8—1	8—6	8—11	9—4	9—8	10—0	10—5
2×8	12.0	8—8	10—0	11—2	12—3	13—3	14—2	15—0	15—10	16—7	17—4	18—0	18—9	19—5
	16.0	7—6	8—8	9—8	10—7	11—6	12—3	13—0	13—8	14—4	15—0	15—7	16—3	16—9
	19.2	6—10	7—11	8—10	9—8	10—6	11—2	11—10	12—6	13—1	13—8	14—3	14—10	15—4
	24.0	6—2	7—1	7—11	8—8	9—4	10—0	10—7	11—2	11—9	12—3	12—9	13—3	13—8
2×10	12.0	11—1	12—9	14—3	15—8	16—11	18—1	19—2	20—2	21—2	22—1	23—0	23—11	24—9
	16.0	9—7	11—1	12—4	13—6	14—8	15—8	16—7	17—6	18—4	19—2	19—11	20—8	21—5
	19.2	8—9	10—1	11—3	12—4	13—4	14—3	15—2	15—11	16—9	17—6	18—2	18—11	19—7
	24.0	7—10	9—0	10—1	11—1	11—11	12—9	13—6	14—3	15—0	15—8	16—3	16—11	17—6
2×12	12.0	13—5	15—6	17—4	19—0	20—6	21—11	23—3	24—7	25—9				
	16.0	11—8	13—5	15—0	16—6	17—9	19—0	20—2	21—3	22—4	23—3	24—3	25—2	26—0
	19.2	10—8	12—3	13—9	15—0	16—3	17—4	18—5	19—5	20—4	21—3	22—2	23—0	23—9
	24.0	9—6	11—0	12—3	13—5	14—6	15—6	16—6	17—4	18—2	19—0	19—10	20—6	21—3
E	12.0	0.12	0.19	0.26	0.35	0.44	0.54	0.64	0.75	0.86	0.98	1.11	1.24	1.37
	16.0	0.11	0.16	0.23	0.30	0.38	0.46	0.55	0.65	0.75	0.85	0.96	1.07	1.19
	19.2	0.10	0.15	0.21	0.27	0.35	0.42	0.51	0.59	0.68	0.78	0.88	0.98	1.09
	24.0	0.09	0.13	0.19	0.25	0.31	0.38	0.45	0.53	0.61	0.70	0.78	0.88	0.97

注 本表最下面一项为所需的弹性模量 E，单位为 1000000lb/in²（psi）（×0.00689 为 N/mm²），极限值为小于和等于 2.6×10^6psi（17914N/mm²）。跨度单位为 ft 或 in，（1ft=304.8mm，1in=25.4mm），极限值为小于或等于 26ft（7925mm）。

资料来源：在出版者国际建筑师联合会的允许下，数据引自于 1997 年版 UBC，第二卷，版权 1997。

椽木则一般用于斜屋面，斜屋面是为了实现排水。对于结构设计，一般考虑椽木跨度的水平投影，如图 5.3 所示。

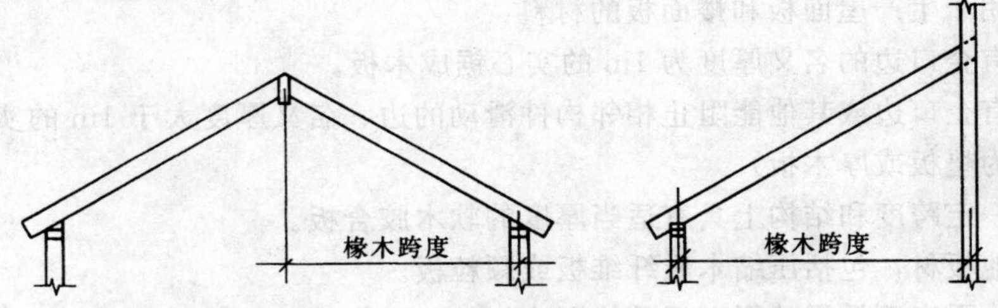

图 5.3　斜椽木的跨度

和楼面托梁一样，椽木的设计通常要借助安全荷载表。表 5.6 引自于 1997 年版 UBC。除最大弯曲应力和弹性模量在下面给出——表 5.5 相反，是在上面给出的——之外，此表的形式同表 5.5 相似。一般情况下，挠度对楼面起更大的决定性作用（减小反冲）而对屋面起较小的决定性作用，下面的例子说明如何使用表 5.6。

【例题 5.10】　屋面椽木，中心间距 24in，跨度 16ft，活载 20psf，恒载 15psf，活载挠度容许值限定为跨的 $L/240$。根据（1）一级花旗松木；（2）二级花旗松木分别确定椽木尺寸。

解：（1）根据表 5.1 可查得一级花旗松木设计值 $E=1700000$psi，$F_b=1150$psi。虽然表 5.6 中没有 $F_b=1150$psi 的一栏，但是很明显，可以选择 2×12 的椽木。很显然，弹性模量 E 不是决定因素。

（2）根据表 5.1 可查得二级花旗松木设计值 $E=1600000$psi，$F_b=1035$psi。很显然，也可选择 2×12 中心间距为 24in 的椽木。

应该注意到 1997 年版 UBC 只是本书的一般参考，从表 5.5 和表 5.6 中可以看出，使用的是 1991 年版 NDS，不是在这里经常使用的 1997 年版（参考文献 2）。因此表 5.1A 给出的调整不适用于根据表 5.5 和表 5.6 选择的材料，且根据 1997 年版 NDS 计算结果可能会和表中的条目产生一些小的差异。

习题 5.6.A～D　使用二级花旗松木，根据表 5.5 规定的条件选择托梁的尺寸。活载 10psf，仅有活载作用的挠度容许值为跨度的 1/360。

	托梁间距 (in)	托梁跨度 (ft)		托梁间距 (in)	托梁跨度 (ft)
A	16	14	C	16	18
B	12	14	D	12	22

习题 5.6.E～H　使用二级花旗松木，根据表 5.6 规定的条件选择托梁的尺寸。活载 20psf，恒载 15psf 仅有活载作用下的挠度容许值为跨度的 1/240。

	椽间距 (in)	椽跨度 (ft)		椽间距 (in)	椽跨度 (ft)
E	16	12	G	16	18
F	24	12	H	24	18

5.7 屋面板和楼面板

下面是用于生产屋面板和楼面板的材料：

(1) 具有企口边的名义厚度为 1in 的实心锯成木板。

(2) 具有企口边或其他能阻止相邻构件滑动的边、名义厚度大于 1in 的实心锯成木构件（通常称为垫板或厚木板）。

(3) 在一定跨度和结构上具有适当厚度的软木胶合板。

(4) 其他板材，包括压缩木质纤维板或颗粒板。

厚板作为下表面暴露的屋面板是特别流行的。用作这种结构的各种形式制品如图 5.4 所示。最常用的是名义厚度为 2in 的构件，如图 5.4 (*a*) 所示的实心锯成木块，但是现在更多的是使用图 5.4 (*c*) 所示的胶合木板。支撑构件间的跨度也可考虑使用较厚的板，但较薄的板更为流行。

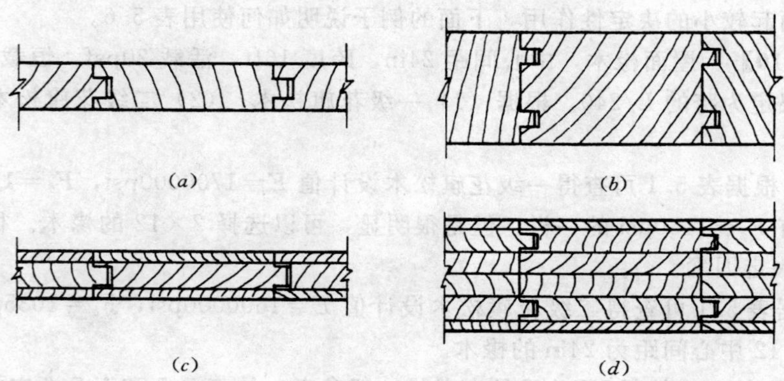

图 5.4 薄板和厚板单元

厚板和其他特殊的板是由单独的厂商加工的装配式制品。这些制品的性能资料由供应者或厂商提供。胶合板仍然被广泛用在结构性能较为关键的地方。尽管一些精选类型的胶合板被用作结构构件，但胶合板是一种非常易变的材料。本节的余下的部分将论述用于屋面板和楼面板的结构胶合板。

结构胶合板主要是由软木（如花旗松）制成的各种板。除板的厚度外，主要差别如下所示：

(1) 胶合类型。根据胶合的类型，胶合板被分为外用板（暴露在空气中）和内用板。

(2) 板的等级。根据板的缺陷，胶合板被分为 A、B、C、D 四个等级，A 级最好。对于结构使用来说，表面板的质量是很重要的，而中间板的质量对于结构使用也是非常重要的。

(3) 板的结构分类。单块板上标有具体结构用途。

(4) 板的性能指标。行业标准方法是在板的表面用一个不能拭除的标签标明这些指标。标签上的数据和标志标明了板的用途和强度。

在结构中，胶合板和墙板经常用于抵抗风和地震力。在这种情况下，目的是为了把整个的墙板制成连续的刚性板（称为横隔墙）。在使用中，胶合板的结构质量是很重要的，但为了实现必要的连接以保证多个托梁之间横隔墙的连续性，胶合板的钉接也是同等重要的。胶合板横隔墙的使用在第23章论述。

对于重力荷载跨度功能，当胶合面纹理方向垂直于平行支承（通常是椽木和托梁）时胶合板是最强的。然而，由于各种原因，有时希望在胶合的另一方向使用板，这样就限制了它的跨度。后一种的弱点对薄胶合板起决定性作用。

根据结构细节，应该注意没有落在支承（如边平行于椽木或托梁）上的胶合板的边。通常当在跨度构件上设置双重侧向支撑时，木块（安装在两跨越构件之间的短实心椽木块或托梁构件）可以提供支承。其他的方法包括在较厚板设置企口边或在板之间设置金属夹（H形）。

当然，所有美国板的尺寸都是48in×96in。但如果订购一大批板，也可以得到其他尺寸的板。结构板和墙板最常用的厚度为3/8in、1/2in、5/8in和3/4in（或是根据公制单位略作修改）。

行业标准和建筑规范规定了胶合板的承载能力和极限跨度。下表是UBC给出的。

（1）UBC中表23-Ⅱ-E-1，给出了胶合面垂直于支承的屋面板或楼面板承受重力荷载的承载能力或极限跨度（见表5.7）。

（2）UBC中表23-Ⅱ-E-2，给出了胶合面平行于支承的屋面板或楼面板的承载能力或极限跨度（见表5.8）。

（3）UBC中表23-Ⅱ-H，给出了水平胶合横隔板（屋面板或楼面板）的抗剪承载力（见表23.1）。

（4）UBC中表23-Ⅱ-I-1，给出了用作剪力墙的胶合板抗剪承载力（见表23.2）。

表5.7　胶合面垂直于支承时胶合板的跨度值

板[①]的类型		屋面[③]				楼面[④]
板跨度	板厚 (in)	最大跨度 (in) ×25.4为mm		荷载[⑤] (lb/ft²) ×0.0479为kN/m²		最大跨度 (in)
屋面/楼面跨度[②]	×25.4为mm	有支承边[⑥]	无支承边	总荷载	活载	×25.4为mm
12/0	5/16	12	12	40	30	0
16/0	5/16，3/8	16	16	40	30	0
20/0	5/16，3/8	20	20	40	30	0
24/0	3/8，7/16，1/2	24	20[⑦]	40	30	0
24/16	7/16，1/2	24	24	50	40	16
32/16	15/32，1/2，5/8	32	28	40	30	16[⑧]
40/20	19/32，5/8，3/4，7/8	40	32	40	30	20[⑧,⑨]
48/24	23/32，3/4，7/8	48	36	45	35	24
54/32	7/8，1	54	40	45	35	32
60/48	7/8，1，$1\frac{1}{8}$	60	48	45	35	48
16 oc	1/2，19/32，5/8	24	24	50	40	16[⑧]

续表

楼面类型		屋面③				楼面④
板跨度 (in)	板厚 (in)	最大跨度 (in) ×25.4 为 mm		荷载⑤ (lb/ft²) ×0.0479 为 kN/m²		最大跨度 (in)
×25.4 为 mm		有支承边⑥	无支承边	总荷载	活载	×25.4 为 mm
20 oc	19/32，5/8，3/4	32	32	40	30	20⑧,⑨
24 oc	23/32，3/4	48	36	35	25	24
32 oc	7/8，1	48	40	50	40	32
48 oc	$1\frac{3}{32}$，$1\frac{1}{8}$	60	48	50	50	48

① 适用宽度大于或等于 24in（610mm）的板。
② 按本表设计的屋面板和楼面板应该满足 2312 节设计标准的要求。
③ 均布荷载极限挠度：在恒载和活载共同作用下取跨度的 1/180，只有活载作用时取跨度的 1/240。
④ 除非屋面衬垫的最小厚度为 1/4in（6.4mm）或 3/2in（38mm）的多孔或轻质混凝土楼板放在底层地板或 3/4in（19mm）厚的耐磨木板条，否则，板边缘应有企口边托梁或用木块支承。除跨度的中心间距为 48in 并承受全部荷载为 65psf（3.11kN/m²）外，容许均布荷载按跨度的 1/360 的挠度计算，单位为 100psf（4.79kN/m²）。
⑤ 在最大跨度上的容许荷载。
⑥ 企口边、板边夹［在每个支承的中间，除非支承中心间距相等，都为 48in（1219mm）］、木块或其他种类。只有木块应该满足横隔墙的要求。
⑦ 对于 1/2in（12.7mm）的板，最大跨度应为 24in（610mm）。
⑧ 对于 3/4in（19mm）的与托梁成直角的板条楼面，最大跨度中心间距可取 24in（610mm）。
⑨ 对于 3/2in（38mm）上覆多孔或轻质混凝土的楼板，最大跨度中心间距可取 24in（610mm）。

资料来源：在出版者国际建筑师协会的允许下，数据引自 1997 年版 UBC，第二卷，版权 1997。

表 5.8　胶合面平行于支承时胶合板的跨度值

板①的等级	厚度 (in)	最大跨度② (in)	最大跨度上的荷载 (psf) ×0.0479 为 kN/m²	
	×25.4 为 mm		活载	总荷载
结构Ⅰ	7/16	24	20	30
	15/32	24	35③	45③
	1/2	24	40③	50③
	19/32，5/8	24	70	80
	23/32，3/4	24	90	100
UBC 标准 23－2 或 23－3 中的其他等级	7/16	16	40	50
	15/32	24	20	25
	1/2	24	25	30
	19/32	24	40③	50③
	5/8	24	45③	55③
	23/32，3/4	24	60③	65③

① 按本表设计的屋面板应该满足 2312 节设计标准的要求。
② 均布荷载极限挠度：在恒载和活载共同作用下取跨度的 1/180，只有活载作用时取跨度的 1/240。应用木材阻塞边缘或提供其他边支承类型。
③ 对于复合和四层胶合结构板，荷载应降低 15lb/ft²（0.72kN/m²）。

资料来源：在出版者国际建筑师协会的允许下，数据引自 1997 年版 UBC，第二卷，版权 1997。

5.8　胶合层板制品

除了胶合板，还有一些把木片胶合成实心形式的制品用于木结构。梁、框排架、大尺寸的曲拱都是通过名义尺寸 2in 的标准木材（2×6 等）组合制成的。由于表面加工的尺寸损失很小，实际上这些构件的总的厚度就等于标准木材的宽度，由于修整产生的尺寸损耗很小。高度是木材厚度 1.5in 的倍数。

因为运输到施工现场的费用是成本的一个主要因素，所以要在一定区域的基础上调查生产大量胶合板的可能性，可以从当地的一些供应商或制造商手里获得这些制品的有关资料。随着这种制品被广泛地应用，在设计中也出现了行业标准和建筑规范资料。

5.9　木纤维制品

各种各样的制品是用由将原木还原成纤维形式的木材生产出来的。一个主要的考虑因素是木纤维的尺寸和形状及它们在最终成品中的排列。对于纸、纸板和一些优质硬纸板制品，木材被还原成非常精细的颗粒，且通常随机地分布在制品块中。这就形成较小的材料方向性，不同于通过颗粒制品的生产工艺生产的制品。

对于结构制品，使用较大的木颗粒构件并获得一定精度的方向性。具有这些特性的两种制品类型如下所示：

（1）薄板和刨花板。这些板材是由薄板形式的木条制成的。这些薄板任意地互相叠在一起制成一类似于胶合板纤维方向特性的双向板。主要应用于墙板和结构板。

（2）板条或成束构件。由切自于原木的长条制成，这些板条按同一方向被捆扎在一起形成了接近实心锯成木材的线性方向性质的制品。主要应用于支柱、椽木、托梁和小梁。

对于用于盖板或墙板的制品，同样的跨度这些板的厚度要大于胶合板。必须考虑其他结构问题，如板的钉固问题。也必须考虑荷载类型和大小、楼面地板材料类型以及抵抗水平荷载的隔墙作用的要求。规范的认可也是一个重要的问题并且必须根据当地的实际情况确定。

可以从特殊性能制品的制造商或供应商手里获得制品的有关资料。现在一般的参考书（如 UBC）也有这方面的资料，但是特殊制品由个别公司竞争生产。

随着胶合板的日益昂贵和生产胶合板原木的减少，无疑这是一个发展方向。木纤维制品的原材料包括小树、大树的小树枝甚至还包括一些循环再利用的木材。当然使用复合材料的总趋势表明了将来使用更多制品类型的可能性。

5.10　其他木结构制品

把胶合板、纤维板和实心锯成木材装配组合起来制成了不同类型的结构构件。图 5.5 展示了可用作建筑结构构件的一些常用构件。

图 5.5（*a*）所示的基本构件是由两块胶合板粘结在实心锯成木材的中心框架上组成的，这一般被称为夹心板，然而用作结构构件时，又称为承力表层式板。在起跨越作用时，胶合板作为抵抗应力的翼缘承受弯矩，木构件作为梁的腹板承受剪力。

另外一个常用的制品类型是如图 5.5（*b*）所示箱梁形式，或如图 5.5（*c*）所示工字梁形式。在这种情况下，夹心板所起的作用是相反的，实心锯成木材作为翼缘而胶合板作为腹板。这些构件具有较大的可变性，板材可以使用胶合板和纤维制品，翼缘构件可以使用实心锯成木材或胶合层板。生产出一边平一边斜的变截面构件也是可能的。由于使用这些构件可以用由小树生产的制品，所以可以节省大量的实心锯成木材。

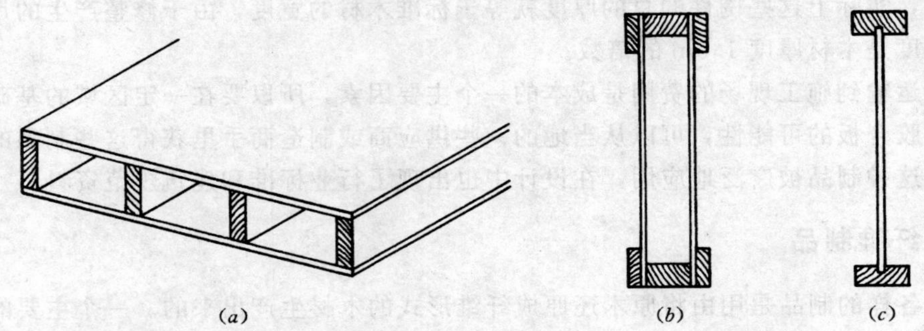

图 5.5 实心锯成木材和胶合板或纤维板组成的组合构件

图 5.5（*b*）所示的箱形梁可用普通钉或螺丝钉连接组装而成。工字形梁的腹板和翼缘可胶接在一起。箱形梁可以在施工现场按照一般的方法连接，而工字形梁的生产受工厂条件件的高度制约。

工字形梁产品的使用跨度范围非常大，可用于跨度大于 15ft 的托梁和跨度大于 20ft 的椽木，这是实心锯成木材托梁和椽木所不能做到的。

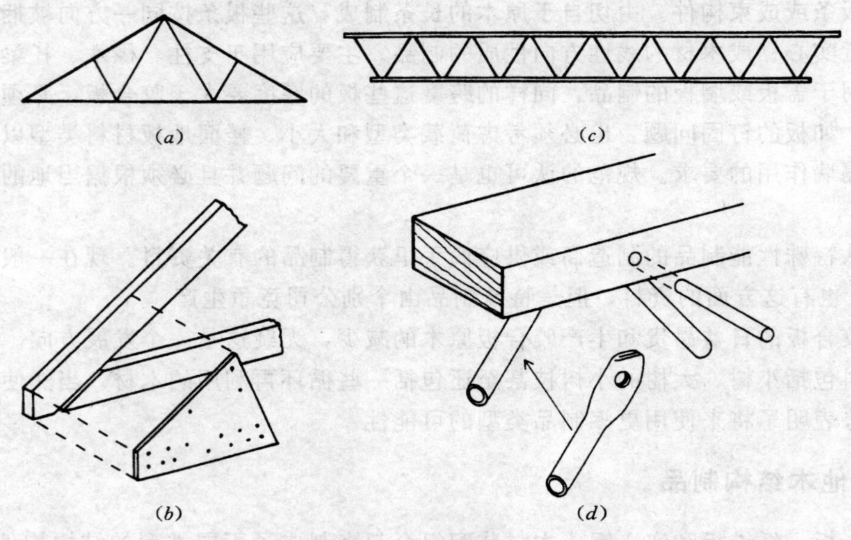

图 5.6 轻质木桁架

有两种轻质木桁架被广泛地应用。图 5.6（*a*）所示的 W 形桁架广泛地应用于小跨度、三角形屋顶。如图 5.6（*b*）所示的由两个单层的木构件和简单的角撑板组成的构件，多年以来一直被用于小的木框架建筑的屋面结构。节点板可以由用钉子连接起来的胶合板组成，但现在大多数用金属连接板在工厂组装。

对于屋面和楼面的平跨结构，可以使用图 5.6（*c*）所示的桁架，大多数情况下这种桁架用于超出实心锯成木材椽木或托梁跨长的情况。这些是一些公司的有代表性的特色产品，但是都使用了木弦杆和内部钢对角斜杆。图 5.6（*d*）展示了一种可能的装配形式，通过钻孔用销钉把平头钢管连接到弦杆上。弦杆可以是简单的实心锯成木材构件，但也可以由允许单个构件具有无约束长度的专用层压构件制成。

第6章 木　柱

通常使用的木柱是实心锯成截面，包括横截面为方形或矩形的单块木材。单个圆柱也用于建筑物的柱子或桩基。本章主要讨论了在建筑结构中用作受压构件的常见构件和其他特殊形式。读者应该复习一下第3.11节中的一些关于受压构件性能的基本知识，包括屈曲中长细比的影响和压弯的相互作用。

6.1 实心锯成木柱

对于所有的柱，一个基本的考虑因素是柱的长细比。对于实心锯成木柱，长细比等于柱子的侧向无支撑长度与最小边长之比，即 L/d [见图6.1 (a)]。无支撑长度（高度）一般是等于柱的垂直高度。然而，支撑能提供一个很小的力以阻止柱发生侧移（受压屈曲），因此，当结构限制柱子时，在一个方向或两个方向的无支撑长度可能变得更短 [见图6.1 (b)]。

读者应该参考第3.11节中的一些有关长细比及纵向受压构件的长细比和轴向受压承载力之间的关系的论述。根据长细比的界限范围是非常短且粗的受压构件和非常长且细的构件，划分了三个性能区域。实际上非常短的构件的破坏是压应力的作用，而非常细的构件在相对较小的荷载下发生屈曲（侧向弯曲）。

在这里很重要的一点是短的受压构件由应力抵抗能力限制，而特别细的构件由它的刚度（即构件抵抗侧向变形的能力）限制。抵抗变形的能力是根据柱材料的刚度（弹性模量）和横截面的几何特性（惯性矩）衡量的。因此，应力确定的是相关刚度范围较小时的极限，刚度（弹性模量和长细比）确定的是相关刚度极值较大时的极限。

然而大多数建筑物的柱子在极值间过渡在刚度范围内发生破坏（第二区，在第3.11节论述）。因此，建立并确定从非常短到非常长及其两者之间所有点的整个范围内的柱轴

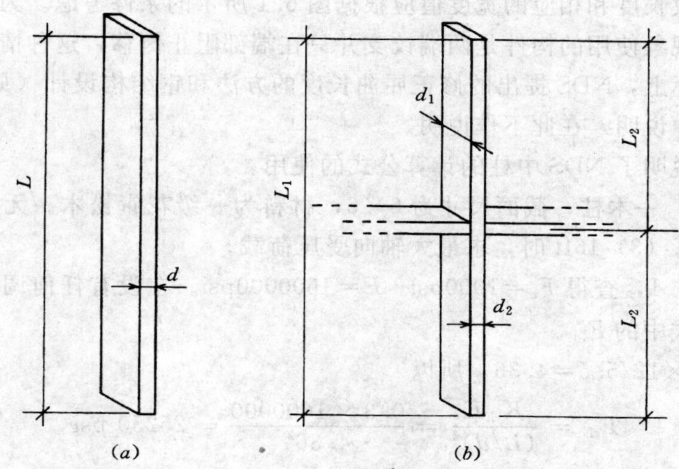

图 6.1　柱的无支撑长度的测定、与临界柱厚度有关

向承载力的方法是非常必要的。目前柱设计标准建立了描述与长细比相关的柱的全部过渡的单曲线复杂的公式（见下述关于 NDS 要求的讨论）。虽然在实际的设计工作一般使用一些能够方便地提供实用结果的设计公式，但是理解公式中各个变量的作用是非常重要的。

柱承载力

下面的论述提供了 NDS 关于轴向受载柱的设计资料。根据工作应力方法，确定木柱承载力的基本方程为

$$P = F_c^* C_p A$$

式中　A——柱横截面面积；

F_c^*——平行于纤维方向的受压容许设计值，根据使用系数修正；

C_p——柱的稳定系数；

P——柱的容许轴向受压承载力。

柱稳定系数由下式确定

$$C_p = \frac{1 + F_{cE}/F_c^*}{2c} - \sqrt{\left(\frac{1 + F_{cE}/F_c^*}{2c}\right)^2 - \frac{F_{cE}/F_c^*}{c}}$$

式中　F_{cE}——欧拉弯曲应力，根据下面的公式确定；

c——锯成木材取 0.8，圆柱取 0.85，胶合木层板取 0.9。

欧拉弯曲应力为

$$F_{cE} = \frac{K_{cE} E}{(L_e/d)^2}$$

式中　K_{cE}——外观上分等级和机械评估的木材取 0.3，机械应力评估的木材和胶合木层板取 0.418；

E——木材的弹性模量和等级；

L_e——柱的有效长度（根据支承条件系数修正的无支撑高度）；

d——屈曲方向柱的横截面尺寸（柱宽）。

使用的柱有效长度和相应的宽度值应根据图 6.1 所示的条件考虑。为了作一个基本参考，典型的屈曲现象使用的构件是两端铰支并只在端部阻止侧移，这种情况下不考虑支承条件的修正。实际上，NDS 提出的修正屈曲长度的方法和钢结构设计（见第 10.2 节）相似。这将在钢柱中说明，在此不作说明。

下面的例题说明了 NDS 中柱的计算公式的使用。

【例题 6.1】 一木柱，截面尺寸为 6×6，材料为一级花旗松木。无支承长度分别为（1）2ft；（2）8ft；（3）16ft 时，求最大轴向受压荷载。

解： 根据表 5.1，查得 $F_c=1000\text{psi}$，$E=1600000\text{psi}$。在没有任何调整的情况下，F_c 直接等于柱的公式中的 F_c^*。

（1）$L/d=2\times12/5.5=4.36$，所以

$$F_{cE}=\frac{K_{cE}E}{(L/d)^2}=\frac{0.3\times1600000}{4.36^2}=25250\text{ psi}$$

$$\frac{F_{cE}}{F_c}=\frac{25250}{1000}=25.25$$

$$C_p=\frac{1+25.25}{1.6}-\sqrt{\left(\frac{1+25.25}{1.6}\right)^2-\frac{25.25}{0.8}}=0.993$$

容许受压荷载为

$$P=F_c^*C_pA=1000\times0.993\times5.5^2=30038\text{lb}$$

（2）$L/d=8\times12/5.5=17.45$，$F_{cE}=1576\text{psi}$，$F_{cE}/F_c^*=1.576$，$C_p=0.821$，因此可得

$$P=1000\times0.821\times5.5^2=24835\text{lb}$$

（3）$L/d=16\times12/5.5=34.9$，$F_{cE}=394\text{psi}$，$F_{cE}/F_c^*=0.394$，$C_p=0.355$，因此可得

$$P=1000\times0.355\times5.5^2=10736\text{lb}$$

【例题 6.2】 截面尺寸为 2×4 的木构件作为竖向受压构件形成墙（常见的支柱结构）。如果木材为支柱等级的花旗松木，墙高为 8.5ft，单根支柱的承载力是多少？

解： 假设附于支柱上的所有的墙盖板支撑着它们的弱轴（尺寸为 1.5in），另外，墙的高度极限值为 50×1.5=75in。因此采用较大的尺寸得

$$L/d=8.5\times12/3.5=29.14$$

根据表 5.1，查得 $F_c=850\text{psi}$，$E=1400000\text{psi}$。根据表 5.1A，F_c 应调整为 1.05×850=892.5psi，因而可得

$$F_{cE}=\frac{K_{cE}E}{(L_e/d)^2}=\frac{0.3\times140000}{29.14^2}=495\text{psi}$$

$$\frac{F_{cE}}{F_c^*}=\frac{495}{892.5}=0.555$$

$$C_p=\frac{1.555}{1.6}-\sqrt{\left(\frac{1.555}{1.6}\right)^2-\frac{0.555}{0.8}}=0.249$$

$$P=F_c^*C_pA=892.5\times0.249\times1.5\times3.5=1166\text{ lb}$$

注意： 下面的习题使用的是二级花旗松木。

习题 6.1.A ～ D　求下列木柱的容许轴心受压荷载。

	名义尺寸 (in)	无支撑长度			名义尺寸 (in)	无支撑长度	
		ft	m			ft	m
A	4×4	8	2.44	C	8×8	18	5.49
B	6×6	10	3.05	D	10×10	14	4.27

6.2　木柱设计

根据柱的计算公式中的关系进行柱的设计是比较复杂的。柱的容许应力取决于柱的实际尺寸，刚开始设计时柱的实际尺寸是不知道的。而且又不允许通过简化的柱计算公式得到所需的柱的特性，因此需要试算法。为此，设计人员通常使用图、表或计算机辅助方法等各种设计辅助手段。

由于木材品种很多，具有不同的容许应力和弹性模量值，所以精确地列表是不可能的。因此在设计时一些平均值是有用的并且容易使用。图 6.2 是一组同品种、同级别的方形截面柱的轴心受压承载力图。表 6.1 是一定范围内的柱的承载力。

注意：小尺寸截面柱归属于表 5.1 中的“厚 2～4in 的特定尺寸木材”一类，而不是“原木”类。这使得柱的设计方法更为复杂。

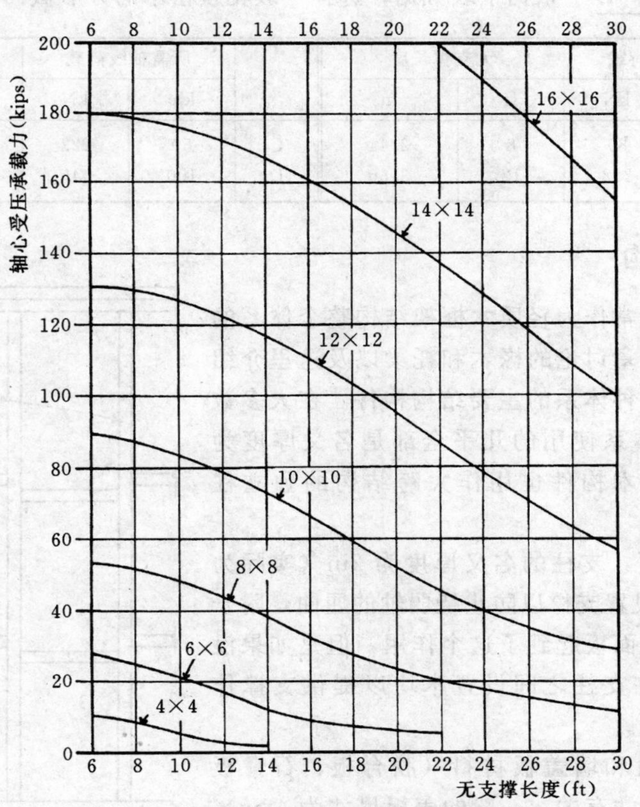

图 6.2　方形截面木构件的轴心受压承载力

（引自 NDS 对一级花旗松木的要求）

表 6.1 **木柱的安全荷载①**

柱截面		无支撑长度（ft）										
名义尺寸	面积（in^2）	6	8	10	12	14	16	18	20	22	24	26
4×4	12.25	11.1	7.28	4.94	3.50	2.63						
4×6	19.25	17.4	11.4	7.76	5.51	4.14						
4×8	25.375	22.9	15.1	10.2	7.26	6.46						
6×6	30.25	27.6	24.8	20.9	16.9	13.4	10.7	8.71	7.17	6.53		
6×8	41.25	37.6	33.9	28.5	23.1	18.3	14.6	11.9	9.78	8.91		
6×10	52.25	47.6	43.0	36.1	29.2	23.1	18.5	15.0	13.4	11.3		
8×8	56.25	54.0	51.5	48.1	43.5	38.0	32.3	27.4	23.1	19.7	16.9	14.6
8×10	71.25	68.4	65.3	61.0	55.1	48.1	41.0	34.7	29.3	24.9	21.4	18.4
8×12	86.25	82.8	79.0	73.8	66.78	58.2	49.6	42.0	35.4	30.2	26.0	22.3
10×10	90.25	88.4	85.9	83.0	79.0	73.6	67.0	60.0	52.9	46.4	40.4	35.5
10×12	109.25	107	104	100	95.6	89.1	81.2	72.6	64.0	56.1	48.9	42.9
10×14	128.25	126	122	118	112	105	95.3	85.3	75.1	65.9	57.5	50.4
12×12	132.25	130	128	125	122	117	111	104	95.6	86.9	78.3	70.2
14×14	182.25	180	178	176	172	168	163	156	148	139	129	119
16×16	240.25	238	236	234	230	226	222	216	208	100	190	179

① 没有对考虑湿度或荷载持续时间条件进行调整的一级花旗松木实心锯成木柱的承载力，单位：kip。

习题 6.2.A～D　根据下表数据，选择一级花旗松木的方形截面柱。

	所需轴线荷载		无支撑长度			所需轴线荷载		无支撑长度	
	kip	kN	ft	m		kip	kN	ft	m
A	20	89	8	2.44	C	50	222	20	6.10
B	50	222	12	3.66	D	100	445	16	4.88

6.3 木支柱结构

支柱墙结构经常作为轻质木框架结构整个体系的一部分使用。第 5 章讨论的椽木和托梁以及这里介绍的支柱墙结构是这种体系的主要结构构件。在大多数的应用中，这一体系使用的几乎全部是名义厚度为 2in 的木材。有时木构件也用作大跨结构的独立柱或梁。

大多数情况下，支柱的名义厚度为 2in（实际为 1.5in）并且必须设置支撑以防止绕弱轴的屈曲。附于支柱上的所有的墙面板起到了这个作用，但是如果没有墙盖板，可以在支柱之间设置木块以提供支撑作用，如图 6.3 所示。

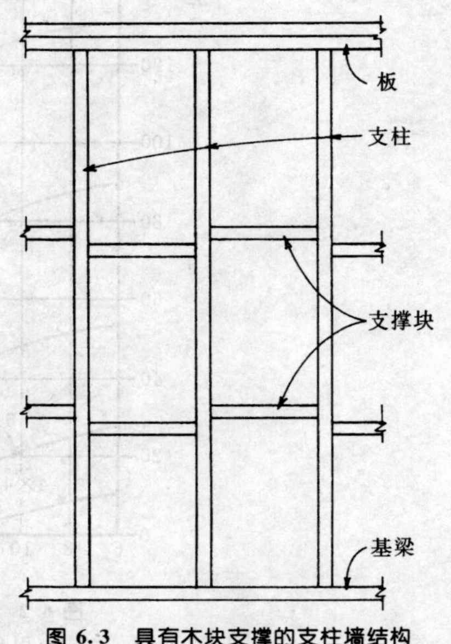

图 6.3　具有木块支撑的支柱墙结构

支柱间距一般和墙盖板材料（胶合板、石膏板等）决定的盖板尺寸有关，一般的盖板尺寸为 48in×96in，这与第 5.6 节中的椽木和托梁的间距是相同的，大多数取 16in。

支柱可以用等级相对较低的木材；用一些木材品种可以得到特殊的支柱等级。为了获得较平整的墙面，支柱的平直度是最重要的质量要求。

当外墙承受风荷载时，会产生侧向弯矩和竖向压力的组合，这种情况在下一节中论述。重型墙、高墙和具有很大侧向荷载墙的支柱需要按第 6.4 节给出的柱的设计方法分析。

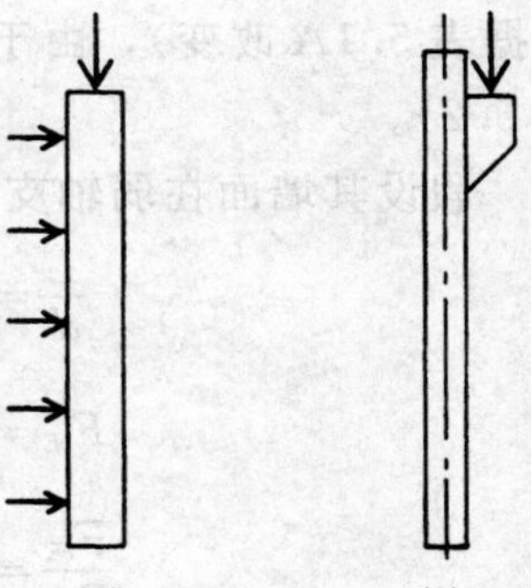

图 6.4　柱中轴心受压和弯矩共同作用的一般情况：
(a) 外侧支柱或桁架弦杆；
(b) 具有支承跨越构件的悬臂支座柱

6.4　压弯柱

在木结构中，压弯柱是经常出现的，如图 6.4 所示。外墙的支柱是一个典型情况，如图 6.4 (a) 所示，承受的荷载包括竖向重力荷载和水平风荷载。由于采用常用结构节点，只承受竖向荷载的柱有时可能偏心受荷，如图 6.4 (b) 所示。

承受压力和弯矩共同作用的柱的一般情况在第 3.11 节中已经论述。现行木柱的设计标准从直线形相互作用关系出发，然后再考虑由于弯曲产生的屈曲和 $P-\Delta$ 效应等因素。对于实心锯成木柱，NDS 给出了下列计算公式

$$\left(\frac{f_c}{F'_c}\right)^2+\frac{f_b}{F_b[1-(f_c/F_{cE})]}\leqslant 1$$

式中　f_c——根据柱荷载计算的压应力；
F'_c——列表中的压应力设计值，根据修正系数调整；
f_b——根据弯矩计算的弯曲应力；
F_b——列表中的弯曲应力设计值；
F_{cE}——在第 6.2 节中确定的实心锯成木柱的值。

下面的例子演示了计算方法的应用。

【例题 6.3】　一支柱等级花旗松木外墙支柱，受载如图 6.5 (a) 所示，分析联合荷载作用下的支柱。

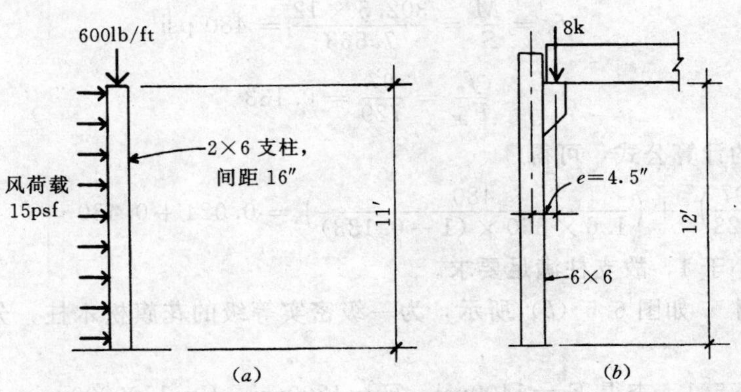

图 6.5　压弯共同作用的例题

注意：这个支柱是第 23 章中建筑实例的墙支柱。

解：根据表 5.1，查得 $F_b=805$psi（重复性应力），$F_c=850$psi，$E=1400000$psi（不

根据表 5.1A 改变），由于包含风荷载，应力值（不是弹性模量 E）可以提高 1.6 倍（见表 5.2）。

假设其墙面在弱轴支撑着 2×6 支柱（$d=1.5\text{in}$），因此取 $d=5.5\text{in}$，所以可得

$$\frac{L}{d}=\frac{11\times 12}{5.5}=24$$

$$F_{cE}=\frac{K_{cE}E}{(L/d)^2}=\frac{0.3\times 1400000}{24^2}=729\text{psi}$$

$$\frac{F_{cE}}{F_c^*}=\frac{729}{1.6\times 850}=0.536225$$

$$C_p=\frac{1+F_{cE}/F_c^*}{2c}-\sqrt{\left(\frac{1+F_{cE}/F_c^*}{2c}\right)^2-\frac{F_{cE}/F_c^*}{c}}$$

$$=\frac{1+0.536}{1.6}-\sqrt{\left(\frac{1+0.536}{1.6}\right)^2-\frac{0.536}{0.8}}$$

$$=0.458$$

第一步计算包括了重力荷载而不包括风荷载，因此不考虑应力提高系数 1.6，所以可得

$$P=F_c^* C_p A=850\times 0.458\times 8.25=3212\text{lb}$$

根据支柱间距为 16in 的给定荷载，所承受的力为

$$P=\frac{16}{12}\times 600=800\text{lb}$$

这可以看出，所承受的竖向力同容许承载力相比是非常小的。

考虑荷载的共同作用，可以确定

$$f_c=\frac{P}{A}=\frac{800}{8.25}=97\text{psi}$$

$$F'_c=C_p F_c^*=0.458\times 1.6\times 850=623\text{psi}$$

$$M=\frac{\frac{16}{12}\omega L^2}{8}=\frac{\frac{16}{12}\times 15\times 11^2}{8}=302.5\ \text{lb}\cdot\text{ft}$$

$$f_b=\frac{M}{S}=\frac{302.5\times 12}{7.563}=480\ \text{psi}$$

$$\frac{f_c}{F_{cE}}=\frac{97}{729}=0.133$$

使用规范的计算公式，可得

$$\left(\frac{97}{623}\right)^2+\left(\frac{480}{1.6\times 850\times(1-0.133)}\right)=0.024+0.430=0.454$$

因为结果小于 1，故支柱满足要求。

【例题 6.4】 如图 6.5（b）所示，为一级密实等级的花旗松木柱，分析偏心荷载作用下的柱。

解：根据表 5.1，查得 $F_b=1400\text{psi}$，$F_c=1200\text{psi}$，$E=1700000\text{psi}$。根据表 4.1，查得 $A=30.25\text{in}^2$，$S=27.7\text{in}^3$，那么可得

$$\frac{L}{d}=\frac{12\times 12}{5.5}=26.18$$

$$F_{cE}=\frac{0.3\times1700000}{26.18^2}=744\text{psi}$$

$$\frac{F_{cE}}{F_c}=\frac{744}{1200}=0.62$$

$$C_p=\frac{1+0.62}{1.6}-\sqrt{\left(\frac{1+0.62}{1.6}\right)^2-\frac{0.62}{0.8}}=0.5125$$

$$f_c=\frac{800}{30.25}=264\text{psi}$$

$$F'_c=C_pF_c=0.5125\times1200=615\text{psi}$$

$$\frac{f_c}{F_{cE}}=\frac{264}{744}=0.355$$

$$f_b=\frac{8000\times4.5}{27.7}=1300\text{ psi}$$

对于柱的相互作用

$$\left(\frac{264}{615}\right)^2+\frac{1300}{1400\times(1-0.355)}=0.184+1.440=1.624$$

因为结果大于 1，故柱不满足要求。

习题 6.4.A　一外墙支柱，材料为一级花旗松木，截面尺寸为 2×4，高度 9ft。墙面上承受的风荷载为 17psf，支柱的中心间距为 24in，在墙长度方向的重力荷载为 500lb/ft。分析压弯共同作用下的支柱。

习题 6.4.B　一外墙支柱，材料为一级花旗松木，截面尺寸为 2×4，高度 10ft。墙面上承受的风荷载为 25psf，支柱的中心间距为 16in，在墙长度方向的重力荷载为 500lb/ft。分析压弯共同作用下的支柱。

习题 6.4.C　一材料为一级花旗松木的柱，截面尺寸为 10×10，高度 9ft。承受的重力荷载为 20kip，偏心距为 7.5in。分析压弯共同作用下的柱。

习题 6.4.D　一材料为一级花旗松木的柱，截面尺寸为 12×12，高度 12ft。承受的重力荷载为 24kip，偏心距为 9.5in。分析压弯共同作用下的柱。

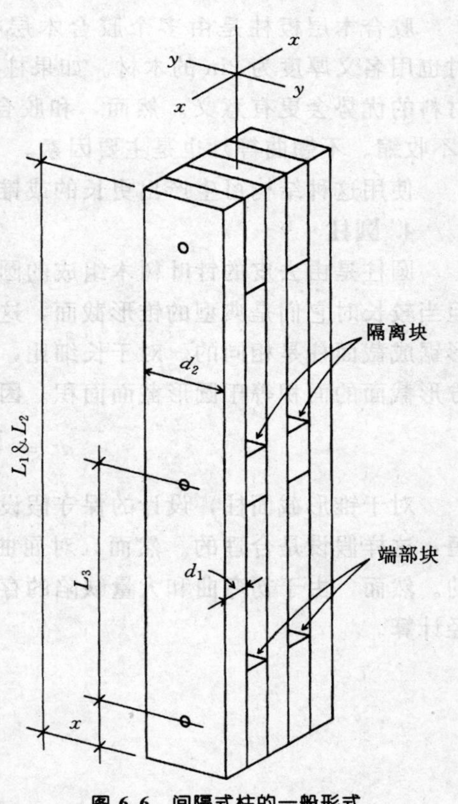

图 6.6　间隔式柱的一般形式

6.5　其他受压木构件

1. 间隔式柱

间隔式柱是由用垫块把多个木构件连接在一起形成的单向承压构件（见图 6.6）。这种构件一般作为受压构件用于大型的木桁架中。对于间隔式柱必须分两次进行分析。

第一是用图 6.6 所示的尺寸 d_2 分析其普通柱作用，其承载力是单个构件简单地乘以构件数。然而，在另外一个方向上，构件的性能和固端构件一样，此为包含图 6.6 所示的尺寸 d_1 的一种条件。对于端部固定的构件性能，使用图 6.6 所示的长度具有两个长度限制：一是用全长 L_1，L/d_1 比值限制在 80；二是用长度 L_3，L/d_1 比值限制在 40。

对于间隔式柱，根据螺栓连接的细部和垫块的长度使用修正后的应力。

2. 组合柱

在各种情况下，柱子可由多个实心锯成木构件组成。虽然这一类型包括胶合木层板和间隔式柱，但是组合柱一般是使用不具备这些条件的多个构件。胶合木层板柱按实心截面设计，间隔式柱按前面论述的方法设计。

组合柱经常作为用于墙端、墙洞口、墙角或应力集中位置处的多重支柱出现。用于独立柱的两种柱的形式如图 6.7 所示，图 6.7（*a*）所示为中心为实心木材、四边由薄板包起来的柱截面；在图 6.7（*b*）中，一系列薄板结合在一起并在两端用两个盖板以提高薄板在弱轴上的抗弯能力。如果这些构件的连接充分，组合构件可以按实心截面处理。

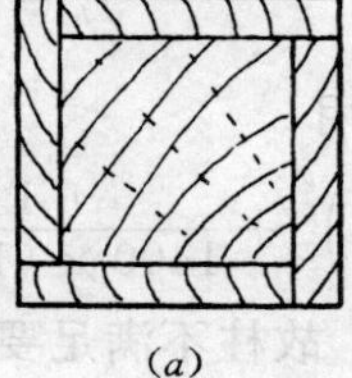

(*a*)

(*b*)

图 6.7 组合柱的横截面：
（*a*）中心为实心木材；（*b*）多个木芯板，钉固或胶合木层板

3. 胶合木层板柱

胶合木层板柱是由多个胶合木层板组成的，有时也用名义厚度为 2in 的木材。如果柱必须承受压力和弯距的共同作用，发挥这种高强度材料的优势会更有意义。然而，和胶合木层板构件的其他构件一样，更好的尺寸稳定性（不收缩、不翘曲等）也是主要因素。

使用这种结构可生产出更长的或锥形或曲线形的构件。

4. 圆柱

圆柱是由去皮的针叶树木组成的圆木。在较短的长度内，它们具有相对不变的直径，但当较长时它们是典型的锥形截面，这是树干的天然形式。作为柱，圆柱的设计标准和矩形锯成截面柱是相同的。对于长细比，在 L/d 计算中使用的 d 按方形截面边的尺寸计算。方形截面的面积等于圆形截面面积。因此，设圆柱的直径为 D，则

$$d^2 = \frac{\pi D^2}{4} \quad d = 0.886D$$

对于锥形截面柱，设计的保守假设是把窄端的最小直径作为标准柱直径。如果柱子很短，这样假设是合理的。然而，对屈曲出现在中点附近的细长柱，这种假设是非常保守的。然而，由于初弯曲和大量缺陷的存在，很多设计人员在设计时还是取不调整的小端直径计算。

第7章

木结构的连接

木结构一般是由大量单独的构件组成，这些构件必须连接在一起才能发挥整个体系的结构作用。除胶合板等胶合制品外，在装配式和胶接的家具中，几乎不能直接实现构件的紧固。对于建筑结构的装配，紧固通常是通过钢构件完成的，这些钢连接构件一般为钉子、螺丝钉、螺栓和紧固金属片。NDS（参考文献 2）中的主要部分论述了如何计算木结构紧固件的承载力和控制木结构紧固件的形式。本章主要对普通紧固件的简单情况进行简要介绍。

7.1　螺栓连接

当钢螺栓用于连接木构件时，有一些设计上的问题。其中几个主要问题如下所示：

(1) 构件的净横截面。螺栓孔削弱了木构件的横截面面积。在这个分析中，假设螺栓孔的直径比螺栓直径大 1/16in。一般情况如图 7.1 所示。当多排螺栓交错时，必须进行两种情况的分析，如图 7.1 所示。

(2) 螺栓对木材的承受力。压应力极限随着木材纹理方向与荷载方向夹角的改变而变化（见表 5.1）。

(3) 螺栓的弯曲。厚木构件中的细长型螺栓将存在较大的弯曲，在孔边缘产生集中支承。

(4) 单个节点栓接构件的数目。图 7.2 所示的两构件连接是最不利的情况。在这种情况下，连接构件中因缺少对称性而产生相当大的翘曲。由于螺栓在一个横截面上受剪，所以这种情况也称为单剪。节点上有多个构件时，翘曲可以忽略并且螺栓也是多面受剪的。

(5) 螺栓距边缘太近时拔出螺栓。这个问题和螺栓的最小间距一起通过图 7.3 给出的标准解决。需要注意的是限制的尺寸包括了螺栓直径 D、螺栓长度 L、力的类型（拉力或压力）和木材纹理方向与荷载方向的夹角等因素。

NDS 提供了螺栓连接设计的基本资料。第一步是基本木结构的一般考虑因素，主要

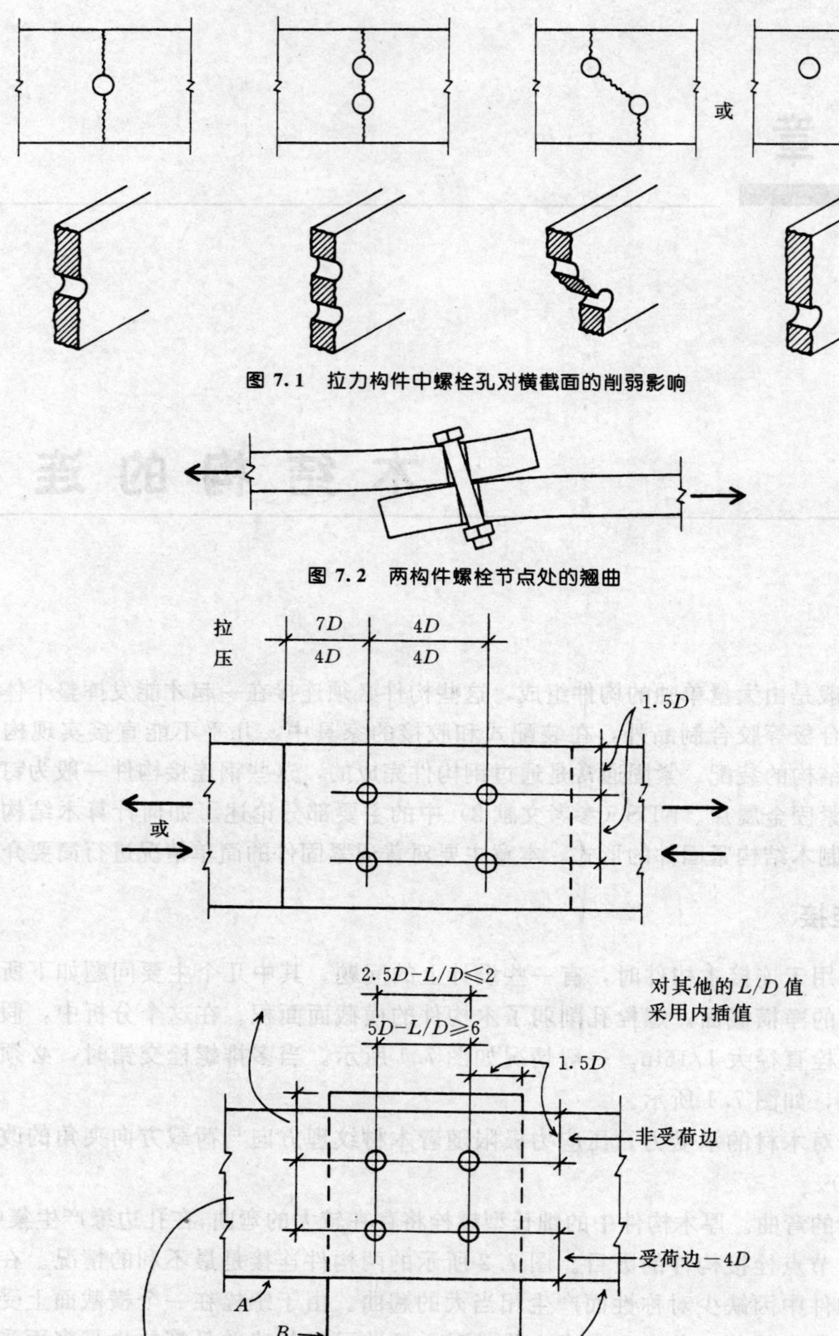

图 7.1 拉力构件中螺栓孔对横截面的削弱影响

图 7.2 两构件螺栓节点处的翘曲

图 7.3 木结构中螺栓的边距、端部距离和中心间距

是对荷载持续时间、湿度条件以及木材的品种和等级等值的调整。

第二步是结构紧固件一般需要考虑的因素。这些内容在NDS的第七部分进行了论述，包括通常所关注的连接的形式、多个紧固件的布置和连接中荷载偏心的规定。

第三步是紧固件的特殊类型的考虑因素。NDS的第七部分包括了螺栓连接的规定，然而六个附加部分和一些附录资料论述了特殊紧固方法和专门的问题。总而言之，考虑了一系列单个因素。对于单个的螺栓连接，螺栓的承载力可表达为

$$Z' = Z \times C_D \times C_M \times C_t \times C_g \times C_\Delta$$

式中 Z'——螺栓设计的调整值；

Z——螺栓设计名义值，根据可能出现的破坏模式确定；

C_D——荷载持续时间修正系数（见表5.2）；

C_M——特殊湿度条件下的系数；

C_t——极端气候条件下的温度系数；

C_g——沿荷载方向一排多于一个螺栓的组合作用系数；

C_Δ——同连接形式相关的系数（如单剪、双剪、荷载偏心等）。

对于这些复杂的情况，附加调整是必要的。对于螺栓连接，必须考虑荷载方向与连接构件纹理方向的夹角和螺栓布置的适当尺寸这两个因素。

对于荷载方向和连接构件纹理方向的关系有两种情况：一是荷载方向和连接构件纹理方向平行（荷载沿构件横截面的轴向），另一种是荷载方向和连接构件纹理方向垂直。在这两者之间的就是所谓的与纹理成角度的荷载，对于这种情况，根据汉金森（Hankinson）公式进行调整。图7.4以图解形式说明了汉金森公式的应用。在图中，平行于纹理的螺栓承载力用P表示，垂直于纹理的承载力用Q表示。在图中$P=0°$，$Q=90°$，在$0°\sim 90°$之间的角度用特殊值表示，指定为希腊字母θ。在图7.4中有使用这个图的例子。

当螺栓用于相对较窄的构件中时，螺栓布置是非常重要的。应该考虑的主要尺寸因素在图7.3中表明。NDS规定了两个极限尺寸。第一个极限是在设计时使用全部螺栓承载力时的最小要求，第二个极限是使用螺栓承载力的折减值时的最小绝对尺寸值。一般来说，在实际情况下处于两个极限值之间的值可以通过在两个极限值之间直接插值计算螺栓承载力。

在实际的设计中直接使用NDS的规定是非常费时的。因此，NDS或其他规范给出了一些简化方法。一种方法是直接使用一系列能够确定螺栓承载力值的表。在使用这些表时，必须注意表中的数据是合成一体的，必须更加注意那些没有合成一体的表中的数据——特别是第一步设计时需要考虑在前面介绍的荷载持续时间和湿度条件。

表7.1是从NDS中更大的表中提出的一个样本；表中给出的数据只适用于花旗松木，而其他品种木材的数据在参考资料中。表7.1是NDS中的两个独立的表格汇编在一起的，在NDS中一个表只提供用于单剪连接的数据而另外一个表只提供用于双剪连接的数据。这些表提供了所有木构件的连接值，其他NDS中的表也提供适用于木构件和钢连接板或角撑板的组合的数据。在表7.1中的荷载值按以下定义：

$Z_{\parallel}$——在主构件或边构件上平行于纹理方向的螺栓荷载；

$Z_{s\perp}$——在边构件上垂直于纹理方向的螺栓荷载；

$Z_{m\perp}$——在主构件上垂直于纹理方向的螺栓荷载。

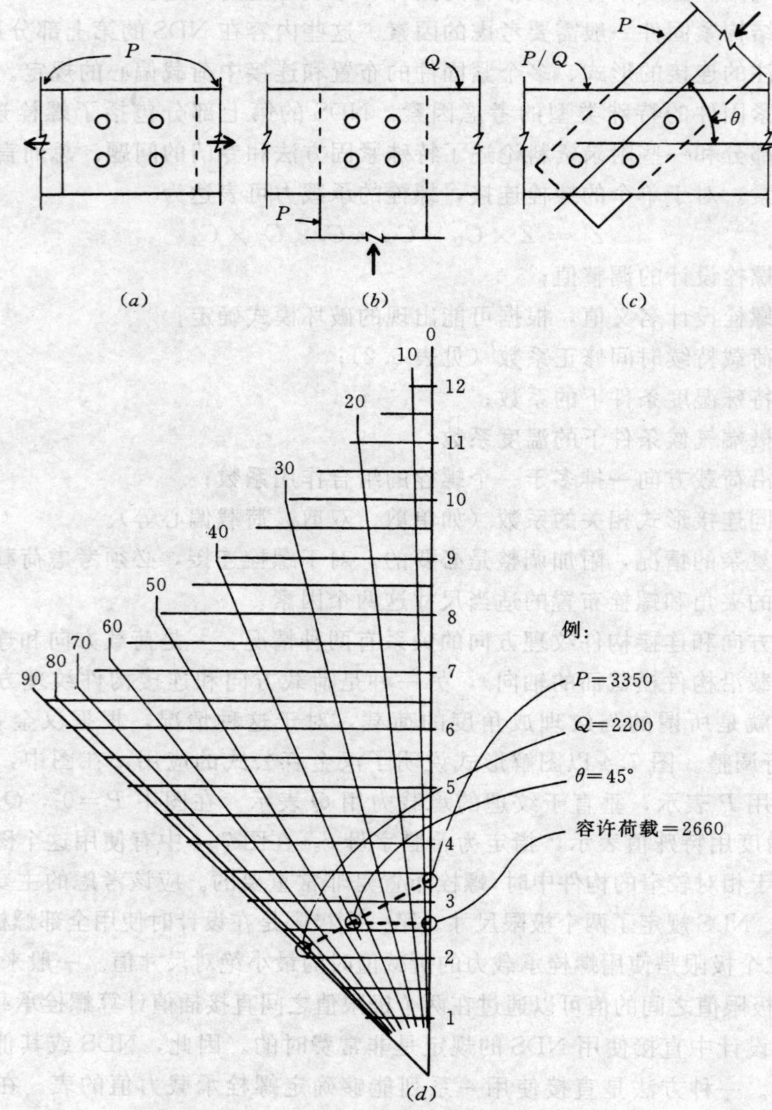

图 7.4 螺栓连接中的荷载和纹理方向关系

(*a*) 平行于构件 (0°); (*b*) 与构件成直角 (90°); (*c*) 角度在 0°到 90°之间;

(*d*) 在 0°到 90°之间调整设计值的汉金森图

表 7.1　　花旗松木连接设计值 (lb/螺栓)

厚度 (in)		螺栓直径	加载条件					
主构件	边构件	D (in)	单剪 (lb)			双剪 (lb)		
t_m	t_s		$Z_{\parallel}$	$Z_{s\perp}$	$Z_{m\perp}$	$Z_{\parallel}$	$Z_{s\perp}$	$Z_{m\perp}$
1.5	1.5	5/8	600	360	360	1310	1040	530
		3/4	720	420	420	1580	1170	590
		7/8	850	470	470	1840	1260	630

续表

厚度 (in)		螺栓直径 D (in)	加载条件					
主构件 t_m	边构件 t_s		单剪 (lb)			双剪 (lb)		
			$Z_{\parallel}$	$Z_{s\perp}$	$Z_{m\perp}$	$Z_{\parallel}$	$Z_{s\perp}$	$Z_{m\perp}$
2.5	1.5	5/8	850	520	430	1760	1040	880
		3/4	1020	590	500	2400	1170	980
		7/8	1190	630	550	3060	1260	1050
3.5	1.5	5/8	880	520	540	1760	1040	1190
		3/4	1200	590	610	2400	1170	1370
		7/8	1590	630	680	3180	1260	1470
	3.5	5/8	1120	700	700	2240	1410	1230
		3/4	1610	870	870	3220	1750	1370
		7/8	1970	1060	1060	4290	2130	1470
5.5	1.5	3/4	1200	590	790	2400	1170	1580
		7/8	1590	630	980	3180	1260	2030
		1	2050	680	1060	4090	1350	2480
	3.5	3/4	1610	870	1030	3220	1750	2050
		7/8	2190	1060	1260	4390	2130	2310
		1	2660	1290	1390	5330	2580	2480
7.5	1.5	3/4	1200	590	790	2400	1170	1580
		7/8	1590	630	1010	3180	1260	2030
		1	2050	680	1270	4090	1350	2530
	3.5	3/4	1610	870	1030	3220	1750	2050
		7/8	2190	1060	1360	4390	2130	2720
		1	2660	1290	1630	5330	2580	3380

资料来源： 在出版者美国森林和纸业协会的允许下，根据《木结构国家设计规范》（参考文献 2）中的数据改编。

下面的例子说明了在这里引用的 NDS 中的资料的使用方法。

【例题 7.1】 一个三构件（双剪）连接件的构件采用精选结构等级的花旗松木材。荷载如图 7.5 所示，荷载平行于构件的纹理方向。拉力大小为 9kip。中间构件（表 7.1 中的主构件）为 3×12，外面的构件（表 7.1 中的边构件）为 2×12，如果螺栓为 3/4in，连接对所承受的荷载是否满足？不考虑湿度和荷载持续时间的调整并假设布置方向满足使用螺栓的最大设计值的要求。

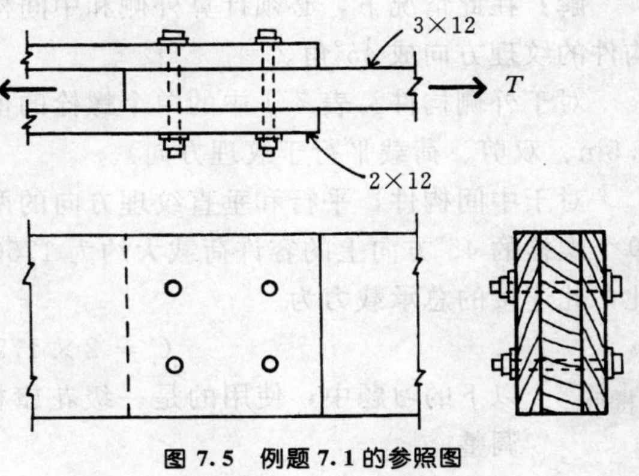

图 7.5　例题 7.1 的参照图

解：根据表 7.1，查得每个螺栓的容许承载力为 2400lb。因此，使用四个螺栓时总的连接承载力为

$$T = 4 \times 2400 = 9600\text{lb}$$

这只基于连接中螺栓的压力和剪力作用。

对于木材中的拉应力，起决定性因素的构件是中间的构件，这是因为它的厚度小于两个边构件的总厚度。一般认为螺栓孔比螺栓直径大 1/16in，在构件净截面上有两个螺栓通过，因此可得

$$A = 2.5 \times \left(11.25 - 2 \times \frac{13}{16}\right) = 24.06\text{in}^2$$

根据表 5.1，查得木材的容许拉应力为 1000psi。中间构件的最大抗拉承载力为

$$T = \text{容许应力} \times \text{净截面面积} = 1000 \times 24.06 = 24060\text{lb}$$

因此，连接是满足荷载要求的。

注意 NDS 提供了多个螺栓连接时承载力的折减值。但是对于一排只有两个螺栓和其他类似于例题 7.1 的连接该折减因素可以忽略。

【例题 7.2】 两块精选结构等级的 2×10 花旗松木板栓接，两板相互垂直，如图 7.6 所示。若使用的螺栓为 7/8in，求此连接的最大承载力。

解：这是一个构件厚均为 1.5in 的两构件单剪连接，并且不考虑净截面的拉应力。因此荷载极限值是垂直于纹理方向并作用在 1.5in 厚的边板上。根据表 7.1，每个螺栓的承载力为 470lb，因此总的承载力为

$$C = 2 \times 470 = 940\ \text{lb}$$

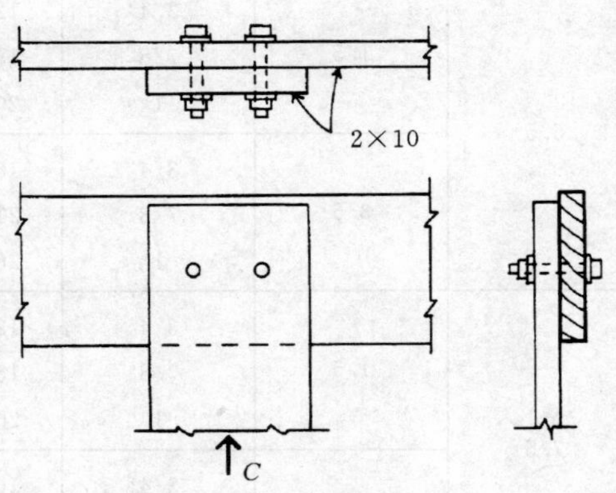

图 7.6 例题 7.2 的参照图

【例题 7.3】 三个构件连接由 4×12 的中间构件和两个 2×10 的外侧构件通过螺栓连接组成。外侧构件和中间构件成角度排列，如图 7.7 所示。所有构件的木材均为精选结构等级花旗松木。求此连接通过外侧构件能够传递的最大压力。

解：在此情况下，必须计算外侧和中间构件。荷载平行于外侧构件的纹理，并与中间构件的纹理方向成 45°角。

对于外侧构件，表 7.1 中的单个螺栓的值为 2400lb（主构件厚度 3.5in、边构件厚度 1.5in、双剪、荷载平行于纹理方向）。

对于中间构件，平行和垂直纹理方向的两个极限值为 2400lb 和 1370lb。根据图 7.4，单个螺栓的 45°方向上的容许荷载大约为 1750lb。因为这个值小于外侧构件的极限值，因此，此连接的总承载力为

$$C = 2 \times 1750 = 3500\text{lb}$$

提示 以下的习题中，使用的是一级花旗松木并且假设不考虑湿度和荷载持续时间的调整。

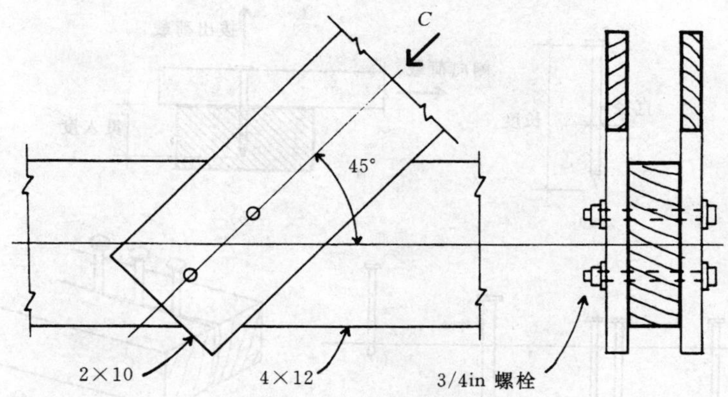

图 7.7　例题 7.3 的参照图

<u>习题 7.1.A</u>　一个三构件的受拉连接由两个 2×12 的外侧构件和 4×12 的中间构件组成（见图 7.5），这个连接使用两排 6 个 3/4in 的螺栓连接。求此连接的总承载力。

<u>习题 7.1.B</u>　外侧构件为 2×10，中间构件为 3×10，4 个 5/8in 螺栓，其他条件同习题 7.1.A。

<u>习题 7.1.C</u>　一个两构件受拉连接由两个 2×6 的构件用两个单排的 7/8in 螺栓连接组成。拉力极限值是多少？

<u>习题 7.1.D</u>　构件为 2×10，连接为 4 个两排 5/8in 的螺栓，其他条件同习题 7.1.C。

<u>习题 7.1.E</u>　两个外侧构件为 2×8，中间构件为 3×12，用两个 3/4in 的螺栓连接（见图 7.7）。构件的夹角为 45°。求此连接通过外侧构件能够传递的最大压力。

<u>习题 7.1.F</u>　外侧构件为 2×12，中间构件为 4×12，螺栓为 7/8in，构件间的夹角为 60°。其他条件同习题 7.1.E。

7.2　钉接

在建筑结构中使用的钉有很多种。对于结构的紧固来说，最常用的是普通圆铁钉。如图 7.8 所示，使用这种钉需要考虑的主要因素如下所示：

(1) 钉的尺寸。关键尺寸是直径和长度［见图 7.8 (*a*)］。尺寸按本尼威特单位(pennyweight units) 分类，用 4d、6d 等标明，也称作 4 分、6 分等。

(2) 荷载方向。沿钉杆方向拔起的荷载称为拔出荷载；垂直于钉杆方向的剪切荷载称为侧向荷载。

(3) 贯入度。钉接主要是能通过一个构件进入另外一个构件，并且承载力是受嵌入第二个构件的长度的大小限制［见图 7.8 (*b*)］。嵌入的长度被称为贯入度。

(4) 木材的品种和级别。木材越密实（一般比较硬的材料），承载力越大。

好的钉接设计只需要很少的工程设计，而需要较多好的木工工作。要避免图 7.8 (*c*)～(*g*) 所示的几种明显的错误情况，钉接的设计人员有一些实际木工工作经验是非常有

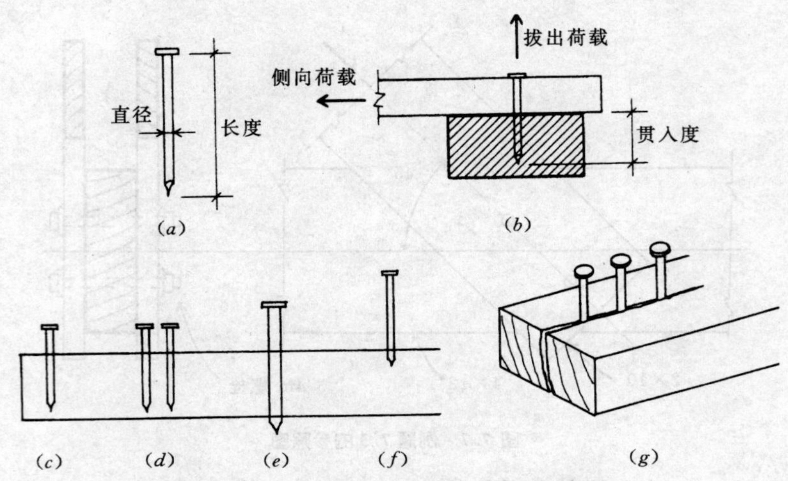

图 7.8 普通圆铁钉的使用

(*a*) 关键尺寸；(*b*) 考虑的荷载；(*c*) ～ (*g*) 不正确的钉接；(*c*) 距边缘太近；(*d*) 钉子之间太近；(*e*) 钉子太大；(*f*) 钉嵌入木板的贯入度太小；(*g*) 平行于木纹理方向的单排间距较小的钉子太多或是距构件端部太近

用的。

钉的抗拔承载力用每单位嵌入长度的力给出 (lb/in)。这个单位荷载乘以实际的嵌入长度就可得到钉总的承载力。对于结构连接，当钉子垂直于木材纹理方向时，连接只能依靠抗拔力。

表 7.2 给出了包括花旗松木在内的密实木材连接中的普通圆铁钉的侧向承载力。下面例题用来说明使用表中的资料进行钉接设计。

【例题 7.4】 如图 7.9 所示，木构件通过 16d 的普通圆铁钉连接形成结构连接。木材为花旗松木。在两边构件上的最大压力值是多少？

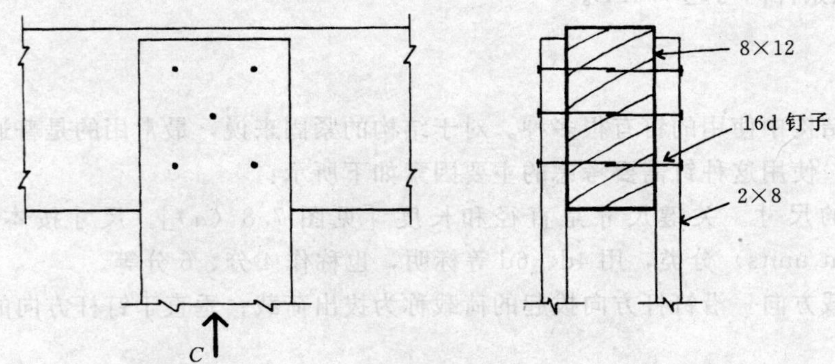

图 7.9 例题 7.4 的参照图

解： 根据表 7.2，查得单个钉的承载力为 141lb（边构件厚 1.5in、16d 钉）。因此总的承载力为

$$C = 10 \times 141 = 1410\text{lb}$$

没有对应于荷载与木材纹理方向夹角的调整。但是在这里钉接的基本形式假设是所谓的弦面钉，在这种形式中，钉与纹理成 90°嵌入并且荷载垂直（侧向）于钉子。

钉子在支承构件中的贯入度必须满足最小要求，但是在图 7.2 中如果钉子全部嵌入构件，贯入度是能够满足的。

习题 7.2.A　类似于图 7.9 的连接，外部构件的名义厚度为 1in（实际厚度为 3/4in），使用 10d 的普通圆铁钉。求两边构件能够传递的压力。

习题 7.2.B　外部构件为 2×10，中间构件为 4×10，钉子为 20d，其他条件同习题 7.2.A。

表 7.2　　普通圆铁钉的侧向承载力（lb/钉）

边构件厚度 t_s (in)	钉的长度 L (in)	钉的直径 D (in)	本尼威特	花旗松木中每个钉的荷载 $G=0.50$，Z (lb)	边构件厚度 t_s (in)	钉的长度 L (in)	钉的直径 D (in)	本尼威特	花旗松木中每个钉的荷载 $G=0.50$，Z (lb)
1/2	2	0.113	6d	59	3/4	2½	0.131	8d	90
	2½	0.131	8d	76		3	0.148	10d	105
	3	0.148	10d	90		3¼	0.148	12d	105
	3¼	0.148	12d	90		3½	0.162	16d	121
	3½	0.162	16d	105		4	0.192	20d	138
5/8	2	0.113	6d	66	1½	3½	0.162	16d	141
	2½	0.131	8d	82		4	0.192	20d	170
	3	0.148	10d	97		4½	0.207	30d	186
	3¼	0.148	12d	97		5	0.225	40d	205
	3½	0.162	16d	112		5½	0.244	50d	211

资料来源：在出版者美国森林和纸业协会的允许下，根据《国家木结构设计规范》（参考文献 2）中的数据改编。

7.3　其他紧固装置

木结构紧固件的种类很多。以下是除螺栓和普通圆铁钉以外的几种一般的紧固件。

1. 螺丝钉和方头螺栓

当钉存在松弛问题时，更好地抓紧周围木材的方法是使用钉杆上具有不平表面的钉子。具有这种表面的特殊钉子被使用，也就是说，使用螺丝钉代替钉子也可以达到这种效果。螺丝钉的连接通过压挤使得构件的连接非常紧，这种方式一般的钉子是做不到的。这种非常紧（不易松弛）的连接对动荷载（像地震引起的震动）是非常有利的。

螺丝钉有许多种形式。当平头螺丝钉被完全钉入时，螺丝钉头完全进入木材的表面。圆头螺丝钉的设计主要是为了连接金属构件并使连接较紧，这种螺丝钉甚至可以用垫圈以增加摩擦效果。六角头螺钉也叫平头螺钉或平头螺栓，这样设计是为了能够用扳手拧紧。

对于结构连接，螺丝钉的抗拔和抗侧向承载力是根据螺丝钉的尺寸、贯入度和木材的密实度给出的。虽然很少计算螺丝钉的抗拔承载力，但并不是没有限制并且要根据需要来选择螺丝钉。和钉接一样，螺丝钉设计时的安装工艺比计算更重要。一个好的连接中螺丝钉的尺寸、类型、间距、长度和其他细节的选择要根据规范进行，但这也是一个经验问题。

2. 成型钢连接件

成型金属连接件在装配重型木结构中已经使用了很多年。在古代是用青铜制成的，但是逐渐被铸铁、锻铁和钢所代替。通过这些连接件提供连接作用现在仍然适用，并且可以得到各种形式的标准金属连接件。一般的连接件由钢板制成，可以被弯成和焊成各种形式，两种一般形式的连接件如图 7.10 所示。这些连接件可以发挥真正的结构作用，但它们在施工期间也经常被简单地用于将结构连接在一起。

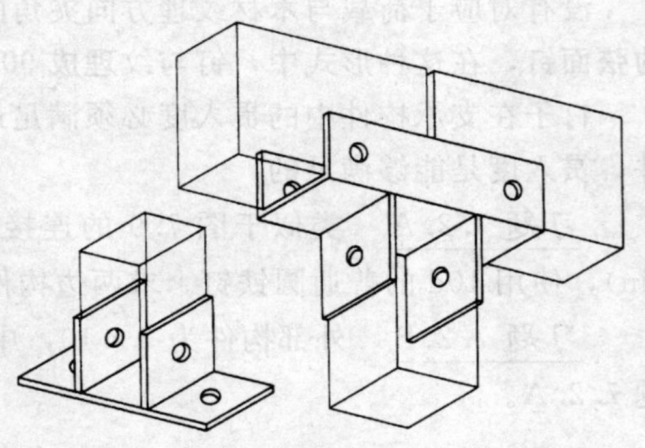

图 7.10 用弯成或焊成的钢板制成的简单连接件

当前时代的发展促进了金属连接件在装配式轻木框架结构（2×4s 等）中的使用。虽然有时在性能较好（无松弛）的连接中使用螺丝钉，但这里使用的连接件大多数都是由薄钢板制成并用普通圆铁钉连接（见图 7.11）。

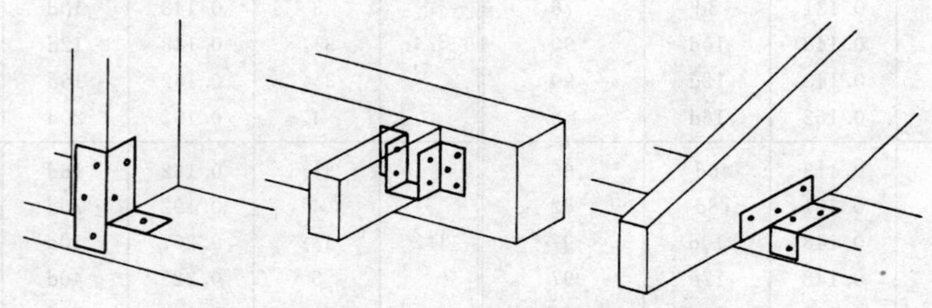

图 7.11 用弯成的钢板制成用于轻质木框架结构的连接件

3. 混凝土和砌体的锚栓

混凝土和砌体结构上支承的木构件通常要通过中间构件锚固。一般连接件使用预埋在混凝土和砌体结构中的钢螺栓，然而，在不同情况下也使用浇筑、钻孔或动力打入式构件。

两种一般情况如图 7.12 所示。图 7.12（*a*）所示为木支柱式墙的底部构件通过预埋在混凝土中的钢螺栓连接在混凝土支承上。在建筑物建造期间，螺栓必须安全地支承住墙。然而，这些螺栓也要抵抗由风或地震产生的上拔力或侧向力。

图 7.12（*b*）所示的情况是木框架屋面或楼面通过栓接在墙面上的横木连接在砌体墙上。对于平行于墙面的剪力荷载，抗侧能力如第 7.1 节所述。但是侧向力可能会使墙和框架分离，所以在横木内可能需要一个不产生交叉纹理弯曲的锚栓（也称为水平锚栓）。

4. 胶合连接板

有时小块胶合板也可用作木材的连接构件。在轻质木桁架中它们被用作拼接板或角撑板。胶合板也可以和木材胶合在一起用于较紧、性能较好的连接，并且螺丝钉也可以代替钉子以更好地提高连接质量。这些构件在过去被广泛地使用并且仍然是有效的，但是现在这些大多数选择都可以使用的情况下可以利用合适金属连接构件。

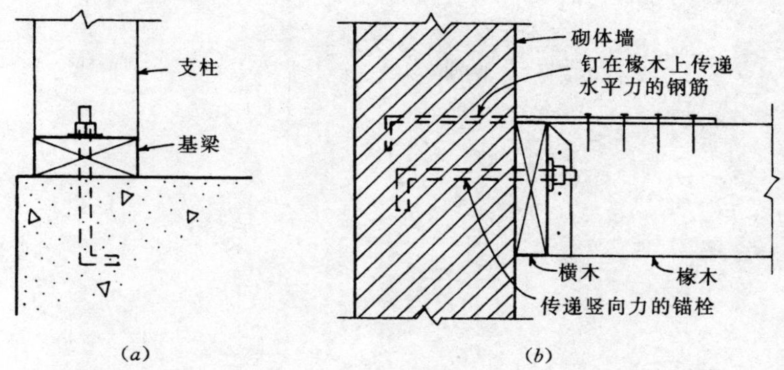

图 7.12 锚固木结构与混凝土和砌体结构的构件

第三部分

钢结构

钢以各种形式广泛地用于建筑结构中。在木、混凝土和砌体结构中也需要钢构件。本书的这一部分主要介绍作为钢结构体系和其构件产品材料的钢。用途包括一般用法和在特殊领域的用途。这里重点介绍一般用法。

第8章

钢结构制品

对于建筑结构的装配，钢构件主要由工厂加工的标准形式的产品组成。这些普遍和广泛使用的产品形式已经发展和生产了很长时间。虽然也不断进行着产品和装配方法的改造，但是大多数钢结构的基本形式几乎没有改变。

8.1 钢结构的设计方法

目前，结构上的分析和设计有两种在基本原理上不同的方法。第一种方法是设计和研究人员使用了很多年的传统方法，这种方法也称作工作应力法或容许应力法。现在这种方法叫容许应力设计（ASD）法。现在推荐使用的是第二种方法，称为极限强度法或简称强度法。目前这种方法称为荷载和抗力系数设计（LRFD）法。

一般来说，ASD 法的技术和操作步骤在使用和论证时都比较简单。这种方法大部分基于直接使用应力和应变的典型分析公式和直接使用在结构上假定的实际工作荷载（称为使用荷载）。实际上，通过同 ASD 法的比较来解释 LRFD 分析方法是很必要的。

使用 ASD 法更容易解释基本问题，为此，本书的大部分内容都是介绍简单和普通结构。实际上，本书大部分内容使用的都是这种方法。但在一些情况下，也解释了 LRFD 法的基本应用，这并不是完全为了解释这种方法，而是为了给读者提供一些了解两种方法不同之处的机会。

钢结构设计资料主要来源于美国钢结构协会（American Institute of Steel Corctruction，简称 AISC），目前该协会根据 ASD 法和 LFRD 法出版了两个独立完整的参考资料。本书参考的资料是 AISC 出版的使用 ASD 法的参考资料。

具有两种可选择的方法的情况是令人迷惑的，但这是时代的产物，读者应该至少熟悉这两种方法。为了实用，ASD 法应被看作是对基本问题的简化和学习较复杂的 LRFD 法的基础。尽管需要很多修正才能使 LRFD 法更智能以及更容易被设计人员使用，但 LRFD 法还是会很快盛行起来。

8.2 钢制品的材料

由于钢材生产工艺的改变，它的强度、硬度、耐腐蚀能力和其他性质也有很大的改变。虽然建筑结构的大多数构件使用的只有几种标准的钢制品，但实际上钢被制成千种不同的产品。轧制、拉拔、加工和锻造等生产和成型工艺也会改变钢材的性质。然而，密度（单位重量）、刚度（弹性模量）、热膨胀和抗火性能这些性质在所有的钢材中都是不变的。

对各种应用，一些性能是很重要的。硬度影响着切割、轧制、刨平和其他加工工序。对于焊接，必须考虑原材料的可焊性。正常情况下钢材的抗锈蚀能力较低，但可以通过在钢材中增加各种材料来增强其抗锈蚀能力，也可生产各种类型的特殊钢材，像不锈钢和所谓的“耐蚀钢”，都具有很低的腐蚀率。

当加工材料和设计其用途时必须考虑钢材这些各种各样的性质。但在这本书中，重点考虑的是钢材独有的结构特性。

1. 钢的结构特性

像强度、刚度、延性和脆性这些基本的结构特性可通过材料试样的实验室荷载试验得到。图 8.1 表示的是根据试验的应力和应变值画出的材料特性曲线。结构钢的一个重要的性质是塑性变形（屈服）现象，这可以通过图 8.1 的曲线 1 说明。对于具有这种性质的钢材，具有两个不同的有意义的应力值：屈服极限和最终破坏极限。

一般来说，屈服极限越高，延性越小。延性的大小通过从开始屈服到应变硬化（见图 8.1）的塑性变形同屈服点的弹性变形的比值来衡量。图 8.1 中的曲线 1 是一般结构钢（ASTM A36）的代表，曲线 2 表明屈服强度被提高到一定值的明显影响。最终，当屈服强度近似为普通钢材（对 ASTM A36 钢为 36ksi）的 3 倍时，实际上可以忽略屈服现象。一些高强度钢只生产成薄板或拉制钢丝的形式。桥拉索由强度高达 300000psi 的钢丝构成。在这种情况下，屈服几乎是不存在的，并且这种钢丝的脆性接近于玻璃棒。

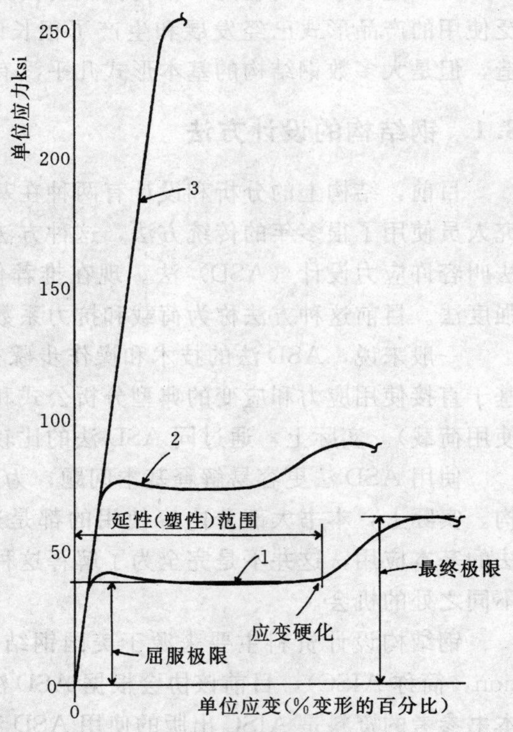

图 8.1 钢材的应力-应变关系图

1—普通结构钢；2—高强度轧制型钢；3—超强度钢（大多数为钢丝形式）

为了经济地使用昂贵的材料，钢结构一般由相对较小的构件组成。这导致了许多情况下构件弯矩、压力和剪力的破坏极限强度是由屈曲而不是材料的应力极限确定。因为屈曲是由材料的刚度（弹性模量）决定，并且所用钢材的弹性模量都一样，所以这限制了高强度钢材在很多情况下的有效使用。在一定程度上，常用的钢材等级对于大多数典型工作具有最佳的有效强度。

因为许多结构构件是在生产线上生产的，所以建筑设计人员通常无法控制基本材料的选择。虽然可以获得一些产品的等级范围，但很多钢材性质也取决于部分生产设计。

满足美国材料实验协会（American Society for Testing and Materials，简称 ASTM）规范要求的 A36 钢是一种主要用于生产建筑结构轧制钢构件的结构钢。它必须有 58～80ksi 的极限抗拉强度，以及 36ksi 的最小屈服点，它的连接形式可以用螺栓连接、铆接或焊接。本书中使用的大多数都是这种钢，并且简称为 A36 钢。

在 1963 年以前，ASTM A7 钢是在结构中使用的基础钢材。它的屈服点为 33ksi，并且连接形式主要为铆接。随着对螺栓连接和焊接需求的加大，很少再使用 A7 钢，不久 A36 钢成了结构产品主要选择的材料。

2. 结构钢的容许应力

对于结构钢，AISC 规范用于表达 ASD 法的容许单位应力是根据屈服应力 F_y 或极限应力 F_u 的百分比确定的。本书的相应章节中论述了如何选择用于设计的容许单位应力并配有详尽的设计问题。AISC 规范中有更为完整的论述，这里参考的 AISC 规范都包含在 AISC 手册（参考文献 3）中。在很多情况下容许应力的使用也有限制条件，这些内容在本书的其他章节讨论。

当然，LRFD 法不使用容许应力而使用材料的基本极限应力（屈服或最终极限）。要使用不同的折减系数（抗力系数）对特殊的使用情况（受拉、受弯、受剪等）进行修正。

3. 钢的其他用途

非轧制产品钢的用途要遵循具体的产品标准。尤其是对钢连接件、钢丝、铸造和锻造构件，以及高强度的薄板、条、棒等形式的钢加工产品。对于这些产品的性质和设计应力的应用将在其他章节中论述。所使用的标准一般遵循行业组织如钢托梁协会（Steel Joist Institute，简称 SJI）和钢板协会（Steel Deck Institute，简称 SDI）建立的标准。在一些情况下，大的加工产品也可以使用 A36 钢或其他可生产热轧产品的等级钢。

8.3　钢结构制品的类型

钢本身没有固定形状，基本上是以熔铸材料或热软化块的形式用于生产中。结构产品的基本形式取决于成型和制造工艺的可能性和限制。一个用于结构钢产品生产的主要工艺是热轧，这种工艺用于生产常见的 I、H、L、T、U、C、Z 形截面（型钢）形式，也用于生产平板和圆形或方条形钢。其他的生产工艺有拉拔（用于钢丝）、挤压、铸造和锻造。

原材料可通过各种方式被装配成多部件的建筑构件，如人造桁架、预制墙板或整个建筑物框架。在装配过程中，要使用各种连接方法或构件。学习钢结构设计要从认识一些常见的标准工业产品，以及在装配中将它们重组和连接成其他构件的过程开始。

1. 轧制结构型钢

用作梁、柱和其他结构构件的轧钢厂的产品有不同的截面或形状，它们的用途与横截面有关。美国标准的 I 形钢梁［见图 8.2（*a*）］是美国的第一个轧制梁截面，并且截面高度为 3～24in。W 型钢［见图 8.2（*b*），一般称为宽翼缘型钢］是对 I 形钢梁的改进，它的翼缘的内外表面平行而I形钢梁的翼缘内表面是渐缩的，W型钢的截面高度为4～44in。除了I形截面和宽翼缘截面，在建筑结构中使用最多的结构钢是槽钢、角钢、T形钢、钢板和钢条。在第4章的表中列出了这些钢的尺寸、重量、各种性质。在AISC手册（参考文献3）中给出了全部的结构型钢表。

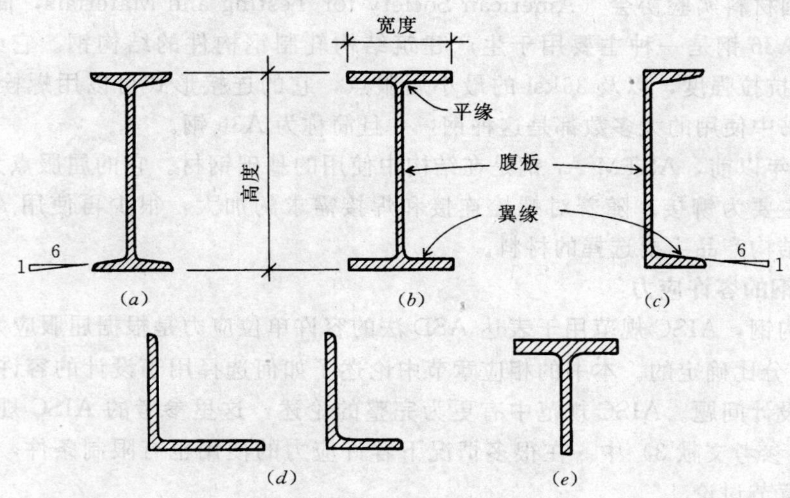

图8.2 典型的热轧型钢制品

(*a*) I形钢；(*b*) 宽翼缘型钢；(*c*) 槽钢；(*d*) 角钢；(*e*) T形钢

2. W型钢

一般来说，W型钢具有比标准I形钢宽的翼缘和相对薄的腹板，并且它的翼缘的内表面与外表面平行。这种截面由字母W标识，W后面是单位为in的截面名义高度和单位为lb/ft（plf）的重量。因此W12×26的含义是名义高度为12in、重量为26plf的宽翼缘型钢。

宽翼缘型钢的实际高度在名义高度分组内是变化的。根据表4.3，可知W12×26的实际高度是12.22in，而W12×30的实际高度是12.34in。从这里可以得出在生产的轧制过程中，在竖向和水平方向上，扩展轧辊可以提高宽翼缘型钢的横截面面积。因此通过增加腹板和翼缘的厚度以及翼缘的宽度［见图8.2（*b*）］，可以把附加的材料加到截面中去。由于宽翼缘型钢中的翼缘所占的比例较大，故其抗弯能力要比I形钢高。在名义高度分组内可以得到变化范围较大的各种重量。

除了类似于翼缘宽度为6.490in的W12×26截面形式外，还有很多翼缘宽度和高度近似相等的宽翼缘型钢。这些H形截面比I形截面更适合用作柱。根据表4.3，可知W14×90、W12×65和W10×60这几种型钢属于这一类。

3. 冷成型钢制品

薄钢板可以弯、冲压或轧制成各种形状。这样形成的结构构件称为冷成型或轻型钢制品。按这种方式可以生产钢板和小的框架构件。这些产品在第12章介绍。

4. 组合结构构件

一些由热轧构件和冷成型构件形成的特殊产品在建筑物中作为结构构件使用。空腹钢托梁由预制轻型钢桁架组成。当跨度和荷载较小时，普通的设计如图 8.3（*a*）所示，腹板是由一个连续的弯折钢棒组成，弦杆由钢棒或冷成型构件组成。当跨度或荷载较大时，形式类似于轻型钢桁架，桁架构件可用单角钢、双角钢和 T 形钢制成。楼面框架的空腹托梁在第 9.10 节中论述。

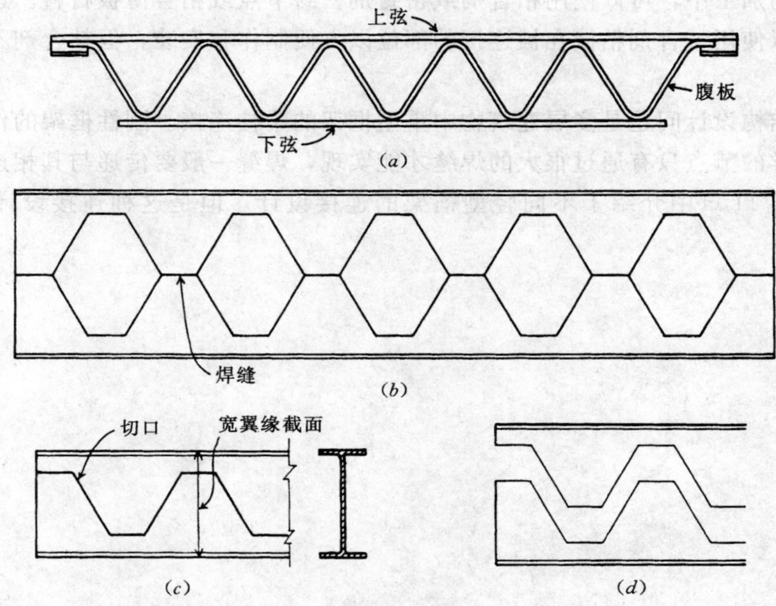

图 8.3　钢构件制成的组合制品

另一种组合托梁的形式如图 8.3（*b*）所示。这种构件通过是把标准轧制型钢的腹板切割成 Z 字形而形成的。同轻型轧制型钢相比，这种产品可以大大减轻重高比。

其他的组合钢制品的范围包括从整个建筑物体系到门、窗、隔墙体系和框架填充墙等单个的结构构件。虽然受行业标准控制，如钢托梁协会和钢板协会出台的标准，但是很多结构组件和整个体系还是作为专利项目为单个厂商所生产。这一类中的一些结构产品会在第六部分中的建筑物体系设计实例中论述和说明。

5. 结构体系的发展

结构体系包括整个楼面、屋面或墙结构，甚至包括整个建筑物，一般是由许多单独的构件装配而成。这些单独的构件可以是不同的，例如一种典型的情况，楼面使用的是轧制型钢梁和条型钢板。选择这些构件通常要根据结构分析数据，但是结构形式的实际发展也是一个大问题。

对于整个的结构体系，通常要混合使用多种材料。钢梁上的木板及支承钢楼面或屋面结构的砌体等各种组合都是可能的。本书的这一部分主要讨论钢结构，而其他一般的混合材料的情况在第六部分的例子中讨论。

6. 连接方法

由轧制构件组成的钢结构构件的典型连接方法是直接焊接或使用铆钉和螺栓。在建筑结构中，一般铆接已经过时，现在主要使用的是高强度螺栓。然而在铆接结构中使用的结构构件形式甚至连接与栓接结构只有很小的改变。栓接和简单的焊接设计在第 11 章介绍。一般来说，焊接比较适合工厂加工，螺栓比较适合现场连接。

冷成型钢小构件可以使用焊缝、螺栓或金属螺丝连接。有时薄板和墙板构件可通过它们边上的联锁装置连接；联锁部分可以折叠或弯起以获得较安全的连接。

在叠层的加工中，可以使用粘合剂或密封剂密封节点或粘合薄板材料。连接中使用的一些构件可以使用粘合剂粘接在被连接的部位以方便制作和安装，但粘合剂不能用于主要结构连接。

主要的结构设计问题是多层建筑物中重型框架的梁柱连接。刚性框架的作用是抵抗侧向荷载，这样的节点只有通过很大的焊缝才能实现，焊缝一般要传递与其相连构件的全部强度。虽然第 11 章中介绍了不同轻型框架的连接设计，但是这种连接设计超出了本书范围。

第9章

钢梁和框架构件

用作跨越构件的钢构件有很多种，包括轧制型钢、冷成型钢、装配式梁和桁架。本章主要介绍这些构件需要考虑的基本事项，并且重点是轧制型钢。为了简化，在本章中使用的轧制型钢全部为 ASTM A36 钢，其屈服强度 $F_y=36$ksi（250MPa）。

9.1 梁的设计因素

尽管使用最广的型钢是宽翼缘型钢，但各种轧制型钢都具有梁的功能；更确切地说，即I字形截面的钢构件也具有 W 型钢的功能。除有近似方形截面（翼缘宽度近似等于名义高度）的 W 型系列型钢构件外，这种型钢截面中的部分构件的主轴（用 $X—X$ 轴表示）抗弯能力是最佳的。梁的设计要包括下列事项的任一组合。

（1）弯曲应力。由弯矩产生的弯曲应力是梁中的主要应力。对于 W 型钢梁，ASD 法的基本的极限应力为 $0.66F_y$，各种特殊的环境可能使这个值有折减。梁横截面抗弯的基本特性是梁的截面模量，用 S 表示。抵抗弯矩可表示为 S 和极限弯曲应力 F_b 的乘积，即

$$M=S\times F_b$$

（2）剪应力。尽管剪应力在木梁和混凝土梁中是很关键的，但是在钢梁中一般不是很重要，除非在薄腹梁中屈曲破坏是截面的局部屈曲破坏。在梁的纯剪力作用下，实际起决定作用的应力是对角线上的压应力，这个压应力是使梁屈曲的直接原因。

（3）挠度。虽然钢是在普通结构中使用的刚度最大的材料，但是钢结构易于弯曲；因此，必须认真分析梁的竖向挠度。检验挠度的一个重要的值是梁的跨高比，如果这个值在一定的极限内，挠度就不会起到决定性作用。

（4）屈曲。一般来说，没有足够支撑的梁可能发生各种形式的屈曲。特别是对腹板或翼缘很薄，或截面在侧向（弱轴或 $Y—Y$ 轴）特别弱的梁，屈曲会起到控制作用。虽然可

以通过减小应力（ASD）或折减系数（LRFD）实现设计控制，但是最有效的方法通常是设置足够的支撑以消除此破坏模式。

（5）连接和支承。框架结构包含很多独立构件之间的连接节点，连接件和支承的细部必须适合特有的构造方法和通过节点传递必要的结构力。

单独的梁一般是整个体系的一部分，在整个体系中它们之间存在相互作用。本章重点论述单个梁的作用。除了它们基本的梁的功能，设计需要考虑的事项都来源于结构体系中梁的整体作用和相互作用。

在目前的 AISC 手册中有数百种 W 型钢的特性的列表。另外还有一些在特殊环境中经常作为梁使用的其他类型钢。在一个给定的情况下，选择最佳形式需要考虑很多事项，一个最重要的考虑事项是选择最经济的截面形式。一般来说，通常在其他特性相等的情况下，最经济的截面形式的重量通常最轻，钢一般按单位重量定价，因此，在大多数设计中，选择最轻的截面形式一般就是最经济的。

正如一个梁也可能要求承受拉力、压力或扭矩一样，其他结构构件也可能起到梁的作用。墙在风压力作用下可能受弯，柱在受压的同时也可能受弯，桁架的弦杆也可能像基本桁架一样起梁的作用。因此本章论述的基本梁的作用是包括实际梁在内的各种结构构件设计工作的一部分。

9.2 抗弯设计

抗弯设计通常包括确定梁必须抵抗的最大弯矩和使用能够计算构件抵抗弯矩的公式。抵抗矩公式包括构件横截面的一些特性，因此常用于确定所期望得到的横截面。

1. 容许应力设计

弯曲公式（$f = M/S$）用于确定所需的最小截面模量。因重量由面积决定，而不是截面模量，所以选择的梁应该具有比所需截面模量大的截面模量，并且还是最经济的选择。下面的例题说明了计算的基本步骤。

【例题 9.1】 设计一简支梁，承受作用于其上的荷载 2kip/ft(29.2kN/m)，跨度为 24ft(7.3m)（作用于其上的荷载是指不包括结构构件自重的所有荷载）。容许弯曲应力为 24ksi (165MPa)

解： 作用于其上的荷载产生的弯矩为

$$M = \frac{wL^2}{8} = \frac{2 \times 24^2}{8} = 144\text{kip} \cdot \text{ft}(195\text{kN} \cdot \text{m})$$

弯矩所需的截面模量为

$$S = \frac{M}{F_b} = \frac{144 \times 12}{24} = 72.0\text{in}^3(1182 \times 10^3\text{mm}^3)$$

根据表 4.3，查得 W16×45 的截面，其截面模量为 72.7in^3(1192×10^3mm^3)。然而，这个截面模量值和所需的值如此接近，以至没有选择梁截面的余地。在表中进一步查找，查得 W16×50，其截面模量 81.0in^3(1328×10^3mm^3)，以及 W18×46，其截面模量为 78.8in^3(1291×10^3mm^3)。在没有任何梁高的限制条件下，取较轻的截面。梁自重在跨中部产生的弯矩为

$$M = \frac{wL^2}{9} = \frac{46 \times 24^2}{8} = 3312\text{lb} \cdot \text{ft 或 } 3.3\text{kip} \cdot \text{ft}(4.46\text{kN} \cdot \text{m})$$

因此，跨中部总弯矩为

$$M = 144 + 3.3 = 147.3\ \text{kip} \cdot \text{ft}(199.5\text{kN} \cdot \text{m})$$

弯矩所需的截面模量为

$$S=\frac{M}{F_b}=\frac{147.2\times 12}{24}=73.7\mathrm{in}^3(1209\times 10^3\mathrm{mm}^3)$$

由于所需的值小于 W18×46 的值，故这个截面是满足要求的。

2. 截面模量表的使用

根据所需的截面模量选择轧制型钢可以通过使用 AISC 手册（参考文献 3）中的表实现，在表中梁的形状按截面模量降序排列。表 9.1 给出了源于这些表的资料。注意在表中

表 9.1　　型钢梁的容许应力设计选择

S_x	型钢	$F_y=36$ksi			S_x	型钢	$F_y=36$ksi		
		L_c	L_u	M_R			L_c	L_u	M_R
in³		ft	ft	kip·ft	in³		ft	ft	kip·ft
1110	**W36×300**	**17.6**	**35.3**	**2220**	258	W24×104	13.5	18.4	516
1030	**W36×280**	**17.5**	**33.1**	**2060**	249	W21×111	13.0	23.3	498
953	**W36×260**	**17.5**	**30.5**	**1910**	**243**	**W27×94**	**10.5**	**12.8**	**486**
895	**W36×245**	**17.4**	**28.6**	**1790**	231	W18×119	11.9	29.1	462
837	**W36×230**	**17.4**	**26.8**	**1670**	227	W21×101	13.0	21.3	454
829	W33×241	16.7	30.1	1660	**222**	**W24×94**	**9.6**	**15.1**	**444**
757	**W33×221**	**16.7**	**27.6**	**1510**	**213**	**W27×84**	**10.5**	**11.0**	**426**
719	**W36×210**	**12.9**	**20.9**	**1440**	204	W18×106	11.8	26.0	408
684	**W33×201**	**16.6**	**24.9**	**1370**	**196**	**W24×84**	**9.5**	**13.3**	**392**
664	**W36×194**	**12.8**	**19.4**	**1330**	192	W21×93	8.9	16.8	384
663	W30×211	15.9	29.7	1330	190	W14×120	15.5	44.1	380
623	**W36×182**	**12.7**	**18.2**	**1250**	188	W18×97	11.8	24.1	376
598	W30×191	15.9	26.9	1200	**176**	**W24×76**	**9.5**	**11.8**	**352**
580	**W36×170**	**12.7**	**17.0**	**1160**	175	W16×100	11.0	28.1	350
542	**W36×160**	**12.7**	**15.7**	**1080**	173	W14×109	15.4	40.6	346
539	W30×173	15.8	24.2	1080	171	W21×83	8.8	15.1	342
504	**W36×150**	**12.6**	**14.6**	**1010**	166	W18×86	11.7	21.5	332
502	W27×178	14.9	27.9	1000	157	W14×99	15.4	37.0	314
487	W33×152	12.2	16.9	974	155	W16×89	10.9	25.0	310
455	W27×161	14.8	25.4	910	**154**	**W24×68**	**9.5**	**10.2**	**308**
448	**W33×141**	**12.2**	**15.4**	**896**	151	W21×73	8.8	13.4	302
439	W36×135	12.3	13.0	878	146	W18×76	11.6	19.1	292
414	W24×162	13.7	29.3	828	143	W14×90	15.3	34.0	286
411	W27×146	14.7	23.0	822	**140**	**W21×68**	**8.7**	**12.4**	**280**
406	**W33×130**	**12.1**	**13.8**	**812**	134	W16×77	10.9	21.9	268
380	W30×132	11.1	16.1	760	**131**	**W24×62**	**7.4**	**8.1**	**262**
371	W24×146	13.6	26.3	742	**127**	**W21×62**	**8.7**	**11.2**	**254**
359	**W33×118**	**12.0**	**12.6**	**718**	127	W18×71	8.1	15.5	254
355	W30×124	11.1	15.0	710	123	W14×82	10.7	28.1	246
329	**W30×116**	**11.1**	**13.8**	**658**	118	W12×87	12.8	36.2	236
329	W24×131	13.6	23.4	658	117	W18×65	8.0	14.4	234
329	W21×147	13.2	30.3	658	117	W16×67	10.8	19.3	234
299	**W30×108**	**11.1**	**12.3**	**598**	**114**	**W24×55**	**7.0**	**7.5**	**228**
299	W27×114	10.6	15.9	598	112	W14×74	10.6	25.9	224
295	W21×132	13.1	27.2	590	111	W21×57	6.9	9.4	222
291	W24×117	13.5	20.8	582	108	W18×60	8.0	13.3	216
273	W21×122	13.1	25.4	546	107	W12×79	12.8	33.3	214
269	**W30×99**	**10.9**	**11.4**	**538**	103	W14×68	10.6	23.9	206
267	W27×102	10.6	14.2	534	**98.3**	**W18×55**	**7.9**	**12.1**	**197**

续表

S_x	型钢	$F_y=36$ksi			S_x	型钢	$F_y=36$ksi		
		L_c	L_u	M_R			L_c	L_u	M_R
in³		ft	ft	kip·ft	in³		ft	ft	kip·ft
97.4	W12×72	12.7	30.5	195	31.2	W8×35	8.5	22.6	62
94.5	**W21×50**	**6.9**	**7.8**	**189**	**29.0**	**W14×22**	**5.3**	**5.6**	**58**
92.2	W16×57	7.5	14.3	184	27.9	W10×26	6.1	11.4	56
92.2	W14×61	10.6	21.5	184	27.5	W8×31	8.4	20.1	55
88.9	**W18×50**	**7.9**	**11.0**	**178**	**25.4**	**W12×22**	**4.3**	**6.4**	**51**
87.9	W12×65	12.7	27.7	176	24.3	W8×28	6.9	17.5	49
81.6	W21×44	6.6	7.0	163	**23.2**	**W10×22**	**6.1**	**9.4**	**46**
81.0	W16×50	7.5	12.7	162	**21.3**	**W12×19**	**4.2**	**5.3**	**43**
78.8	W18×46	6.4	9.4	158	**21.1**	**M14×18**	**3.6**	**4.0**	**42**
78.0	W12×58	10.6	24.4	156	20.9	W8×24	6.9	15.2	42
77.8	W14×53	8.5	17.7	156	18.8	W10×19	4.2	7.2	38
72.7	W16×45	7.4	11.4	145	18.2	W8×21	5.6	11.8	36
70.6	W12×53	10.6	22.0	141	**17.1**	**W12×16**	**4.1**	**4.3**	**34**
70.3	W14×48	8.5	16.0	141	16.7	W6×25	6.4	20.0	33
68.4	**W18×40**	**6.3**	**8.2**	**137**	16.2	W10×17	4.2	6.1	32
66.7	W10×60	10.6	31.1	133	15.2	W8×18	5.5	9.9	30
64.7	**W16×40**	**7.4**	**10.2**	**129**	**14.9**	**W12×14**	**3.5**	**4.2**	**30**
64.7	W12×50	8.5	19.6	129	13.8	W10×15	4.2	5.0	28
62.7	W14×43	8.4	14.4	125	13.4	W6×20	6.4	16.4	27
60.0	W10×54	10.6	28.2	120	13.0	W6×20	6.3	17.4	26
58.1	W12×45	8.5	17.7	116	**12.0**	**M12×11.8**	**2.7**	**3.0**	**24**
57.6	**W18×35**	**6.3**	**6.7**	**115**	11.8	W8×15	4.2	7.2	24
56.5	W16×36	7.4	8.8	113	10.9	W10×12	3.9	4.3	22
54.6	W14×38	7.1	11.5	109	10.2	W6×16	4.3	12.0	20
54.6	W10×49	10.6	26.0	109	10.2	W5×19	5.3	19.5	20
51.9	W12×40	8.4	16.0	104	9.91	W8×13	4.2	5.9	20
49.1	W10×45	8.5	22.8	98	9.72	W6×15	6.3	12.0	19
48.6	**W14×34**	**7.1**	**10.2**	**97**	9.63	M5×18.9	5.3	19.3	19
47.2	W16×31	5.8	7.1	94	8.51	W5×16	5.3	16.7	17
45.6	W12×35	6.9	12.6	91	**7.81**	**W8×10**	**4.2**	**4.7**	**16**
42.1	W10×39	8.4	19.8	84	**7.76**	**M10×9**	**2.6**	**2.7**	**16**
42.0	**W14×30**	**7.1**	**8.7**	**84**	7.31	W6×12	4.2	8.6	15
38.6	**W12×30**	**6.9**	**10.8**	**77**	**5.56**	**W6×9**	**4.2**	**6.7**	**11**
38.4	**W16×26**	**5.6**	**6.0**	**77**	5.46	W4×13	4.3	15.6	11
35.3	W14×26	5.3	7.0	71	5.24	W4×13	4.2	16.9	10
35.0	W10×33	8.4	16.5	70	**4.62**	**M8×6.5**	**2.4**	**2.5**	**9**
33.4	**W12×26**	**6.9**	**9.4**	**67**	**2.40**	**M6×4.4**	**1.9**	**2.4**	**5**
32.4	W10×30	6.1	13.1	65					

资料来源：在出版者美国钢结构协会的允许下，根据《钢结构手册》(参考文献 3) 中的数据改编。

黑体字对应的型钢。这些截面对抗弯是特别有效的，事实表明其他质量更大的截面的截面模量等于或小于这些截面的截面模量。因此为了节省材料费用，这些最轻的截面是很有优势的。然而考虑到梁的其他设计因素，有时也把重量因素放在次要地位。

表 9.1 也给出了考虑梁侧向支撑的数据。为了考虑侧向支撑，给出了两个极限长度值 L_c 和 L_u。如果用假设的最大容许应力 24ksi（165MPa）计算，所得到的截面模量只适用于侧向无支撑长度等于或小于 L_c 的梁。

对于 A36 钢梁，使用表 9.1 的方法忽略了所需截面模量的计算，并直接参考表中给出的最大抵抗弯矩 M_R。

【例题 9.2】　使用表 9.1 重新计算例题 9.1。

解：如前所述，作用于其上的荷载产生的弯矩为 144kip・ft（195kN・m）。因为梁的自重，所以所需的 M_R 要有一定的富余，查找表中 M_R 略大于 144kip・ft（195kN・m）的型钢，可得下表：

型　钢	M_R（kip・ft）	M_R（kN・m）	型　钢	M_R（kip・ft）	M_R（kN・m）
W21×44	162	220	W12×58	154	209
W16×60	160	217	W14×53	154	209
W18×46	156	212			

尽管 W21×44 是最轻的截面，但考虑到高度限制等因素，可能会选择其他形式的型钢。

注意：表 9.1 中可利用的 W 型钢只是表 4.3 中的一部分。故意去掉了一般用于柱而不用于梁的近似方形截面（高度等于宽度）的型钢。

下面的习题只根据弯曲应力设计。使用容许屈曲应力为 24ksi（165MPa）的 A36 钢。假设在每种情况下都希望得到重量最轻的构件。

习题 9.2.A　设计一受弯简支梁，跨度为 14ft（4.3m），承受的总均布荷载为 19.8kip（88kN）。

习题 9.2.B　设计一受弯简支梁，跨度为 16ft（4.9m），在跨中承受的集中荷载为 12.4kip（55kN）。

习题 9.2.C　设计一受弯梁，跨度为 15ft（4.6m），在距左边支座距离为 4ft、10ft 和 12ft 处分别作用 4kip、5kip 和 6kip 的集中荷载（1.2m、3m 和 3.6m 处分别作用 17.8kN、22.2kN 和 26.7kN 的集中力）。

习题 9.2.D　设计一受弯梁，跨度为 30ft（9m），在两个三分点作用的集中荷载均为 9kip（40kN），总均布荷载为 30kip（133kN）。

习题 9.2.E　设计一受弯梁，跨度为 12ft（3.6m），承受的均布荷载为 2kip/ft（29kN/m），在距支座 5ft（1.5m）处大小承受 8.4kip（37.4kN）的集中荷载。

习题 9.2.F　设计一受弯梁，跨度为 19ft（5.8m），在距左边支座 5ft（1.5m）和 13ft（4m）处分别作用 6kip（26.7kN）和 9kip（40kN）的集中荷载，另外从距左边支座距离 5ft（1.5m）处到右支座有大小为 1.2kip/ft（17.5kN/m）的均布荷载。

习题 9.2.G　设计一受弯钢梁，跨度为 16ft（4.9m），作用两个均布荷载，一个大小为 200lb/ft（2.92kN/m），作用在从左边支座延伸到距离 10ft（3m）处；另一个大小为 100lb/ft（1.46kN/m）作用在剩下的部分。另外，在距左边支座 10ft（3m）处作用一个大小为 8kip（35.6kN）的集中荷载。

习题 9.2.H 设计一受弯简支梁，跨度为 12ft（3.7m），作用两个集中荷载，一个作用在距左端 4ft（1.2m）处，另一个作用在距右端 4ft（1.2m）处，大小均为 12kip（53.4kN）。

习题 9.2.I 设计一受弯悬臂梁，跨度为 8ft（2.4m），承受的均布荷载为 1600lb/ft（23.3kN/m）。

习题 9.2.J 设计一受弯悬臂梁，跨度为 6ft（1.8m），在无支承端作用一大小为 12.3kip（54.7kN）的集中荷载。

3. 荷载和抗力系数设计

对于 LRFD 法，假设梁的受弯极限状态出现在应力非弹性范围内，也称为塑性范围。基于这一形式的分析在第五部分论述。

9.3 钢梁的剪力

梁上竖向荷载（向下）和支承处的支座反力（向上）的竖向剪切效应在梁中产生了剪力。梁内部剪力的结构用梁剪力图的形式表现出来。图 9.1（*a*）表示的是简支梁承受均布荷载时的剪力图。

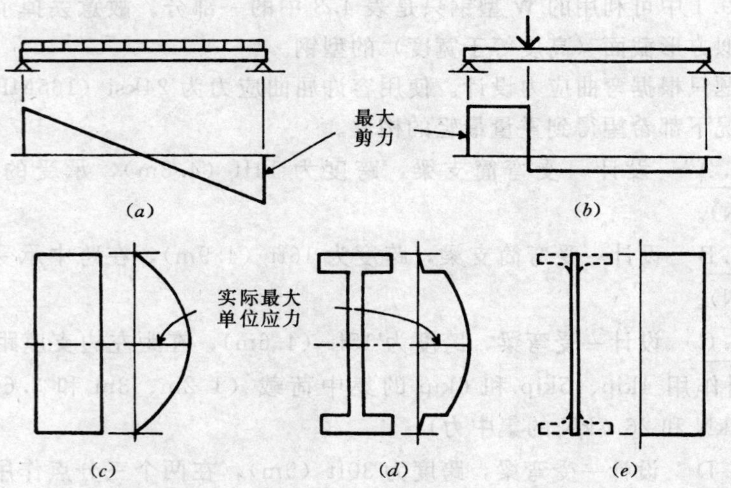

图 9.1 梁中剪力的产生

（*a*）均布荷载作用下梁中的剪应力；（*b*）较大集中力作用下梁中的剪应力；（*c*）矩形截面；（*d*）I 形截面；（*e*）W 型钢中的假定应力

从梁承受均布荷载的剪力图可以看出，这个荷载形式产生的内部剪力在梁支座处达到最大值并且其值逐渐减小，到跨中时减小到 0。因此对于全跨等截面的梁，剪力的关键位置是在梁支座处。如果在支座处的条件满足要求，不用再考虑梁上其他位置的剪力。因为很多梁一般都承受这种荷载，所以对于这种梁只须分析支座情况。

图 9.1（*b*）是在梁跨内承受集中荷载的另一荷载情况。在楼面和屋面体系的框架布置中经常使用的梁承受其他梁的端部反力，因此这也是普遍情况。在这种情况下，在梁的

一定长度上产生主要内部剪力。如果集中力靠近一个支座，那么关键内部剪力产生在荷载和较近支座之间的较短梁长上。

内部剪力在梁内产生了剪应力（见第 3.8 节）。横截面上的应力分布取决于梁横截面的几何特性，并且主要取决于截面的一般形式。像木梁这样的简单矩形截面，梁中的剪应力分布如图 9.1（*c*）所示，呈抛物线形式，最大剪应力值出现在梁中性轴位置，并且在边缘纤维距离（上边和下边）上减小到 0。

对于标准 W 型热轧型钢梁的 I 形横截面，梁的剪应力分布形式如图 9.1（*d*）所示（成帽状形式）。同上，剪应力最大值出现在梁中性轴位置，但是在中性轴和翼缘内侧之间减小得比较慢。虽然翼缘实际上承受一些剪力，但是由于梁宽的突然增加会导致梁中的单位剪应力突然降低。因此对于 W 型钢，传统的剪应力分析是以忽略翼缘并假设抵抗剪力部分相当于一个宽度等于梁腹板厚，并且高度等于梁全高的竖向板为基础的［见图 9.1（*e*）］。据此确定单位剪应力的容许值，可用下式计算：

$$f_v = \frac{V}{t_w d_b}$$

式中　f_v——平均剪应力单位，根据图 9.1（*e*）所示的假设分布；

V——横截面上的内部剪力值；

t_w——梁腹板厚度；

d_b——梁的全高。

对于一般情况，W 型钢梁容许剪应力为 $0.40F_y$，对 A36 钢即为 14.5ksi。

【例题 9.3】　一个 A36 钢的简支梁，长度为 6ft（1.83m），在距一端 1ft（0.3m）处作用一个大小为 36kip（160kN）的集中荷载。W8×24 的梁满足抗弯要求。分析梁的抗剪能力。

解：该荷载下两个支座反力分别为 30kip（133kN）和 6kip（27kN）。梁中的最大剪力等于较大的支座反力。

根据表 4.3，对于给定的型钢，$d=7.93\text{in}$（201mm），$t_w=0.245\text{in}$（6.22mm），所以可得

$$A_w = d \times t_w = 7.93 \times 0.245 = 1.94\text{in}^2 (1252\text{mm}^2)$$

$$f_v = \frac{V}{A_w} = \frac{30}{1.94} = 15.5\text{ksi}(106\text{MPa})$$

因为这个值大于容许值 14.5ksi，故所选的型钢不满足要求。

根据前面的论述，剪应力对承受均布荷载梁几乎不起控制作用。大多数情况下梁的支承如图 9.2（*a*）所示，在这里连接构件影响了端部剪力向支座的传递（一般使用一对连接在梁腹板上的角钢并且朝外以便把平的角钢面安装在其他梁腹板或柱边上）。如图 9.2（*a*）所示，如果连接件焊接在被支承的梁腹板上，实际上是对此位置腹板的加强；因此剪应力的临界截面变成了梁的部分腹板而不是连接件。在这个位置的剪力如图 9.2（*b*）所示，并假设作用在前面讨论的梁的有效截面上。

然而，其他情况可能使梁端竖向力的全部传递成为关键条件。当支承构件也是 W 型钢并且梁的顶部和支承构件平齐时（一般出现在框架体系中），这样必须削减掉上翼缘并

使被支承梁的端部腹板和支承梁的腹板面尽可能地接近［见图 9.2（*c*）］。这样可能会导致图 9.2（*b*）假设的实际抗剪面积的损失和单位剪应力的提高。

另外一种可能造成抗剪面积减小的情况是使用的是栓接而不是焊接，这种情况用于固定连接角钢和被支承的梁腹板，如图 9.2（*c*）所示。因此抗剪截面面积的全部降低包括螺栓孔和梁上凹口的损失。

然而，剪应力可能不是梁支座的控制因素。图 9.2（*d*）表示的是一个不同的支承方式，梁端支承在支座的顶部，这种情况下通常是在墙上或墙的突出部分上。在这里更重要的问题是处理竖向压力，这个压力将导致梁端的受压和薄梁腹板中类似于柱的作用。实际上这可能产生类似于柱的破坏形式。作为柱，破坏形式的可能性与腹板的长细比有关。三种不同的情况如下所示：

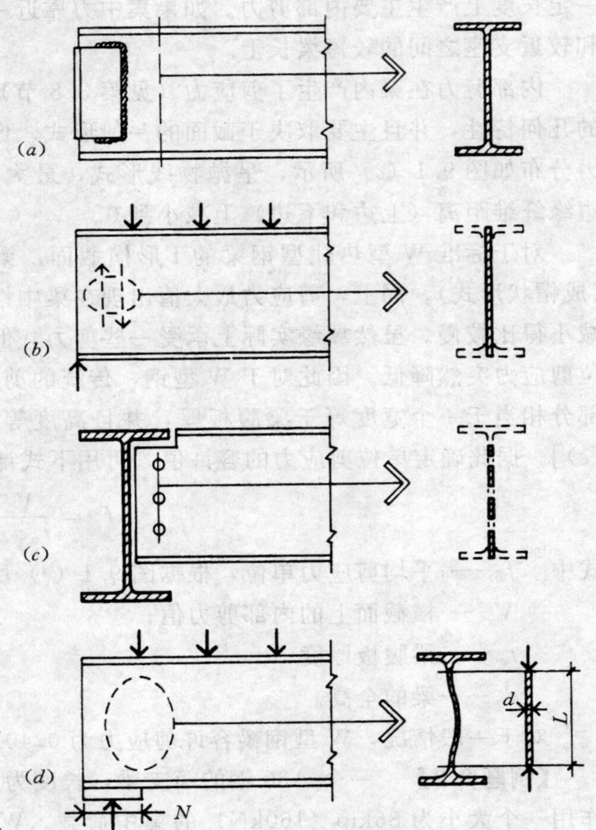

图 9.2 热轧型钢梁的端部支承需要考虑的事项

(1) 非常刚（厚）的腹板，实际上这种腹板可以达到材料全部屈服极限应力。

(2) 较柔的腹板，这种腹板的极限状态是屈服应力和屈曲效应（非弹性屈曲反应）相结合。

(3) 非常柔的腹板，实际上这种腹板的破坏是按经典欧拉公式方法的弹性屈曲破坏，产生于变形的破坏而非应力破坏。

在所有的这些反应中，尽管腹板截面是主要因素，但是另外的因素也影响类似柱的反应。沿跨度方向的腹板长度（或梁长）也是影响竖向力效应的一个因素。图 9.2（*d*）说明了这种情况，这种情况是用沿梁长度的支承板的长度方向表示的，即图 9.2（*d*）中的 N。这表明全部梁腹板（在空间上）中发挥柱的作用的数量。

就至此的讨论来说，同梁端剪力相关的所有情况的净效应可能要影响具有足够抗剪能力的梁截面形式的腹板的选择。但是其他标准（弯曲、挠度、框架细部等）的最佳选择可能要求具有较弱腹板。在后面的情况中，有时需要加强腹板，通常的做法是在腹板的每侧嵌入一个竖向板并且把板固定在梁腹板和翼缘上。这些板不仅可以支撑细长的腹板（柱）而且可以承担一些梁的竖向压应力。

集中力对梁腹板影响的一般问题将在第 9.7 节中进一步讨论。框架连接中的各种问题在第 11 章中论述。为了实际设计，未折减的腹板的梁端剪力和端部支承的限制可根据

AISC 表中提供的数据处理。

习题 9.3.A～C　计算下列 A36 钢梁的最大容许剪力：A，W24×84；B，W12×40；C，W10×19。

9.4　梁的挠度

由于各种原因，一般必须控制结构的变形。这些原因可能和结构特有的功能有关，但是更和它们对被支承结构的影响或结构的整体用途有关。

钢结构的优点是材料本身的相对刚度较大。其弹性模量为 29000ksi，其刚度相当于一般结构混凝土的 8～10 倍、结构木材的 10～15 倍。但是必须控制整体结构的全部变形，在这点上，钢结构一般具有很大的变形和弯曲。因为成本的原因，钢经常被制成薄构件（例如梁的翼缘和腹板），并且由于它的强度较高，也经常被制成相对细长的构件（例如梁和柱）。

对于水平放置的梁，最严重的变形一般是最大的垂度，称为梁的挠度。对于大多数梁，这个挠度太小以至于肉眼难以观察到。然而，梁上的任何荷载，如图 9.3 所示，都会产生一定的挠度，开始是梁的自重产生的。对于对称的简单支承的单跨梁，最大挠度出现在跨中，并且这通常是设计时所考虑的唯一变形值。但是，当梁存在缺陷和端部扭转未被约束时，在一些情况下也要考虑扭转变形。

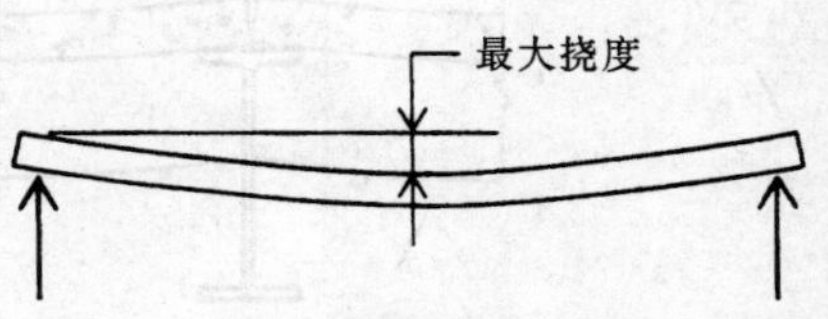

图 9.3　对称荷载作用下简支梁的挠度

如果挠度过大，通常的解决办法是选择较高的梁。实际上梁横截面的关键几何特性是关于主轴的惯性矩 I（对于 W 型钢是 I_x），截面惯性矩受梁高的影响较大。包含变量的典型的梁的挠度公式如下所示：

$$D = C\frac{WL^3}{EI}$$

式中 D——挠度，in 或 mm；

C——与荷载形式以及梁的支承条件有关的常数；

W——梁的荷载；

L——梁的跨度；

E——梁材料的弹性模量；

I——产生弯矩的轴所在的梁的横截面惯性矩。

注意：大写希腊字母 Δ 也用于表示挠度。挠度的大小直接与荷载成正比，也就是说，如果荷载加倍，挠度也会加倍。然而，挠度和跨度的三次方成正比，若跨度加倍，挠度将会变成原来的 8 倍。为了抵抗挠度，提高材料的刚度或梁的截面惯性矩 I 都可以直接成正比地减小挠度。因为对于所有的钢材弹性模量 E 均为常数，所以只能根据梁的截面形式调整挠度。

过大的挠度可能产生很多问题。对于屋面，过大的挠度可能破坏平屋面预期的排水方式。对于楼面，常见的问题是可能产生可感觉到的颤动。梁及其支承的形式也应该考虑到。对于图 9.3 所示的单跨梁，一般考虑跨中的最大挠度。然而，对于悬臂梁，问题可能出现在自由端；根据悬臂的范围，可能出现向下的挠度［见图 9.4（*a*）］或向上的挠度［见图 9.4（*b*）］。

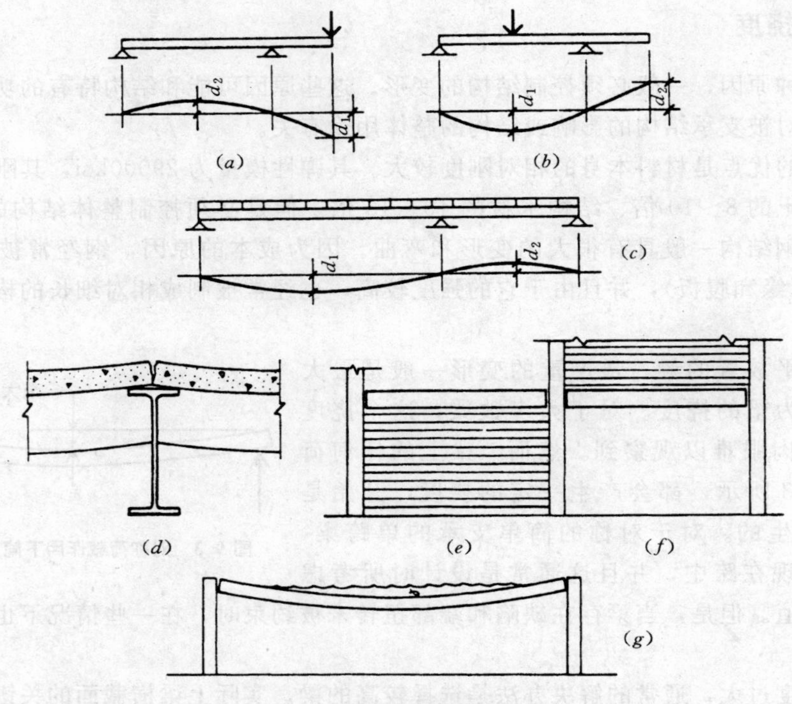

图 9.4 梁的挠度需要考虑的事项

对于连续梁，存在的问题是当荷载作用在任意跨时所有的跨上都产生一定形式的挠度。当荷载在不同跨上改变或跨度有很大不同时，这个问题尤其关键［见图 9.4（*c*）］。

建筑物的大多数挠度问题是由邻近或被支承构件的结构变形引起的。当梁支承在其他的梁（通常指主梁）上时，由于被支承构件的变形产生的过大旋转可能导致连续支承在主梁上的楼板产生裂缝或分离，如图 9.4（*d*）所示。对于这样的体系，板、次梁和主梁的单独变形也会产生累积变形，这可能会在保持水平楼面或得到一个易于排水的屋面轮廓方面产生一些问题。

一个与挠度相关并且特别难的问题是梁的变形对结构中的非结构构件的影响。图 9.4（*e*）是梁直接搁置在实心墙上的一个例子。如果这个墙非常紧地安装在梁的下面，梁的任何变形将会使其压在墙上；如果这个墙是易碎的（例如金属和玻璃隔墙），这种情况是不允许的。当相对较刚的墙（例如石膏墙）被梁支承时，将会出现不同的问题，如图 9.4（*f*）所示。在这种情况下，要求墙的变形要相对非常小，所以梁任何形式的变形都至关重要。

对于大跨结构（这是一个不明确的分类，一般指跨度大于或等于 100ft），具有相对较平的屋面是一个特殊的问题。尽管对规范规定的最小排水体系作了预防措施，但是大雨在屋面上流的较慢，这样一来会产生相当大的荷载。因为这导致了横跨结构产生变形，挠度可能形成一片被压低的面积，这样雨水会迅速地流入这个水池［见图 9.4（*g*）］。于是这个水池形成的额外荷载产生更大的挠度并且会产生更深的水池。这一过程会很快地致使结构破坏，因此现在的规范（包括 AISC 规范）对分析可能的积水荷载提出了要求。

1. 容许挠度

梁容许挠度的大小往往是根据经验丰富的设计师进行判断的。为避免图 9.4 所描述的各种问题提出一些特殊限制方面有用的指导是很困难的。必须单独分析每种情况，结构的设计者和其他进行其余建筑物构建的人员必须共同制定一些必要的设计控制标准。

对于一般情况下的梁，一些经验准则来源于多年的经验。这些一般包括确定以挠度和梁跨度 L 的极限比值形式描述的梁最大弯曲程度，用跨度的一个分数表示。虽然有时这些经验在建筑规范中并没有明文规定或合法地写入建筑规范，但是以下一些限制性标准为设计人员所接受：

避免在短跨至中跨中出现可察觉到的挠度的最小极限为 $L/150$。

屋面结构在全部荷载作用下的挠度极限为 $L/180$。

屋面结构只在活荷载作用下的挠度极限为 $L/240$。

楼面结构在全部荷载作用下的挠度极限为 $L/240$。

楼面结构只在活荷载作用下的挠度极限为 $L/360$。

2. 均布荷载简支梁的挠度

在平屋面和楼面体系中最常使用的梁都是承受均布荷载的单跨、简跨（端部无约束）梁。这种情况如图 3.25 的情况 2 所示。对于这种情况，对梁的性能可获得如下值：

最大弯矩为

$$M=\frac{WL}{8}$$

梁横截面中的最大应力为

$$f=\frac{Mc}{I}$$

跨中最大挠度为

$$D=\frac{5}{384}\frac{WL^3}{EI}$$

使用这些关系时，要结合使用钢材的弹性模量 $E=29000\text{ksi}$ 和一般 W 型钢极限弯应力 24ksi，以及挠度简化公式。注意在弯应力公式中尺寸 c 对于对称截面等于 $d/2$，把它代入到表达式 M 中，可得

$$f=\frac{Mc}{I}=\frac{WL}{8}\times\frac{d/2}{I}=\frac{WLd}{16I}$$

于是

$$D=\frac{5WL^3}{384EI}=\frac{WLd}{16I}\times\frac{5L^2}{24Ed}=f\times\frac{5L^2}{24Ed}=\frac{5fL^2}{24Ed}$$

这是任何一个关于弯曲轴对称的梁的基本挠度公式。对于简化形式，使用 $f=24\text{ksi}$ 和 $E=29000\text{ksi}$。同时，为了方便，跨度单位用 ft 而不使用 in，这样只是增加一个 12 的系数。因此可得

$$D=\frac{5fL^2}{24Ed}=\frac{5}{24}\times\frac{24}{29000}\times\frac{(12L)^2}{d}=\frac{0.02483L^2}{d}$$

用公制单位，$f=165\text{MPa}$，$E=200\text{GPa}$，跨度以 m 为单位，可得

$$D=\frac{0.0001719L^2}{d}$$

下面的例题说明了受均布荷载的简支梁的挠度分析方法。

【例题 9.4】 一简支梁，跨度为 20ft（6.10m），总均布荷载为 39kip（173.5kN），梁为 W14×34。求梁的最大挠度。

解：首先，确定最大弯矩为

$$M=\frac{WL}{8}=\frac{39\times 20}{8}=97.5\text{kip}\cdot\text{ft}(132\text{kN}\cdot\text{m})$$

然后，根据表 4.3 或表 9.1，查得 $S=48.6\text{in}^3$（$796\times 10^3\text{mm}^3$），最大应力为

$$f=\frac{M}{S}=\frac{97.5\times 12}{48.6}=24.07\text{ksi}(166\text{MPa})$$

这个值和极限应力值 24ksi 是非常接近的，可认为梁的应力等于极限应力值。因此，可以使用不进行修正的导出公式。根据表 4.3，查得梁的实际高度为 13.98in，可得

$$D=\frac{0.02483L^2}{d}=\frac{0.02483\times 20^2}{13.98}=0.7104\text{in}(18.05\text{mm})$$

为了核对，可使用受均布荷载简支梁的基本挠度公式。对于这个梁，根据表 4.1 查得 $I=340\text{in}^4$，所以可得

$$D=\frac{5WL^3}{384EI}=\frac{5\times 39\times(20\times 12)^3}{384\times 29000\times 340}=0.712\text{in}$$

可见这两个值是非常接近的。

在更典型的情况下，所选择的梁的应力不精确地等于 24ksi。下面的例子说明这种情况的计算方法。

【例题 9.5】 一简支梁，跨度为 19ft（5.79m），总均布荷载为 24kip（107kN），梁为 W12×26。求梁的最大挠度。

解：同例题 9.4，求出最大弯矩和最大弯曲应力

$$M=\frac{WL}{8}=\frac{24\times 19}{8}=57\text{kip}\cdot\text{ft}(77.4\text{kN}\cdot\text{m})$$

然后，根据表 4.3，查得 $S=33.4\text{in}^3$（$547\times 10^3\text{mm}^3$），最大应力为

$$f=\frac{M}{S}=\frac{57\times 12}{33.4}=20.48\text{ksi}(141\text{MPa})$$

挠度公式只与跨度和梁高有关，并且梁的弯曲应力为 24ksi。因此根据实际应力与 24ksi 的比值对挠度公式进行修正，所以得

$$D=\frac{20.48}{24}\times\frac{0.02483L^2}{d}=0.8533\times\frac{0.02483\times 19^2}{12.22}=0.626\text{in}(16\text{mm})$$

可用得到的只与跨度和梁高有关的挠度公式绘制的图表表示等高梁不同跨度的挠度。图 9.5 包含梁高从 6in～36in 的一系列挠度值。然而使用这些图是计算挠度的另一种方法。读者可以证实根据此表查得的例题 9.1 和例题 9.2 的挠度值和计算结果是比较一致的。根据这些表求得的结果误差在 5%以内认为是合理的。

然而，图 9.5 曲线的实际价值是用于设计。一旦知道跨度，根据曲线图，就可以初步

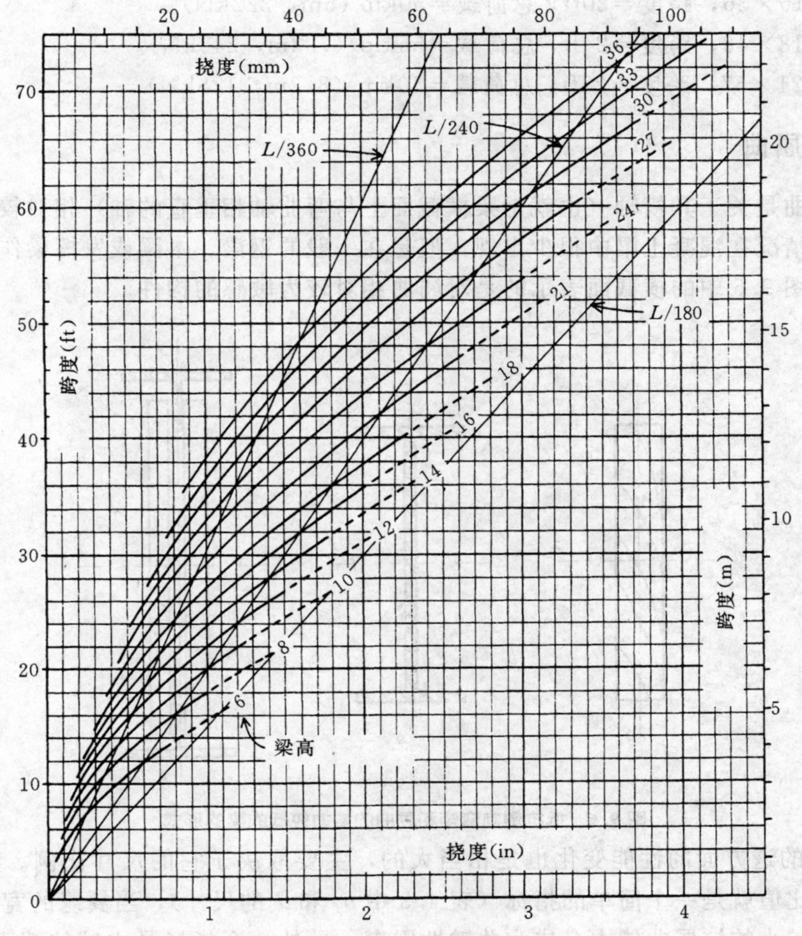

图 9.5　弯曲应力为 36ksi（165MPa）的钢梁的挠度

确定给定挠度所需的梁的高度。极限挠度可用实际值给出，更常见的情况是用前面介绍的跨度的极限比（1/240、1/360 等）。为了辅助后一种情况，在曲线图中画出了一般的极限比 1/360、1/240、1/180 对应的直线。因此，如果一个梁的跨度为 36ft，总荷载下的极限挠度为 $L/240$，在图中可以看出跨度为 36ft 和比值为 1/240 的两条直线恰好相交在梁高为 18in 的曲线上。这意味着高度为 18in 的梁在弯曲应力为 24ksi 时的挠度恰好为跨度的 1/240。因此，任何比这个梁高小的梁对于这个挠度来说都是不满足的，任何比这个梁高大的梁对于这个挠度来说都是保守的。

如果不是均布荷载简支梁，其挠度的确定是相当复杂的。因此，很多手册（包括 AISC 手册）提出了不同荷载类型和支承条件下梁的挠度计算公式。

<u>习题 9.4. A ～ D</u>　求下列 A36 钢的均布荷载简支梁的最大挠度，用 in 表示。使用不同的方法：(*a*) 图 3.25 中的情况 2 的方程；(*b*) 仅包含跨度和梁高的公式；(*c*) 图 9.5 中的曲线。

(A) W10×33，跨度＝18ft，总荷载＝30kip（5.5m，133kN）。

(B) W16×36，跨度=20ft，总荷载=50kip (6m，222kN)。

(C) W18×46，跨度=24ft，总荷载=55kip (7.3m，245kN)。

(D) W21×57，跨度=27ft，总荷载=40kip (8.2m，178kN)。

9.5 梁的屈曲

梁的屈曲是关于其横轴（也就是梁横截面上与弯曲轴相垂直的轴）相对较弱梁具有的问题。这种情况在混凝土梁中很少出现，但是在一般的钢梁、木梁或发挥梁作用的桁架中经常出现。图 9.6 中的横截面表示的是对屈曲相对较为敏感的构件。

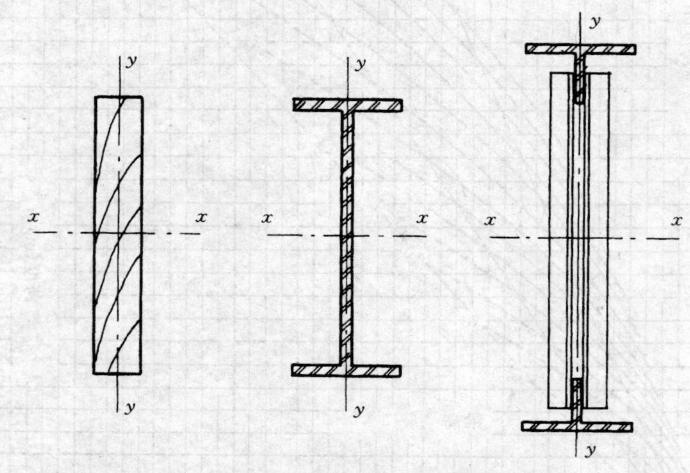

图 9.6 抵抗侧向弯矩和屈曲的能力较低的梁的形式

W 型钢的这方面的性能变化也是相当大的，主要取决于它的尺寸比例。梁翼缘宽度和梁全高的比值就是一个简单的指标（表 4.3 中 b_f 和 d 的尺寸），当翼缘的宽度小于高度的一半时，较小的抗屈曲能力会成为关键性因素。另外一个指标是主轴的截面模量 S_x 和弱轴的截面模量 S_y 的比值。一般来说，在名义高度相同的各组中最轻的截面其侧向强度最弱。

当抵抗弯矩由屈曲限制时，有两种基本的方法解决这个问题。第一种是设置支撑构件以有效地阻止荷载下的屈曲反应，这是常用的方法。为了观察到这种方法是怎样实现的，考虑了在简支梁中可能出现的三种主要屈曲形式，如图 9.7 所示。

图 9.7 (*a*) 展示了侧向屈曲的反应。这是由于梁顶部的受压类似柱的作用引起的。与所有细长、直线形的受压构件一样，侧向屈曲是一种常见的破坏形式。对于完全无支撑的梁，这种屈曲形式的关键位置在跨中，在梁的顶部设置垂直于梁的侧向支承是非常合理的。然而对于非常弱的梁，沿梁长方向设置多个支撑也是必要的。

支撑梁阻止其发生侧向屈曲本质上是阻止它的侧向移动。例如一个柱，支撑所受的力是很小的，一般小于构件（在这里指梁的受压翼缘）压力的 3%。在很多情况下，结构的其他部分能够提供足够的支撑，此时不需要另外设置梁的支撑。

另一种基本的屈曲形式是扭转屈曲，它包含两种典型形式。第一种形式是扭转出现在梁支座处，如图 9.7 (*b*) 所示，梁在扭曲破坏时可能发生翻转。对于这种情况，一般需

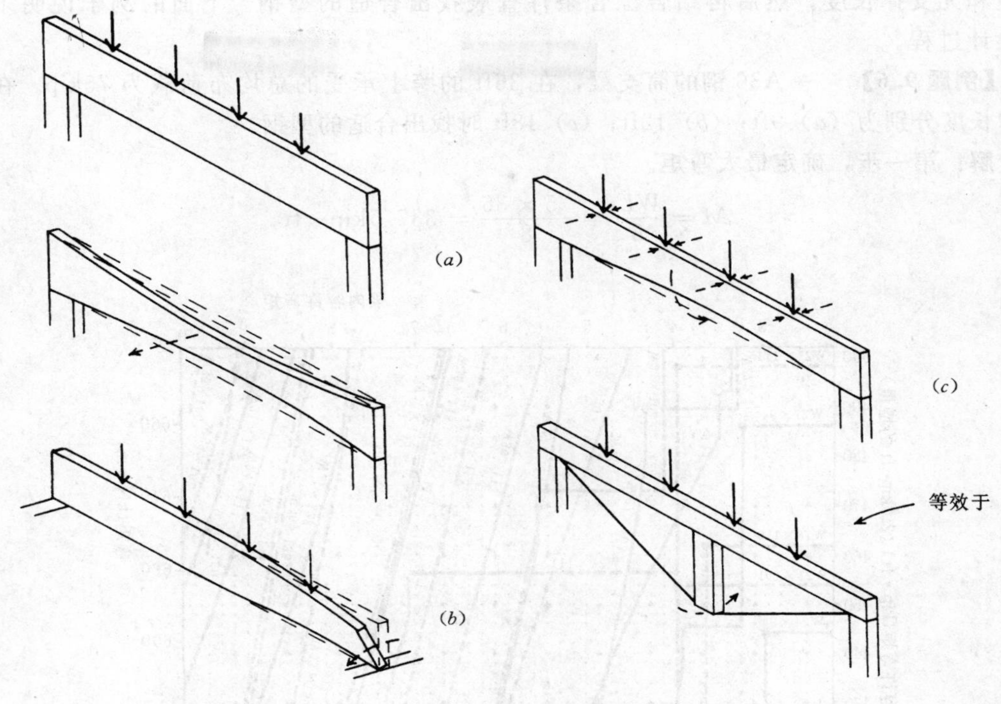

图 9.7 梁的屈曲

(a) 侧向屈曲；(b) 端部扭转屈曲；(c) 跨内扭转屈曲

要在梁的全高上设置阻止侧向移动的支撑。此外，在结构构造上，通常在梁端节点上附加加强板来解决这个问题。但是要认真检查结构细部以确保设置合理。

扭转屈曲的另一种形式出现在梁跨内，这种情况是由于梁底部的拉力引起的。为了直观，如图 9.7（c）所示，在图中，一个水平的梁、跨中的一个竖向支柱和一个拉力绳形成了一个简单桁架。除非这个结构在荷载作用下能维持完全的竖向平直，否则支柱的底部就可能发生突然的侧向移动而破坏。因此，实质上这是侧向无支撑结构的扭转破坏。对于类似的梁，必须在梁的底部和顶部同时设置侧向支撑。

侧向无支撑梁的设计

AISC 规范规定了梁屈曲需要考虑的事项。与其他形式的屈曲一样，用三阶段的发展处理（见图 3.49），其中的一些影响可不进行折减（在这种情况下抵抗矩的损失）。参考资料中使用的是无支撑长度，这里无支撑长度是指沿梁长方向上的没有设置侧向支撑的长度。用 L_c 定义极限无支撑长度，不需考虑力矩承载力的折减。当无支撑长度超过 L_c 但不超过第二个极限值 L_u 时，需要进行一个小比例的折减。对于无支撑长度超过 L_u 的情况，根据欧拉弹性屈曲荷载公式修正进行折减。

AISC 手册（参考文献 3）提供了一系列的图表，这些图表综合考虑了侧向无支撑长度的各种限制和被折减的力矩承载力的屈服值。各个曲线是根据常用于梁的不同热轧型钢绘制的。对两种不同屈服强度（36ksi 和 50ksi）的钢给出了两个独立的图。图 9.8 是从 AISC 手册（在手册的 63 页）中复制过来的两张图。对于设计，过程包括确定弯矩和无支撑长度，然后再结合综合条件查表找出合适的型钢。下面的例子说明了这个设计过程。

【例题 9.6】 一 A36 钢的简支梁，在 36ft 的跨上承受的总均布荷载为 75kip。在无支撑长度分别为（a）9ft；（b）12ft；（c）18ft 时找出合适的型钢。

解：第一步，确定最大弯矩。

$$M = \frac{WL}{8} = \frac{75 \times 36}{8} = 337.5\text{kip} \cdot \text{ft}$$

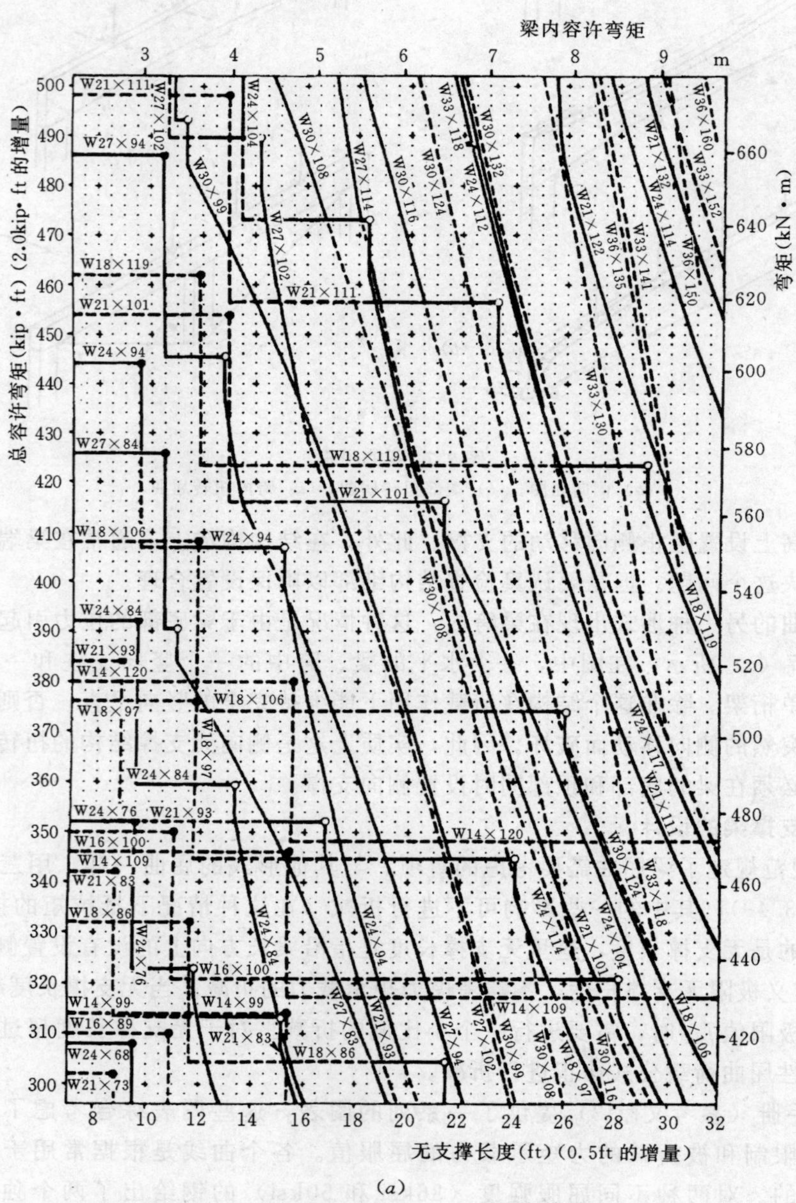

(a)

图 9.8 不同侧向无支撑长度（$C_b=1$，$F_y=36$ksi）梁的容许弯矩（一）

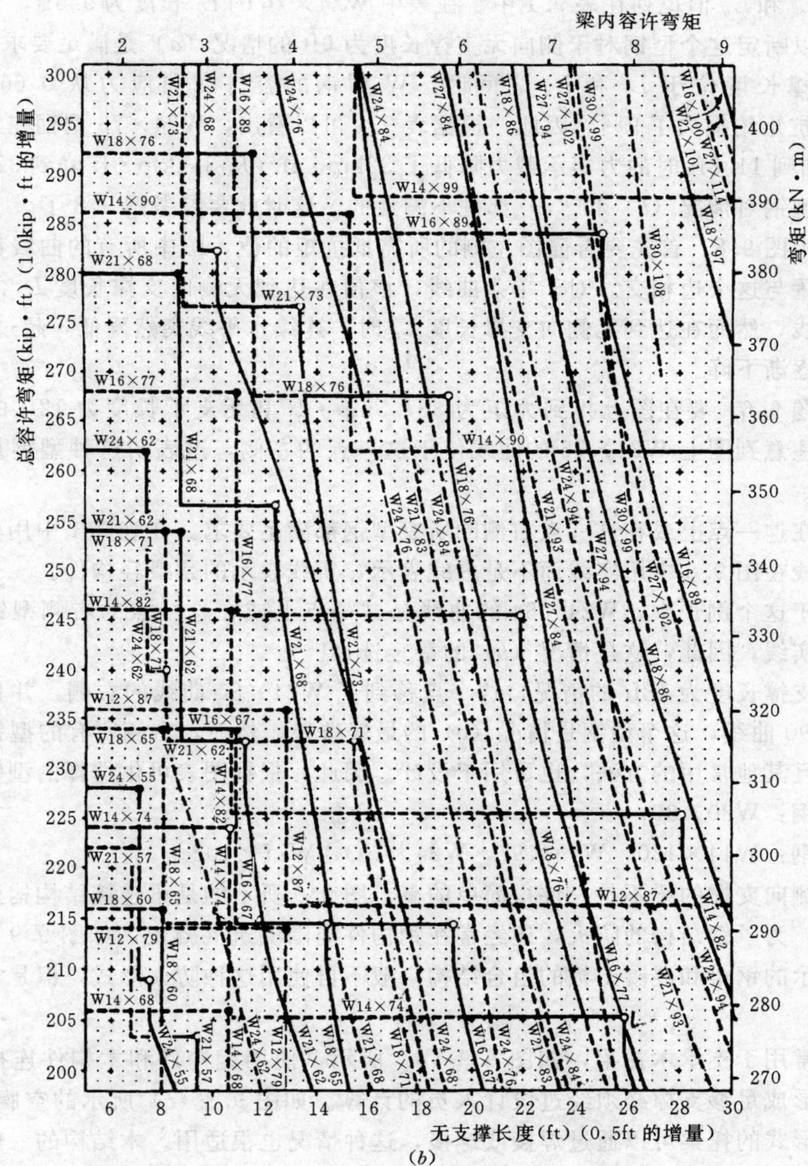

图 9.8　不同侧向无支撑长度（$C_b=1$，$F_y=36$ksi）梁的容许弯矩（二）

资料来源：在出版者美国钢结构协会的允许下，复制自 1989 年版《钢结构手册：容许应力》（参考文献 3）。这是参考资料中一大套表的一小部分。

忽略侧向支撑，参考表 9.1 数据，选择抵抗矩大于或等于 337.5kip·ft 的如下型钢：

最轻型钢：W24×76；

其他型钢：W18×106，W21×83，W27×84，W30×90。

根据其他的设计要求，这些型钢都是满足要求的。但是，侧向支承问题一直没有被提及。

注意：L_c 和 L_u 值也列在表 9.1 中。在表中 W24×76 的 L_c 长度为 9.5ft，不需进一步计算，即可以断定这个型钢对于侧向无支撑长度为 9ft 的情况（a）是满足要求的。

当无支撑长度位于 L_c 和 L_u 之间时，W 型钢的容许屈曲应力从 $0.66F_y$ 降低到 $0.60F_y$，抵抗矩约损失了 9%。因此，根据表 9.1 可以看出，W24×76 型钢在无支撑长度从 9.5ft 增加到 11.8ft 时的力矩承载力降低了 32kip・ft（从 352kip・ft 降到 320kip・ft）。因此，这种型钢对情况（b）和（c）都是不满足的。这时就要参考图 9.8 了。

为了使用图 9.8，首先要看懂图左侧的所需抵抗矩的值。图中所有的曲线都在最大抵抗矩值的位置与这个边相交。对于单条曲线，该值在达到无侧向支撑长度 L_c 之前是一条连续的水平线，然而在达到无侧向支撑长度 L_u 时，连续水平线突然降低，超过 L_u 这一点后，曲线又逐渐下降。

对于例题 9.6，要在图上找到力矩为 337.5kip・ft 和无支承长度为 12ft 的情况（b）的交叉点。注意到图上 W24×76 的曲线位于这一点的左侧，这表明这种型钢是不满足要求的。

曲线落在这一点上或在这一点右侧的所有型钢都满足要求。在表 9.1 中用黑体印刷的相应型钢曲线在图 9.8 中用实线而不是虚线表示，实线表示的是最轻构件。

提示 对于这个例子中，W24×84 的曲线是这一点上或在这一点的右侧型钢中的第一条实线；因此，这是情况（b）的最轻选择。

对于无支撑长度为 18ft 的情况，这个点移到了 W24×84 曲线的右侧，并且下一个实线是 W30×90 曲线，这个型钢是情况（c）的最轻选择。然而，右侧所有的型钢都是满足要求的，并且其他常用的方法，也可用于设计。因此，根据图表可供选择的型钢有：

最轻型钢：W30×90；

其他型钢：W14×120，W18×97，W24×103，W27×102。

确定被侧向支撑的梁不是一件很简单的事。图 9.9 所示的是梁连接结构构造的常见情况。在过去，为了钢结构的防火，还经常在钢构件周围浇筑混凝土，如图 9.9（a）所示。虽然如图所示的钢梁和混凝土板的组合结构一般不再使用这种防火形式，但是它能够提供较强的支撑。

钢梁经常用于支承木托梁，如图 9.9（b）所示，使用钢构件和木构件连接的一些形式。这能否形成足够支撑必须经过设计人员的计算。如图 9.3（c）所示的空腹钢（桁架）托梁等其他形式的托梁可以通过焊接或螺接，这种情况也很适用。木结构的一般连接方式首先使用螺栓连接木构件和梁的上翼缘。这种情况的侧向支撑作用是足够的，但是必须注意如何连接木托梁和钉条。如使用图 9.3（d）所示的金属紧固件，这种情况的侧向支撑作用是足够的。

当梁直接支承板时，必须分析板和钢梁的连接方式。钢板的连接通常是为了提供足够的支撑，混凝土板包住钢梁翼缘［见图 9.9（e）］，梁的翼缘具有焊在梁上和浇筑到混凝土或预制板中的构件，或具有被浇筑在板中然后再焊接到钢梁上的钢构件。

对于支承其他梁的梁，被支承梁的相交部分能够对支承梁提供足够的支撑作用。尽管这种是通常使用的连接形式，如图 9.9（g）所示，不能牢固地连接住任一个梁的翼缘，但一般有足以能够提供抵抗屈曲的很小力的抗扭能力。因此，支承梁的无支撑长度可取两

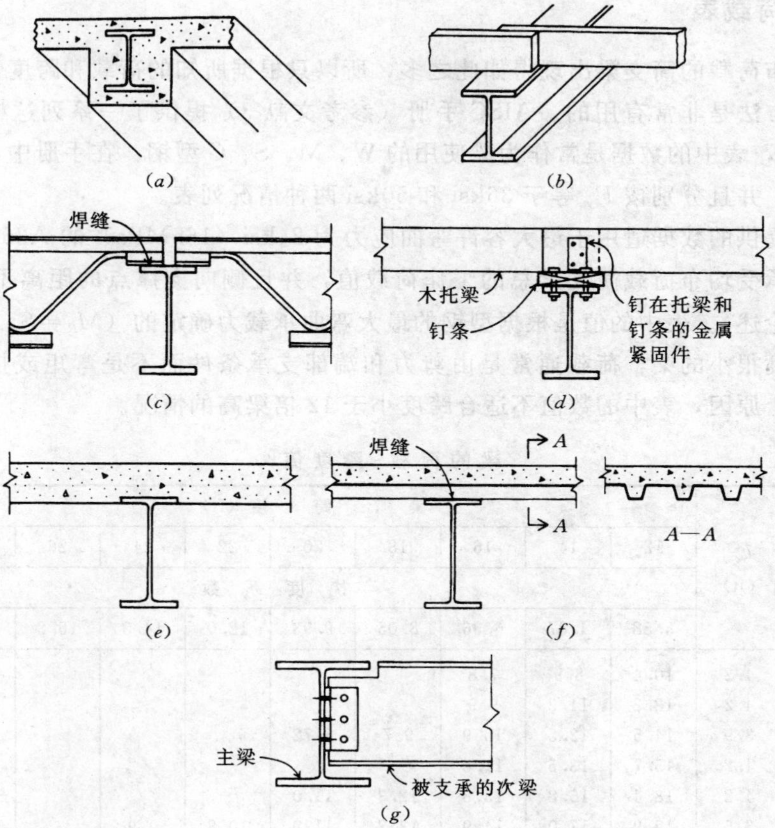

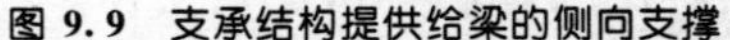

图 9.9　支承结构提供给梁的侧向支撑

(*a*) 全部包含在混凝土中的梁；(*b*) 未固定在梁上翼缘的木托梁；(*c*) 焊接在梁上翼缘的钢托梁；(*d*) 栓接在梁上翼缘的木钉；(*e*) 包含在混凝土中的梁翼缘；(*f*) 焊接在梁上翼缘的钢板；(*g*) 支承次梁的主梁

被支承构件之间的距离。板也支撑这些梁，但一般是由被支承梁直接支撑并且大多数只与它们相连。

为求解下列习题，当考虑侧向支撑时，用表 9.1 和图 9.8 选择梁。所有梁都使用 A36 钢。

习题 9.5.A　一 W 型钢简支梁，承受的总均布荷载为 77kip，跨度为 45ft。在无支撑长度为 (*a*) 10ft；(*b*) 15ft；(*c*) 22.5ft 时分别找出重量最轻的型钢。

习题 9.5.B　一 W 型钢简支梁，承受的总均布荷载为 70kip，跨度为 24ft。在无支撑长度为 (*a*) 6ft；(*b*) 8ft；(*c*) 12ft 时分别找出重量最轻的型钢。

习题 9.5.C　一 W 型钢简支梁，承受的总均布荷载为 72kip，跨度为 30ft。在无支撑长度为 (*a*) 6ft；(*b*) 10ft；(*c*) 15ft 时分别找出重量最轻的型钢。

习题 9.5.D　一 W 型钢简支梁，承受的总均布荷载为 52kip，跨度为 36ft。在无支撑长度为 (*a*) 9ft；(*b*) 12ft；(*c*) 18ft 时分别找出重量最轻的型钢。

9.6 安全荷载表

承受均布荷载的简支梁出现得如此之多，所以只根据所知的荷载和跨度快速选择型钢的快速设计方法是非常有用的。AISC 手册（参考文献 3）提供了一系列这样的表（手册中的 104 页），表中的数据是常作为梁使用的 W、M、S、C 型钢。在手册中，包括了四种形式的型钢，并且分别按 F_y 等于 36ksi 和 50ksi 两种情况列表。

表 9.2 提供的数据适用于最大容许弯曲应力为 24ksi（165MPa）的 A36 钢梁的选择。表中的值是承受均布荷载简支梁总的工作荷载值，并且侧向支撑点的距离不超过 L_c（见第 9.5 节的论述）。表中的值是根据型钢的最大弯曲承载力确定的（$M_R=S_x\times24\text{ksi}$）。

对于跨度很小的梁，荷载通常是由剪力和端部支承条件而不是弯矩或挠度极限限制的。由于这个原因，表中的数值不适合跨度小于 12 倍梁高的情况。

表 9.2 **梁的荷载-跨度值**[1]

型钢	L_c[3] (ft)	跨度 (ft)									
		12	14	16	18	20	22	24	26	28	30
		挠度系数[2]									
		3.58	4.87	6.36	8.05	9.93	12.0	14.3	16.8	19.5	22.3
W8×10	4.2	10.4	8.9	7.8							
W8×13	4.2	13.2	11.3	9.9							
W10×12	3.9	14.5	12.5	10.9	9.7	8.72					
W8×15	4.2	15.7	13.5	11.8							
W10×15	4.2	18.4	15.8	13.8	12.3	11.0					
W12×14	3.5	19.9	17.0	14.9	13.2	11.9	10.8	9.9			
W8×18	5.5	20.3	17.4	15.2							
W10×17	4.2	21.6	18.5	16.2	14.4	13.0					
W12×16	4.1	22.8	19.5	17.1	15.2	13.7	12.4	11.4			
W8×21	5.6	24.3	20.8	18.2							
W10×19	4.2	25.1	21.5	18.8	16.7	15.0					
W8×24	6.9	27.9	23.9	20.9							
W12×19	4.2	28.4	24.3	21.3	18.9	17.0	15.5	14.2			
W10×22	6.1	30.9	26.5	23.2	20.6	18.5					
W8×28	6.9	32.4	27.8	24.3							
W12×22	4.3	33.9	29.0	25.4	22.6	20.3	18.5	16.9			
W10×26	6.1	37.2	31.9	27.9	24.8	22.3					
W14×22	5.3	38.7	33.1	29.0	25.8	23.2	21.1	19.3	17.8	16.6	
W10×30	6.1	43.2	37.0	32.4	28.8	25.9					
W12×26	6.9	44.5	38.2	33.4	29.7	26.7	24.3	22.3			
W14×26	5.3	47.1	40.3	35.3	31.4	28.2	25.7	23.5	21.7	20.2	
W16×26	5.6	51.2	43.9	38.4	34.1	30.7	27.9	25.6	23.6	21.9	20.5
W12×30	6.9	51.5	44.1	38.6	34.3	30.9	28.1	25.7			
W14×30	7.1	56.0	48.0	42.0	37.3	33.6	30.5	28.0	25.8	24.0	
W12×35	6.9	60.8	52.1	45.6	40.5	36.5	33.2	30.4			
W16×31	5.8	62.9	53.9	47.2	41.9	37.8	34.3	31.5	29.0	27.0	25.2
W14×34	7.1	64.8	55.5	48.6	43.2	38.9	35.3	32.4	29.9	27.8	

续表

型　钢	L_c③ (ft)	跨　度（ft）									
		16	18	20	22	24	27	30	33	36	39
		挠　度　系　数②									
		6.36	8.05	9.93	12.0	14.3	18.1	22.3	27.0	32.2	37.8
W12×40	8.4	51.9	46.1	41.5	37.7	34.6					
W14×38	7.1	54.6	48.5	43.7	39.7	36.4	32.6				
W16×36	7.4	56.5	50.2	45.2	41.1	37.7	33.5	30.1			
W18×35	6.3	57.8	51.4	46.2	42.0	38.5	34.3	30.8	28.2	25.7	
W12×45	8.5	58.1	51.6	46.5	42.2	38.7					
W14×43	8.4	62.7	55.7	50.1	45.6	41.8	37.2				
W12×50	8.5	64.7	57.5	51.7	47.0	43.1					
W16×40	7.4	64.7	57.5	51.7	47.0	43.1	38.4	34.5			
W18×40	6.3	68.4	60.8	54.7	49.7	45.6	40.6	36.5	33.4	30.4	
W14×48	8.5	70.3	62.5	56.2	51.1	46.9	41.7				
W16×45	7.4	72.7	64.6	58.2	52.9	48.5	43.1	38.8			
W14×53	8.5	77.8	69.1	62.2	56.6	51.9	46.1				
W18×46	6.4	78.8	70.0	63.0	57.3	52.5	46.7	42.0	38.5	35.0	
W16×50	7.5	81.0	72.0	64.8	58.9	54.0	48.0	43.2			
W21×44	6.6	81.6	72.5	65.3	59.3	54.4	48.3	43.5	39.6	36.3	33.5
W18×50	7.9	88.9	79.0	71.1	64.6	59.3	52.7	47.4	43.1	39.5	
W16×57	7.5	92.2	81.9	73.8	67.0	61.5	54.6	49.2			
W21×50	6.9	94.5	84.0	75.6	68.7	63.0	56.0	50.4	45.8	42.0	38.8
W18×55	7.9	98.3	87.4	78.6	71.5	65.5	58.2	52.4	47.7	43.7	
W18×60	8.0	108	96.0	86.4	78.5	72.0	64.0	57.6	52.4	48.0	44.3
W21×57	6.9	111	98.7	88.6	80.7	74.0	65.8	59.2	53.8	49.3	45.5
W24×55	7.0	114	101	91.2	82.9	76.0	67.5	60.8	55.3	50.7	46.8
W18×65	8.0	117	104	93.6	85.1	78.0	69.3	62.4	56.7	52.0	
W18×71	8.1	127	113	102	92.4	84.7	72.2	67.7	61.5	56.4	
W21×62	8.7	127	113	102	92.4	84.7	72.2	67.7	61.5	56.4	52.1
W24×62	7.4	131	116	105	95.3	87.3	77.6	69.9	63.5	58.2	53.7
W21×68	8.7	140	124	112	102	93.3	83.0	74.7	67.9	62.2	57.4
W21×73	8.8	151	134	121	110	101	89.5	80.5	73.2	67.1	61.9
W24×68	9.5	154	137	123	112	103	91.2	82.1	74.7	68.4	63.2
W21×83	8.8	171	152	137	124	114	101	91.2	82.9	76.0	70.1

型　钢	L_c③ (ft)	跨　度（ft）									
		24	27	30	33	36	39	42	45	48	52
		挠　度　系　数②									
		14.3	18.1	22.3	27.0	32.2	37.8	43.8	50.3	57.2	67.1
W24×76	9.5	117	104	93.9	85.3	78.2	72.2	67.0	62.6	58.7	
W21×93	8.9	128	114	102	93.1	85.3	78.8	73.1			
W24×84	9.5	131	116	104	95.0	87.1	80.4	74.7	69.7	65.3	
W27×84	10.5		126	114	103	94.7	87.4	81.1	75.7	71.0	65.5
W24×94	9.6	148	131	118	108	98.7	91.1	84.6	78.9	74.0	
W27×94	10.5		144	130	118	108	99.7	92.6	86.4	81.0	74.8

续表

型钢	L_c③ (ft)	跨度（ft）									
		24	27	30	33	36	39	42	45	48	52
		挠度系数②									
		14.3	18.1	22.3	27.0	32.2	37.8	43.8	50.3	57.2	67.1
W24×104	13.5	172	153	138	125	115	106	98.3	91.7	86.0	
W27×102	10.6		158	142	129	119	109	102	94.9	89.0	82.1
W30×99	10.9			143	130	120	110	102	95.6	89.7	82.8
W27×114	10.6		177	159	145	133	123	114	106	99.7	92.0
W30×108	11.1			159	145	133	123	114	106	99.7	92.0
W30×116	11.1			175	159	146	135	125	117	110	101
W30×124	11.1			189	172	158	146	135	126	118	109
W33×118	12.0				174	159	147	137	128	120	110
W30×132	11.1			203	184	169	156	145	135	127	117
W33×130	12.1				197	180	166	155	144	135	125
W36×135	12.3					195	180	167	156	146	135
W33×141	12.2				217	199	184	171	159	149	138
W33×152	12.2				236	216	200	185	173	162	150
W36×150	12.6					224	207	192	179	168	155
W36×160	12.7					241	222	206	193	181	167
W36×170	12.7					258	238	221	206	193	178
W36×182	12.7					277	256	237	221	208	192
W36×194	12.8					295	272	253	236	221	204
W36×210	12.9					319	295	274	256	240	221
W36×230	17.4					372	343	319	298	279	257

① 屈服应力为 36ksi（250MPa）的 A36 钢简支梁承受总均布荷载，单位为 kip。表中的数值是根据屈曲极限应力为 24ksi（165MPa）的弯矩承载力确定的。对于跨度较小的构件，极限荷载可能由剪力或端部支承条件决定，所以表中的值不适用于跨高比小于 12 的梁。

② 用梁的高度（in）除以表中的挠度系数可得到跨中的最大挠度（in）。这也是根据最大弯曲应力 24ksi（165MPa）求得的。在大多数情况下，最大跨度被挠度限制，所以表中的值不适用于跨高比大于 24 的梁。

③ 限制侧向支撑点的最大间距是为了使用弯曲极限应力 24ksi（165MPa）求得的。如果无支撑间距超出了这个值，使用 AISC 手册（参考文献 3）中的图表；以图 9.8 为例。

对于跨度较大的梁，荷载通常是由挠度限制的，而不是弯矩。因此，表中的值也不适合跨度大于 24 倍梁高的情况。

当侧向支撑之间的距离超过极限值 L_c 时，表 9.2 中的值也不能使用。参见第 9.5 节有关屈曲的讨论。

通过使用表或图 9.8 中的系数可以确定梁的挠度。它们都是基于最大弯曲应力 24ksi（165MPa）确定的，但是其他的实际变形如需，可根据如第 9.4 节所述的简单比例关系确定。

下面的例题说明了表 9.2 在一般设计情况中的使用。

【例题 9.7】 设计一承受假想均布荷载的简支梁，总均布荷载为 40kip（178kN），跨度为 30ft（9.14m）。容许弯曲应力 24ksi（165MPa）。（1）求重量最轻的型钢；（2）求高度最小的型钢。

解： 根据表 9.2，可查得以下型钢：

因此最轻的型钢是 W21×44，梁高最小的型钢是 W16×50。

型　钢	容许荷载（kip）
W21×44	43.5
W18×46	42.0
W16×50	43.2

【例题 9.8】 一承受总均布荷载为 25kip（111kN）的 A36 钢简支梁，跨度为 24ft（7.32m），最大挠度不超过跨度的 1/360。求重量最轻的型钢。

解：根据表 9.2，可知这种情况下最轻的型钢是 W16×26，使用表中的挠度系数，此梁的挠度为

$$D=\frac{\text{实际荷载}}{\text{表中荷载}}\times\frac{\text{挠度系数}}{\text{梁的高度}}=\frac{25}{25.6}\times\frac{14.3}{16}=0.873\text{in}$$

这个值超过了容许值

$$D=\frac{24\times 12}{360}=0.80\text{in}$$

根据表 9.2，取下一个较重的型钢 W16×31，该梁的挠度为

$$D=\frac{25}{31.5}\times\frac{14.3}{16}=0.709\text{in}$$

这个值小于容许值，故这个型钢是最轻的选择。

习题 9.6.A～H　对以下各种条件，求(1)重量最轻的型钢；(2)高度最小的 A36 型钢。

	跨　度（ft）	总均布荷载（kip）	挠度限制为跨度的 1/360		跨　度（ft）	总均布荷载（kip）	挠度限制为跨度的 1/360
A	16	10	不限制	E	18	16	限制
B	20	30	不限制	F	32	20	限制
C	36	40	不限制	G	42	50	限制
D	42	40	不限制	H	48	60	限制

等效荷载方法

表 9.2 中的安全荷载都是作用在简支梁上的均布荷载。实际上，表中的值是根据弯矩和极限弯曲应力确定的，因此这个表可用于其他的荷载情况。因为框架体系中总包含着一些不承受简单均布荷载的梁，所以有时这也是一种有用的设计方法。

考虑一个在三分点上作用两个相等的集中荷载的梁（换句话说，就是图 3.25 中的情况 3）。对于这种情况，图 3.25 中将最大弯矩值表达为 $PL/3$。通过使该值和受均布荷载的弯矩值相等，可以得出两个荷载之间的关系。因此由 $WL/8=PL/3$ 得

$$W=2.67P$$

这表明，如果图 3.25 中的情况 3 中的一个集中荷载值乘以 2.67，结果就是等效均布荷载（称为 EUL 或 ETL），这个等效均布荷载和实际的荷载条件产生的荷载是一样的。

虽然这个转换荷载一般被称为“等效均布荷载”，但是当这个荷载是为了方便使用表中资料时，也称为等效表格荷载（ETL），本书中使用了这一术语。对于几种一般的荷载情况，图 3.25 给出了 ETL 系数。

EUL 或 ETL 仅仅是根据弯矩得到的（也就是说，仅限于弯曲应力），因此在分析变

形、剪力或承载力时必须使用梁的实际荷载条件。

这种方法不仅适用于如图 3.25 所示的简支、对称的情况，也适用于任意荷载条件。这个过程包括先根据实际荷载求出实际的最大弯矩，然后再让实际最大弯矩和均布荷载的最大弯矩相等，就可以求出 EUL，即

由
$$M=\frac{WL}{8}$$

得
$$W=\frac{8M}{L}$$

这个表达式（$W=8M/L$）是任意荷载下等效均布荷载（或 ETL）的一般表达式。

9.7 集中荷载对梁的影响

梁端的过大支座反力或梁跨内某一点的过大集中荷载可能导致局限性屈服或腹板压曲（薄腹板的屈曲）。AISC 规范要求对于腹板必须分析集中力的影响，当集中力超过极限值时，必须使用腹板加强板。

这种影响可能导致的三种如图 9.10 所示的常见情况。图 9.10（*a*）所示的是支座（通常是砌体或混凝土墙）上的梁端部受压，支座反力会通过受压钢垫板传递到梁的下翼缘。图 9.10（*b*）所示的是施加在梁跨内某一点的梁上翼缘上的柱荷载。图 9.10（*c*）所示的可能是最常见的情况——连续梁支承在柱顶。

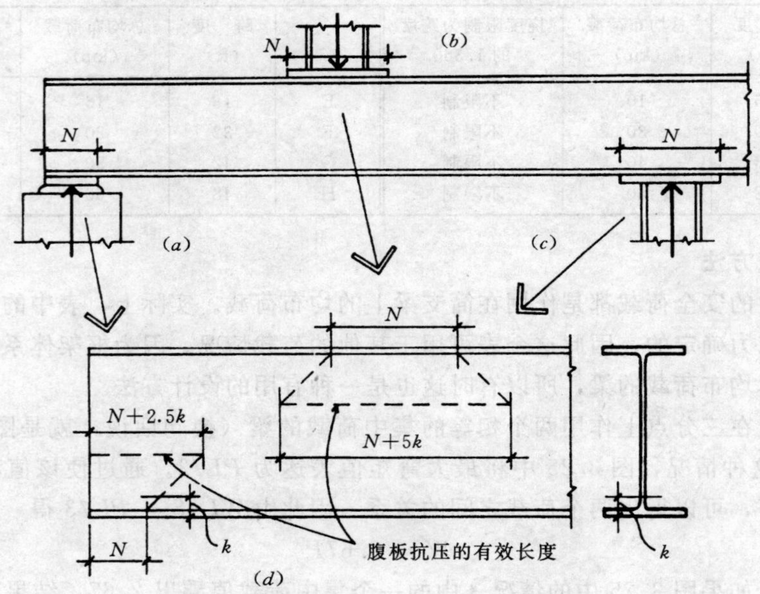

图 9.10 薄腹板梁受压时需要考虑的事项，与腹板压曲（薄腹板受压屈曲）有关

图 9.10（*d*）所示为假设用于抵抗压力的腹板（沿梁跨方向）有效部分的长度。对于抵抗值，最大支座反力和梁跨内最大荷载有如下定义［见图 9.10（*d*）］：

$$最大支座反力=0.66F_y\times t_w\times(N+2.5k)$$

最大内部荷载 $= 0.66F_y \times t_w \times (N+5k)$

式中 t_w——梁腹板厚度；

N——承压长度；

k——梁的翼缘外边缘到腹板起弧点的距离。

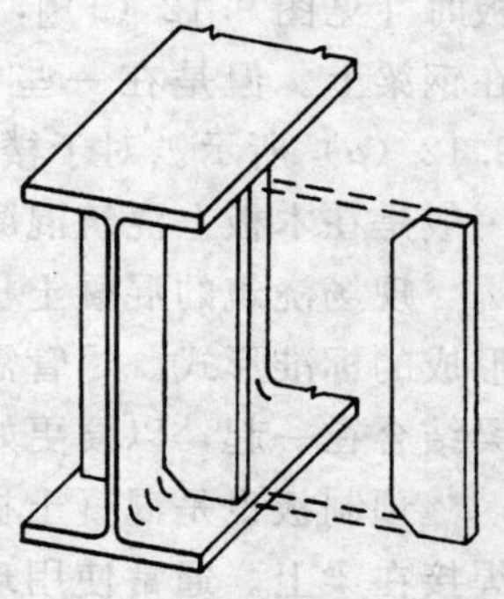

图 9.11 为阻止薄腹板梁的侧向屈曲的加强板的使用

对于 W 型钢，AISC 手册（参考文献 3）热轧型钢性能表中提供了 t_w 和 k 的尺寸。

如果超过了这些值，要使用腹板加强板，如图 9.11 所示，通常在集中力作用的位置由钢板把梁焊成槽形。这些加强板可能确实会增加抗压能力，但是通常使用这些加强板的目的是为了减少因过大的压力使薄腹板产生屈曲破坏，因此它们通常被称为腹板加强板。

AISC 提供了一些计算腹板屈曲极限荷载的公式，AISC 手册也提供了用于一些简化方法的数据。

9.8 钢框架中可供选择的楼板

图 9.12 显示了热轧型钢梁框架体系的连接中所用的四种可能的楼板形式。当使用木

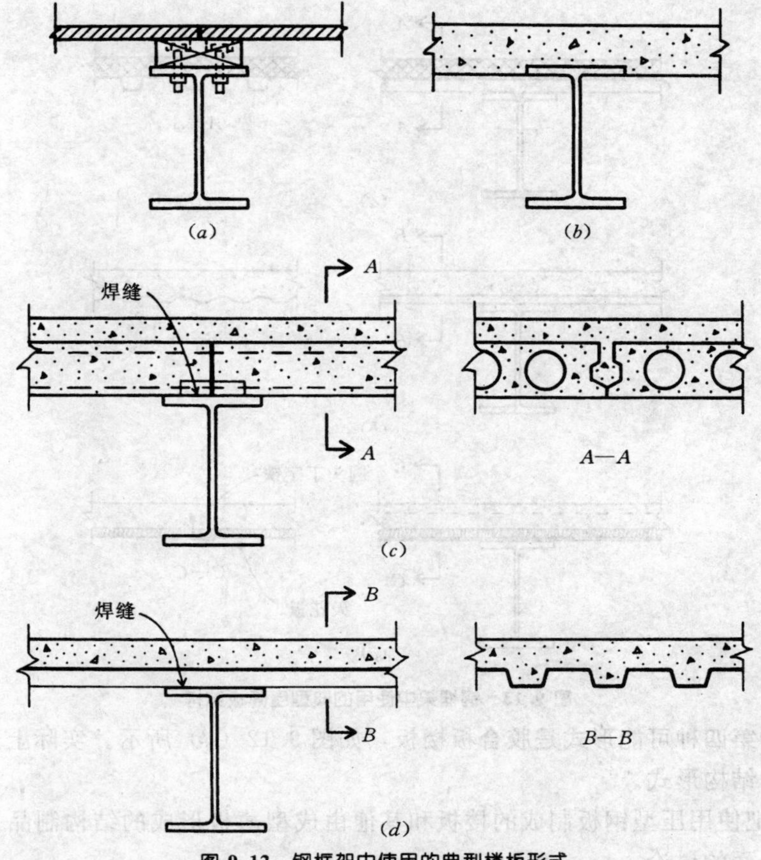

图 9.12 钢框架中使用的典型楼板形式

板时［见图 9.12（a）］，木板一般是支承并钉在一系列木托梁上，反过来这些托梁又支承在钢梁上。但是在一些情况下，木板也可以钉在栓接于钢梁上翼缘的木构件上，如图 9.12（a）所示。对于楼面结构，为了增加木板的刚度、防火保护和提高隔声性能，现在一般是在木板上浇筑混凝土。

现场浇筑的混凝土板［见图 9.12（b）］是一种用放在钢梁上翼缘底部的胶合板板条形成的标准形式。尽管需要在钢梁的上翼缘为组合结构焊一些抗剪件，但这可以帮助板和梁结合在一起，以便更好地发挥板侧向支撑作用。

预制板也是混凝土板的一种形式。在这种情况下，在预制板端部预埋一些钢连接件并焊接在梁上。通常使用现场浇筑混凝土的方法来提供光滑的上表面和粘接预制板以提高其结构性能。

压型钢板可以用于主体结构、混凝土板的支承框架或和混凝土形成组合构件这三种形式的一种。这种板和钢梁的连接一般是通过未浇筑混凝土之前就将钢构件焊在梁上实现的。

使用钢构件的屋面板的三种可能形式如图 9.13 所示。屋面荷载一般要比楼面荷载轻，并且板的变形也不是主要的考虑事项（在板上具有悬挑构件，并且在地震作用下悬挑构件有竖向运动的情况除外）。

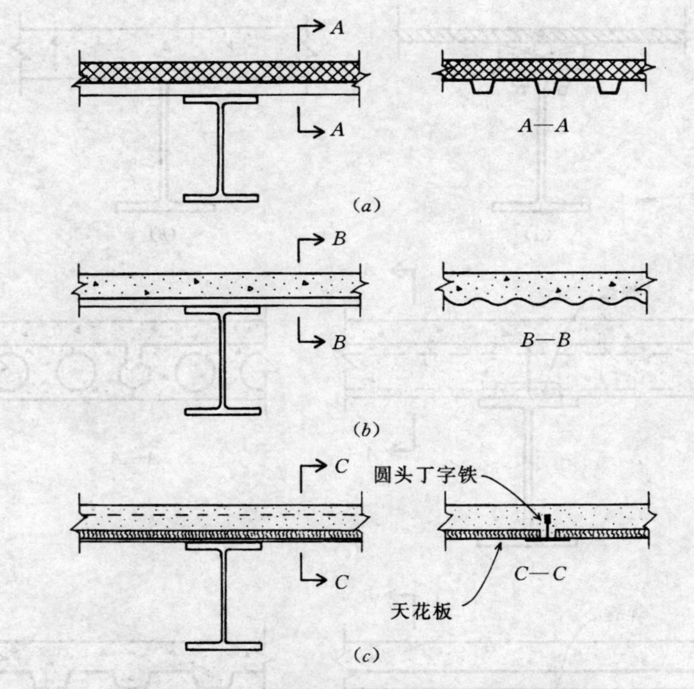

图 9.13 钢框架中使用的典型屋面板结构

屋面板的第四种可能形式是胶合板楼板，如图 9.12（d）所示。实际上这是一种使用得更为广泛的结构形式。

第 12 章把使用压型钢板制成的楼板和其他由成型薄板形成的结构制品及体系结合在一起进行了全面的讨论。

9.9　钢桁架

当铁和随后的钢作为主要工业材料在 18 世纪和 19 世纪出现时，跨越结构最早的应用就是桁架，并且被制成弓形和排架形式。这样使用的原因之一是受所生产的构件尺寸的限制。因此，为了制造合理的大跨结构，需要把小的部件连接成大的构件。

这种装配要解决的另外一个技术问题是多节点的实现。因此，钢结构装配必须设计很多节点，这些节点的制造必须经济和实用。有多种不同的连接构件或方法，在早期建筑结构中使用的一种主要的连接方式是热铆接。这种方法是先在被连接构件上打一个孔，再在孔内放一个热软化钉，然后敲击钉子伸在外面的凸出部分以形成铆钉。

早期连接的基本形式一直被广泛地使用。但是今天，在节点的连接中焊接或紧固螺栓代替了铆钉连接。焊接大多数用于工厂制作的连接中（称为工厂连接），而栓接更适合用于现场制作的连接（称为现场连接）。铆接和栓接一般要通过中间连接构件（角撑板、连接角钢等）才能实现，然而焊接通常可由被连接构件间的直接连接实现。

桁架形式一般涉及特殊结构应用（桥、三角形屋面、弓形结构、平跨楼面等）、跨的数量和构建的材料和方法。

在钢结构中使用的几种典型的桁架如图 9.14 所示。应用最广的形式是直弦桁架，如图 9.14(*a*)和图 9.14(*b*)所示，这些桁架经常被单独的公司作为专利成品生产（参见第 9.10 节中的论述）。各种形式的三角形桁架[见图 9.14(*c*)]可用于生产成更大范围的跨度。

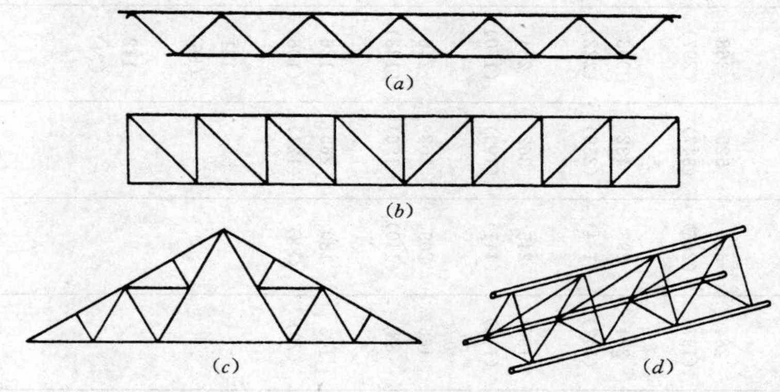

图 9.14　轻型钢桁架的常见形式

(*a*) 华伦桁架；(*b*) 普拉特桁架；(*c*) 芬克式桁架；(*d*) 三角形桁架

与平面构件一样，桁架在侧向（垂直于桁架平面方向）是非常不稳定的。使用桁架的结构体系需要特别注意支撑的设置。三角形桁架［见图 9.14（*d*）］是一个独有的自稳定形式，这种形式经常被用于塔和柱中，但也可以用于不需设置支撑的跨越桁架。

9.10　平跨预制桁架

很多厂商大规模生产了工厂预制直弦桁架。大多数制造者遵守行业组织的规定，轻钢桁架规范的行业组织是钢托梁协会（SJI）。尽管厂商产品不断改变以至一些有价值的设计资料都直接来源于特殊产品的供应商，但 SJI 的刊物也是一般设计资料的主要来源（参考

表 9.3　K 系列空腹托梁的安全工作荷载①

托梁自重 (lb/ft)	12K1 5.0	12K3 5.7	12K5 7.1	14K1 5.2	14K3 6.0	14K6 7.7	16K2 5.5	16K4 7.0	16K6 8.1	18K3 6.6	18K5 7.7	18K7 9.0	20K3 6.7	20K5 8.2	20K7 9.3
跨度 (ft)															
20	241 (142)	302 (177)	409 (230)	284 (197)	356 (246)	525 (347)	368 (297)	493 (386)	550 (426)	463 (423)	550 (490)	550 (490)	517 (517)	550 (550)	550 (550)
22	199 (106)	249 (132)	337 (172)	234 (147)	293 (184)	432 (259)	303 (222)	406 (289)	498 (351)	382 (316)	518 (414)	550 (438)	426 (393)	550 (490)	550 (490)
24	166 (81)	208 (101)	282 (132)	196 (113)	245 (141)	362 (199)	254 (170)	340 (221)	418 (269)	320 (242)	434 (318)	526 (382)	357 (302)	485 (396)	550 (448)
26				166 (88)	209 (110)	308 (156)	216 (133)	289 (173)	355 (211)	272 (190)	369 (249)	448 (299)	304 (236)	412 (310)	500 (373)
28				143 (70)	180 (88)	265 (124)	186 (106)	249 (138)	306 (168)	234 (151)	318 (199)	385 (239)	261 (189)	355 (248)	430 (298)
30							161 (86)	216 (112)	266 (137)	203 (123)	276 (161)	335 (194)	27 (153)	308 (210)	374 (242)
32							142 (71)	190 (92)	233 (112)	178 (101)	242 (132)	294 (159)	199 (126)	271 (165)	328 (199)
36										141 (70)	191 (92)	232 (111)	157 (88)	213 (115)	259 (139)
40													127 (64)	172 (84)	209 (101)

续表

托梁自重 (lb/ft)	22K4 8.0	22K6 8.8	22K9 11.3	24K4 8.4	24K6 9.7	24K9 12.0	26K5 9.8	26K6 10.6	26K9 12.2	28K6 11.4	28K8 12.7	28K10 14.3	30K7 12.3	30K9 13.4	30K12 17.6
跨度（ft）															
28	348 (270)	427 (328)	550 (413)	381 (323)	467 (393)	550 (456)	466 (427)	508 (464)	550 (501)	548 (541)	550 (543)	550 (543)			
30	302 (219)	371 (266)	497 (349)	331 (262)	406 (319)	544 (419)	405 (346)	441 (377)	550 (459)	477 (439)	550 (500)	550 (500)	550 (543)	550 (543)	550 (543)
32	265 (180)	326 (219)	436 (287)	290 (215)	357 (262)	478 (344)	356 (285)	387 (309)	519 (407)	418 (361)	515 (438)	549 (463)	501 (461)	549 (500)	549 (500)
36	209 (126)	257 (153)	344 (201)	229 (150)	281 (183)	377 (241)	280 (199)	305 (216)	409 (284)	330 (252)	406 (306)	487 (366)	395 (323)	475 (383)	487 (382)
40	169 (91)	207 (111)	278 (146)	185 (109)	227 (133)	304 (175)	227 (145)	247 (157)	331 (207)	266 (183)	328 (222)	424 (284)	319 (234)	384 (278)	438 (315)
44	139 (68)	171 (83)	229 (109)	153 (82)	187 (100)	251 (131)	187 (100)	204 (118)	273 (155)	220 (137)	271 (167)	350 (212)	263 (176)	317 (208)	398 (258)
48				128 (63)	157 (77)	211 (101)	157 (83)	171 (90)	229 (119)	184 (105)	227 (128)	294 (163)	221 (135)	266 (160)	365 (216)
52							133 (66)	145 (80)	195 (102)	157 (83)	193 (100)	250 (128)	1898 (106)	226 (126)	336 (184)
56										135 (66)	166 (80)	215 (102)	162 (84)	195 (100)	301 (153)
60													141 (69)	169 (81)	262 (124)

① 托梁的荷载单位是 lb/ft。各跨度下的第一条是托梁总的承载力，括号内的值为挠度为 1/360 倍跨度时的荷载值。跨度的定义见图 9.16。

资料来源：在出版商钢托梁协会的允许下，根据《钢托梁和钢梁的标准规定、荷载表和自重表》(Standard Specifications Load Tables, and Weight Tables for Steel Joist and Joist Girders)（参考文献 8）中的数据改编。钢托梁协会出版的规定和荷载表都包含了连接的标准。

文献 8)。最终的设计和构造细节必须与特殊工程产品供应商共同确定。

轻钢直弦桁架（也称空腹托梁）已经被使用了很多年。早期的形式是使用钢板条弦杆和连续地弯成的腹板，因此这种形式也被称为横木搁架。尽管现在其他构件被用作为弦杆，但是弯成的钢杆一直被用作于一些小尺寸托梁的对角腹板。现在基本构件尺寸范围也有了相当大的延伸，这导致出现了一些长 150ft、高 7ft 及更大的构件。在较大的尺寸范围内，这些构件一般是钢桁架更普通的形式——双角钢、T 形钢等而小尺寸构件一直被用于楼面托梁和屋面椽中。

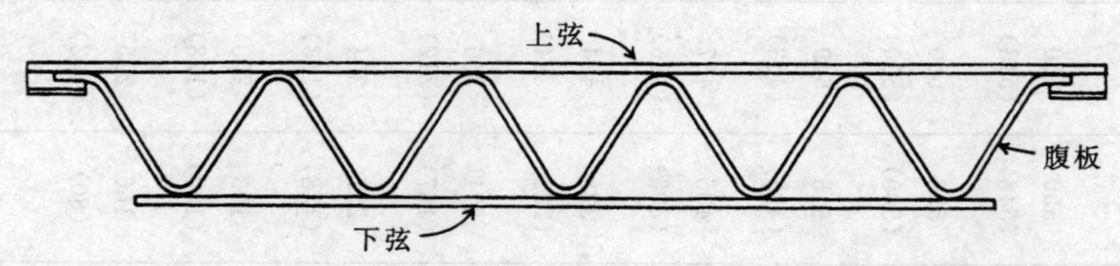

图 9.15 小跨空腹钢托梁的形式

表 9.3 是根据 SJI 刊物（参考文献 8）中的一个标准表修改的。表中列出了 K 系列（最轻的分组托梁）的一些尺寸。托梁用三个单元标志表示。第一个数字表示托梁总名义高度，字母表示系列，第二个数字表示构件尺寸分类——较高、较重和较强托梁。

表 9.3 可用于在给定荷载和跨度条件下选择合适的托梁。对于同一跨度，表中一般具有两个数据，第一个数字代表的是托梁的总的承载力（单位：lb/ft)，圆括号中的数字是挠度为 1/360 倍跨度时的荷载值。下面的例子说明了此表在一般设计情况下的使用方法。

【例题 9.9】 空腹钢托梁用于支承屋面，屋面单位活载为 20psf，单位恒载 15psf（不包括托梁自重)，跨度为 40ft，托梁中心间距为 6ft。如果活载下的挠度小于跨度的 1/360,选择最轻的托梁。

解：第一步是确定托梁上的线荷载（每英尺上的单位荷载)，因此可得

活载： $6 \times 20 = 120\text{lb/ft}$

恒载： $6 \times 15 = 90\text{lb/ft}$

总荷载： 210lb/ft

这里求出的两个值（总荷载和活载）可用于查取表 9.3 中所给跨度的数据。要注意到除了前面的计算荷载值，托梁的自重也应包括在表 9.3 中的总荷载中。在选定托梁后，必须从表中的数据扣除实际的托梁重量（在表 9.3 中给出）并同计算值比较。因此，根据表 9.3 有表 9.4 列出的几种可能的选择，尽管所用的托梁重量都差不多，但 24K6 是最轻的。

表 9.4 屋面托梁的可能选择

荷 载 类 型	指定托梁上每英尺的荷载			
	22K9	24K6	26K6	28K6
表 9.3 中的总承载力	278	227	247	266
表 9.3 中的托梁自重	11.3	9.7	10.6	11.4
净承载力	266.7	217.3	236.4	254.6
表 9.3 中挠度为 1/360 的荷载	146	133	157	183

【例题 9.10】 空腹钢托梁用于支承楼面，楼面单位活载为 75psf，单位恒载 40psf（不包括托梁自重），跨度为 30ft，托梁中心间距为 2ft，总荷载下的挠度小于跨度的 1/240,并且只在活载下的挠度小于跨度的 1/360。选择可能的重量最轻的托梁和可能的具有最小高度的最轻的托梁。

解：同例题 9.9，首先确定托梁上单位荷载，因此可得

活载：　$2 \times 75 = 150\text{lb/ft}$

恒载：　$2 \times 40 = 80\text{lb/ft}$

总荷载：　230lb/ft

为了满足总荷载下的变形要求，表中括号内挠度的极限值应不小于 230×（240/360）=153lb/ft。因为这个值稍大于活载，所以可取表中的值。根据表 9.3，可能选择的托梁列于表 9.5 中。从表 9.5 中可以看出：

重量最轻的托梁是 18K5。

高度最小的托梁也是 18K5。

表 9.5　**楼面托梁的可能选择**

荷载类型	指定托梁上每英尺的荷载		
	18K5	20K5	22K4
表 9.3 中的总承载力	276	308	302
表 9.3 中的托梁自重	7.7	8.2	8.0
净承载力	268.3	299.8	294
表 9.3 中挠度为 1/360 的荷载	161	201	219

在一些情况下，即承载力有些富余，但可能期望选择更高的托梁。对于一个平屋面结构，更重要的是总挠度，而不是绝对弯曲极限。例如在例题 9.9 中，跨度为 40ft，挠度为跨度的 1/360 等于 40×12×（1/360）=1.33in。这一挠度对屋面排水或内隔墙的实际影响是必须考虑的。对于楼面，考虑的主要因素是弹性变形，特别是较轻的结构更需要考虑这方面的因素。一般是通过增加结构刚度的方法阻止弹性变形，因此为了更可能地减小挠度，有时一些设计人员有意选择尽可能高的楼面托梁。

前面提及托梁也被用于重型和大跨结构。SJI 和一些供应商也有相当多的关于这些产品的安装构造、规范建议、支撑和施工安全方面的资料。

因为这些构件的抗侧向或抗扭转能力较小，所以这些构件的稳定是一个重要的因素。像板和顶棚支架等其他结构构件也能提供一些支撑作用，但是必须认真分析整体支撑条件。在所有的钢托梁结构中需要设置 X 形侧向支撑或水平系杆，表 9.3（参考文献 8）中有很多这方面的信息。

一种有助于稳定的方式是处理端部构造，如图 9.16 所示。常用的方法是在桁架上弦的端部悬挂桁架，一般情况下这可以避免端部产生翻转的扭转屈曲，如图 9.7（*b*）所示。然而对于结构构造，同所有的梁都是托梁且所有梁的顶部都在同一水平上的情况相比，这增加了结构的整体高度。增加的尺寸（托梁端部的高度），一般对于小托梁是 2.4in，对于大托梁是 4in。

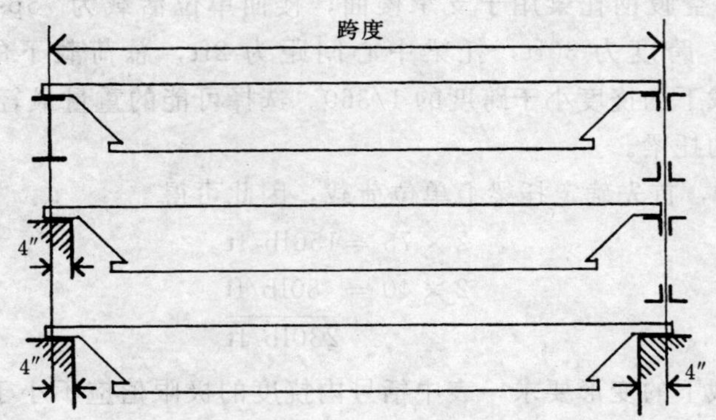

图 9.16 空腹钢托梁的跨度定义

资料来源：在钢托梁协会允许下再版自参考文献 8

对于完全桁架体系的发展，一种特殊形式的预制桁架被称为托架梁。这个桁架被设计成承受由托梁端部反力组成的等间距集中荷载。这种托架梁的一般形式如图 9.17 所示。在图中显示出了托架梁的标准设计形式，其中包括梁的名义高度、托梁间隔（也称为梁板单元）个数和托梁支座反力，支座反力是梁上的单位集中荷载。

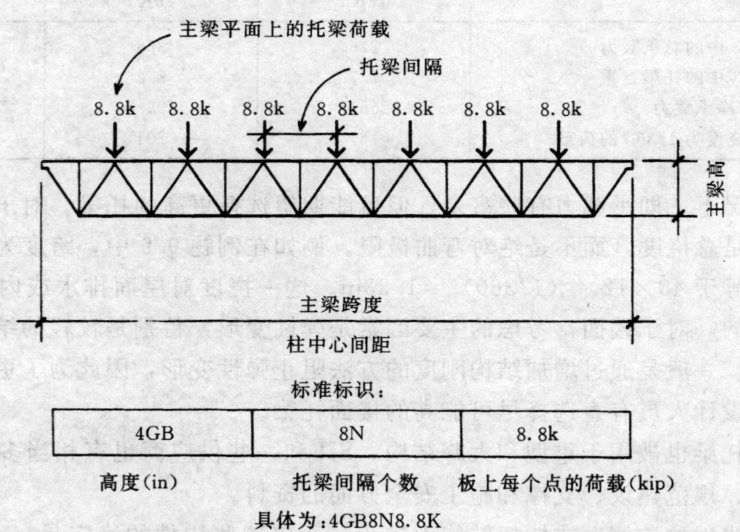

图 9.17 托架梁布置和设计需要考虑的事项

初步设计的托架梁（就是说，实际上梁是供应商设计好的半成品）可以根据类似于空腹托梁的方式选择种类。步骤通常如下所示：

(1) 设计人员确定托梁间距、托梁荷载和梁跨度（梁跨度应该是托梁间距的整数倍）。

(2) 设计人员使用这些资料并根据设计标准列出可供选择的梁。

(3) 设计人员根据特殊的产品种类和供应商提供的简单说明选择梁。

托梁和完全桁架体系的使用在第六部分建筑设计实例中说明。

习题 9.10.A 空腹钢托梁用于支承屋面，屋面活载为 25psf，恒载为 20psf（不包括托梁自重)，跨度为 48ft，托梁中心间距为 4ft，活载下的挠度小于跨度的 1/360。选择最轻的托梁。

习题 9.10.B　空腹钢托梁用于支承屋面，屋面活载为 30psf，恒载为 18psf（不包括托梁自重)，跨度为 44ft，托梁中心间距为 5ft，挠度小于跨度的 1/360。选择最轻的托梁。

习题 9.10.C　空腹钢托梁用于支承楼面，楼面活载为 50psf，恒载为 45psf（不包括托梁自重)，跨度为 36ft，托梁中心间距为 2ft，只在活载下的挠度极限值为跨度的 1/360，总荷载下的挠度极限值为跨度的 1/240。(a) 选择重量可能最轻的托梁；(b) 选择高度可能最小的托梁。

习题 9.10.D　在楼面活载为 100psf，恒载为 35psf，跨度为 26ft 时，重新计算习题 9.10.C。

第10章

钢柱和框架

钢结构承压构件包括小的单构件柱及用于高层建筑物和大型塔状结构的巨型组合截面形式的桁架构件。柱的基本作用是抵抗压力，但是屈曲和可能存在的弯矩影响是非常复杂的。本章主要介绍与单独承压构件设计相关的问题和建筑物结构框架的构建。

10.1　柱的截面形式

对于适度的荷载条件，最常使用的截面形式有圆钢管、矩形管和 H 型热轧钢（一般是宽翼缘的 W 型钢），如图 10.1 所示。在框架中一般使用名义高度大于或等于 10in 的 W 型钢。

由于各种原因，有时需要通过装配两个或更多的单独钢构件组成格构式柱截面。图 10.2 所示的是用于特殊目的的一些截面形式。这些组合截面的定制装配往往是较贵的，因此在可能的情况下，一般使用单构件截面。

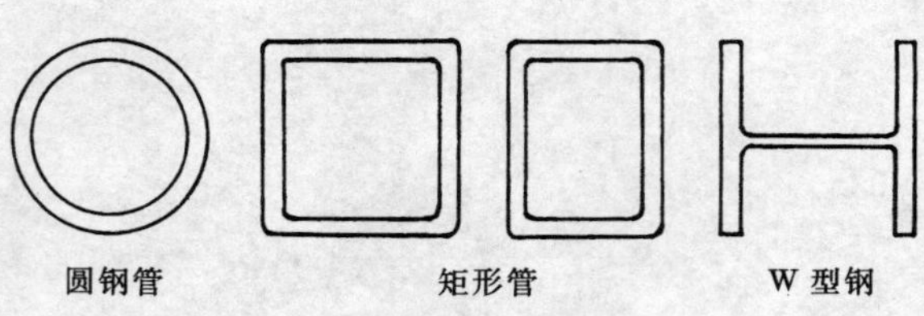

图 10.1　钢柱的常见横截面形式

一种广泛使用的组合截面形式是双角钢，如图 10.2（f）所示。双角钢截面经常用作桁架构件或框架的支撑构件，双角钢构件的稳定性比单角钢要好。但是这种截面很少用于建筑物的柱中。

10.2　长细比和端部条件

长细比对轴向受压柱承载力的影响在第 3.11 节中已经讨论过。对于钢柱，其抗压容许应力根据 AISC 规范中的公式确定，公式中包括的变量有钢材的屈服应力、弹性模量、

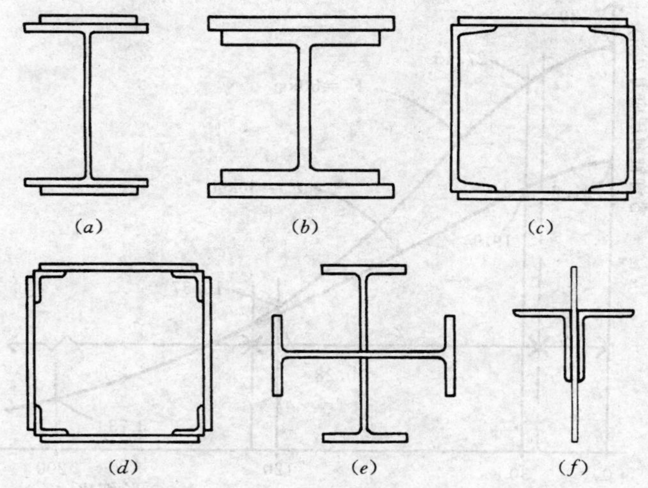

图 10.2　各种组合钢柱的截面形式

柱的相对长细比和特殊情况下柱的端部约束系数。

柱的长细比等于柱的无支撑长度同柱截面回转半径的比值，即 L/r。使用修正系数 K 考虑端部约束的影响，这会减小或增大柱的无支撑长度 L 的值（见图 10.3），因此修正后的长细比可表达为 KL/r。

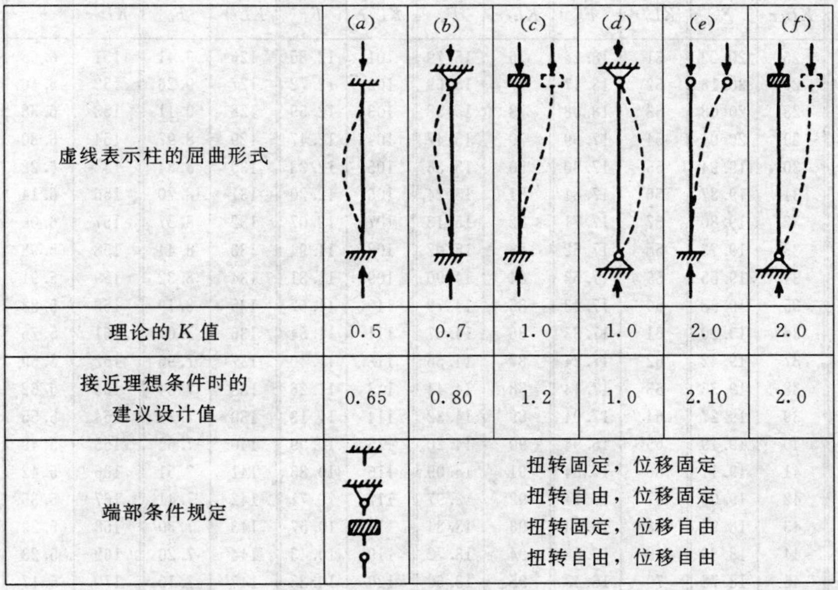

	(a)	(b)	(c)	(d)	(e)	(f)
虚线表示柱的屈曲形式						
理论的 K 值	0.5	0.7	1.0	1.0	2.0	2.0
接近理想条件时的建议设计值	0.65	0.80	1.2	1.0	2.10	2.0
端部条件规定	扭转固定，位移固定 扭转自由，位移固定 扭转固定，位移自由 扭转自由，位移自由					

图 10.3　柱屈曲有效长度的确定

在出版者美国钢结构协会的允许下，根据《钢结构设计手册》（参考文献 3）改编。

图 10.4 是两个等级的钢柱（F_y 为 36ksi 和 50ksi）的容许轴向压应力图。表 10.1 也给出了 KL/r 的全部增量值。对比表明，图中的 $F_y = 36$ksi 的曲线是根据表 10.1 中相应的值获得的。

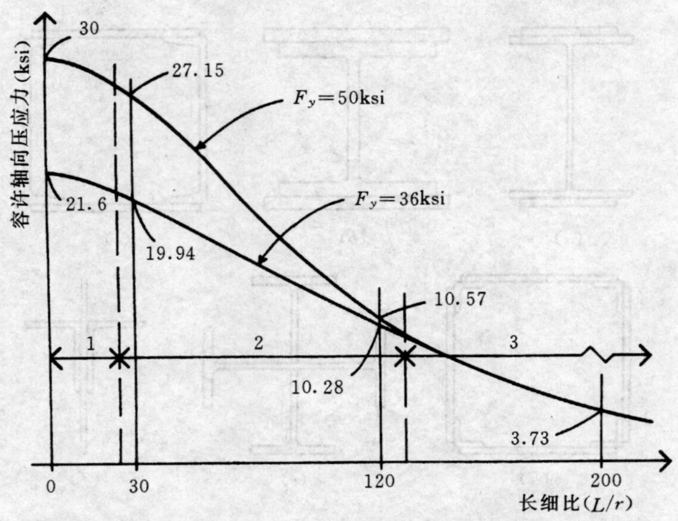

图 10.4 屈服极限和柱的长细比起作用时柱的容许轴向压应力

区域 1 为屈服应力的破坏情况；区域 3 为由钢材的刚度引起弹性屈曲的破坏情况，这与钢材的屈服强度无关；区域 2 为非弹性屈曲情况，这种情况介于区域 1 和区域 3 之间

表 10.1 **A36 钢柱的容许单位应力 F_a**① 单位：ksi

KL/r	F_a	KL/r	F_a	KL/r	F_a	KL/r	F_a	KL/r	F_a	KL/r	F_a	KL/r	F_a	KL/r	F_a
1	21.56	26	20.22	51	18.26	76	15.79	101	12.85	126	9.41	151	6.55	176	4.82
2	21.52	27	20.15	52	18.17	77	15.69	102	12.72	127	9.26	152	6.46	177	4.77
3	21.48	28	20.08	53	18.08	78	15.58	103	12.59	128	9.11	153	6.38	178	4.71
4	21.44	29	20.01	54	17.99	79	15.47	104	12.47	129	8.97	154	6.30	179	4.66
5	21.39	30	19.94	55	17.90	80	15.36	105	12.33	130	8.84	155	6.22	180	4.61
6	21.35	31	19.87	56	17.81	81	15.24	106	12.20	131	8.70	156	6.14	181	4.56
7	21.30	32	19.80	57	17.71	82	15.13	107	12.07	132	8.57	157	6.06	182	4.51
8	21.25	33	19.73	58	17.62	83	15.02	108	11.94	133	8.44	158	5.98	183	4.46
9	21.21	34	19.65	59	17.53	84	14.90	109	11.81	134	8.32	159	5.91	184	4.41
10	21.16	35	19.58	60	17.43	85	14.79	110	11.67	135	8.19	160	5.83	185	4.36
11	21.10	36	19.50	61	17.33	86	14.67	111	11.54	136	8.07	161	5.76	186	4.32
12	21.05	37	19.42	62	17.24	87	14.56	112	11.40	137	7.96	162	5.69	187	4.27
13	21.00	38	19.35	63	17.14	88	14.44	113	11.26	138	7.84	163	5.62	188	4.23
14	20.95	39	19.27	64	17.04	89	14.32	114	11.13	139	7.73	164	5.55	189	4.18
15	20.89	40	19.19	65	16.94	90	14.20	115	10.99	140	7.62	165	5.49	190	4.14
16	20.83	41	19.11	66	16.84	91	14.09	116	10.85	141	7.51	166	5.42	191	4.09
17	20.78	42	19.03	67	16.74	92	13.97	117	10.71	142	7.41	167	5.35	192	4.05
18	20.72	43	18.95	68	16.64	93	13.84	118	10.57	143	7.30	168	5.29	193	4.01
19	20.66	44	18.86	69	16.53	94	13.72	119	10.43	144	7.20	169	5.23	194	3.97
20	20.60	45	18.78	70	16.43	95	13.60	120	10.28	145	7.10	170	5.17	195	3.93
21	20.54	46	18.70	71	16.33	96	13.48	121	10.14	146	7.01	171	5.11	196	3.89
22	20.48	47	18.61	72	16.22	97	13.35	122	9.99	147	6.91	172	5.05	197	3.85
23	20.41	48	18.53	73	16.12	98	13.23	123	9.85	148	6.82	173	4.99	198	3.81
24	20.35	49	18.44	74	16.01	99	13.10	124	9.70	149	6.73	174	4.93	199	3.77
25	20.28	50	18.35	75	15.90	100	12.98	125	9.55	150	6.64	175	4.88	200	3.73

① 系数 K 值取 1.0。

资料来源：在出版者美国钢结构协会的允许下，根据《钢结构设计手册》(参考文献 3) 改编。

注意：在图 10.4 中，当 L/r 的值接近 125 时两曲线重合。超过这一点时弹性屈曲起决定作用是一个显然的事实，当长细比（L/r）超过 125 时，材料的刚度（弹性模量）是一个很重要的性质。因此，对于非常细长的构件等级再高的钢材都是没用的。

考虑到实际的原因，大多数建筑物柱的相对刚度在 50～100 之间，只有承受重荷载的柱低于此值。很多设计人员都避免使用长细比很大的柱。

10.3　柱的安全轴向荷载

柱的容许轴向荷载等于容许应力（F_a）乘以柱的横截面面积。下面的例子可以说明这一计算过程。对于单构件柱，一种直接的方法是使用在下一节中讨论的柱荷载表。然而，对于组合截面，计算截面特性是必要的。

【例题 10.1】　一W12×53 的型钢柱，无支撑长度为 16ft。计算柱的容许荷载。

解：根据表 4.3，查得 $A=15.6\text{in}^2$，$r_x=5.23\text{in}$，$r_y=2.48\text{in}$。如果柱在双轴上都无支撑，极限值由弱轴的 r 值决定。在没有给定端部约束的情况下，假设约束如图 10.3（d）所示，其 $K=1.0$，即不需进行修正（此为不修正的条件）。因此，相对刚度为

$$\frac{KL}{r}=\frac{1\times16\times12}{2.48}=77.4$$

在设计时，一般把长细比的小数部分向前进一位以化成整数。因此，KL/r 值取 78，这时表 10.1 给出的容许应力值为 15.58ksi。所以柱的容许荷载为

$$P=F_aA=15.58\times15.6=243\text{kip}$$

【例题 10.2】　如果柱顶铰接以阻止其侧向移动并且柱底完全固定，计算例题 10.1 中柱的容许荷载。

解：参考图 10.3（b），其修正系数为 0.8，所以可得

$$\frac{KL}{r}=\frac{0.8\times16\times12}{2.48}=62$$

根据表 10.1，查得 $F_a=17.24\text{kip}$，则

$$P=F_aA=17.24\times15.6=268.9\text{kip}$$

下面是一个说明了 W 型钢两个轴向支撑不同的情况。

【例题 10.3】　图10.5（a）所示为一外墙钢框架的正面图。柱子的侧向被约束但在底部和顶部能够自由扭转［底部约束见图 10.3（d）］。在截面的 x 轴上，柱的侧向无支撑长度为全高。但是在墙内的水平框架提供在截面 y 轴上的侧向支撑，因此柱在这个方向上的屈曲为图 10.5（b）的形式。如果柱为 W12×53 型，A36 钢，$L_1=30\text{ft}$，$L_2=18\text{ft}$，容许压力是多少？

解：这里基本的方法是分别分析两个轴，然后使用最大的相对刚度值求容许应力（注意：这里使用的是和例 10.1 同样的截面，其截面特性前面已经根据表 4.3 查出）。对于 x 轴，情况如图 10.3（d）所示，因此可得

$$x\text{ 轴：}\frac{KL}{r}=\frac{1\times30\times12}{5.23}=68.8$$

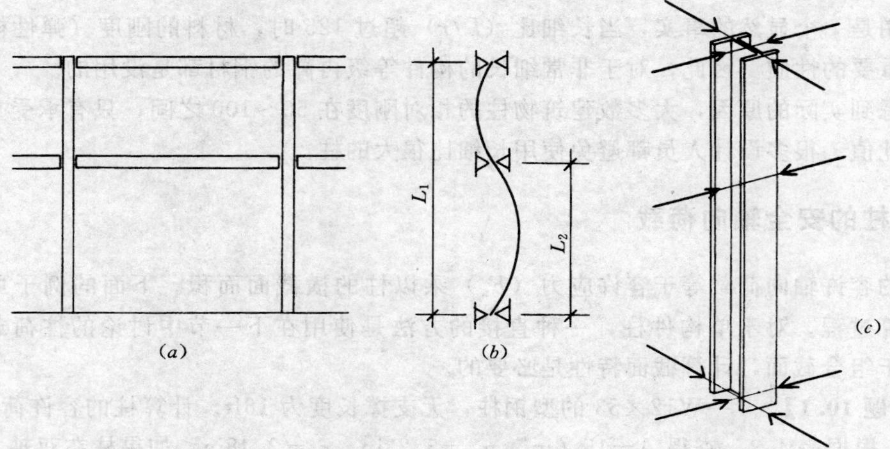

图 10.5 钢柱双轴支撑

对于 y 轴，除了变形发生在两部分外［见图 10.5 (*b*)］，假设情况也如图 10.3 (*d*) 所示。使用柱的下面部分，因为这部分的无支撑长度较大。因此可得

$$y\text{ 轴}：\frac{KL}{r} = \frac{1 \times 18 \times 12}{2.48} = 87.1\text{，取 }88$$

尽管有支撑，但柱的关键部分还是在它的弱轴上。根据表 10.1，查得 $F_a = 14.44\text{ksi}$，容许荷载为

$$P = F_a A = 14.44 \times 15.6 = 225\text{kip}$$

下面习题使用的是 A36 钢。

习题 10.3.A　一W10×49 的型钢柱，无支撑长度为 15ft (4.57m)。假设 $K=1.0$，计算柱的容许轴向受压荷载。

习题 10.3.B　一W12×120 的型钢柱，无支撑长度为 22ft (6.71m)，如果两端固定而限制了扭转和水平移动，计算柱的容许轴向受压荷载。

习题 10.3.C　在习题 10.3.A 中，如果条件如图 10.5 所示，其中 $L_1 = 15\text{ft}$ (4.6m)，$L_2 = 8\text{ft}$ (2.44m) 计算柱的容许轴向受压荷载。

习题 10.3.D　在习题10.3.B中，如果条件如图 10.5 所示，其中 $L_1 = 40\text{ft}$ (12m)，$L_2 = 22\text{ft}$ (6.7m) 计算柱的容许轴向受压荷载。

10.4 钢柱的设计

除使用计算机方法外，钢柱的设计大多数都是通过使用表格数据进行的。这一节介绍使用表格数据的设计方法，使用的资料来自于 AISC 手册。由于在确定柱截面之前不能准确地确定容许应力，所以在设计柱时要有使用荷载表。换句话说就是在确定关键的 r 值之前不能确定 KL/r 和相应的 F_a 值。这会导致反复的试算，即使在简单的情况下也很繁琐。对于组合截面这种方法是不可避免的，所以组合截面的设计不可避免地

是繁琐的。

在所需荷载、柱高和 K 系数确定的情况下，单个的热轧型钢安全荷载表中的值可以直接使用。ASD 工作法的 AISC 手册（参考文献 3）提供了 F_y 等于 36ksi 和 50ksi 时两种 W 型钢的荷载表，因此通过查这两个表可快速找出不同屈服应力的可能优点。

本节剩下的部分提供了一些使用 AISC 手册选择不同型钢柱的例子。为了简洁，除管状型钢使用不同等级钢材外，例子中使用的均为 A36 钢。

很多情况下，柱的设计中使用的是柱的简单轴向抗压承载力。但是柱也经常承受弯矩和剪力，在一些情况下还有扭矩。然而在各种力的共同作用下，通常包括轴向承载力，因此轴力的确定仍是一个因素，所以简单轴向压力情况下的安全压力荷载在某种方式上包括在每种可能的设计情况中。

1. 单轧制型钢柱

最常用作柱的单个轧制型钢是名义高度等于或大于 8in 的近似方形和 H 形构件。考虑到这一点，钢轧制厂生产了一种较大尺寸范围的这类构件。虽然一些是 M 型钢，但大部分还是 W 型钢。

AISC 手册（参考文献 3）为 ASD 工作提供了很多 W 型钢和 M 型钢的安全工作荷载表。提供的表格是屈服应力 F_y 等于 36ksi 和 50ksi 时的情况下成对的表格。表中也提供了很多列表型钢的其他数据。表 10.2 是根据 AISC 中的表总结的 W4×13 到 W14×730 范围内型钢的资料。表中的数据是根据 $Y-Y$ 轴的 r 确定的。表中也提供了弯矩系数 B_x 和 B_y，这两个系数可用于弯矩和压力共同作用下的近似设计，这些内容在第 10.4 节中介绍。

为了说明表 10.2 的使用方法，参考例题 10.1。对于 W12×53 型钢在无支撑长度为 16ft 时的安全荷载，表 10.2 中的值是 244kip，这个值和例题 10.1 的计算结果是比较一致的。

表 10.2　　W 型钢安全荷载表[①]

型钢	有效长度 KL (ft)										弯矩系数	
	8	9	10	11	12	14	16	18	20	22	B_x	B_y
M4×13	48	42	35	29	24	18					0.727	2.228
W4×13	52	46	39	33	28	20	16				0.701	2.016
W5×16	74	69	64	58	52	40	31	24	20		0.550	1.560
M5×18.9	85	78	71	64	56	42	32	25			0.576	1.768
W5×19	88	82	76	70	63	48	37	29	24		0.543	1.526
W6×9	33	28	23	19	16	12					0.482	2.414
W6×12	44	38	31	26	22	16					0.486	2.367
W6×16	62	54	46	38	32	23	18				0.465	2.155
W6×15	75	71	67	62	58	48	38	30	24	20	0.456	1.424
M6×20	98	92	87	81	74	61	47	37	30	25	0.453	1.510
W6×20	100	95	90	85	79	67	54	42	34	28	0.438	1.331
W6×25	126	120	114	107	100	85	69	54	44	36	0.44	1.308

续表

型钢	有效长度 KL (ft)										弯矩系数	
	8	9	10	11	12	14	16	18	20	22	B_x	B_y
W8×24	124	118	113	107	101	88	74	59	48	39	0.339	1.258
W8×28	144	138	132	125	118	103	87	69	56	46	0.340	1.244
W8×31	170	165	160	154	149	137	124	110	95	80	0.332	0.985
W8×35	191	186	180	174	168	155	141	125	109	91	0.330	0.972
W8×40	218	212	205	199	192	127	160	143	124	104	0.330	0.959
W8×48	263	256	249	241	233	215	196	176	154	131	0.326	0.940
W8×58	320	312	303	293	283	263	240	216	190	162	0.329	0.934
W8×67	370	360	350	339	328	304	279	251	221	190	0.326	0.921
W10×33	179	173	167	161	155	142	127	112	95	78	0.277	1.055
W10×39	213	206	200	193	186	170	154	136	116	97	0.273	1.018
W10×45	247	240	232	224	216	199	180	160	138	115	0.271	1.000
W10×49	279	273	268	262	256	242	228	213	197	180	0.264	0.770
W10×54	306	300	294	288	281	267	251	235	217	199	0.263	0.767
W10×60	341	335	328	321	313	297	280	262	243	222	0.264	0.765
W10×68	388	381	373	365	357	339	320	299	278	255	0.264	0.758
W10×77	439	431	422	413	404	384	362	339	315	289	0.263	0.751
W10×88	504	495	485	475	464	442	417	392	364	335	0.263	0.744
W10×100	573	562	551	540	428	503	476	446	416	383	0.263	0.735
W10×112	642	631	619	606	593	565	535	503	469	433	0.261	0.726
W12×40	217	210	203	196	188	172	154	135	114	94	0.227	1.073
W12×45	243	235	228	220	211	193	173	152	129	106	0.227	1.065
W12×50	271	263	254	246	236	216	195	171	146	121	0.227	1.058
W12×53	301	295	288	282	275	260	244	227	209	189	0.221	0.813
W12×58	329	322	315	308	301	285	268	249	230	209	0.218	0.794
W12×65	378	373	367	361	354	341	326	311	294	277	0.217	0.656
W12×72	418	412	406	399	392	377	361	344	326	308	0.217	0.651
W12×79	460	453	446	439	431	415	398	379	360	339	0.217	0.648
W12×87	508	501	493	485	477	459	440	420	398	376	0.217	0.645
W12×96	560	552	544	535	526	506	486	464	440	416	0.215	0.635
W12×106	620	611	602	593	583	561	539	514	489	462	0.215	0.633

型钢	有效长度 KL (ft)										弯矩系数	
	8	10	12	14	16	18	20	22	24	26	B_x	B_y
W12×120	702	692	660	636	611	584	555	525	493	460	0.127	0.630
W12×136	795	772	747	721	693	662	630	597	561	524	0.215	0.621
W12×152	891	866	839	810	778	745	710	673	633	592	0.214	0.614
W12×170	998	970	940	908	873	837	798	757	714	668	0.213	0.608
W12×190	1115	1084	1051	1016	978	937	894	849	802	752	0.212	0.600
W12×210	1236	1202	1166	1127	1086	1042	995	946	894	840	0.212	0.594
W12×230	1355	1319	1280	1238	1193	1145	1095	1041	985	927	0.211	0.589
W12×252	1484	1445	1403	1358	1309	1258	1203	1146	1085	1022	0.210	0.583
W12×279	1642	1600	1554	1505	1452	1396	1337	1275	1209	1141	0.208	0.573
W12×305	1799	1753	1704	1651	1594	1534	1471	1404	1333	1260	0.206	0.564
W12×336	1986	1937	1884	1827	1766	1701	1632	1560	1484	1404	0.205	0.558
W14×43	230	215	199	181	161	140	117	96	81	69	0.201	1.115

续表

型　钢	有效长度 KL（ft）										弯矩系数	
	8	10	12	14	16	18	20	22	24	26	B_x	B_y
W14×48	258	242	224	204	182	159	133	110	93	79	0.201	1.102
W14×53	286	268	248	226	202	177	149	123	104	88	0.201	1.091
W14×61	345	330	314	297	278	258	237	214	190	165	0.194	0.833
W14×68	385	369	351	332	311	289	266	241	214	186	0.194	0.826
W14×74	421	403	384	363	341	317	292	265	236	206	0.195	0.820
W14×82	465	446	425	402	377	351	323	293	261	227	0.196	0.823
W14×90	536	524	511	497	482	466	449	432	413	394	0.185	0.531
W14×99	589	575	561	546	529	512	494	475	454	433	0.185	0.527
W14×109	647	633	618	601	583	564	544	523	501	478	0.185	0.523
W14×120	714	699	682	663	644	623	601	578	554	528	0.186	0.523
W14×132	786	768	750	730	708	686	662	637	610	583	0.186	0.521
W14×145	869	851	832	812	790	767	743	718	691	663	0.184	0.489
W14×159	950	931	911	889	865	840	814	786	758	727	0.184	0.485
W14×176	1054	1034	1011	987	961	933	904	874	842	809	0.184	0.484
W14×193	1157	1134	1110	1083	1055	1025	994	961	927	891	0.183	0.477
W14×211	1263	1239	1212	1183	1153	1121	1087	1051	1014	975	0.183	0.477
W14×233	1396	1370	1340	1309	1276	1241	1204	1165	1124	1081	0.183	0.472
W14×257	1542	1513	1481	1447	1440	1372	1331	1289	1244	1198	0.182	0.470
W14×283	1700	1668	1634	1597	1557	1515	1471	1425	1377	1326	0.181	0.465
W14×311	1867	1832	1794	1754	1711	1666	1618	1568	1515	1460	0.181	0.459
W14×342		2022	1985	1941	1894	1845	1793	1738	1681	1621	0.181	0.457
W14×370		2181	2144	2097	2047	1995	1939	1881	1820	1756	0.180	0.452
W14×398		2356	2304	2255	2202	2146	2087	2025	1961	1893	0.178	0.447
W14×426		2515	2464	2411	2356	2296	2234	2169	2100	2029	0.177	0.442
W14×455		2694	2644	2589	2430	2467	2401	2332	2260	2184	0.177	0.441
W14×500		2952	2905	2845	2781	2714	2642	2568	2490	2409	0.175	0.434
W14×550		3272	3206	3142	3073	3000	2923	2842	2758	2670	0.174	0.429
W14×605		3591	3529	3459	3384	3306	3223	3136	3045	2951	0.171	0.421
W14×665		3974	3892	3817	3737	3652	3563	3469	3372	3270	0.170	0.415
W14×730		4355	4277	4196	4100	4019	3923	3823	3718	3609	0.168	0.408

① 屈服应力 F_y=36ksi（250MPa）型钢，根据对 y 轴的屈曲，计算荷载，单位为 kip。

资料来源：在出版者美国钢结构协会的允许下，根据钢《结构设计手册》（参考文献 3）改编。

但是表 10.2 的实际意义是可以快速选择截面，这一方法在第六部分建筑结构体系实例中说明。

习题 10.4.A　柱承受轴向荷载 148kip（658kN），无支撑长度为 12ft（3.66m），使用 A36 钢，假设 K=1.0。使用表 10.2，选择柱截面。

习题 10.4.B　柱承受轴向荷载 258kip（1148kN），无支撑长度为 16ft（4.88m），其他数据同习题 10.4.A。

习题 10.4.C　柱承受轴向荷载 355kip（1579kN），无支撑长度为 20ft（6.10m），其他数据同习题 10.4.A。

习题 10.4.D 柱承受轴向荷载 1000kip（4448kN），无支撑长度为 16ft（4.88m），其他数据同习题 10.4.A。

2. 钢管柱

圆形钢管柱经常用于在其顶部支承木梁或钢梁的单层柱。钢管有三种重量类型：标准、超强和双超强。钢管用名义直径标识，这个值比外径略小。对于外径相同的三种类型的圆形钢管，由钢管壁厚和内径的不同而有很大的改变。参见表 4.7 标准重量钢管的特性。表 10.3 给出了标准重量 A36 钢管柱的安全荷载。

表 10.3　标准重量钢管的安全荷载表[①]

名义直径（in）		12	10	8	6	5	4	3½	3
壁厚		0.375	0.365	0.322	0.280	0.258	0.237	0.226	0.216
Wt/ft		49.56	40.48	28.55	18.97	14.62	10.79	9.11	7.58
F_y		36ksi							
与回转半径有关的有效长度 KL (ft)	0	315	257	181	121	93	38	58	48
	6	303	246	171	110	83	59	48	38
	7	301	243	168	108	81	57	46	36
	8	299	241	166	106	78	54	44	34
	9	296	238	163	103	76	52	41	31
	10	293	235	161	101	73	49	38	28
	11	291	232	158	98	71	46	35	25
	12	288	229	155	95	68	43	32	22
	13	285	226	152	92	65	40	29	19
	14	282	223	149	89	61	36	25	16
	15	278	220	145	86	58	33	22	14
	16	275	216	142	82	55	29	19	12
	17	272	213	138	79	51	26	17	11
	18	268	209	135	75	47	23	15	10
	19	265	205	131	71	43	21	14	9
	20	261	201	127	67	39	19	12	
	22	254	193	119	59	32	15	10	
	24	246	185	111	51	27	13		
	25	242	180	106	47	25	12		
	26	238	176	102	43	23			
	28	229	167	93	37	20			
	30	220	158	83	32	17			
	31	216	152	78	30	16			
	32	211	148	73	29				
	34	201	137	65	25				
	36	192	127	58	23				
	37	186	120	55	21				
	38	181	115	52					
	40	171	104	47					

续表

特性								
面积 A (in²)	14.6	11.9	8.40	5.58	4.30	3.17	2.68	2.23
I (in⁴)	279	161	72.6	28.1	15.2	7.23	4.79	3.02
r (in)	4.38	3.67	2.94	2.25	1.88	1.51	1.34	1.16
B 弯矩系数	0.333	0.398	0.500	0.657	0.789	0.987	1.12	1.29
$a/10^6$	41.7	23.9	10.8	4.21	2.26	1.08	0.717	0.447

注意：加重线表示的是 $KL/r=200$。

① 屈服应力为 $F_y=36$ksi（250MPa）的钢管轴向荷载，单位为 kip。其他两种较重的钢管也是可以得到。

资料来源：在出版者美国钢结构协会的允许下，根据《钢结构设计手册》（参考文献 3）改编。

【例题 10.4】 标准重量钢管柱承受荷载为41kip（183kN），无支撑长度为 12ft（3.66m）。使用表 10.3，选择标准重量钢管柱。

解：表中对于高度为 12ft，安全荷载为 43kip 的钢管尺寸为 4in。

<u>习题 10.4.E～H</u>　标准重量钢管柱承受轴向荷载为 50kip，无支撑长度分别为（e）8ft；（f）12 ft；（g）18 ft；（h）25 ft。选择标准重量钢管柱的最小尺寸。

3. 结构钢管柱

结构钢管一般用于建筑结构柱和桁架构件。这些构件是用表示矩形钢管实际外部尺寸的名义尺寸标识的。在这些尺寸范围内，可以得到不同的壁厚（用于制作钢管的钢板厚）。对于建筑结构柱，正方形钢管的尺寸范围是从 3in 到最大尺寸（正方形钢管目前最大尺寸为 6in）。钢管可以使用不同等级的钢材。注意在 AISC 表中使用的钢材屈服强度是 46ksi。

表 10.4 转载于 AISC 手册（参考文献 3），并且提供了 3in 和 4in 两种尺寸的正方形钢管柱的安全荷载。该表的使用方法类似于其他安全荷载表的使用方法。

<u>习题 10.4.I</u>　一结构钢管柱标号为 TS 4×4×3/8，钢材的屈服应力为 $F_y=46$ksi（317MPa），有效无支撑长度为 12ft（3.66m）。求轴向安全工作荷载。

<u>习题 10.4.J</u>　一结构钢管柱标号为 TS 3×3×1/4，钢材的屈服强度为 $F_y=46$ksi（317MPa），有效无支撑长度为 15ft（4.57m）。求轴向安全工作荷载。

<u>习题 10.4.K</u>　使用表 10.4，选择承受 64kip（285kN）的轴向荷载和有效无支撑长度为 10ft（3.05m）的最轻结构钢管柱。

<u>习题 10.4.L</u>　使用表 10.4，选择承受 25kip（111kN）的轴向荷载和有效无支撑长度为 12ft（3.66m）的最轻结构钢管柱。

4. 双角钢受压构件

双角钢构件经常用于桁架或结构支撑。常见的形式是由两个双角钢背对背组成，但是由于要在 T 字形钢的中间使用加固板或夹心板连接所以两角钢被分开一小段距离。不是柱的受压构件一般被称为压杆。

AISC 手册（参考文献 3）中提供了平均间隔距离为⅜in 的双角钢安全荷载表。对于不等边角钢，背对背的布置形式有长肢相并和短肢相并两种可能。表 10.5 是根据 AISC 表中的长肢相并的双角钢表改编的。注意对于确定有效无支撑长度的每个轴的不同情况给出了单独的数据。如果两个轴的无支撑条件相同，则必须使用表 10.5 中的安全荷载较小值。

表 10.4　　　　结构钢管的安全工作荷载表①

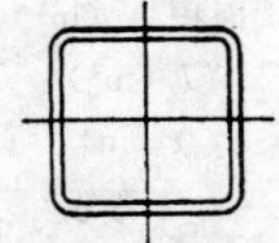

名义尺寸		4×4					3×3		
壁厚		1/2	3/8	5/16	1/4	3/16	5/16	1/4	3/16
Wt/ft		21.63	17.27	14.83	12.21	9.42	10.58	8.81	6.87
F_y		46ksi							
与回转半径有关的有效长度 KL (ft)	0	176	140	120	99	76	86	71	56
	2	168	134	115	95	73	80	67	53
	3	162	130	112	92	71	77	64	50
	4	156	126	108	89	69	73	61	48
	5	150	121	104	86	67	68	57	45
	6	143	115	100	83	64	63	53	42
	7	135	110	95	79	61	57	49	39
	8	126	103	90	75	58	51	44	35
	9	117	97	84	70	55	44	38	31
	10	108	89	78	65	51	37	33	27
	11	98	82	72	60	47	31	27	22
	12	87	74	65	55	43	26	23	19
	13	75	65	58	49	39	22	19	16
	14	65	57	51	43	35	19	17	14
	15	57	49	44	38	30	16	15	12
	16	50	43	39	33	27	14	13	11
	17	44	38	34	29	24	13	11	9
	18	39	34	31	26	21		10	8
	19	35	31	28	24	19			
	20	32	28	25	21	17			
	21	29	25	23	19	16			
	22	26	123	21	18	14			
	23	24	21	19	16	13			
	24		19	17	15	12			
	25				14	11			
特　性									
A (in²)		6.36	5.08	4.36	3.59	2.77	3.11	2.59	2.02
I (in⁴)		12.3	10.7	9.58	8.22	6.59	3.58	3.16	2.60
r (in)		1.39	1.45	1.48	1.51	1.54	1.07	1.10	1.13
B 弯矩系数		1.04	0.949	0.910	0.874	0.840	1.30	1.23	1.17
a/106		1.83	1.59	1.43	1.22	0.983	0.533	0.470	0.387

注意：加重线表示的是 $KL/r=200$。

① 屈服应力为 $F_y=46$ksi（317MPa）的钢管轴向荷载，单位为 kip。其他尺寸的钢管也可以得到。

资料来源：在出版者美国钢结构协会的允许下，根据《钢结构设计手册》（参考文献 3）改编。

表 10.5 **双角钢压杆的轴向压力安全荷载表①**

尺寸 (in)		8×6			6×4				5×3 1/2			5×3		
厚度 (in)			3/4	1/2		5/8	1/2	3/8		1/2	3/8		1/2	3/8	5/16
重量 (lb/ft)			67.6	13.5		40.0	32.4	24.6		27.2	20.8		25.6	19.6	4.80
面积 (in^2)			19.9	13.5		11.7	9.50	7.22		8.00	6.09		7.50	5.72	4.80
r_x (in)			2.53	2.56		1.90	1.91	1.93		1.58	1.60		1.59	1.61	1.61
r_y (in)			2.48	2.44		1.67	1.64	1.62		1.49	1.46		1.25	1.23	1.22
与指示轴相关的有效长度 (ft)	$X-X$ 轴	0	430	266	0	253	205	142	0	173	129	0	162	121	94
		10	370	231	8	214	174	122	4	159	119	4	149	112	88
		12	353	222	10	200	163	115	6	150	113	6	414	106	83
		14	334	211	12	185	151	107	8	139	105	8	130	98	77
		16	315	200	14	168	137	99	10	126	96	10	119	90	71
		20	271	175	16	150	123	89	12	113	86	12	106	81	64
		24	222	148	20	110	90	69	14	97	75	14	92	70	57
		28	168	117	24	76	62	48	16	81	63	16	76	59	49
		32	129	90	28	56	46	36	20	52	40	20	49	38	32
		36	102	71											
	$Y-Y$ 轴	0	430	266	0	253	205	142	0	173	129	0	162	121	94
		10	368	229	6	222	179	125	4	158	118	4	145	108	85
		12	351	219	8	207	167	117	6	148	110	6	132	99	78
		14	332	207	10	190	153	108	8	136	101	8	118	88	69
		16	311	195	12	171	137	97	10	122	91	10	101	75	60
		20	266	169	14	151	120	86	12	107	79	12	82	61	49
		24	216	139	16	129	102	74	14	90	67	14	62	46	38
		28	162	106	20	85	66	49	16	72	53	16	47	35	29
		32	124	81	24	59	46	34	20	46	34	20	30	22	19
		36	98	64											

尺寸 (in)		4×3				3 1/2×2 1/2				3×2				2 1/2×2			
厚度 (in)			1/2	3/8	5/16		3/8	5/16	1/4		3/8	5/16	1/4		3/8	5/16	1/4
重量 (lb/ft)			22.2	17.0	14.4		14.4	12.2	9.8		11.8	10.0	8.2		10.6	9.0	7.2
面积 (in^2)			6.30	4.97	4.18		4.22	3.55	2.88		3.47	2.93	2.38		3.09	2.62	2.13
r_x (in)			1.25	1.26	1.27		1.10	1.11	1.12		0.940	0.948	0.957		0.768	0.776	0.784
r_y (in)			1.33	1.31	1.30		1.11	1.10	1.09		0.917	0.903	0.891		0.961	0.948	0.935
与指示轴相关的有效长度 (ft)	$X-X$ 轴	0	140	107	90	0	91	77	60	0	75	63	51	0	67	57	46
		2	134	103	86	2	86	73	57	2	70	59	48	2	61	52	42
		4	126	96	81	4	80	67	53	3	67	57	46	3	58	49	40
		6	115	88	74	6	71	60	48	4	63	54	44	4	53	45	37
		8	102	78	66	8	61	52	41	6	55	46	38	5	48	41	34
		10	88	67	57	10	50	42	34	8	44	38	31	6	42	36	30
		12	71	55	47	12	37	31	26	10	32	27	23	8	30	26	21
		14	54	42	36	14	27	23	19	12	22	19	16	10	19	16	14
		16	41	32	27	16	21	18	15	14	16	14	12	12	13	11	9
		18	33	25	22	18	16	14	12								
		20	26	20	17												
	$Y-Y$ 轴	0	140	107	90	0	91	77	60	0	75	63	61	0	67	57	46
		2	135	103	86	2	87	73	57	2	70	59	48	2	63	53	43
		4	127	97	81	4	80	67	53	3	67	56	46	3	60	51	41
		6	117	89	74	6	72	60	47	4	63	53	43	4	57	48	39
		8	105	80	67	8	62	52	41	6	54	45	36	6	49	41	33
		10	92	70	58	10	50	42	33	8	43	36	28	8	40	34	27
		12	77	58	48	12	37	31	25	10	30	25	20	10	30	24	19
		14	61	45	37	14	28	23	18	12	21	17	14	12	21	17	13
		16	47	35	29	16	21	17	14	14	15	13	10	14	15	12	10
		18	37	27	23	18	17	14	11								
		20	30	22	18												

① 屈服应力 $F_y=36$ksi（250MPa）型钢，根据相应轴的屈曲计算容许荷载，单位为 kip。

资料来源：在出版者美国钢结构协会的允许下，根据《钢结构设计手册》（参考文献 3）改编。

长肢相并的双角钢的特性在表 4.6 中给出。

和其他非轴对称构件一样，由于横截面较小构件的长细比原因，T 字形构件在使用时可能需要进行一些折减。AISC 的安全荷载表给出了相应的折减值。

<u>习题 10.4.M</u> 一个长肢相并的双角钢承压构件，角钢是 4×3×⅜in，长度为 8ft (2.44m)，A36 钢。确定该双角钢的轴向安全受压荷载。

<u>习题 10.4.N</u> 一个长肢相并的双角钢承压构件，角钢是 6×4×½in，长度为 12ft (3.66m)，A36 钢。确定该双角钢的轴向安全受压荷载。

<u>习题 10.4.O</u> 使用表 10.5，选择承受轴向受压荷载为 50kip（222kN）并且有效无支撑长度为 10ft（3.05m）的双角钢受压构件。

<u>习题 10.4.P</u> 使用表 10.5，选择承受轴向受压荷载为 175kip（778kN）并且有效无支撑长度为 16ft（4.88m）的双角钢受压构件。

10.5 受弯柱

钢柱除承受轴向压力外通常还承受弯矩。图 10.6（a～c）所示的是压力和弯矩共同作用的三种最常见的情况。当荷载作用在柱的牛腿上时，压力的偏心会产生弯矩作用［见图 10.6（a）］。当在刚性框架中使用刚接节点时，梁上的所有荷载都会对柱产生扭曲（弯矩）作用［见图 10.6（b）］。一般情况下，在外墙中柱可能承受外墙因抵抗风荷载而传来的水平荷载［见图 10.6（c）］。

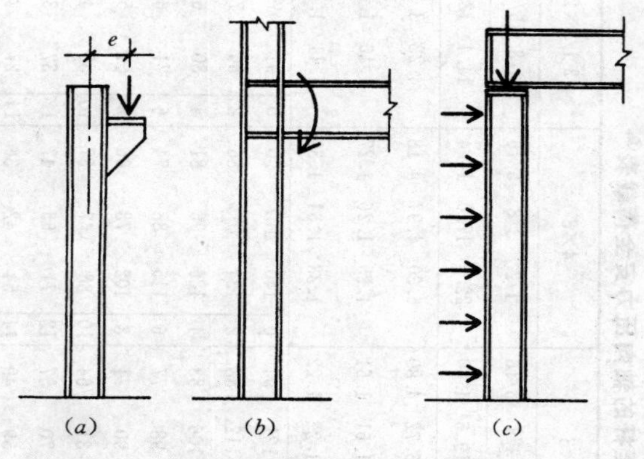

图 10.6 钢柱产生弯矩的几种情况

（a）偏心荷载产生弯矩；（b）刚性框架传递给柱的弯矩；（c）组合荷载情况，分别产生轴向压力和弯矩

附加弯矩对直接压力的影响产生了组合应力，或净应力，并使得横截面上不再是均匀应力分布的情况。可以分别分析两种作用，然后再把两种应力叠加而确定净效应。这种分析方法在第 3.11 节中已论述。

但是，压力和弯矩两个作用在本质上是不同的，以至于两种分别作用的组合更加重要。这种组合可以通过所谓的交互作用分析来实现，其形式为

$$\frac{P_n}{P_o}+\frac{M_n}{M_o}\leqslant 1$$

这种分析方法在第 3.11 节中也已介绍。

在图形中，交互作用公式可用一条直线描述，如图 3.52（a）所示，这是在弹性理论中这一关系的一种经典形式。但是在实际情况下，又因为在材料的性质、柱的形式和对一般制作和施工的认识等情况都是不同的，所以这种直线关系也会发生变化。

对于钢柱，主要的问题是柱翼缘和腹板的长细比（W 型钢）、钢材的延性和影响双轴压弯屈曲的总的长细比。考虑其他因素的 AISC 公式比前面的简化交互作用公式要复杂的多，这是可以理解的。

另外一个潜在的问题是压力和弯矩共同作用下的 $P-\Delta$ 效应，这在第 3.11 节中已论

述过。当承受压力和弯矩的相对较柔的柱由于弯矩作用产生较大弯曲时，这种影响就会发生。由这种弯曲产生的挠度（称为 Δ）导致了压力偏心，因此附加弯矩等于 P 和 Δ 的乘积。任何弯矩对柱的影响都会产生这种效应，柱顶没有约束并在其顶部有荷载作用的悬臂柱是特别危险的。显然，变形很小，刚性很强的柱不会受 $P-\Delta$ 效应很大的影响，而非常细长的柱很容易受 $P-\Delta$ 效应的影响。

为了在初步设计使用或在大量的设计分析中快速地选取截面，要使用包含确定弯矩效应的等效轴向荷载的方法。为了做到这一点，要使用弯矩系数 B_x 和 B_y，在 AISC 中的柱荷载表和本书的表 10.2（W 型钢）的右边两列给出了这两个系数值。使用这些系数，等效轴向荷载 P' 为

$$P' = P + B_x M_x + B_y M_y$$

式中　P'——用于设计的等效轴向压力荷载；

P——实际压力荷载；

B_x——绕 x 轴的弯矩系数；

M_x——绕 x 轴的弯矩；

B_y——绕 y 轴的弯矩系数；

M_y——绕 y 轴的弯矩。

下面的例子说明了这种近似方法的使用。

【例题 10.5】　希望在一位置使用10in的 W 型钢柱，如图 10.7 所示。柱的轴向压力为 120kip，在柱边的梁荷载为 24kip。柱的无支撑高度为 16ft，K 系数等于 1.0。选择柱的截面。

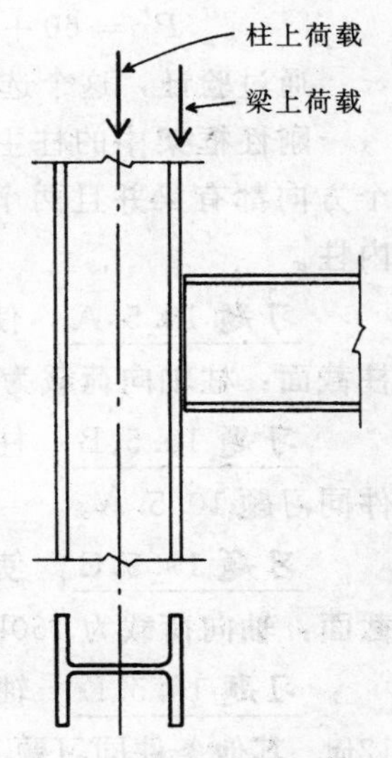

图 10.7　钢框架中的荷载偏心情况的产生

解：因为只有绕 x 轴的弯矩，故在这种情况下只使用 B_x。在表 10.2 中查找 10inW 型钢的弯矩系数 B_x，可发现 B_x 为 0.261～0.277，变化很小。在型钢没有确定的情况下，必须假设一个值计算等效荷载。总的轴向荷载为 120＋24＝144kip，然后假设 B_x 取平均系数 0.27，可得

$$\begin{aligned} P' &= P + B_x M_x = (120 + 24) + 0.27 \times 24 \times 5 \\ &= 144 + 32.4 = 176.4\text{kip} \end{aligned}$$

现在，认为这个荷载是可以直接用于表 10.2 的轴向荷载。但是表中的值是根据弱轴 y 轴得到的，然而在这种情况下的弯矩是绕 x 轴的。因此要更精确地使用 P'要对比根据长细比 KL/r_x 计算的柱承载力。例如，如果直接使用表 10.2 查的荷载值 176.4，可以选择承载力为 180kip 的 W10×45 型钢。忽略弯矩的影响，根据 144kip 的荷载选择截面。这时可选择承载力为 154kip 的 W10×39 型钢。然而，这是根据弱轴得到的截面最小的柱。根据表 4.3，可查得这种型钢的 $A=11.5\text{in}^2$，$r_x=4.27\text{in}$。

现在计算

$$\frac{KL}{r_x} = \frac{16 \times 12}{4.27} = 44.96\text{，取 } 45$$

根据表 10.1，$F_a=18.78$ksi，根据 x 轴计算的容许轴向荷载为

$$P_x = F_aA = 18.78 \times 11.5 = 216\text{kip}$$

这个值同 P' 相比，并且关于 y 轴的表中荷载为 144kip，可得 W10×39 型钢是满足要求的。

尽管这种方法好像比较繁琐，但是使用 AISC 公式更繁琐。

当在两个轴上都有弯矩，像空间三维刚性框架中，必须使用由三部分组成的近似公式。在这种情况下，可以根据表 10.2 直接选择型钢。下面的例子说明了这一方法。

【例题 10.6】 使用12in的 W 型钢用作柱，条件如下：轴向荷载为 60kip，$M_x=40\text{kip}\cdot\text{ft}$，$M_y=32\text{kip}\cdot\text{ft}$，无支撑高度为 12ft。选择柱截面。

解：在表 10.2 中，查找 12in 中间范围内的 W 型钢，近似的弯矩系数 $B_x=0.215$ 和 $B_y=0.63$，因此可得

$$\begin{aligned}P' &= P + B_xM_x + B_yM_y \\ &= 60 + [0.215 \times (40 \times 12)] + [0.63 \times (32 \times 12)] \\ &= 60 + 103 + 242 = 405\text{kip}\end{aligned}$$

根据表 10.2，无支撑高度为 12ft，最轻的型钢是 W12×79，其容许荷载为 431kip，实际弯矩系数 $B_x=0.217$ 和 $B_y=0.648$。因为这个系数比假设的要大，必须重新验证所选的截面。因此可得

$$P' = 60 + [0.217 \times (40 \times 12)] + [0.648 \times (32 \times 12)] = 413\text{kip}$$

通过验证，这个选择仍然是满足条件的。

刚性框架中的柱主要以压弯柱为主。对于钢柱，这意味着在整个框架中使用的是两个方向都有梁并且两个方向上的梁都是刚接的柱，或者是在四个方向上都有梁刚接的内柱。

<u>习题 10.5.A</u> 使用 12in 的 W 型钢柱支承梁，如图 10.7 所示。根据以下条件选择柱截面：柱轴向荷载为 200kip，梁的反力为 30kip，无支撑高度为 14ft。

<u>习题 10.5.B</u> 柱轴向荷载 120kip，梁的反力为 24kip，无支撑高度为 18ft，其他条件同习题 10.5.A。

<u>习题 10.5.C</u> 使用 14in 的 W 型钢用作柱，其两轴均受弯矩，根据以下条件选择柱截面：轴向荷载为 160kip，$M_x=65\text{kip}\cdot\text{ft}$，$M_y=45\text{kip}\cdot\text{ft}$，无支撑高度为 16ft。

<u>习题 10.5.D</u> 轴向荷载为 200kip，$M_x=45\text{kip}\cdot\text{ft}$，$M_y=30\text{kip}\cdot\text{ft}$，无支撑高度为 12ft。其他条件同习题 10.5.C。

10.6 柱框架和连接

柱的连接细部必须考虑柱的形状和尺寸，其他框架的形状、尺寸和方位及节点的特殊结构功能。一些常见的轻型框架的简单连接形式如图 10.8 所示。通常使用焊缝、高强螺栓和预埋在混凝土或砌体中的锚栓连接。

当梁直接搁置在柱顶时［见图 10.8 (a)］，通常是在柱顶焊一承压板，再把梁的下翼缘用螺栓连接到承压板上。对于这种连接和其他连接，需要考虑哪一部分连接在工厂预制

和哪一部分连接在现场制作。在这种情况下，承压板可以在工厂焊在柱上（焊接适合工厂预制），梁可以现场连接（栓接适合现场制作）。在这种节点中，因为梁理论上可以承受直接压在柱顶上的力，所以板不发挥特殊的结构作用。但是板可以使现场装配更容易，并且也可以分散柱横截面上的压应力。

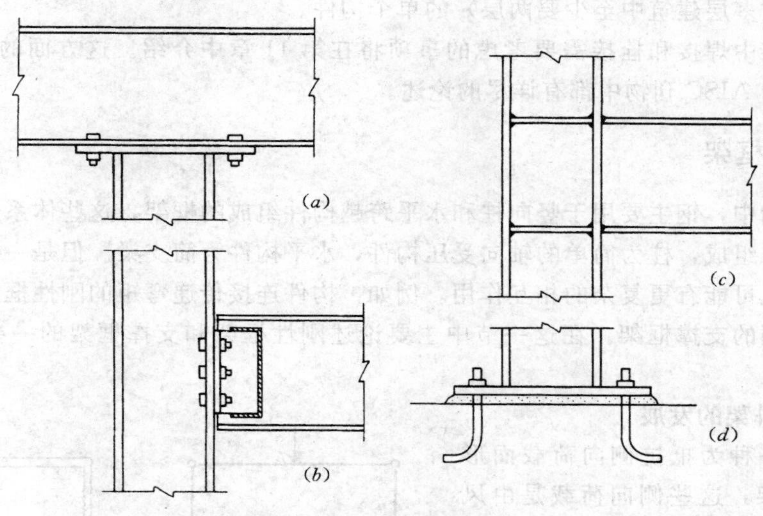

图 10.8　轻型荷载下的钢柱的典型构造细节

在很多情况下，梁必须连接在柱的一边。如果只要求传递竖向力，一般使用图 10.8 (*b*) 所示的节点，在这个节点中，使用一对角钢连接梁的腹板和柱面。当不同方向的框架在柱位置相交时，通过很小的变化，这种连接形式就可用于连接梁和柱的腹板。在后一情况下，角钢外伸的肢必须安装在柱翼缘之间，柱一般至少要用 10in 的 W 型钢柱——经常使用的 W 型钢柱为 10in、12in 和 14in。

如果在梁端和支承梁的柱之间要传递弯矩，一般是把梁翼缘的切割端直接焊接到柱面上，如图 10.8 (*c*) 所示。因为弯矩必须作用在柱的两个翼缘上而梁只直接连在一个翼缘上，所以经常使用填板来有效地传递梁的弯矩。这使得梁腹板仍然没有连接，由于梁腹板实际上承受梁的大部分剪力，所以还必须设置一些附加连接。虽然这种节点一直被广泛地应用于承受重力荷载和风荷载，但是最近由于其在地震作用下的性能较差和用于地震荷载时的精加工使得这种连接需要接受严格的检查。

柱底一般支承在混凝土墩或基础的顶部，主要考虑的问题是如何减小软混凝土上的压应力。钢柱可以承受大于或等于 20ksi 的压应力，而混凝土承受的抗力略大于 1000psi，所以必须扩大承压面积。据此，同时结合把柱固定在适当位置的实际情况，一般的解决办法是在柱底工厂焊接一钢承压板并安装在平钢板和粗糙混凝土面之间的填充材料上［见图 10.8 (*d*)］。这种连接形式对于轻型荷载是足够的。对于传递非常大的柱荷载，由于抗拔、抗弯或其他特殊原因，需要对这种节点进行较大的特殊修改。这些简单节点一直是最常用的形式。

在高层钢框架中，必须处理柱的拼接。所有的轧制厂对单个轧制构件的长度也都有一些限制。这也取决于处理最终轧制产品的实际条件。例如，一个非常小的 W 型钢，其 y 轴非常弱，若其长度过大，其自重就可能使其产生永久性弯曲。无论如何，在现场安装时，对构件的长度也有一些实际的限制。另一方面，所有节点的制作和安装费用都是相对较贵的。因此，具有最少节点的框架的费用是最低的。因此对于长柱，一般是使用尽可能长（在大多数多层建筑中至少要两层）的单个构件。

在钢框架中焊接和栓接需要考虑的事项将在第 11 章中介绍。这方面的内容在 AISC 手册和其他的 AISC 刊物中都有详尽的论述。

10.7 梁柱框架

建筑结构中，钢主要用于竖向柱和水平跨越构件组成的框架，这些体系通常如简单的梁柱布置那样组成，柱为简单的轴向受压构件，水平构件为简支梁。但是一些情况下，框架构件之间也可能有更复杂的相互作用。例如，构件连接传递弯矩的刚性框架和对角构件产生桁架作用的支撑框架。在这一节中主要论述刚性框架和支撑框架的一些性能和设计问题。

1. 刚接排架的发展

排架是一种为抵抗侧向荷载而形成的平面框架，这些侧向荷载是由风或地震作用产生的。如图 10.9（*a*）所示，三个构件铰接和柱底铰接形成了一个简单框架。从理论上讲，如果荷载和框架完全对称，这种框架在只有竖向荷载的情况下是稳定的。但是任何侧向（这种情况下是水平）荷载或甚至是竖向荷载稍微不平衡，整个框架就会倾倒。一种使之恢复稳定的方法是柱的顶部和梁端刚接，如图 10.9（*b*）所示。如果这样修正，竖向荷载作用下的框架变形如图 10.10（*a*）所示，图中表示出了梁和柱内形成的弯矩。如果框架承受侧向荷载，框架的变形将如图 10.10（*b*）所示。

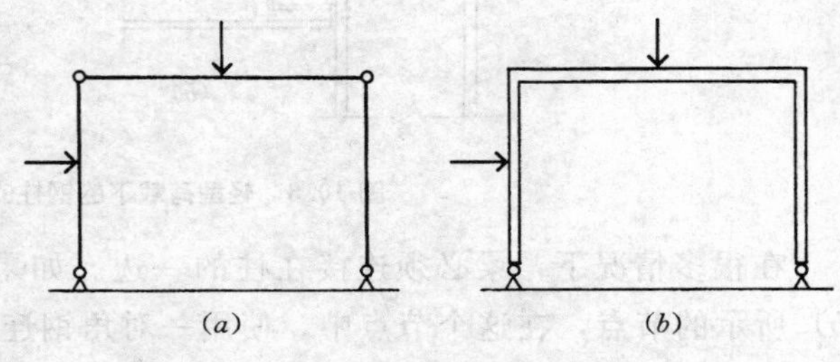

图 10.9 单跨钢框架

（*a*）所有节点铰接结构（典型的梁柱结构）；（*b*）梁柱刚接形成的刚性框架

尽管把这种框架转化为刚接排架的最初目的是为了实现侧向的稳定，但是该框架对竖向荷载的反应形式也不可避免地会发生改变。因此，图 10.9（*a*）所示框架中，在梁上有竖向荷载作用时，尽管当它们与梁连接在一起形成图 10.10（*b*）所示刚框架作用时还承受弯矩，但柱（无论稳定与否）只承受竖向的轴向荷载。在竖向和侧向荷载共同作用下的弯矩作用如图 10.10（*c*）所示。

2. 多层刚性框架

如图 10.9 所示的单跨刚性框架一般用于单层单跨建筑。但是刚接排架更多地使用于多层多跨建筑。图 10.11（*a*）所示是侧向荷载作用下两层两跨刚接排架的反应。

提示 框架中的所有构件受弯，这表明它们抵抗荷载作用。甚至仅一个构件受荷载作用，框架中的所用构件都会发生反应，如图 10.11（*b*）所示为荷载作用在一个梁上的结构反应。这是这种结构的主要性质。

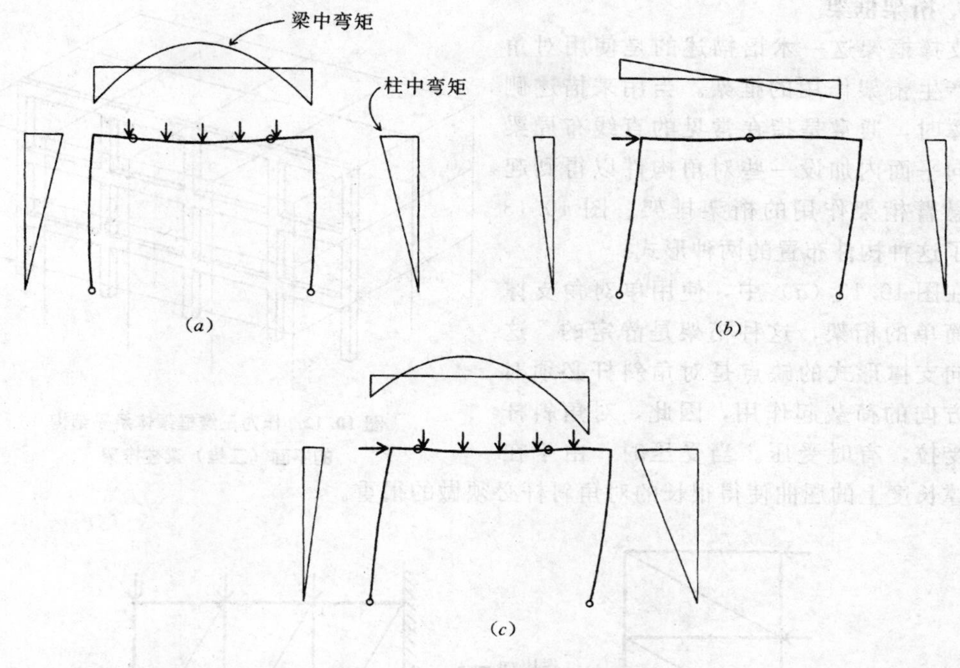

图 10.10　单跨刚性框架的反应

(a) 重力荷载作用；(b) 侧向荷载作用；(c) 重力和侧向荷载共同作用

在钢框架中，刚接连接经常为焊接。刚性这个术语用于结构时实际上是用于连接；暗示这个节点能够充分地抵制变形以阻止被连接构件相对其余构件的扭转。因为其他支撑框架（剪切板或桁架）抵抗侧向荷载的措施使得产生了更刚的结构，所以这个术语实际上并不能较好地描述框架抵抗侧向荷载的基本性质。

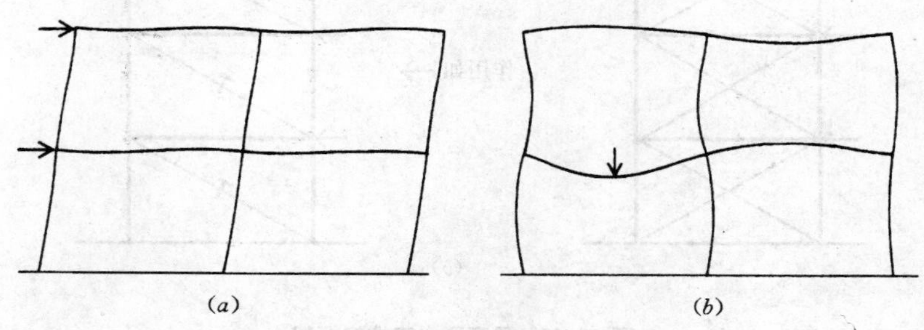

图 10.11　多层多跨刚性框架的反应

(a) 侧向荷载作用；(b) 在一个梁上作用竖向荷载

大多数多层建筑物的刚性框架是作为梁柱结构三维框架体系的一个子结构存在的，如图 10.12 所示。刚性框架一般是静力超静定的，对它们的分析和设计超出了本书的讨论范围。一些压力和弯矩共同作用的设计问题在第 10.5 节中已经讨论。因为刚性框架一般出现在混凝土结构中，所以更为完整的讨论将在第 15.4 节中。刚性框架的近似设计也将在第 25 章中说明。

3. 桁架框架

支撑框架这一术语描述的是使用对角构件产生桁架作用的框架。当用来描述侧向支撑时，通常是指在常见的直线布局梁柱竖向平面内加设一些对角构件以得到起竖向悬臂桁架作用的桁架排架。图 10.13 展示了这种构件布置的两种形式。

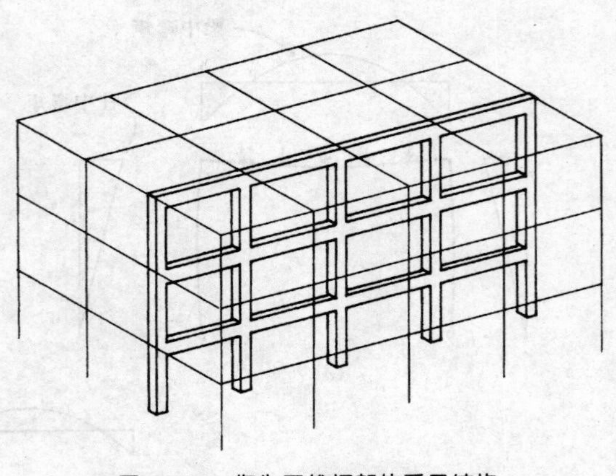

图 10.12 作为三维框架体系子结构的平面（二维）梁柱排架

在图 10.13（*a*）中，使用单对角支撑形成简单的桁架，这种桁架是静定的。这种侧向支撑形式的缺点是对角斜杆必须对两个方向的荷载起作用，因此，对角斜杆有时受拉，有时受压。当受压时，由于在无支撑长度上的屈曲使得很长的对角斜杆必须做的很重。

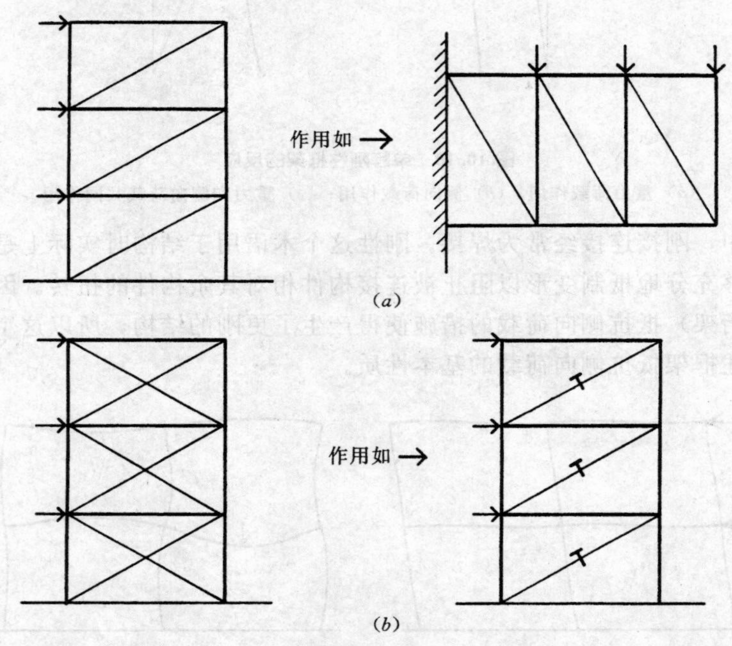

图 10.13 具有同心支撑的框架

（*a*）侧向荷载作用下悬臂作用的基本形式；（*b*）轻型 X 形支撑结构的假设极限状态

一种常用的桁架支撑布置称为 X 形支撑，如图 10.13（*b*）所示。这种体系的一种应用是使用非常细长的拉伸构件（有时甚至使用圆杆），每个单杆只在一个方向的荷载下受拉，假设其他杆在压力作用下发生轻微屈曲并忽略它的抵抗力。若假设前面的作用，即使理论上所有构件共同作用是超静定的，也可以使用简单的静力分析方法分析 X 形支撑结构。轻型 X 形支撑成功地应用于风支撑已有很多年。但是最近有关地震力的经验表明除非对角斜杆非常刚否则这种形式是不理想的。

单对角斜杆和双对角斜杆的一个共同的问题是它们占据了支撑的跨间，使得门窗的安装较为困难。这促使了弯头支撑和 K 形支撑的使用，这两种支撑在支撑跨间留出了较大的空间（见图 10.14）。但是也存在着柱和梁的弯曲及桁架和刚性框架的组合作用的问题。除非是高建筑物中较低的柱子，大多数情况下柱的弯曲是不允许的。V 形支撑和倒 V 形支撑（人字形支撑）使得弯曲只存在于运用弯曲设计的梁中。

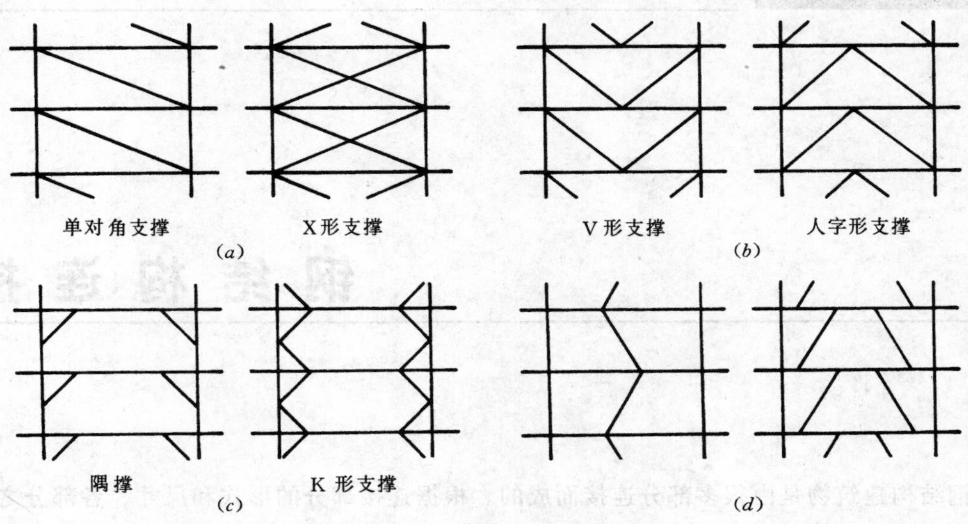

图 10.14　偏心支撑的常见形式
(*a*) 传统的中心支撑；(*b*) 半中心支撑；(*c*) 偏心支撑，梁-柱；(*d*) 偏心支撑，梁-梁

因为传统的桁架支撑构件的端部全部连接在梁柱的节点上（在节点处形成一集中力系），所以有时称为同心支撑。当一个或多个对角支撑构件端部连接在梁跨内或柱高度内时，这种形式的支撑称为偏心支撑，例如隅撑、K 形支撑、V 形支撑和人字形支撑就是偏心支撑。

至今为止，前面提及的所有的支撑形式都成功地应用于了风支撑。对于地震作用，动力的颠簸和力方向的快速反复使得除了 V 形支撑和人字形支撑外其他支撑都不理想。具有很大刚度构件的 X 形支撑是一个例外。现在使用的是倾斜支撑构件只在梁跨内连接的全偏心支撑。这种支撑被设计成弱连接，发生具有一定程度屈服的非弹性屈曲破坏，此结构体系非常适用于动力荷载情况。

第11章

钢结构连接

钢结构建筑物是由很多部分连接而成的。根据连接部分的形式和尺寸、各部分之间传递力的大小和连接材料的性质，连接的方法也有很大的改变。在建筑结构范围内，目前最基本的两种连接方法是电弧焊和高强螺栓，本章主要介绍这两种方法。

11.1 螺栓连接

钢结构构件经常是使用带有普通孔的平配件和在孔内安装一钉形构件连接在一起。在过去，这个钉形构件是铆钉，现在一般是螺栓。现在有很多种型号和尺寸的螺栓，这些螺栓用于很多种连接中。本章介绍一些建筑结构中使用的常见的栓接方法。

1. 螺栓连接的结构作用

图 11.1（*a*）和（*b*）所示的是两个钢板之间简单连接的平面和剖面图，连接的作用是从一个板向另一个板传递拉力。虽然这是一个传递拉力的连接，但是因为连接装置（螺栓）的工作方式是受剪［见图 11.1（*c*）］，所以也把这种连接称为抗剪连接。对于结构连接，现在这种节点形式一般是通过所谓的高强螺栓实现的，高强螺栓是一种通过可控制的方式拉紧以提高栓杆屈服应力的特殊螺栓。对于使用这种螺栓的连接，必须考虑多种可能的破坏形式，包括以下几种。

（1）螺栓剪切。在图 11.1（*a*）和（*b*）所示的连接中，螺栓的破坏形式是螺栓横截面中的剪应力发展到一定程度发生的滑移（剪切）破坏。螺栓的抗力可用容许剪应力 F_v 乘以螺栓的横截面面积表示，即

$$R = F_v \times A$$

在知道螺栓尺寸和钢材等级的情况下，就可以很容易地确定这个极限值。在有些连接形式中，螺栓需要的剪切可能不止一次。这是图 11.1（*f*）所示的连接的情况，为使得连

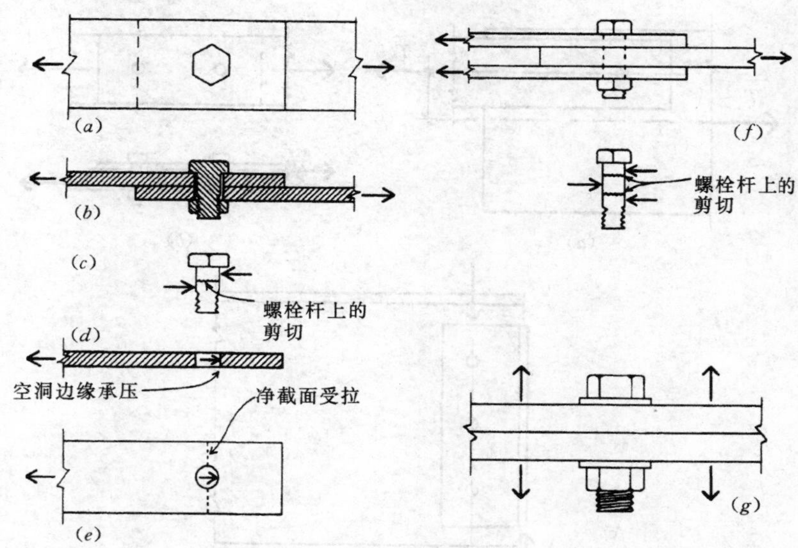

图 11.1　螺栓连接的作用

接破坏螺栓必须被剪两次。当螺栓只在一个截面上受剪时［见图 11.1（*c*）］，这种情况称为单剪；当在螺栓上有两个截面受剪时［见图 11.1（*f*）］，这种情况称为双剪。

（2）承压。如果螺栓拉力（由于螺母的拉紧而产生）相对较小，螺栓主要作为匹配孔中的钉子起作用，孔边缘会承压，如图 11.1（*d*）所示。当螺栓直径较大或螺栓是由强度很高的钢制成时，被连接构件必须做的足够厚才能充分发挥螺栓的承载力。AISC 规范规定的这种情况下的最大容许压应力为 $F_p=1.5F_u$，其中 F_u 为制成有洞的连接构件的钢材的极限抗拉强度。

（3）被连接构件的净截面拉力。对于图 11.1 所示的连接板，板中的拉应力将在螺栓孔位置的横截面内达到最大值。对于抗拉，这个被减少的截面称为抗拉的净截面。尽管这是关键应力位置，但这里可能在被连接构件并没有严重的变形的情况下屈服，因此，净截面的容许应力是根据钢板的极限强度而不是屈服强度确定的。正常情况下这个值取 $0.5F_u$。

（4）螺栓拉力。即使图 11.1（*a*）和（*b*）所示的抗剪（抗滑移）连接是常见的形式，一些连接中也使用螺栓抵抗拉力，如图 11.1（*g*）所示。对于螺纹螺栓，最大的拉应力出现在螺纹的净截面上。然而如果螺栓杆（不削弱截面）达到屈服应力，螺栓也会有很大的延长。虽然应力是可以计算的，但是螺栓的抗拉能力要根据破坏性试验得出的数据确定。

（5）连接中的弯曲。只要有可能，螺栓连接总是被设计成关于外力对称布置。但这并不是总能这样设计，因为连接除了承受直接的力作用，还要承受由荷载导致的弯矩或扭矩而产生的扭转。这种情况的例子如图 11.2 所示。

在图 11.2（*a*）中两构件通过螺栓连接，但是两个板排列的方式并不是使拉力直接在板中传递。这样可能会使螺栓产生扭转效应，扭矩等于拉力和不共线板的偏心矩的乘积。单个螺栓的剪力也会因扭矩的作用而提高。当然，板端部也受扭。

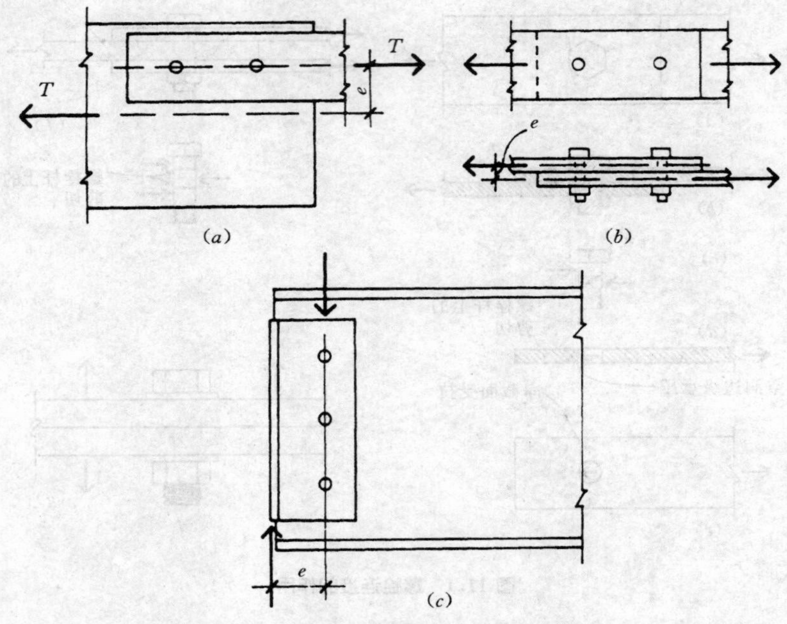

图 11.2 螺栓连接中弯曲的产生

图 11.2（b）所示为单剪连接，同图 11.1（a）和（b）一样。当从上面俯视时，这种连接中的构件好像是在一条直线上；但是侧面表明单剪连接的基本性质就是这种连接内在的扭转作用。这种扭转影响随着板厚的增加而提高。对于钢结构来说，由于其连接构件一般相对较薄，所以这一般不是很严重的；但是对于木结构的连接，这种连接形式是不利的。

图 11.2（c）所示为使用一对角钢连接的梁端的侧视图。如图所示，角钢连接在两肢之间的梁腹板上，并且另外的两肢向外连接在柱或其他梁腹板的平面上。梁上的竖向荷载（梁腹板的剪力）通过腹板和角钢连接件（图中所示为螺栓）传给角钢。然后这个荷载在扭转面上由角钢传递给支承。设计这些连接时必须考虑这些影响。

（6）被连接构件的滑移。被拉紧的高强螺栓对平板具有很强的压紧作用，类似于如图 11.3（a）所示的情况。结果使得在滑动面上产生很大的摩擦力，这是剪切型连接中最基本的抵抗力形式。只要不发生滑移，螺栓的剪力、压力甚至是净截面的拉力都不会发生。因此，对于使用荷载，这是一般的抗力形式，并且使用高强螺栓的连接被认为是一种非常刚的连接形式。

（7）块剪断。螺栓连接的一种可能破坏形式是被连接构件的边被撕裂。这种破坏形式被称为块剪断破坏。图 11.3（b）和（c）表示的是两个板之间的连接可能发生的这种破坏形式。这种情况下的破坏是剪力和拉力共同作用下产生撕裂的形式。总的撕力是根据产生两种形式破坏的总和计算的。净截面上的容许应力规定为 $0.5F_u$，其中 F_u 为钢材的极限抗拉强度。剪切面上的容许应力规定为 $0.3F_u$。在边距、孔距和孔直径已知的情况下，拉力和剪力的净宽可以确定，其宽度乘以出现撕裂的板厚可得到一个面积。然后这个面积乘以适当的应力就可以得到总的抗撕力。如果这个力大于连接的设计荷载，说明撕裂问题是不严重的。

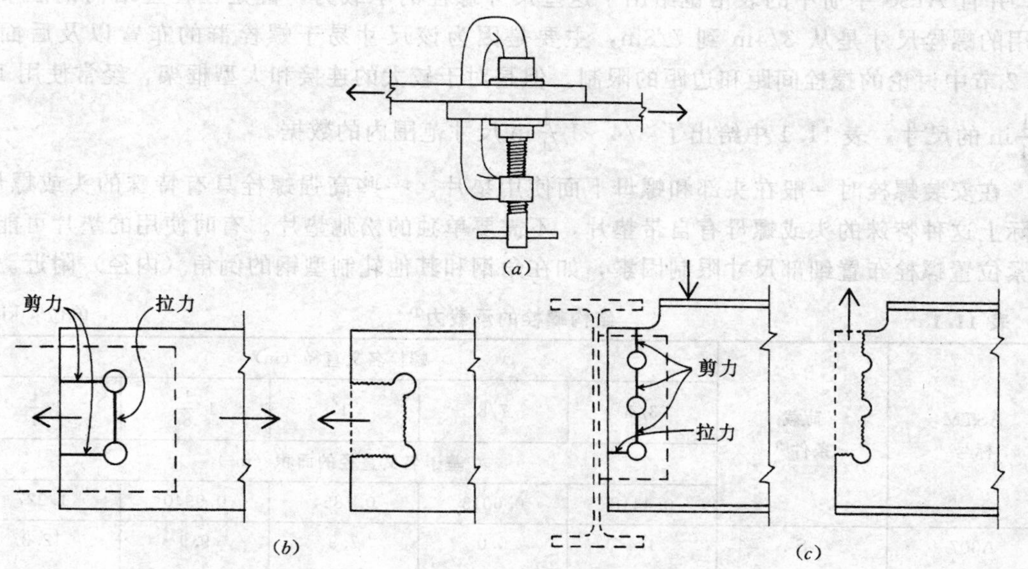

图 11.3　螺栓连接的特殊作用

(a) 高度拉紧螺栓压紧作用的抗滑移性质；(b) 螺栓连接的撕裂破坏，剪力和拉力共用作用下被连接材料的破坏；(c) 栓接梁连接中的撕裂破坏

发生撕裂的另外一种可能情况是一支承在另一梁上的框架梁的端部，并且支承梁的顶部和被支承梁在同一水平线上。被支承梁的上翼缘端部必须被切掉以使得梁腹板能够伸到支承梁翼缘面上。在使用螺栓连接时可能发生撕裂情况。

我们必须分析每种螺栓连接存在的特别的关键性的条件。很多不确定的因素会导致很多种可能的情况。但是一些非常普遍的情况反复出现，所以试验和经验可用于大多数一般情况的设计。

2. 螺栓的类型

用于钢结构构件连接的螺栓有两种基本类型。标有 A307 的螺栓，称为粗制螺栓，在结构螺栓中具有最低的承载力。拉紧这种螺栓的螺母仅仅是为了保证连接部分滑合座的安全；因为较低的抗滑移能力，加上为了实际装配方便使用的过大尺寸的螺栓孔，所以在产生全部抵抗力时存在一定的滑动。这种螺栓一般不用于主要连接，特别是在动荷载或反复荷载作用下，连接滑动或松弛是一个主要问题。但是这种螺栓广泛应用于框架安装期间的临时连接。

标有 A325 或 A490 的螺栓称为高强螺栓。拉紧这种螺栓的螺母能够产生相当大的拉力，这种拉力在两被连接部分之间产生了很大的摩擦阻力。这种螺栓不同的安装标准会产生不同的强度等级，一般这和破坏的极限状态有关。

当在剪切型连接上施加荷载时，螺栓的承载力取决于连接中剪力作用的产生。单个螺栓的抗剪承载力用 S 表示单剪［见图 11.1 (c)］或用 D 表示双剪［见图 11.1 (f)］。表

11.1 给出了结构螺栓的抗拉和抗剪承载力。这些螺栓的直径尺寸范围是从 5/8in 到 $1\frac{1}{2}$in，并且 AISC 手册中的表格也给出了这些尺寸螺栓的承载力。但是在轻型结构钢框架中常用的螺栓尺寸是从 3/4in 到 7/8in，主要是因为该尺寸易于螺栓群的布置以及后面第 11.2 节中讨论的螺栓间距和边距的限制。但是对于较大的连接和大型框架，经常使用 1～$1\frac{1}{4}$in 的尺寸。表 11.1 中给出了 3/4～$1\frac{1}{4}$in 尺寸范围内的数据。

在安装螺栓时一般在头部和螺母下面使用垫片。一些高强螺栓具有特殊的头或螺母，实际上这种特殊的头或螺母有自带垫片，不需要单独的松弛垫片。有时使用的垫片可能是拉紧位置螺栓布置细部尺寸限制因素，如在角钢和其他轧制型钢的倒角（内径）附近。

表 11.1　　结构螺栓的承载力①　　单位：kip

ASTM 标号	荷载条件②	螺栓名义直径（in）				
		3/4	7/8	1	$1\frac{1}{8}$	$1\frac{1}{4}$
		基于名义直径的面积（in^2）				
		0.4418	0.6013	0.7854	0.9940	1.227
A307	S	4.4	6.0	7.9	9.9	12.3
	D	8.8	12.0	15.7	19.9	24.5
	T	8.8	12.0	15.7	19.9	24.5
A325	S	7.7	10.5	13.7	17.4	21.5
	D	15.5	21.0	27.5	34.8	42.9
	T	19.4	26.5	34.6	43.7	54.0
A490	S	9.7	13.2	17.3	21.9	27.0
	D	19.4	26.5	34.6	43.7	54.0
	T	23.9	32.5	42.4	53.7	66.3

① 滑移临界状态：假设连接中不存在弯曲，并且连接材料的压力不起决定性作用。

② S表示单剪，D表示双剪，T表示受拉。

资料来源：在出版者美国钢结构协会的允许下，根据《钢结构手册》（参考文献 3）改编。

对于给定直径的螺栓，为了发展螺栓全部的抗剪能力，连接板需要满足最小厚度。这一厚度取决于螺栓和孔边之间的压应力，容许压应力为 $F_p=1.5F_u$。这个应力极限可根据螺栓或栓接部分的钢材确定。

有时钢杆被用作锚栓或拉杆。当在拉力荷载作用下，承载力一般由螺纹上被减小后的截面应力确定。有时拉杆的端部会被墩粗使得端部直径比杆中间大。当在墩粗的端部上刻螺纹时，螺纹处的净截面面积和未墩粗杆的毛截面面积是相等的，因此杆的承载力不会减小。

11.2 螺栓连接需要考虑的因素

1. 螺栓连接的布置

螺栓连接的设计一般要考虑被连接结构构件上螺栓孔布置的一些因素。本节中的资料介绍了在螺栓连接设计中必须考虑的一些基本因素。在一些情况下，连接实现的难易程度也会影响连接构件形式的选择。

图 11.4（*a*）所示的是两排平行放置的螺栓的布置形式。螺栓的尺寸（名义直径）限

制了这种布置的两个基本尺寸。第一个是螺栓的中心间距，一般称为螺距。AISC 将这个尺寸的绝对极小值限制为螺栓直径的 $2\frac{2}{3}$ 倍。但是在本书中使用的是建议的最小值，取螺栓直径的 3 倍。

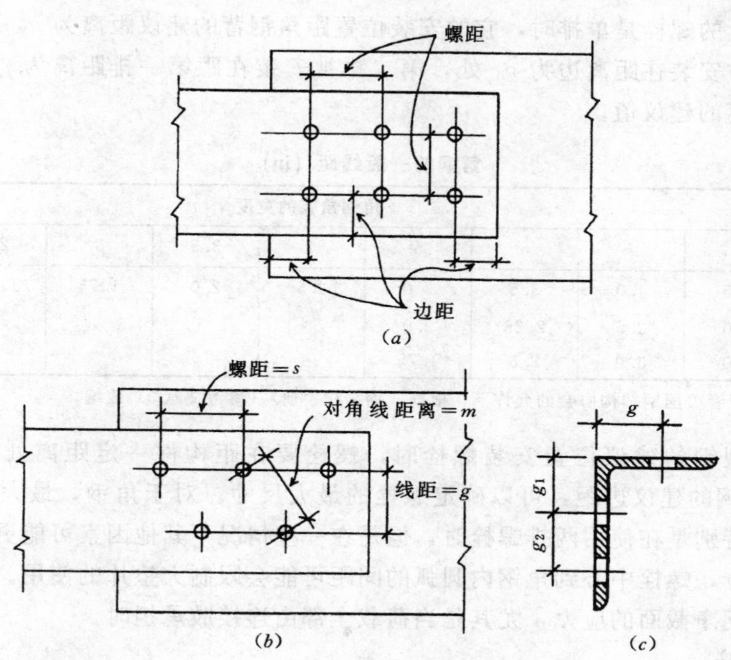

图 11.4　螺栓连接需要考虑的事项

(a) 螺距和端距；(b) 螺栓间距；(c) 角肢的线距

第二个关键性的尺寸是边距，这个距离是螺栓的中心线到有螺栓洞的最近边的距离。根据螺栓的尺寸和边的性质，对边距也有明确的限制，边的性质指边是轧制边还是切割边。边距也被块剪断中的边撕裂条件所限制。

对一般钢结构中使用的螺栓，表 11.2 给出了螺距和边距的建议极限值。

表 11.2　螺栓的螺距和边距

铆钉或螺栓直径 d (in)	冲孔或钻孔的最小边距 (in)		中心螺距 (in)	
	剪切边	型钢和板的轧制边、气切割边①	最小建议值 $2.667d$	最小建议值 $3d$
0.625	1.125	0.875	1.67	1.875
0.750	1.25	1.0	2.0	2.25
0.875	1.5②	1.125	2.33	2.625
1.000	1.75②	1.25	2.67	3.0

① 当孔位置的应力不超过被连接构件容许应力的 25%时，可能减小 0.125in。

② 梁端部的连接角钢可能为 1.25in。

资料来源：在出版者美国钢结构协会的允许下，根据《钢结构手册》(参考文献 3) 改编。

在一些情况下，螺栓可能是平行排的交错布置［见图 11.4 (b)］。在这种情况下，必须考虑对角间距（在图中用 m 标识）。对于交错的螺栓，沿排方向的间距一般被称为螺距，排之间的距离被称为线距。有时交错螺栓排之间的距离（线距）比螺栓的最小距离还要小。但是在有孔的钢构件中，交错的螺栓孔可能产生更小的拉应力净截面。

螺栓线的定位一般与被连接结构构件的尺寸和类型有关。安装在角钢角肢或 W、M、S、C 型钢和 T 形钢的翼缘上的螺栓尤其如此。图 11.4（*c*）所示的是角钢角肢上的螺栓布置。当角肢上的螺栓是单排时，它的安装位置距角钢背的建议距离为 g。当使用两排螺栓时，第一排被安装在距离边为 g_1 处，第二排被安装在距第一排距离为 g_2 处。表 11.3 给出了这些距离的建议值。

表 11.3　　　　角钢的一般线距（in）

线　距	角钢角肢的宽度								
	8	7	6	5	4	3.5	3	2.5	2
g	4.5	4.0	3.5	3.0	2.5	2.0	1.75	1.375	1.125
g_1	3.0	2.5	2.25	2.0					
g_2	3.0	3.0	2.5	1.75					

资料来源：在出版者美国钢结构协会的允许下，根据《钢结构手册》（参考文献 3）改编。

当在轧制型钢的建议位置安装螺栓时，螺栓要在距构件一定距离处结束。根据表 11.2 给出的型钢的建议边距，可以确定螺栓的最大尺寸。对于角钢，最大紧固件可能受边距的限制，特别是在使用两排螺栓时，但是在一些情况下其他因素可能更重要。在需要使用垫片的地方，螺栓中心到角钢内圆弧的间距可能会限制大垫片的使用。另一个需要考虑的因素是角钢净截面的应力，尤其是当荷载全部由连接肢承担时。

2. 拉力连接

当受拉构件的横截面被削弱时，我们必须考虑两种应力分析。具有螺栓或螺杆孔的构件属于这种情况。对于有孔的构件，在削弱截面上的容许拉应力为 $0.5F_u$，其中 F_u 为构件的极限抗拉强度。我们必须将削弱截面（也称净截面）的总抗力和未削弱截面上的容许应力 $0.6F_y$ 做比较。

对于带螺纹的钢筋，螺纹上的最大容许拉应力为 $0.33F_u$。对于钢螺栓，容许应力是根据螺栓的类型规定的。表 11.1 给出了三种同类型不同尺寸螺栓的抗拉承载力。

对于 W、M、S、C 型钢和 T 形钢，拉力连接一般不是按照截面所有部分都连接（例如，W 型钢的翼缘和腹板）的方式连接，在这种情况下，AISC 规范给出的有效净截面 A_e 的计算公式为

$$A_e = C_1 A_n$$

式中　A_n——构件的实际净截面面积；

　　　C_1——折减系数。

除非较大的折减系数能够通过试验验证，否则按下列规定取值：

（1）对于翼缘宽度不小于高度的 2/3 的 W、M、S 型钢和由这些型钢制成的结构 T 形钢，当在翼缘上连接并且应力方向上每排不少于 3 个螺栓时，$C_1 = 0.90$。

（2）对于不满足前面条件的 W、M、S 型钢和由这些型钢制成的结构 T 形钢，应力方向上每排不少于 3 个螺栓时，$C_1 = 0.85$。

（3）对于应力方向上每排只有两个紧固件的所有构件，$C_1=0.75$。

用于拉伸构件的角钢一般只在肢上连接。在保守的设计中，有效净截面面积只是连接肢的有效净截面面积，小于由螺栓孔产生的折减面积。铆钉和螺栓孔的直径要比紧固件的名义直径大。冲孔损坏了孔周边的一小部分钢材，因此，在计算净截面时，孔的直径比紧固件名义直径大⅛in。

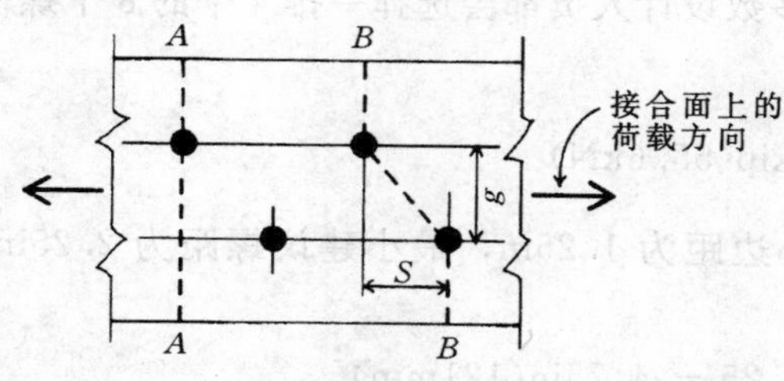

图 11.5　螺栓连接中连接件净截面面积的确定

在只有一个孔［见图 11.1］或沿应力方向只有一排紧固件的情况下，其中一个板的净截面面积等于板厚乘以净宽（构件宽度减去孔直径）。

当沿应力方向的两排孔交错时，净截面的计算有所不同。AISC 规范规定：一链孔以对角或 Z 字形线穿过构件的情况下，构件的净宽等于毛截面宽度减去这条线上所有孔的直径，链中的线距等于 $s^2/4g$。其中，s 为纵向间距（螺距）或任意相邻孔之间的距离，单位为 in；g 为相同两孔的横向间距（线距），单位为 in。

根据各线上的最小净宽可求得构件最小净截面面积。

AISC 规范规定净截面面积决不能超过毛截面的 85%。

11.3　螺栓连接设计

前面几节中提到的问题在下面设计例题中说明。在处理数据之前，必须先分析一些这种连接一般需要考虑的事项。

如果使用的是摩擦型螺栓，连接构件的表面必须平整光滑。如果使用的是高强螺栓，要根据 ASTM 规范的特殊规定确定螺栓。AISC 规范（参考文献 3）中有一些使用这种连接的一般要求。包括如下几条：

（1）在每个连接中至少必须有两个螺栓。

（2）使用 ASD 法，所有连接的设计荷载最小值为 6kip。

（3）对于桁架，连接的承载力不得小于被连接构件承载力的 50%。

尽管实际的设计问题可能只包括相应紧固件类型的确定和连接构件所需强度，但下面的例题中包含了上面提到的所有问题。

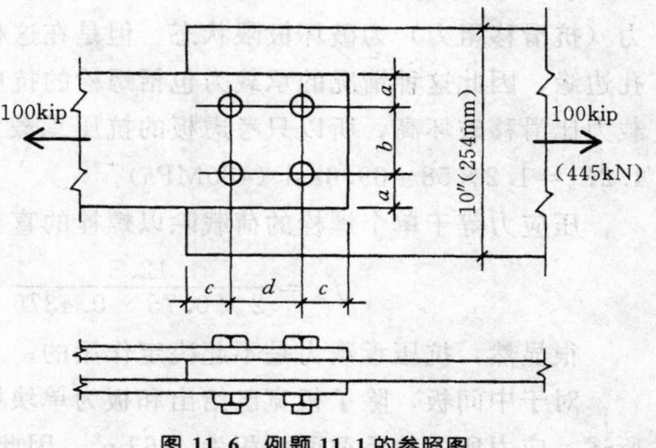

图 11.6　例题 11.1 的参照图

【例题 11.1】　一连接如图 11.6 所示，一对窄板把大小为 100kip（445kN）的拉力传递给一个 10in（254mm）宽的板。所有钢板都是 A36 钢，$F_y=36$ksi（250MPa），$F_u=58$ksi（400MPa），用两排 3/4in 的 A325 螺栓连接。使用表 11.1 和表 11.2 中的数据确定所需的螺

栓个数、窄板的宽度和厚度、宽板的厚度和连接布置。

解：根据表 11.1，双剪中单个螺栓的承载力为 15.5kip (69kN)。因此，连接所需的螺栓个数为

$$n=\frac{100}{15.5}=6.45,\text{取 } n=7$$

虽然在连接中可以布置 7 个螺栓，但是大多数设计人员都会选择一排 4 个的 8 个螺栓对称布置。因此，单个螺栓承受的荷载为

$$P=\frac{100}{8}=12.5\text{kip}(55.6\text{kN})$$

根据表 11.2，对于¾in 的螺栓，切割边的最小边距为 1.25in，最小建议螺距为 2.25in。因此窄板所需的最小宽度为（见图 11.6）

$$w=b+2a=2.25+2\times1.25=4.75\text{in}(121\text{mm})$$

如果间距有严格的限制，窄板的实际宽度可以取这个值。对于此例子，使用的宽度是 6in。检验板毛截面的应力，其中容许应力为 $0.6F_y=0.6\times36=21.6$ksi。所需的面积为

$$A=\frac{100}{21.6}=4.63\text{in}^2(2987\text{mm}^2)$$

宽度为 6in 时，所需的厚度为

$$t=\frac{4.33}{2\times6}=0.386\text{in}(9.8\text{mm})$$

这样允许使用的最小厚度为 7/16in (0.4375in) (11mm)。下一步是检验净截面上的应力，其容许应力为 $0.5F_u=0.5\times58=29$ksi (200MPa)。为了计算，建议取孔的直径比螺栓直径大至少 1/8in。这里允许实际的超出尺寸（一般是 1/16in）和孔边的粗糙造成的损失。因此，假设孔的直径为 7/8in (0.875in)，净宽为

$$w=6-2\times0.875=4.25\text{in}(108\text{mm})$$

净截面的应力为

$$f_t=\frac{100}{2\times0.4375\times4.25}=26.9\text{ksi}(185\text{MPa})$$

因为这个值比容许应力低，所以窄板是满足拉应力的。

表 11.1 中螺栓承载力是根据滑移极限状态确定的，这种极限状态假设螺栓的摩擦阻力（抗滑移阻力）为破坏极限状态。但是在这种储备破坏模型中板的滑动允许螺栓接触到孔边缘，因此这种情况的承载力包括螺栓的抗剪承载力和板的抗压承载力。螺栓的抗剪承载力比滑移破坏高，所以只考虑板的抗压承载力。对于这种情况，AISC 规范规定，$F_p=1.2F_u=1.2\times58=69.6$ksi (480MPa)。

压应力等于单个螺栓的荷载除以螺栓的直径和板厚。所以对于窄板，其压应力为

$$f_p=\frac{12.5}{2\times0.75\times0.4375}=19.05\text{ksi}(131\text{MPa})$$

很显然，抗压承载力是不起决定作用的。

对于中间板，除了板宽已给出和板为单块板，其他的计算过程和前面是一样的。同前所述，应力所需的毛截面面积为 4.63in²，因此宽为 10in 的板所需的板厚为

$$t=\frac{4.63}{10}=0.463\text{in}(11.8\text{mm})$$

这表明要使用厚为 1/2in（13mm）的板。

对于中间板，净截面的宽度为

$$w=10-2\times0.875=8.25\text{in}(210\text{mm})$$

净截面上的应力为

$$f_t=\frac{100}{8.25\times0.5}=24.24\text{ksi}(167\text{MPa})$$

这个值同前面确定的容许应力为 29ksi（200MPa）相比是满足要求的。

中间板的孔边缘压应力为

$$f_p=\frac{12.5}{0.75\times0.50}=33.3\text{ksi}(230\text{MPa})$$

这个值是小于前面计算的容许应力 69.6ksi。

除了第 11.3 节中叙述的螺栓布置限制，AISC 规范规定了沿荷载方向的螺栓最小间距为

$$\frac{2P}{F_ut}+\frac{D}{2}$$

沿荷载方向上的最小边距为

$$\frac{2P}{F_ut}$$

式中　D——螺栓直径；

P——单个螺栓传给连接构件的力；

t——连接构件的厚度。

此例题中，对于中间板，最小边距为

$$\frac{2P}{F_ut}=\frac{2\times12.5}{58\times0.5}=0.862\text{in}(22\text{mm})$$

这个值比表 11.2 中的 3/4in、切割边的螺栓边距 1.25in 小得多。

对于最小间距，则有

$$\frac{2P}{F_ut}+\frac{D}{2}=\frac{2\times12.5}{58\times0.5}+\frac{0.75}{2}=0.862+0.375=1.237\text{in}(22\text{mm})$$

这个值是不重要的。

最后，必须考虑在板端部块剪切破坏（见图 11.7）时两个螺栓撕裂的可能性。由于外侧板总厚度比中间板的厚度大，所以这个连接的中间板是决定性的板。图 11.7 所示的撕裂情况，包括图中一个标有 1 的受拉截面和两个标有 2 的受剪截面。对于受拉截面，净宽为

$$w=3-0.875=2.125\text{in}(54\text{mm})$$

容许拉应力为

$$F_t=0.5F_u=0.5\times58=29\text{kis}(200\text{MPa})$$

对于两个受剪面，净宽为

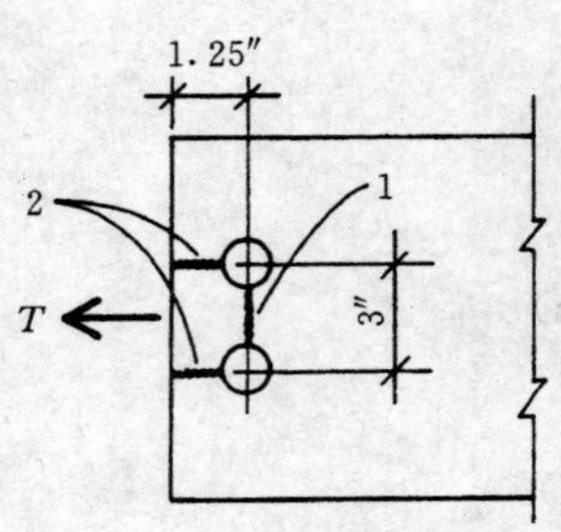

图 11.7 例题 11.1 中的撕裂

$$w = 2 \times \left(1.25 - \frac{0.875}{2}\right) = 1.625\text{in}(41.3\text{mm})$$

剪力下的容许剪应力为

$$F_v = 0.30F_u = 0.30 \times 58 = 17.4\text{ksi}(120\text{MPa})$$

因此，总的抗撕裂力为

$$T = (2.125 \times 0.5 \times 29) + (1.625 \times 0.5 \times 17.4)$$
$$= 44.95\text{kip}(205\text{kN})$$

因为这个值大于端部两个螺栓的合力（25kip），所以这个板对于在块剪断中的撕裂是不重要的。

这个连接布置的俯视图和侧面视图如图 11.8 所示。

关于螺栓应力和构件的压力被连接构件之间传递压力的连接在本质上是一样的。被连接构件中净截面上的应力是不可能起决定性作用的，这是因为由于在柱的屈曲作用下使得受压构件的设计应力较低。

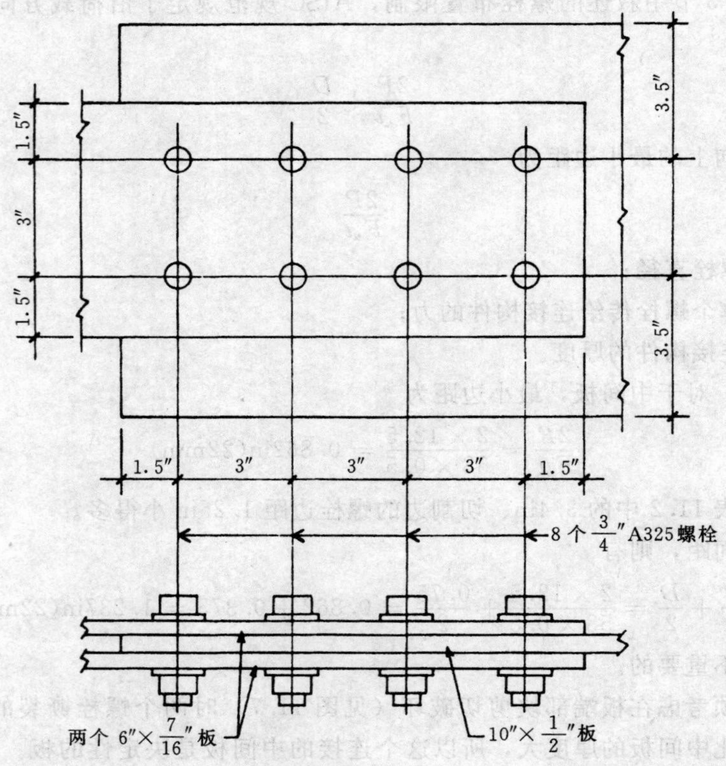

图 11.8 例题 11.1 的解决方法

习题 11.3.A 一螺栓连接形式如图 11.6 所示，使用 7/8in 的 A490 螺栓传递 150kip（667kN）的拉力且钢板都是 A36 钢。外钢板宽 8in（200mm），中间钢板宽 12in（300mm）。如果布置两排螺栓，求所需板的厚度和螺栓个数。画出最终的连接布置图。

习题 11.3.B 除外板宽 9in 和螺栓布置三排外，其他的条件同习题 11.3.A。

11.4　螺栓框架连接

把钢结构构件连接成结构体系会产生很多种不同情况，这取决于被连接构件的形式、连接件的类型和构件之间所传递的力的性质和大小。图 11.9 所示的是用于连接轧制型钢柱和梁的一些常用连接。

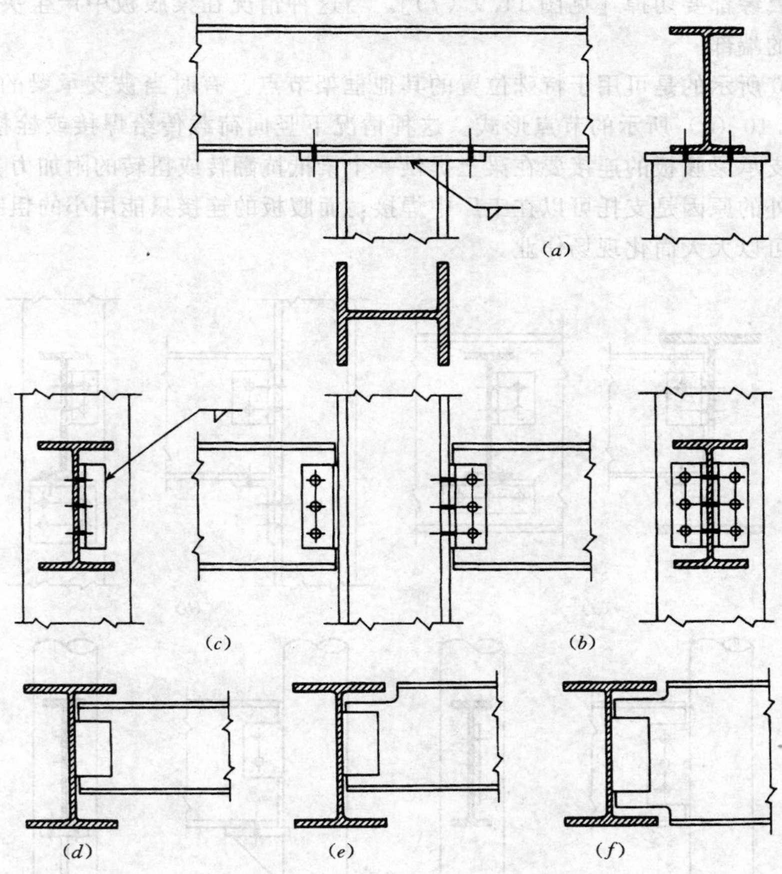

图 11.9　轧制型钢制成的轻型钢结构中的典型螺栓框架连接

在图 11.9（*a*）所示的连接中，钢梁通过放置在焊接于柱顶钢板上的简单方式连接在支承柱上。在这种情况下，如果被传递的力只是梁端的竖向反力，螺栓不承受荷载。在这种情况下可能要考虑梁腹板的局部屈曲。这是一种使用粗制螺栓的情况。

图 11.9 中的其他节点说明了梁的端部反力通过梁的腹板传给支座的情况。一般来说，这是一种比较合适的传递力的形式，因为梁腹板一般是用来抵抗梁端的竖向剪力。最一般的连接形式是使用一对角钢［见图 11.9（*b*）］。这种连接形式最常见的两个例子是钢梁连接在柱的一侧［见图 11.9（*b*）］或连接在另一个梁的一侧［见图 11.9（*d*）］。如果柱的高度能够为角钢提供足够的空间，梁也可以连接到 W 型钢柱的腹板上。

这种连接可供选择的另一种形式如图 11.9（*c*）所示，图中一单角钢被焊接在柱的一侧而梁腹板栓接在角钢的一肢上。因为这种不均衡的连接会产生一些扭矩，所以这种连接一般只适合梁荷载很小的情况。当两个相互交叉的梁必须保持顶部在同一水平面时，被支承梁的上翼缘端部必须切掉，如图 11.9（*e*）所示。因为这样会带来额外的费用并且会减小腹板的抗剪能力，所以如果有可能应该尽量避免这种情况。但是，一般要使梁的顶面成一个平面以简化框架顶部板的安装。甚至最坏的情况是两个梁具有同样的高度，并且被支承梁的两个翼缘都要切掉［见图 11.9（*f*）］。当这种情况在梁腹板中产生决定性剪力时，需要加强梁的端部。

图 11.10 所示的是可用于特殊位置的其他框架节点。有时当被支承梁的高度较小时，可使用图 11.10（*a*）所示的节点形式。这种情况下竖向荷载传给焊接或栓接在支承梁上的支托。与支承梁腹板的连接要在梁上提供一个梁抵抗翻转或扭转的附加力。这种节点经常使用的另外的原因是支托可以在工厂中焊接，而腹板的连接只能用小的粗制螺栓在现场连接，这样可以大大简化现场作业。

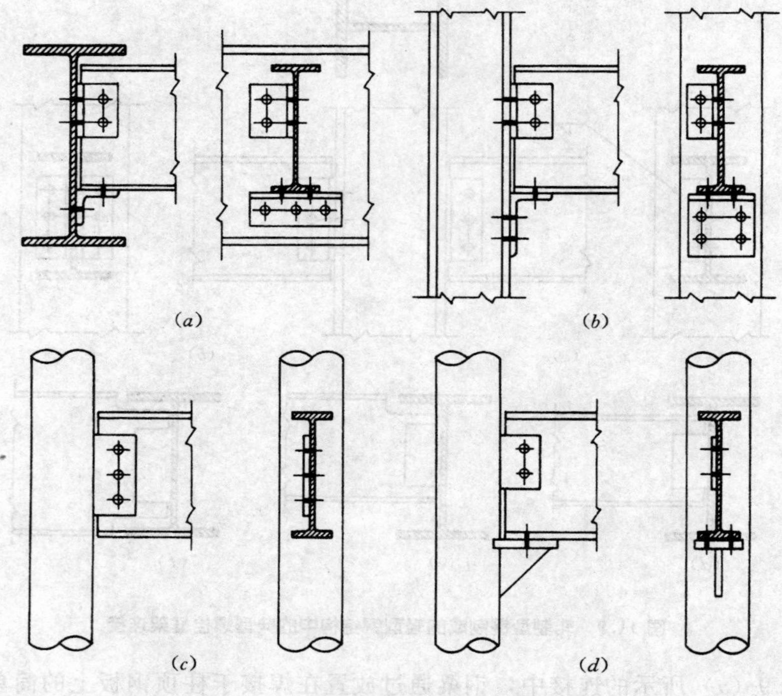

图 11.10　特殊情况的螺栓连接

图 11.10（*b*）所示的是梁和柱之间的类似连接。对于较大的梁荷载，支托角钢可用一个加强板支承。如果和柱连接需要的螺栓多于四个，这一构件的另一形式是使用两块板而不是角钢。

图 11.10（*c*）和（*d*）所示的连接一般用于支承梁圆形钢管或方形钢管。因为图 11.10（*c*）中的不均衡连接会在梁中产生扭矩，所以当梁荷载较大时，支托连接是有利的。

框架连接通常在一个连接中包括焊缝和螺栓。一般来说，焊缝易于在工厂加工，而螺栓易于在现场安装。如果这一习惯得到认可，则连接必须考虑整个制作和安装过程，且要确定什么地方采用什么样的连接。然而对于最好的设计，工程的承包商对这些方案可以有意见并且可以建议对细部构造进行改变。

在具有大量连接节点的结构中，连接细部是特别关键的。桁架就属于这种结构。

框架梁连接

图 11.9（*b*）和图 11.11（*a*）所示的连接形式经常用于 I 形钢梁和 H 形钢柱组成的框架结构中。这种连接被称为框架梁连接。对于这种连接，有以下几点设计时需要考虑的事项。

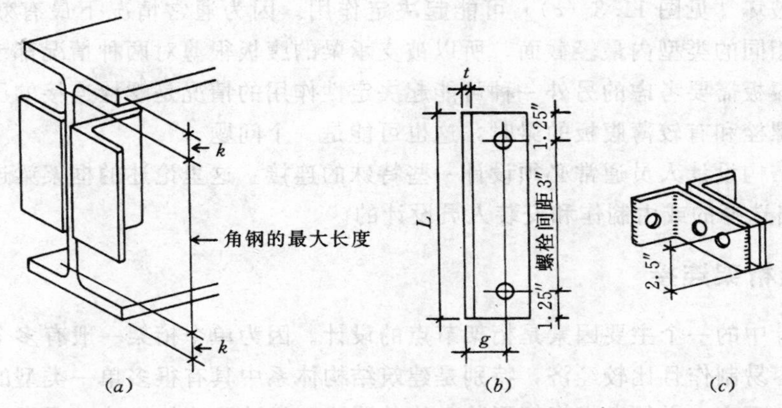

图 11.11　使用中间角钢的轧制型钢框架梁连接

（1）紧固件类型。角钢通过焊缝或几种结构螺栓被紧固在被支承梁和支座上。最常见的情况是在工厂用焊缝把角钢焊接到被支承梁腹板上，在现场（安装现场）用螺栓把角钢连接在支座（柱边或支承梁腹板）上。

（2）紧固件的个数。如果使用螺栓，要考虑在被支承腹板上使用的螺栓个数，这个数目是在角钢的伸出肢上所用螺栓的两倍。因为腹板上的螺栓是双剪而其他螺栓是单剪，这样它们的承载力是相匹配的。对于较小的梁和较轻的荷载，一般来说，角钢肢也较窄，宽度正好满足容纳单排螺栓的要求，如图 11.11（*b*）所示。但是对于较大的梁和较重的荷载，要使用较宽的肢以容纳两排螺栓。

（3）角钢的尺寸。角钢的肢宽和肢厚取决于紧固件的尺寸和荷载的大小。伸出肢的宽度取决于可以使用的空间，特别是在与柱腹板连接时。

（4）角钢的长度。角钢的长度必须能够满足容纳螺栓数量的要求。螺栓的标准布置如图 11.11 所示，螺栓的螺距为 3in，边距为 1.25in。这种布置能容纳直径为 1in 的螺栓。而且角钢长度也受可使用的梁腹板高度的限制（也就是说，梁腹板平直部分的全长）[见图 11.11（*a*）]。

AISC 手册（参考文献 3）提供了常用连接构件设计的很多资料。这些资料包括螺栓连接和焊缝连接。连接的初步设计被制成表格并且与荷载大小和梁（主要是 W 型钢）的尺寸（主要是高度）相匹配。

虽然对用于给定梁的框架连接的最小尺寸没有明确的限制，但是一般规定是角钢的长度至少为梁高的一半。这一规定表明，对大多数构件，要保证最小稳定性以防止梁端的抵抗扭转效应（见第 9.5 节的论述）。

对于高度很小的梁，使用图 11.11（*c*）所示的特殊连接形式。不管荷载情况，只根据角钢的稳定性，梁腹板中的角钢肢必须能容纳两排螺栓（每排一个螺栓）。

对这些连接要考虑许多的结构效应。特别是在图 11.2（*c*）的连接中出现的不可避免的弯曲。这种扭转作用的弯矩力臂就是角钢肢的线距，在图 11.2（*b*）中用 g 表示。这是选择相对较窄的角钢肢的原因。

当被支承梁和其他梁连接时，如果被支承梁的上翼缘被切掉，这时净截面上的竖向剪力或块剪断破坏［见图 11.3（*c*）］可能起决定作用。因为通常情况下最有效的截面一般是名义尺寸相同的类型内最轻截面，所以被支承梁的腹板很薄对两种情况都十分不利。

对薄梁腹板需要考虑的另外一种可能起决定性作用的情况是螺栓连接的压应力。同时选择较大的螺栓和有较薄腹板的梁时，这也可能是一个问题。

一般的结构设计人员通常必须设计一些特殊的连接。这里论述的框架梁连接大多是根据 AISC 表格选择的或由制作和安装人员设计的。

11.5 螺栓桁架连接

桁架设计中的一个主要因素是桁架节点的设计。因为单个桁架一般有多个节点，所以节点应比较容易制作且比较经济，特别是建筑结构体系中具有很多单一类型的桁架。就节点的连接设计而言，必须考虑桁架形状、构件形式和尺寸及连接方法（通常为焊接或高强螺栓连接）。

在大多数情况下，在加工车间中连接的最好方法是焊接。桁架一般是在工厂被加工成尽可能大的单元，这个单元可以是一般跨度的整个桁架或能够运输的最大尺寸单元。螺栓连接经常用于现场连接。对于小的桁架，螺栓一般只用于支座和支撑构件。对于大的桁架，螺栓也用于连接工厂制作单元的拼接点。所有的这些连接必须考虑其余建筑结构的性质、现场的特殊位置及当地制作和安装人员的经验。

轻钢桁架的两种连接形式如图 11.12 所示。在图 11.12（*a*）中，桁架构件是一对双角钢，钢节点板被连接在构件上以形成节点。对于上弦杆和下弦杆，角钢一般是连续通过节点，这样可以减少所需的连接件的数量和切断的角钢数量。对于一般尺寸的平行弦杆桁

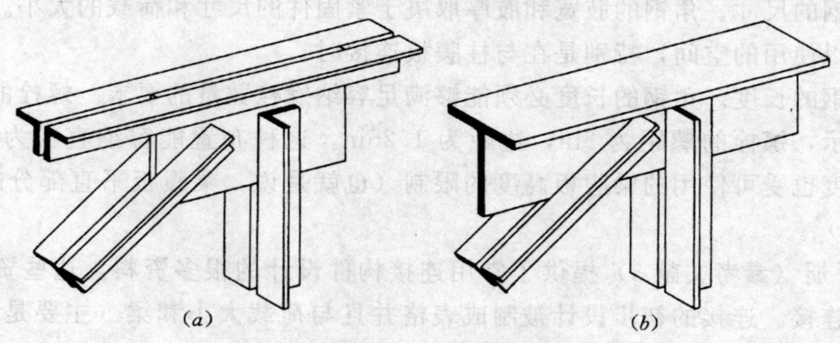

图 11.12 轻钢桁架的普通框架节点

（*a*）双角钢弦杆和使用节点板的节点；（*b*）T 形钢弦杆

架，有时弦杆使用 T 字形钢，内部构件可直接连接在 T 字形钢的腹板上［见图 11.12（*b*）］。

图 11.13 所示的是轻质屋面桁架上的几个节点的布置，使用的体系如图 11.12（*a*）所示。在过去，这种形式一般用于支承大坡度的屋面，很多小跨度的桁架在工厂用单个构件装配，通常使用铆钉连接。现在这种形式的桁架也使用焊接或高强螺栓连接，如图 11.13 所示。

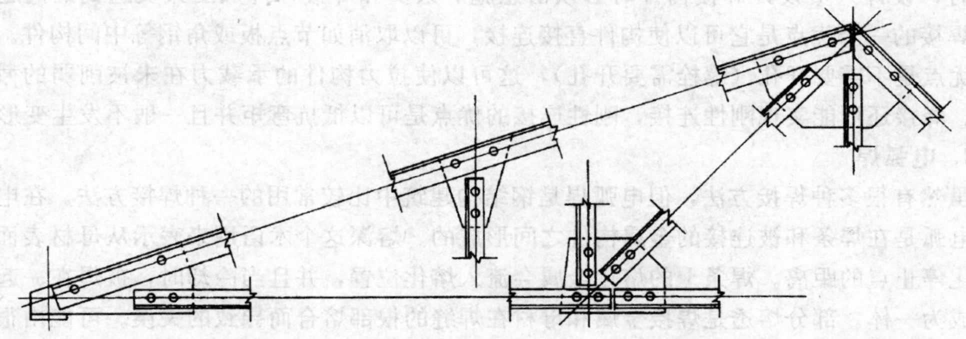

图 11.13　用双角钢桁架构件同节点板栓接而成的轻钢桁架的典型形式

图 11.13 所示的桁架设计包括以下几方面需要考虑的事项：

（1）桁架构件尺寸和荷载的大小。这一考虑因素主要基于根据单个连接件的承载力确定的所需连接件（螺栓）的尺寸和类型。

（2）角钢肢尺寸。这与所使用螺栓的最大直径有关，取决于角钢的线距和最小边距（见表 11.3）。

（3）节点板的轮廓尺寸和厚度。最好的选择是总的结构重量最轻（主要是因为钢材的价格是按磅计算），这是通过把板减小到最小厚度和最小尺寸来实现的。

（4）节点的构件布置。一般是让所有的力的作用线（成排的螺栓）交汇于一点，以避免节点的扭曲。

提及的很多点是根据数据确定的。螺栓的最小边距（见表 11.2）和角钢的线距（见表 11.3）是相匹配的。构件的力与表 11.1 中螺栓的承载力是相关的，通常希望螺栓数目最少的原因是为了使得节点板的尺寸较小。

其他事项包括节点细部操作中的一些判断或技巧。对于紧密或复杂的节点，有必要用大比例的布置图分析节点形式。构件端部和节点板的实际尺寸和形式可能源于这些图。

图 11.13 所示桁架具有一般小桁架的一些特点。所有的构件端部只用两个螺栓连接，这是规范规定的最少数目，表明所选择的螺栓具有足够的能力抵抗所有构件中的力。在支座和顶点之间的上弦杆节点处，上弦杆构件在节点处是连续（不切断）的。一般情况下可得到的构件长度比在桁架中节点到节点之间距离要大，同时在节点的制作中可以节省费用。

如果在建筑物中只使用一个或很少的图 11.13 所示的桁架，制作可以如图所示。但是如果使用很多这样的桁架或桁架是被加工成的标准产品，则更易用焊接方法以使得在现场连接时只需很少的螺栓。

11.6 焊缝连接

在一些情况下，焊缝也是一种可以选择的结构连接方式，其他的主要的选择是结构螺栓。一般情况下，连接件（承压板、框架角钢等）是在工厂中焊接在一个构件上然后在现场用螺栓连接到另一构件上。然而很多不同形式的节点无论是在工厂制作，还是在施工现场制作都完全是焊接。对于一些情况，可能焊接是节点连接的唯一合理形式。当在别的情况下时，设计人员设计焊接构件时必须留意施焊人员和焊接构件加工人员遇到的问题。

焊接的一个优点是它可以使构件直接连接，可以取消如节点板或角钢等中间构件。另外一个优点是不需要开孔（螺栓需要开孔），这可以使拉力构件的承载力在未被削弱的截面上发展。焊接还可能实现刚性连接，刚性连接的优点是可以抵抗弯矩并且一般不发生变形。

1. 电弧焊

虽然有很多种焊接方法，但电弧焊是钢结构建筑中比较常用的一种焊接方法。在电弧焊中，电弧是在焊条和被连接的金属构件之间形成的。熔深这个术语用来表示从母材表面到金属熔化停止点的距离。焊条上的熔化金属会流入熔化位置，并且当冷却时，被焊在一起的构件会成为一体。部分熔透是焊接金属和母材在焊缝的根部熔合而导致的失误。可能由很多原因造成，因此这种不完全熔合产生的焊缝质量劣于完全焊透的焊缝（称为全熔透焊缝）。

2. 焊缝连接

焊缝连接有三种连接形式：对接、T 形连接和搭接。这三种不同的连接形式如图 11.14 所示。当两构件连接时，构件的端部或边缘不一定是准备好焊接的。本书不讨论连接细节和它们的用途及限制。

一般用于钢结构建筑中的焊缝是角焊缝。这种焊缝在横截面上近似是三角形并且是在被连接构件的交叉面上形成的［见图 11.14（*c*）、（*f*）和（*g*）。如图 11.15（*a*）所示，角焊缝的尺寸是最大内接等腰直角三角形的焊角长度 *AB* 或 *BC*。角焊缝焊接深度是从根部到内接于焊缝横截面的最大等腰直角三角形的斜边的距离，如图 11.15（*a*）中的 *BD*。

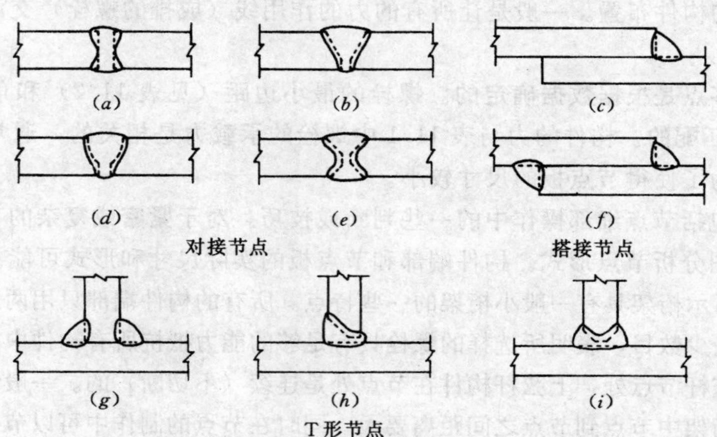

图 11.14 焊缝连接的一般形式

（*a*）平头接缝节点；（*b*）单 V 形开槽节点；（*c*）单向焊缝搭接节点；（*d*）单 U 形开槽节点；（*e*）双 V 形开槽节点；（*f*）双角焊缝搭接节点；（*g*）平头 T 形节点；（*h*）单斜槽节点；（*i*）双斜槽节点

焊缝的外表面不是如图 11.15（*a*）所示的平表面，而一般是有些凸起，如图 11.15（*b*）所示。因此，实际的角焊缝焊接深度比图 11.15（*a*）所示的要大。这些附加材料被称为焊缝凸量。这部分不包含在焊缝强度之内。

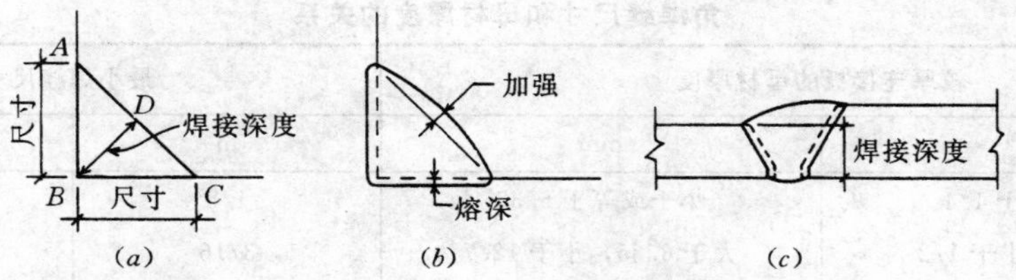

图 11.15　焊缝的尺寸

3. 角焊缝的应力

如果焊缝尺寸［见图 11.15（*a*）中的尺寸 *AB*］为一个单位长度，焊缝的焊接深度［见图 11.15（*a*）中的尺寸 *BD*］为

$$BD=\frac{\sqrt{1^2+1^2}}{2}=\frac{\sqrt{2}}{2}=0.707$$

因此角焊缝的焊接深度等于角焊缝的尺寸乘以 0.707。例如，考虑一个 1/2in 的角焊缝，焊缝的 *AB* 或 *BC* 等于 1/2in。根据前面的公式，焊缝的焊接深度应该是 $0.5\times0.707=0.3535$in。然后如果焊接深度上容许的单位剪应力为 21ksi，则 1/2in 角焊缝单位长度的容许工作强度为 $0.3535\times21=7.42$kip/in。如果容许的单位应力为 18ksi，角焊缝单位长度的容许工作强度为 $0.3535\times18=6.36$kip/in。

在前面一段中提到的容许单位应力是 E70XX 型和 E60XX 型焊条与 A36 钢上形成的焊缝的容许单位应力。特别需要注意的是，不管荷载的方向如何，实际上考虑的角焊缝的应力是焊缝焊接深度上的剪应力。表 11.4 给出了不同尺寸角焊缝的容许工作强度，表中的值四舍五入到 0.10kip。

被连接构件（母材）的容许应力适用于在平行于焊缝轴方向上承受拉力或压力，或垂直焊缝有效焊接深度方向上承受拉力的全熔透剖口焊缝。母材的容许应力也适用于在垂直于焊缝有效焊接深度方向上承受压力和在有效焊接深度方向上承受剪力的全熔透或部分熔透的剖口焊缝。因此，对接焊缝的容许应力和母材相同。

表 11.4　　角焊缝的安全工作荷载

焊缝尺寸 (in)	容许荷载（kip/in）		容许荷载（kN/m）		焊缝尺寸 (mm)
	E60XX 型焊条	E70XX 型焊条	E60XX 型焊条	E70XX 型焊条	
3/16	2.4	2.8	0.42	0.49	4.76
1/4	3.2	3.7	0.56	0.65	6.35
5/16	4.0	4.6	0.70	0.81	7.94
3/8	4.8	5.6	0.84	0.98	9.52
1/2	6.4	7.4	1.12	1.30	12.7
5/8	8.0	9.3	1.40	1.63	15.9
3/4	9.5	11.1	1.66	1.94	19.1

表 11.5 给出了角焊缝的尺寸和母材最大厚度的关系。厚 1/4in 或更厚的板或截面直角边缘角焊缝的最大尺寸应该比边缘的名义厚度小 1/16in。沿母材边缘小于 1/4in 厚，最大尺寸等于母材厚度。

表 11.5　　角焊缝尺寸和母材厚度的关系

较厚连接板的母材厚度		最小焊缝尺寸	
in	mm	in	mm
小于或等于 1/4	小于或等于 6.35	1/8	3.18
大于 1/4，小于 1/2	大于 6.35，小于 12.7	3/16	4.76
大于 1/2，小于 3/4	大于 12.7，小于 19.1	1/4	6.35
大于 3/4	大于 19.1	5/16	7.94

对接焊缝和角焊缝的有效面积等于焊缝的有效长度乘以焊缝有效焊接深度。角焊缝的最小有效长度不应该小于焊缝尺寸的 4 倍。焊弧的起点和终点要分别加上一段近似等于焊缝尺寸的距离，这两段距离加上角焊缝的设计长度等于焊缝的总长度。

图 11.16（*a*）表示的是通过角焊缝连接的两块板。标有 *A* 的焊缝是纵向焊缝，标有 *B* 的焊缝是横向焊缝。如果在图示箭头方向上施加荷载，在纵向焊缝上的应力分布是不均匀的，而在横向焊缝上的应力每单位长度上大约高出 30%。

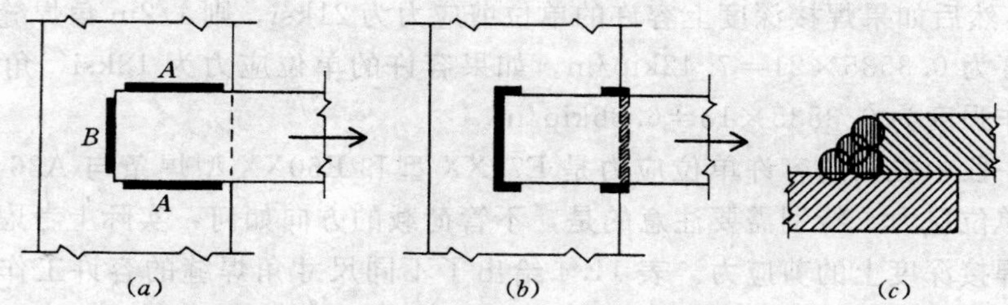

图 11.16　钢构件搭接的焊缝

如图 11.16（*b*）所示，如果焊缝转过角的长度不小于焊缝尺寸的两倍，在构件端部终止的横向角焊缝就具有附加强度。端部周边焊接（有时也称环焊）能够提供相当大的抵抗力来阻止焊缝被撕裂的趋势。

1/4in 被认为是角焊缝的最小实用尺寸，5/16in 可能是焊缝通过单焊层能够获得的最经济尺寸。如果是在同一焊层上，小的连续焊缝一般要比大的不连续焊缝经济。一些规范把单焊层角焊缝尺寸限制在 5/16in。大的焊缝需要两个或更多的焊条焊层（多层焊缝），如图 11.16（*c*）所示。

11.7　焊缝连接的设计

给定条件的合适焊缝取决于很多因素。为此，被焊接的构件在焊接过程中必须稳定地固定，为了这一点，必须架设一些临时连接装置。在施工现场，需要设置完整的临时安装连接装置，尽管这些装置通常在焊接完成后是多余的。

现在，一般在工厂中使用自动焊。而在施工现场，大多数还是“手工焊”，并且节点细部必须使用手工焊。

下面的例子用来说明一些普通连接中的简单角焊缝设计。

【例题 11.2】　一A36钢板，截面尺寸为 3in×7/16in（76.2mm×11mm），用 E70XX 焊条焊在一槽钢背后，使得钢板的完全抗拉强度得以发展。确定所需的角焊缝尺寸（见图 11.17）。

解：这种情况下的容许拉应力为 0.6F_y，因此可得

$$F_a = 0.6 f_y = 0.6 \times 36 = 21.6\text{ksi}(149\text{MPa})$$

板的抗拉承载力为

$$T = F_a A = 21.6 \times 3 \times 0.4375 = 28.35\text{kip}(126\text{kN})$$

焊缝要有足够的尺寸抵抗这个力。

实际的焊缝尺寸为 3/8in，根据表 11.5 查得焊缝强度值为 5.6kip/in。因此，发展板的强度所需的焊缝长度为

$$L = \frac{28.35}{5.6} = 5.06\text{in}(129\text{mm})$$

在焊缝的起点和终点分别加上一个等于焊缝尺寸的最小距离，取焊缝的实际长度为 6in。

图 11.17 所示的是焊接三种可能的布置。图 11.17（a）是将总的焊缝平均分为两部分。由于焊缝有两个起点和终点，应使用一些附加长度，在每边使用 4in 的焊缝是足够的。

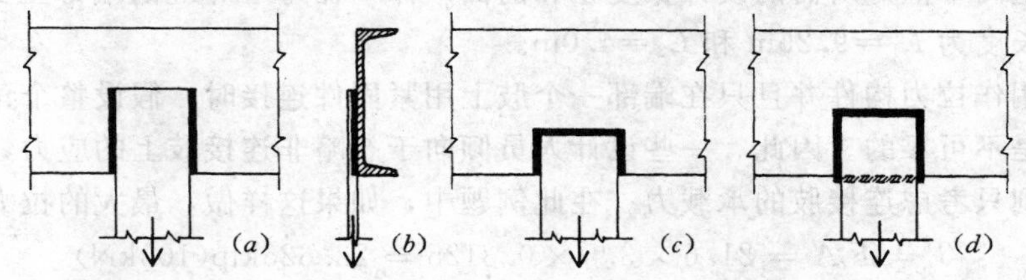

图 11.17　不同的焊缝连接形式

图 11.17（c）中的焊缝有三部分，在板端部的焊缝长度为 3in。剩下的另外 3in 分到板的两边——每边为 2in 的焊缝以保证总长为 3in 的有效焊缝。

图 11.17（a）和图 11.17（c）中两种焊缝布置都不能较好地抵抗不对称节点上的扭曲作用。为了提供这种作用，如果选择这些焊缝形式中的一种，大多数设计人员会增加一些附加焊缝。较好的焊缝形式如图 11.17（d）所示，在板的背面，板与槽钢的角点之间设置一道焊缝。这道焊缝可用作图 11.17（a）或图 11.17（c）的附加焊缝。后面的这道焊缝主要只起稳定作用，不直接承受所施加的拉力。

从这可以看出，焊缝连接设计不只包括计算，还有一些设计人员个人（此例题中指作者）的判断。

【例题 11.3】　一承受拉力荷载的 $3\frac{1}{2}$in×$3\frac{1}{2}$in×$\frac{5}{16}$in（89mm×89mm×8mm）的 A 36角钢通过角焊缝连接到板上。使用 E70XX 焊条。确定发展角钢全部抗拉强度的角焊缝尺寸。

解：根据表 4.5，查得角钢的横截面面积是 $2.09in^2$（$1348mm^2$）。最大容许拉应力为 $0.6F_y=0.6\times36=21.6$ksi（150MPa），因此，角钢的抗拉承载力为

$$T=F_tA=21.6\times2.09=45.1\text{kip}(200\text{kN})$$

对于厚度为 5/16in 的角钢，最大的焊缝尺寸为 1/4in。根据表 10.5，焊缝的承载力为 3.7kip/in，所需的焊缝总长度为

$$L=\frac{45.1}{3.7}=12.2\text{in}(310\text{mm})$$

这个总长度可以分到角钢的两边之间。然而，假设角钢中拉力作用在形心上，拉力荷载在两边的分配不相等。因此，一些设计人员倾向于使两个焊缝的长度成比例以便与其在角钢中的位置相对应，于是使用下述过程。

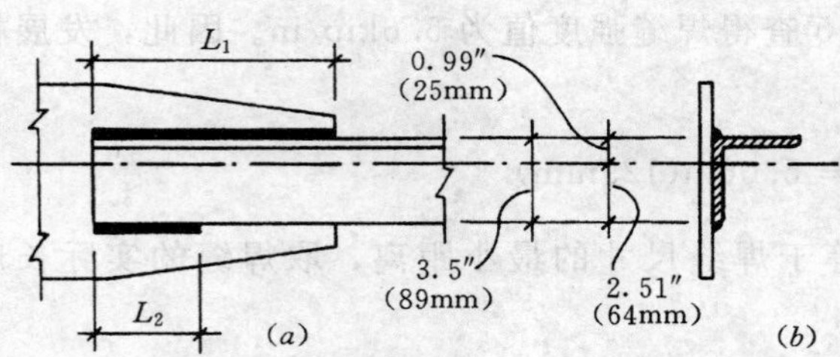

图 11.18 例题 11.3 的焊缝连接形式

根据表 4.5，角钢形心到角钢肢背的距离为 0.99in。参照图 11.18 所示的两焊缝长度，它们的长度应该和到形心的距离成反比。因此可得

$$L_1=\frac{2.51}{3.5}\times12.2=8.75\text{in}(222\text{mm})$$

$$L_2=\frac{0.99}{3.5}\times12.2=3.45\text{in}(88\text{mm})$$

注意：这两个值是所需的设计长度，和前面一样，在每道焊缝的端部至少加¼in。所以，合理的长度为 $L_1=9.25$in 和 $L_2=4.0$in。

当角钢用作拉力构件并且只在端部一个肢上用紧固件连接时，假设整个角钢截面上应力均匀分布是不可靠的。因此，一些设计人员倾向于忽略非连接肢上的应力，并把构件的承载力限制到只考虑连接肢的承载力。在此例题中，如果这样做，最大的拉力应该减小为

$$T=F_tA=21.6\times3.5\times0.3125=23.625\text{kip}(105\text{kN})$$

所需的焊缝总长度为

$$L=\frac{23.625}{3.7}=6.39\text{in}(162\text{mm})$$

然后把这个长度平均分到两边。再增加一个两倍焊缝尺寸的附加长度，每边的具体长度将为 3.75in。

<u>习题 11.7.A</u> 为发展角钢全部的抗拉强度，4in×4in×1/2in 的 A36 角钢，使用 E70XX 焊条焊接到板上。使用 3/8in 的角焊缝，假设拉力在角钢全截面上发展，计算角钢两边焊缝的设计长度。

<u>习题 11.7.B</u> 除角钢为 3in×3in×3/4in，使用 E60XX 焊条及 5/16in 的焊缝外，其他条件同习题 11.7.A。

<u>习题 11.7.C</u> 假设拉力只在角钢连接肢上发展，重新设计习题 11.7.A 的焊缝连接。

<u>习题 11.7.D</u> 假设拉力只在角钢连接肢上发展，重新设计习题 11.7.B 的焊缝连接。

第12章

轻型钢结构

很多结构构件是由钢板制成的。轧制形成的构件必须是热软化的，而那些钢板产品的制作一般不加热。因此，这些构件一般称为冷成型产品。因为它们一般是由薄板制成的，所以也称为轻型钢产品。

12.1 轻型钢产品

图 12.1 所示是几种普通轻型钢产品的截面形式。大型的波形板或有凹槽的板广泛地应用于墙板和屋面及楼面的结构板［见图 12.1（*a*）］。很多厂商都生产这些产品，并且相关的结构性能资料可以直接从厂商获得。结构板的一般资料也可从钢板协会（参考文献

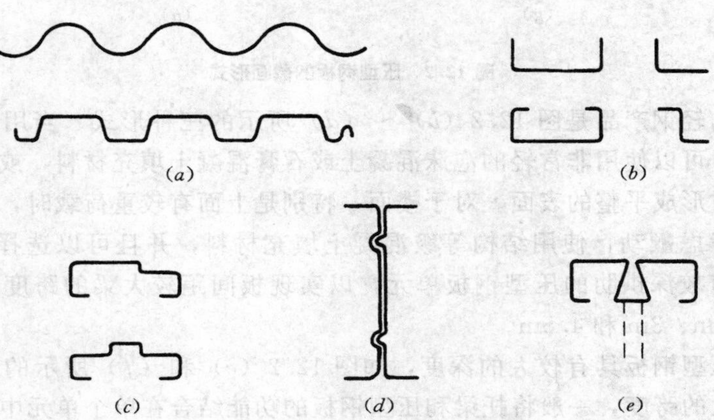

图 12.1 普通冷成型钢产品的截面形式

（*a*）墙板和压型钢板；（*b*）轻钢框架构件；（*c*）门窗框架；（*d*）成型的结构框架制品；（*e*）轻钢桁架弦杆

8）获得。

冷成型钢范围包括简单的 L、C、U 形［见图 12.1（*b*）］和各种结构体系，如门窗框架［见图 12.1（*c*）］中使用的特殊形式。有些建筑结构几乎可以全部使用冷成型产品。美国钢铁学会出版的《冷成型钢结构设计手册》（Cold - Formed Steel Design Manual）叙述了冷成型构件的设计。

尽管一些冷成型钢板构件可用作结构体系的一部分，但是这些产品主要用于如隔墙、窗间墙、吊顶和门窗框架的结构框架。在大型建筑物中，由于安全防火要求阻止了木材在这种结构中的使用，于是非易燃的钢产品被广泛地使用。

12.2 压型钢板

由薄板制成的压型钢板被生产成各种形式，如图 12.2 所示。最简单的一种是波形板，如图 12.2（*a*）所示。它可用作商业建筑墙面和屋面的全部表面，更多地应用于组合板或其他形式的夹层板。作为结构板，简单的波形板被用于短跨结构，结构等级混凝土填充料有效地充当跨越板，钢板主要用于混凝土的成型。

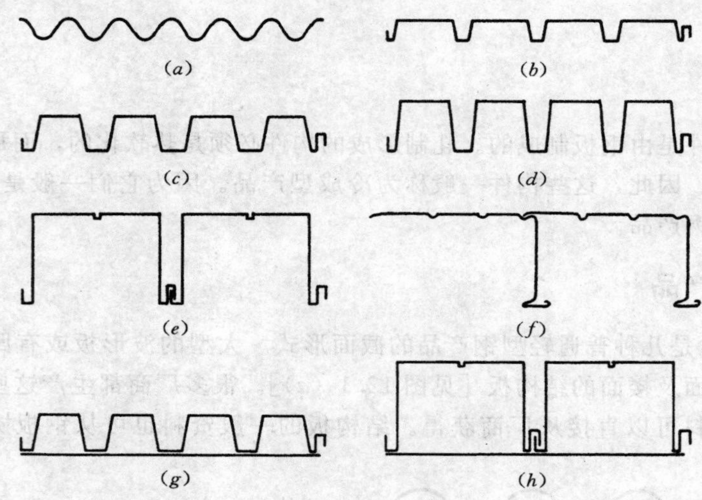

图 12.2 压型钢板的截面形式

广泛使用的轻钢产品是图 12.2（*b*）～（*d*）所示的三种形式。当用作屋面板时，上面的荷载较轻，可以使用非常轻的泡沫混凝土或石膏混凝土填充材料，或用同时也作隔热材料的刚性板材形成平整的表面。对于楼面，特别是上面有较重荷载时，需要一个相对较硬的表面，且考虑颤动，使用结构等级混凝土填充材料，并且可以选择图 12.2（*c*）和（*d*）所示的具有较深拱肋的压型钢板单元，以实现板间距较大梁的跨度。压型钢板常见的总高度为 1.5in、3in 和 4.5in。

也有一些压型钢板具有较大的深度，如图 12.2（*e*）和（*f*）所示的形式。这些形式可以实现相当大的跨度，一般将托梁和压型钢板的功能结合在单个单元中。

尽管现在使用的压型钢板有些少，但是随着便于频繁且快速改变线路的不同布线产品和技术的出现，压型钢板可能用作电力和通信电缆的管道。这可以通过用平钢板把压型钢板底部封住实现，如图 12.2（g）和图 12.2（h）所示。这通常提供了梁方向上的线路，在垂直方向上的线路可通过埋在混凝土中的管道实现。

压型钢板截面形式和所使用的钢板厚度有很大不同。设计选择与对特殊形式的要求、荷载和跨度条件有关。一般可以得到长度为 30ft 或更长的压型钢板，这允许设计成多跨，这样只能稍微地减小弯曲影响，但是能大大减小挠度和颤动。

压型钢板上的混凝土填充材料对楼面板有一定的防火作用。压型钢板底面的防火可通过喷涂防火材料（也用于梁）或使用永久性防火吊顶处理。但是因为很多火灾发生在吊顶和上面楼板或屋面板之间的空隙空间，所以防火吊顶一般不再使用。

还必须考虑压型钢板的其他结构用途。最一般的使用是作为分担侧向风和地震力的水平横隔墙。梁和柱的侧向支撑也经常使用结构板辅助或完全实现。

当结构等级混凝土用作填充材料时，它和压型钢板有三种可能的关系：

（1）混凝土严格地作为结构内部填充材料，提供平整的表面、防火和隔声等，但不对结构起作用。

（2）压型钢板实质上只作为混凝土填充材料成型的模板体系，混凝土作为跨越结构板被加强和设计。

（3）混凝土和压型钢板共同工作，这种情况称为组合结构作用。实际上，底部的钢板充当抵抗跨中弯曲应力的钢筋，只需要在板支承处设置抵抗负弯矩的上部钢筋。

表 12.1 提供了图 12.2（b）所示的用于屋面结构的压型钢板形式的相关数据。这些数据是根据表注中提到的行业组织的刊物改编的，并适用于初步设计。这些参考资料中还提供了很多关于压型钢板用法的资料和标准规定。对于实际结构的最终设计工作，任何产品的结构资料都可以从产品供应商处直接获得。

表 12.1　　压型钢屋面板的安全工作承载力

板类型①	跨数	自重②(psf)	总安全荷载③（恒载和活载），跨度单位为 ft												
			4－0	4－6	5－0	5－6	6－0	6－6	7－0	7－6	8－0	8－6	9－0	9－6	10－0
NR22	单跨	1.6	73	58	47										
NR20		2.0	91	72	58	48	40								
NR18		2.7	121	95	77	64	54	46							
NR22	两跨	1.6	80	63	51	42									
NR20		2.0	96	76	61	51	43								
NR18		2.7	124	98	79	66	55	47	41						
NR22	三跨及多跨	1.6	100	79	64	53	44								
NR20		2.0	120	95	77	63	53	45							
NR18		2.7	155	123	99	82	69	59	51	44					
IR22	单跨	1.6	86	68	55	45									
IR20		2.0	106	84	68	56	47	40							
IR18		2.7	142	112	91	75	63	54	46	40					
IR22	两跨	1.6	93	74	60	49	41								
IR20		2.0	112	88	71	59	50	42							
IR18		2.7	145	115	93	77	64	55	47	41					

续表

板类型①	跨数	自重②(psf)	总安全荷载③(恒载和活载)，跨度单位为 ft												
			4－0	4－6	5－0	5－6	6－0	6－6	7－0	7－6	8－0	8－6	9－0	9－6	10－0
IR22	三跨及多跨	1.6	117	92	75	62	52	44							
IR20		2.0	140	110	89	74	62	53	46	40					
IR18		2.7	181	143	116	96	81	69	59	52	45	40			
WR22	单跨	1.6			(89)	(70)	(56)	(46)							
WR20		2.0			(112)	(87)	(69)	(57)	(47)	(40)					
WR18		2.7			(154)	(119)	(94)	(76)	(63)	(53)	(45)				
WR22	两跨	1.6			98	81	68	58	50	43					
WR20		2.0			125	103	87	74	64	55	49	43			
WR18		2.7			165	137	115	98	84	73	65	57	51	46	41
WR22	三跨及多跨	1.6			122	101	85	72	62	54	(46)	(40)			
WR20		2.0			156	129	108	92	80	(67)	(57)	(49)	(43)		
WR18		2.7			207	171	144	122	105	(91)	(76)	(65)	(57)	(50)	(44)

① 字母表示拱肋类型（见说明），数字表示压型钢板厚度。

② 近似自重包括涂漆的重量，可以使用其他的涂漆方式。

③ 全部的安全容许工作荷载，单位：lb/ft²。括号内的荷载是假设恒载为 10 lb/ft²，活载作用下的挠度不超过跨度的 1/240 的荷载值。

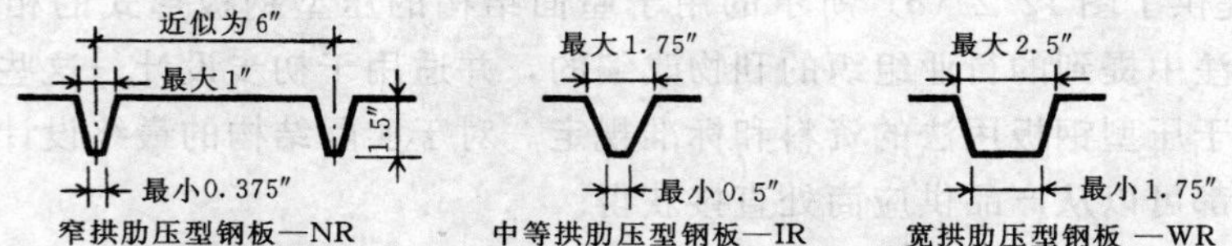

窄拱肋压型钢板—NR　　中等拱肋压型钢板—IR　　宽拱肋压型钢板 —WR

资料来源：在出版者钢板协会的允许下，根据《组合压型钢板、成型压型钢板和屋面压型钢板的钢板协会设计手册》(Steel Deck Institute Design Manual for Composite Decks, Form Decks, and Roof Decks)（参考文献 9）改编。

表 12.1 所示的压型钢板单元屋面板的一般用法较早地描述为选择（1）：严格地根据压型钢板单元选择结构。这是本书表中数据的基础。

三种不同的拱肋形状：窄拱肋、中等拱肋和宽拱肋，表 12.1 表示了这几种形式。这对压型钢板横截面的性能有一些影响从而产生了表中的三种独立截面。尽管结构性能是选择拱肋宽度的一个因素，但一般其他原因是主要的。如果压型钢板要焊接在支座上（通常是为了较好隔板作用的需要），就要焊接在拱肋的底部，并需要宽拱肋。如果使用相对窄的上端材料，窄拱肋是有利的。

对于很薄的压型钢板，锈蚀是一个非常关键的问题。一般在它的上部有其他的结构保护，主要问题是钢板底部的处理。一般是在工厂就对钢板进行表面处理。表 12.1 中的压型钢板自重是根据简单的涂漆面确定的，一般这样花费最少。涂磁漆或镀锌面也可起到这种保护，但这会增加板的重量。

如前所述，可以得到长度为 30ft 或更长的压型钢板。因此，根据支承间距，板可能出现不同的连续情况。认识到这一点，表中提供了三种连续情况：单跨（一跨）、两跨、三跨及三跨以上。

习题 12.2.A～F　使用表 12.1 中的数据，根据下列条件，选择最轻的压型钢板。

A. 单跨，跨度为 7ft，总荷载为 45psf。

B. 单跨，跨度为 5ft，总荷载为 50psf。

C. 两跨，跨度为 8.5ft，总荷载为 45psf。

D. 两跨，跨度为 6ft，总荷载为 50psf。

E. 三跨，跨度为 6ft，总荷载为 50psf。

F. 三跨，跨度为 8ft，总荷载为 50psf。

12.3 轻型钢结构体系

很多厂家生产各种用途和具有特色的轻型钢结构体系。尽管一些体系是针对正在发展中的整个建筑结构而存在的，但是这一体系用于墙框架、顶棚结构和建筑物支撑装置的市场更大。随着大型结构体系的发展，轧制型钢或桁架可能被用作大型构件，轻型钢构件被制成了填充结构、支撑和各种次框架。

轻型钢构件和体系广泛地用于大型建筑的隔墙和顶棚结构，可用来制造出模仿名义尺寸为 2in 的木构件而形成的典型轻质木框架的支柱/椽子/托梁体系。

第四部分

混凝土结构和砌体结构

各种混凝土制品共有的一般性质：它们是由大量的松散颗粒（称为骨料）通过一些水泥胶凝材料胶结组成的。在这一类型的材料中还包括沥青铺面和预制屋面板瓦，但在本书的这一部分主要介绍用普通水泥作为粘结剂、用沙子和砾石作为惰性松散颗粒制成的更为熟悉的材料。

砌体是由各种不连续的块（砌块）通过砂浆松散地连接或胶结而制成的。结构砌体的一般形式是使用预制混凝土块和砂浆，并有放入砌体内增加强度的加强筋。

浇筑的混凝土结构和砌体结构有很多共同特点，例如它们的体积大、重量大、抗拉能力差。为此，本一部分将一起论述这两种结构。

第13章

钢筋混凝土结构

本章主要介绍用普通粘合剂（普通水泥）及松散材料（砂子和砾石）制成的混凝土。这一材料主要用作结构混凝土——建筑结构、路面和基础，变化很小。

13.1 概述

数千年前，古代建造者就已使用由天然材料制成的混凝土。现代混凝土是由工业水泥制成的，在19世纪早期当普通水泥的生产工艺形成时才得以发展。但是因为混凝土的抗拉能力差，所以它主要用于基础、桥墩和重型墙等粗制笨重的结构。

在19世纪中后期，一些建造者在相对薄的结构中插入铁或钢筋进行试验以提高混凝土的抗拉能力。这就是现在我们所知道的钢筋混凝土的开端。

从古至今，我们逐渐积累了来自于试验、研究和最近商业产品迅速发展的经验。因此，虽然适用的结构范围较小，但现在设计人员可以得到各种普通混凝土等级的产品。

1. 混凝土结构的形式

在建筑结构中，混凝土的使用主要有三种基本结构方法。第一种方法是现场浇筑混凝土，湿的混凝土混合物在使用的地方浇筑。这种方法也称为现场浇筑。

第二种方法是在远离建筑物位置浇筑部分结构。这些构件称为预制混凝土，然后像石块或钢框架构件一样被运到现场。

最后，混凝土可用于砌体结构，这种方法有两种方式。预制混凝土块，也称为混凝土砌块（CMUs），其使用方式类似于砖或石块。或者是混凝土填充料灌入到砖、石块或CMUs制成的砌体结构空心部分中制成实心砌体。后一种技术是和插入空心部分的钢筋结合起来，现在这种方法广泛应用于砌体结构。但是这种混凝土填充砌体是最古老的混凝土结构之一，这种结构被罗马人和早期基督教堂的建造者广泛地使用。

对于各种建筑形式，混凝土以大体积生产。除了路面，在建筑结构中，混凝土使用得最多的是基础。不管上部结构是混凝土、砌体、木、钢、铝还是纤维，几乎每个建筑物都有混凝土基础。对于浅基础和没有地下室的小建筑物，整个基础体系可能较小，但是对于大建筑物和很多部分在水平地面以下的建筑物，要具有巨大的地下混凝土结构。

对于上部建筑结构，混凝土一般用于能完全发挥混凝土基本材料和基本结构优势的情况。对于结构应用，这意味着使用材料的抗压能力和一些情况下它的相对较高的刚度和惯性阻力（主要是重力）。但是在很多应用中，耐腐蚀性、抗虫蚀性和防火性也是很重要的。并且对于很多用途，相对较低的体积成本也是很重要的。

2. 设计方法

传统结构设计方法已主要发展成为现在的应力设计。这种方法利用由材料弹性性能经典理论得到的关系，通过与两个主要极限值——可接受的最大应力值和变形程度（挠度、伸长等）容许极限——相比较来衡量设计的合理性和安全性。这些极限是根据工作荷载计算的，工作荷载是想象在结构上可观察到的正常使用条件下产生的荷载。这种方法也称为工作应力法；极限应力称为容许工作应力；同样，容许变形称为容许挠度、容许伸长率，诸如此类。

为了令人信服地确定应力和应变极限，有必要在实际结构上进行试验。试验都是在现场（在实际结构上）和实验室（在原型或模型试样上）进行的。当结构的破坏形式暴露其自身特性时，通常为了研究明确责任，很多人广泛地进行了公开性研究。

试验有助于证明或否定设计理论，并能为形成智能控制程序提供资料。应力水平和变形大小的极限，实质上就是工作应力方法，就是按这种方式建立的。因此，虽然我们能够明显地看到应力方法和强度方法的不同，但是，实际上这两种方法都是基于破坏极限对结构总承载力的估计。它们的差别很大，但是实际上主要是方法的差别。

3. 应力方法

应力方法一般包括以下内容：

(1) 尽可能合理地设想并量化工作荷载条件。在这里要根据确定各种可能的荷载组合（恒载＋活载＋风载等）和考虑荷载持续时间等进行调整。

(2) 根据拉伸、弯曲、剪切、屈曲和挠度等各种结构对荷载的反应标准确定应力、稳定性和变形极限。

(3) 评估（研究）结构的合适性或提议（设计）合适的响应。

使用应力法的优点是能够连续地记住实际的使用条件（或者至少是合理的假设条件）。基本缺点是它不能完全反映实际破坏条件，因为当接近破坏极限时大多数结构可能形成很多不同的应力和应变形式。

4. 强度方法

在本质上，工作应力法是设计一个结构在工作时能够承受适当百分比的总承载力。强度法是设计一个结构至破坏，但是是在适当地超出使用荷载的条件下。赞成强度方法的一个主要原因是结构的破坏可相对较容易地通过实际试验的验证。而真正合适的工作条件是非常接近理论推测的。现在强度法在专业设计工作中被大量采用。最初这种方法用于设计混凝土结构，现在正在向整个结构设计领域发展。

但是，作为呈现结构工作一般方式的基础研究，弹性性能经典理论是很必要的。最终的反应一般是经典反应变化的一些形式（因为非弹性材料、二阶效应、多模态反应等原因）。换句话说，一般的研究过程是先考虑经典的弹性反应然后再推测最终的破坏极限。

对于强度设计法，步骤如下：

(1) 第一步确定工作荷载的大小，然后乘以调整系数（实质上是安全系数）得出计算荷载。

(2) 观察结构的反应形式并确定在适当条件（抗压、抗屈曲、抗弯等）下的最终（最大、破坏）抵抗力。有时，这些抵抗力也要考虑调整系数，这个调整系数称为抗力系数。

(3) 比较结构可用的抗力和最终所需的抗力（分析过程），或设计一个具有适当抗力的结构（设计过程）。

当采用强度方法的设计过程使用荷载和抗力系数时，现在有时也被称为荷载抗力系数设计。强度设计的基本原理在第 20 章中讨论。

5. 混凝土的强度

对于结构，混凝土最重要的性质是它抵抗压应力的能力。就这一点而论，一般情况是规定所希望的极限抗压承载力，设计混凝土混合物以达到这一极限，并测试浇筑和硬化的混凝土试样以确定其实际抗压承载力。这个应力用 f'_c 表示。

对于设计工作，基于所有的目的，用一定百分比的 f'_c 作为混凝土的承载力。获得一特定抗压承载力水平混凝土的性质一般也可以得到混凝土的硬度、密度、耐久性等其他性质。一般是根据结构形式选择所需的混凝土强度。大多数情况下，一般 f'_c 强度为 3000～5000psi 就足够了。但是，近来高层建筑物中短柱的混凝土强度可达到 20000psi 或更高。在这一范围以外，质量控制可能是不可靠的，设计人员必须假设所得到的是相对较低的强度，并基于低至 2000psi 的强度进行保守的设计计算，同时尽可能地取得更好的混凝土。

因为骨料形成了混凝土的体积，所以它对抵抗应力是很重要的。骨料必须坚硬、耐久，同时要具有一定的颗粒等级，以便小的颗粒能够填入到大颗粒之间的空隙中，并在加入水泥和水之前形成密实的骨料堆。混凝土的重量通常由骨料的密度决定。

影响混凝土强度的另外一个主要因素是混凝土的用水量。基本原则是尽可能地少用水，因为过多的水会稀释水-水泥混合物从而降低混凝土强度，形成低强度的多孔渗水混凝土。但是用水量必须与易成型和易加工的湿拌混合料所需的用水量保持平衡。理想混凝土混合物的生产包括许多技术和一些科学研究。

浇筑混凝土前期的控制条件是最终强度。这个可流动的湿拌混合料硬化相对较快，但是要在一段时间后才能获得其最高潜在的强度。如果想获得最好质量的混凝土，在这一关键时期控制混凝土的含水量和硬化温度是很重要的。

6. 混凝土的刚度

和其他材料一样，混凝土的刚度也是用弹性模量来度量的，用 E 表示。弹性模量要通过试验获得并且等于应力和应变的比值。因为应变是没有单位的（用 in/in 等表示），所以 E 的单位和应力单位一样，一般用 lb/in^2（MPa）表示。

混凝土弹性模量的大小 E_c 取决于混凝土的重量和强度。一般混凝土的单位重量为 90～155lb/ft^3（pcf），E_c 可表示为

$$E_c = w^{1.5} 33 \sqrt{f'_c}$$

假设普通石骨料混凝土的平均单位重量为 145pcf。用这个值代替方程中的 w，混凝土的平均弹性模量为 $E_c = 57000 \sqrt{f'_c}$。对于公制单位，应力用 MPa 表示，则表达式为 $E_c = 4730 \sqrt{f'_c}$。

在钢筋混凝土中应力和应变的分布取决于混凝土的弹性模量，其中钢筋弹性模量是个常数。在钢筋混凝土构件的设计中，用 n 表示弹性比。该值是钢筋弹性模量和混凝土弹性模量的比值，即 $n = E_s/E_c$。$E_s = 29000$ksi(200000MPa)，为常数。尽管这些值通常都四舍五入，但是 n 值一般是在特性表中给出。

7. 徐变

当长期承受高水平应力时，混凝土会有徐变的趋势，这是长期应力不变的情况下应变增加的现象。这种趋势会影响挠度及混凝土和钢筋之间的应力分配。这种现象对设计的一些影响在本章的梁和柱的设计中论述。

8. 水泥

建筑结构中应用最广泛的水泥是普通水泥。在美国一般可以得到五种类型的标准普通水泥，并且美国材料实验协会已经建立了相关规范，规范规定建筑物中所使用的大部分水泥有两种。普通水泥是用于设计在约 28 天内达到所需强度的混凝土中，而早强水泥用于在一周或更短时间内达到设计强度的混凝土中。

所有的普通水泥和水反应都会凝结和硬化，并且这种水合作用过程会放热。例如，在大坝这样的大型混凝土结构中，材料温度的上升会成为设计和建造过程的关键性因素，但是这一问题在建筑结构中并不是很关键。当水合作用期间温度上升是关键因素时可以使用低水化热水泥。当然，结构中实际所用水泥和混凝土混合物设计中使用的水泥是一致的，以得到规定的混凝土抗压强度。

加气混凝土是使用一种特殊的水泥或在混凝土混合物中加入添加剂制成的。另外，为了提高混凝土的可使用性（湿拌混合料的流动性），在低水灰比的混凝土中可添入加气剂以提高混凝土的流动性。加气剂在混凝土混合物中产生成亿的微小空气细胞。这些微小的空隙阻止水在缝隙和别的大空隙中积聚，而凝固时，将允许水膨胀并会导致混凝土表面的剥落。

9. 钢筋

钢筋混凝土中所用的钢筋是圆钢筋，大部分是表面具有凸缘的变形钢筋。表面的变形可以使钢筋和周边的混凝土更好地结合。

(1) 钢筋的作用。钢筋的作用是减小拉应力对混凝土的破坏。设计人员分析结构构件形成拉力的结构作用，然后设计在混凝土块内放置适量的钢筋以抵抗拉力。在有些情况下，因为这两种材料的强度比很大，所以也可用钢筋提高抗压能力，钢材取代一些强度更弱的材料，构件可获得较大的强度。

在混凝土从最初的湿拌混合料到变干期间，混凝土的收缩也可能会产生拉应力。许多情况下，温度的改变也可能产生拉力。为了防止后面的这几种作用，甚至在看不到结构作用时，也要在墙和铺路板等这些表面型构件中使用最少数目的钢筋。

(2) 应力-应变的考虑事项。普通钢筋的最一般的等级是屈服强度分别为 40ksi

(276MPa) 和 60ksi (414MPa) 的 40 级和 60 级。两个主要原因影响钢材的屈服强度。因为在塑性范围内钢筋的过大变形会使得混凝土开裂，所以钢材的塑性屈服一般代表钢筋混凝土实际使用的极限值。因此，在工作荷载条件下，希望把钢筋的应力限制在变形较小的弹性范围内。

因为钢筋屈服的性质可能把一般的屈服性质（塑性变形特性）赋予非常脆弱的混凝土结构，所以钢筋屈服的性质也是很重要的。这对动力荷载尤其重要，并且是抗震设计主要考虑的问题。钢筋超出屈服应力极限之外的剩余强度也是很重要的。钢筋在塑性范围内能够继续抵抗应力并且在破坏之前获得第二个更高的强度。因此，由屈服导致的破坏只是第一阶段的反应，第二阶段的抵抗力是能量的储备。

(3) 保护层。钢筋必须有足够的混凝土保护，这部分混凝土称为保护层。防止钢筋锈蚀及保证钢筋和混凝土较好地啮合是很重要的。保护层是用混凝土外表面到钢筋边缘的距离度量的。

规范规定的保护层的最小值对于墙和板是 3/4in，对于梁和柱是 1.5in。当有额外的防火要求或混凝土暴露在空气中，或与地面接触时，需要增加保护层厚度。

(4) 钢筋间距。当在混凝土构件中使用多个钢筋时（这是常见的情况），钢筋间距有较高和较低值的限制。较低值限制能在浇筑混凝土期间方便湿混凝土的流动，并允许混凝土和钢筋之间应力充分传递。

最大间距能保证一些钢筋与极限尺寸的混凝土有关；换句话说，没有大量的混凝土就没有钢筋。对于相对较薄的墙和板，也要考虑与混凝土厚度有关的钢筋间距范围。

(5) 钢筋数量。设计人员通过结构计算确定结构构件的钢筋量，例如构件中拉力所需的钢筋量。这个数量（钢筋总的横截面面积）是根据一些钢筋面积的组合计算的。但是在各种情况下，理想情况是钢筋最少，有时这个值可能会超过根据计算确定的数量。

最少钢筋可能被规定为最少钢筋数或最小钢筋面积，最小钢筋面积一般基于混凝土构件的横截面面积的大小。这些要求在不同类型构件的设计章节中讨论。

(6) 标准钢筋。在早期的混凝土工程中有各种形式的钢筋。早期出现的问题是钢筋在混凝土中的连接问题，因为钢筋易于滑动或从混凝土中拔出。这个问题一直都很关键，并将在第 13.6 节中讨论。

为了在混凝土中锚固钢筋，用各种方法使钢筋不同于常见的光滑表面。很多次试验和测试后得到了一整套钢筋。这种钢筋具有带凸纹的变形表面，它被分等级尺寸生产并用单个数字表示（见表 13.1）。

对于 2 号到 8 号的钢筋，横截面面积等于直径为 1/8 倍的钢筋标号的圆钢筋的面积，单位为 in。因此，4 号钢筋等于直径为 4/8in 或 0.5in 的圆钢筋。9 号以上的钢筋没有这个特性，并且是用参考文献表中的特性确定的。

表 13.1 钢筋的特性使用的是美制单位，当然在使用时也可以将其转化为公制单位。但是最近已经得到的一组新的钢筋其特性理论上来源于公制单位。两种系列钢筋的一般尺寸范围是类似的，用每组钢筋都能很容易地进行设计工作。很显然，以公制单位为基础的钢筋在美国以外更受欢迎，但是对于在美国（非政府）民间使用，较老形式的钢筋仍然被广泛地使用。这是单位冲突的一个部分，将一直进行下去。

表 13.1 变形钢筋的特性

钢筋尺寸标号	名义重量		名义尺寸			
			直径		横截面面积	
	lb/ft	kg/m	in	mm	in^2	mm^2
3号	0.376	0.560	0.375	9.5	0.11	71
4号	0.668	0.994	0.500	12.7	0.20	129
5号	1.043	1.552	0.625	15.9	0.31	200
6号	1.502	2.235	0.750	19.1	0.44	284
7号	2.044	3.042	0.875	22.2	0.60	387
8号	2.670	3.974	1.000	25.4	0.79	510
9号	3.400	5.060	1.128	28.7	1.00	645
10号	4.303	6.404	1.270	32.3	1.27	819
11号	5.313	7.907	1.140	35.8	1.56	1006
14号	7.650	11.390	1.693	43.0	2.25	1452
18号	13.600	20.240	2.257	57.3	4.00	2581

因为计算例题使用的是美制单位，本书使用的是以 in 为单位的较老形式的钢筋。另外，许多仍被广泛使用的参考书其数据基本上是以美制单位和老的钢筋尺寸给出。

13.2 梁：工作应力方法

梁涉及的主要内容是其对弯曲和剪切必要的抵抗力及一些挠度限制。对于木梁或钢梁，一般只考虑给定梁中单一的最大弯矩值和剪力值。而对于混凝土梁，当弯矩和剪力沿梁长变化——甚至混凝土结构中经常发生的连续梁中弯矩和剪力沿多跨梁时，必须给出弯矩和剪力值。为了简化工作，设计人员必须考虑具体位置时梁的作用，但是记住这一作用必须结合梁在全长上的其他效应。

当一个构件承受弯矩时，如图 13.1（a）所示的梁，一般需要两种基本形式的内部抗力。通过观察断面可以“看到”内部的作用，如图 13.1（a）中的 $X-X$ 断面。当移开断面左侧的梁时，左侧的自由体的作用如图 13.1（b）所示。在断面上，静力平衡要求形成内部剪力［见图 13.1（b）中的 V］和内部抗力矩［在图 13.1（b）中用力偶 C 和 T 表示］。

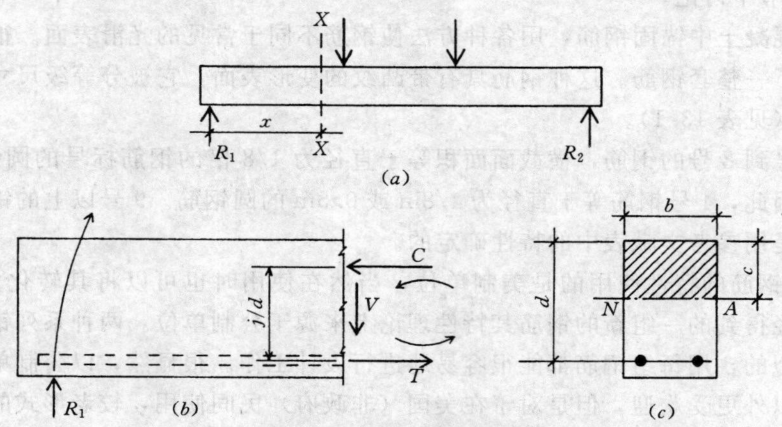

图 13.1 钢筋混凝土梁的弯曲作用

如果一个梁仅有配置受拉钢筋的简单矩形混凝土截面，如图 13.1（c）所示，则力 C 被看作是混凝土上的压应力，用图中中性轴以上的阴影面积表示。然而拉力只在钢筋上，忽略混凝土的抗拉承载力。对于低应力情况，忽略混凝土的抗拉承载力是不正确的，但是在较高应力水平下，抗拉能力较弱的混凝土确实会出现裂缝，事实上正如假设的一样，只有钢筋起作用。

在适当应力水平下，抵抗矩如图 13.2（a）所示，压应力从中性轴处的 0 线性变化到截面边缘的最大值 f_c。但是当应力水平增加时，混凝土应力-应变的非线性特征会变得更加显著，需要了解更真实的压应力变化形式，这种形式如图 13.2（b）所示。当应力水平接近混凝土极限强度时，压力会变成单位应力的一个常数，并主要集中在截面顶部附近。对于强度设计，弯矩承载力以最终极限表示，这种情况一般是假设压应力的分布形式如图 13.2（c）所示，混凝土的极限压应力为 $0.85f'_c$。已列出根据这个应力分布假设得出的弯矩承载力公式，并和在实验室测试到梁破坏时的反应进行了合理的比较。

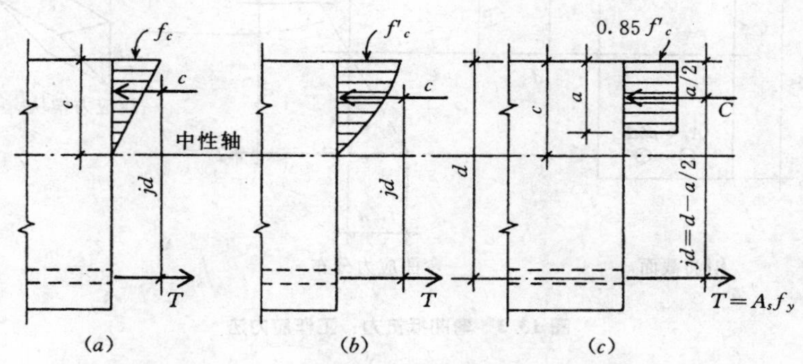

图 13.2　弯曲应力作用在钢筋混凝土梁中的发展

钢筋的反应更易显示和表达。因为受拉钢筋的面积集中在梁截面中的一个很小位置，所以钢筋中的应力是个常数。因此，无论在什么样的应力水平下，其内部拉力的总值都可以表达为

$$T = A_s f_s$$

并且对于 T 的实际极限值为

$$T = A_s f_y$$

在工作应力设计中，确定了外部纤维应力的最大容许（工作）值，并且公式是根据使用荷载下钢筋混凝土构件的弹性性能预测的。因为根据弹性理论，应力随距中性轴的距离的大小近似成比例地改变，所以在工作应力水平下直线型的压应力分布是合理的。

下面是公式的介绍及其在工作应力法中的使用方法。这一讨论仅限于只有受拉钢筋的矩形截面梁。

参照图 13.3，有如下定义：

b——混凝土受压区的宽度；

d——应力分析中截面的有效高度，从钢筋中心到混凝土受压区边缘；

A_s——钢筋的横截面面积；

p——配筋率，表示为A_s/bd；

n——弹性比，表示为E_s/E_c；

kd——压应力区的高度，用于确定应力作用下中性轴的位置，用d的小数倍k表示；

jd——净拉力和净压力之间的内力力臂，用d的小数倍j表示；

f_c——混凝土的最大压应力；

f_s——钢筋的拉应力。

如图 13.3 所示，压力C可用压应力楔块的体积表示：

$$C = \frac{kd \times b \times f_c}{2} = \frac{kf_c bd}{2}$$

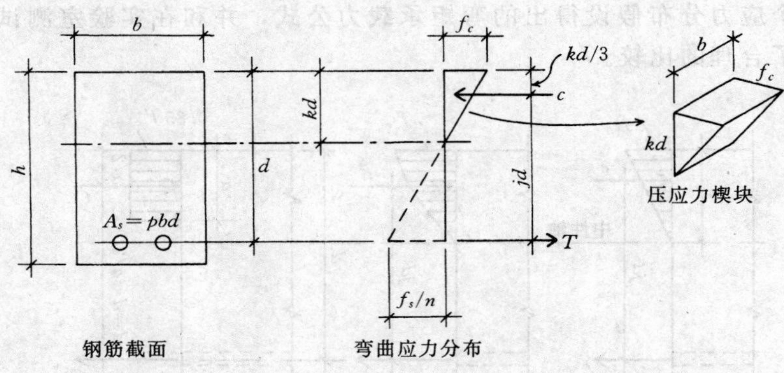

图 13.3 弯曲抵抗力：工作应力法

使用压力，截面抵抗矩可表示为

$$M = Cjd = \frac{kf_c bd}{2} \times jd = \frac{kjf_c bd^2}{2} \tag{13.2.1}$$

根据上面表达式得出混凝土应力为

$$f_c = \frac{2M}{kjbd^2} \tag{13.2.2}$$

抵抗矩也可使用钢筋和钢筋应力表达为

$$M = Tjd = A_s f_s jd$$

这个方程可用于确定钢筋应力或求出钢筋所需的面积：

$$f_s = \frac{M}{A_s jd} \tag{13.2.3}$$

所需的钢筋面积为

$$A_s = \frac{M}{f_s jd} \tag{13.2.4}$$

一个有用的参考是所谓的平衡截面，即使用适量的钢筋使得钢筋和混凝土极限应力同时出现的一种截面。建立这一关系的特性可表达为

$$k=\frac{1}{1+\dfrac{f_s}{nf_c}} \tag{13.2.5}$$

$$j=1-\frac{k}{3} \tag{13.2.6}$$

$$p=\frac{f_c k}{2f_s} \tag{13.2.7}$$

$$M=Rbd^2 \tag{13.2.8}$$

其中

$$R=\frac{kjf_c}{2} \tag{13.2.9}$$

来源于方程（13.2.1）。

如果把混凝土中的极限压应力（$f_c=0.45f'_c$）和钢筋中的极限应力代入方程（13.2.5），可以求出平衡截面的 k 值。然后相应的 j、p 和 R 值可以求出。当用于截面内没有附加的受压钢筋时，平衡的 p 值也可以用于确定受拉钢筋的最大数量。如果使用的抗拉钢筋较少，抵抗矩就会受钢筋应力的限制，混凝土中的最大应力会低于极限值 $0.45f'_c$，k 值也会略低于平衡值，j 值会略高于平衡值。这些关系对于确定横截面近似需求的设计是很有用的。

表 13.2 给出了各种混凝土强度和极限钢筋应力组合下平衡截面的特性。n、k、j、p 值是没有单位的。但是 R 值必须使用专门单位表示，表中的单位是 kip・in 和 kN・m。

表 13.2　　**钢筋仅受拉力作用的矩形平衡截面特性**

f_s		f'_c		n	k	j	p	R	
ksi	MPa	ksi	MPa					ksi	kPa
20	138	2	13.79	11.3	0.337	0.888	0.0076	0.135	928
		3	20.68	9.2	0.383	0.872	0.0129	0.226	1554
		4	27.58	8.0	0.419	0.860	0.0188	0.324	2228
		5	34.48	7.1	0.444	0.852	0.0250	0.426	2937
24	165	2	13.79	11.3	0.298	0.901	0.0056	0.121	832
		3	20.68	9.2	0.341	0.886	0.0096	0.204	1403
		4	27.58	8.0	0.375	0.875	0.0141	0.295	2028
		5	34.48	7.1	0.400	0.867	0.0188	0.390	2690

当使用的钢筋面积小于平衡值 p 时，k 的实际值可按下式确定：

$$k=\sqrt{2np-(np)^2}-np \tag{13.2.10}$$

图 13.4 也可用于确定各种 p 和 n 组合下的近似 k 值。

具有小于平衡弯矩所需钢筋的梁被称为欠平衡截面或少筋截面梁。如果一个梁必须承受的弯矩超过截面平衡弯矩，如第 13.3 节所述，需要设置受压钢筋。平衡截面不一定是一个理想的设计，但是这对估计截面的极限是有用的。

在混凝土梁的设计中，一般经常出现两种情况。第一种情况出现在梁完全不确定时，更确切地说是混凝土的尺寸和钢筋未知时。第二种情况出现在混凝土的尺寸已知，必须根据具体的弯矩确定所需的钢筋时。下面的例子用来说明在每种情况中公式的使用。

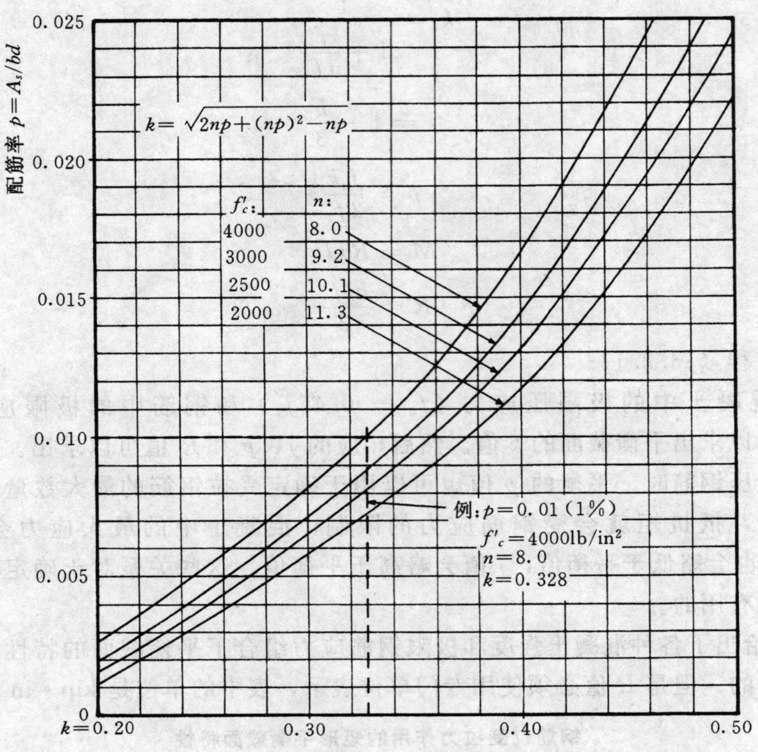

图 13.4 仅具受拉钢筋的矩形截面梁的屈曲系数 k 与 p 和 n 的关系

【例题 13.1】 一矩形截面混凝土梁，$f'_c=3000\text{psi}(20.7\text{MPa})$，$f_s=20\text{ksi}(138\text{MPa})$，所承受的弯矩为 200kip·ft（271kN·m）。选择仅具有受拉钢筋的梁截面的尺寸和所需钢筋。

解：(1) 在仅具有受拉钢筋时，因为更小的梁承担所需弯矩形成的应力超过混凝土的承载力，所以对最小的梁截面是平衡截面。使用方程（13.2.8），可得

$$M=Rbd^2=200\text{kip}\cdot\text{ft}(271\text{kN}\cdot\text{m})$$

然后，根据表 13.2，可查得 $f'_c=3000\text{psi}(20.7\text{MPa})$，$f_s=20\text{ksi}(138\text{MPa})$，则有 $R=0.266\text{kip}\cdot\text{in}(1554\text{kN}\cdot\text{m})$

因此有

$$M=200\times 12=0.266bd^2,\quad bd^2=10619$$

(2) 可以得出 b 和 d 的不同组合，例如：

$$b=10\text{in}(0.254\text{m}),\quad d=\sqrt{\frac{10619}{10}}=32.6\text{in}(0.829\text{m})$$

$$b=15\text{in}(0.381\text{m}),\quad d=\sqrt{\frac{10619}{15}}=26.6\text{in}(0.677\text{m})$$

尽管本例题没有给出，但是屈曲性能以外的一些其他因素也会影响到梁具体尺寸的选择。这些因素包括：

1）剪力设计。

2）框架体系中一系列梁高度的协调。

3）在相邻梁跨之间钢筋的布置和梁尺寸的协调。

4）梁的尺寸和支承柱的协调。

5）结构下面顶部空间对梁高的限制。

如果梁的形式如图 13.5 所示，一般给出 h 的具体尺寸。假设使用的是 U 形抗剪钢筋，保护层为 1.5in（38mm），钢筋平均直径为 1in（25mm）（8 号钢筋），d 的设计尺寸比 h 小 2.375in（60mm）。不考虑其他因素，假设 b 为 15in（380mm），h 为 29in（740mm），则 d 为 29－2.375＝26.625in（680mm）。

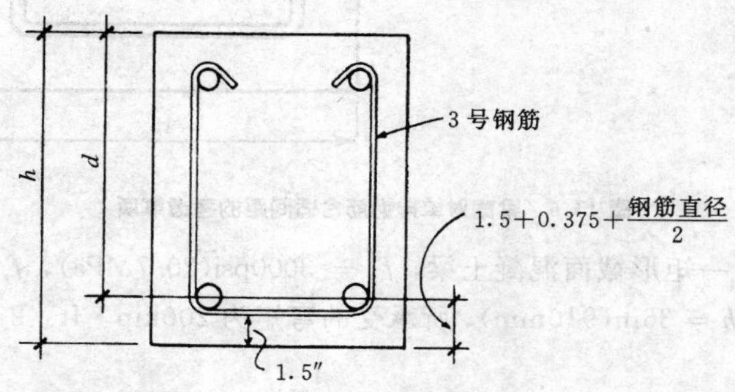

图 13.5　钢筋混凝土梁的常见形式

（3）在方程（13.2.4）中使用具体 d 值求出所需的钢筋面积 A_s。因为这个选择非常接近平衡截面，所以使用表 13.2 中的 j 值。可得

$$A_s = \frac{M}{f_s j d} = \frac{200 \times 12}{20 \times 0.872 \times 26.625} = 5.17\text{in}^2(3312\text{mm}^2)$$

或使用 p 的定义公式，和表 13.1 中的平衡 p 值，可得

$$A_s = pbd = 0.0129 \times 15 \times 26.625 = 5.15\text{in}^2(3312\text{mm}^2)$$

（4）根据所得的面积，选择一组钢筋。在此例题中，选择一种尺寸（见表 13.1）的钢筋，所需的钢筋根数为

6 号钢筋：5.17/0.44＝11.75，取 12（3312/284＝11.66）

7 号钢筋：5.17/0.60＝8.62，取 9（3312/387＝8.56）

8 号钢筋：5.17/0.79＝6.54，取 7（3312/510＝6.49）

9 号钢筋：5.17/0.1.00＝5.17，取 6（3312/645＝5.13）

10 号钢筋：5.17/1.27＝4.07，取 5（3312/819＝4.04）

11 号钢筋：5.17/1.56＝3.31，取 4（3312/1006＝3.29）

在实际设计情况下，各种附加的条件总是影响钢筋的选择。一般希望是单排布置钢筋，因为这样可以使钢筋的中心尽可能地靠近构件边缘（在这种情况下是底部），在给定截面 h 的情况下使得 d 最大。如图 13.5 所示的截面，梁宽为 15in，内部 3 号箍筋的净宽为 11.25in［总宽度 15－（2×1.5 的保护层厚度和 2×0.375 的箍筋直径）］。使用这种情况下的最小间距标准，可以确定不同钢筋组合所需的宽度。钢筋之间的最小间距是一个钢筋直径或最小值 1in（见第 14.2 节的讨论）。这两种情况如图 13.6 所示。可以发现 4 根

11 号的钢筋是适合这一梁宽的唯一选择。

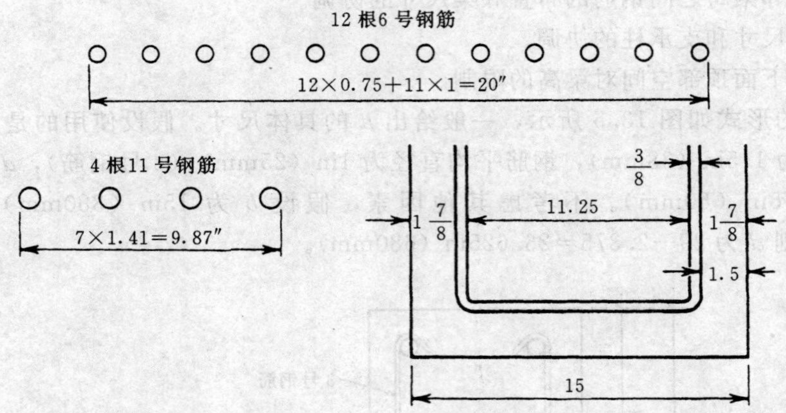

图 13.6 梁宽对单排钢筋合适间距的考虑事项

【例题 13.2】 一矩形截面混凝土梁，$f_c' = 3000\text{psi}(20.7\text{MPa})$，$f_s = 20\text{ksi}(138\text{MPa})$，$b = 15\text{in}(380\text{mm})$，$h = 36\text{in}(910\text{mm})$，所承受的弯矩为 200kip・ft（271kN・m）。求所需的钢筋面积。

解：首先必须先确定给定截面梁的平衡弯矩承载力。如果假设截面形式如图 13.5 所示，假设 d 的近似值为 h 减去 2.5in（64mm）等于 33.5in（851mm），则根据表 13.2 中的 R 值可得

$$M = Rbd = 0.226 \times 15 \times 33.5^2 = 3804\text{kip} \cdot \text{in}$$

或

$$M = 3804/12 = 317\text{kip} \cdot \text{ft}$$

$$(M = 1554 \times 0.380 \times 0.850^2 = 427\text{kN} \cdot \text{m})$$

因为这个值比所需的弯矩大得多，则可以确定所给定的截面比所需的平衡截面大。因此，混凝土的弯曲应力低于极限值 $0.45f_c'$ 并且这个截面是欠加强截面，也就是说所需的钢筋将少于平衡截面（弯矩承载力为 317kip・ft）所需的钢筋。为了求得所需的钢筋面积，使用刚才在例题 13.1 中所用的方程（13.2.4）。但是，方程中实际的 j 值比平衡截面的值（表 13.2 中的 0.872）大。

当截面的钢筋数量低于平衡截面上所需的钢筋总数量时，k 值会降低，j 值会提高。但是 j 值的变化范围较小，只是从 0.872 到小于 1.0 的数。一个合理的方法是假设一个 j 值，求出相应的所需钢筋面积，然后再检验假设的 j 值。假设 $j=0.90$，则可得

$$A_s = \frac{M}{f_s jd} = \frac{200 \times 12}{20 \times 0.90 \times 33.5} = 3.98\text{in}^2(2567\text{mm}^2)$$

$$p = \frac{A_s}{bd} = \frac{3.98}{15 \times 33.5} = 0.00792$$

在图 13.4 中使用该 p 值，查得 $k=0.313$。使用方程（13.2.6），可求得

$$j = 1 - \frac{k}{3} = 1 - \frac{0.313}{3} = 0.896$$

这个值和假设值很接近，所以计算得出的面积是满足设计要求的。

对于欠加强（截面尺寸大于平衡截面的极限值）的梁，需要检查所需的最小钢筋面积。对于矩形截面，ACI 规范规定最小面积为

$$A_s = \frac{3\sqrt{f'_c}}{f_y}bd$$

但不小于

$$A_s = \frac{200}{f_y}bd$$

根据这些要求，对于两种普通等级的钢筋和一定强度范围等级的混凝土，表 13.3 给出了仅有受拉钢筋矩形截面的最小钢筋面积。

表 13.3　矩形截面所需受拉钢筋的最小要求①

f'_c (psi)	$f_y=40$ksi	$f_y=60$ksi
3000	0.0050	0.00333
4000	0.0050	0.00333
5000	0.0053	0.00354

① 梁所需的 A_s＝表中的值×bd。

对于此例子，$f'_c = 3000$psi，$f_y =$ 40ksi，钢筋面积的最小值为

$$A_s = 0.005bd = 0.005 \times 15 \times 33.5 = 2.51\text{in}^2(1617\text{mm}^2)$$

在此例题中，这个值不起控制作用。

习题 13.2.A　一矩形截面混凝土梁，$f'_c = 3000$psi(20.7MPa)，$f_s = 20$ksi(138MPa)，所承受的弯矩为 240kip·ft（326kN·m）。选择平衡截面梁的尺寸和钢筋。

习题 13.2.B　除 $f'_c = 4000$psi(27.6MPa)，$f_s = 24$ksi(165MPa)，$M = 160$kip·ft(217kN·m) 外，其他条件同习题 13.2.A。

习题 13.2.C　如果截面尺寸 $b=16$in（406mm），$h=32$in（812mm），求习题 13.2.A 所需钢筋的面积并选择钢筋。

习题 13.2.D　如果截面尺寸 $b=14$in（354mm），$h=25$in（632mm），求习题 13.2.B 所需钢筋的面积并选择钢筋。

13.3　特殊梁

1. 现浇体系中的梁

在现浇结构中，一般尽可能多地单一连续浇筑整个结构。但是工作日的长度、可得到的工作队规模和其他因素都可能影响这一决定。其他的考虑事项包括结构的性质、规模和形式。例如，如果多层建筑物的整个楼板在一个工作日内能够浇筑完，可以将其作为一个方便的单一浇筑单元。

设计混凝土结构是其自身的一个主要设计任务。在这里主要考虑的问题是与木结构和钢结构中的单跨构件相比实现连续的梁和板。连续跨构件的设计是对弯矩、剪力和挠度等内力的静不定特性进行复杂的分析。对于混凝土结构，额外的复杂性来自于需要考虑沿梁长的所有条件，并不仅仅是考虑最大反应所在位置的条件。

图 13.7 的上部所示的是一个承受均布荷载的简支梁。弯矩沿梁长变化的典型弯矩图是如图 13.7（*b*）所示的抛物线。对于任何材料的梁，最大抵抗矩必须与最大弯矩值相对应，此处出现在跨中。对于混凝土梁，混凝土截面和其钢筋必须根据这个值进行设计。但

是，对于大跨度和具有很多钢筋的大型梁，可以在端部附近减少钢筋的数量。换句话说，一些钢筋是在梁全长上布置，而其他一些可以只在跨中的部分梁长上布置，如图 13.7（*c*）所示。

图 13.7（*d*）所示的是现浇梁板框架体系中连续梁的典型情况。对于单一的均布荷载，弯矩图呈图 13.7（*e*）所示的形式，正弯矩在梁的跨中，负弯矩在梁的支座处。抵抗相应符号弯矩的钢筋位置如图 13.7（*f*）梁的正面图所示。

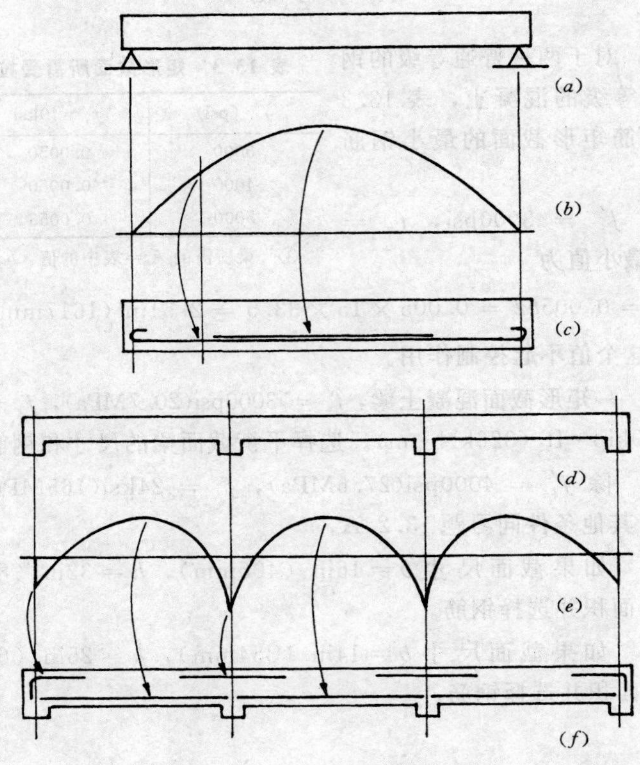

图 13.7 混凝土梁中钢筋的利用

（*a*）简支梁；（*b*）均布荷载作用在简支梁上时的弯矩图形式；
（*c*）简支梁中钢筋使用；（*d*）混凝土结构中的典型连续梁；
（*e*）均布荷载作用在连续梁上时的弯矩图形式；
（*f*）连续梁中钢筋的使用

对于连续梁，显然必须在弯矩图的各个最大值位置处分别考虑梁所需的抵抗矩。但是也有很多附加的考虑，其中的一些在这里讨论。

(1) T 形梁作用。在正弯矩的位置（跨中），必须考虑梁和板整体结构的共同作用，用 T 形梁截面抵抗压力。

(2) 受压钢筋的使用。如果设计梁截面来抵抗只在梁长中一点出现的最大弯矩，该截面在其他所有位置都是过强的。由于这个或其他原因，建议在最大弯矩处使用受压钢筋以减小梁的尺寸。这通常发生在支座处，并与负弯矩需要在梁上部设置钢筋有关。在这些支承点处，形成受压钢筋的简单方法是延伸底部钢筋（主要用于正弯矩）通过支座。

(3) 板。现浇梁一般和其支承的板一起设计。板的基本考虑事项在第 13.4 节中讨论。现浇梁-板体系的所有情况将在第 14 章讨论。

(4) 梁的剪力。虽然弯矩是主要的考虑事项，但是梁的设计也必须考虑剪力的影响。这个问题在第 13.5 节中讨论。尽管通常放入特殊钢筋来抗剪，但是必须考虑其与梁内受弯钢筋的相互作用和共存。

(5) 钢筋的锚固。这个问题一般是指钢筋在混凝土中的适当锚固以便发展其抗拉能力。问题主要是钢筋截断位置和细部构造，如图 13.7 (*f*) 所示左支座不连续端点的弯起。这也可以说明简支梁部分钢筋端部的弯起。第 13.6 节讨论钢筋锚固的常见问题。

2. T 形梁

当楼面板和其支承梁同时浇筑时，得到一整体结构梁两侧的一部分板充当 T 形梁的翼缘。板以下部分称为 T 形梁的腹板或轴。这种形式的梁如图 13.8 (*a*) 所示。在正弯矩作用下，翼缘受压，有足够的混凝土抵抗压应力，如图 13.8 (*b*) 或 (*c*) 所示。但是在连续梁中，支座处负弯矩，此处翼缘位于拉应力区而腹板受压。

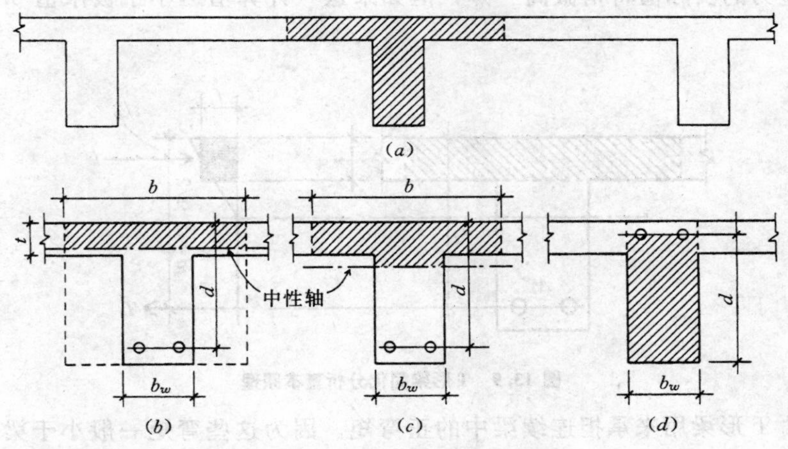

图 13.8 T 形梁需要考虑的问题

只有腹板宽度 b_w 和有效高度 d 形成的面积用于计算抵抗支座处的弯矩和剪力，记住这一点是很重要的。这一面积如图 13.8 (*d*) 所示的阴影面积。

对称 T 形梁的设计中所使用的有效翼缘跨度 b_f 限制在梁跨长的 1/4 内。另外，在腹板每边外伸的翼缘宽度限制为板厚的 8 倍或与相邻梁净距的一半。

在梁和单向实心板的整体结构中，T 形梁的有效翼缘面积对于抵抗由正弯矩产生的压应力通常十分有用。翼缘具有较大的面积，如图 13.8 (*a*) 所示，截面的中性轴通常在梁腹板很高的位置。如果忽略腹板的承压，就可认为净压力位于表示翼缘压应力的分布的梯形应力区的形心位置。据此，压力位置距梁顶部的距离小于 $t/2$。

用工作应力法近似分析 T 形截面，无需找到中性轴和梯形应力区形心位置，其方法包括以下步骤：

(1) 如前所述，确定T形梁的有效翼缘宽度。

(2) 忽略腹板中的压力，假设翼缘压应力为一常数，因此可得

$$jd = d - \frac{t}{2}$$

然后求出所需的钢筋面积为

$$A_s = \frac{M}{f_s jd} = \frac{M}{f_s\left(d - \frac{t}{2}\right)}$$

(3) 检验混凝土中的压应力为

$$f_c = \frac{C}{b_f t}$$

其中

$$C = \frac{M}{jd} = \frac{M}{d - \frac{t}{2}}$$

最大压应力的实际值将稍微高一点，但如果这一计算值远小于极限值 $0.45f'_c$，其值将不再重要。

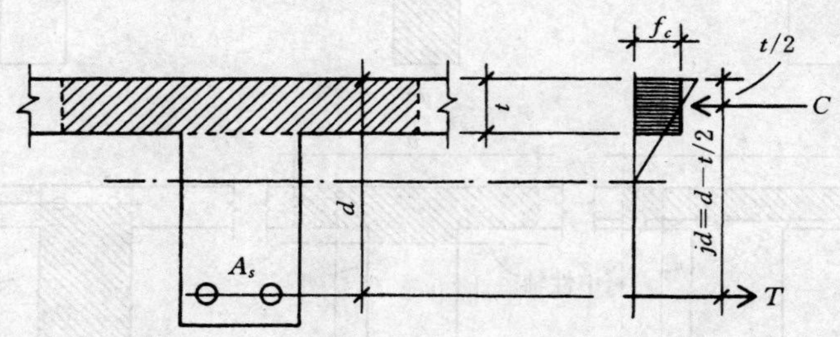

图 13.9 T形梁简化分析基本原理

(4) 通常T形梁用来承担连续梁中的正弯矩。因为这些弯矩一般小于梁支座处的弯矩，并且所需截面是根据支座处更关键的弯矩确定的，所以T形梁通常是少筋梁。和前面的矩形截面一样，这就需要考虑最小配筋面积。美国混凝土协会提出了T形梁对最小配筋面积的专门要求，最小配筋面积取下列两式中的较大值

$$A_s = \frac{6\sqrt{f'_c}}{f_y} b_w d$$

或

$$A_s = \frac{3\sqrt{f'_c}}{f_y} b_f d$$

式中 b_w——梁腹板宽度；

b_f——T形翼缘的有效宽度。

下面的例子用来说明这种方法的使用。例中假定了一典型的设计情况，其中截面尺寸(b_f、b_w、d 和 t) 都已根据其他的设计事宜预先确定，使得T形截面的设计简化为确定受拉钢筋的面积。

【例题 13.3】　一用于抵抗正弯矩的 T 形梁。根据下列条件求出所需钢筋面积并选择钢筋。梁跨度为 18ft (5.49m)，梁的中心间距为 9ft (2.74m)，板厚 4in (0.102m)，b_w =15in (0.381m)，$d=22\text{in}$ (0.559m)，$f'_c=4\text{ksi}$ (27.6MPa)，$f_y=60\text{ksi}$ (414MPa)，$f_s=24\text{ksi}$ (165MPa)。恒载弯矩为 100kip・ft (136kN・m)，活载弯矩为 100kip・ft (136kN・m)。

解：确定有效翼缘宽度（只需求混凝土的应力）。翼缘宽度的最大值为

$$b_f=\frac{\text{跨度}}{4}=\frac{18\times 12}{4}=54\text{in}(1.37\text{m})$$

或
$$b_f=\text{梁的中心间距}=9\times 2=108\text{in}(2.74\text{m})$$

或
$$b_f=\text{梁翼缘宽}+16\text{倍板厚}=15+16\times 4=79\text{in}(2.01\text{m})$$

因此可知极限值为 54in (1.37m)。下一步求所需的钢筋面积：

$$A_s=\frac{M}{f_s\left(d-\frac{t}{2}\right)}=\frac{200\times 12}{24\times\left(22-\frac{4}{2}\right)}=5.00\text{in}^2(3364\text{mm}^2)$$

使用表 13.4 选择钢筋，同时考虑梁腹板宽度的限制。根据表中数据，选择 5 根 9 号钢筋，实际 $A_s=5.00\text{in}^2$。根据表 14.1，5 根 9 号钢筋所需的宽度为 14in，小于给定的 15in。

$$C=\frac{M}{jd}=\frac{200\times 12}{20}=120\text{kip}(535\text{kN})$$

表 13.4　　**T 形梁钢筋的选择**

钢筋尺寸	钢筋标号	实际面积 (in^2)	所需宽度① (in)	钢筋尺寸	钢筋标号	实际面积 (in^2)	所需宽度① (in)
7	9	5.40	22	10	4	5.08	13
8	7	5.53	17	11	4	6.28	14
9	5	5.00	14				

①　来源于表 14.1。

求混凝土应力，为

$$f_c=\frac{C}{b_f t}=\frac{120}{54\times 4}=0.556\text{ksi}(3.83\text{MPa})$$

极限应力为

$$0.45f'_c=0.45\times 4=1.8\text{ksi}(12.4\text{MPa})$$

混凝土应力小于极限应力值，因此，翼缘压应力不起决定性作用。

使用梁的腹板宽 15in 和有效翼缘宽 54in，所需钢筋的最小面积是以下两值中的较大值

$$A_s=\frac{6\sqrt{f'_c}}{f_y}b_w d=\frac{6\times\sqrt{4000}}{60000}\times 15\times 22=2.09\text{in}^2(1350\text{mm}^2)$$

或

$$A_s=\frac{3\sqrt{f'_c}}{f_y}b_f d=\frac{6\times\sqrt{4000}}{60000}\times 54\times 22=2.56\text{in}^2(1650\text{mm}^2)$$

因为这两个值都小于计算面积，所以此例中最小面积不起决定性作用。

本节中的例题说明了对常见梁板结构中梁的充分合理的计算方法。当特殊 T 形梁的翼缘较窄时（$t<d/8$），这些方法是无效的。这时应使用 ACI 规范进行更准确的分析。

习题 13.3.A　根据下列数据，求出混凝土 T 形梁所需的钢筋面积：$f'_c=3\text{ksi}(20.7\text{MPa})$，$f_s=20\text{ksi}(138\text{MPa})$，$d=28\text{in}(711\text{mm})$，$t=6\text{in}(152\text{mm})$，$b_w=16\text{in}(406\text{mm})$，截面承受的弯矩为 240kip・ft（326kN・m）。

习题 13.3.B　除 $f'_c=4\text{ksi}(26.7\text{MPa})$，$f_s=24\text{ksi}(165\text{MPa})$，$d=32\text{in}(810\text{mm})$，$t=5\text{in}(126\text{mm})$，$b_w=18\text{in}(455\text{mm})$，截面承受的弯矩为 320kip・ft（434kN・m）外，其他条件同习题 13.3.A。

3. 具有受压钢筋的梁

很多情况下，钢筋用在梁中性轴的两侧。当出现这种情况时，中性轴一侧的钢筋受拉，另一侧的钢筋受压。这种梁称为双筋梁或简单地称为具有受压钢筋的梁（假设也存在受拉钢筋）。已经讨论了包含这种钢筋的各种情况。总之，使用这种钢筋最常见的情况如下所示：

(1) 梁的设计抵抗矩超过混凝土单独承压所能承担的弯矩。

(2) 截面的其他功能要求在梁的上、下两侧都使用钢筋。这包括需要支承 U 形箍筋的情况和扭矩起主要作用的情况。

(3) 希望通过提高梁受压边的刚度减小变形。这对减小长期徐变挠度是非常重要的。

(4) 结构上的荷载组合在同一截面上产生相反力矩，也就是说，在截面上有时是正弯矩，有时是负弯矩。

(5) 锚固要求（为发展钢筋）需要梁底部的钢筋延伸足够的距离到支座中。

无论是工作应力法还是强度设计法，双筋截面的精确分析和设计都是非常复杂的并超出了本书的范围。下面的讨论提出的近似方法对双筋截面的初步设计是足够的。对于实际的设计情况，使用这种方法确定最初的试设计，然后可使用更繁琐的方法进行更精确的分析。

对于双筋截面梁，如图 13.10 (*a*) 所示，认为截面的总抵抗矩为下列两力矩分量之和：

(1) M_1［见图 13.10 (*b*)］只由受拉钢筋（A_{s1}）的截面组成。此截面只需按第 13.2 节所述方法进行一般的设计和分析。

(2) M_2［见图 13.10 (*c*)］由两个相对的钢筋面积（A_{s2}和 A'_s）组成，以简单力偶矩发挥作用，类似于钢梁的翼缘或桁架的上下弦杆的作用。

因为两侧通常使用相同等级的钢材，所以通常总希望 $A_{s2}=A'_s$。但是必须考虑两个特殊的因素。第一，A_{s2}受拉，而 A'_s 受压，因此 A'_s 必须做类似柱筋的处理。这种使用类似于箍筋柱中的箍筋支撑受压钢筋以防止屈曲的状况。

第二个需要考虑的问题是截面上应力和应变的分布。参考图 13.10 (*d*)，在正常情况下（$kd<0.5d$），A'_s 要比 A_{s2} 更靠近中性轴。因此如果在弹性条件下，A'_s 中的应力要比 A_{s2}中的应力小。但是当钢筋和混凝土共同分担收缩和徐变产生的压应力时，通常假定钢筋有双重刚度。因此，将使用 $f'_s/2n$（其中 $n=E_s/E_c$）的关系，把线性的应变条件转化为应力分布。下例说明了这一关系的应用。

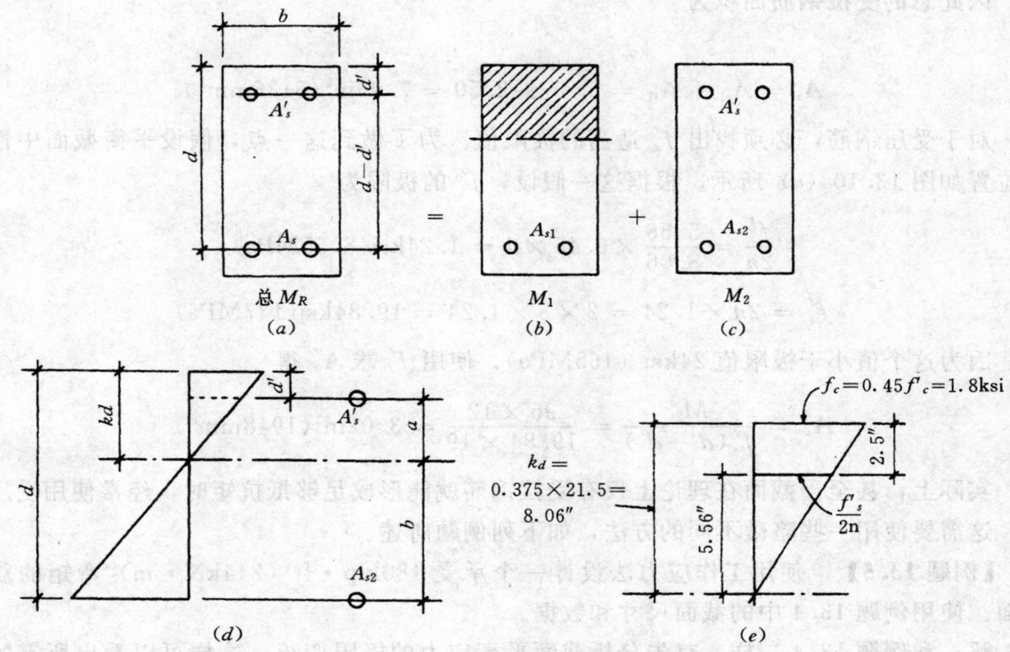

图 13.10　双筋梁简化分析基本原理

【例题 13.4】　一混凝土截面，$b=18$in（0.457m），$d=21.5$in（0.546m），承受的恒载弯矩为 150kip·ft（203.4kN·m），活载弯矩为 150kip·ft（203.4kN·m），已知 $f'_c=4$ksi（27.6MPa），$f_s=24$ksi（165MPa），$f_y=60$ksi（414MPa）。使用工作应力法，求所需的钢筋。

解：使用表 13.1，查得 $n=8$，$k=0.375$，$j=0.875$，$p=0.0141$，$R=0.295$kip·in（2028kN·m）。

对平衡截面使用 R 值，截面的最大抵抗弯矩为

$$M_R=Rbd^2=\frac{0.295}{12}\times18\times21.5^2=205\text{kip}\cdot\text{ft}(278\text{kN}\cdot\text{m})$$

即为图 13.10（b）中所示的 M_1，因此可得

$$M_2=\text{总}\,M-M_1=300-205=95\text{kip}\cdot\text{ft}$$
$$(407-278=129\text{kN}\cdot\text{m})$$

对于 M_1 所需的钢筋［见图 13.10（b）中的 A_{s1}］为

$$A_{s1}=pbd=0.0141\times18\times21.5=5.46\text{in}^2(3523\text{mm}^2)$$

假设 $f'_s=f_s$，可求得 A'_s 和 A_{s2}，分别为

$$M_2=A'_sf'_s(d-d')=A_{s2}f_s(d-d')$$

$$A'_s=A_{s2}=\frac{M_2}{f_s(d-d')}=\frac{95\times12}{24\times19}=2.50\text{in}^2(1613\text{mm}^2)$$

因此总的受拉钢筋面积为

$$A_s = A_{s1} + A_{s2} = 5.46 + 2.50 = 7.96\text{in}^2(5136\text{mm}^2)$$

对于受压钢筋，必须找出 f'_s 适当的极限值。为了做到这一点，假设平衡截面中性轴的位置如图 13.10（*e*）所示。根据这一假设，f'_s 的极限为

$$\frac{f'_s}{2n} = \frac{5.56}{8.06} \times 0.45 \times 4 = 1.24\text{ksi}(8.55\text{MPa})$$

$$f'_s = 2n \times 1.24 = 2 \times 8 \times 1.24 = 19.84\text{ksi}(137\text{MPa})$$

因为这个值小于极限值 24ksi（165MPa），使用 f'_s 求 A'_s 得

$$A'_s = \frac{M_2}{f'_s(d-d')} = \frac{95 \times 12}{19.84 \times 19} = 3.02\text{in}^2(1948\text{mm}^2)$$

实际上，甚至当截面在理论上仅有受拉钢筋就能形成足够抵抗矩时，经常使用受压钢筋。这需要使用一些略微不同的方法，如下列例题所述。

【例题 13.5】 使用工作应力法设计一个承受 180kip·ft（244kN·m）弯矩的双筋截面。使用例题 13.4 中的截面尺寸和数据。

解：和例题 13.4 一样，首先分析截面平衡应力的极限弯矩。这样可以看出所需的弯矩小于极限平衡弯矩，并且截面没有受压钢筋也可以起作用。假设希望有受压钢筋，先假设受拉钢筋的总面积为

$$A_s = \frac{M}{f_s \times 0.9d} = \frac{180 \times 12}{24 \times 0.9 \times 21.5} = 4.65\text{in}^2(3000\text{mm}^2)$$

则

$$A'_s = \frac{1}{3}A_s = \frac{1}{3} \times 4.65 = 1.55\text{in}^2(1000\text{mm}^2)$$

选择 2 根 8 号钢筋，实际受压钢筋面积 $A'_s = 1.58\text{in}^2(1019\text{mm}^2)$，因此 $A_{s1} = A_s - A'_s = 4.65 - 1.58 = 3.07\text{in}^2(1981\text{mm}^2)$。对于仅有受拉钢筋的矩形截面，使用 A_{s1}（见第 13.2 节），可得

$$p = \frac{A_{s1}}{bd} = \frac{3.07}{18 \times 21.5} = 0.0079$$

然后根据图 13.4，可查得 $k=0.30$，$j=0.90$，则可得

$$M_1 = A_{s1} f_s j d = \frac{3.07 \times 24 \times 0.9 \times 21.5}{12} = 119\text{kip}\cdot\text{ft}(161\text{kN}\cdot\text{m})$$

使用截面的这些值和第 13.2 节的混凝土压应力公式，可得

$$f_c = \frac{2M_1}{kjbd^2} = \frac{2 \times 120 \times 12}{0.3 \times 0.9 \times 18 \times 21.5^2} = 1.28\text{ksi}(8.83\text{MPa})$$

根据混凝土的最大应力值和 $k=0.3$，压应力的分布如图 13.11 所示。根据应力分布图，f'_s 的极限值为

$$\frac{f'_s}{2n} = \frac{3.95}{6.45} \times 1.28 = 0.784\text{ksi}(5.4\text{MPa})$$

那么　$f'_s = 2n \times 0.784 = 2 \times 8 \times 0.784 = 12.5\text{ksi}(86.2\text{MPa})$

因为这个值小于 f_s，使用该值可求出 M_2 的极限值，因此可得

$$M_2 = A'_s f'_s(d - d') = \frac{1.58 \times 12.5 \times 19}{12} = 31\text{kip} \cdot \text{ft}(42\text{kN} \cdot \text{m})$$

为了求 A_{s2}，用此弯矩和 $f_s = 24\text{ksi}$，即可得

$$A_{s2} = \frac{M_2}{f_s(d - d')} = \frac{31 \times 12}{24 \times 19.0} = 0.82\text{in}^2(529\text{mm}^2)$$

为了求 A_{s1}，先求 M_1 为

$$M_1 = 总 M - M_2 = 180 - 31 = 149\text{kip} \cdot \text{ft}(202\text{kN} \cdot \text{m})$$

则可得

$$A_{s1} = \frac{M_1}{f_s jd} = \frac{149 \times 12}{24 \times 0.9 \times 21.5} = 3.85\text{in}^2(2484\text{mm}^2)$$

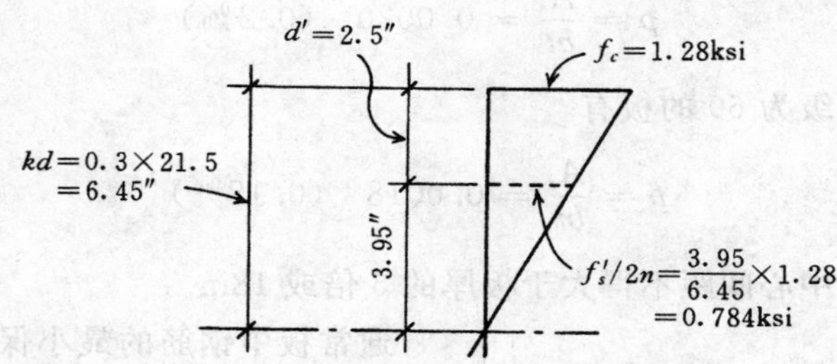

图 13.11　例题 13.5 的压应力分布图

可求得总的受拉钢筋面积为

$$A_s = A_{s1} + A_{s2} = 3.85 + 0.82 = 4.67\text{in}^2(3013\text{mm}^2)$$

可以选择 5 根 9 号钢筋，实际面积为 5in²，在 18in 宽的梁上可布置成一排。

习题 13.3.C　一混凝土截面，$b = 16\text{in}$ (0.406m)，$d = 19.5\text{in}$ (0.495m)，所承受的弯矩为 230kip · ft (312kN · m)，求所需的钢筋。使用 $f'_c = 4\text{ksi}$ (27.6MPa) 的混凝土，等级为 60，$f_s = 24\text{ksi}(165\text{MPa})$ 的钢筋。

习题 13.3.D　除 $b = 20\text{in}$，$d = 24\text{in}$，$M = 360\text{kip} \cdot \text{ft}$ (488kN · m) 外，其他条件同习题 13.3.C。

习题 13.3.E　在习题 13.3.C 中，如果梁的有效高度为 30in (0.76m)，求所需的钢筋面积。使用的受压钢筋面积近似等于受拉钢筋面积的 1/3。

习题 13.3.F　在习题 13.3.D 中，如果梁的有效高度为 31in (0.79m)，求所需的钢筋面积。使用的受压钢筋面积近似等于受拉钢筋面积的 1/3。

13.4　板

混凝土板经常用作整体现浇梁板框架体系中的楼面板和屋面板。板一般有两种类型：单向板和双向板。跨越条件与其说是通过板确定的不如说是通过支承条件确定的。双向板

在第14.3节中讨论。作为一般框架体系一部分的单向板在第14.1节中讨论。下面主要介绍使用矩形梁的设计方法对实心单向板的设计。

通常假设板由一系列12in宽的板条组成来设计实心板。因此，这一方法是预先知道宽度为12in的梁截面的简单设计。在板厚确定以后，所需的钢筋面积也可以确定，钢筋面积用每英尺板宽所需的钢筋面积表示，即in^2/ft。

要根据适合板厚的尺寸范围限制钢筋的选择。对于薄板（4～6in厚），钢筋的尺寸大约可以为3号到6号（名义直径为3/8～3/4in）。钢筋尺寸的选择和钢筋间距也是相关的，两者相结合，按照每英尺板宽所需的钢筋面积就可得到钢筋总数。规范规定钢筋间距的最大值为板厚的3倍。除了适合钢筋安放的要求，没有最小间距的限制，但是间距很小表明钢筋用量非常多，安装非常费事。

不管结构功能，每块板必须双向布置钢筋。在一定程度上，这可以满足收缩和温度影响的要求。最小钢筋面积用混凝土毛截面的百分比p表示，如下所示：

（1）对于配筋等级为40或50的板有

$$p=\frac{A_s}{bt}=0.0020 \quad (0.2\%)$$

（2）对于配筋等级为60的板有

$$p=\frac{A_s}{bt}=0.0018 \quad (0.18\%)$$

这一最小钢筋的中心间距不得大于板厚的5倍或18in。

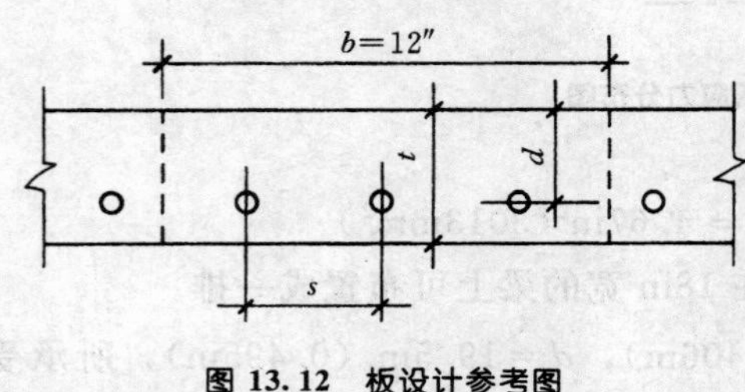

图 13.12 板设计参考图

通常板中钢筋的最小保护层厚度为0.75in，尽管板暴露在空气中或更高的防火等级需要增加保护层厚度。对于具有粗钢筋的薄板，需要考虑薄板厚度和有效厚度（t和d）的区别，如图13.12所示。因此，板厚减小时板实际抗弯能力会迅速降低。由于这一原因和其他原因，非常薄的板（厚度小于4in）经常使用的是钢丝网而不是成组的单根钢筋进行加固。

单向板中很少使用抗剪钢筋，因此，混凝土中的最大单位剪应力必须限制在没有钢筋的素混凝土极限内。除异常大的荷载外，一般情况下，单向板的单位剪应力通常较低，所以，一般不考虑剪应力。

表13.5给出的数据对板的设计很有用，这在下面例题中说明。表中数据是各种钢筋尺寸和间距组合下每英尺宽板上的钢筋平均面积。列表值是按以下公式确定的：

$$A_s/\text{ft}=\text{单根钢筋面积}\times\frac{12}{\text{钢筋间距}}$$

因此，对5号钢筋，中心间距为8in，则

$$A_s/\text{ft}=0.31\times\frac{12}{8}=0.465\text{in}^2/\text{ft}$$

观察到这一组合的列表值是化整后的值$0.46in^2/ft$。

表 13.5　　根据钢筋间距确定的面积

钢筋间距 (in)	所提供的面积 (in^2/ft)									
	2号	3号	4号	5号	6号	7号	8号	9号	10号	11号
3	0.20	0.44	0.80	1.24	1.76	2.40	3.16	4.00		
3.5	0.17	0.38	0.69	1.06	1.51	2.06	2.71	3.43	4.35	
4	0.15	0.33	0.60	0.93	1.32	1.80	2.37	3.00	3.81	4.68
4.5	0.13	0.29	0.53	0.83	1.17	1.60	2.11	2.67	3.39	4.16
5	0.12	0.26	0.48	0.74	1.06	1.44	1.89	2.40	3.05	3.74
5.5	0.11	0.24	0.44	0.68	0.96	1.31	1.72	2.18	2.77	3.40
6	0.10	0.22	0.40	0.62	0.88	1.20	1.58	2.00	2.54	3.12
7	0.08	0.19	0.34	0.53	0.75	1.03	1.35	1.70	2.18	2.67
8	0.07	0.16	0.30	0.46	0.66	0.90	1.18	1.50	1.90	2.34
9	0.07	0.15	0.27	0.41	0.59	0.80	1.05	1.33	1.69	2.08
10	0.06	0.13	0.24	0.37	0.53	0.72	0.95	1.20	1.52	1.87
11	0.05	0.12	0.22	0.34	0.48	0.65	0.86	1.09	1.38	1.70
12	0.05	0.11	0.20	0.31	0.44	0.60	0.79	1.00	1.27	1.56
13	0.05	0.10	0.18	0.29	0.40	0.55	0.73	0.92	1.17	1.44
14	0.04	0.09	0.17	0.27	0.38	0.51	0.68	0.86	1.09	1.34
15	0.04	0.09	0.16	0.25	0.35	0.48	0.63	0.80	1.01	1.25
16	0.04	0.08	0.15	0.23	0.33	0.45	0.59	0.75	0.95	1.17
18	0.03	0.07	0.13	0.21	0.29	0.40	0.53	0.67	0.85	1.04
24	0.02	0.05	0.10	0.15	0.22	0.30	0.39	0.50	0.63	0.78

【例题 13.6】　一单向实心混凝土板，用于跨度为 14ft 的简支跨中。除自重外，板承受的上部荷载为 130psf。使用 $f'_c=3\text{ksi}$，$f_y=40\text{ksi}$，$f_s=20\text{ksi}$ (138MPa)，设计最小厚度的板。

解： 使用矩形截面梁的一般设计方法（见第 13.2 节），首先确定所需的板厚。因此，对于挠度，根据表 13.9，可得

$$最小厚度\ t=\frac{L}{25}=\frac{14\times 12}{25}=6.72\text{in}$$

对于弯曲，首先确定最大弯矩。荷载必须包括板的自重，为此，挠度所需的板厚可用作第一次估计值。假设板厚为 7in，板自重为 7/12×150=87.5psf，取 88psf，总的荷载为 130＋88＝218psf。

因此宽度为 12in 的设计板条的最大弯矩为

$$M=\frac{wL^2}{8}=\frac{218\times 14^2}{8}=5341\text{lb}\cdot\text{ft}$$

对于最小板厚，考虑平衡截面，根据表 13.2 查得 $j=0.872$，$p=0.0129$，$R=0.226$。所以可得

$$bd^2=\frac{M}{R}=\frac{5.341\times 12}{0.226}=284\text{in}^2$$

因为 b 为设计板条宽度 12in，则可得

$$d=\sqrt{\frac{284}{12}}=\sqrt{23.7}=4.86\text{in}$$

假设平均钢筋尺寸为 6 号（名义直径为 3/4in），保护层厚度为 3/4in，抗弯所需的最小板厚为

$$t = d + \frac{钢筋直径}{2} + 保护层厚度$$

$$t = 4.86 + \frac{0.75}{2} + 0.75 = 5.985\text{in}$$

在这种情况下，挠度极限起控制的最小板厚为 6.72in，取 7in 时，6 号钢筋的实际有效高度为

$$d = 7.0 - 1.125 = 5.875\text{in}$$

因为这个值比平衡截面所需的值大。所以 j 值应比表 13.2 中查得的 0.872 略大一点。假设 $j=0.9$，确定所需的钢筋面积为

$$A_s = \frac{M}{f_s jd} = \frac{5.341 \times 12}{20 \times 0.9 \times 5.875} = 0.606\text{in}^2/\text{ft}$$

使用表 13.5 中的数据，可选择的符合要求的钢筋组合如表 13.6 所示。

表 13.6 可供选择的板筋

钢筋尺寸	钢筋的中心间距 (in)	12in 宽的平均面积 A_s (in^2/ft)
5	6	0.61
6	8.5	0.62
7	12	0.60
8	15	0.63

ACI 规范规定钢筋最大的中心间距为板厚的 3 倍（此例中为 21in）和 18in 中的较小值。最小间距主要是设计人员的建议。很多设计人员认为最小间距应近似等于板厚。在这些限制下，表中的钢筋尺寸和间距组合是满足要求的。

如前所述，美国混凝土协会要求在垂直于受弯钢筋方向设置抵抗收缩和温度影响的最少数目的钢筋。此例题中使用的是等级为 40 的钢筋，钢筋的最小百分比为 0.0020，宽 12in 的板条所需的钢筋面积为

$$A_s = pbt = 0.0020 \times 12 \times 7 = 0.168\text{in}^2/\text{ft}$$

根据表 13.5，可知使用中心间距为 8in 的 3 号钢筋或中心间距为 14in 的 4 号钢筋都能满足要求。两个间距值都小于最大值板厚的 5 倍或 18in。

虽然有时会使用简支支承的单跨板，但是在大部分建筑结构中使用的板是连续多跨板。第 25 章将给出了这种板的一个设计例题。

<u>习题 13.4.A</u> 一单向实心混凝土板，用于跨度为 16ft 的简支跨中。除自重外，板承受的上部荷载为 135psf。已知 $f'_c=3\text{ksi}$，$f_s=20\text{ksi}$，使用工作应力法，设计板的最小厚度。

<u>习题 13.4.B</u> 除跨度为 16ft，荷载为 150psf，$f'_c=4\text{ksi}$，$f_s=24\text{ksi}$ 外，其他条件同习题 13.4.A。

13.5 梁中的剪力

随着考察材料力学中得到的一般剪力效应，可得出以下内容：

(1) 剪力是经常存在的现象，直接由剪切作用、梁的侧向荷载产生于拉压构件的斜

截面。

(2) 剪力在力的平面内产生剪应力，并且和垂直于剪力平面上的单位剪应力相等。

(3) 对角线上的拉压应力大小与剪应力相等，与剪力平面成 45°。

(4) 直接剪切剪力在作用面上产生大小相同的剪应力，但是梁的剪力在作用面上产生的剪应力是变化的，从边缘的 0 变到中性轴处的最大值。

在下面的讨论中，假设读者已经基本熟悉这些关系。

考虑端部支座只提供竖向反力（没有力矩约束）并承受均布荷载的简支梁情况。内部剪力和弯矩的分布如图 13.13（*a*）所示，为了抗弯，需要在梁的底部附近设置纵向钢筋。这些钢筋只用于抵抗垂直（90°）平面内的拉应力，事实上，在跨中的弯矩最大而剪力近似为 0。

在剪力和弯矩的共同作用下，梁易出现拉力裂缝，如图 13.13（*b*）所示。在跨中附近，弯矩起主导作用而剪力近似为 0，这些裂缝接近 90°。但是在支座附近，剪力起主导作用而弯矩近似为 0，主拉应力平面接近 45°，水平钢筋对抵抗裂缝只能起到部分作用。

1. 梁的剪切钢筋

对于梁，附加剪切钢筋最常见的形式是一系列 U 形弯曲钢筋［见图 13.13（*d*）］，沿梁跨垂直地间隔放置，如图 13.13（*c*）所示。这些钢筋称为箍筋，用于提供和弯曲钢筋提供的水平抵抗力共同工作的竖向抵抗力。为了在支承面附近形成弯曲拉力，水平钢筋必须在产生应力的点以外与混凝土粘结。简支梁端部只伸出支承一小段距离（通常情况），通常需要如图 13.13（*c*）所示将钢筋端部弯起。

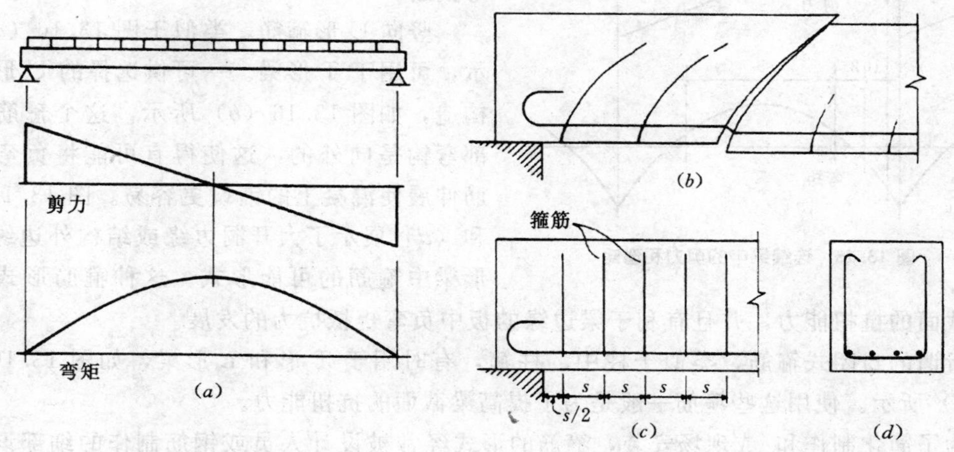

图 13.13 混凝土梁中剪力需要考虑的事项

图 13.13（*d*）所示的单跨简支矩形截面梁经常用于建筑结构中。最常见的情况是图 13.14（*a*）所示的梁截面，在梁与支承混凝土板一起连续浇筑时会出现这种截面的梁。另外，这些梁在支座处具有负弯矩的连续跨中一般也会出现。因此，支座附近梁中的应力如图 13.14（*a*）所示，负弯矩产生的弯曲压应力在梁腹板的底部。这种情况和简支梁有本质的不同，因为简支梁支座附近的弯矩近似为 0。

为了抵抗剪力，认为连续 T 形梁的截面应如图 13.14（*b*）所示。忽略了板的影响，并且认为截面是一个简单矩形。因此对于抗剪设计，除了沿梁跨连续的剪力分布的作用，单跨简支梁和连续梁之间没有太大的区别。但是，理解连续梁中的剪力和弯矩的关系是很重要的。

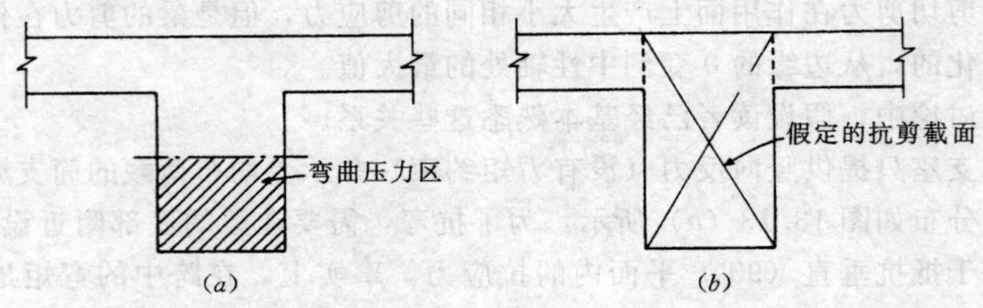

图 13.14 T形混凝土梁中的剪力和负弯矩的产生

图 13.15 说明了连续梁承受均布荷载时内跨的典型情况。参见标有 1、2、3 的梁跨部分。

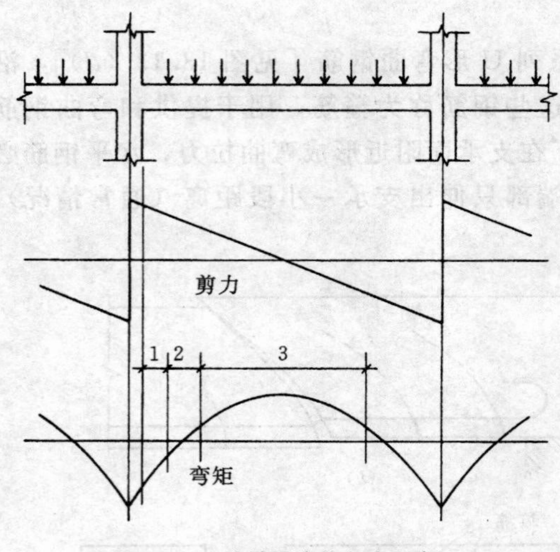

图 13.15 连续梁中的剪力和弯矩

(1) 在区域 1 内，较高的负弯矩要求在梁顶部附近设置抗弯的水平钢筋。

(2) 在区域 2 内，弯矩反号，弯矩值较低，如果剪应力较高，主要考虑抗剪设计。

(3) 在区域 3 内，对剪力的考虑是次要的，主要考虑的是正弯矩要求在梁底设置抗弯钢筋。

竖向 U 形箍筋，类似于图 13.16 (*a*) 所示，可用于 T 形梁。一可供选择的 U 形箍筋构造，如图 13.16 (*b*) 所示，这个箍筋的上部弯钩是向外的，这使得有可能将负弯矩钢筋伸展使混凝土的铺设更容易。图 13.16 (*c*) 和 (*d*) 展示了大开洞边缘或结构外边缘处 L 形梁中箍筋的可能形式。这种箍筋形式可以增强截面的抗扭能力，并且有利于梁边缘的板中负弯矩抵抗力的发展。

所谓的封闭式箍筋，类似于柱中的柱箍，有时用于 T 形和 L 形梁，如图 13.16 (*c*) ～ (*f*) 所示。使用这些箍筋一般是为了提高梁截面的抗扭能力。

为了简化制作和/或现场安装，箍筋的形式经常被设计人员或钢筋制作的细部设计人员所修改。图 13.16 (*d*) 和 (*f*) 就是分别根据图 13.16 (*c*) 和 (*e*) 修改的两种形式。

下面是一些适合梁抗剪设计现行办法的总则和规范要求。

(1) 混凝土的承载力。尽管在抗弯设计时忽略混凝土的抗拉强度，但假设混凝土可以承担一部分梁中剪力。当梁承受较轻荷载时，如果不超过混凝土的承载力，梁中可以不需要钢筋。但是通常情况如图 13.17 所示，最大剪力 V 超过素混凝土的抗剪承载力 V_c，这时需要钢筋承担多余剪力，如剪力图的阴影部分所示。

(2) 最小的抗剪钢筋。当最大的计算剪应力低于混凝土承载力时，现行规范也要求使

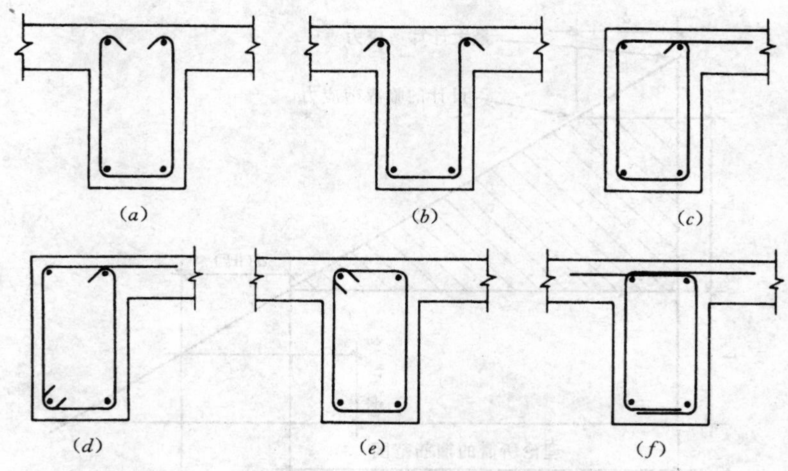

图 13.16　竖向箍筋的形式

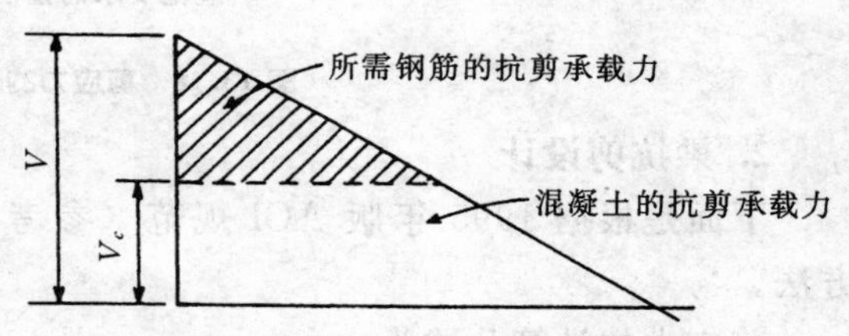

图 13.17　钢筋混凝土梁中抗剪能力的分配

用最小数量的抗剪钢筋。除非是板和高度非常小的梁等一些例外情况。其目的本质上是用较少的附加钢筋来加强结构。

(3) 箍筋形式。最常见的箍筋形式是简单的 U 形或与图 13.16 所示相近的形式，沿梁间隔竖向放置。也可以倾斜放置（一般 45°），这样对直接抵抗梁端附近（见图 13.13）可能的剪切裂缝更有效。对具有较高单位剪应力的大型梁，有时在最大剪力位置同时使用竖向和斜向箍筋。

(4) 箍筋尺寸。对于适当尺寸的梁，U 形箍筋最常见的尺寸为 3 号钢筋。为把这些钢筋安装在梁截面内，在拐角（弯曲的小圆弧）处弯曲相对较紧。对于较大的梁，有时使用 4 号钢筋，它的强度（作为其横截面积的一个功能）是 3 号钢筋的两倍。

(5) 箍筋间距。箍筋间距是根据箍筋位置单位剪应力所需的箍筋数量计算的（在下一节中讨论）。为了保证在可能出现对角裂缝的位置（见图 13.13）至少出现一个箍筋，最大间距规定为 $d/2$（d 为梁的有效高度）。当剪应力过大时，最大间距限制为 $d/4$。

(6) 关键的最大设计剪力。尽管实际最大剪应力出现在梁端，但规范允许用距梁端为 d（梁的有效高度）处的剪应力作为箍筋设计关键的最大剪应力。因此，如图 13.18 和图 13.17 所示的剪力所需钢筋略微不同。

(7) 抗剪钢筋总长。根据计算剪应力，必须沿梁长设置图 13.18 所示的剪应力图中阴影部分所定义长度的箍筋。对于跨中部分，理论上没有钢筋，混凝土也具有足够抗剪能力。但是规范要求在计算断点之外一段距离要设置一些抗剪钢筋。早期规范要求计算断点外设置箍筋的距离等于梁的有效高度。现行规范要求最少的抗剪钢筋长度等于计算剪应力超过混凝土抗剪能力一半时的长度。然而，这个值被确定，必须设置钢筋的整个伸长范围，用图 13.18 中的 R 表示。

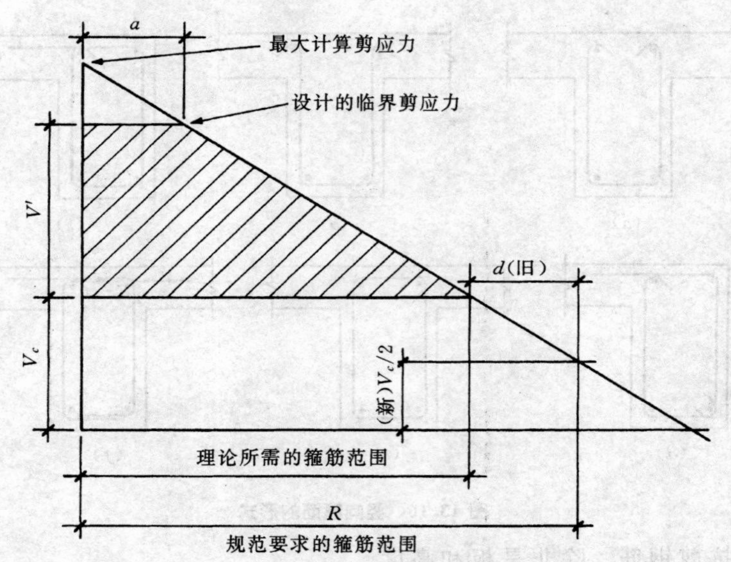

图 13.18 剪应力的分配：ACI 规范要求

2. 梁抗剪设计

下面是根据 1995 年版 ACI 规范（参考文献 4）的附录 A 描述的梁抗剪钢筋设计方法。

剪应力的计算公式为

$$v = \frac{V}{bd}$$

式中 V——截面上的总剪力；

b——截面宽度（T 形梁中为腹板宽）；

d——截面有效高度。

对于只承受弯矩和剪力的标准重量的混凝土梁，混凝土中的剪应力极限值为

$$v_c = 1.1\sqrt{f'_c}$$

当 v 超过极限值 v_c 时，必须根据前面所述的基本要求设置钢筋。尽管规范没有使用 v' 这个符号，但在这里 v' 这个符号表示钢筋所承受的多余单位剪力。即

$$v' = v - v_c$$

抗剪钢筋所需间距的确定如下所述。参照图 13.19，一个双肢箍筋的抗拉能力等于总的钢筋横截面积 A_v 和钢筋容许应力的乘积。即

$$T = A_v f_s$$

这个抵抗力用来抵抗面积 bs 上的剪应力发展，

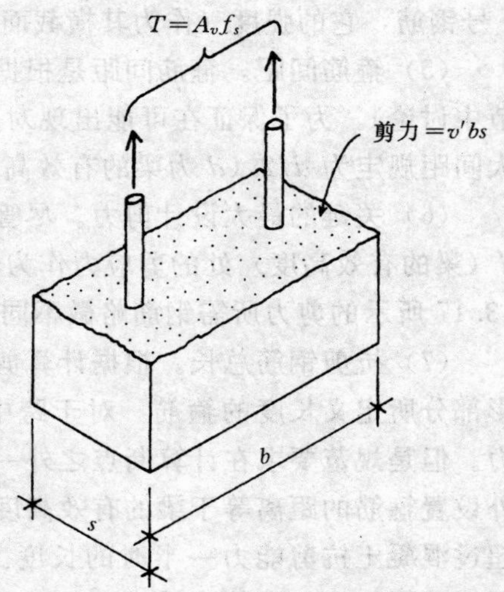

图 13.19 箍筋间距需要考虑的事项

其中 b 为梁宽，s 为箍筋间距（每侧到下一箍筋距离的一半）。令箍筋拉力等于这个力，可得到一个平衡方程：

$$A_v f_s = bsv'$$

根据这个方程，可推出所需间距的表达式为

$$s = \frac{A_v f_s}{v'b}$$

下面例题用来说明简支梁的设计方法。

【例题 13.7】　设计图 13.20 所示简支梁所需的抗剪钢筋。使用 $f'_c = 3\text{ksi}, f_s = 20\text{ksi}$ 和单个 U 形箍筋。

解： 最大的剪力值为 40kip，最大剪应力值为

$$v = \frac{V}{bd} = \frac{40000}{12 \times 24} = 139\text{psi}$$

现在画一半梁的剪应力图，如图 13.20（c）所示。对于剪力设计，关键剪应力在距支座 24in（梁有效高度）处。使用三角形比例关系，这个值为

$$\frac{72}{96} \times 139 = 104\text{psi}$$

不设钢筋的素混凝土的承载力为

$$v_c = 1.1\sqrt{f'_c} = 1.1 \times \sqrt{3000} = 60\text{psi}$$

因此，在此关键应力点，超出的剪力 104－60＝44psi 必须由钢筋承担。下一步确定图 13.20（c）的阴影部分，这部分表示所需钢筋的范围。可以看到多余剪力延伸到距支座 54.4in 处。

为了符合 ACI 规范的要求，必须使抗剪钢筋延伸到 $v_c/2$ 的位置，如图 13.20（c）所示，此为距支座 75.3in 的一段距离。规范进一步规定抗剪钢筋最小横截面面积为

$$A_v = 50\,\frac{bs}{f_y}$$

假设 $f_y = 40\text{ksi}$，最大容许间距是梁有效高度的一半，则所需的面积为

$$A_v = 50 \times \left(\frac{12 \times 12}{40000}\right) = 0.18\text{in}^2$$

这个值小于 3 号箍筋两个肢的面积 $2 \times 0.11 = 0.22\text{in}^2$。

对于最大的 $v' = 44\text{ksi}$，最大的容许间距为

$$s = \frac{A_v f_s}{v'b} = \frac{0.22 \times 20000}{44 \times 12} = 8.3\text{in}$$

因为这个值小于最大容许值梁有效高度的一半 12in，所以在关键点之外最好至少再计算一个更大的间距。例如，在距支座 36in 处的应力为

$$v = \frac{60}{96} \times 139 = 87\text{psi}$$

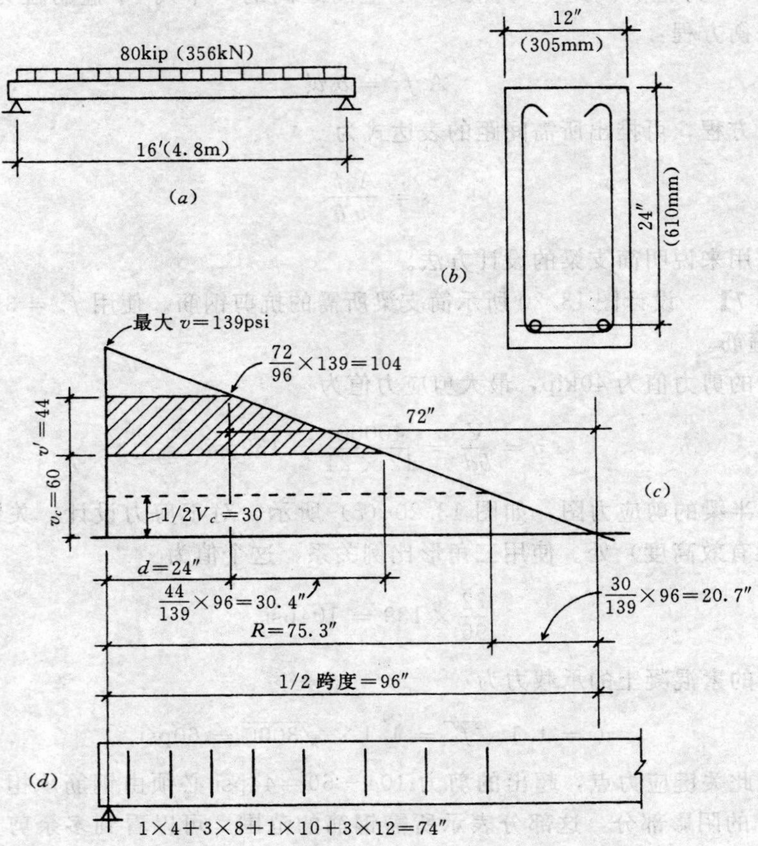

图 13.20 箍筋设计：例题 13.7

该点的 v'值为 87－60＝27psi，所需的间距为

$$s=\frac{A_v f_s}{v'b}=\frac{0.22\times 20000}{27\times 12}=13.6\text{in}$$

这表明在所需间距降为距关键点小于 12in 位置处所允许的最大值。箍筋间距一种可能的选择如图 13.20（d）所示，图中共有 8 根箍筋，箍筋延伸范围是从支座到距支座 74in 处。因此梁中总共有 16 根箍筋，每端 8 根。注意第一根箍筋在距支座 4in 处，这个值是计算所需间距的一半，这是设计人员的通常做法。

【例题 13.8】 确定图 13.21 所示梁所需 3 号 U 形箍筋的数量和间距。使用 $f'_c=3\text{ksi}$，$f_s=20\text{ksi}$。

解： 和例题 13.7 一样，首先确定剪力值和相应的应力，然后作图 13.21（c）所示的图。此例中，最大临界剪应力 89psi 产生的 v'为 29psi，对于这个值，所需的间距为

$$s=\frac{A_v f_s}{v'b}=\frac{0.22\times 20000}{29\times 10}=15.2\text{in}$$

因为这个值超出了最大极限值 $d/2=10\text{in}$，箍筋可按极限间距布置，可能的布置如图 13.21（d）所示。和例题 13.7 一样，注意把第一根箍筋放在距支座为所需间距一半的

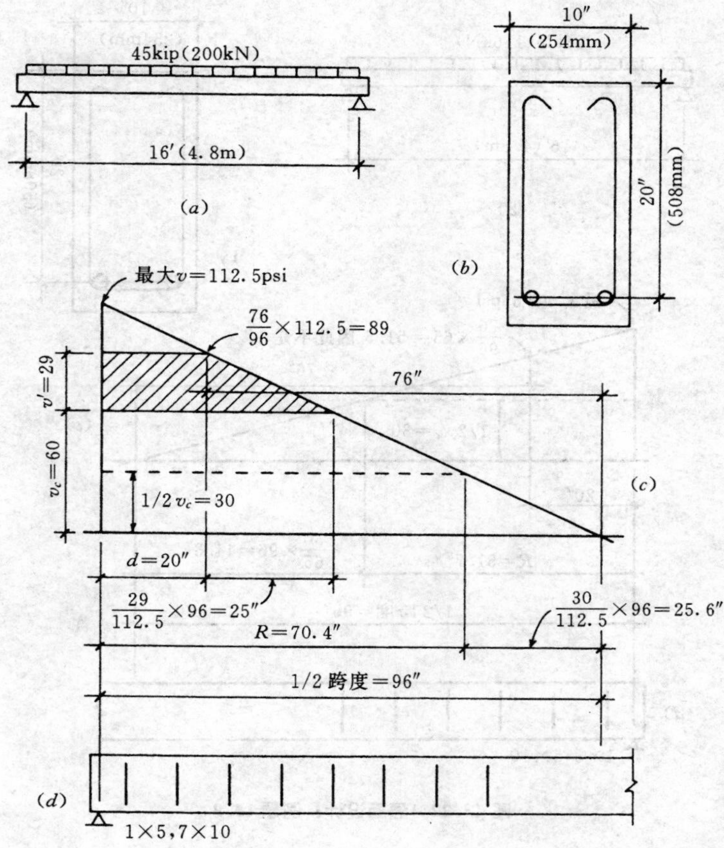

图 13.21　箍筋设计：例题 13.8

位置。

【例题 13.9】　设计图 13.22 所示梁所需 3 号 U 形箍筋的数量和间距。使用 $f'_c = 3\text{ksi}$，$f_s = 20\text{ksi}$。

解：在这种情况下，求出的最大临界剪应力小于 v_c，这表明理论上不需要设置钢筋。但是为了满足规范对最少钢筋的要求，必须在剪应力为 30psi（$v_c/2$）的点以内按最大间距布置箍筋。为验证 3 号箍筋是足够的，计算得

$$A_v = 50 \times \frac{10 \times 10}{40000} = 0.125\text{in}^2 \quad (\text{见例题 13.7})$$

这个值小于 3 号箍筋两个肢的面积 0.22in²，因此，间距为 10in 的 3 号箍筋是满足要求的。

例题 13.7～例题 13.9 已经说明了梁抗剪设计的最简单情况，这些梁承受的都是均布荷载且截面只承受弯矩和剪力。当集中荷载和非对称荷载产生其他形式的弯矩图时，这些必须用于抗剪钢筋的设计。另外，混凝土框架中存在轴向拉力或压力的地方，在抗剪设计时必须考虑组合效应。

当存在扭矩时（在垂直于梁方向上的扭矩），必须把扭矩和梁剪力结合起来考虑。

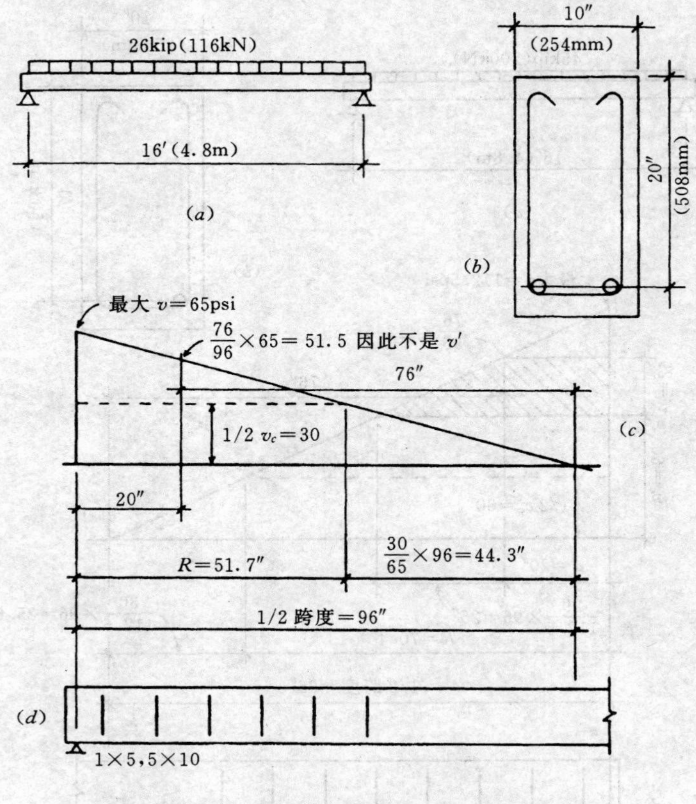

图 13.22 箍筋设计：例题 13.9

习题 13.5.A 一类似于图 13.20 所示的混凝土梁，跨度为 24ft，所承受的总荷载为 60kip。f'_c=3000psi，f_s=20ksi，梁截面 b=12in，d=26in。使用应力设计法求 3 号 U 形箍筋的布置。

习题 13.5.B 除跨度为 20ft，荷载为 50kip，b=10in，d=23in 外，其他条件同习题 13.5.A。

习题 13.5.C 除梁上总荷载为 30kip 外，其他条件同习题 13.5.A，确定 3 号 U 形箍筋的布置。

习题 13.5.D 除梁上总荷载为 25kip 外，其他条件同习题 13.5.B，确定 3 号 U 形箍筋的布置。

13.6 钢筋的锚固长度

ACI 规范把发展关键截面钢筋设计强度所需的埋置深度定义为锚固长度。对于梁，关键截面出现在最大应力位置和跨内钢筋截断点或弯起、弯下点。对于承受均布荷载的简支梁，关键截面是弯矩最大的跨中截面。在这一点弯曲所需的受拉钢筋必须向两边延伸足够远的距离以便通过与钢筋表面的混凝土粘结发展钢筋的应力，然而，除了具有粗钢筋的短跨梁，其他梁的钢筋长度一般是足够的。

在简支梁中，由于弯矩的降低，按跨中最大弯矩确定的底部钢筋不需要全部延伸到跨端。因此，有时只需让一部分跨中钢筋在整个梁长上连续。在这种情况下，必须保证非通长的钢筋从跨中延伸足够的长度，且在截断点之外的钢筋能够承受该点处的应力。

当梁连续通过支座时，支座处的负弯矩需要上部钢筋。我们必须根据这些上部钢筋从支座向外延伸的距离，分析它们的锚固长度。

对于 11 号和更小的受拉钢筋，规范规定的最小锚固长度如下所示：

对于 6 号及更小的钢筋（但不小于 12in）

$$L_d = \frac{f_y d_b}{25\sqrt{f'_c}}$$

对于 7 号及更大的钢筋

$$L_d = \frac{f_y d_b}{20\sqrt{f'_c}}$$

在这些公式中，d_b 为钢筋直径。

不同情况下，L_d 的修正系数如下所示：

(1) 对于钢筋以下的混凝土大于或等于 12in 的水平构件，其上部钢筋可提高到 1.3 倍。

(2) 对于超出计算所需量的抗弯钢筋，使用系数（所需面积 A_s/给定面积 A_s）予以降低。

对于轻质混凝土给出了另外的修正系数，对于涂有环氧树脂的钢筋、螺旋筋和 f_y 超过 60ksi 的钢筋，$\sqrt{f'_c}$的最大值为 100psi。

根据 ACI 规范的要求，表 13.7 给出了受拉钢筋的最小锚固长度。在“其他钢筋”下的列表值是不需要修正锚固长度的，在“上部钢筋”下的列表值要根据修正系数予以提高。表中给出了两种混凝土强度和两种最常用的受拉钢筋等级的最小锚固长度值。

表 13.7　　受拉钢筋的最小锚固长度（in）[①]

钢筋尺寸	$f_y=40$ksi（276MPa）				$f_y=60$ksi（414MPa）			
	$f'_c=3$ksi（20.7MPa）		$f'_c=4$ksi（27.6MPa）		$f'_c=3$ksi（20.7MPa）		$f'_c=4$ksi（27.6MPa）	
	上部钢筋[②]	其他钢筋	上部钢筋[②]	其他钢筋	上部钢筋[②]	其他钢筋	上部钢筋[②]	其他钢筋
3	15	12	13	12	22	17	19	15
4	16	15	17	13	29	22	25	19
5	24	19	21	16	36	28	31	24
6	29	22	25	19	43	33	37	29
7	42	32	36	28	63	48	54	42
8	48	37	42	32	72	55	62	48
9	54	42	47	36	81	62	70	54
10	61	47	53	41	91	70	79	61
11	67	52	58	45	101	78	87	67

① ACI 规范（参考文献 4）要求的最小锚固长度值。

② 构件中水平钢筋以下的混凝土高度超过 12in。

ACI 规范未提供有关锚固长度的折减系数。目前，锚固长度公式只与钢筋尺寸、混凝土强度和钢筋屈服强度有关。因此除前面论述的情况外，它们同样适用于应力方法或强度方法而不需进行调整。

【例题 13.10】 如图 13.23 所示，短悬臂梁的负弯矩由梁的上部钢筋承担。如果 $L_1=48\text{in}$，$L_2=36\text{in}$，$f'_c=3\text{ksi}$，$f_y=60\text{ksi}$，判断端部不弯起情况下，6 号钢筋的锚固长度是否足够。

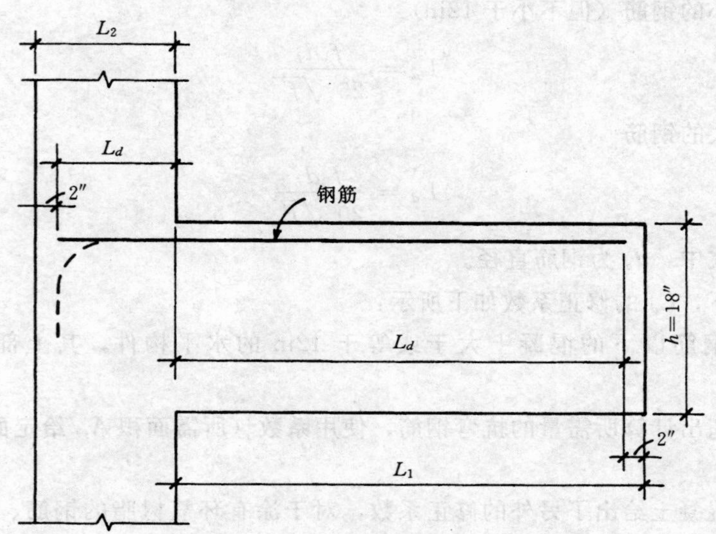

图 13.23 例题 13.10 的参照图

解： 在支承面上，必须在两部分锚固钢筋：支座内和梁的上部。在梁的上部是前面定义的"上部钢筋"中的一种。因此，根据表 13.7，如果钢筋端部外侧的保护层是最小的，L_d 所需的长度为 43in，这个值被充分地提供。

在支座内，钢筋属于表中的"其他钢筋"的情况。为此，L_d 所需的长度为 33in，这个值也能足够地被提供。

因此，尽管很多设计人员为了附加锚固的安全可能将支座中钢筋弯成钩状，但这里钢筋任一端都不需要弯成钩状。

<u>习题 13.6.A</u> 一短悬臂梁如图 13.23 所示。如果 $L_1=36\text{in}$，$L_2=24\text{in}$，梁全高为 16in，$f'_c=4\text{ksi}$，$f_y=40\text{ksi}$，钢筋尺寸为 4 号，判断没有端部弯钩情况下钢筋是否具有足够锚固长度。

<u>习题 13.6.B</u> 除 $L_1=40\text{in}$，$L_2=30\text{in}$，钢筋尺寸为 5 号外，其他条件同习题 13.6.A。

1. 弯钩

当结构构造限制了将钢筋充分延伸到所需长度时，有时可以使用钢筋的端部弯钩。所谓的标准弯钩是根据所需的锚固长度 L_{dh} 确定的。钢筋端部可弯成 90°、135°或 180°以形成弯钩。135°的弯曲仅用于一般直径相对较小的连接筋和箍筋。

表 13.8 使用与表 13.7 相同的变量 f'_c 和 f_y，给出了标准弯钩的钢筋锚固长度。表中的值是根据图 13.24 所示的所需锚固长度给出的。注意表中的值适用于 180°的弯钩，对于 90°的弯钩，表中的值减小 30%。下面的例题用来说明表 13.8 中的值在简单情况下的使用。

表 13.8　　**带弯钩钢筋所需的锚固长度**①　　单位：in

钢筋尺寸	f_y=40ksi（276MPa）		f_y=60ksi（414MPa）	
	f'_c=3ksi（20.7MPa）	f'_c=4ksi（27.6MPa）	f'_c=3ksi（20.7MPa）	f'_c=4ksi（27.6MPa）
3	6	6	9	8
4	8	7	11	10
5	10	8	14	12
6	11	10	17	15
7	13	12	20	17
8	15	13	22	19
9	17	15	25	22
10	19	16	28	24
11	21	18	31	27

① 见图 13.25。表中的数据适用于 180°的弯钩，对于 90°的弯钩，表中数据减少 30%。

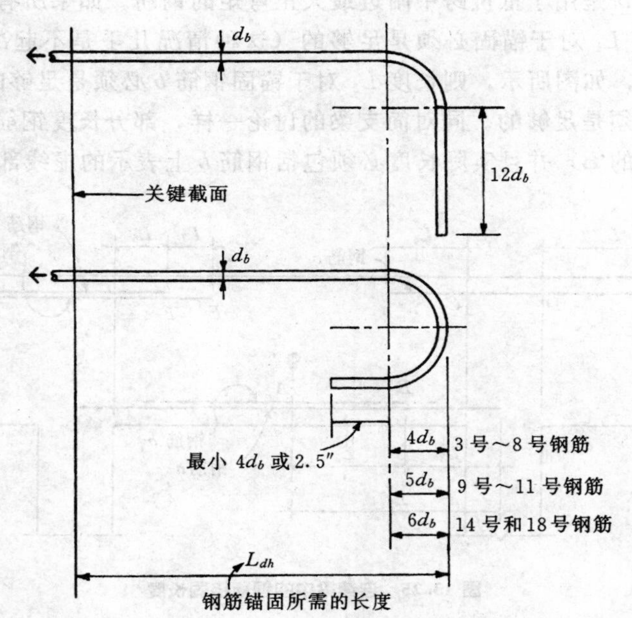

图 13.24　使用表 13.8 中的数据对标准弯钩的细节要求

【例题 13.11】　对于图 13.23 所示的钢筋，使用例题 13.10 中的数据，确定带有 90°弯钩的钢筋在支座内所需的锚固长度 L_d。

解：根据表 13.8，查得所需锚固长度为 17in（6 号钢筋，f'_c=3ksi，f_y=60ksi）。对于 90°弯钩，这个值减小为

$$L = 0.7 \times 17 = 11.9\text{in}$$

习题 13.6.C 在习题 13.6.A 中，如果支座内钢筋端部具有 90°的弯钩，确定钢筋所需的锚固长度。

习题 13.6.D 在习题 13.6.B 中，如果支座内钢筋端部具有 90°的弯钩，确定钢筋所需的锚固长度。

2. 连续梁中的钢筋锚固

锚固长度是发展关键截面钢筋设计强度所需的埋置长度。关键截面出现在最大应力位置和跨内钢筋截断点或钢筋向上弯到梁上部的位置。对于承受均布荷载的简支梁，关键截面是弯矩最大的跨中截面。这是钢筋中最大拉应力（钢筋应力峰值）点，并且发展这一应力需要一定长度的钢筋。另外的关键位置出现在跨中和不再需要抵抗弯矩的钢筋截断点之间，其余的通长钢筋会在这些终端处产生峰值应力。

当梁连续通过支座时，支座上的负弯矩要求在梁的上部布置钢筋。在跨内也需要在梁底部布置抵抗正弯矩的钢筋。即使正弯矩在距支座一定距离处变为 0，规范还是要求将一些正弯矩钢筋在梁全长上延伸并伸入支座一小段距离。

图 13.25 所示的是第一个支座为悬臂端的连续梁中钢筋的一种可能布置。对照图中符号参看以下说明：

（1）钢筋 a 和 b 是用于抵抗跨中附近最大正弯矩的钢筋。如果所有钢筋通长布置（如图中钢筋 a），长度 L_1 对于锚固必须是足够的（这种情况几乎是不起决定作用的）。如果钢筋 b 是部分长度，如图所示，则长度 L_2 对于锚固钢筋 b 必须是足够的，并且长度 L_3 对于锚固钢筋 a 也必须是足够的。同对简支梁的讨论一样，部分长度钢筋必须超过理论截断点（见图 13.25 中的 B）并且实际长度必须包括钢筋 b 上表示的虚线部分。

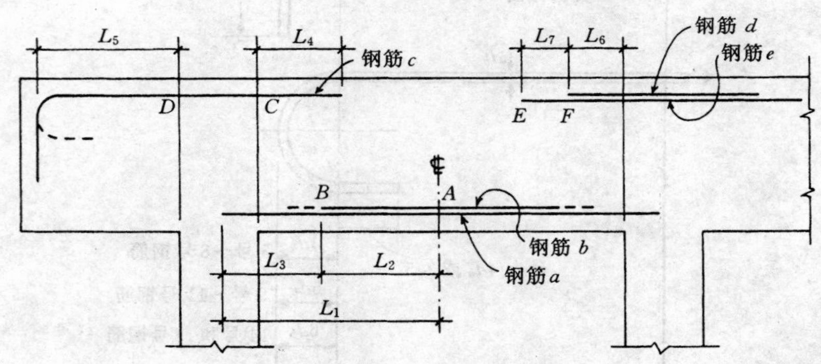

图 13.25 连续梁中的钢筋锚固长度

（2）对于悬臂端的钢筋，长度 L_4 和 L_5 对于钢筋 c 的锚固必须是足够的。根据底部部分长度钢筋附加长度的要求，L_4 需要延伸到负弯矩实际截断点以外。如果 L_5 是不足的，钢筋端部可弯成如图所示的 90°弯钩或如虚线所示的 180°弯钩。

（3）如果图中所示的钢筋组合用于内支座，L_6 对于钢筋 d 的锚固必须是足够的，且 L_7 对于钢筋 e 的锚固也必须是足够的。

对于连续梁上是单一荷载的情况，可以确定弯矩的具体值和其在梁上的相应位置，包括零弯矩的位置。但是实际情况中，大多数连续梁的设计不只是一种单一荷载，这使得所需锚固长度的确定更加复杂。

3. 钢筋的连接

在钢筋混凝土结构的各种情况中，钢筋之间在相同方向上传递应力是很必要的。钢筋中力的连续性要通过连接实现，可能受到焊接、机械连接或搭接的影响。图 13.26 说明了搭接的概念，搭接本质上是混凝土内两根钢筋的锚固。因为通常是相互接触的两根钢筋搭接，所以搭接长度通常大于表 13.7 中单个钢筋所需的锚固长度。

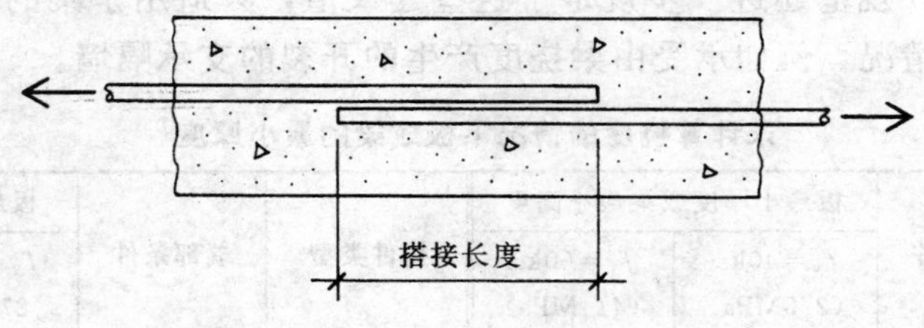

图 13.26　钢筋的搭接

对于简单的受拉搭接，钢筋的搭接长度一般等于单个钢筋锚固长度的 1.3 倍。搭接一般限于 11 号或尺寸更小的钢筋。

对于纯拉力构件，不允许钢筋搭接，钢筋必须通过焊接或其他的机械连接进行连接。钢筋对接焊一般限于搭接不可行的屈服强度 f_y 较高、直径较大钢筋的受压连接。

当构件中一些钢筋必须连接时，连接必须是交错的。一般来说，不希望进行连接，并应尽可能地避免。但是因为只能得到有限长度的钢筋，所以一些情况下连接是不可避免的。较长墙中的水平钢筋就是这种情况。对于具有设计应力的构件，连接不应该在最大应力位置（例如梁中的最大弯矩处）。

柱受压钢筋的连接在下一节中讨论。

4. 受压钢筋的锚固

前面讨论的锚固长度只涉及受拉钢筋。当然，受压钢筋的锚固长度也是柱设计和梁受压钢筋设计中的一个因素。

梁中使用受压钢筋的部分不会出现弯曲拉力裂缝，再加上混凝土对钢筋端部支承的有利作用，允许受压钢筋锚固长度比受拉钢筋短。受压钢筋的锚固长度的计算公式为

$$L_d = \frac{0.02 f_y d_b}{\sqrt{f'_c}}$$

但是不得小于 $0.0003 f_y d_b$ 或 8in 中的较大值。

对于梁中的受压钢筋，必须认真分析钢筋布置中所需的锚固长度和所有必要的搭接。一般当很长的梁连续通过几个跨时，沿梁长弯矩的符号会改变好几次。在一个正弯矩位置使用的钢筋同样可连续到另一负弯矩位置用作负弯矩钢筋。这需要分析梁的正视图和弯矩的变化。

在钢筋混凝土柱中，混凝土和钢筋共同承受压力。一般实际结构需要考虑钢筋应力发展的各种情况。柱中钢筋锚固的各种问题在第 15 章中讨论。表 15.1 列出了一些具体数据组合的受压钢筋锚固长度。

13.7 挠度控制

现浇混凝土板和梁的挠度主要是通过用跨度百分比表示的建议最小厚度（总厚度）来控制的。表 13.9 是根据 ACI 规范中类似的表改编的，并且用跨度百分比表示最小厚度。表中的值只适用于标准重量（一般是由砂和砾石产生的重量）混凝土和屈服强度 f_y 为 40ksi（276MPa）和 60ksi（414MPa）的钢筋。ACI 规范给出了其他混凝土重量和钢筋等级的修正系数。ACI 规范还进一步规定了这些建议值，只适用于梁的挠度而对其他建筑结构构件不重要的情况，例如承受由梁挠度产生的开裂的支承隔墙。

表 13.9　未计算挠度的情况下板或梁的最小厚度①

构件类型	端部条件	板最小厚度或梁最小高度		构件类型	端部条件	板最小厚度或梁最小高度	
		f_y=40ksi (276MPa)	f_y=60ksi (414MPa)			f_y=40ksi (276MPa)	f_y=60ksi (414MPa)
实心单向板	简支	$L/25$	$L/20$	梁或托梁	简支	$L/20$	$L/16$
	一端连续	$L/30$	$L/24$		一端连续	$L/23$	$L/18.5$
	两端连续	$L/35$	$L/28$		两端连续	$L/26$	$L/21$
	悬臂	$L/12.5$	$L/10$		悬臂	$L/10$	$L/8$

① 参考混凝土截面竖向尺寸。只适用于混凝土标准重量（145pcf），规范对其他重量的混凝土提供了调整。只有在构件不支承或刚性地接触隔墙或其他结构可能发生大挠度破坏的情况下有效。

混凝土结构的挠度存在一些特殊问题。对于具有普通钢筋（非预应力）混凝土，弯曲作用一般会在最大弯矩位置产生一些受拉裂缝。因此，跨中位置的梁底和支座上部出现裂缝是意料之中的。一般来说，这些裂缝尺寸（和能见度）与挠度产生的梁的曲率大小是成比例的。长跨和深梁的裂缝尺寸也会更大。如果认为可见裂缝是不允许的，应该选用更保守的高跨比，特别是对跨度大于 30ft 和梁高大于 30in 的梁。

混凝土徐变会导致附加的挠度。这是由长期荷载产生的，特别是结构上的恒载。挠度控制考虑了这一点，同时也考虑了活载下的瞬时挠度。在木结构和钢结构中主要考虑瞬时挠度。

在梁中，对于挠度，特别是徐变挠度，可通过使用受压钢筋予以降低。在挠度或高跨比接近极限的位置，建议使用一些连续的上部钢筋作为受压钢筋。

不管什么原因，当挠度很关键时，就有必要计算实际的挠度值。ACI 规范提供了对这些计算的指导，在大多数情况下，这非常复杂并且超出了本书的范围。在实际的设计工作中，也是很少用到的。

第14章

平跨混凝土体系

很多不同的体系都可用于实现平跨结构。这些平跨结构经常用于需要绝对平整形式的楼面结构。但在全混凝土结构建筑中，平跨结构也可用作屋面。现浇结构体系一般包括以下几种基本类型：

(1) 单向实心板和梁。

(2) 双向实心板和梁。

(3) 单向托梁结构。

(4) 双向平板或无梁平板。

(5) 双向托梁结构，称为井格式结构。

每种体系有各自不同的优点及合理使用的限制和范围，这些取决于所需跨度、支承的一般布置、荷载大小、所需防火等级及设计和建造成本。

建筑物楼面平面图和它的预期用途确定荷载条件和支承布置。也要考虑楼梯、电梯、大型管道、天窗等对开洞的需要，因为这会在其他的连续体系中产生不连续。为了简化设计和建造以及降低成本，只要有可能，柱和承重墙应在一条直线上并且等间距布置。但是，流动的混凝土可浇筑成木材或钢材不可能有的形式，并且源于这些基本形式的新型雕刻体系已得到发展。

14.1 板梁体系

应用最广和适用能力最强的现浇混凝土楼板体系是使用单向梁支承单向实心板。这种结构可用于单跨，但是更多地用于多跨板梁体系中，如图 14.1 所示。此例中，连续板支承在中心间距为 10ft 的一系列梁上。梁又依次支承在中心间距为 30ft 的主梁和柱体系上，每隔两个梁直接支承在柱上，其他的梁支承在主梁上。

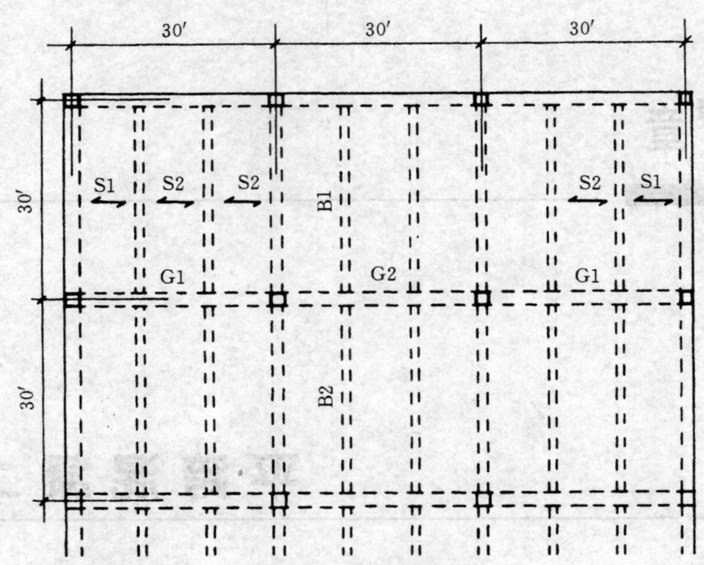

图 14.1 典型板梁体系的结构布置

因为图 14.1 所示体系的等间距性和对称性，所以基本的结构体系就存在相对较少的不同构件，每个构件重复了几次。尽管特殊构件必须根据体系外边缘和楼梯、电梯等开洞处的条件进行设计，但是结构的内部只需设计框架平面图内所示的 S1、S2、B1、B2、G1 和 G2 六个基本构件即可确定。因为成本是主要因素，所以这种重复的形式经常可以有效地降低结构成本。

在钢筋混凝土的计算中，自由支承梁（简支梁）的跨度一般为支承面或承压面的中心间距，这个值不应超过净跨加上梁高或板厚。连续梁或有约束梁的跨度是支承面之间的净距。

在连续梁中，负弯矩出现在支座处而正弯矩出现在跨中附近，如图 14.2（*a*）所示。弯矩的实际值取决于多个因素，但是在跨度近似相等并承受均布荷载的情况下，当活载不超过 3 倍恒载时，图 14.2（*b*）和图 14.2（*c*）给出的弯矩值和图 14.2（*d*）给出的剪力值可用于设计。

图 14.2 给出的数据和 ACI 规范第 8 章给出的数据基本一致。对于多跨梁上作用部分活载的情况，这些值已经调整。注意这些值只适用于承受均布荷载的梁。ACI 规范也给出了非简支支承的其他端部支承情况下的一些系数，如图 14.2 所示。

图 14.3 给出了连续板的设计弯矩。梁较大和板跨较短时，梁端部的扭转刚度把相邻板跨的连续效应减至最小。因此，在板梁体系中的大多数板跨与端部固定的单跨的作用十分相似。

单向连续板的设计

单向实心板的基本设计方法在第 13.4 节已说明。那里给出的例子是单跨板。下面的例子将说明单向连续实心板的设计方法。

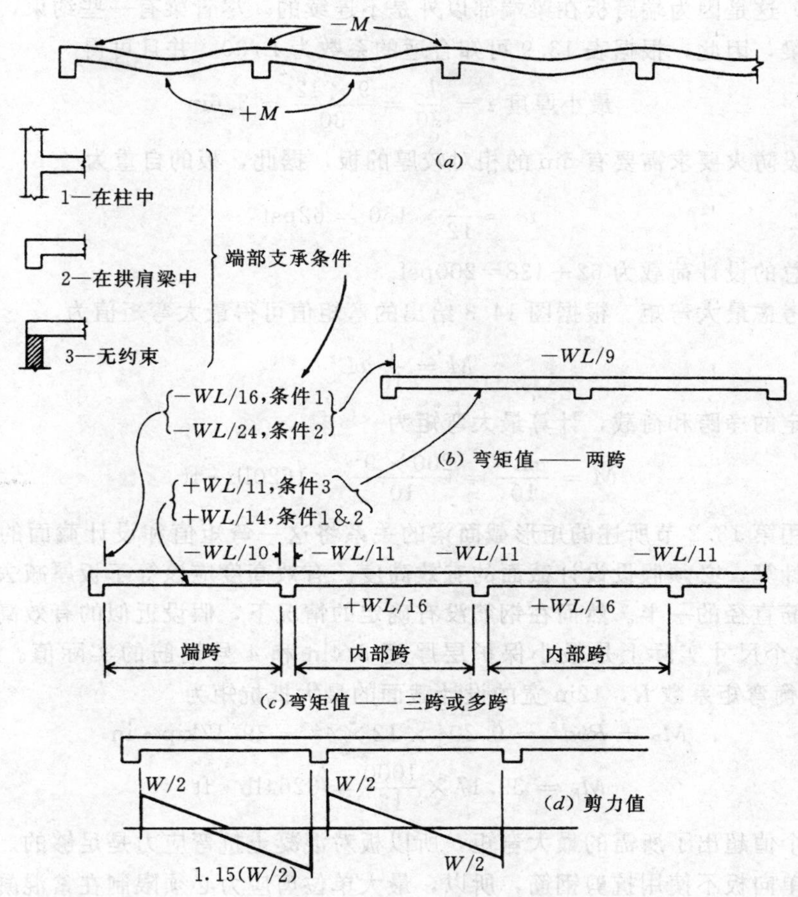

图 14.2 混凝土梁的近似设计系数

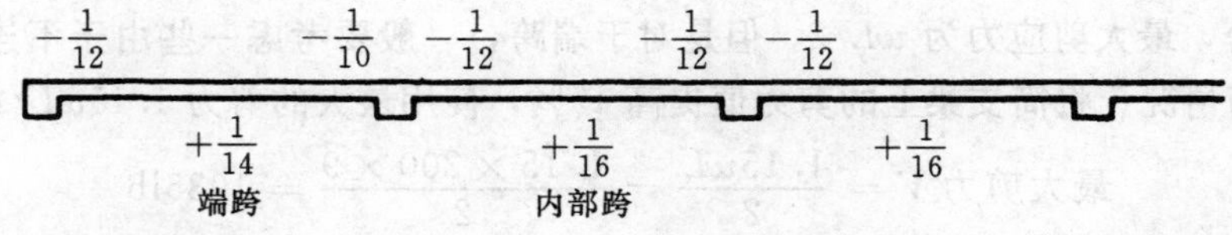

图 14.3 跨度为 10ft 或更小的连续板的近似设计系数

【例题 14.1】 一单向实心板被用于类似图 14.1 所示的框架体系。柱间距为 30ft，梁以 10ft 的中心间距均匀布置。结构的上部荷载（楼面活载加其他的结构恒载）总值为 138psf。使用 $f'_c=3$ksi，$f_y=60$ksi 及 $f_s=24$ksi 等级为 60 的钢筋。确定板厚并选择钢筋。

解： 为求板厚，要考虑三个因素：挠度所需的最小厚度、最大弯矩所需的最小有效厚度和最大剪力所需的最小有效厚度。为了设计，设板的跨度为净跨，即支承梁面与面之间的距离。由于梁的中心间距为 10ft，所以这个距离为 10ft 减去一个梁宽。因为没有给定梁，所以必须假设这个尺寸。对于此例题，假设梁宽为 12in，可得净距为 9ft。

首先考虑挠度所需的最小厚度。如果所有跨上的板厚相同（此为最常见情况），关键板是端跨板，这是因为端跨板在梁端部以外是不连续的。尽管梁有一些约束，但最好将其考虑成简支梁，因此，根据表 13.9 可知合适的系数为 $L/30$，并且可得

$$最小厚度\ t=\frac{L}{30}=\frac{9\times 12}{30}=3.6\text{in}$$

这里假设防火要求需要有 5in 的相对较厚的板，据此，板的自重为

$$w=\frac{5}{12}\times 150=62\text{psf}$$

所以，总的设计荷载为 62＋138＝200psf。

下一步考虑最大弯矩。根据图 14.3 给出的弯矩值可得最大弯矩值为

$$M=\frac{1}{10}wL^2$$

用所确定的净跨和荷载，计算最大弯矩为

$$M=\frac{wL^2}{10}=\frac{200\times 9^2}{10}=1620\text{lb}\cdot\text{ft}$$

现在使用第 13.2 节所述的矩形截面梁的关系将这一弯矩值和设计截面的平衡承载力比较。为了计算，必须假设设计截面的有效高度。有效高度应该等于板厚减去混凝土保护层厚度和钢筋直径的一半。然而在钢筋没有确定的情况下，假设近似的有效高度等于板厚减去 1in，这个尺寸实际上是最小保护层厚度 3/4in 和 4 号钢筋的实际值。然后使用表 13.2 中的平衡弯矩系数 R，12in 宽的设计截面的最大抵抗矩为

$$M_R=Rbd^2=0.204\times 12\times 4^2=39.17\text{kip}\cdot\text{in}$$

或

$$M_R=39.17\times\frac{1000}{12}=3264\text{lb}\cdot\text{ft}$$

因为这个值超出了所需的最大弯矩，所以板对混凝土抗弯应力是足够的。

实际上单向板不使用抗剪钢筋，所以，最大单位剪应力必须限制在素混凝土的抗剪承载力内。一般是在确定 A_s 之前先检验由弯矩所确定的有效高度上的剪应力。除非是承受过大荷载的短跨板，否则剪应力几乎不起决定性作用。

对于内跨，最大剪应力为 $wL/2$，但是对于端跨，一般要考虑一些由于不连续端部造成的剪力不平衡情况。将简支梁上的剪力值提高 15%，使用最大的剪力 $1.15wL/2$，因此可得

$$最大剪力\ V=\frac{1.15wL}{2}=\frac{1.15\times 200\times 9}{2}=1035\text{lb}$$

$$最大剪应力\ v=\frac{V}{bd}=\frac{1035}{12\times 4}=22\text{psi}$$

这个值比素混凝土的极限值（60psi，见第 13.5 节）小得多，所以假设的板厚对剪应力是不起决定性作用的。

因此，验证了板厚的选择，就可以进行钢筋设计。对于平衡截面，表 13.2 给出 j 值为 0.886。但是，因为所有的截面属于少筋截面（实际弯矩小于平衡极限值），所以在钢筋设计中，j 要取一个稍大的值，j＝0.9。

参看图 14.3，注意有五个必须确定弯矩和计算所需钢筋面积的关键位置。我们必须根据端支座、第一内跨梁和标准跨梁的负弯矩计算板上部所需的钢筋，根据第一内跨和标准跨跨中的正弯矩计算板下部所需的钢筋。这些情况的设计总结于图 14.4 中。对于图中

的数据，注意以下内容：

最大钢筋间距为

$$s = 3t = 3 \times 5 = 15\text{in}$$

最大弯矩为

$$M = CwL^2 = C \times 200 \times 9^2 \times 12 = 194400C\text{lb} \cdot \text{in}$$

所需钢筋面积为

$$A_s = \frac{M}{f_s jd} = \frac{194400C}{24000 \times 0.9 \times 4} = 2.25C\text{in}^2$$

使用表 13.5 中的数据，图 14.4 列出了 3 号、4 号和 5 号钢筋所需的间距。板中钢筋的一种可能的选择是使用图 14.4 底部所示的水平钢筋。

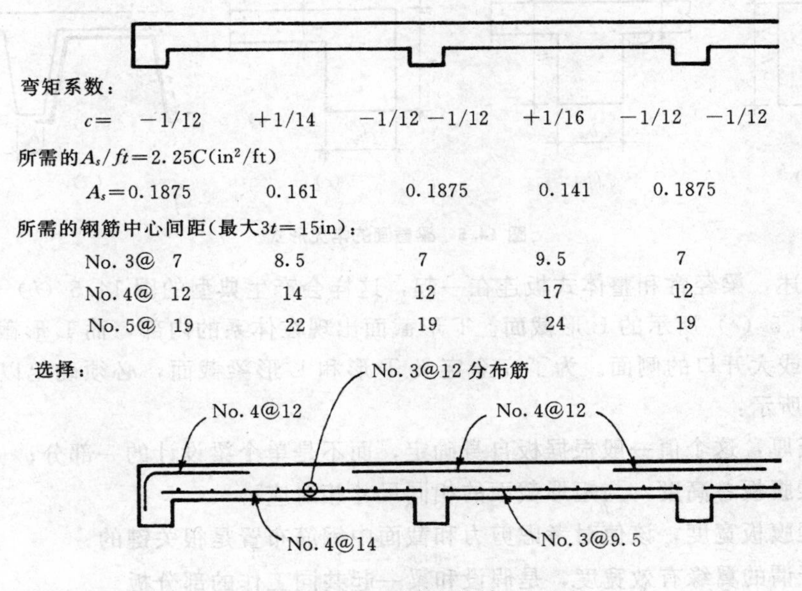

图 14.4 连续板设计

习题 14.1.A 一单向实心板被用于类似图 14.1 所示的框架体系中。柱距为 36ft，梁以 12ft 的中心间距均匀布置。结构上部荷载总值 180psf。使用 $f'_c = 3\text{ksi}$，$f_y = 40\text{ksi}$，$f_s = 20\text{ksi}$，等级为 40 的钢筋。确定板厚并选择钢筋的尺寸和间距。

习题 14.1.B 除柱距为 33ft，梁中心间距为 11ft 和上部荷载总值 150psf 外，其他条件同习题 14.1.A。

14.2 梁的设计总则

单个梁的设计包括很多内容，最重要的是作为整体体系设计而不是作为单独的梁设计。宽系统的选择通常包括确定混凝土类型及其设计强度（f'_c）、钢筋类型（f_y）、满足防火等级所需的保护层和混凝土成型及钢筋放置通常所需的各种构造要求。大多数梁和与梁整体现浇实心板连在一起。板厚是根据梁之间跨越作用的结构要求和混凝土的防火等级、隔声要求、钢筋类型等事项确定的。单个梁的设计一般限于确定以下内容：

(1) 梁截面形式和尺寸的选择。

(2) 抗剪钢筋类型、尺寸和间距的选择。

(3) 根据弯矩沿各跨的变化选择抗弯钢筋。

以下是实现这些选择必须考虑的一些因素。

1. 梁的形式

图 14.5 所示的是在现浇结构使用的最常见的梁截面形式。实际上单一矩形截面是不经常使用的，但是在一些情况下也会使用。如图 14.5 (a) 所示，混凝土截面的设计包括两个结构尺寸的选择：宽度 b 和总高度 h。

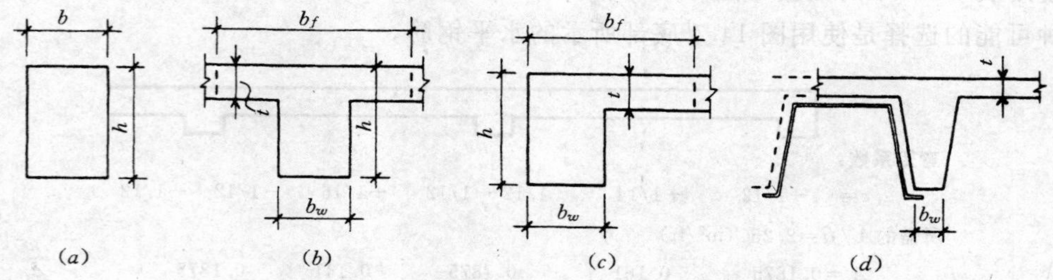

图 14.5 梁截面的常见形式

如前所述，梁经常和整体式板连在一起，这样会产生典型的图 14.5 (b) 所示的 T 形截面或图 14.5 (c) 所示的 L 形截面。T 形截面出现在体系的内部，而 L 形截面出现在体系的外边缘或大开口的侧面。为了完全定义 T 形和 L 形梁截面，必须确定以下四个基本尺寸，如图所示：

t——板厚，这个值一般根据板自身确定，而不是单个梁设计的一部分；

h——梁腹板总高度，与矩形截面的相同尺寸相对应；

b_w——梁腹板宽度，该值对考虑剪力和截面中钢筋布置是很关键的；

b_f——所谓的翼缘有效宽度，是假设和梁一起共同工作的部分板。

一种特殊形式梁如图 14.5 (d) 所示。当钢板或加固塑料板用于混凝土成型时，这种梁将会出现在混凝土托梁和井格式结构中，梁腹的逐渐减小是为了易于移走模板。在这种情况下，梁的设计一般使用梁腹板的最小宽度。

2. 梁宽

梁的宽度将会影响它的抗弯承载力。第 13.2 节给出的梁弯曲公式表明梁宽呈直线关系影响梁的抗弯承载力（宽度加倍，抵抗矩也会加倍等等）。另一方面，抵抗矩受梁有效高度平方的影响。因此，为了使截面抗弯更有效，在梁重或混凝土体积一定的情况下，要尽量获取深而窄的梁，而不是扁而宽的梁（例如一个 2×8 的托梁比 4×4 的托梁更有效）。

但是，梁宽也和其他因素有关，并且这些因素对确定给定梁的最小宽度通常是非常关键的。剪应力公式（$v = V/bd$）表明在抗剪中梁的宽度和高度一样有效。窄梁中钢筋布置也是一个问题。基于钢筋间距、最小混凝土保护层 1.5in、单层钢筋的布置及使用 3 号箍筋这些考虑，表 14.1 给出了各种钢筋组合下的最小梁宽。在需要增加混凝土保护层厚度、使用更粗的箍筋或梁与柱截面相交的情况下，有必要使梁宽大于表 14.1 给出的值。

表 14.1　　最小梁宽[①]

钢筋根数	钢筋尺寸								
	3	4	5	6	7	8	9	10	11
2	10	10	10	10	10	10	10	10	11
3	10	10	10	10	10	10	10	11	11
4	10	10	10	10	11	11	12	13	14
5	10	11	11	12	12	13	14	16	17
6	11	12	13	14	14	15	17	18	20

① 最小宽度（in）适用于保护层为 1.5in、3 号 U 形箍筋、钢筋净距为钢筋直径的一倍或最小值为 1in 的梁。采用 3 号 U 形箍筋的梁的最小实际宽度一般为 10in。

3. 梁高

尽管梁高的选择一方面要满足结构要求，另一方面也受建筑设计中其他因素的限制。图 14.6 所示是采用混凝土梁板结构的一个典型建筑楼面/吊顶的截面。在这种情况下，一般建筑设计观点认为关键高度是结构的总厚度，如图 14.6 所示的 H。除了混凝土结构，还考虑了地板饰面、吊顶结构和隔热管道。结构中 H 的纯使用部分如图中 h 所示，结构的有效高度 d 小于 h。因为 H 定义的这段距离对建筑物不是完全可用的，所以要控制这个距离来限制任何 d 的过度使用。

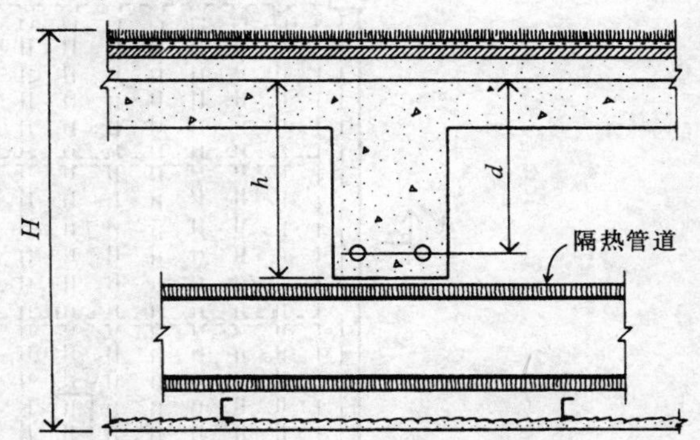

图 14.6　典型多层结构中的混凝土梁，尺寸 H 对建筑设计是关键的，尺寸 d 对结构设计是关键的

大多数混凝土梁一般在宽高比的限制范围内。典型的宽高比范围为 1∶1.5～1∶2.5，平均值是 1∶2。这不是规范的要求，也不是一个想象的规律，这仅仅是为满足弯矩、剪力、钢筋间距、钢材的经济使用和挠度的标准要求而得到的。

4. 挠度控制

由于各种原因，必须控制跨越板和梁的挠度。这些内容在第 13.7 节中已经讨论。一般对挠度最关键的因素是跨越构件的总厚或全高。高跨比是所考虑变形程度最直接的一个标志。

5. 连续梁的设计

连续梁是典型的超静定结构，并且必须分析在不同荷载条件下梁的关键弯矩和剪力。当梁不具备刚框架作用时（例如在多层建筑中柱线上的梁），可以使用第 14.1 节中所述的 ACI 规范的近似分析方法。第 25 章混凝土楼面结构的设计说明了这一方法。

同木梁和钢梁相比，混凝土梁的设计必须考虑内力沿梁长的改变。虽然单一的弯矩和剪力的最大值对确定梁的尺寸是关键的，但是必须分析所有支座和跨中位置所需的钢筋。

14.3　单向托梁结构

图 14.7 所示的是使用一系列间距很小的梁和相对较薄的实心板这种结构的部分框架

平面图和一些构造。因为其类似于普通的木托梁结构，故也称为混凝土托梁结构。这种体系在所有的现浇平跨混凝土结构中一般是最轻的（恒载），并且这种结构比较适合办公楼和零售商业建筑的轻型荷载和适中跨度。虽然这种结构在过去流行，但是现在防火性的不足使得它较少被使用。

这种结构使用 2in 薄的板和 4in 窄的托梁。因为构件较薄且钢筋保护层较小（托梁一般为 3/4～1in 而普通的梁为 1.5in），所以结构的防火能力较差，特别是当下面暴露时。因此，有必要提供一些和钢结构一样的防火形式，或限制它在不需要较高防火等级的地方使用。

在相对较薄的短跨板中一般要使用焊接钢丝网而不是普通变形钢筋。托梁通常在端部逐渐减小，如图 14.7 结构平面图所示。这样做可以提供较大的横截面面积，以提高抵抗剪力和支座处负弯矩的能力。可以使用单一形式的竖向抗剪钢筋但不经常使用。

早期的托梁结构是使用粘土空心砖填充托梁之间的空隙而制成。这些粘土空心砖被成

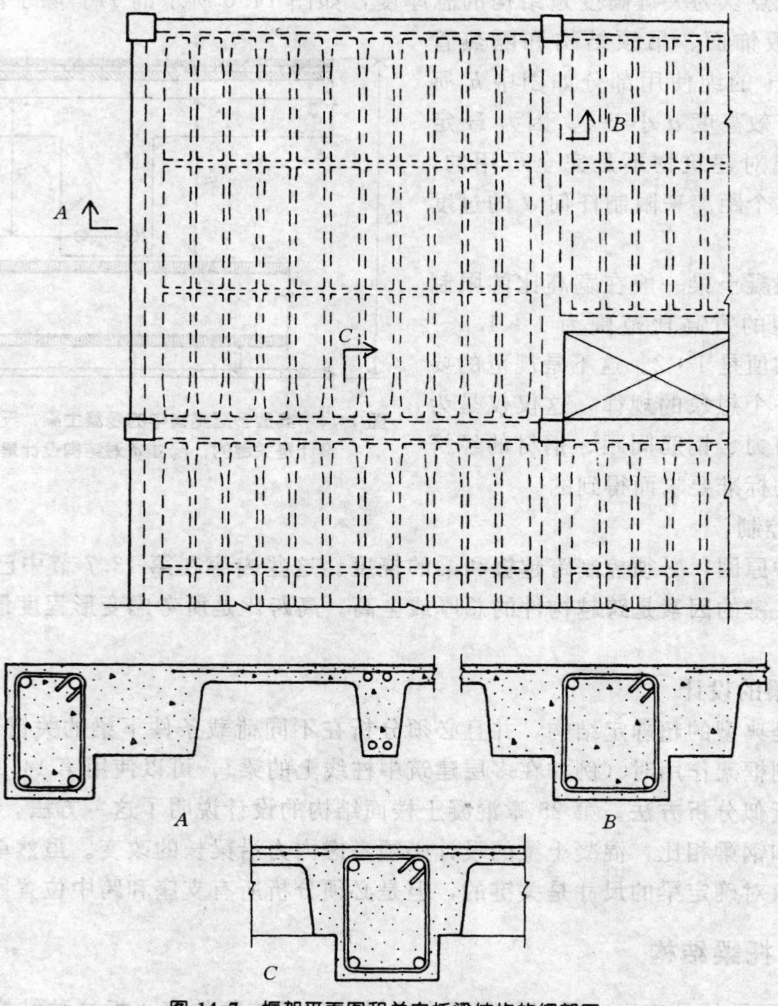

图 14.7 框架平面图和单向托梁结构的细部图

排间隔地放在结构上部，托梁按排之间的距离形成。结构提供的平整底面可以直接涂刷抹灰顶棚的面层。后来，轻质空心混凝土块代替了粘土砖。其他结构体系已经使用了塑料涂覆纸板、玻璃纤维增强板和成型金属薄板。后一种方法使用非常广泛，在浇筑混凝土后将金属板移走并且可以多次用于另外的浇筑。由于移走金属板的需要，图 14.7 所示的逐渐变细的托梁截面是这种结构的典型。

通过增加井格（单排板）之间的间距可以形成更宽的托梁，使用类似的方式或使用扩宽结构下面梁腹的一般方法可形成大型梁，如图 14.7 中所示的梁。由于托梁一般较窄，所以通常需要设置横向支撑，如木托梁结构一样。图 14.7 的结构平面图表示出了在框架的标准开间上两个撑条的使用。

托梁结构的设计和普通板梁结构的设计实质上是相同的。ACI 规范给出了这种结构的一些特殊规定，例如前面提到的保护层的减小。因为托梁通常由标准的金属模板制成，所以各种手册中的标准体系设计被列成表格。CRSI 手册（参考文献 6）中的大量表格对不同跨度、荷载和板尺寸等提供了完整的设计。无论是最终设计或仅仅是快速初步设计，使用这些表格都是非常有效的。

单向托梁结构在过去非常流行，但是因为其防火能力的不足和其他结构的出现，现在很少使用。顶棚结构较轻和防火能力较差的特点也促进各种预应力和预制体系的出现。但是在适当的情况下，托梁结构仍然是一种很有效的结构。

14.4　井格结构

井格结构是由形成方式类似于单向托梁的双向托梁组成的，使用金属、塑料或纸板成型单元在托梁之间形成空间。使用最多的井格结构是井格平板，在这种结构中，去掉柱支座周边的实心部分形成空间的单元。这种体系的一部分如图 14.8 所示。这种体系和第 14.5 节讨论的实心平楼板是相似的。在平面内的不连续位置，例如大的开洞或建筑物边缘，通常需要设置梁。这些梁可设置为井格结构下面的突出部分，如图 14.8 所示，或者通过去掉一排形成空间的单元在井格结构高度以内设置梁，如图 14.9 所示。

如果所有的梁设置在柱线上，如图 14.9 所示，则该结构和第 14.5 节中讨论的有边缘支承的双向实心板是相似的。在这个体系中，因为井格平板不传递较大的剪力或在柱位置不承受较大的负弯矩，所以柱周边的实心部分是不需要的。

同单向托梁结构一样，普通井格结构的防火等级较低。这种体系比较适用于较轻的荷载、中长跨、近似方形的柱布置和在各个方向上有合理的开间数的情况。

对于图 14.8 和图 14.9 所示的井格结构，当柱支承出现在边缘上时，结构的边缘是不连续的，如图所示。在设计允许的地方，使用图 14.10 部分结构平面图所示的体系更有效，在这种体系中边缘越过柱一段距离。凸出的边能够在柱周围提供更大的剪切面，且有助于产生负弯矩，保持跨越结构的连续性。由于使用凸出的边，因此可以取消图 14.8 和图 14.9 中的边梁，从而保持井格平板的高度为一常数。

井格平板的另一种变化形式是一些单向托梁结构和双向井格托梁的混合使用。保持结构和其他的井格结构的形成方式相同，并且只在一个方向上使用肋条形成跨越结构，即可得到这一形式。这样做的一个原因类似于图 14.9 所示的情况，其中楼梯或电梯的大型开

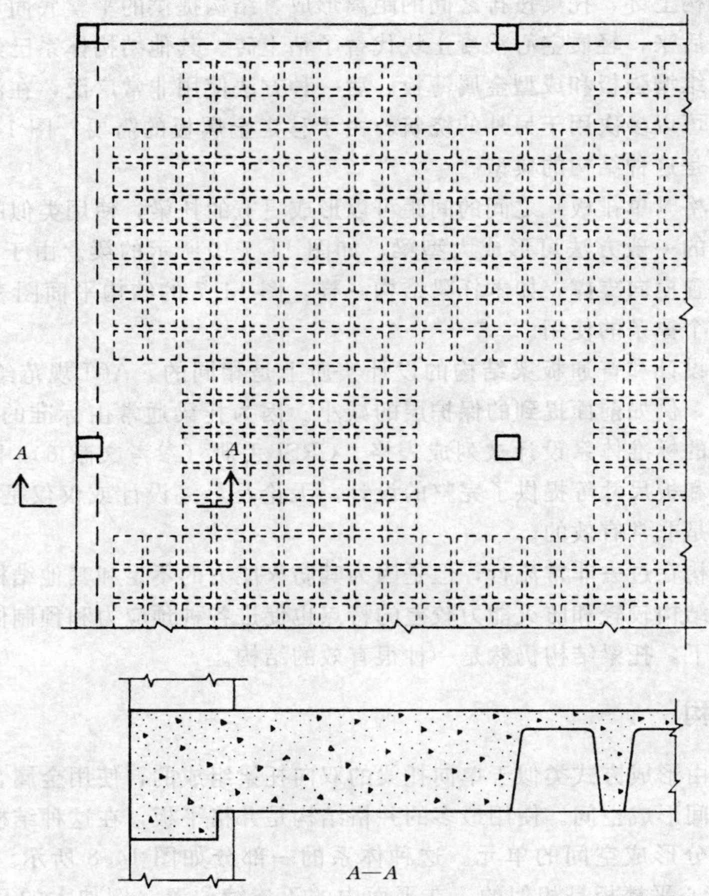

图 14.8 框架平面图和在内柱线上设有梁的井格结构（双向托梁）的细部图

洞导致了部分井格平板（开洞所在开间的余下部分）相当不规则，也就是说，一跨比其余跨大得多。在这种情况下，短方向上的托梁由于其刚度更大（挠度要小于与它们交叉的较长托梁）将会承受大部分荷载。因此，短的托梁应该作为单向跨越构件设计，而较长的托梁只需配置最少的钢筋并充当支撑构件。

双向跨越井格平板体系的结构性能非常复杂，并且对它们的分析和设计超出了本书的范围。因为双向跨越井格平板体系和双向跨越实心板体系有很多相似之处，所以有关双向跨越井格平板体系的一些问题在下一节中讨论。同单向托梁体系一样，各种手册中的列表设计对最终或初步设计都是有用的。CRSI 手册（参考文献 6）中有一些这样的表格。

对于所有的双向结构，体系的有效使用取决于结构支承布置、洞口位置、跨度等方面的逻辑性。在适当的情况下，这些体系可能会发挥它们的全部潜能，但是如果缺少次序、对称和其他因素导致主要调整远离了体系的简单双向作用，选择这样结构可能是非常不合理的。在某些情况下，井格板是严格按照其下表面外观要求选定的，并被迫用于与其特征不相符的条件。对这种情况，可以做出一些调整，但得到的结构可能十分不合适。

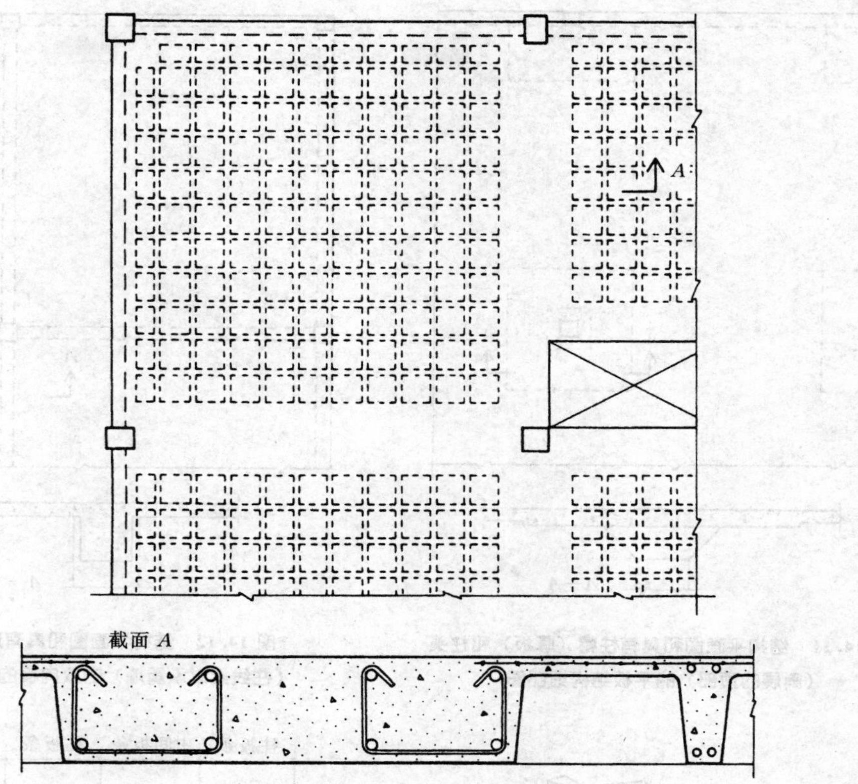

图 14.9　框架平面图和在井格高度内有内柱线梁的井格体系的细部图

14.5　双向实心板结构

如果在两个方向上布置钢筋，实心混凝土板可以同时横跨两个方向。这种板最多地用于平板结构中。在平板结构中，在不连续位置只使用梁，这种典型体系（见图 14.11）仅由板和下列通常用于柱支承处的加强构件组成：

（1）柱帽。由平面图中的方形加厚部分组成，用于提供附加抵抗力抵抗柱支座上的较高的剪力和负弯矩。

（2）柱头。柱顶的扩大部分，用于减少冲剪应力，加宽抵抗弯矩的有效板条和稍微减小跨度。

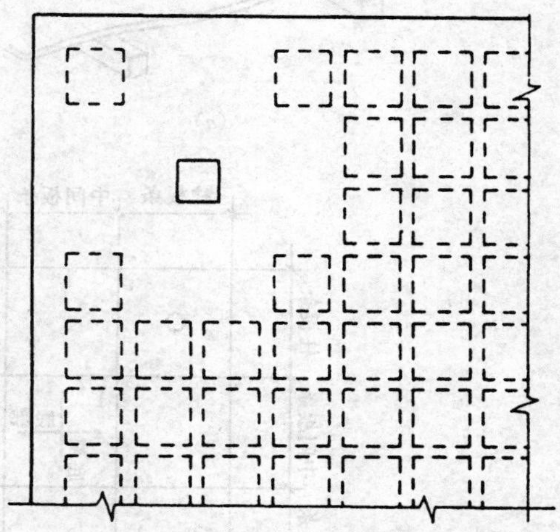

图 14.10　具有悬臂边且设有柱线边梁的井格平板体系的框架平面图细部

双向板结构是由支承边为混凝土或砌体承重墙，或柱线梁的多跨双向实心板组成的。这种体系的典型构造如图 14.12 所示。

在需要更高防火等级的非保护结构中或跨度较小和荷载较大的地方，双向实心板结构

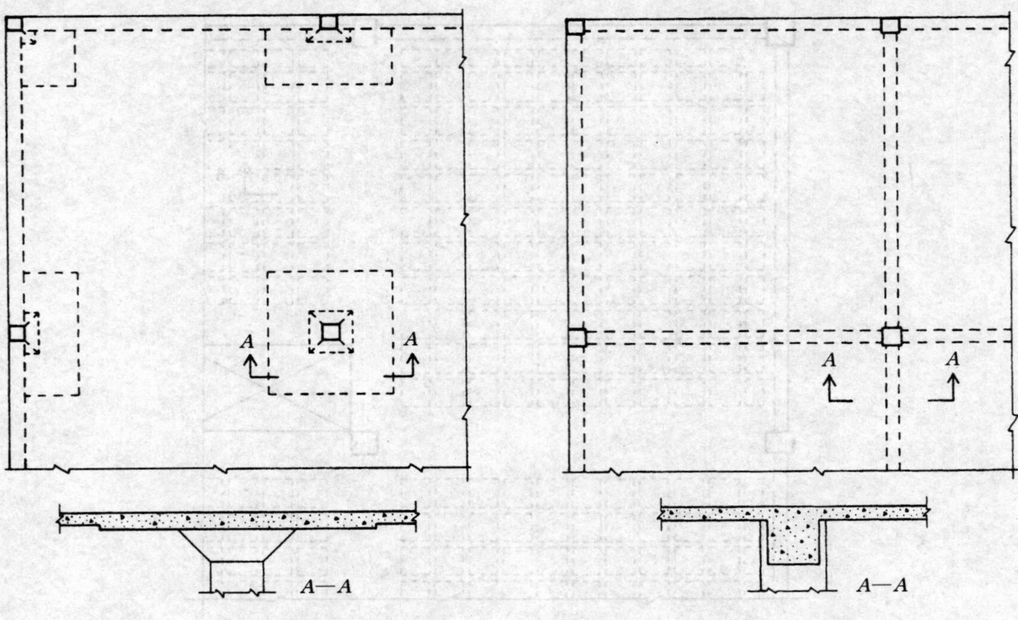

图 14.11 结构平面图和具有柱帽（厚板）和柱头（斜展的顶部）的平板结构细部图

图 14.12 结构平面图和具有边支承（柱线梁或承重墙）的双向板的细部图

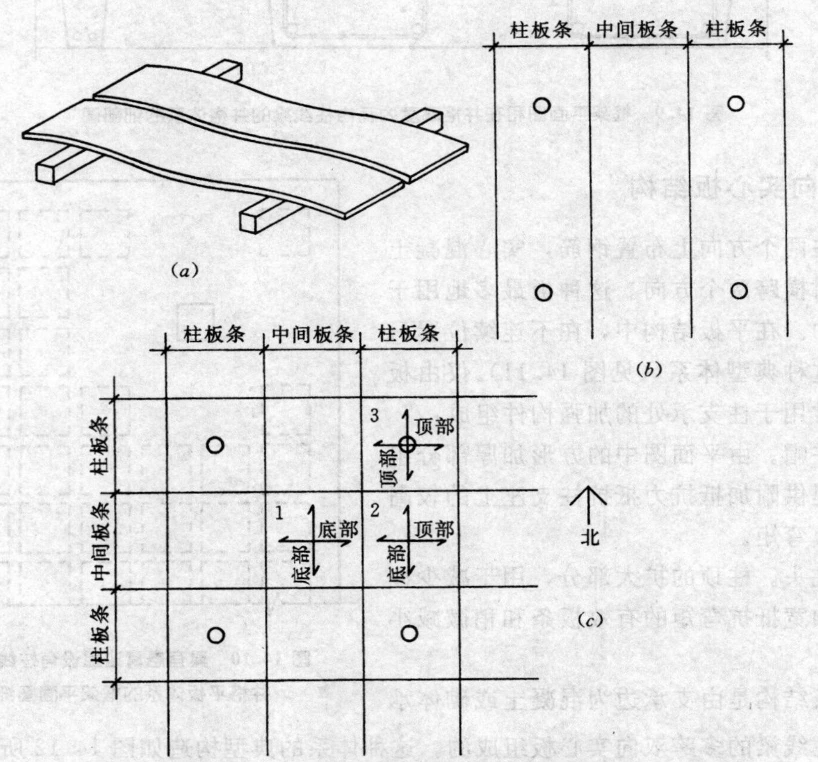

图 14.13 作为一系列柱板条和中间板条的双向跨越平板的发展

一般要比井格结构更有利。同其他类型的双向跨越体系一样，在各个方向上的跨度近似相等的地方，其作用最有效。

对于分析和设计，认为平板（见图 14.11）由一系列单向实心板条组成。每个板条以连续梁的方式通过各跨并且支承于柱或垂直方向的板条。对这种情况的模拟如图 14.13（*a*）所示。

如图 14.13（*b*）所示，有两种类型的板条：在柱上通过的板条和在柱间通过的板条（中间板条）。完整的结构由这些相互交叉的板条组成，如图 14.13（*c*）所示。对于体系的弯曲作用，每个由相交板条组成的区格中都具有双向钢筋。在图 14.13（*c*）所示的区格 1 中，因为两个交叉板条中都有正弯矩，所以两个方向上的钢筋都在板的底部。在区格 2 中，中间板条的钢筋在上部（抵抗负弯矩），而柱上板条的钢筋在底部（抵抗正弯矩）。在区格 3 中，两个方向上的钢筋都在上部。

14.6　特殊平跨体系

1. 组合结构：混凝土和结构钢

图 14.14 所示的是组合结构的一个截面构造。这是由支承在结构钢梁上的现浇混凝土板组成的，这两部分通过焊在钢梁上部并埋入浇筑板中的剪力连接件相互作用。混凝土可通过支承在梁翼缘下部的薄胶合板成型，形成的细部构造如图 14.14 所示。

图 14.14 所示形式的一种变化是用轻型压型钢板支承浇筑混凝土。剪力连接件穿过该薄钢板现场焊接到梁顶部。

尽管一般把这种结构形式看作组合结构，但是组合结构的实际意思包括多于一种的材料承受单一结构反应的所有情况。因此，使用这个广义的定义，甚至混凝土和钢筋相互作用的普通钢筋混凝土也是组合的。其他例子包括夹层玻璃（玻璃和塑料）、贴板梁（木材和钢材）和填充在压型钢板上部的混凝土（当压型钢板被粘结于混凝土时）。

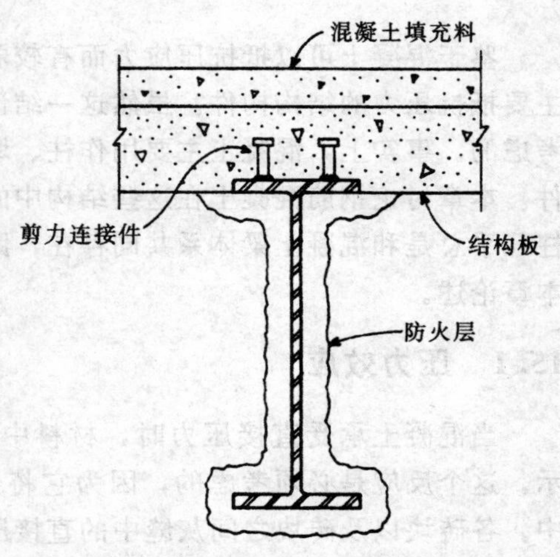

图 14.14　钢梁和现浇混凝土板的组合结构

2. 预制结构

预制结构构件可以用于形成整个结构体系，但是更常用的是和其他结构构件结合使用。

（1）预制板。这些结构构件可以是实心板、空心板或各种特定形式的肋形板。它们可支承于现浇混凝土、砌体墙或钢框架上。

（2）倾斜的墙。这种结构构件一般同木框架或钢框架组成的屋面和楼面的水平体系一起使用。但也可以和现浇混凝土或其他的预制混凝土构件结合使用。

（3）现浇混凝土的成型构件。可以使用预制混凝土模块制成的平跨体系，形成如单向托梁或井格板这些现浇体系。这种结构的外露底面具有比任一其他成型方式更好的构造和饰面质量。

设计人员利用预制混凝土的用户定制设计体系发展一些非常富有想象的结构。这需要更多的设计工作及设计与生产更好的结合。

第15章

混凝土柱和框架

鉴于混凝土可以抵抗压应力而有较弱的拉力，很显然，对混凝土最合理的使用是作为主要抵抗压力的结构构件。虽然这一结论在一定程度上忽视了钢筋的使用，但还是有一些考虑的。事实上，混凝土主要用作柱、墩、基础、支柱和承重墙，这些基本上都是受压构件。本章讨论钢筋混凝土在这些结构中的使用，重点是建筑结构中柱的形成。因为混凝土柱几乎总是和混凝土梁体系共同存在，因此形成竖向平面框架的刚性框架，这一主题也在本章论述。

15.1 压力效应

当混凝土承受直接压力时，材料中最明显的应力反应是压应力，如图 15.1（*a*）所示。这个反应是必须考虑的，因为它将会出现在由平的预制混凝土砖相互堆叠形成的墙中。各砖块以及砖块之间灰缝中的直接压应力是主要分析的情况。

但是，如果混凝土受压构件在压力方向上具有一定的尺寸，例如在这种情况下的柱或墩，其他的应力状态更可能是柱在压力下实际破坏的根源。直接压力会产生一个三维变形，其中包括在垂直于力方向上材料的向外挤压，实际上这会产生拉应力，如图 15.1（*b*）所示。在抗拉能力较弱的材料中，这个拉力作用可能产生侧向胀裂效应。

因为混凝土也是一种抗剪能力较弱的材料，另一种可能的破坏形式是沿最大剪应力面的破坏。在与力呈 45°角的面上会出现这种情况，如图 15.1（*c*）所示。

在混凝土受压构件中，除了扁砖，一般有必要给出图 15.1 所示的三个应力反应。事实上，如果结构构件同时也承受弯矩或扭矩，那么也会出现其他状态。必须单独分析所有的单个作用和它们可能出现的组合作用。混凝土构件及其钢筋的设计一般要考虑好几种性能，并且同样的构件和钢筋必须能抵抗所有的反应。下面的讨论重点放在基本抗压作用，

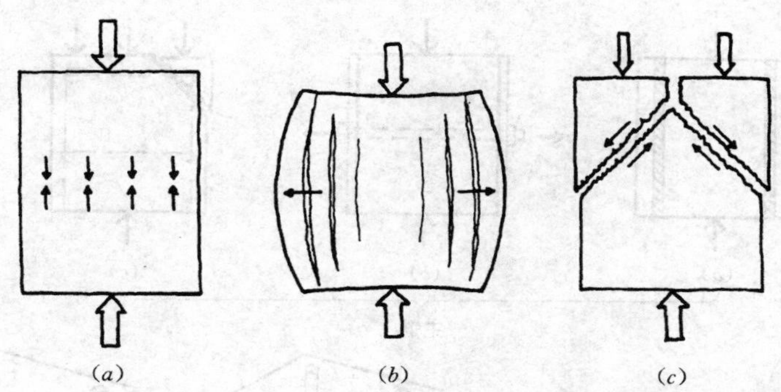

图 15.1　抗拉较弱的混凝土的基本破坏模式

(*a*) 直接压力效应；(*b*) 侧向胀裂效应；(*c*) 斜向剪切效应

但是也提到了其他的考虑事项。因为当前规范要求设计压弯作用下的柱，所以压弯组合的基本考虑事项也在这里讨论。

柱钢筋具有不同的形式和不同的作用，增强柱的结构性能是基本的考虑因素。考虑图 15.1 所示的柱的三种基本的应力破坏形式，可以看到各种情况下钢筋的基本形式，这在图 15.2 (*a*) ～ (*c*) 中说明。

为了协助基本的抗压作用，顺着压力的方向增加了钢筋。这是柱中竖向钢筋的基本作用。尽管钢筋取代了一部分混凝土，但其较高的强度和刚度使得混凝土的性能有了显著提高。

阻止混凝土侧向胀裂［见图 15.1 (*b*)］的关键是阻止混凝土侧向外移，这可以通过所谓的混凝土约束实现，类似于容纳空气或液压流体的活塞缸的作用。如果受约束的空气能获得抗压承载力，那么受约束混凝土也一定能获得更显著的抗压承载力。这是传统的螺旋柱强度特别高的基本原因，也是现在经常在箍筋柱中使用密布箍筋的原因。在对柱进行提高其抗震能力的革新中，有时设计人员会设置约束钢外套或纤维束，这些约束的实质作用在图 15.2 (*b*) 中说明。

从竖向钢筋和水平箍筋或螺旋筋的组合中可以获得固有的抗剪承载力，如图 15.2 (*c*) 所示。如果剪力是关键因素，可以在柱周边布置更密的箍筋和更多的竖向钢筋以提高抗剪承载力。

当柱用作混凝土框架构件时，一般也承受扭矩和弯矩，如图 15.2 (*d*) 和图 15.2 (*e*) 所示。扭矩易于产生纵向拉力和侧向剪力的组合，因此，在大多数情况下，对于这种情况要设置全长的箍筋或螺旋筋以及竖向钢筋［见图 15.2 (*f*)］。

对于弯矩，如果单独考虑，就和普通梁一样需要抗弯钢筋，如图 15.2 (*g*) 所示。在柱中，通常截面实际上是双筋截面，包括用于梁作用的抗拉和抗压钢筋。对于弯矩和轴向压力的组合作用将在本章的后面几节进行全面的论述。这种不只在一个方向上存在弯矩的情况会更加复杂。

由于不同的荷载条件，所有的这些作用可能出现不同的组合。因此，如果考虑所有可能的结构作用，柱的设计是非常复杂的过程。为了使这一最简单的钢筋加强构件的组合有多重用途，需要基本的设计原理。

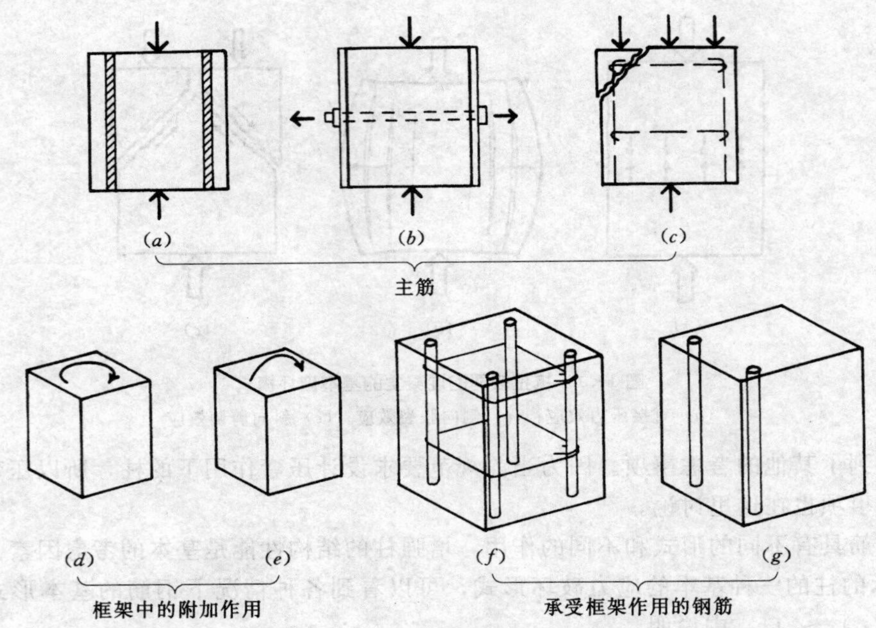

图 15.2 柱钢筋的形式和作用

(*a*) 受压钢筋；(*b*) 侧向受拉钢筋；(*c*) 受剪钢筋；(*d*) 扭矩；(*e*) 弯矩；(*f*) 受扭钢筋；(*g*) 受弯钢筋

15.2 混凝土柱的设计总则

1. 柱的形式

混凝土柱最经常用作现浇混凝土结构的竖向支承构件。在这里主要讨论这种情况。非常短的柱（也称为柱脚）有时也被用于柱或其他结构的支承体系中。普通柱脚作为基础过渡构件将在第 16 章讨论。作为竖向压力支承的墙被称为承重墙。

现浇混凝土柱通常分以下几类：

(1) 具有箍筋的正方形柱。

(2) 具有箍筋的长方形柱。

(3) 具有箍筋的圆形柱。

(4) 具有螺旋箍筋的圆形柱。

(5) 具有螺旋箍筋的正方形柱。

(6) 具有箍筋或螺旋箍筋的其他几何形式的柱（L 形、T 形、八边形等）。

很显然，柱横截面形式的选择既是建筑选择也是结构选择。然而，成型方法和成本，钢筋的布置和安装，以及柱形式和尺寸与其他结构构件的关系也必须确定。

在箍筋柱中，纵向钢筋一般通过 3 号或 4 号的小直径闭合箍筋固定。图 15.3 (*a*) 所示的正方形截面柱表示了这种柱。这种钢筋类型可用于其他几何形式截面和正方形截面。

螺旋箍筋柱是其纵向钢筋沿圆形放置，整组钢筋被由钢筋或大直径钢丝制成的连续圆柱形螺旋箍筋所围绕。尽管这个加强体系在圆形截面上发挥的作用明显是最好的，但也可以用于其他几何形式的截面。这类的圆形柱如图 15.3（*b*）所示。

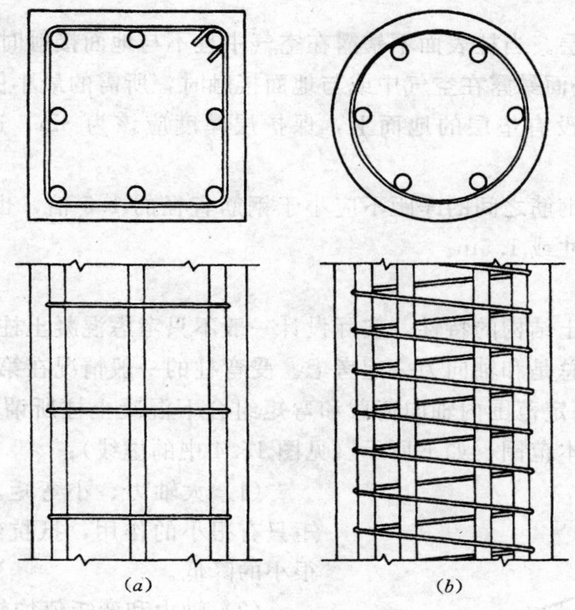

图 15.3 柱钢筋的基本形式

（*a*）具有侧向箍筋的竖向钢筋的矩形布置；（*b*）具有连续螺旋箍筋的竖向钢筋的圆形布置

经验表明螺旋箍筋柱要比具有相同量混凝土和钢筋的等效箍筋柱稍微坚固。为此，规范一般允许螺旋箍筋柱承受稍大的荷载。螺旋箍筋一般较贵，并且圆形钢筋柱形式并不总能和其他建筑结构构造较好地啮合。因此，对截面外部尺寸限制不严的地方经常使用箍筋柱。

最新的发展是密布箍筋柱的使用。尽管很多形式实际上是同时得到的，如与图 15.2 有关的讨论，但是这样做的基本目的是为了效仿螺旋箍筋柱以获得附加强度。

2. 柱的基本要求

规范条文和实际结构对柱的尺寸和钢筋的选择进行了一些限制：

（1）柱尺寸。现行规范不包含对柱尺寸的限制。出于实际原因，建议有以下限制。矩形箍筋柱的最小面积为 $100in^2$，正方形截面的最小边长为 10in，椭圆形截面的最小边长为 8in。正方形或圆形螺旋箍筋柱的最小尺寸为 12in。

（2）钢筋。最小钢筋尺寸为 5 号。箍筋柱的钢筋的最小根数为 4，而螺旋箍筋柱为 5。最小钢筋面积为柱毛截面面积的 1%。最大钢筋面积允许达到柱毛截面面积的 8%，但是钢筋间距的限制使得这个最大值很难达到，4%是一个更实际的限制。ACI 规范规定，对于横截面面积比荷载所需面积大的受压构件，可用不小于总面积一半的折减的有效面积确定最少钢筋和设计强度。

（3）箍筋。对于 10 号及更小尺寸的钢筋，箍筋至少为 3 号。另外，4 号箍筋应该用于 11 号及更大尺寸的钢筋。箍筋的竖向间距不应大于纵筋直径的 16 倍、箍筋直径的 48 倍或柱的最小尺寸。箍筋布置应该使每个角筋和交替纵筋固定在角度不超过 135°的箍筋角上，并且其他钢筋距支承钢筋的净距不应超过 6in。完整的圆形箍筋可用于圆形布置的钢筋中。

(4) 混凝土保护层。当柱表面不暴露在空气中且不与地面接触时，所需的最小保护层厚度为 1.5in。当柱表面暴露在空气中或与地面接触时，所需的最小保护层厚度为 2in。如果混凝土直接浇筑在没有垫层的地面上，保护层厚度应该为 3in，这种情况出现在基础底部。

(5) 钢筋间距。钢筋之间的净距不应小于钢筋直径的 1.5 倍，也不应小于 1.33 倍的粗骨料的最大名义尺寸或 1.5in。

3. 压弯组合

因为大多数混凝土结构的特性，实际设计一般不只考虑混凝土柱受轴向压力的可能情况。这也就是说弯矩总是和轴向力一起考虑。受弯柱的一般情况在第 3.11 节已经讨论。

图 15.4 说明了一定范围内轴向荷载和弯矩组合下混凝土柱所谓的相关响应特性。通常这一特性有三个基本范围，如下所示（见图 15.4 中的虚线）：

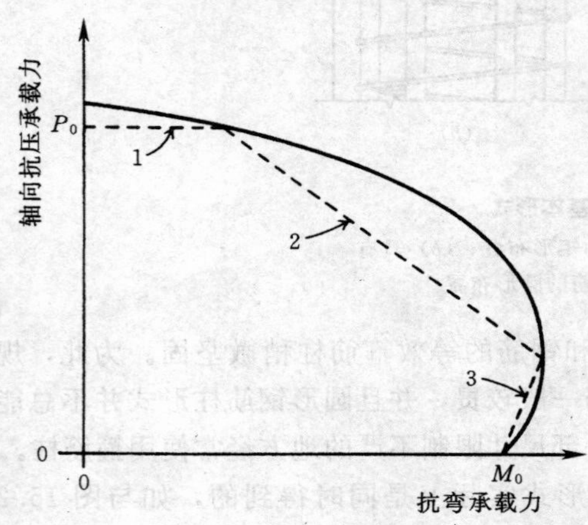

图 15.4 钢筋混凝土柱中的轴向压力 P 和弯矩 M 的相互作用

——表示的是反应的一般形式；－－－表示的是三个不同的反应区域；1—较小弯矩的控制压力；2—有效的压力和弯矩的相互作用；3—裂缝截面上的控制弯矩

(1) 大轴力、小弯矩。对于这种情况，弯矩只有很小的作用，抵抗纯轴向力的能力只有很小的降低。

(2) 轴力和弯矩值均较大。对于这种情况，设计分析必须考虑全部组合力效应，也就是轴向力和弯矩的相互作用。

(3) 大弯矩、小轴力。对于这种情况，柱的性能实质上是双筋（受拉和受压钢筋）构件，轴力对抗弯承载力的影响很小。

在图 15.4 中，实线表示柱的实际反应，是被很多试验证实了的性能形式。虚线表示的是对所述的三种反应的概括。

相互作用的反应的终点（纯轴向压力或纯弯矩）可能很容易合理地确定（见图 15.4 中的 P_0 和 M_0）。这两个极限值之间的相互作用的反应需要超出本书范围的复杂分析。

当相对较细长的受压构件由于端部的弯矩导致较大的弯曲时会产生一种特殊的弯矩。在这种情况下，构件长度的中心部分完全偏离了原来的直线（侧向偏移，偏移尺寸称为 Δ）。因此，此中心部分会产生弯矩。这个值等于压力 P 和偏移尺寸 Δ 的乘积。因为这个效应会产生附加的弯曲，因此也会产生附加偏移，这可能导致逐渐破坏的条件，实际上这种情况是对非常细长的构件而言的。所谓的 $P-\Delta$ 效应对相对较细长的柱是一个关键的考虑因素。因为混凝土柱一般不是非常细长，所以混凝土柱对这种效应的考虑一般小于对木柱和钢柱的考虑。

4. 柱的截面形式的考虑事项

一般情况下，可以把钢筋组合成很多种可能的形式以满足柱对钢筋面积的需求。除了提供所需的钢筋截面面积，柱的布置中钢筋的数量也必须能够合理地工作。图 15.5 给出了具有不同钢筋数的一些柱截面。当正方形箍筋柱截面较小时，最好的选择一般是在每个角上布置一根钢筋和一根箍筋的四根钢筋的布置。当柱截面增大时，角筋之间的间距也会增大，这时最好使用更多的钢筋以便钢筋能在柱周边展开。对于对称布置和最简单的箍筋布置，最佳根数选择是 4 的倍数，如图 15.5（*a*）所示。这些布置所需的附加箍筋数取决于柱的尺寸和第 15.1 节中讨论的考虑事项。

即使柱和其结构构造并不同地取决于两个轴，但非对称钢筋布置［见图 15.5（*b*）］也不一定不好。在一个轴上弯矩较大的情况下，非对称布置实际上是最好的，事实上，非

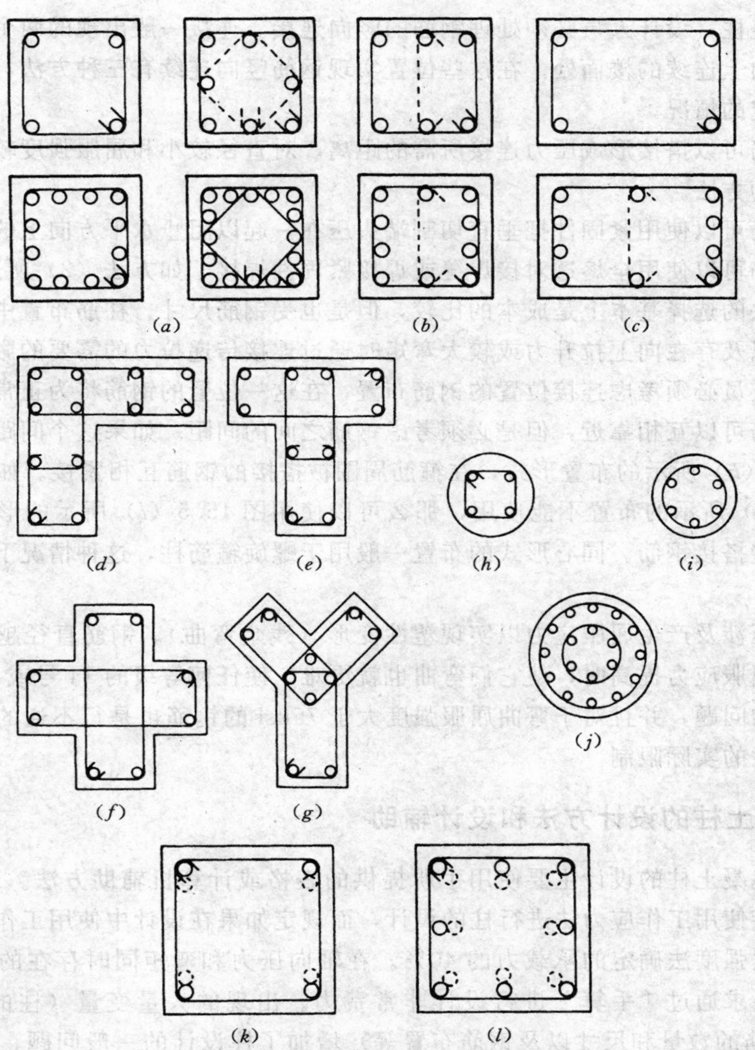

图 15.5　在箍筋混凝土柱中钢筋的布置和箍筋的形式

（*a*）具有对称布置钢筋的正方形柱；（*b*）具有非对称布置钢筋的正方形柱；
（*c*）长方形柱；（*d*）～（*g*）异形截面柱；（*h*）～（*j*）具有箍筋的圆形柱；
（*k*）、（*l*）在竖向钢筋搭接位置的钢筋布置

对称布置的柱形式是更有效的，如图 15.5（c）所示的长方形截面形式。

图 15.5（d）～（g）所示的是箍筋柱的一些特殊截面形式。尽管螺旋箍筋在一些情况下用于这些截面，但是使用箍筋允许有更大的弯曲且构造更简单。使用箍筋的一个原因可能是柱尺寸，螺旋箍筋柱尺寸的实际最低限制为 12in。

圆形箍筋柱通常为图 15.5（h）所示的形式。这种情况允许使用的最少钢筋为 4 根。如果圆形柱被制成箍筋柱（当必须使用螺旋箍筋柱时），通常建议最小数量是 6 根钢筋，如图 15.5（i）所示。在螺旋箍筋柱中，由于钢筋间距是至关重要的，所以在柱截面中使用较高的配筋率是很难的。对于直径非常大的柱，可能使用成组的同心螺旋箍筋，如图 15.5（j）所示。

对于现浇柱，设计人员必须处理钢筋的竖向连接。连接一般出现的两个位置是基础顶部和多层柱向上连续的楼面处。在这些位置实现钢筋竖向连续有三种方法，所有方法都可能适合所给定的情况。

（1）钢筋可以搭接形成压力连接所需的距离。对直径较小和屈服强度较低的钢筋，这通常是理想的方法。

（2）钢筋可以使用紧固件把垂直切割端头压在一起以阻止水平方向上的分离。

（3）钢筋可以使用全熔透对接焊缝或焊接紧固件焊接，如方法（2）所述。

连接方法的选择基本上是成本的比较，但是也受钢筋尺寸、柱筋布置中对钢筋间距的重视程度，以及存在向上拉升力或较大弯矩时通过连接传递拉力的需要的影响。如果使用搭接，设计人员必须考虑连接位置的钢筋布置，在这一位置的钢筋将为正常钢筋根数的两倍。搭接钢筋可以互相靠近，但是必须考虑钢筋之间的间距。如果这个间距不重要，一般选择图 15.5（k）所示的布置形式，在箍筋周围被搭接的钢筋互相紧接。如果间距限制使得图 15.5（k）所示的布置不能使用，那么可以使用图 15.5（l）所示的形式，用同心的形式布置这些搭接钢筋。同心形式的布置一般用于螺旋箍筋柱，这种情况下钢筋间距通常是关键的。

钢筋弯矩涉及产生屈服应力以实现塑性变形（残余弯曲）。钢筋直径越大，弯曲越费力。同样当屈服应力提高时，使它们弯曲也就更难。使任何等级的 14 号或 18 号钢筋弯曲是一个很大的问题，并且对于弯曲屈服强度大于 75ksi 的钢筋也是行不通的。制造者应该参考这些特性的实际限制。

15.3 混凝土柱的设计方法和设计辅助

目前，混凝土柱的设计主要使用手册提供的表格或计算机辅助方法。现行的 ACI 规范不允许直接使用工作应力法进行柱的设计，而规定如果在设计中使用工作应力法，那么只能使用根据强度法确定的承载力的 40%。在轴向压力和弯矩同时存在的情况下，使用规范公式和要求通过“手算”进行设计非常费力。出现的大量变量（柱的形式和尺寸、f'_c、f_y、钢筋的数量和尺寸以及钢筋布置等）增加了柱设计的一般问题，使得这种情况比木柱或钢柱设计更加复杂。

大量的变量和手册提供的表格的效率也产生了抵触。即使只使用单一的混凝土强度 f'_c 和单一的钢筋屈服强度 f_y，如果表格中包括柱的所有尺寸、形式和类型（箍筋和螺旋箍筋），表格也是非常庞大的。甚至在非常有限的变量范围内，手册提供的表格也比为木柱或钢柱制定的表格大。但是它们对初步设计中估计柱尺寸是非常有用的。

当关系复杂、要求繁琐和变量个数多时，很显然要优先选择计算机辅助系统。在没有计算机辅助系统的情况下，根据一般的基本原理得出混凝土结构的设计是一项很难想象的专业设计工作。读者应该意识到这方面工作所需的软件是可以容易得到的。

和其他情况一样，即使变化的可能性非常大，但是任何时候通常的做法是将任一类结构使用缩减至有限的范围。因此，使用一些非常有限但容易使用的设计参考确定设计的初步选择是可能的。这些近似值对于初步的建筑设计、成本估计和一些初步的结构分析是足够的。

一个很有用的参考是 CRSI 手册（参考文献 6），其中包含大量的箍筋柱和螺旋箍筋柱的设计表格。也包含正方形、圆形和一些椭圆形截面形式及一定范围的混凝土和钢筋的强度。表格公式使用第 3.11 节所述的等效偏心荷载方法。

1. 箍筋柱的近似设计

因其结构相对简单且成本一般较低，再加上适用于各种柱截面（正方形、圆形、长方形、T 形、L 形等），所以一般优先选用箍筋柱。圆形柱——自然地是由螺旋箍筋形成——在结构要求不高时经常使用箍筋。

受弯柱经常使用等效偏心荷载方法进行设计。这种方法是把压力和弯矩转化成一个等效偏心荷载，弯矩等于荷载和偏心矩的乘积（见第 3.11 节的论述）。这种方法经常用于得出表示柱承载力的表格数据。

图 15.6 和 15.7 对于具有不同配筋率的一定数量尺寸的正方形箍筋柱给出了安全荷载。处理轴向荷载和弯矩共同作用的一种方法是给出了不同的偏心程度下的容许轴向压力荷载。柱上的计算弯矩被转化为一个等效偏心荷载。曲线的数据是使用由强度设计方法确定的总抵抗荷载的 40%计算的，这是目前 ACI 规范要求的。

当弯矩和轴向荷载相比相对较高时，圆形或正方形柱截面形式不是最有效的，正如它们不适用于跨梁一样。图 15.8 给出了矩形截面柱的容许工作荷载。为了进一步强调抵抗主弯矩的重要性，假设所有的钢筋放置在短边上，从而利用它的最大抗弯能力。

下面的例题用来说明在设计正方形和矩形箍筋柱时，图 15.6～图 15.8 的用途。

【例题 15.1】 一正方形箍筋柱，$f'_c=5\text{ksi}$，$f_y=60\text{ksi}$，承受 400kip 的轴向压力荷载，无计算弯矩。如果钢筋的配筋率为最大值 4%，确定最小实际柱尺寸；如果钢筋的配筋率为最小值 1%，确定最大柱尺寸。

解：在不考虑弯矩的情况下，可简单地根据表的左边上的数据确定最大轴向荷载。因为规范对所有柱要求有一个最小弯矩，所以曲线实际上终止在距左边一段距离处。

使用图 15.6，最小尺寸为使用 8 根 9 号钢筋的 14in 正方形柱，这种柱在图中的最大承载力近似为 410kip，注意柱的配筋率为 4.08%。

需要判断最大尺寸。其曲线在所选最小柱曲线上方的柱都可以使用，这成为了一个增加多余承载力的问题。但是形成整个结构体系时经常还有其他的设计因素，所以这些例子是理论上的，见第 25 章对建筑物实例的讨论。对于此例，注意最小选择（14in 正方形）需要相当多的钢筋。因此把尺寸增加到 15in 或 16in 将会减少钢筋。从而由图 15.6 中的有

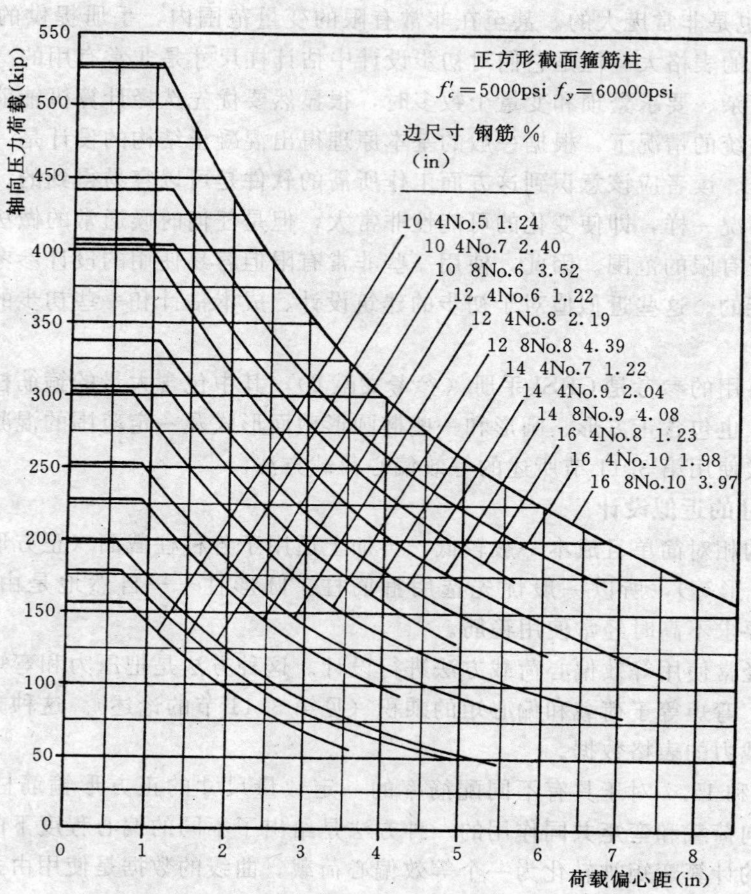

图 15.6　被选定的正方形箍筋柱的容许工作荷载

（根据非调整极限承载力的 40%确定）

限选择可注意到最大尺寸为使用 4 根 8 号钢筋的 16in 正方形柱，其承载力为 440kip，p_g=1.23%。因为这和通常建议的最小配筋率（1%）比较接近，所以尺寸越大的柱其强度也越过剩（用设计人员的行话说是结构尺寸过大）。

【例题 15.2】　一正方形箍筋柱，$f'_c=5\text{ksi}$，$f_y=60\text{ksi}$，所承受轴向压力荷载为 400kip，弯矩为 200kip・ft。确定最小柱尺寸和所需钢筋。

解：首先确定等效偏心距，因此可得

$$e=\frac{M}{p}=\frac{200\times 12}{400}=6\text{in}$$

根据图 15.7，最小尺寸为使用 8 根 14 号钢筋的 20in 正方形截面柱，偏心距为 6in 时的承载力为 400kip。

【例题 15.3】　使用与例 15.2 中的相同数据，根据表 15.8 选择最小尺寸的矩形截面。

解：在轴向荷载为 400kip 和偏心距为 6in 的情况下，图 15.6 所示配有 6 根 10 号钢筋

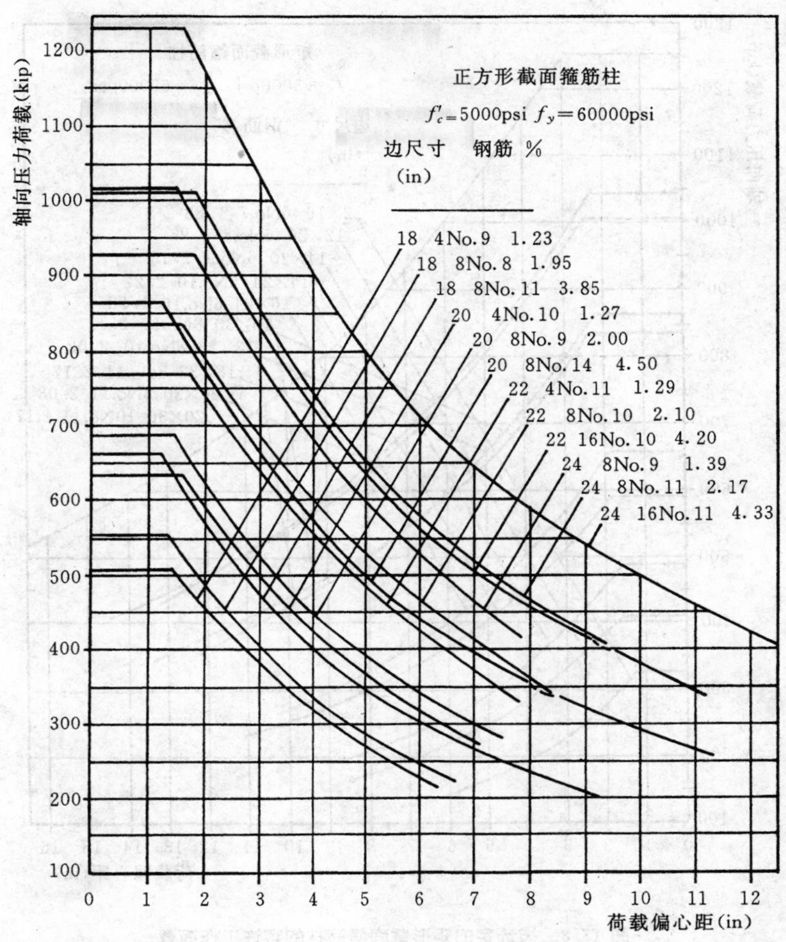

图 15.7　被选定的正方形箍筋柱的容许工作荷载
（根据非调整极限承载力的 40%确定）

的 16in×24in 的矩形截面柱，实际上其承载力是满足要求的。

提示　与例题 15.2 相比，这种截面节省了很多钢筋。减少的百分率可如下确定：

8 根 14 号钢筋，$A_s=8\times 2.25=18.0\text{in}^2$

6 根 10 号钢筋，$A_s=6\times 1.27=7.62\text{in}^2$

减少面积 $A_s=18.0-7.62=10.48\text{in}^2$

减少百分率$=\dfrac{10.48}{18.0}\times 100\%=58\%$

2. 圆形柱

前面讨论的圆形柱可以设计并制成螺旋箍筋柱，或钢筋呈矩形布置的箍筋柱，或钢筋呈圆形布置且用一系列环形箍筋固定的箍筋柱。因为螺旋箍筋的成本问题，所以一般使用箍筋柱比较经济，除非需要附加强度或螺旋箍筋柱的其他性能。

图 15.9 给出了圆形箍筋柱的安全荷载。同图 15.6～图 15.8 中的正方形和矩形柱一样，

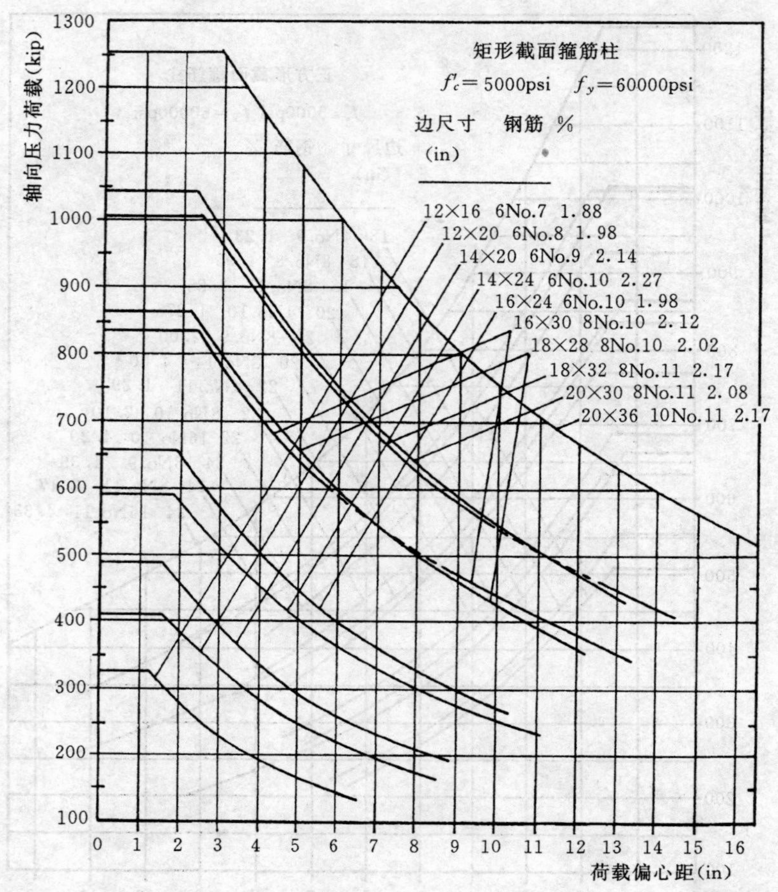

图 15.8 被选定的矩形截面箍筋柱的容许工作荷载

(根据非调整极限承载力的40%确定，在钢筋被平均分配在截面短边上的情况下确定主轴抗弯承载力)

荷载值是根据由强度设计法确定的荷载值改写的，它们的使用类似于前面例题中的说明。

习题 15.3.A～C 使用图 15.6 和图 15.7，根据下列数据选择最小尺寸的正方形箍筋柱及其所需钢筋。

习题	混凝土强度（psi）	轴向荷载（kip）	弯矩（kip·ft）
A	5000	100	25
B	5000	100	40
C	5000	300	200

习题 15.3.D～F 使用图 15.8，根据与习题 15.3.A～C 相同的数据确定矩形箍筋柱的最小尺寸。并和正方形柱相比，确定钢筋节省百分率。

习题 15.3.G～I 使用图 15.9，根据习题 15.3.A～C 中的荷载和弯矩组合条件选择最小尺寸的圆形箍筋柱及其所需钢筋。

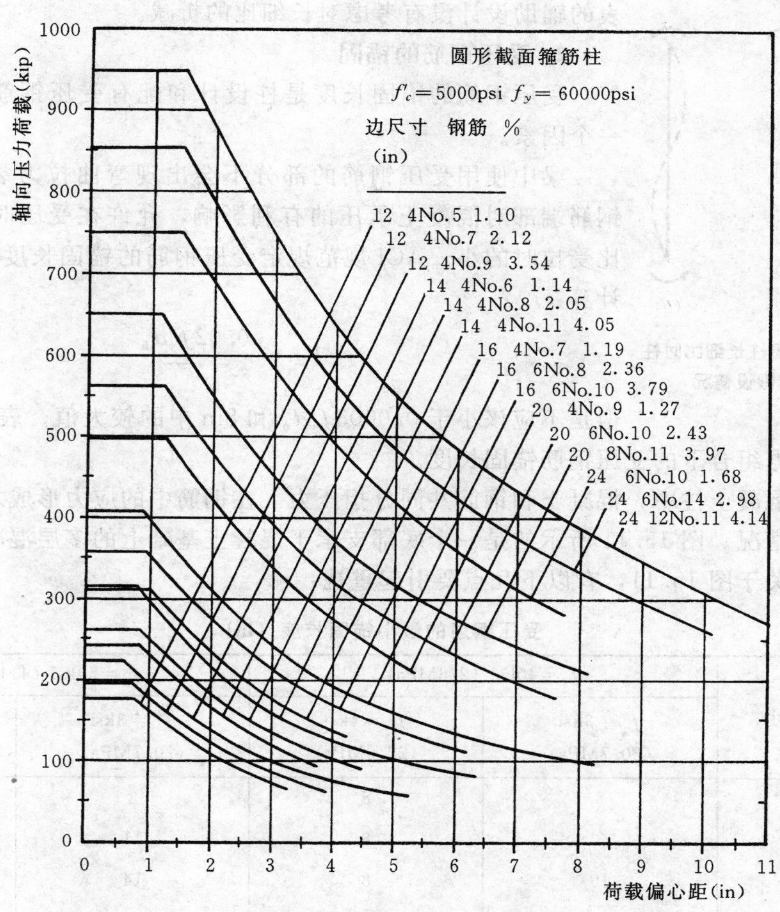

图 15.9　被选定的圆形截面箍筋柱的容许工作荷载

（根据非调整极限承载力的 40%确定）

15.4　混凝土柱的特殊问题

1. 长细比

现浇混凝土柱截面一般非常粗大，因此对与屈曲破坏相关的长细比的考虑同木柱或钢柱相比是微不足道的。ACI 规范的早期版本要求考虑长细比，但是当 L/r 低于控制值时可以忽略。对于矩形截面柱，当无支撑高度和边长的比值小于 12 时，长细比的影响可以忽略。这和 L/d 小于 11 的木柱情况是大致类似的。

同时还必须把长细比的作用和柱的弯矩情况联系起来。弯矩一般出现在柱端，图 15.10 所示的是两种典型情况。如图 15.10（*a*）所示，如果存在一个端弯矩或两个相等的端弯矩，屈曲效应放大并且 $P-\Delta$ 效应最大。但是，图 15.10（*a*）所示的情况是不常见的，框架结构中更典型的情况是图 15.10（*b*）所示的情况，对于这种情况，规范取其中一个弯矩值处理。

当必须考虑长细比时，ACI 规范提出了降低柱轴向承载力的方法。但是要意识到图

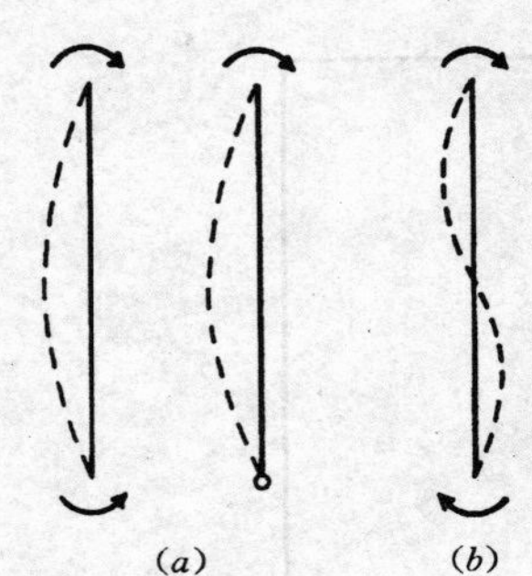

图 15.10　考虑柱长细比时柱端弯矩的假设情况

表的辅助设计没有考虑对长细比的折减。

2. 受压钢筋的锚固

受压钢筋的锚固长度是柱设计和配有受压钢筋的梁设计的一个因素。

梁中使用受压钢筋的部分不会出现弯曲拉力裂缝，再加上钢筋端部对混凝土承压的有利影响，允许在受压时的锚固长度比受拉时的小。ACI 规范规定受压钢筋的锚固长度 L_d 根据下式计算：

$$L_d = \frac{0.02 f_y d_b}{\sqrt{f'_c}}$$

但是不应该小于 $0.0003 f_y d_b$ 和 8in 中的较大值。表 15.1 列出了一些具体数据组合下的受压钢筋锚固长度。

在钢筋混凝土柱中，混凝土和钢筋共同分担压力。在钢筋中的应力形成之前，一般需要考虑各种情况。图 15.11 所示的是一个底部支承于混凝土基础上的多层混凝土柱。

注意：关于图 15.11，有以下几点要引起重视：

表 15.1　受压钢筋的最小锚固长度（in）

钢筋尺寸	f_y=40ksi（276MPa）		f_y=60ksi（414MPa）	
	f'_c=3ksi（20.7MPa）	f'_c=4ksi（27.6MPa）	f'_c=3ksi（20.7MPa）	f'_c=4ksi（27.6MPa）
3	8	8	8	8
4	8	8	11	10
5	10	8	14	12
6	11	10	17	15
7	13	12	20	17
8	15	13	22	19
9	17	15	25	22
10	19	17	28	25
11	21	18	31	27
14			38	33
18			50	43

（1）混凝土结构一般是由多次单独浇筑制成的，单独浇筑结构之间的连接如图所示。

（2）在下部柱中，混凝土上的荷载以柱和基础的连接上的直接承压力的形式传给基础。钢筋上的荷载必须通过钢筋在基础中的延伸部分（L_1）传递。尽管在浇筑基础时，在适当的位置布置柱筋是可行的，但实际一般使用连接钢筋，如图所示。必须在连接的两侧使用连接钢筋：在基础中为 L_1 和在柱中为 L_2。如果基础和柱的 f'_c 相等，则两个连接所需的长度也相等。

（3）下部柱一般和其上面被支承的混凝土框架一起现浇，结构连接位于框架的顶面

（上部柱的底部），如图所示。L_3 用以加强下部柱钢筋 a。至于基础的上部，L_4 用以加强上部柱钢筋 b。对于确定钢筋 a 所需的延伸长度，L_4 可能更为关键。

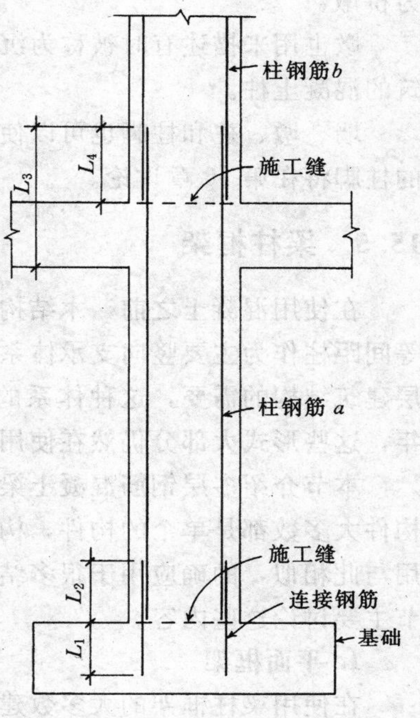

图 15.11　混凝土柱中的钢筋锚固

3. 连续框架的钢筋锚固

在混凝土刚性框架结构中，必须特别注意梁柱节点上框架构件相交位置钢筋的细部构造。还要特别注意梁从柱上被拉松的可能性，一般从梁端延伸到柱内的钢筋可以抵抗这种作用。除了钢筋锚固的一般注意事项，还需要一些增强锚固钢筋的特殊构造。在抵抗地震效应时，这是一个需要特别注意的问题。

在多层刚性框架结构中的混凝土柱将在第 25 章中讨论。

4. 竖向混凝土承压构件

这里有几种结构构件用于抵抗建筑结构的竖向压力。用构件尺寸来区分定义构件。图 15.2 所示表示了四种构件，叙述如下：

（1）墙。设计人员经常使用单层或多层高的墙作为承重墙，特别是在混凝土结构和砌体结构中。墙的长度可能非常大，但有时也建成相对比较小的段。

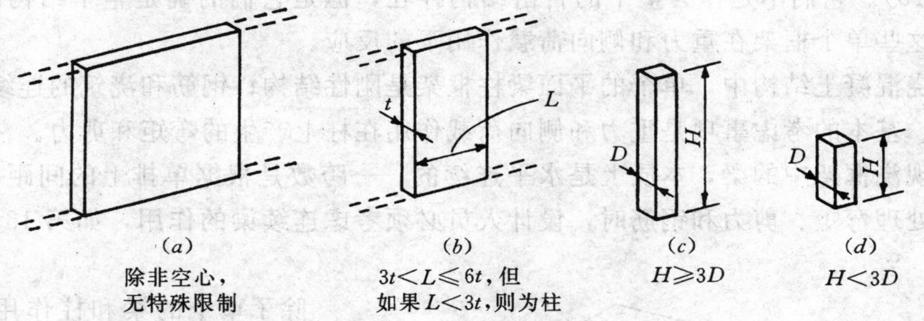

图 15.12　混凝土承压构件的分类

(a) 墙；(b) 墙墩；(c) 柱；(d) 墩或柱脚

（2）墩。当墙段的长度小于墙厚的 6 倍时，称为墩或墙墩。

（3）柱。柱有多种形式，但一般具有与截面尺寸相关的一定的高度。通常柱限制的最小高度为柱直径（边长等）的 3 倍。墙墩也可以用作柱，所以对于名称的定义有些不明确。

（4）柱脚。柱脚实际上是短柱（也就是说，柱的高度不大于柱厚的 3 倍）。这种构件经常也被称为墩，增加了名称的混乱。

大部分相对短粗的大而重的混凝土支承构件一般也称为墙墩，这更增加了名称的混乱。它们可用于支承桥梁、大跨度屋面结构或所有其他非常重的荷载。这种情况下名称的区分是全部尺寸的问题而不是任何具体尺寸。有时，桥支座和拱形结构支座也称为桥墩。

墩也用来描述有时被称为沉箱基础的一种基础构件。沉箱基础实质上是地下竖井中浇筑的混凝土柱。

墙、墩、柱和柱脚也可以使用混凝土砌块形成，这将在第 17 章讨论。用于基础体系的柱脚将在第 16 章讨论。

15.5 梁柱框架

在使用混凝土之前，木结构和钢结构的一种常见形式是梁柱框架。这种体系通常使用等间距柱作为主要竖向支承体系，使用水平梁网作为屋面和楼面支承体系。为满足形成多层建筑结构的需要，这种体系的几种基本形式在木结构和钢结构方面已经发展了 100 多年，这些形式大部分仍然在使用，几乎没有根本的变化。

本节介绍多层钢筋混凝土梁柱体系设计中的各种问题。在木结构和钢结构中，各框架构件大多数都是单个的构件，构件的连接是设计要考虑的主要问题。混凝土预制构件的使用与此相似，的确应用于很多结构。但是，更常见的结构形式仍然是使用现浇混凝土，本节主要讨论这些内容。

1. 平面框架

在使用梁柱框架的大多数建筑结构中，体系的布置都有一些合理的秩序。柱一般是成排出现，每排内部是等间距的，并且每排之间的间距也是有规则的，因此连接在柱上的梁也是有规律地布置。在这种情况下，通常产生竖向梁柱平面，分别定义成一系列平面框架(见图 15.13)。它们不是作为整个的自由结构存在，但是它们的确是整个结构的子结构。可以分析这些单个框架在重力和侧向荷载作用下的反应。

在现浇混凝土结构中，单个的平面梁柱框架是刚性结构；钢筋和浇筑的连续性保证了这一性能。基本的考虑事项是重力和侧向荷载作用在柱上产生的弯矩和剪力。

对于现浇框架中的梁，本质上是水平连续的——跨数是根据单排上的间距柱确定的。因此，在处理弯矩、剪力和钢筋时，设计人员必须考虑连续梁的作用，如第 13 章和第 14 章所述。

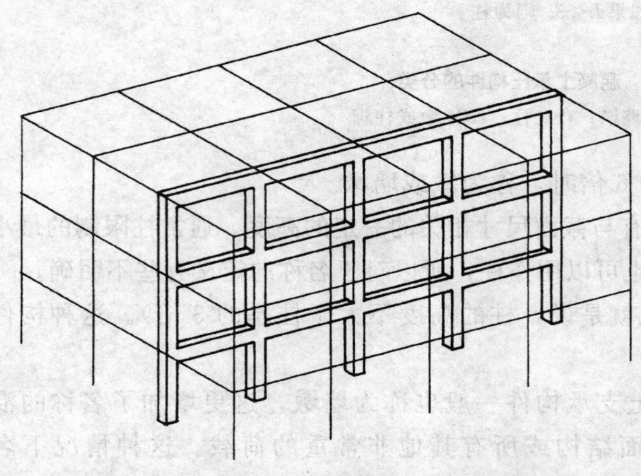

图 15.13 作为三维框架体系子结构的平面梁柱框架

除了单个的梁和柱作用，还有整体框架的作用。这是所有梁柱共同的相互作用。其中一方面是确定内力分析时的超静定特性。在大型框架的设计之前，完全考虑这一性能包括可能的荷载变化，其本身也是一个难处理的计算问题。

竖向刚性框架的主要使用价值是用于承受风和地震产生的侧向荷载。但是，一旦形成刚性（抵抗弯矩）框架，对于所有荷载，它的连续和超静定性能反应将会出现。因此，设计人员必须分别考虑重力和侧向荷载的反应，同时也要考虑两种可能的组合效应。

完整的工程分析和现浇框架的设计超出了本书的范围。一些多层框架设计总则和近似设计方法的实例在第 25 章的实例 3 中介绍。

2. 三维框架

在现浇梁柱框架中即使能够设想成单个平面（二维）框架，如图 15.13 所示，但实质上，建筑结构在形式上也有必要是三维的。因此现浇框架实际上是平面框架连接形成的三维形式。一系列平行的单个平面框架相交成 90°形成三维框架。因此，单个平面框架作用的复杂性和完整的三维框架性能的复杂性相比要小得多。

为了实用，实际上现浇框架的设计一般被分解为单个框架、单个连续梁和单个多层柱的设计，因此框架中每一个单个构件——梁或柱——结构上分别定义。但是对于结构构造和框架相互作用导致的结构性能，必须考虑单个构件之间的一些关系，考虑事项如下所述。

(1) 梁的连续性。单独梁中的水平钢筋延伸到支承柱内，且有时通过柱并延伸到相邻梁中。因此，梁支座处抵抗负弯矩的上部钢筋延伸以成为同一支座上另一侧梁的钢筋。在需要双筋（受压钢筋）的位置，梁的底部钢筋可以延伸过支座以成为受压钢筋。因为所有梁的顶部是平齐的（在板的上表面），所以平面内相互垂直交叉的梁的负弯矩钢筋一般会出现在同一水平面上，这种情况下必须调整其中一个梁的钢筋。

(2) 柱的连续性。多层结构中的柱是在柱顶相互堆叠起来的。因此，上层柱的混凝土可以简单地压在下层的柱顶上，就像墙中的两块砖。但是必须把钢筋延伸（向上或向下）以发展它们共同承担的应力（见第 16.3 节的讨论）。这需要一些竖向相邻柱之间关于混凝土构件的形式和尺寸及钢筋的数量和布置的协作设计。

(3) 钢筋碰撞。由于柱筋和梁筋在两个方向上的连续性，三种形式的钢筋碰撞很容易成为现实的问题。当柱使用密布箍筋或螺旋箍筋，并且梁箍筋较密时，这一问题更复杂，主要出现在剪力较大的构件端部。

(4) 平行二维框架的共同反应。对于侧向荷载，水平的现浇屋面或楼面板的水平横隔作用一般非常大。因此，给定方向上所有的二维框架在每一楼层的侧向变形相同。正如一系列同时受压的弹簧一样，它们每一个都会按单个框架的刚度成比例地承担总变形力。在设计时必须考虑这个问题，实际上，可以通过有意选择单个框架的刚度（通过使用刚度较大的构件）来控制这个问题。

现浇混凝土框架的固有能力——刚性框架作用——使其对于侧向支撑是有效的。在木或钢结构中产生同样的作用需要对普通连接进行修正以在构件之间产生抗弯节点。在木结构中，传递弯矩的连接几乎是不可实现的。在钢结构中，这一般可以做到但是需要精心制作且费时，而且特殊焊缝或高强螺栓连接费用昂贵。另一方面，当由于一些原因不希望是本身固有的刚性连接时，分离自身连续的现浇结构要比木或钢结构中形成刚性连接困难得多。

3. 框架和墙的混合体系

大多数建筑是由框架体系和墙混合形成的。对于结构用途，墙是可以改变的。即使建筑物上的金属和玻璃表面必须具有一些相同的结构特点以抵抗重力和风荷载，但它们一般不是建筑结构典型的组成部分。浇筑的混凝土墙或混凝土砌体结构经常用作建筑结构的一部分，这使得分析墙和框架结构之间的关系是很必要的。

(1) 共存或独立构件。即使框架和墙为了其他用途而相互作用，它们的一些功能也可能单独作用。对于低层建筑物，即使存在完全承重框架结构，也常用墙支撑建筑物的侧向荷载，轻质木框架结构使用胶合板剪力墙就是一个典型情况。混凝土框架结构中使用浇筑混凝土或混凝土砌体墙也是这样的一种情况。

框架和墙之间必须进行连接以保证所期望的作用。墙一般刚度非常大，然而框架由于框架构件的弯曲产生了很大的变形。如果想使框架和墙相互作用，可将它们刚性连接以实现必要的荷载传递。但是如果想使它们单独作用，有必要进行特殊的连接以传递一些荷载，同时允许其他效应产生的单独移动。在某些情况下可能希望它们完全分开。

我们可以设计一个只抵抗重力荷载的框架，侧向荷载可由充当剪力墙的墙体承担（见图 15.14)。这种方法一般需要一些框架构件充当转换器、刚性构件、剪力墙端部构件或水平隔板的弦杆。如果墙被严格用于侧向支撑，设计人员必须注意墙顶部和其上面梁的连接；这个连接必须允许梁出现挠度并且不将荷载传递给下面的墙。

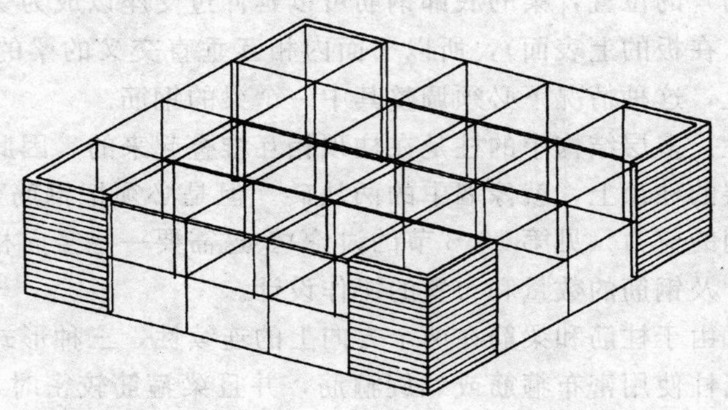

图 15.14 用墙支撑的框架结构

(2) 荷载分配。当墙与柱刚性连接时，一般它们可以提供墙平面内的连续侧向支撑。这种连接方法允许把柱设计成在墙垂直方向上相对细长的构件。这对木柱和钢柱更为有用(例如，2×4 的木支柱和窄翼缘的 W 型钢)，但是对非正方形或圆形截面的混凝土柱或砌体柱也是有意义的。

在一些建筑中，墙和框架在不同位置或不同方向都可用于抵抗侧向荷载。图 15.15 显示了四种这样的情况。在图 15.15 (*a*) 中，剪力墙用在建筑物的一端和另一端与其平行的框架一起抵抗同一方向上的风荷载。无论它们的相对刚度如何，这两个构件实际上平均分配荷载。

在图 15.15 (*b*) 中，墙用于抵抗一个方向上的侧向荷载，框架用于抵抗垂直方向上的荷载。虽然在一个方向上的墙之间和另一方向上的框架之间必须进行荷载分配，但是实际上框架和墙之间不相互作用，除非整个建筑物上存在较大的扭转。

图 15.15 (*c*) 和 (*d*) 所示的是墙和框架相互作用以共同承担荷载的情况。在这种情况下，墙和框架分担一个方向上的全部荷载。如果水平结构在自身平面内有合理的刚度，

荷载则根据竖向构件的相对刚度进行分配。在这种情况下的相对刚度实际上是指抵抗侧向荷载作用下变形的能力。

(3) 双重体系。侧向支撑的双重体系是有意识地使一个剪力墙体系和框架体系共同分担荷载的体系。图 15.15 (*a*) 和 (*b*) 所示的体系不是双重体系，而图 15.15 (*c*) 和 (*d*) 所示的可能是双重体系。双重体系的结构性能有很多优点，但是必须认真地设计和详细说明结构，以保证其相互作用以及变形对一般结构不产生过多的破坏。

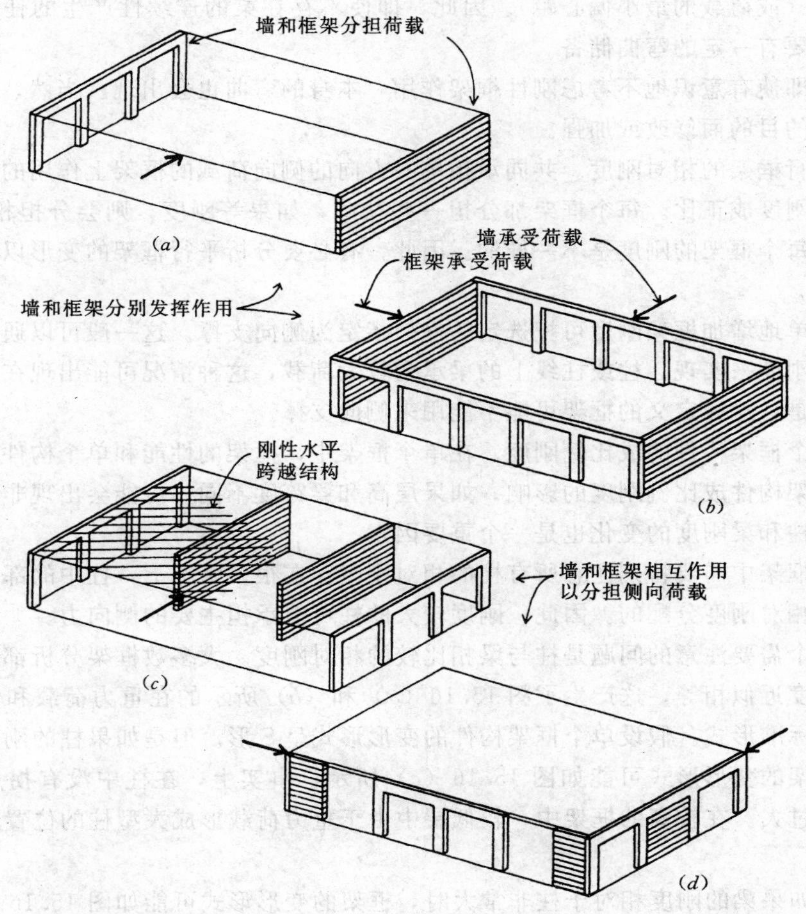

图 15.15　剪力墙和刚性框架组成的混合侧向支撑体系

4. 混凝土框架的特殊问题

刚性框架是在现浇混凝土柱和水平梁体系组成的结构中自然出现的。这里给出了一些可能的优点和可能出现的问题。

(1) 固有的侧向框架作用。由于浇筑混凝土和钢筋的连续性，刚性连接在很大程度上是不可避免的，因此现浇混凝土框架自然形成了一个刚性（抗弯）框架。对于抵抗侧向荷载的能力，在有限范围内是可以自由增加的，也就是说，不附加考虑超过重力荷载正常设计的情况，允许在构件上存在一定程度的力矩。原因如下所述。

1) 节点和构件的固有形式。因为框架的连续性，所以构件端部总是设计有一定的弯曲，并且通过节点传递由于梁柱承受重力产生的弯矩。因此侧向荷载产生的弯曲并不是对弯曲单一的考虑，只仅仅是附加的一种。框架总是为了发展弯曲而形成。

2）应力或荷载系数的修正。当考虑风或地震产生的力时，需要对容许应力（应力法）或荷载系数（强度法）进行一些调整。因此，侧向荷载产生的最小附加弯矩的增加实际上不需要任何额外的构件或节点承载力。也就是说，一定量的侧向承载力是富余的。

3）柱的最小弯曲。当前的设计要求不允许柱的设计只考虑轴向荷载，还需要考虑一个最小弯矩（或荷载的最小偏心距）。因此，即使不存在梁的连续性产生的任何弯矩，在柱中仍然需要有一定的弯曲储备。

因此，即使有意识地不考虑刚性框架作用，本身的弯曲也会出现。当然，框架也可能为一些特殊的目的而修改或加强。

(2) 平行框架的相对刚度。共同承担单一方向的侧向荷载的框架上作用的每一部分荷载与框架的刚度成正比。每个框架都分担一些荷载，如果等刚度，则会分担相等的荷载。但是，通常每个框架的刚度是不一样的。因此，有必要分析平行框架的变形以确定成比例分配的荷载。

通过简单地增加框架刚度可把选定的框架指定为侧向支撑。这一般可以通过提高框架构件的相对刚度来实现。柱或柱线上的梁承受较大荷载，这种情况可能出现在重力荷载的设计中。但是，这样定义的框架可能不能用来侧向支撑。

(3) 单个框架构件的成比例刚度。在单个框架中，框架的性能和单个构件中的力将会严重地受框架构件成比例刚度的影响。如果层高和梁跨度不同，可能会出现非常复杂和特殊的性能。柱和梁刚度的变化也是一个重要因素。

在单层框架中需要特别注意所有柱的相对刚度。在很多情况下，柱中的部分侧向剪力是根据柱的相对刚度分配的。因此，刚度较大的柱可能承担主要的侧向力。

另外一个需要注意的问题是柱与梁相比较的相对刚度。大多数框架分析都假设柱的刚度和梁的刚度近似相等，这产生了图 15.16（*a*）和（*b*）所示的在重力荷载和侧向荷载作用下变形的标准形式。假设单个框架构件的变形形式呈 S 形。但是如果柱的刚度相对于梁非常大，框架的变形形式可能如图 15.16（*c*）所示，事实上，在柱中没有拐点并且最上面的梁变形过大。在较高的框架中，较低层中由于重力荷载形成大型柱的位置经常会出现这种情况。

相反，如果梁的刚度相对于柱非常大时，框架的变形形式可能如图 15.16（*d*）所示，柱好像是完全地固定在梁的端部。相对较小柱的深梁经常会出现这种情况。

虽然理解哪种变形形式最可能发生是很重要的，但设计要处理如图 15.15 和图 15.16 所示的所有情况。

(4) 约束框架。刚刚研究了平行框架和墙相互作用的设计问题。附着结构中改变框架构件变形形式，部分约束梁或柱成为一个特殊问题。图 15.16（*e*）所示的就是约束柱的一个例子。在这里，部分高度的墙置于柱之间。如果墙有足够大的刚度和强度并紧紧地楔入柱之间，柱的侧向无支撑高度会被彻底改变。因此，柱中的剪力和弯曲也和自由柱有很大的不同。另外，具有约束柱的框架中力的分配也可能受到影响。最后，框架的刚度可能因此而显著加强，并且其相对于其他平行框架分担的荷载可能更高。

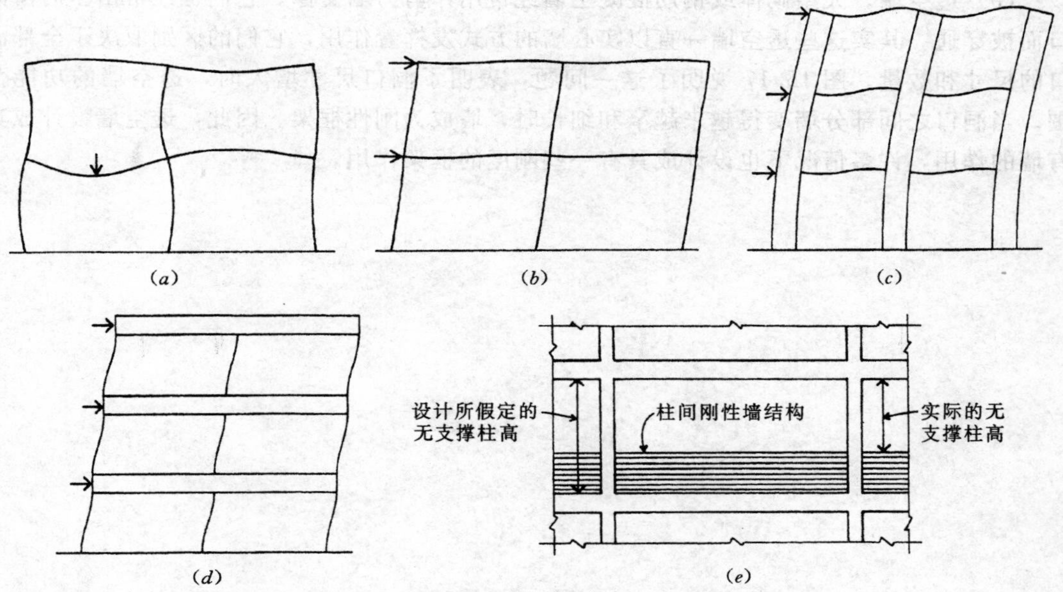

图 15.16　刚性框架侧向变形的注意事项

多层刚性框架在以下情况中的一般变形形式：(a) 重力荷载；(b) 侧向荷载，构件刚度不成比例的刚性框架在侧向荷载下的变形性质；(c) 刚性柱和弯曲梁；(d) 刚性梁和弯曲柱；(e) 弯曲被周围结构限制的约束柱的一般实例

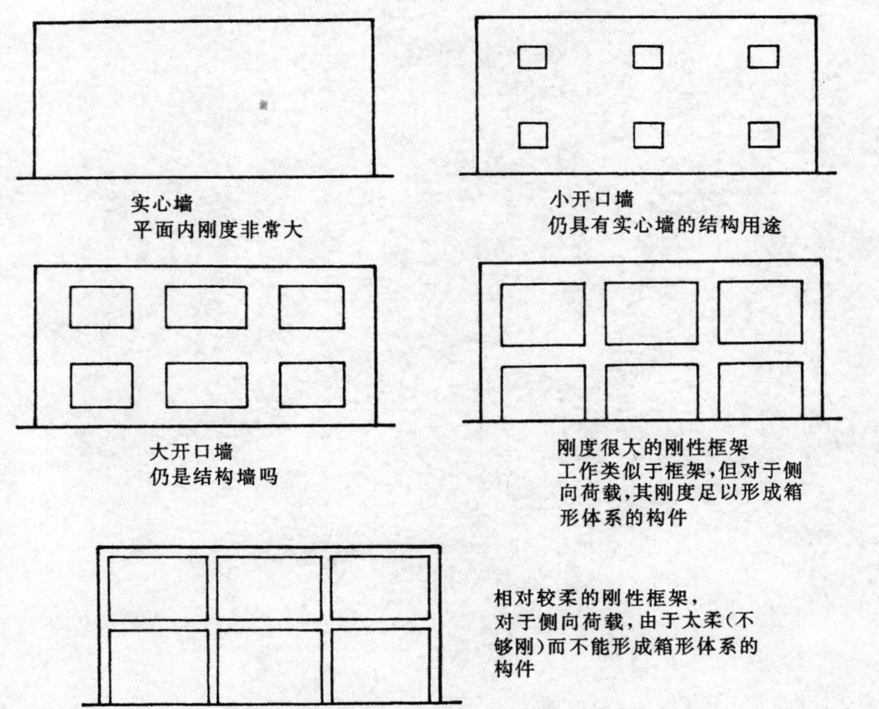

图 15.17　连续平面墙结构从实心墙的状态到抗弯刚性框架的过渡

（5）透空墙。大型砌体或钢筋混凝土墙经常用作剪力墙支撑。它们也经常由于门窗洞口而被穿通。其实这些透空墙一直以实心墙的方式发挥着作用，它们的区别取决于全部洞口的尺寸和数量。图 15.17 说明了这一问题，表明了洞口尺寸增大时，透空墙的功能范围。当洞口之间部分墙变得越来越窄和细长时，墙成为刚性框架。因此，透空墙设计成具有墙的作用，许多情况下也设计成具有一些刚度的框架作用。

第16章 基础

几乎每个建筑物都有一个建在地面以下的底座作为它的基础。在过去，石块或砌体结构是这种结构常用的形式。但是现在，现浇混凝土是基本的选择。这是混凝土在建筑结构中最常见和最广泛的用途。

16.1 浅基础

最常见的基础是紧靠在建筑物之下的混凝土垫板。因为大多数建筑物只有相对较浅的埋入深度，这些垫板（称为基础）一般被归为浅基础类。出于简单的经济原因，浅基础一般是优先选用的。但是，当在较浅位置不存在满足要求的土壤时，必须使用打入桩或沉箱，延伸到建筑物以下一段距离，这种基础称为深基础。

两种常用的基础是墙基础和柱基础。墙基础以条形的形式出现，一般对称地放置在被支承墙下面。柱基础大多数是支承单个柱的方形垫板。当柱非常近地靠在一起或正好在建筑物边上时，可使用特殊基础支承多个柱。

在基础体系中经常出现的两种其他的基本构件分别是基础墙和柱脚。基础墙可用作地下室墙或仅在深基础和上部建筑结构之间提供一个过渡。基础墙在木或钢的上部结构中是常见的，这是因为这些结构不得和地面接触。

柱脚实际上是用作建筑结构柱和其支承基础之间过渡的短柱。柱脚也可用于保持木或钢柱在地面以上，或出于结构上的考虑便于将混凝土柱上的集中力传递到扩散基础上。

本章其余的内容主要介绍墙基础、柱基础和柱脚的设计事项。

16.2 墙基础

墙基础是放置在墙下的混凝土条。图 16.1 所示的是墙基础的最常见形式，是一个关

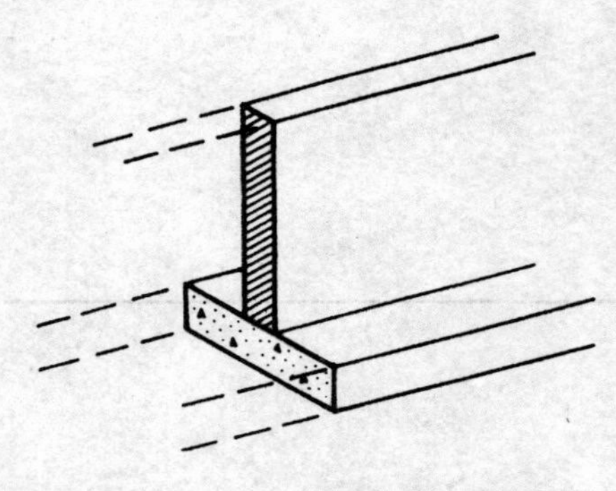

图 16.1 条形墙基础的常见形式

于墙对称放置并且从墙的两个面突出相等距离的作为悬臂的矩形板条。对于土压力，基础的关键尺寸是垂直于墙方向上的基础宽度。

基础一般是作为其支承墙的结构平台。因此，墙的厚度加每边的很小的尺寸可以确定一个最小宽度。因为基础结构并不精细，所以额外宽度是必要的，而且对于混凝土墙形式的支座，额外宽度也是需要的。所以建议砌体墙突出部分的宽度最小为 2in，混凝土墙突出部分的最小宽度为 3in。

在竖向荷载相对较轻的情况下，最小结构宽度对于土壤承压是足够的。墙一般延伸到水平面以下一段距离，并且容许承压一般比非常浅的基础稍微高一些。在最小的建议突出部分下，悬臂的弯曲和剪切是可以忽略的，所以不需要使用横向（垂直于墙）的钢筋。但是，建议使用一些纵向钢筋。

当墙荷载增加并且需要更宽的基础时，横向的弯曲和剪切需要设置一些钢筋。在一些位置，被增加的宽度也决定着所需的厚度。无筋基础的建议最小厚度为 8in，配筋基础的建议最小厚度为 10in。

1. 基础宽度的确定

假设结构所需的最小宽度不满足承压要求，则基础宽度根据土压力确定。因为基础自重是土壤上总荷载的一部分，所以在知道基础的厚度之前不能精确地确定所需的基础宽度。通常的步骤是假设基础厚度、设计总荷载、检验厚度的结构合适性，并且如果有必要，要根据最终厚度确定修正宽度。例题 16.1 说明了这一步骤。

2. 基础厚度的确定

如果基础没有横向钢筋，所需的厚度是根据混凝土极限拉应力，以及弯曲应力或剪切产生的对角应力确定的。除非基础宽度超过墙厚很多，一般大约是 2ft，否则横向钢筋是不需要的。一个好的经验是当基础悬臂边距离（从墙面到基础边）超过基础厚度时设置横向钢筋。对一般情况，这意味着基础宽度约达 3ft 或更宽。

如果使用横向钢筋，考虑的关键问题则是混凝土中的剪力和钢筋中的拉应力。根据剪力确定的厚度通常能保证混凝土中具有较低的弯曲应力，所以悬臂梁只有非常低的配筋率。这保证了基础结构基本的经济原则，把钢筋用量减到了最小。

如果不受建筑规范的限制，基础最小厚度是一个设计判断问题。ACI 规范建议的最小厚度极限：无筋基础为 8in，配有横向钢筋的基础为 10in。基础最小厚度的另一种可能考虑是墙预埋钢筋的需要。

3. 钢筋的选择

横向钢筋是根据悬臂作用导致的弯曲拉应力和锚固长度确定的。纵向钢筋通常是根据提供的最少防止收缩钢筋来选择的。纵向钢筋的合理最小值为混凝土毛截面面积（基础的横截面面积）的 0.0015 倍。所需的保护层厚度距成形边为 2in，距未成形边（例如基础底面）为 3in。出于实用的目的，希望基础横向钢筋间距和墙预埋钢筋间距是相等的。

例题 16.1 说明了配筋墙基础的设计步骤。表 16.1 给出了基础初步设计的数据。使用无筋基础建议基础宽度不超过 3ft。

注意：在使用板条方法时，当使用美制单位而不是公制单位时，板条宽为 12in 是很明显的选择。为了节省空间，计算结果只使用美制单位，但是对关键数据和答案也给出了相应的使用公制单位的数据。

【例题 16.1】　根据以下数据设计具有横向钢筋的墙基础：

基础设计荷载＝8750lb/ft（对于墙长）；

墙厚＝6in；

最大土压力＝2000psf；

混凝土设计强度＝2000psi。

解：对于配筋基础，剪力是只考虑混凝土的应力。由于较低的配筋率，混凝土弯曲应力将很低。同无筋基础一样，一般的设计步骤包括假设基础厚度、根据土压力确定所需的宽度和检验基础应力。

表 16.1　　墙基础的容许荷载（见图 16.2）

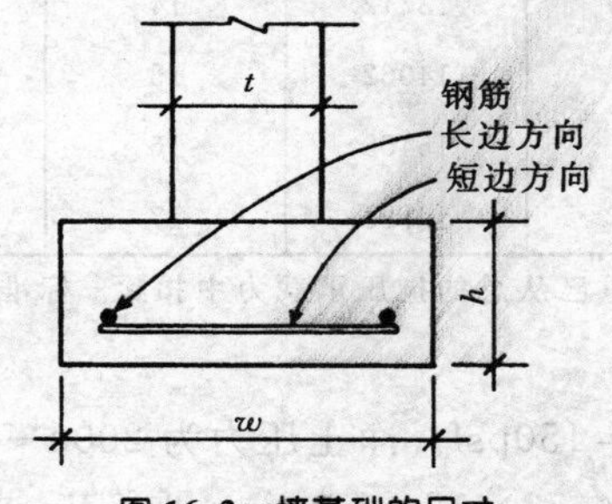

图 16.2　墙基础的尺寸

最大土压力 (lb/ft²)	最小墙厚 t (in)		基础上的容许荷载① (lb/ft)	基础尺寸 (in)		钢筋	
	混凝土	砌体		h	w	长边方向	短边方向
1000	4	8	2625	10	36	3No. 4	No. 3@16
	4	8	3062	10	42	2No. 5	No. 3@12
	6	12	3500	10	48	4No. 4	No. 4@16
	6	12	3938	10	54	3No. 5	No. 4@13
	6	12	4375	10	60	3No. 5	No. 4@10
	6	12	4812	10	66	5No. 4	No. 5@13
	6	12	5250	10	72	4No. 5	No. 5@11
1500	4	8	4125	10	36	3No. 4	No. 3@10
	4	8	4812	10	42	2No. 5	No. 4@13
	6	12	5500	10	48	4No. 4	No. 4@11
	6	12	6131	11	54	3No. 5	No. 5@15
	6	12	6812	11	60	5No. 4	No. 5@12
	6	12	7425	12	66	4No. 5	No. 5@11
	8	16	8100	12	72	5No. 5	No. 5@10

续表

最大土压力 (lb/ft^2)	最小墙厚 t (in)		基础上的容许荷载[①] (lb/ft)	基础尺寸 (in)		钢 筋	
	混凝土	砌体		h	w	长边方向	短边方向
2000	4	8	5625	10	36	3No. 4	No. 4@14
	6	12	6562	10	42	2No. 5	No. 4@11
	6	12	7500	10	48	4No. 4	No. 5@12
	6	12	8381	11	54	3No. 5	No. 5@11
	6	12	9520	12	60	4No. 5	No. 5@10
	8	16	10106	13	66	4No. 5	No. 5@9
	8	16	10875	15	72	6No. 5	No. 5@9
3000	6	12	8625	10	36	3No. 4	No. 4@10
	6	12	10019	11	42	4No. 4	No. 5@13
	6	12	11400	12	48	3No. 5	No. 5@10
	6	12	12712	14	54	6No. 4	No. 5@10
	8	16	14062	15	60	5No. 5	No. 5@9
	8	16	15400	16	66	5No. 5	No. 6@12
	8	16	16725	17	72	6No. 5	No. 6@10

① 容许荷载不包括基础自重，自重已从总的抗压承载力中扣除。标准：$f'_c=2000$psi，钢筋等级为 40，$v_c=1.1\sqrt{f'_c}$。

对于 $h=12$in，基础自重$=150$psf。净土压力为 $2000-150=1850\ lb/ft^2$。所需的基础宽度为 $8750/1850=4.73$ft 或 $4.73\times12=56.8$in，取 57in 或 4ft9in 或 4.75ft。取这个宽度时，设计土压应力为 $8790/4.75=1842$psf。

对于配筋基础，必须确定有效高度（也就是从基础顶部到钢筋中心的距离）。对于精确的确定需要第二个假设：钢筋直径 D。对于此例，假设使用直径为 0.75in 的 6 号钢筋。当保护层厚度为 3in 时，有效高度 $d=h-3-D/2=12-3-0.75/2=8.625$in。

但是，考虑到结构的不精细性，基础设计时注重精度是不切合实际的。基础底面是手工挖掘的土壤表面，在浇筑混凝土期间不可避免地会粗糙。因此，d 值取 8.6in。

剪应力的关键截面在距墙面 d 处。如图 16.3 (a) 所示，剪切面的位置在距基础边 16.9in 处。在此位置的剪力为

$$V = 1842 \times 16.9/12 = 2594\text{lb}$$

剪应力为

$$v = V/bd = 2594/(12\times 8.6) = 25\text{psi}$$

这个值大大低于按下式确定的极限值 49psi：

$$v_c = 1.1\sqrt{f'_c} = 1.1\times\sqrt{2000} = 49\text{psi}$$

因此，基础厚度是可以减小的。但是成本效率一般可以通过把钢筋减到最小来实现。倒入基坑中的低标号混凝土同钢筋成本相比是非常便宜的。因此，基础厚度的选择是设计判断的问题，除非基础宽度大约为墙厚的 5 倍，因为在这一点应力极限可能成为关键

因素。

对于此例，如果厚度选择 11in，剪应力只有很小的增加，并且所需的基础宽度将基本上保持不变。将使用一个新的有效高度 7.6in，但是设计土压应力将保持不变，因为它只与基础宽度有关。

用于确定钢筋弯矩的计算如下所示［见图 16.3 (b)］。

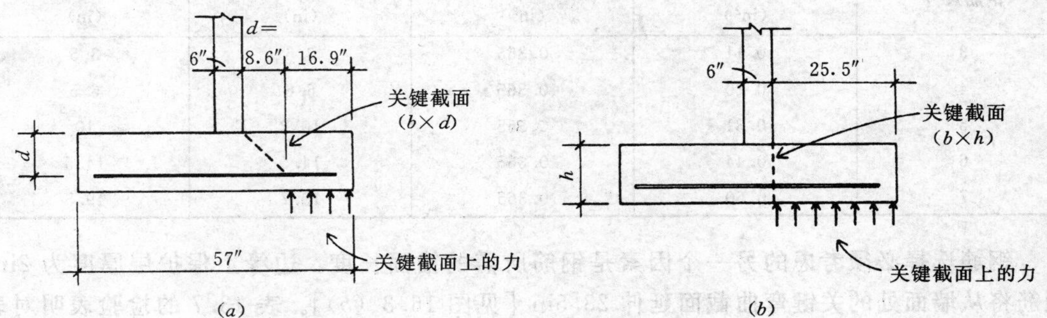

图 16.3　墙基剪切需要考虑的因素
(a) 情况 1；(b) 情况 2

基础悬臂边上的力为

$$F = 1842 \times (25.5/12) = 3914\text{lb}$$

因此，在墙面处的悬臂弯矩为

$$M = 3914 \times \frac{25.5}{2} = 49903\text{lb} \cdot \text{in}$$

每英尺墙长上墙基础所需的钢筋面积为

$$A_s = \frac{M}{f_s jd} = \frac{49903}{20000 \times 0.9 \times 7.6} = 0.365\text{in}^2/\text{ft}$$

给定钢筋尺寸的情况下，满足要求所需的钢筋间距为

$$\text{所需间距} = \text{钢筋面积} \times \frac{12}{\text{所需面积(对于每英尺墙长)}}$$

因此，对于 3 号钢筋

$$S = 0.11 \times \frac{12}{0.365} = 3.616\text{in}$$

使用这种方法，表 16.2 的第四列给出了从 3 号～7 号的钢筋尺寸所需的间距。使用给出各种钢筋尺寸和间距组合下的平均钢筋面积的手册表格可以非常容易地选择钢筋尺寸和间距。表 13.5 是一个这样的表格，从这个表格中选择的间距表示在表 16.2 的最后一列中，表明了基础横向钢筋的选择范围。设计判断是为了选择钢筋尺寸和间距。必须牢记以下的因素：

(1) 建议最大间距为 18in。

(2) 建议最小间距为 6in，以减少钢筋数量使混凝土浇筑更容易。

(3) 只要间距不是太小，可优先选择较小钢筋。

(4) 实际的间距可能是预埋在基础中的墙竖向钢筋的间距（或是墙中钢筋间距的整数

倍或整除）。

考虑这些因素时，可以选择间距为 10in 的 5 号钢筋或间距为 6in 的 4 号钢筋。虽然 6 号钢筋对于这个尺寸的基础有点大，但是间距为 14in 的 6 号钢筋也是可以选择的。

表 16.2　　例题 16.1 中的钢筋选择

钢筋尺寸	钢筋面积 (in^2)	弯曲所需面积 (in^2)	所需间距 (in)	选定间距 (in)
3	0.11	0.365	3.6	3.5
4	0.20	0.365	6.6	6.5
5	0.31	0.365	10.2	10
6	0.44	0.365	14.5	14.5
7	0.60	0.365	19.7	19.5

钢筋选择必须考虑的另一个因素是钢筋所需的锚固长度。边缘上保护层厚度为 2in，钢筋将从墙面处的关键弯曲截面延伸 23.5in［见图 16.3 (*b*)］。表 13.7 的检验表明对表 16.1 中的所有钢筋，这一长度都是足够的。

注意：基础中的钢筋布置在表 13.7 中属于“其他钢筋”类。

对于纵向钢筋，最小钢筋面积为

$$A_s = 0.0015 \times 11 \times 57 = 0.94\text{in}^2$$

使用 3 根 5 号钢筋得

$$A_s = 3 \times 0.31 = 0.93\text{in}^2$$

表 16.1 给出了四种不同土压力下墙基础的值。表中的数据是使用例题中所用的方法确定的。图 16.2 显示了表中参考的尺寸。

习题 16.2.A　使用设计强度为 2000psi（13.8MPa）的混凝土，屈服强度为 40ksi（276MPa），容许强度为 20ksi（138MPa），等级为 40 的钢筋，根据以下资料设计墙基础：墙厚为 10in（254mm），基础上的荷载为 12000lb/ft（175kN/m），最大土压力为 2000psf（96kN/m^2）。

习题 16.2.B　除墙厚为 15in（380mm），荷载为 14000lb/ft（200kN/m），最大土压力为 3000psf（144kN/m^2）外，其他条件同习题 16.2.A。

16.3　柱基础

绝大多数独立柱基础都是正方形平面，其钢筋为相互垂直的两组相同钢筋。柱子可以直接放在基础上或通过柱脚（比被支承柱宽的短柱）支承。柱脚有助于减小所谓的冲剪作用，这也稍微地减小了边缘的悬臂距离从而减小了弯矩。因此，柱脚允许较小的基础和略少的基础钢筋。但是，使用柱脚的另外一个原因是它可以把被支承柱提高到地面以上，这对于木柱和钢柱是非常重要的。

柱基础的设计要基于以下考虑：

(1) 最大土压力。基础上部总荷载加上基础自重不得超过支承土壤材料的极限压力。所需的基础总平面面积是根据这个基本原理得到的。

(2) 设计土压力。基础单独地放置在土层上，基础不产生剪力或弯矩应力，它们只承受上部荷载。因此用于基础设计的土压力是根据上部荷载除以实际选择的基础平面面积确定的。

(3) 沉降控制。当建筑物位于高压缩土壤处，有必要选择基础面积以确保所有的建筑物基础支承均匀沉降。对于一些土壤，在恒载作用下的长期沉降这点上可能更关键，除了最大极限压力外也必须考虑这一点。

(4) 柱的尺寸。因为基础上的剪力和弯曲应力是由柱边缘外的突出部分的悬臂效应产生的，所以柱的尺寸越大，基础上的剪力和弯曲应力越小。

(5) 混凝土的极限剪应力。对于正方形平面的基础，这通常是混凝土中仅有的关键应力。为了实现经济的设计，基础厚度的选择通常是为了减少对钢筋的需要。尽管体积是小的，但是钢筋是钢筋混凝土结构的主要成本因素。这通常否定了对混凝土弯曲压应力的考虑。

(6) 弯曲拉应力和钢筋的锚固长度。这是钢筋基于悬臂弯曲作用所主要考虑的问题。将钢筋间距控制在一定极限之间也是所希望的。

(7) 考虑柱筋锚固的基础厚度。当基础支承钢筋混凝土或砌体柱时，柱中钢筋的压力必须通过锚固作用（预埋）传递，这已经在第 13 章和第 15.4 节中讨论。基础的厚度必须满足这个要求。

下例说明了一个简单正方形柱基础的设计步骤。

【例题 16.2】 根据以下数据设计一正方形柱基础：

柱荷载＝500kip；

柱尺寸＝15in，正方形截面；

最大允许土压力＝4000psf；

混凝土设计强度＝3000psi；

钢筋的允许拉应力＝20ksi（140MPa）。

解：假设基础尺寸为荷载除以最大允许土压力，因此可得

$$A = 500/4 = 125\text{ft}^2$$

$$w = \sqrt{125} = 11.2\text{ft}$$

这种方法没有考虑基础自重，因此所需的实际尺寸应该稍微大一点。但是这种方法可以帮助我们迅速获得近似范围。

对于这种基础，基础厚度的第一个假设实际上是不符合要求的。但是在这一数据范围内，任何可得到其他设计参数的参考将会提供一些合理的初次假设值。

对于 h＝30in，基础自重＝150×30/12＝375psf，可用的净土压力＝4000－375＝3625psf。因此，所需的基础平面面积为

$$A = \frac{500000}{3625} = 137.9\text{ft}^2$$

正方形基础所需的宽度为

$$w = \sqrt{137.9} = 11.74\text{ft}$$

对于 w＝11ft9in 或 11.75ft，设计土压力为

$$500000/11.75^2 = 3622\text{psf}$$

弯曲力和弯矩的确定如下所示（见图 16.4）：

弯曲力为

$$F = 3622 \times \frac{63}{12} \times 11.75 = 223432\text{lb}$$

弯矩为

$$M = 223432 \times \frac{63}{12} \times \frac{1}{2} = 586509\text{lb} \cdot \text{ft}$$

假设这个弯矩作用在两个方向上，并且由每个方向上的类似的钢筋所承担。但是，有必要把一组钢筋放置在与其垂直的另一组钢筋上，如图 16.5 所示，因此每个方向上具有不同的有效高度。实用方法是使用两个高度的平均值（也就是等于基础厚度减去 3in 的保护层和一个钢筋直径的高度）。理论上这可以导致一个方向上出现较小的过应力，可以通过另一方向上的较小的应力不足来补偿。

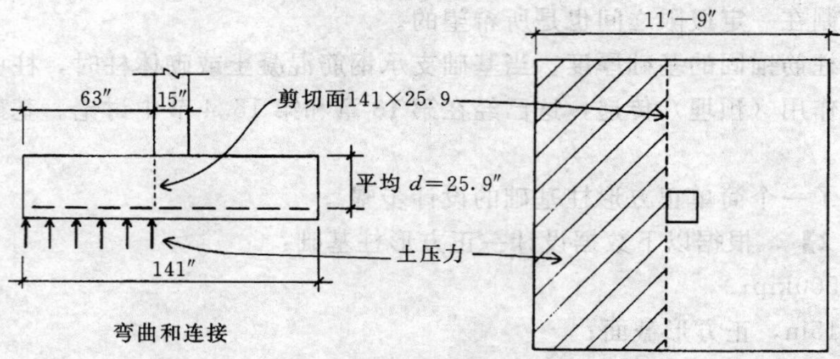

图 16.4 柱基中弯曲和钢筋的发展需要考虑的事项

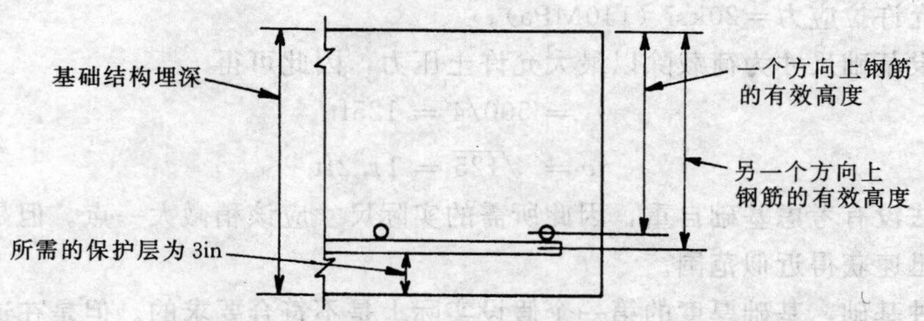

图 16.5 配有双向钢筋柱基的有效高度需要考虑的事项

为了确定有效高度，假设钢筋的尺寸也是必要的。同基础厚度一样，这必须是一个假设，除非能够用一些参考确定近似值。因此对于这个基础，假设钢筋是 9 号，有效高度为

$$d = h - 3 - D = 30 - 3 - 1.13 = 25.87\text{in}(取\ 25.9\text{in})$$

抵抗弯矩的截面为 141in 宽，25.9in 高。根据表 13.2，使用平衡截面的抗力系数，确定这个截面的平衡抗弯承载力，如下所示：

$$M_R = Rbd^2 = 226 \times 141 \times 25.9^2/12 = 1781336\text{lb} \cdot \text{ft}$$

这个值比所承受弯矩的3倍还要大。

从这个分析中可以看出，混凝土中的受压弯曲应力是不重要的。而且，截面属于少筋截面，并且保守的 j 值被用于确定所需的钢筋。

混凝土中的关键应力状态是梁式作用或冲切作用中的剪力。参考图16.6，对这两种情况有如下分析：

对于梁式作用［见图16.6（a）］：

$$剪力\ V = 3622 \times 11.75 \times \frac{37.1}{12} = 131577\text{lb}$$

$$剪应力\ V_c = \frac{131577}{141 \times 25.9} = 36\text{psi}$$

$$容许应力 = 1.1\sqrt{f'_c} = 1.1 \times \sqrt{3000} = 60\text{psi}$$

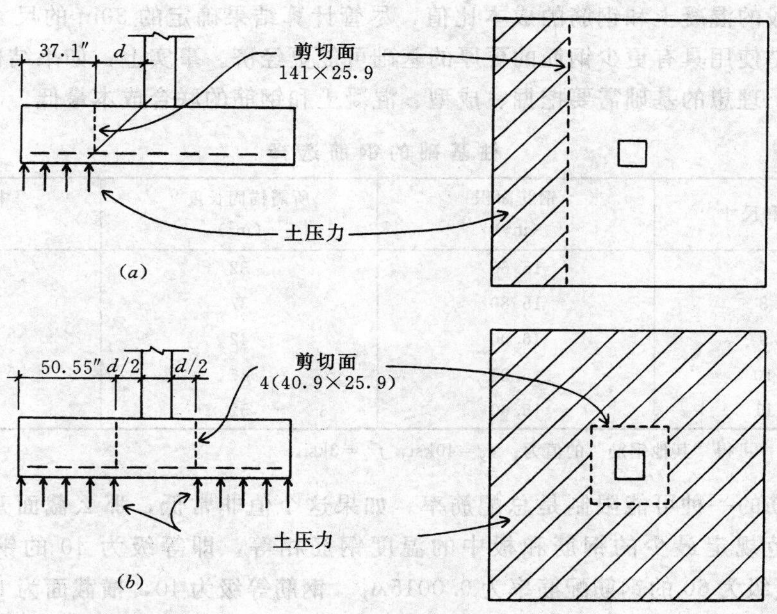

图16.6　柱基中剪力的两种形式需要考虑的事项

（a）梁式剪切；（b）周边剪切

对于冲切剪力［见图16.6（b）］：

$$剪力\ V = 3622 \times \left[11.75^2 - \left(\frac{40.9}{12}\right)^2\right] = 3622 \times (138 - 11.6) = 457821\text{lb}$$

$$剪应力\ V_c = \frac{457821}{4 \times 40.9 \times 25.9} = 108\text{psi}$$

为了比较

$$容许应力 = 2\sqrt{f'_c} = 2 \times \sqrt{3000} = 110\text{psi}$$

尽管梁式剪应力较低，但是冲切剪应力几乎接近于极限值，因此30in的厚度实际上就是最小容许尺寸。

使用假设值 $j=0.9$，确定所需的钢筋面积为

$$A_s = \frac{M}{f_s jd} = \frac{586509 \times 12}{20000 \times 0.9 \times 25.9} = 15.1\text{in}^2$$

可以选择很多钢筋尺寸和数量组合以满足这一面积要求。一定范围的可能选择列入表 16.3 中，表中给出了与钢筋选择的其他两个考虑事项相关的数据：钢筋的中心间距和所需的锚固长度。表中给出的间距是假设第一根钢筋中心距基础边缘的距离为 4in。最大间距应该限于 18in，最小间距限于 6in。

所需的锚固长度是根据表 13.7 得到的可能的最大锚固长度是从柱边到基础边缘的距离再减去 2in 保护层厚度（在这种情况下，此处可能的最大锚固长度是 61in）。

表 16.3 表示出了满足条件的所有组合。在大多数情况下，因为很少有钢筋其处理被简化，且这样做一般可以节省劳动时间和成本，所以设计人员优先使用最少根数的最大可能钢筋。

假定一般的混凝土和钢筋的成本比值，尽管计算结果确定的 30in 的尺寸是最小的可能厚度，但是使用具有更少钢筋的更厚的基础可能更经济。事实上，如果结构的成本是主要决定因素，理想的基础需要挖掘、成型、混凝土和钢筋的联合成本最低。

表 16.3　　柱基础的钢筋选择

钢筋根数和尺寸	钢筋面积 (in^2)	所需锚固长度① (in^2)	中心间距 (in)
26No. 7	15.60	32	5.3
20No. 8	15.80	37	7.0
16No. 9	16.00	42	8.9
12No. 10	15.24	47	12.1
10No. 11	15.60	52	14.8

① 查表 13.6，可得“其他钢筋”的值为：$f_y = 40\text{ksi}$，$f'_c = 3\text{ksi}$。

基础钢筋的一种可能限制是总配筋率。如果这个值非常低，那么截面几乎不能被加强。ACI 规范规定最少的钢筋和板中的温度钢筋相等，即等级为 40 的钢筋配筋率为 $0.002A_g$，等级为 60 的钢筋配筋率为 $0.0015A_g$。钢筋等级为 40，横截面为 141in×25.9in 的基础的最小钢筋面积为

$$A_s = 0.002 \times 141 \times 25.9 = 7.31\text{in}^2$$

很多其他方面的考虑事项也影响基础尺寸的选择。其中一些考虑事项如下所示：

(1) 被限制的厚度。基础的厚度可能受挖掘、水质条件或较低地层中不合需要的土壤的限制。厚度可以通过使用柱脚来减小，这已经在第 14.8 节中讨论。

(2) 预埋钢筋的需要。当基础支承钢筋混凝土或砌体柱时，必须提供竖向柱筋的预埋钢筋，为了钢筋的锚固，预埋钢筋在基础中要具有足够的延伸。这些问题已在第 9.6 节中讨论。

(3) 被限制的基础宽度。其他结构的接近或柱的紧密间距使得有时不可能使用所需的正方形基础。对于单个柱，使用长方形（也称矩形）基础可以解决这一问题。对于多个柱，有时可使用联合基础。一种特殊的基础是悬臂基础，当基础不能延伸到建筑物外侧时可以使用这种基础。一种极端情况是整个建筑物的基底必须使用一个大型的基础，称为筏

形基础。

表 16.4 给出了一定范围的初步设计基础和土压力的容许上部荷载。这些资料是根据《建筑物基础简化设计》（Simplified Design of Building Foundations，参考文献 13）中的大量资料改写的。给出了基础混凝土强度为 2000psi 和 3000psi 的设计。图 16.7 标出了在表 16.4 中使用的尺寸符号。正如本书中对墙基础和其他地方的讨论，有时使用低设计强度 2000psi，以避免通常规范所要求的混凝土现场试验。但是，非结构混凝土的强度不应低于 3000psi。

表 16.4　　正方形柱基础（见图 16.7）

最大土压力 (psf)	最小柱宽度 t (in)	$f'_c=2$ksi 基础上的容许荷载[①] (kip)	基础尺寸 h (in)	基础尺寸 w (ft)	每边上的钢筋	$f'_c=3$ksi 基础上的容许荷载[①] (kip)	基础尺寸 h (in)	基础尺寸 w (ft)	每边上的钢筋
1000	8	8	10	3.0	2No.3	8	10	3.0	2No.3
	8	10	10	3.5	3No.3	10	10	3.5	3No.3
	8	14	10	4.0	3No.4	14	10	4.0	3No.4
	8	17	10	4.5	4No.4	17	10	4.5	4No.4
	8	22	10	5.0	4No.5	22	10	5.0	4No.5
	8	31	10	6.0	5No.6	31	10	6.0	5No.6
	8	42	12	7.0	6No.6	42	11	7.0	7No.6
1500	8	12	10	3.0	3No.3	12	10	3.0	3No.3
	8	16	10	3.5	3No.4	16	10	3.5	3No.4
	8	22	10	4.0	4No.4	22	10	4.0	4No.4
	8	28	10	4.5	4No.5	28	10	4.5	4No.5
	8	34	11	5.0	5No.5	34	10	5.0	6No.5
	8	48	12	6.0	6No.6	49	11	6.0	6No.6
	8	65	14	7.0	7No.6	65	13	7.0	6No.7
	8	83	16	8.0	7No.7	84	15	8.0	7No.7
	8	103	18	9.0	8No.7	105	16	9.0	10No.7
2000	8	17	10	3.0	4No.3	17	10	3.0	4No.3
	8	23	10	3.5	4No.4	23	10	3.5	4No.4
	8	30	10	4.0	6No.4	30	10	4.0	6No.4
	8	37	11	4.5	5No.5	38	10	4.5	6No.5
	8	46	12	5.0	6No.5	46	11	5.0	5No.6
	8	65	14	6.0	6No.6	66	13	6.0	7No.6
	8	88	16	7.0	8No.6	89	15	7.0	7No.7
	8	113	18	8.0	8No.7	114	17	8.0	9No.7
	8	142	20	9.0	8No.8	143	19	9.0	8No.8
	10	174	21	10.0	9No.8	175	20	10.0	10No.8

续表

最大土压力 (psf)	最小柱宽度 t (in)	$f'_c=2$ksi 基础上的容许荷载① (kip)	基础尺寸 h (in)	基础尺寸 w (ft)	每边上的钢筋	$f'_c=3$ksi 基础上的容许荷载① (kip)	基础尺寸 h (in)	基础尺寸 w (ft)	每边上的钢筋
3000	8	26	10	3.0	3No. 4	26	10	3.0	3No. 4
	8	35	10	3.5	4No. 5	35	10	3.5	4No. 5
	8	45	12	4.0	4No. 5	46	11	4.0	5No. 5
	8	57	13	4.5	6No. 5	57	12	4.5	6No. 5
	8	70	14	5.0	5No. 6	71	13	5.0	6No. 6
	8	100	17	6.0	7No. 6	101	15	6.0	8No. 6
	10	135	19	7.0	7No. 7	136	18	7.0	8No. 7
	10	175	21	8.0	10No. 7	177	19	8.0	8No. 8
	12	219	23	9.0	9No. 8	221	21	9.0	10No. 8
	12	269	25	10.0	11No. 8	271	23	10.0	10No. 9
	12	320	28	11.0	11No. 9	323	26	11.0	12No. 9
	14	378	30	12.0	12No. 9	381	28	12.0	11No. 10
4000	8	35	10	3.0	4No. 4	35	10	3.0	4No. 4
	8	47	12	3.5	4No. 5	47	11	3.5	4No. 5
	8	61	13	4.0	5No. 5	61	12	4.0	6No. 5
	8	77	15	4.5	5No. 6	77	13	4.5	6No. 6
	8	95	16	5.0	6No. 6	95	15	5.0	6No. 6
	8	135	19	6.0	8No. 6	136	18	6.0	7No. 7
	10	182	22	7.0	8No. 7	184	20	7.0	9No. 7
	10	237	24	8.0	9No. 8	238	22	8.0	9No. 8
	12	297	26	9.0	10No. 8	299	24	9.0	9No. 9
	12	364	29	10.0	13No. 8	366	27	10.0	11No. 9
	14	435	32	11.0	12No. 9	440	29	11.0	11No. 10
	14	515	34	12.0	14No. 9	520	31	12.0	13No. 10
	16	600	36	13.0	17No. 9	606	33	13.0	15No. 10
	16	688	39	14.0	15No. 10	696	36	14.0	14No. 11
	18	784	41	15.0	17No. 10	793	38	15.0	16No. 11

① 容许荷载不包括基础自重，自重已从总的抗压承载力中扣除。标准：对于梁剪力为 $v_c=1.1\sqrt{f'_c}$，对于周边剪力为 $v_c=2\sqrt{f'_c}$，钢筋等级为40。

习题 16.3.A 设计一个14in（356mm）正方形柱的正方形基础，承受上部荷载为219kip（974kN）。最大土压力为3000psf（144kPa），混凝土设计强度为3ksi（20.7MPa）钢筋等级为40，屈服强度为40ksi（276MPa），容许应力为20ksi（138MPa）。

习题 16.3.B 除柱为18in（457mm），荷载为500kip（2224kN）和最大土压力为4000psf（192kPa）外，其他条件同习题16.3.A。

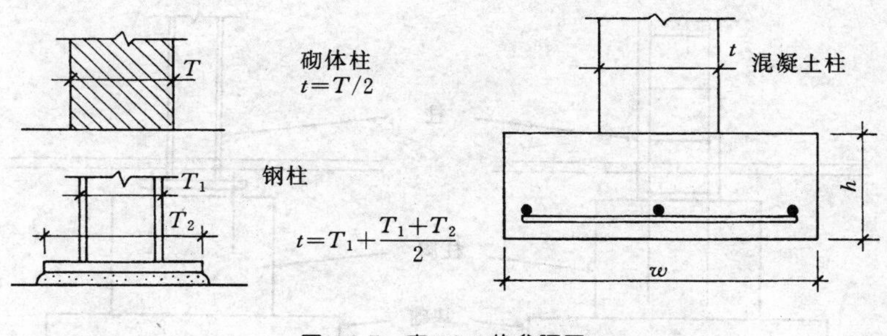

图 16.7 表 16.4 的参照图

16.4 柱脚

ACI 规范将高度不超过宽度 3 倍的短柱定义为柱脚（又称为墩）。柱脚经常用作柱和基础之间的过渡构件。图 16.8 表示的是在钢柱和钢筋混凝土柱中柱脚的使用。使用柱脚的主要原因如下所示：

(1) 传递基础顶部的荷载。这可以减小基础的直接压力强度或简单地容许使用较宽的柱得到更少配筋的更薄基础。

(2) 在基础必须埋入低于建筑物最低部分相当深的地方允许柱的终端在标高较高的位置。这一般对钢柱最有意义。

(3) 在基础厚度不能满足柱筋在基础中的锚固的地方，可以提供钢筋混凝土柱筋所需的锚固长度。

图 16.8 (*d*) 说明了第三个原因。参考表 15.1，可以看到大直径高等级的钢筋需要相当大的锚固长度。如果所需的最小基础没有足够的厚度满足锚固要求，使用柱脚是一个合理的解决办法。但是，当选择这种方法时也必须考虑其他方面的因素，在这种情况下，柱筋问题不是唯一的因素。

如果柱脚的高度相对于宽度非常小 [见图 16.8 (*e*)]，本质上，它可能起到具有很大剪应力和弯曲应力的柱基础的作用。如果柱脚宽度超过柱宽度的两倍，并且柱脚高度小于自身宽度的一半，可能出现这种情况。在这种情况下，柱脚必须按照普通柱基础的设计方法进行设计。

下面例题用来说明钢筋混凝土柱的柱脚的设计步骤。

【例题 16.3】 一 16in 的正方形箍筋柱，其 $f'_c=4\text{ksi}$，使用等级为 60 的 10 号钢筋 ($f_y=60\text{ksi}$)。柱的轴向荷载为 200kip，容许最大土压力为 4000psf。使用 $f'_c=3\text{ksi}$，等级为 40，$f_y=40\text{ksi}$ 的钢筋设计基础和柱脚。

解：对于近似所需的基础，参考表 16.4，查得结果如下：

8ft 正方形基础，22in 厚，每边上有 9 根 8 号钢筋；

基础上的容许荷载为 238kip；

柱设计宽度为 10in。

根据表 13.9，对于等级为 60 的 10 号钢筋，查得结果如下：

$$f'_c = 3\text{ksi}，L_d = 27.8\text{in}$$

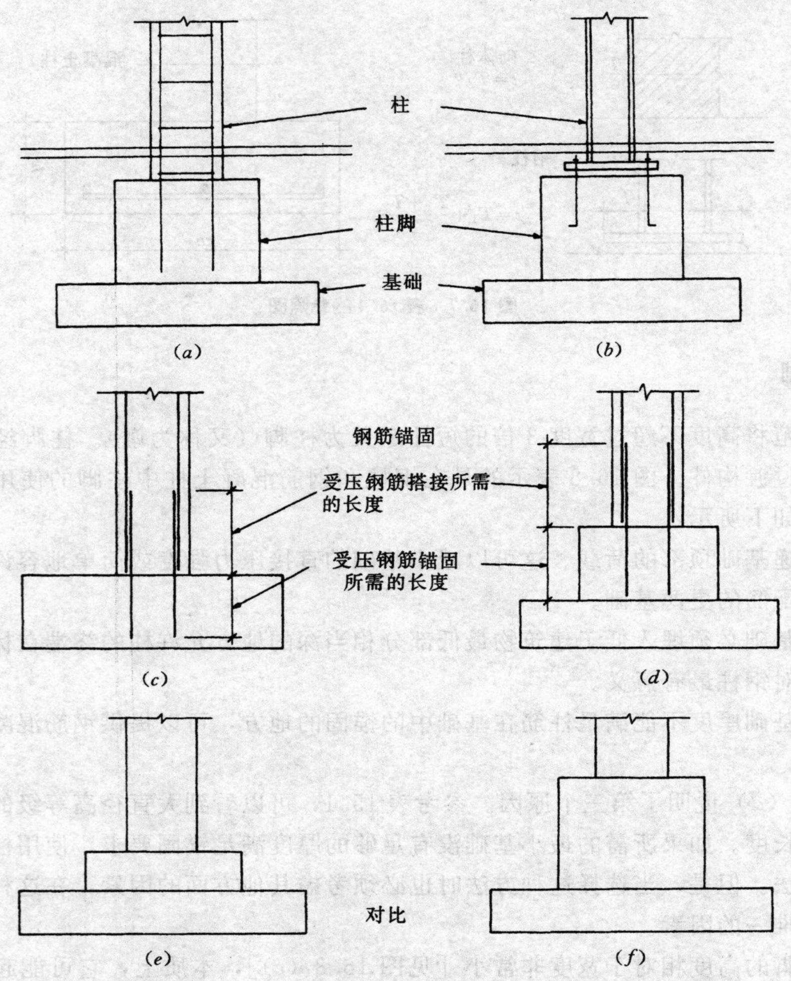

图 16.8 柱脚的用途

(*a*) 混凝土柱；(*b*) 钢柱；(*c*) 无柱脚基础；(*d*) 柱脚基础；(*e*) 短柱脚；(*f*) 长柱脚

根据这些查得的资料可知：

(1) 承受 200kip 荷载的 16in 正方形柱所需的最小基础比表中的数据略小一点。从而对柱筋的锚固不足。

(2) 如果使用柱脚，至少要有 28in 高以锚固柱筋。

(3) 当柱脚略宽于柱时，如果剪应力是基础厚度的关键设计因素，基础厚度可以另外减小。

在这种情况下，一种选择是简单地不考虑柱脚而把基础厚度增加到柱筋锚固所需的厚度。即从 20in 增加到 31in（必需的锚固长度 28in 加上 3in 的保护层）。因此，考虑一个 31in 厚的边长 7.5ft 正方形基础，可得

$$设计土压力 = \frac{200000}{7.5^2} = 3556\text{psf}$$

加上基础自重，总的土压力为

$$3556 + \frac{31}{12} \times 150 = 3944\text{psf}$$

这个值小于容许值 4000psf，因此基础宽度是足够的。

很明显，剪应力不是关键因素，于是继续确定所需的钢筋。图 16.9（a）表明了确定悬臂弯矩的原理，因此计算下列内容：

$$M = 3.556 \times 7.5 \times \frac{37}{12} \times \frac{37}{12} \times \frac{1}{2} = 127\text{kip} \cdot \text{ft}$$

和
$$A_s = \frac{M}{f_s jd} = \frac{127 \times 12}{20 \times 0.9 \times 27} = 3.14\text{in}^2$$

在第 14.6 节中讨论的正方形柱基础的最少钢筋为

$$A_s = 0.002A_g = 0.002 \times 90 \times 31 = 5.58\text{in}^2$$

在这种情况下，这个值是所需的钢筋面积。

一种可能的选择是 10 根 7 号钢筋，实际钢筋面积为 6.00in²。表 13.7 表明 37in 的突出部分对于 7 号钢筋的锚固是足够的。注意到这个值比表 16.4 给出的基础钢筋少得多。

如果选择使用柱脚，考虑图 16.9（b）所示的情况。28in 的高度是前面确定的柱筋最小锚固长度。如果其他原因需要，这个高度可以增加到 96in（宽度的 3 倍）。其中一个原因可能是在比较低的标高处有更好的承压土层。

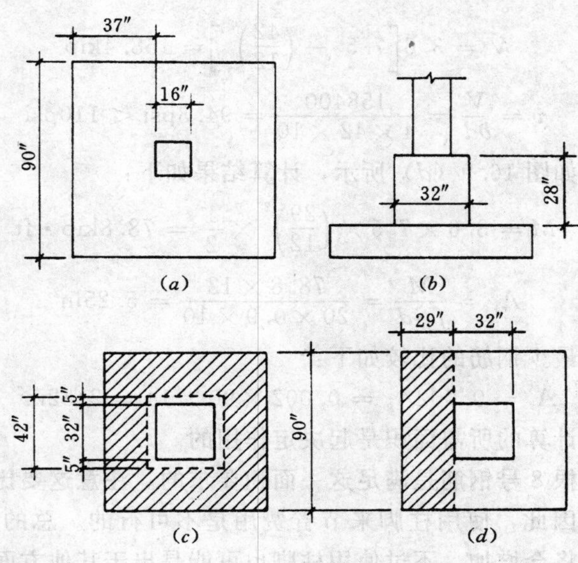

图 16.9　基础和柱脚的形式及荷载因素

柱对柱脚的直接承压是一个可能需要考虑的因素。如果把柱脚设计成无筋构件，ACI 规范允许的最大压应力为

$$f_p = 0.3f'_c\sqrt{\frac{A_2}{A_1}}$$

其中 A_1 为实际的承压面积（在此例中是 16in 正方形柱的面积），A_2 为柱脚的横截面

面积。$\sqrt{A_2/A_1}$的最大值为 2。

在此例中，即使直接支承应力的计算忽略柱筋锚固传递的部分荷载，也可以发现确定的容许应力超过直接支承应力的两倍。只有当用 f'_c 非常低的柱脚支承 f'_c 非常高的柱，并且柱脚宽度略大于柱宽时，这种情况才可能是关键的。但是，当柱脚支承钢柱时，该条件可能是确定柱脚宽度的依据。

考虑的另一种承压应力是基础上的柱脚。在这种情况下，使用前面所述的相同标准，最大容许压应力对于柱脚为 $0.3f'_c$ 或对于基础为 $0.6f'_c$ 当 $\sqrt{A_2/A_1}$取最大值时。在此例中，压应力也不是关键的。

如果柱脚高度大于它的宽度，建议最少的柱筋不小于 $A_s=0.005A_g$。这种情况至少要布置 4 根钢筋（每个角一根），及像普通箍筋柱的箍筋一样的一套闭合箍筋。对于短柱脚，这个要求不一定需要。

在宽柱脚中，如果根据剪应力选择最小厚度，那么基础厚度可以大大地减小。考虑周边剪应力，如图 16.9（*c*）所示，计算结果如下。对于此例，假设基础厚度为 14in，其有效高度为 10in。

$$\text{柱脚自重} = \frac{32 \times 32 \times 28}{1728} \times 150 = 2489\text{lb}$$

$$\text{设计土压力} = \frac{202489}{7.5^2} = 3600\text{psf 或 } 3.6\text{ksf}$$

$$V = 3.6\left[7.5^2 - \left(\frac{42}{12}\right)^2\right] = 158.4\text{kip}$$

$$v = \frac{V}{bd} = \frac{158400}{4 \times 42 \times 10} = 94.3\text{psi} < 110\text{psi}$$

考虑钢筋的根据如图 16.9（*d*）所示，计算结果如下：

$$M = 3.6 \times 7.5 \times \left(\frac{29}{12}\right)^2 \times \frac{1}{2} = 78.8\text{kip} \cdot \text{ft}$$

$$A_s = \frac{M}{f_s jd} = \frac{78.8 \times 12}{20 \times 0.9 \times 10} = 5.25\text{in}^2$$

这个值和所需的最少钢筋的比较如下：

$$A_s = 0.002A_g = 0.002 \times 90 \times 14 = 2.52\text{in}^2$$

因此，根据弯曲计算的所需面积是起决定作用的。

每个边上使用 7 根 8 号钢筋是满足这一面积要求的。注意这要比没有柱脚而加厚的基础所需钢筋多很多。因此，使用柱脚来节省费用是不可行的。总的混凝土用量会大大减少，但是成型的成本将会增加。不过使用柱脚也可能是出于其他方面的考虑。

<u>习题 16.4.A</u> 一 18in 的正方形箍筋柱，其 $f'_c=4$ksi（27.6MPa），使用等级为 60，$f_y=60$ksi（414MPa）的 11 号钢筋。柱的轴向荷载为 260kip，容许最大土压力为 3000psf（144kPa）。使用 $f'_c=3$ksi（20.7MPa），等级为 40 的钢筋［$f_y=40$ksi（276MPa）和 $f_s=20$ksi（138MPa）］。设计（1）无柱脚基础；（2）有柱脚基础。

<u>习题 16.4.B</u> 除柱为 24in（610mm）正方形柱，柱荷载为 400kip（1780kN）和容许最大土压力为 4000psf（192kPa）外，其他条件同习题 16.4.A。

第17章

砌体结构概述

目前许多砌体被看作新型结构中的饰面，或为非结构砌体或为有限的几种结构砌体。在使用砌体中必须处理的大部分内容是建筑结构的常见问题而不需考虑严格的结构设计。本章的讨论限于结构砌体最常见的使用和与建筑结构有关的基本设计内容。

17.1 砌块

砌体一般是单个砌块粘结而成的实心体。传统的粘结材料是砂浆。块材有很多种，常见的有如下几种：

(1) 石头。它们可以是天然形式（称为毛石或野外石），也可以切成所需要的形式。

(2) 砖。从未焙烧的干泥（砖坯）至耐火粘土（窑烧）制品。形式、颜色和结构性能改变非常大。

(3) 混凝土砌块（CMUs）。它们由一定类型的材料制成，形式多样。

(4) 粘土空心砖。它们是形式类似于混凝土砌块的空心块，在过去被广泛应用，现在由于许多功能上的原因通常更多地使用混凝土砌块。

(5) 石膏砌块。这些石膏混凝土预制块主要用于非结构隔墙。

砌体潜在的结构性能主要取决于砌块的材料和形式。从材料的观点看，高耐火粘土制品（砖和瓦）是最强的，一般合适的砂浆、好的砌块布置和好的施工可以形成很强的结构。如果砌体结构是传统的无筋砌体，这点也是特别重要的。尽管目前一些连接钢筋在所有结构砌体中是非常典型的，但是配筋砌体这个术语仅指使用主要的竖向和水平钢筋的砌体结构，与钢筋混凝土结构非常类似。

相对粗糙的形式（使用毛石或风干砖坯制成的天然粗糙结构）和使用工业生产构件的高度控制形式的两种无筋砌体一直被广泛地使用。但是，当建筑规范被完善且严格地执行时，如在强风或强地震区，无筋砌体的使用受到了限制。这形成了使用的区域划分。例如有筋砌体一般主要应用在美国的南部和西部地区，而无筋砌体广泛地应用在东部和中西部。

对于有筋砌体，砌块对建筑结构整体性只起一些次要作用。这将在第 17.4 节中更彻底地讨论。

17.2 砂浆

砂浆一般由水、水泥和沙组成，添加的其他材料一般可使得砂浆在施工期间凝固更快(以便砌筑砌体时砂浆粘结在砌块上)、和易性更好。建筑规范对砂浆提出了各种要求，包括砂浆的等级和施工期间的使用细节。很显然，砂浆自身作为结构材料和把砌块粘结在一起的粘结剂，其质量对于结构的整体性是很重要的。即使砌块的整体性主要取决于制造者，但是最终砂浆工作的质量主要取决于砌筑砌块的施工人员的技术。

规范规定了主要的结构功能（承重墙、剪力墙等）所需的较高等级的几类砂浆，详细说明了材料和根据试验确定的所需特性，然而制造优质砂浆主要是取决于施工人员的技术。随着施工人员的整体水平逐渐下降，这一依赖性日益重要。

17.3 基本结构的考虑因素

图 17.1 展示了一些常见的砌体结构构件。图中的术语和构造主要适用于砖或混凝土砌块结构。

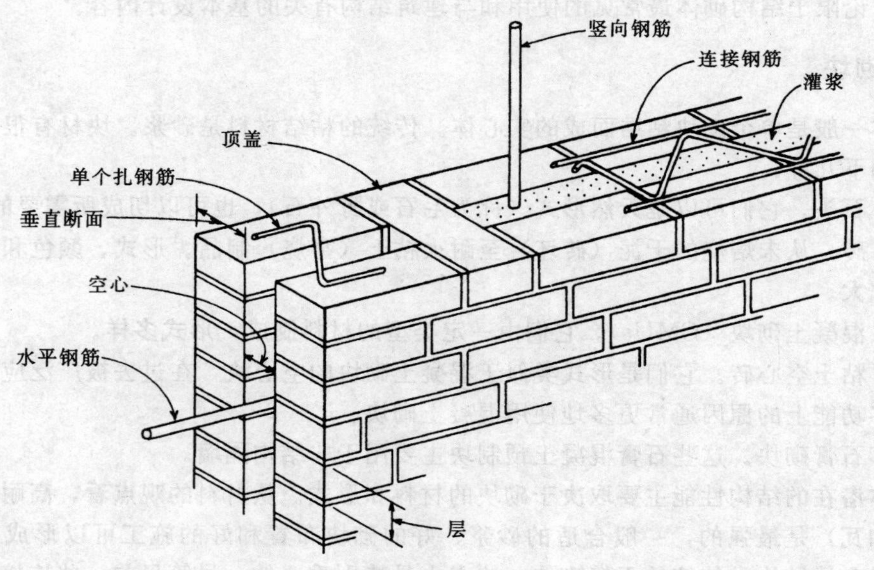

图 17.1 结构砌体的结构构件

堆砌的砌块，水平列称为层，竖向平面称为垂直断面。非常厚的墙可能有好几个垂直断面，但是大多数砖墙有两个垂直断面，混凝土砌块墙只有一个垂直断面。如果断面直接连接在一起，这种结构称为实体。如果垂直断面之间留有空隙，如图中所示，这种墙被称为空心墙。如果空心填上混凝土，那么这种墙称为灌浆空心墙。

多垂直断面墙必须通过一些方式将独立的垂直断面粘结在一起。如果使用砌块连接，重叠砌块称为丁头砖。在传统砌体结构中，丁头砖的不同形式产生了一些砖的典型布置形式。对于空心墙，经常使用金属板条进行连接，相隔一定距离使用一个板条或使用能提供垂直断面连接和一些最小的水平加强的连续钢丝束构件。

目前，图 17.1 标有连接钢筋的构件一般用于被规范划分为无筋砌体的砖和混凝土砌块结构。对于有筋砌体，钢筋采用钢棒（与钢筋混凝土所用的钢筋一样），在水平和竖直方向相隔一定距离布置并且埋入浇筑混凝土的空心中。

17.4　结构砌体

用于结构的砌体包括用作承重墙、剪力墙、挡土墙和各种类型跨越墙的砌体。下列砌体形式最常用于这些结构目的：

（1）实心砖砌体。这种是无筋砌体，通常具有两个或更多的垂直断面，垂直断面直接连接（无空心）在一起并且整体是一个由砖和砂浆组成的实心块。如果砖和砂浆具有相当好的质量，那么这是一种最强的无筋砌体形式。

（2）灌浆砖砌体。这种墙一般有两个垂直截面并且在空心中全部用少灰混凝土（灌浆）填满。若不配筋，通常使用连续的连接钢筋（见图 17.1）。若配筋，钢筋放置在空心中。对于配筋墙，强度主要来源于两个方向上的钢筋和空心中的填充混凝土，因此，即使使用的是相对较差质量的砖和砂浆，也可得到相当大的强度。

（3）无筋混凝土砌块砌体。这通常是图 17.2（*a*）所示的单个垂直断面形式。尽管轻质混凝土薄砌块也用于不重要的结构，但砌块的面和横截面部分一般非常厚。尽管可以在空心中放置钢筋和灌浆，但这并不是一般用于配筋结构的砌块形式。建筑物的结构整体性基本上来源于砌块强度和砂浆质量。交错的竖向连接可用于提高砌块的粘结。

（4）有筋混凝土砌块砌体。通常使用图 17.2（*b*）所示的砌块形式制成。这种砌块有相对较大的单个竖向空心，所以可以填充竖向空心使之成为小的钢筋混凝土柱。水平钢筋放在图 17.2（*c*）、（*d*）所示的被改进的砌块中。图 17.2（*d*）所示的砌块也用于在洞口上形成过梁。

建筑规范和行业标准对所有这些类型的砌体提出了不同的要求。气候和关键设计荷载的区域性导致了这些要求存在着一些差异。对于具体的建筑位置，设计人员应该注意确定特殊的规范要求和一般的施工实践。

用作结构且最终表面是砌块的墙可能具有不同的形式。尽管暴露的表面在建筑上可能使用各种方式处理，但是所有的墙都可以使用结构砌块作为它的最终墙面。对于砖墙，暴露在外面的单一砖面可以进行特殊的处理（如粉刷、上釉等），也可以严格地出于结构目的使用砌体并用其他材料（灰泥或瓷砖）装饰墙面。

砌体的另外一个用途是在结构墙表面提供饰面。饰面砌块可以仅是一单个垂直断面粘结在其他砌体结构上，或是只和单独结构连接的非结构饰面板。对于饰面墙，构件本质上的分离使得结构墙可能不同于砌块墙。实际上，很多砖墙被连接于木或钢支柱结构墙上的单垂直断面的砖饰面，它们仍然是结构墙，而不是砌块墙。

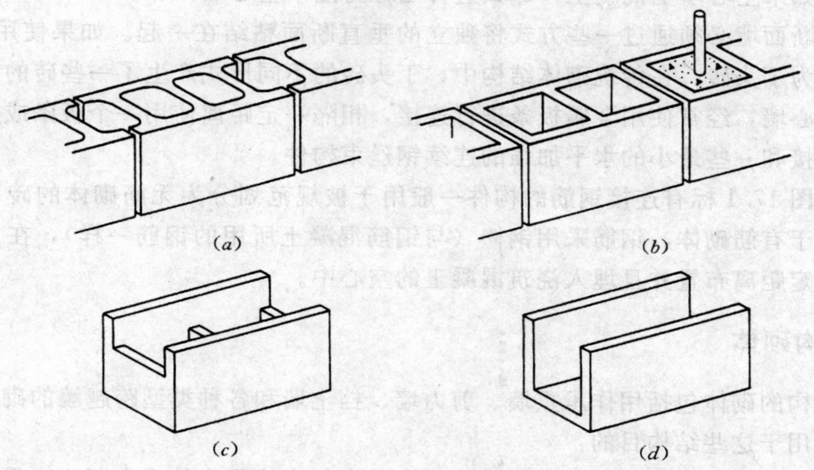

图 17.2 混凝土砌块结构

最后，看似为砌体墙可能根本不是砌体，而是胶结在结构墙面上的薄瓷砖面。现在，全部的“砖”建筑被制造成这种结构。

一般设计内容

因为砌体结构用于结构功能，所以设计人员必须考虑一些与建筑物的结构设计、适当的细节和规范有关的因素。下面讨论一些通常必须考虑的因素。

(1) 砌块。我们必须确定砌块的材料、形式和具体尺寸。规范分类存在必须定义具体的类型或等级。砌块的类型与等级同使用条件一样一般对所需的砂浆类型有要求。

虽然设计人员可以设置砌块尺寸，但是工业制品（如砖和混凝土块）的尺寸经常被工业标准操作规程所控制。如图 17.3 (*a*) 所示，砖的三个尺寸是外露面的高度、长度以及产生单垂直断面厚度的宽度。虽然不存在标准尺寸砖，但是大多数都接近图中所示的尺寸范围。

混凝土砌块按模数尺寸生产。图 17.3 (*b*) 所示的砌块尺寸等同于木材中的尺寸

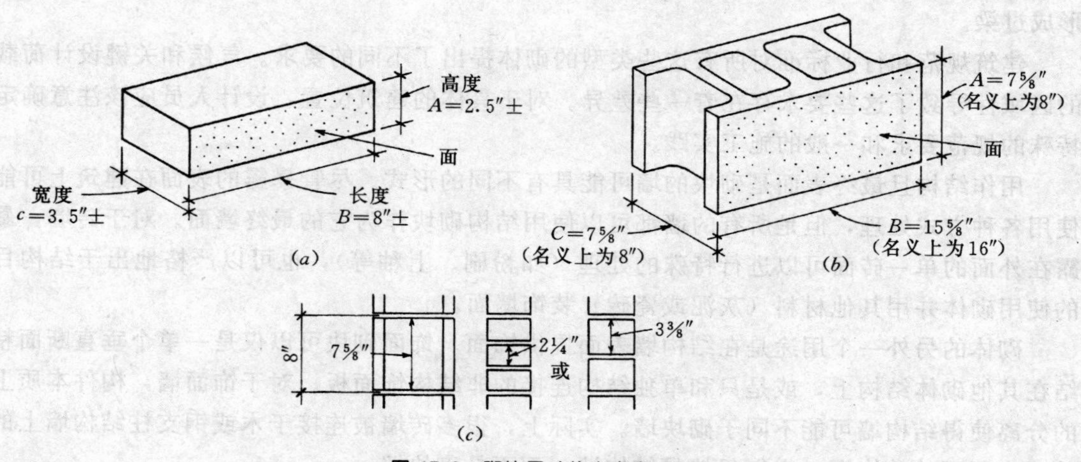

图 17.3 砌块尺寸的考虑事项

2×4——不仅仅是尺寸还是最常见的形式。混凝土砌块的尺寸有名义尺寸和实际尺寸。名义尺寸用于标定混凝土块，与建筑尺寸的模数布置有关。实际尺寸基于砂浆连接厚度为1/4～1/2in 这一假设［图 17.3（*b*）所示的尺寸可反映出使用的连接厚度为 3/8in］。

经常在无筋砌体中使用的结构是粘结在单垂直断面混凝土砌块上的单垂直断面的砖砌体，如图 17.3（*c*）所示。为了安装在影响粘结的水平连接上的金属板条，同时也为了使得砖和砌块在墙的顶部平齐，有时要使用特殊高度的砖，通常两块或三块砖的高度等于一个砌块高度。

因为运输大量的砖和混凝土砌块很困难且费用较高，所以建筑物中使用的砌块通常是在当地可以获得的。虽然存在行业标准，但是设计人员还是应当分析当地制品的类型。

（2）砌块布置形式。当砌块暴露在视野中时，可以看到砌块的面和砌块的布置形式。如果是砌块粘结结构，形式由砌块的形状和砌块粘结的需要决定。出于这些方面的考虑，形成了一些经典形式，但现在广泛使用的其他建筑形式使得砌块形式更自由。然而，顺砖砌合和英式砌合（丁砖层与顺砖层交错）等这些经典形式仍被广泛使用。

形式也有一些结构含义，实际上，砌块粘结的需要起初就是这种考虑。对于混凝土砌块的配筋结构，主要的限制是需要把空隙的水平布置调整在一条直线上以方便水平钢筋的安装。但是一般来说，布置形式作为一个结构问题对无筋砌体更重要。

（3）结构功能。实质上具有非结构特性的砌体墙和具有主要和多重结构作用的砌体墙是不同的。砌块类型、砂浆等级、钢筋的数量和细节等可能取决于结构需要的程度。墙厚可能和应力水平和建筑上考虑的事项有关。牛腿、壁柱、竖向的锥形或阶梯形的形式或其他的变化形式可能与力的传递、墙的稳定或其他的结构因素有关。

（4）加强件。在广义上，加强件是指用来提供帮助的所有构件。因此结构加强件包括使用的壁柱、扶壁、锥形形式及钢筋这样的其他设置。加强件一般被分散或设置在关键位置，例如墙的端部、顶部、洞口边缘和集中荷载位置。变化的形式和钢筋用于无筋砌体和技术上称为配筋砌体的结构中。

（5）伸缩缝。砂浆的收缩、温度的变化，以及地震作用或基础沉降产生的移动都是砌体开裂破坏的原因。我们可以使用加强件把应力集中和开裂控制在一定的程度以内。但是，也可以设置一些伸缩缝（精确地说是预设缝）以减轻这些影响。伸缩缝的设计和说明是一个非常复杂的问题，必须把它作为结构和建筑问题认真地进行分析。规范要求、行业建议和当地通常的施工实践对这一工作提供了指导。

（6）连接构件。砌体结构的连接构件和混凝土结构的有些类似。被连接构件的性质和准确位置是可以预先确定的，通常最好是设置内置装置，例如锚栓或螺纹套筒。因为结构精度是有限的，所以设计人员必须调整这些连接。连接也可使用钻孔锚栓或粘合剂。虽然要考虑连接点处砌体的准确特性，但是这些方法受准确位置的限制较少。这主要是一个能够使全部建筑结构可视化和使结构成为整体建筑的问题。因为钉子、螺钉和焊缝不可能像在木结构和钢结构中那样直接简单地使用，所以这对砌体更重要一点。

17.5　过梁

过梁是在砌体结构墙洞口上面的梁（在框架结构中称为横梁）。对结构砌体墙，过梁上的荷载一般假设为在45°等腰三角形上出现的砌体重量，如图17.4（*a*）所示。假设墙的起拱或悬挑作用承受洞口上方的余下的墙，如图17.4（*b*）所示。但是，很多情况要修正这个假设。

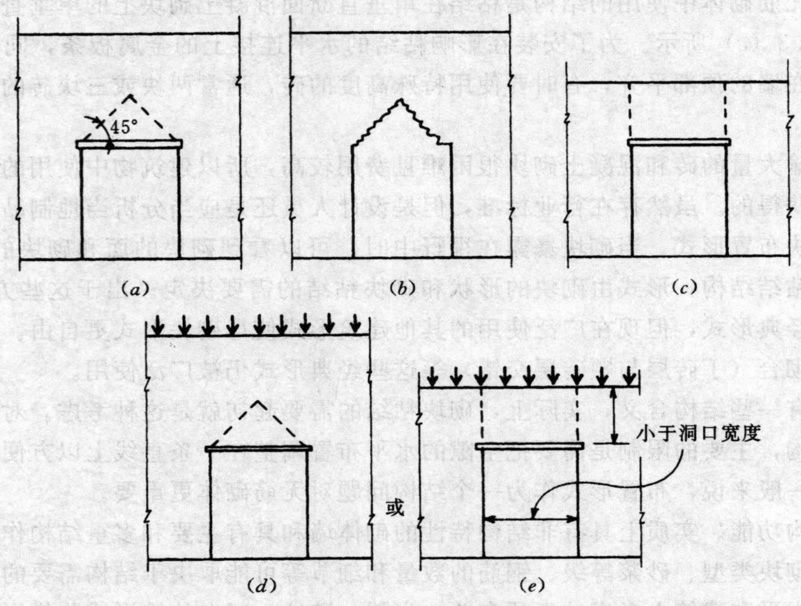

图17.4 砌体墙中过梁的荷载情况

如果洞口上方的墙高相对于洞口宽度较小［见图17.4（*c*）］，最好将上方全部的墙重进行设计。当墙上有荷载作用时，虽然应该考虑荷载位置和墙的高度，但也建议这样做。如果荷载距洞口具有相当大的长度并且洞口较窄，过梁可以只按墙重的普通三角形荷载进行设计，如图17.4（*d*）所示。但是如果荷载到过梁的距离较短［见图17.4（*e*）］，过梁应该按施加的全部荷载进行设计。

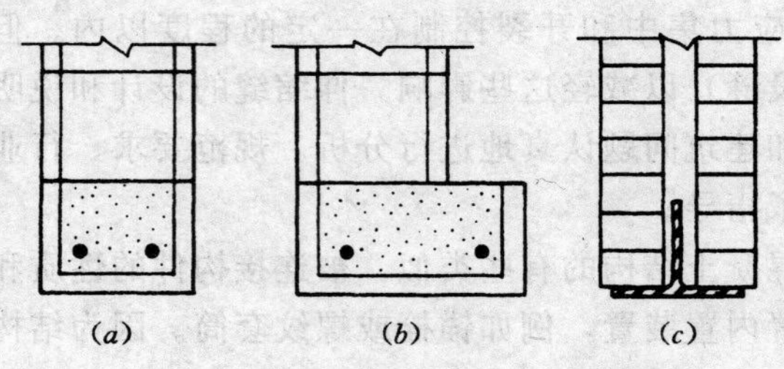

图17.5 过梁的典型构造

过梁可以使用各种方法制成。在过去，过梁是由大块的琢石制成的。现在在一些情况下，过梁是由预制或现浇在墙中的钢筋混凝土制成的。对于配筋砌体结构，当结构是空心混凝土砌块时，有时过梁是由图17.5（*a*）所示的U形砌块制成的配筋砌体梁。对于较大的荷载，可以通过加厚墙体增加过梁尺寸，如图17.5（*b*）所示。

对于无筋砌体墙，过梁一般是使用轧制钢截面。适合两垂直断面砖墙的一种形式是图17.5（*c*）所示的倒T字形截面。当荷载或建筑细部不同时，也可使用单角钢、双角钢和各种组合截面。

第 18 章

结构砌体的设计

用于结构的砌体结构，要全面地考虑其结构的质量和合理性，如第 17 章所述。另外，如果砌体暴露在外面（通常如此），砌块面、连接灰缝和砌块布置形式会成为建筑设计所关心的内容。除了这些之外，当需要发挥主要结构作用时，结构必须执行其结构作用。本章介绍不同形式结构砌体的设计考虑因素。第六部分给出了一些设计实例。

18.1 无筋结构砌体

很多无筋砌体结构已经存在了几百年，并且这种结构形式一直被广泛地应用。尽管这种形式在多地震区一般不被重视，但是这在规范定义的限制内仍然为大多数建筑规范所批准使用。有了好的设计和优质施工，按照现行标准建造的结构有可能更安全。

如果砌体是无钢筋的，建筑的特点和结构整体性则主要取决于砌体工程的构造和质量。砌块的强度和形式、砌块布置、砂浆的总体质量及整个建筑的形式和构造都是非常重要的。因此，对设计、记录技术说明、绘制结构详图和施工期间认真检查的重视程度必须足以保证好的最终建筑。

无筋砌体只有有限的几种结构应用，并且普通构件设计的结构计算一般是非常简单的。设计数据和一般方法从一个地区到另外一个地区变化很大，取决于当地的材料、施工实践和建筑规范的不同要求。在很多情况下，不满足结构分析的建筑形式是完全允许的，这是因为它们已经在当地成功地使用了很多年——反对它们是一件很难的事。以下讨论的是无筋砌体结构设计的一些主要考虑因素。

1. 最小构造

和在其他形式的结构中一样，构造的最小形式要满足各种常见要求。行业标准形成了一些制品的统一标准和分类，这一般反映在建筑规范的定义和要求中。结构用途一般和砌块特定的最小等级、砂浆、施工实践和一些情况下对钢筋或其他加强件的需要联系在一起。在大多情况下，这产生了满足很多普通功能的最小基本结构形式，事实上，这通常是规范的目的。因此，很多情况下，不重要的建筑不进行结构计算，只是简单地根据规范规定的最小要求进行建造。

2. 砌体设计强度

同混凝土一样，砌体的基本强度是用它的抗压强度度量的。这是由特定抗压强度形式确定的，用 f'_m 表示。f'_m 值一般是根据砌块强度和砂浆等级从规范中获得的。

3. 容许应力

容许应力值对有些情况是被指定的（如拉力和剪力），或根据包括变量 f'_m 的规范公式确定的。对于任何情况一般都有两个给定值：当进行特殊检查时使用的值（这是被规范指定的）和当不是特殊检查时使用的值。对于较小的建筑项目，通常希望取消特殊检查的需要。对于没有完全灌浆的空心砌块结构，应力计算基于砌块的净横截面。

4. 避免拉力

即使规范一般允许有一些较低的弯曲拉应力值，但是很多设计人员宁愿避免无筋砌体中的拉力。关于砂浆的一个古老的工程定义是“用于保持砌块分离的材料”，这是对砂浆粘结作用缺乏信心的一种反映。

5. 加强或增强

砌体结构的强度可通过各种方法提高，包括如形成配筋砌体那样插入钢筋。另外一种加强形式是通过形式变化实现的，例子如图 18.1 所示。墙端部的拐角［见图 18.1（*a*）］可以增加结构非连续边的稳定性和强度。壁柱［一种放大的壁柱形式，见图 18.1（*b*）］也可用来加强墙端或增加墙某一中断点处的支撑或集中强度。当墙厚不是最小时，一般使用壁柱可以承受较大的集中荷载。平面上呈曲线形的墙［见图 18.1（*c*）］是另外一种提

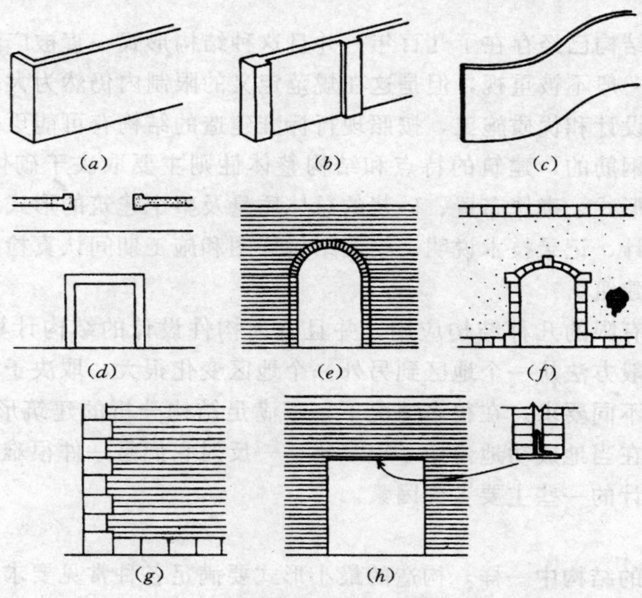

图 18.1 砌体结构的加强方法

高墙稳定性的方式。

建筑物的拐角和门窗开口是其他一些经常需要加强的位置。图 18.1（*d*）所示的是在门开口周围使用放大墙的情况。如果开口的顶部是拱形的，被增大的边可能作为一个拱连续跨过开口，如图 18.1（*e*）所示，或者使用更强的材料形成边和拱的加强，如图 18.1（*f*）所示。古建筑中经常通过使用大的琢石制成拐角来进行加强，如图 18.1（*g*）所示。

即使形式的变化或砌块的改变可产生跨越开口的作用，但是实现这种形式的最一般方法，特别是对于平直横跨，是使用钢过梁，如图 18.1（*h*）所示。

18.2　配筋砌体：总则

在这里使用的配筋砌体指的是按建筑规范定义明确划分的一种砌体结构。这个定义实质上是假设钢筋承受拉应力而砌体不承受拉应力。这使得这个设计和钢筋混凝土的设计基本类似，实际上目前配筋砌体的资料和设计方法与混凝土结构大体上相似。

1. 配筋砖砌体

配筋砖砌体通常是图 17.1 所示的结构类型。图中所示的墙是由中间空心的两个垂直断面的砖组成的。空心用灌浆全部填满，于是结构成为灌浆砌体，规范对此规定了各种要求。其中一个是对垂直断面连接的要求，可以使用砌块连接，但最多的是使用图 17.1 所示的钢丝网连接钢筋。在基本结构的空心灌浆中增加竖向和水平钢筋，形成的结构称为配筋灌浆砌体。

配筋砖砌体墙的一般要求和设计方法与混凝土墙类似。其中包括在竖向压力、弯矩和剪力墙等不同结构作用下的最小钢筋和应力极限。实际上其结构分析和下节所述的空心砌块砌体墙类似。

尽管存在钢筋，但是图 17.1 所示的结构类型实际上仍是砌体结构，这主要取决于砌体本身的质量和结构整体性，一般来说，特别是砌筑砌块的技能与管理和对施工过程的处理。配筋空心结构的灌浆本身经常被认为是由一个非常薄的钢筋混凝土墙板组成的第三个垂直断面。用空心垂直断面代替的结构加强件是相当大的，但是结构的主要体积基本上还是实心砖砌体。

2. 配筋空心砌块砌体

这类结构大多数都是图 17.2（*c*）和（*d*）所示的单垂直断面的成型墙。空心在竖向上成一条直线于是在砌体中形成小的钢筋混凝土柱。在一些间距内，水平层也被用于形成钢筋混凝土构件。因此竖向和水平混凝土构件的交叉在墙内组成了一个刚性框架（见图 18.2）。此钢筋混凝土框架是建筑的主要结构组成部分。除形成框架之外，混凝土砌块也起到支撑框架、对钢筋提供保护和在刚性框架组合作用中相互影响的作用。不过建筑的结构特性主要来自于在墙空心中形成的混凝土框架。

规范规定的钢筋最大中心间距为 48in，因此墙内混凝土构件的最大竖向和水平间距为 48in。对于 16in 长的砌块，这意味着每隔 5 个竖向空心就要灌浆。对一净截面近似为 59％的砌块（半实、半空），这意味着最小的结构大约是实心砌体的平均数 60％。因此如果根据墙净截面计算，可认为墙一般是实心砌体的最小值 60％。

如果所有空心都灌浆，整个结构就是实心的。挡土墙和地下室墙等结构一般需要这样

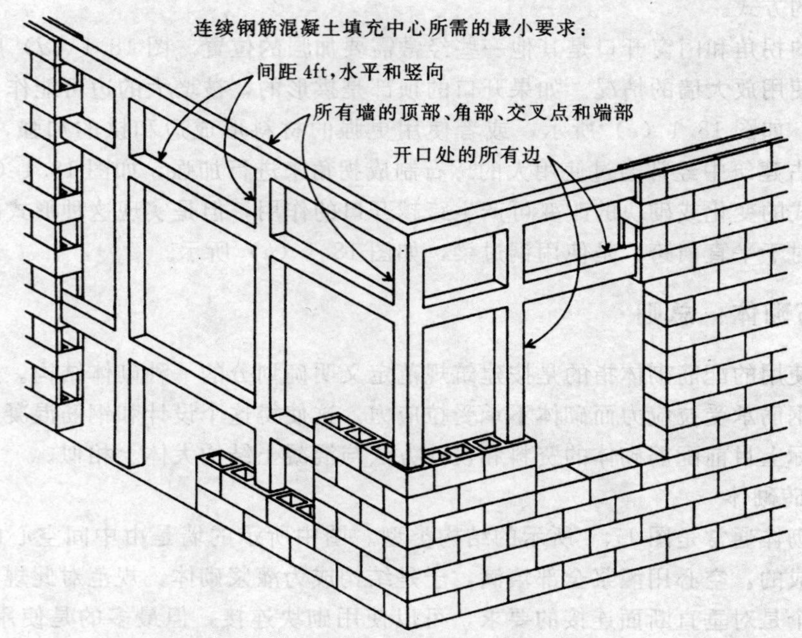

图 18.2 配筋砌块砌体结构中的内部钢筋混凝土刚性框架的形式

做，但也可以为降低应力水平而只增加墙截面。最终，如果在所有竖向空心中都放入钢筋（而不是每隔 5 个），含有钢筋混凝土的结构会有很大的增加，竖向抗压承载力和侧向抗弯承载力也都会有很大的提高。重型受荷剪力墙就是使用这种方式制成的。

对于剪力墙作用，规范定义了两种情况：一是配有最少钢筋的墙，在这种墙中，假设剪力由砌体承担；二是钢筋承受所有剪力的墙。即使第二种情况中钢筋被设计成承受所有剪力，容许剪应力也是对应两种情况给出的。

18.3 砌体柱

砌体柱可能有很多种形式，最常用的是简单的方形或长方形截面。柱的广义定义是横截面的一边不小于另外一边 1/3，并且高度等于或大于横向尺寸 3 倍的构件（见混凝土结构受压构件类型的定义，这已在第 15.3 节中论述和图 15.12 中说明，定义标准和砌体相似）。

结构柱的最常见的三种结构形式如下所示（见图 18.3）：

（1）无筋砌体。该砌体可以由砖［见图 18.3（*a*）］、混凝土砌块［见图 18.3（*b*）］或石块［见图 18.3（*c*）］组成，并且一般限于柱脚形式——也就是说非常粗大。细长柱或需要承受较大弯曲或剪切的柱，应予以加强。

（2）配筋砌体。该砌体可以是任意被普遍接受的配筋结构，但是主要是全灌浆配筋砖结构或全填充的混凝土砌体结构［见图 18.3（*a*）、（*b*）和图 18.3（*d*）］。用混凝土砌块作外壳成型的大型柱更可能属于下一种结构类型。

（3）砌体面混凝土。实际上是具有砌体外壳的配筋柱。外壳可以胶合（适用于混凝土被浇筑以后）或砌筑起来以形成浇筑混凝土。后一种情况下，可认为是一种组合结构，但

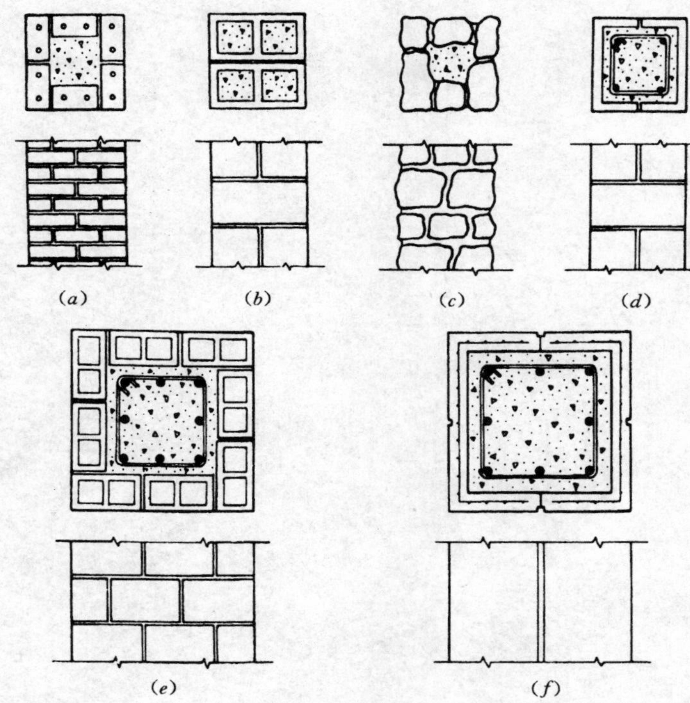

图 18.3　砌体柱的形式

(a) 无筋混凝土填充的砖或小空心混凝土砌块外壳；(b) 有或无填充核或钢筋的混凝土砌块；(c) 全灌浆石柱；(d) 混凝土砌块形成的小的现浇混凝土柱；(e) 混凝土砌块墙/外壳中的大型现浇混凝土柱；(f) 预制混凝土砌块形成的现浇混凝土柱（d 的大尺寸形式）

是其设计比较保守，忽略了砌体面的承载能力。如果作为钢筋混凝土柱设计，钢筋必须被约束起来以防止其屈曲。

无筋结构的短柱一般是使用适当的极限压应力设计成仅承压的构件，其容许承压应力一般较高，通常不按照局部承压设计，除非是接触承压面面积非常接近于柱的毛截面面积。

砌体柱也经常用作壁柱（也就是说，柱和墙被整体地建造）。这些柱可能具有不同的截面形式。壁柱一般具有多重作用——加强承受集中荷载、过大弯矩或较大跨度的墙和支撑墙以减小其长细比。

壁柱通常作为独立柱设计，除非有墙提供支撑。在一些情况下，这可以减小填充柱间所需墙的功能。

壁柱可用于加强墙的端部或大开口边缘。在具有较大倾覆的位置，剪力墙的弦可以作为壁柱使用。

第五部分

强度设计

这部分简要论述了结构的极限强度性能理论及目前实际的应用。当用于设计工作时，称为强度法。这包括调整荷载和表示结构构件抵抗力的修正系数的使用，从而也称为荷载和抗力系数设计。

第19章 强度设计法

同任一设计方法论一样，一些常用的关系及许多处理各材料和系统的特别的考虑对该方法是常见的。本章论述了一些运用强度法时的普遍的注意事项。第 20 章提出了对钢筋混凝土设计应用的一些研究，第 21 章提出了钢结构设计中考虑塑性应力范围性能的应用。

19.1 强度法和应力法

传统的结构设计主要由现在称作应力设计的方法组成。根据结构的性能，这一方法使用两个基本的关注点：可承受的应力水平和可承受的变形（弯曲、拉伸等）程度的极限。研究在描述为使用荷载（即由结构的用途确定的荷载）的荷载水平下这些极限性能的显现。这一方法也称为工作应力法或容许应力法，可承受的变形称为容许挠度、容许拉伸等。

根据广泛的实验室测试结果、对结构破坏的分析和对真实结构实际性能的简单观察，已经确定了应力法的应力和变形的极限。设计者和建筑者的多年实践经验已使这一方法的应用更为有效。

本书第 5～18 章列出的大部分内容说明了应力法的应用，这一方法的成功应用已出现在世界上目前正在使用中的大部分建筑工程结构中。

强度法的基本设计过程由下述步骤组成：

(1) 确定结构的使用荷载。确定各荷载（如恒载、活载、风载等），然后为设计应用逻辑组将其组合。通过求出关键的荷载组合即各荷载乘以调整安全度的荷载系数为设计确定一个总的荷载条件。这一设计荷载称为计算荷载。

(2) 想象结构的受力形式（如弯曲、剪切、压曲等）并确定其破坏极限。此极限抗力值（力、弯矩等）用一称为抗力系数的降低系数来修正。

(3) 为分析提议的设计，将计算荷载与修正的设计抗力作比较。为形成设计，用计算荷载作为目标来得到具有必需的修正抗力的结构。

在概念上，应力法就是使结构在荷载作用下正常工作的方法。另一方面，强度法本质上由设计结构破坏组成，但是是在超过其使用所能真正想象的荷载水平下破坏。习惯于选择强度法的一个主要原因是确定结构的破坏极限相对容易（即可靠），可简单地加载至破坏。另外，理想的工作条件的真正构成是非常好推测的，尤其是按照假定的应力。

尽管陈旧，应力法却是较容易理解的且通常较好地用作扩展研究破坏模态和破坏机制的基础。对其应用还有许多捷径技巧和广泛收集的设计资料，这对快速求解初步设计的工作常常是有用的。然而对于专业的设计实践，许多可利用的计算机辅助设计几乎专门地使用了目前制定规章的规范和标准所支持的强度法。

19.2 计算荷载

建筑结构上的荷载源于不同来源，主要是重力、风和地震。对于研究或设计，荷载必须确定并且量化，然后——对强度法——乘以系数。还必须以统计上所有可能的荷载组合方式，这样一般能为设计分析形成多个荷载条件。

确定关键荷载组合和每个组合荷载分量的合适系数是一个非常复杂的过程。建筑规范的每个版本都为这一工作提出了大量更为复杂的考虑。对设计者来说这是一次挑战但对CAD软件的编写者却并非如此，现在这一软件的应用几乎全部由规范编写者承担。这一软件的大部分指导原则本质上是简单的，但其应用引起如此多的特殊考虑以至试图囊括所有的可能性。例如有如下一些特殊考虑：

(1) 对于只有恒载和侧向荷载（例如风或地震）的组合，尽管活载也是可能存在的，但剪力墙的稳定是关键的。

(2) 对于持久荷载只有永久恒载的，木材中的长期应力和应变或混凝土的徐变通常是关键的。

(3) 实际上雪荷载对一些情况（例如倾覆）可能是稳定力，或可能因允许雪移动或其他集中积聚的屋顶构造而被放大。

最后，良好的工程判定必须有效，尽管规范编写者不断努力以说明性要求的形式合并此判定。

虽然所描述的几种荷载条件可应用于给定结构，但对任一给定的分析通常将出现单个荷载。而当必须对个别结构如单个梁作几种独立的分析时，对每一个分析来说不同的荷载条件可能是关键的。从而对于一个梁来说，一个荷载可能对挠度是关键的，而另一个则可能是对最大弯曲效应是关键的，第三个对最大剪力是关键的，再一个是对支承处的关键支承应力是关键的。

将上述的扩展为一个复杂的结构装配情形，如在每一单个构件中必须单独分析的桁架或多层刚框架，则分析总数是令人吃惊的。而且，若结构高度静不定（如多层刚框架），每一个分析本身可能都很广泛，整体分析使得应用某些CAD软件成为一个事实。

19.3　抗力系数

将荷载乘以一个系数（修正荷载）是结构设计中控制安全度的一种调整形式。它是强度设计中值得高度注意的一部分，而事实上也是应力设计的一部分。强度设计中第二个重要的调整是单个结构抗力系数的使用。

使用抗力系数可以考虑除结构荷载效应以外的特殊的结构作用。这样就能对弯曲、剪切、轴压等不同的效应作出调整。需要考虑的事项涉及结构作用本身、构件的特殊材料和形式（热轧型钢和钢筋混凝土梁及视作实体的木材截面），且可能涉及日常加工和建造过程的可能精度。

抗力系数具体应用的实例在第 20 章钢筋混凝土结构强度设计的分析中给出。

对设计者和规范编写者，计算荷载和抗力系数间存在相互影响，必须以某种方式组合来与设计成果的真实安全性相关联。对强度设计来说这可能看起来更复杂，但却总是应力设计的一部分，在此设计中荷载组合、荷载系数和容许应力设计过程都可作调整。

19.4　设计方法的发展

应力法中设计程序的应用往往比强度法中的更简单更直观。例如，梁的设计可能总共就少数几个应力或应变方程的简单反演算来推导一些所需的特性（例如截面弯曲模量、剪切面积、弯曲惯性矩等）。强度法的应用往往更难懂，因为描述破坏条件的数学表达式比经典弹性法的精炼形式更复杂。

而随着强度法的日益使用，将出现相同类型的捷径，近似和经验方法将减轻设计者的工作。当然，计算机与设计者经验的结合使用将容许设计者轻松地处理极复杂的公式和大量的数据——始终充满希望地使其一些真实性保持完全。

应力法或强度法的争论本质上是理论上的。应力法的一个优点可能是更密切地联合了结构使用中的工作条件。另一方面，强度设计通过集中于破坏模态和机理而对真实的安全有更为紧密的控制。而成功的结构设计者需要有两种思想形式，并将通过设计工作发展他在工作中所使用的任一种方法。

第20章

钢筋混凝土结构的强度设计

早在30多年前，钢筋混凝土结构的强度设计就已成功地被应用。它第一次作为一种可供选择的设计方法以规范形式出现是在1963年版的ACI规范中。目前的ACI规范主要考虑强度设计法，对在规范简洁的附录中列出的工作应力法有象征性地承认。本章提出了一些对适用梁和柱强度法的基本讨论。

20.1 强度法的一般应用

工作应力法的应用包含了设计构件在实际的使用荷载条件下以充分的方式（不超过确定的应力极限）工作。强度设计法的基本程序是设计构件破坏，从而构件破坏时的极限强度（称为设计强度）是所考虑的唯一一种抗力。强度法的基本过程由确定计算设计荷载并将其与结构构件的计算抗力作比较组成。

ACI规范提供了设计必须考虑的各种荷载组合。在这些荷载等式中各种荷载都给出了一个单独系数。例如，只考虑恒载和活载，计算设计荷载U的等式为

$$U = 1.4D + 1.7L$$

式中 D——恒载；

L——活载。

单个构件的设计强度（即可用极限强度）通过应用规范中给出的假定和要求，且进一步修正使用如下的强度折减系数ϕ来确定：

$$\phi=\begin{cases}0.90\ (\text{弯曲、轴向受拉、弯曲和拉伸的组合})\\0.75\ (\text{螺旋箍筋柱})\\0.70\ (\text{有联结件的柱})\\0.85\ (\text{剪切和扭转})\\0.70\ (\text{受压支撑})\\0.65\ (\text{素混凝土（无钢筋）中的弯曲})\end{cases}$$

因此，尽管 U 值公式可能暗示着较低的安全系数，但应力折减系数提供了额外的安全性。

20.2　抗弯分析和设计：强度法

图 20.1 显示了一矩形“应力块”，只用于用强度法分析存在受拉加强的矩形截面。此为 ACI 规范中提供的分析和设计的基础。

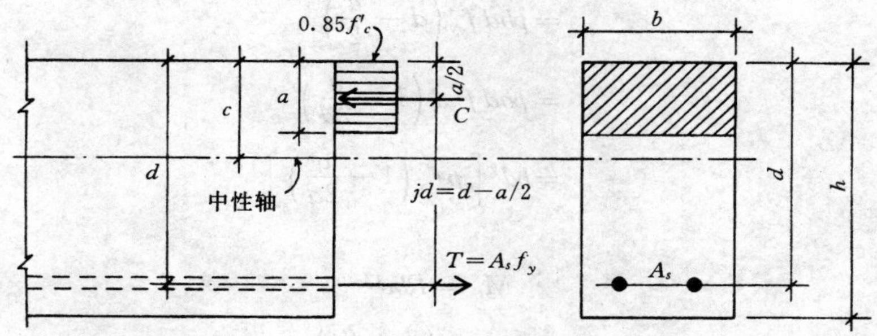

图 20.1　抵抗矩的形成：强度法

矩形应力块基于假定混凝土应力 $0.85f'_c$ 沿受压区均匀分布，受压区长宽尺寸等于梁宽 b 和距离 a，位于中性轴上方并与其平行的一直线上。a 值由表达式 $a=\beta_1\times c$ 确定，其中 β_1 为随混凝土具体的受压强度而变化的系数，c 为从边缘纤维到中性轴的距离。混凝土的 f'_c 等于或小于 4000psi (26.7MPa)，规范给定 $a=0.85c$。

使用矩形应力块，混凝土中的压力大小表达式为

$$C=0.85f'_cba$$

它作用在距梁顶端 $a/2$ 距离处。从而抵抗力偶的力臂为 $d-(a/2)$，混凝土中形成的抵抗力矩为

$$M_c=C\left(d-\frac{a}{2}\right)=0.85f'_cba\left(d-\frac{a}{2}\right) \tag{20.2.1}$$

用 T 表示 A_sf_y，钢筋中形成的力矩为：

$$M_t=T\left(d-\frac{a}{2}\right)=A_sf_y\left(d-\frac{a}{2}\right) \tag{20.2.2}$$

应力块的尺寸公式可通过令压力和拉力相等推导；因此可得

$$0.85f'_cba=A_sf_y,\ a=\frac{A_sf_y}{0.85f'_cb} \tag{20.2.3}$$

用百分比 p 表示钢筋的面积，a 的公式可修正为

$$p=\frac{A_s}{bd},\ A_s=pbd$$

$$a=\frac{pbdf_y}{0.85f'_cb}=\frac{pdf_y}{0.85f'_c} \qquad (20.2.4)$$

强度设计的平衡截面可根据应变而非应力算出。平衡截面的极限以产生平衡条件所需钢筋的百分比形式表示。此百分比公式为

$$p_b=\frac{0.85f'_c}{f_y}\times\frac{87}{87+f_y} \qquad (20.2.5)$$

式中 f'_c 和 f_y 以千磅每平方英寸（ksi）为单位。虽然这是一个准确的公式，但建议在只有受拉钢筋的梁中，将钢筋的百分比限制为这个平衡值的 75%。

返回到用钢筋表示的所产生的抵抗矩，可推导出以下有用的公式：

$$\begin{aligned}M_t&=A_sf_y\left(d-\frac{a}{2}\right)\\&=pbdf_y\left(d-\frac{a}{2}\right)\\&=pbdf_yd\left(1-\frac{a}{2d}\right)\\&=bd^2\left[pf_y\left(1-\frac{a}{2d}\right)\right]\end{aligned}$$

因此可得

$$M_t=Rbd^2 \qquad (20.2.6)$$

其中

$$R=pf_y\left(1-\frac{a}{2d}\right) \qquad (20.2.7)$$

应用折减系数，截面的设计弯矩限制为理论抵抗矩的 9/10。

表 20.1 给出了各种 f'_c 和 f_y 组合的平衡截面系数值（p、R 和 a/d）。如前节所述，不必实际使用平衡截面。在大多数情形中，对给定的混凝土截面，使用少于平衡的钢筋可能更经济。在特殊情况下，除受拉钢筋外还有可能甚至有必要使用受压钢筋。不过，正如在工作应力法中一样，进行设计时平衡截面通常是有用的参考。

下述例题说明了只有受拉钢筋的简单矩形梁截面的设计过程。

表 20.1　只有受拉加强的矩形截面的平衡截面特性：强度法

f_y		f'_c		平衡的 a/d	可用的 a/d（75%平衡值）	可用的 p	可用的 R	
ksi	MPa	ksi	MPa				ksi	kPa
40	276	2	13.79	0.5823	0.4367	0.0186	0.580	4000
		3	20.68	0.5823	0.4367	0.0278	0.870	6000
		4	27.58	0.5823	0.4367	0.0371	1.161	8000
		5	34.48	0.5480	0.4110	0.0437	1.388	9600
60	414	2	13.79	0.5031	0.3773	0.0107	0.520	3600
		3	20.68	0.5031	0.3773	0.0160	0.781	5400
		4	27.58	0.5031	0.3773	0.0214	1.041	7200
		5	34.48	0.4735	0.3551	0.0252	1.241	8600

【例题 20.1】　一梁上的使用荷载弯矩值中，恒载为 58kip・ft（78.6kN・m），活载为 38kip・ft（51.5kN・m）。该梁宽为 10in（254mm），f'_c 为 4000psi（27.6MPa），且 f_y 为 60ksi（414MPa）。确定梁的高度和所需的受拉钢筋。

解：首先，使用荷载系数确定所需弯矩。因此可得

$$U = 1.4D + 1.7L$$

$$M_u = 1.4M_{DL} + 1.7M_{LL}$$

$$= 1.4 \times 58 + 1.7 \times 38 = 145.8\text{kip}\cdot\text{ft}(197.7\text{kN}\cdot\text{m})$$

使用承载力折减系数 0.90，截面理想的抗弯承载力为

$$M_t = \frac{M_u}{0.90} = \frac{145.8}{0.90} = 162\text{kip}\cdot\text{ft}$$

$$= 162 \times 12 = 1944\text{kip}\cdot\text{in}(220\text{kN}\cdot\text{m})$$

最大可用配筋率如表 20.1 所示为 $p=0.0214$。若使用平衡截面，则所需的钢筋面积从而可由关系 $A_s=pbd$ 确定。虽然关于平衡截面并不特别理想，但其确实代表了只使用受拉钢筋时最小深度的梁截面。因此继续求解此例所求的平衡截面。

为确定所需的有效深度 d，使用方程（20.2.6）；从而可得

$$M_1 = Rbd^2$$

由表 20.1 得 $R=1.041$，则

$$M_1 = 1944 = 1.041 \times 10d^2$$

且

$$d = \sqrt{\frac{1944}{1.041(10)}} = \sqrt{186.7} = 13.66\text{in}(347\text{mm})$$

若使用该 d 值，则可求得所需钢筋面积为

$$A_s = pbd = 0.0214 \times 10 \times 13.66 = 2.92\text{in}^2(1880\text{mm}^2)$$

从表 13.3 查得，最小配筋率为 0.00333，显然对此例不起控制作用。

选择梁实际的尺寸和钢筋的实际数目及尺寸需要考虑各种因素，如第 13.2 节所述。

若有理由不选择最大配筋率的最小深度梁，且往往如此，则必须使用与下例所述方法略微不同的步骤。

【例题 20.2】　使用和例题 20.1 中相同的数据，若想得到的梁截面为 $b=10$in（254mm），$d=18$in（457mm），求所需钢筋。

解：此情况中前两步和例题 20.1 相同——确定 M_u 和 M_t。下一步是确定所给截面是否大于、小于或等于平衡截面。因为例题 20.1 中已完成该分析，观察到 10in×18in 截面大于平衡截面。从而可知 a/d 的实际值小于平衡截面的值 0.373。接下来估计 a/d 值——小于平衡值。例如，尝试 $a/d=0.25$，给出

$$a = 0.25d = 0.25 \times 18 = 4.5\text{in}(114\text{mm})$$

用此给定值，由方程（20.2.2）求解所需的 A_s 值。

参照图 20.1 可得

$$M_t = Tjd = A_s f_y\left(d - \frac{a}{2}\right)$$

$$A_s = \frac{M_t}{f_y\left(d - \frac{a}{2}\right)} = \frac{1944}{60 \times 15.75} = 2.057\text{in}^2(1327\text{mm}^2)$$

然后检验看估计值 a/d 是否接近用方程（20.2.5）求得的值。因此可得

$$p = \frac{A_s}{bd} = \frac{2.057}{10 \times 18} = 0.0114$$

并且

$$\frac{a}{d} = \frac{pf_y}{0.85f'_c} = \frac{0.0114 \times 60}{0.85 \times 4} = 0.202$$

从而可得

$$a = 0.202 \times 18 = 3.63\text{in}, d - a/2 = 16.2\text{in}(400\text{mm})$$

若用 $d-a/2$ 替换先前所使用的值，则所需 A_s 值将略微减小。此例中，修正只有几个百分点。若第一次假设的 a/d 有很大差距，则可需要进行再一次近似。

习题 20.2.A～C 使用 $f'_c=3$ksi（20.7MPa），$f_y=60$ksi（414MPa），对给定下表中的数据求解最小深度和平衡截面所需钢筋面积。且若所选深度为平衡截面所需值的 1.5 倍，求所需钢筋面积。使用强度设计法。

	产生弯矩的荷载条件					
	恒载		活载		梁宽	
	kip·ft	kN·m	kip·ft	kN·m	in	mm
A	40	54.2	20	27.1	12	305
B	80	108.5	40	54.2	15	381
C	100	135.6	50	67.8	18	457

20.3 柱

如第 15 章所述，目前混凝土柱专门用强度法设计。可想到的一般情形是组合的轴向压力和弯矩交互作用下的柱。实际上假定最小等价偏心距近似于柱宽的 10%，此即图 15.6～15.9 中的曲线偏心距不从零开始的原因。

柱典型地具有多模态破坏效应。第一阶段破坏可能发生于剪切或受压的混凝土侧向开裂破坏（见图 15.1）。接下来通常立即在加强钢筋中形成弯曲应力和延性应变。然而最后的极限强度可能由三向受压的混凝土核芯块形成，该混凝土块竖向受到荷载压力，横向受到约束螺旋筋包裹或密排的圆周向箍筋的挤压作用。受约束的混凝土核芯块代表了不遵从抗拉性差的混凝土脆性本质的刚性水平。

当柱上有与轴力成比例的较大弯矩时，其性能本质上像双筋梁。若大量配筋（如 4% 受拉钢筋或更多），主要的抗力由钢筋之间的相互作用提供，类似于钢梁的翼缘。弯矩较大的刚性框架柱的近似设计可用此方法快速地得到初步设计尺寸。

见第 25.10 节混凝土框架结构分析中钢筋混凝土梁柱框架重力和侧向力组合设计说明。

第21章

钢结构的强度设计

钢结构主要的破坏模态包括细长构件和薄构件的屈曲，在极限强度处的脆性破坏（大部分在连接处），延性材料超过屈服点应力范围的塑性屈服。钢材的强度设计称为荷载和抗力系数设计，同混凝土设计一样使用设计荷载，并且以假定的破坏为基础预测抗力。最新出版的 AISC 手册有两个版本，一个版本是荷载和抗力系数设计的数据和过程，另一个版本是容许应力设计的数据和过程。本章提供了将塑性铰当作弯曲极限抗力的基础，此为梁和刚框架强度设计的主要考虑内容。

21.1 弹性和非弹性性能

当最外边缘纤维处应力达到弹性屈服值 F_y 时，认为发生弹性理论的最大抵抗矩，其可表示为

$$M_y = F_y S$$

超过这一条件，抵抗矩不再能用弹性理论方程表示，因为梁横截面中开始进入非弹性即塑性应力状态。

图 21.1 表示一延性钢试件荷载测试效应的理想形式。该图表明一直到屈服点变形都与施加的应力成比例，超过该点应力不增加而存在变形。对 A36 钢，这一附加变形称为塑性范围，近似地为屈服发生前所产生变形值的 15 倍。该塑性范围的相对大小是材料重要延性的判定基础。

超过此塑性范围，材料再一次变硬，称为应变硬化效应，这表明了延性的损失和另一只有额外增加的应力才产生附加变形的范围的开始。这一范围的末端确定了材料的极限应力界限。

对显著的塑性破坏，塑性变形范围的长度必定为弹性范围的几倍，正如 A36 钢确实

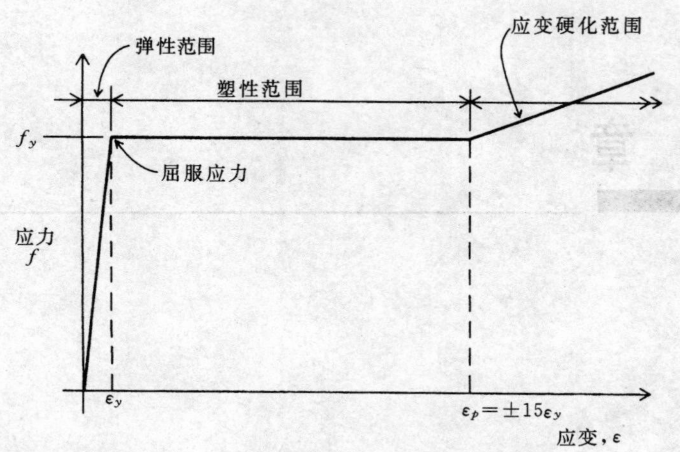

图 21.1 延性钢应力-应变效应的理想形式

如此。由于更高等级中钢材的屈服极限增加，塑性范围减小，所以目前塑性性能理论限制于屈服点不超过 65ksi（450MPa）的钢材。

下述例题说明了弹性理论的应用，并且将用来与塑性性能分析作比较。

【例题 21.1】 一简支梁跨长 16ft（4.88m），在跨中承受集中荷载为 18kip（80kN）[见图 21.2（*a*）]。若梁为 W12×30 且被充分支撑以阻止屈曲，计算最大弯曲应力。

解：见图 21.2（*b*）。对最大弯矩值有

$$M = \frac{PL}{4} = \frac{18 \times 16}{4} = 72\text{kip} \cdot \text{ft}(98\text{kN} \cdot \text{m})$$

在表 4.3 中找到该形状的 S 值为 38.6in³。从而，最大应力为

$$f = \frac{M}{S} = \frac{72 \times 12}{38.6} = 22.4\text{ksi}(154\text{MPa})$$

注意：该应力条件只在跨中梁截面发生。图 21.2（*e*）显示了与应力条件共存的变形形式。该应力水平远低于弹性应力限值（屈服点），且此例中低于如图 21.2（*d*）所示的容许应力 24ksi（165MPa）。

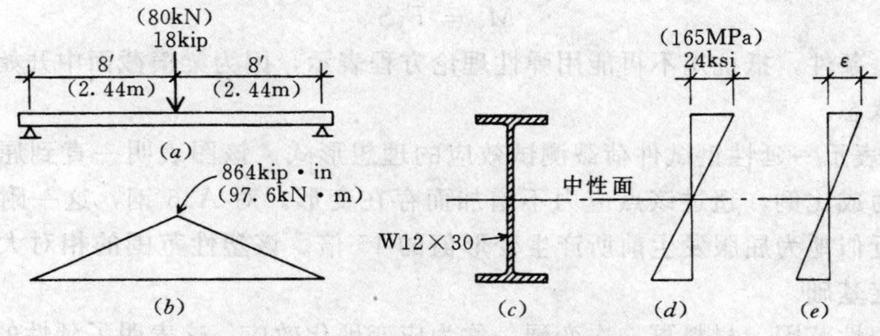

图 21.2 梁的弹性性能

（*a*）受力情况；（*b*）弯矩；（*c*）梁；（*d*）应力；（*e*）应变

当最大弯曲应力达到屈服应力极限时产生极限弯矩，可用容许应力项表示，如前面

M_y 表达式中所述。这一情形由图 21.3（a）中的应力图说明。

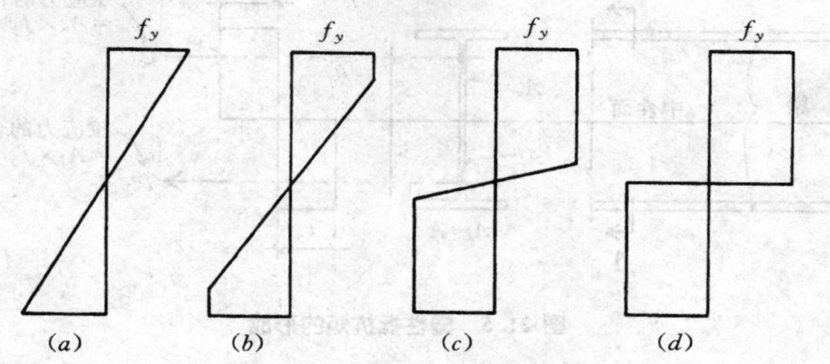

图 21.3　弯曲应力从弹性范围到塑性范围的形成过程

（a）$M=M_y$；（b）$M>M_y$；（c）$M=M_p$；（d）形成完全塑性极限

若产生屈服极限弯曲应力的荷载（和弯矩）增加，随着延性材料的塑性变形，图 21.3（b）所示的应力状态开始出现。此更高应力沿梁横截面的扩展表明了超过 M_y 的抵抗矩的发展。此情形有更高的延性性能，其极限取图 21.3（c）所示的形式，极限抵抗矩描述为塑性矩，标识为 M_p。虽然靠近梁中性轴的较小百分点的横截面仍保持弹性应力状态，但其对抵抗矩形成的影响完全可忽略不计。从而假定图 21.3（d）所示状态形成了完全塑性极限。

尝试增加超过 M_p 值的弯矩，将产生较大的转动变形，梁会在此处发生像铰接（栓接）一样的作用。因此，实际上认为延性梁的抵抗矩承载力达到塑性矩即耗尽，附加的荷载将只产生塑性矩位置处的自由转动。因此此位置被描述为塑性铰（见图 21.4），其对梁和框架的影响将进一步讨论。

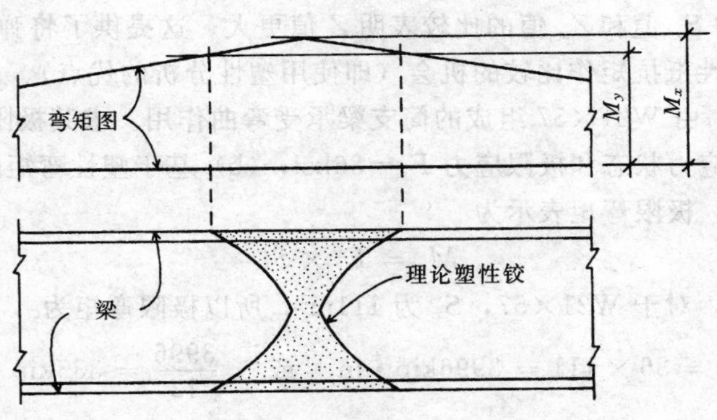

图 21.4　塑性铰的形成

以类似于弹性应力状态的方式，塑性抵抗矩的值可表示为

$$M=F_yZ$$

Z 称为塑性截面矩，接下来将论述其值的确定方法。参照图 21.5，此为一 W 型钢承受一对应于完全塑性截面［见图 21.3（d）］的弯曲应力的情况。

图 21.5 中 A_u 为中性轴上方横截面面积；y_u 为重心 A_u 到中性轴的距离；A_l 为中性轴下方横截面面积；y_l 为重心 A_l 到中性轴的距离。

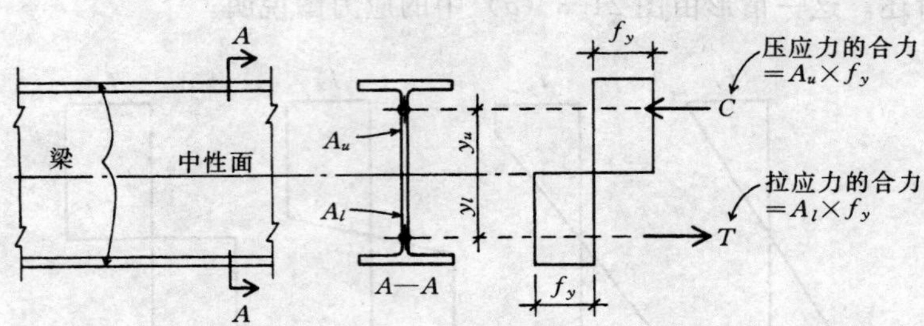

图 21.5 塑性抵抗矩的形成

对于横截面上的内力平衡（由弯曲应力形成的合力 C 和 T），此条件可表达为

$$\sum H=0$$

或

$$[A_u\times(+f_y)+A_l\times(-f_y)]=0$$

因此可得

$$A_u=A_l$$

这表明塑性应力中性轴将横截面分成两个相等的面积，这对于对称截面是很明显的，但也适用于非对称截面。抵抗矩等于应力力矩之和，从而，M_p 值可表示为

$$M_p=(A_u\times f_y\times y_u)+(A_l\times f_y\times y_l)$$

或

$$M_p=f_y[(A_u\times y_u)+(A_l\times y_l)]$$

或

$$M_p=f_yZ$$

[$(A_u\times y_u)+(A_l\times y_l)$] 为横截面特性，定义为塑性截面模量，标识为 Z。

使用刚推导的 Z 的表达式，可计算任一横截面的 Z 值。然而，所有用作梁的热轧型钢截面的 Z 值均列于 AISC 手册。

相同 W 型钢的 S_x 值和 Z_x 值的比较表明 Z 值更大。这提供了将弹性应力的屈服应力极限弯矩与完全塑性抵抗矩作比较的机会（即使用塑性分析的优点）。

【例题 21.2】 由 W21×57 组成的简支梁承受弯曲作用。求其极限弯矩：

(a) 基于弹性应力状态和极限应力 $F_y=36\text{ksi}$；(b) 基于塑性弯矩的完全发展。

解：对于 (a)，极限弯矩表示为

$$M_y=F_y\times S_x$$

从表 4.3 查得，对于 W21×57，S_x 为 111in^3，所以极限弯矩为

$$M_y=36\times111=3996\text{kip}\cdot\text{in}\quad 或\quad \frac{3996}{12}=333\text{kip}\cdot\text{ft}$$

对于 (b)，使用表 4.3 中的值 $Z_x=129\text{in}^3$，极限塑性矩为

$$M_p=F_y\times Z=36\times129=4644\text{kip}\cdot\text{in}\quad 或\quad \frac{4644}{12}=387\text{kip}\cdot\text{ft}$$

塑性弯矩的弯矩抵抗力增加了 $387-333=54\text{kip}\cdot\text{ft}$，或 $(54/333)\times100=16.2\%$ 的百分比增量。

使用塑性矩设计的优点不能这样简单地论证。我们必须使用一种考虑安全系数的方法，并且若使用 LRFD 法，必须采取一种完全不同的方法。通常简支梁的设计差别不大，显著的差别将发生在连续梁、约束梁和刚性柱/梁框架中。

习题 21.1.A　一均布受荷的单跨梁由 W18×50 组成，$F_y=36\text{ksi}$。若假定一完全塑性状态而非弹性应力限制状态，求极限弯矩的百分比增量。

习题 21.1.B　一均布受荷的单跨梁由 W16×45 组成，$F_y=36\text{ksi}$。若假定一完全塑性状态而非弹性应力限制状态，求极限弯矩的百分比增量。

21.2　连续梁和约束梁中的塑性铰

图 21.6 所示的为一两端固定（限制转动）梁上作用大小为 $w$lb/ft 的均布荷载。此条件产生的弯矩以单跨梁弯矩图（见图 3.25 中的情况 2）表示的方式沿梁长分布，由最大高度（最大弯矩）为 $wL^2/8$ 的对称抛物线组成。对于其他的支承或连续性条件，弯矩的分布将有所改变，但总弯矩保持相同。

在图 21.6（a）中，固定端导致梁的下方产生如图所示的弯矩分布，最大端弯矩为 $wL^2/12$，中心弯矩为 $wL^2/8-wL^2/12=wL^2/24$。只要应力不超过屈服极限，这一分布将保持不变。因此，弹性状态的极限情况如图 21.6（b）所示，w_y 为屈服应力极限相对应的荷载极值。

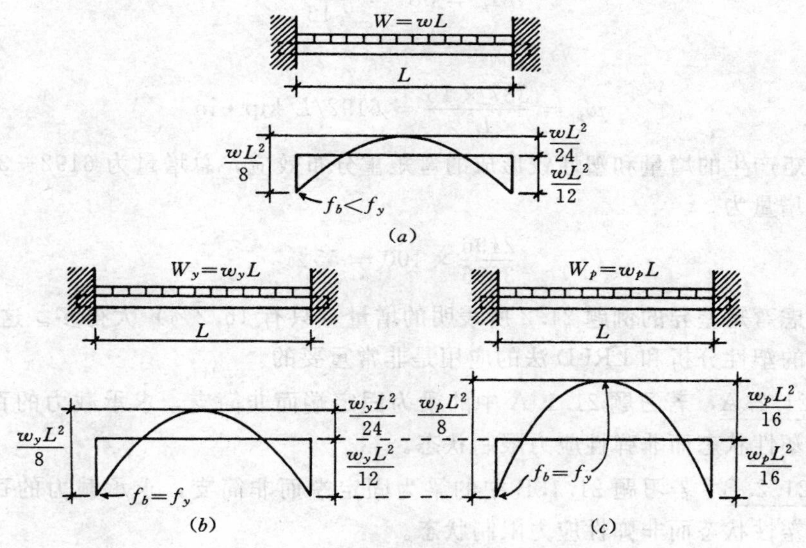

图 21.6　完全塑性梁的形成

一旦最大弯矩点处的弯曲应力达到完全塑性状态，进一步加载将会导致塑性铰的形成，且对任意额外的荷载该处的抵抗矩将不超过塑性矩。然而，梁的额外加载是可能的，塑性铰处的弯矩保持常量，这将一直持续到额外的完全塑性状态在其他处产生。

对图 21.6 中的梁，其塑性极限如图 21.6（c）所示；当最大弯矩都等于梁的塑性极限时达到这一条件。从而，若 $2M_p=w_pL^2/8$，那么塑性极限 M_p 等于 $w_pL/16$，如图 21.6 所示。下面是一个在 LRFD 法中进行分析的简单例子。

【例题 21.3】　一端部固定的梁承受均布荷载。该梁由 W21×57 的 A36 钢组成，$F_y=36\text{ksi}$。

(a) 若弯曲极限是该梁弹性行为的极限；

(b) 若允许梁在临界弯矩位置形成完全塑性矩，求均布荷载表达式的值。

解：此为在例题 21.2 中已求得其极限屈服弯矩和极限完全塑性矩的相同型材。和已求得的结果一样，这些值为

$$M_y = 333\text{kip} \cdot \text{ft} \quad \text{（屈服点弹性应力极限）}$$

$$M_p = 387\text{kip} \cdot \text{ft} \quad \text{（完全塑性矩）}$$

(a) 参照图 21.6 (*b*)，最大弹性应力矩为 $wL^2/12$，令其等于极限弯矩值，则可得

$$M_y = 333 = \frac{w_y L^2}{12}$$

由此可得

$$w_y = \frac{333 \times 12}{L^2} = 3996/L^2 \text{kip} \cdot \text{in}$$

(b) 参照图 21.6 (*c*)，在固定端出现塑性铰的最大塑性弯矩值为 $wL^2/16$，令其等于极限弯矩值，可得

$$M_p = 387 = \frac{w_p L^2}{16}$$

由此可得

$$w_p = \frac{387 \times 16}{L^2} = 6192/L^2 \text{kip} \cdot \text{in}$$

结合塑性弯矩产生的增量和塑性铰形成的弯矩重分布效应，总增量为 $6192-3996=2196/L^2$，百分比增量为

$$\frac{2196}{3996} \times 100 = 55\%$$

该值比只考虑弯矩差异的例题 21.2 所表明的增量（只有 16.2%）大得多。这一组合效应对连续结构的塑性分析和 LRFD 法的应用是非常重要的。

习题 21.2.A 若习题 21.1.A 中的梁为固定端而非简支，求承载力的百分比增量。假定为完全塑性状态而非弹性应力限制状态。

习题 21.2.B 若习题 21.1.B 中的梁为固定端而非简支，求承载力的百分比增量。假定为完全塑性状态而非弹性应力限制状态。

第六部分

建筑物结构体系

本部分包括了建筑物结构体系的设计实例。在本部分中，所选择的建筑物不是优秀建筑设计的例子，而是用来说明不同结构部分的使用的。结构体系的单个构件设计基于前面章节给出的资料。本部分的目的是通过处理整体结构和一般的建筑，展示更为广阔的设计工作。

第22章

结构总则

本章讨论了一些与建筑结构设计有关的一般内容。这些内容大部分在前面的章节中没有提到，但是当处理整体的建筑物设计时通常也需要考虑。这些资料的一般应用将在第23～25章的设计实例中给出。

22.1 概述

在不同的地区，建筑工程的材料、方法和细部也有很大的不同。很多因素会影响这种情况，包括气候反应的实际效应和建筑材料的可用性。甚至在一个地区，由于建筑设计的个人风格和建造商的个人技术的不同，各建筑物之间也会出现不同。然而，任何时候，设计人员对于给定类型和尺寸的大多数建筑物总是使用一些占主导地位的常用方法。本部分中使用的建筑方法和细部都是合理的，但是使用它们绝不是为了说明一种卓越出众的建筑形式。

22.2 恒载

恒载是指所建造建筑物的材料重量，例如墙、隔墙、柱、框架、楼面、屋面和天花板。在梁或柱的设计中，所使用的恒载必须包括结构构件自重。表22.1中列出很多建筑材料自重，可以用于恒载的计算。恒载是重力产生的，会产生向下的竖向力。

除非建筑物经常改建或重新布置，否则一旦建成，恒载通常就为永久荷载。因为这个长期恒定的特点，所以在设计中恒载需要考虑一定的因素，其中一些考虑因素如下所述：

(1) 在设计中，恒载总是要包括在荷载组合中，除非是分析单独的影响，例如仅由活载产生的变形。

(2) 它的长期特点有一些特殊的影响，例如在木结构中产生下垂和需要折减设计应力；土层中长期持续沉降的形成；混凝土结构中徐变效应的产生。

（3）恒载产生一些独特的反应，例如抵抗由风荷载造成的隆起和倾覆的稳定效应。

尽管能够合理准确地确定材料的自重，然而大多数建筑结构的复杂性使得近似地恒载的计算只能建立在取近似值的基础上。这和其他因素共同使得结构性能的设计成为一门非常近似的科学。同其他情况一样，这不应该作为计算工作草率的借口，而应该当作一种事实来调节对设计计算中的高精确度的考虑。

22.3　建筑规范对结构的要求

建筑物的结构设计最直接地受建筑规范的控制，建筑规范是准予建筑物许可证的一般基础。建筑规范（和审批程序）被一些政府部门（市、州或国家）管理。但是大多数建筑规范都是基于一些标准规范的。本书中的内容使用了其中一个规范作为基本参考：《统一建筑规范》（参考文献1）。

表22.1　　建筑结构的重量

	psf①	kPa①
屋面		
三层预制屋面料（轧制，组合）	1	0.05
三层油毡砾石层	5.5	0.26
五层油毡砾石层	6.5	0.31
屋顶板：木材	2	0.10
沥青	2～3	0.10～0.15
粘土瓦	9～12	0.43～0.58
混凝土瓦	6～10	0.29～0.48
1/4in 石板瓦	10	0.48
隔热材料：玻璃纤维页岩沥青毡	0.5	0.025
硬泡沫塑料板	1.5	0.075
细石泡沫状混凝土	2.5/in	0.0047/mm
木椽子：2×6@24in	1.0	0.05
2×8@24in	1.4	0.07
2×10@24in	1.7	0.08
2×12@24in	2.1	0.10
钢压型钢板，标有：22gage	1.6	0.08
20gage	2.0	0.10
天窗：带有玻璃的钢框架	6～10	0.29～0.48
带有塑料的铝框架	3～6	0.15～0.29
胶合或软木盖板	3.0/in	0.057/mm
顶棚		
悬吊槽钢	1	0.05
板条：钢筋网	0.5	0.025
石膏板，1/2in	2	0.10
纤维瓦	1	0.05

续表

	psf①	kPa①
干饰面内墙石膏板，1/2in	2.5	0.12
灰浆：石膏	5	0.24
水泥	8.5	0.41
吊灯和 HVAC，平均	3	0.15
楼面		
硬木，1/2in	2.5	0.12
乙烯基树脂板	1.5	0.07
瓷砖：3/4in	10	0.48
薄粘结层	5	0.24
纤维板垫层，0.625in	3	0.15
地毯和衬垫，平均	3	0.15
木面板	2.5/in	0.0047/mm
钢压型钢板，混凝土填充料，平均	35～40	1.68～1.92
石骨料混凝土板	12.5/in	0.024/mm
轻质混凝土填充料	8.0/in	0.015/mm
木托梁：2×8@16in	2.1	0.10
2×10@16in	2.6	0.13
2×12@16in	3.2	0.16
墙		
2×4@16in 的木支柱，平均	2	0.10
钢支柱@16in 的支柱，平均	4	0.20
板条，灰浆——见“顶棚”		
干饰面内墙石膏板，1/2in	2.5	0.10
粉刷，在纸和金属丝上	10	0.48
窗，框架＋玻璃窗，平均：		
小长方格木或钢框架	5	0.24
大长方格木或钢框架	8	0.38
双向玻璃增加	2～3	0.10～0.15
花格墙，预制单元	10～15	0.48～0.72
饰面砖，4in，砂浆连接	40	1.92
1/2in，砂胶连接	10	0.48
混凝土砌块：		
轻质无筋：4in	20	0.96
6 in	25	1.20
8 in	30	1.44
重型、有筋、灌浆：6 in	45	2.15
8 in	60	2.87
12 in	85	4.07

① 除注明外，均为每平方英尺面积上的平均重量。用每英寸或每毫米给出的值需乘以材料的实际厚度。

与差异相比，标准规范具有更多的相似之处，并且主要地依次来源于相同的基本数据和标准的参考资料，包括行业标准。但是，在一些标准规范和很多市、州和国家规范中，一些条款反映的是各地的特殊问题。至于结构控制，所有的规范具有与以下问题有关的资料（实际上都是相同的）：

（1）最小的设计荷载。所有规范都有与表 22.2 和表 22.3（复制于 UBC）所示内容相似的表。

表 22.2　　　　最 小 屋 面 活 载

<table>
<tr><th rowspan="5">屋 面 坡 度</th><th colspan="3">方法 1</th><th colspan="3">方法 2</th></tr>
<tr><th colspan="3">对任意构件用平方英尺表示的辅助加载面积</th><th rowspan="3">均布荷载[②]
(psi)</th><th rowspan="4">折减率
r（%）</th><th rowspan="4">最大折减率
R（%）</th></tr>
<tr><th colspan="3">×0.0929（m²）</th></tr>
<tr><th>0～200</th><th>201～600</th><th>600 以上</th></tr>
<tr><th colspan="4">均布荷载（psi）
×0.0479kN/m²</th></tr>
<tr><td>（1）平屋顶[③]或在水平为 12 个单位时矢高小于 4 个单位（33.3%的倾斜度）。矢高小于 1/8 跨度的拱或穹顶</td><td>20</td><td>16</td><td>12</td><td>20</td><td>.08</td><td>40</td></tr>
<tr><td>（2）在水平 12 个单位时矢高大于 4 个单位小于 12 个单位（33.3%～100%的倾斜度）。矢高大于 1/8 小于 3/8 跨度的拱或穹顶</td><td>16</td><td>14</td><td>12</td><td>16</td><td>.06</td><td>25</td></tr>
<tr><td>（3）在水平 12 个单位时矢高等于 12 个单位（100%的倾斜度）或更大。矢高等于和大于 3/8 跨度的拱或穹顶</td><td>12</td><td>12</td><td>12</td><td>12</td><td colspan="2" rowspan="3">不允许折减</td></tr>
<tr><td>（4）除用布覆盖的雨篷以外[④]</td><td>5</td><td>5</td><td>5</td><td>5</td></tr>
<tr><td>（5）温室、板条种植房和农用建筑物[⑤]</td><td>10</td><td>10</td><td>10</td><td>10</td></tr>
</table>

① 在雪荷载出现的地方，屋面结构应根据建筑师确定的荷载设计，见第 1614 节。特殊用途的屋面见第 1607.4.4 节。

② 活荷载的折减见第 1607.5 节和第 1607.6 节。在第 1607.5 节中，公式（7-1）中的折减率 r 应是表中给出的值。最大折减率 R 不应超过表中给出的值。

③ 平屋顶是所有在水平为 12 个单位时矢高小于 1/4 个单位（2%的倾斜度）的屋面。平屋面的活荷载不包括第 1611.7 节要求的积水荷载。

④ 这在第 3206 节中定义。

⑤ 温室屋面构件所需的集中荷载见第 1067.4.4 节。

资料来源：在出版者国际建筑师联合会允许下，复制于 1997 年版《统一建筑规范》第二卷，版权 1997。

（2）风荷载。就当地的暴风条件而言，具有很大的区域性。标准规范根据地理区域提供了变化的数据。

（3）地震效应。这些问题也具有区域性，在美国西部是主要考虑的问题。这些包含有推荐的分析的数据需要经常修改，因为研究的领域与正在进行的研究和试验相对应。

（4）荷载持续时间。荷载或设计应力经常根据荷载的持续时间修正，从恒载的结构使用期限到阵风荷载若干分之一秒或单个土地震动瞬间。安全系数也要以此为基础进行调整。本书中的设计例题说明了一些应用。

表 22.3　　　　　　**最 小 楼 面 荷 载**

使用场所		均布荷载①（psf）	集中荷载（lb）
类　型	说　明	×0.0479（kN/m²）	×0.00448（kN）
（1）活动板体系	办公室使用	50	2000②
	计算机使用	100	2000②
（2）兵工厂		150	0
（3）编组场③、大会堂和剧场	固定座位区域	50	0
	可移动座位区域或其他区域	100	0
	舞台区域和封闭平台	125	0
（4）挑檐和雨篷		60④	0
（5）出口设施⑤		100	0⑥
（6）车库	一般车库或修理厂	100	⑦
	私人或游乐形式的机动车辆仓库	50	⑦
（7）医院	病房	40	1000②
（8）图书馆	阅览室	60	1000②
	书库	125	1500②
（9）厂房	轻	75	2000②
	重	125	3000②
（10）办公室		50	2000②
（11）印刷厂	印刷车间	150	2500②
	排版室	100	2000②
（12）住宅⑧	基本楼面区域	40	0⑥
	外面的阳台	60④	0
	房屋楼层	40④	0
	储藏室	40	0
（13）休息室⑨			
（14）检阅看台、正面看台、露天看台及折叠和伸缩底板		100	0
（15）屋面板	与用于居住的区域相同		
（16）学校	教室	40	1000②
（17）人行道和车道	公共通道	250	⑦
（18）仓库	轻	125	
	重	250	
（19）商店		100	3000②
（20）人行天桥和人行道		100	

① 活荷载的折减见第 1607 节。

② 第一条中的荷载作用区域见第 1607.3.3 节。

③ 编组场包括舞厅、体育馆、训练场、比赛场、广场、露台和其他公众可以出入的类似场所。

④ 当出现的雪荷载超过设计条件时，结构应被设计以支承由位移的增加产生的增加荷载或建筑物官方确定的较大雪荷载设计，见第 1614 节。特殊用途的屋面见第 1607.4.4 节。

⑤ 出口设施应该包括承受 10 人或更多人的使用荷载的走廊、外出口阳台、楼梯、防火梯等。

⑥ 单个的楼梯踏步平板应该按在最大应力位置承受 300lb（1.33kN）的集中力进行设计。楼梯斜梁可以按表中列出的均布荷载进行设计。

⑦ 集中荷载见第 1607.3.3 节，第二条，车辆障碍物见表 16－B。

⑧ 居住场所包括私人住宅、公寓住宅和旅店。

⑨ 休息室荷载不应小于与之相连的房间荷载，但是不得超过 50lb/ft²（2.4kN/m²）。

资料来源：在出版者国际建筑师联合会允许下，复制于 1997 年版《统一建筑规范》第二卷，版权 1997。

（5）荷载组合。以前主要是认可设计人员的自行决定，现在由于极限强度设计和设计荷载的使用在增加，这些内容通常在规范中被规定。

（6）结构类型的设计资料。这主要是处理基本材料（木材、钢材、混凝土、砌体等）、具体结构（刚性框架、塔、阳台、杆系结构等）和特殊问题（基础、挡土墙、楼梯等）。广泛的行业标准和普通经验一般都能被接受，但是地方规范可能反映当地特殊的经验或意见。最小的结构可靠性是一般要素，一些具体的限制可能会导致大量不确定的性能（颤动的楼板、裂化的石膏板等）。

（7）防火。对于结构，存在两个对结构产生限制的基本问题。第一个问题是结构的倒塌或严重的结构损失；第二个问题是控制火扩散的范围。这些问题对材料的选择（如可燃或不可燃）和结构细部（如混凝土中的钢筋保护层、钢梁的火绝缘等）产生了限制。

本书第 23～25 章的设计实例主要根据来自于 UBC 的标准。

22.4 活载

概念上的活载包括除恒载之外出现的所有非永久荷载。但是活载一般只是指作用在屋面和楼面上的竖向重力荷载。这些荷载和恒载同时出现，但是通常具有随机性，并且对于不同的荷载组合必须考虑活载的可能的作用，如第 22.3 节中的讨论。

1. 屋面荷载

屋面的设计除了考虑所承受的恒载外还要考虑均布活载，均布荷载包括积雪及在屋面施工和维修期间出现的一般荷载。雪载取决于当地的降雪量，为地方建筑规范所规定。

表 22.2 给出了 1997 版的 UBC 规定的最小屋面活载。注意对屋面坡度和结构构件支承的屋面总面积的调整。后者考虑到当表面面积的尺寸增加时缺乏总表面荷载可能性。

屋面设计也必须考虑风压，基于风史的建筑规范规定了风压的大小及其作用方式。对于轻型屋面结构，关键的问题有时是风的上移（吸力）效应，这个值可能会超过恒载而产生一个净的上升力。

尽管平屋面这个术语经常被使用，但是通常并非如此，所有的屋面设计都必须要考虑一些屋面排水。最小的所需坡度一般是 1in/4ft，即大约为 1：50 的坡度。接近平坦的屋面的一个潜在问题是积水，在这种现象中，屋面上水的重量导致了支承结构的挠曲，而这使得在水池中有更多的积水，进而又产生了挠曲，如此下去，结果是加速倒塌。

2. 楼面活载

楼面活载是指建筑物的使用产生的可能效应。这包括使用者、家具、设备、储藏品等的重量。所有建筑规范给出了不同场所建筑物设计使用的最小活载。因为在不同规范规定的活载之间缺乏统一性，所以总是使用地方规范。表 22.3 中的楼面活载值是 UBC 给出的。

尽管规范要求的值是使用均布荷载表示的，但是它一般取值足够大以应对通常发生的集中荷载形式。对于办公室、停车场和其他一些场所，规范要求在考虑均布荷载的同时还要考虑特殊的集中荷载。当建筑物中具有重型机器、储存材料和其他异常重型物品时，这些在结构设计中必须单独考虑。

当结构框架构件支承很大面积时，大多数规范允许设计使用的总活载有一定的降低。

对屋面荷载，这些降低合成为表 22.2 中的数据。下面的方法是 UBC 给出的用于确定支承较大楼面的梁、桁架和柱的容许减小量的方法。

除楼面不是装配（电影院和同类建筑物）和活载大于 100psf（4.79kN/m^2）外，构件上的设计活载可以根据下面公式予以降低：

$$R = 0.08(A - 150)$$
$$[R = 0.86(A - 14)]$$

对于水平构件或只承受一个方向荷载的竖向构件，减小量不应超过 40%，对于其他竖向构件，减小量不应超过 60%，这时 R 要用下式确定

$$R = 23.1\left(1 + \frac{D}{L}\right)$$

式中　R——减小量，%；

A——构件支承的屋面面积；

D——每平方英尺被支撑面积上的单位恒载；

L——每平方英尺被支撑面积上的单位活载。

在办公楼和某些其他建筑类型中，隔墙可能非永久性地固定在某地，而是可能根据使用需要安装或从一个位置被移动到另外一个位置。为了考虑这种灵活性，通常是需要一个 15～20psf（0.72～0.96kN/m^2）的容许荷载，这个值一般加到其他恒载上。

22.5　侧向荷载

在建筑物设计中使用的侧向荷载这个术语一般适用于风和地震效应，这是因为它们在静止的结构中产生了水平力。由于在这一领域的经验和研究、设计标准和方法不断地改进，操作规程的建议通过各种标准规范而提出，例如 UBC。

由于篇幅的限制，这里对侧向荷载及其设计不再进行彻底的讨论。下面的讨论总结了最新版 UBC 中的一些设计标准。这些标准的应用实例将在第 23～25 章的建筑结构设计实例中给出。对于更广泛的讨论，参考《建筑物在风及地震作用下的简化设计》（Simplified Building Design for Wind and Earthquake Forces）（参考文献 11）。

1. 风

在风是主要的地区性问题的地方，地方规范关于风的设计要求通常非常多。但是很多规范中仍然只有相对简单的抗风设计标准。

基于建筑物上风效应的完整设计包括很多建筑和结构的问题。下面是对 1997 版 UBC 中的一些要求的讨论。

（1）基本风速。这是在具体位置使用的最大风速，该风速基于风史记录而定，并根据发生的概率而调整。对于美国大陆，风速可从 UBC 中的图 4 中获得。作为一个基准点，基本风速是在地面以上 10m（大约 33ft）这一标准测量位置处纪录的风速。

（2）地面粗糙度。这是指建筑地点周围的地形地面情况。虽然 UBC 只使用了三个等级（B、C 和 D），但是 ASCE 标准给出了四个等级（A、B、C 和 D）。等级 C 指的是建筑物周围有 1.5mile 或更多平坦、开旷的地域。等级 B 指在建筑物周围 1mile 或更大范围内至少有 20%的面积上存在建筑物、森林、高 20ft 或更高的不规则地面。等级 D 指在海岸

和其他特殊位置处的极端情况。

(3) 风静压力 q_s。这是指以关键当地风速为基础的基本等效静压力。它在 UBC(表 16-F)中给出并且基于下式:

$$q_s = 0.00256V^2$$

例如,对于 100mph 的风速,$q_s = 0.00256V^2 = 0.00256 \times 100^2 = 25.6$psf(1.23kPa),这个值被化整为 UBC 表中的 26psf。

(4) 设计风压 P。这是指垂直作用于建筑物外表面的等效静压力,并根据下式确定(见 UBC,第 1618 节)

$$P = C_e C_q q_s I_w$$

式中 P——设计风压力,lb/ft²;

C_e——UBC(表 16-G)中给出的高度、粗糙度和阵风结合在一起的系数;

C_q——结构或部分结构的压力系数,在 UBC(表 16-H)中给出;

q_s——UBC(表 16-F)中给出的 30ft 高度处的风静压力;

I_w——重要系数。

对有必要考虑公众健康和安全的场所(例如医院和政府建筑),以及具有高危险性物品的建筑,其重要系数取 1.15。其他所有建筑,重要系数取 1.0。

任意给定表面上的设计风压力可能是正的(向内的)或负的(向外的)。UBC 表给出了风压力的符号和大小。单独的建筑物表面或其表面一部分必须根据这些压力进行设计。

(5) 设计方法。规范中风压力的运用有两种方法。对于单个构件的设计,UBC(表 16-H)中给出在确定 P 时使用的 C_q 系数的特殊值。对于基本的支撑体系,C_q 的值及其使用如下所述:

方法 1(垂直力法):在这种方法中,假设风压力同时垂直作用于所有外表面。这种方法被要求用于有山墙的刚性结构,也可用于所有结构。

方法 2(投影面积法):在这种方法中,认为建筑物上的全部风效应是作用在建筑轮廓竖向投影面上的正水平压力和作用在建筑平面整个投影面积上向上的负压力。除有山墙的刚性结构外,这种方法适用于高度小于 200ft 的所有结构。在过去,这是建筑规范一般使用的方法。

(6) 隆起。隆起作为一种常见效应可能出现在全部屋面甚至整个建筑中。它也可能作为一种局部的现象出现,例如单个剪力墙上的倾覆力矩产生的倾覆。一般来说,使用任一设计方法都可以说明隆起问题。

(7) 倾覆力矩。大多数规范要求恒载抵抗矩(称为恢复力矩或稳定力矩)与倾覆力矩的比值要等于或大于 1.5。当这个条件不满足时,隆起效应必须通过承受多余倾覆力矩的锚固能力来抵抗。在相对高细的塔式结构中,倾覆可能是一个关键问题。对于通过单个剪力墙、桁构排架和刚性排架支撑的建筑物,倾覆是用单个支撑单元分析的。除了非常高的建筑物和有山墙的刚性结构以外,方法 2 经常用于这种分析。

(8) 位移。位移是指侧向荷载产生的结构水平变形。对于位移的规范标准一般限于层间位移要求(一层相对于上一层或下一层的水平位移)。UBC 没有规定对风荷载位移的限制。其他的标准中给出了不同的建议,一个普遍的层间位移限制是 0.005 倍的层高(这是

UBC 对地震位移的限制）。对于砌体结构，有时风荷载位移被限制为 0.0025 倍的层高。与在其他情况中包括结构变形一样，必须考虑其对建筑结构的效用，外墙或内隔墙的细部都可能影响位移的限制。

(9）特殊问题。大多数规范给出的一般设计标准只适用于普通的建筑物。对于特殊情况，建议进行更彻底的分析，如下所述：

1）高层建筑物，其高度尺寸和其外形尺寸，以及使用者的数量都是关键的。必须考虑上部的局部风速和异常风现象。

2）柔性结构，可能受很多情况的影响，包括振动和小的位移。

3）特殊形式，例如开敞结构、有大型悬臂或其他突出物的结构以及形式复杂的任意建筑，都应该被认真地分析其可能出现的特殊风效应。一些规范可以建议或甚至是要求风洞试验。

各种普通建筑物规范标准的使用将在第 23～25 章的设计实例中说明。

2. 地震

在地震期间，建筑物会向上下前后地震动。前后（水平）移动一般较为激烈并且易于对建筑物产生较多的失稳效应，因此，结构的抗震设计主要考虑水平（称为侧向）力。或更确切地说，侧向力是由建筑物的重量产生的，它表示了抵抗运动的惯性力和一旦建筑物真正运动后其动能的来源。在等效静力法的简化方法中，建筑结构被认为是通过由一部分建筑物重量形成的一系列水平力加载的。一种分析是设想把建筑物旋转 90°以形成一个地面为其固定端且承受由建筑物重量组成的荷载的悬臂梁。

一般来说，地震水平力效应的设计与风水平力效应的设计非常相似。相同基本类型的侧向支撑（剪力墙、桁构排架、刚性框架等）用于抵抗这两个力的效应。虽然它们在本质上有很大不同，但是大体上一个抵抗风荷载的支撑体系同样也可能比较合理地用于抵抗地震作用。

因为其更为复杂的标准和方法，所以本部分所选择的实例中不再说明地震效应的设计。但是，此处设计实例中的建筑侧向支撑体系和构件通常也十分适用于地震为关键考虑事项的情况。对于结构分析，主要的不同点是荷载的确定和荷载在建筑物上的分布。另一个主要的不同是在真正的动力效应方面，关键风力通常表现为单个、较长和单向的阵风，而地震则表现为快速、前后和可逆方向的作用。但是，一旦动力效应被转化为等效静力，支撑体系的设计问题就变得非常相似，包括对剪切、倾覆和水平滑移等事项的考虑。

对地震效应的详细解释和等效静力法分析的说明，参考《建筑物在风及地震作用下的简化设计》(参考文献 11)。

第23章

实 例 1

本章中的建筑物为简单、单层、箱形建筑物。侧向支撑用于承受风荷载，同时考虑了建筑结构方面的一些选择。

23.1 概述

图 23.1 的普遍形式表示的是用于实例 1 的基本建筑物外形结构和抗风支撑剪力墙的形式。图中给出了一般平屋顶（具有最小排水坡度）和屋顶边缘的矮女儿墙剖面图。这种结构一般被称为轻质木结构，也是实例 1 的第一种选择。

以下是一些用于设计的资料：

屋面活载为 20psf（可折减）；

建筑立面的风荷载假定为 20psf；

框架木材为花旗松木。

23.2 木结构的重力荷载设计

如图 23.1（*f*）所示的结构，屋面恒载的确定如下所示：

3 层油毡砾石屋面：	5.5psf
玻璃纤维页岩沥青毡：	0.5psf
1/2in 厚的胶合屋面板：	1.5psf
木椽子和木块（估计）：	2.0psf
吊顶框架：	1.0psf
1/2in 厚干饰面内墙顶棚：	2.5psf
管道、灯等：	3.0psf

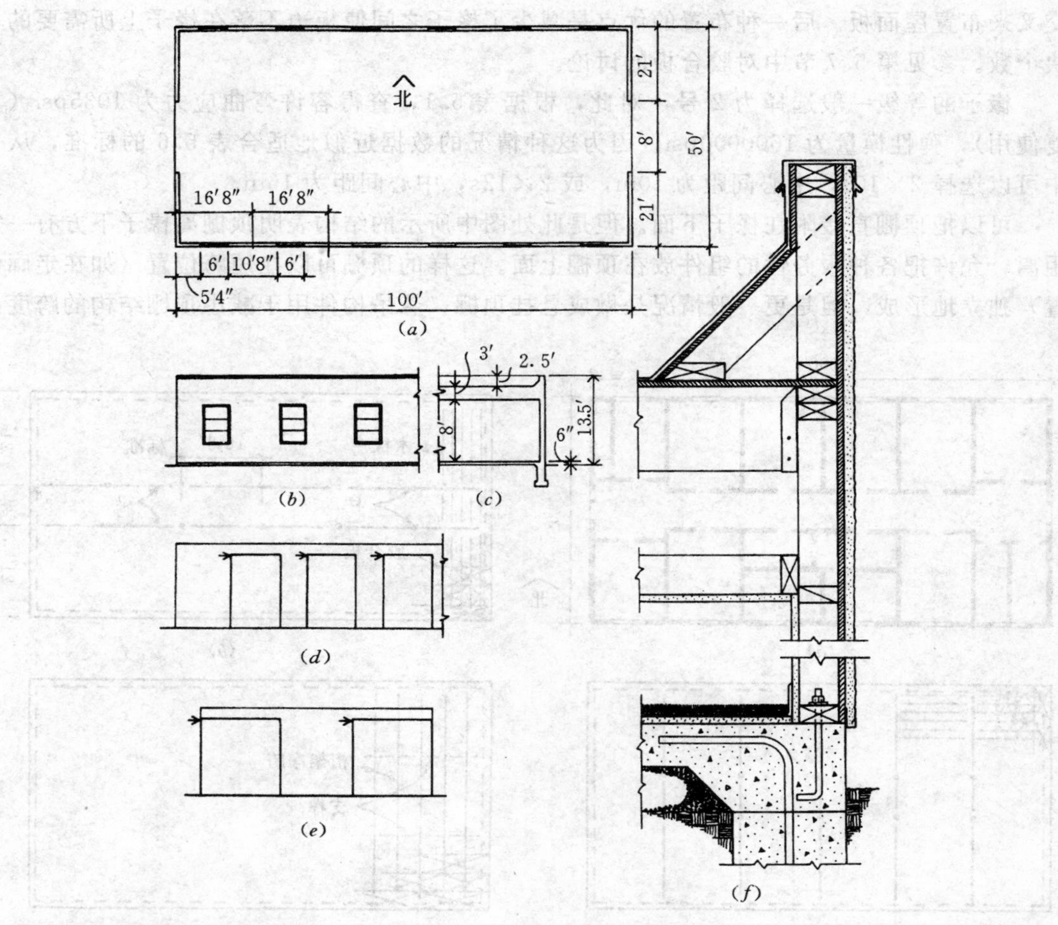

图 23.1　实例 1：常用形式

(a) 建筑平面图；(b) 部分立面图；(c) 剖面图；(d) 部分立面图：
东—西向剪力墙；(e) 南—北向剪力墙；(f) 细部剖面

屋面设计总恒载：　　　　　　16.0psf

假设内隔墙如图 23.2 (a) 所示，存在各种可能的跨越屋面和吊顶框架体系及其支承。内墙可用于支承，但是在商业应用中有时更为理想的一种情况是使用考虑到内部空间重新布置的内柱。图 23.2 (b) 所示的屋面框架体系，在走廊墙位置设有两排内柱。如果使用图 23.2 (a) 所示的隔墙，若柱子被合并在墙结构中，则这些柱子可能是完全看不见的（也不会出现在建筑平面图中）。图 23.2 (c) 展示了柱布置与图 23.2 (b) 相同的另一种可能的屋面结构体系。优先选用其中一种结构布置是有多种原因的。管道、照明、配线、雨水斗和消防灭火装置的安装问题可能会影响结构设计选择。对于此例，随意地选取图 23.2 (b) 所示的布置，说明结构构件的设计。

薄膜型屋面的安装一般至少需要 1/2in 厚的屋面板。这种屋面板在平行于复合面纹理方向上（一般是 4×8 平板的长边）能达到 32in 的跨度。如果椽子的中心间距不超过 24in，则可能如图 23.3 (b) 和图 23.2 (c) 所示的布置那样——可使板跨和面层纹理相交叉来布置屋面板。后一种布置的优点是减少了椽子之间使板边不落在椽子上所需要的木块个数。参见第5.7节中对胶合板的讨论。

椽子的等级一般选择为2号，对此，根据表5.1，查得容许弯曲应力为1035psi（重复使用），弹性模量为1600000psi。因为这种情况的数据近似地适合表5.6的标准，从表中可以选择2×10s，中心间距为10in，或2×12s，中心间距为16in。

可以把顶棚直接附在椽子下面。但是此处图中所示的结构表明顶棚离椽子下方有一定距离，允许把各种服务性的组件放在顶棚上面。这样的顶棚可以在短跨位置（如在走廊位置）独立地形成，但是更一般情况是做成悬挂顶棚，悬吊构件用于减小顶棚结构的跨度。

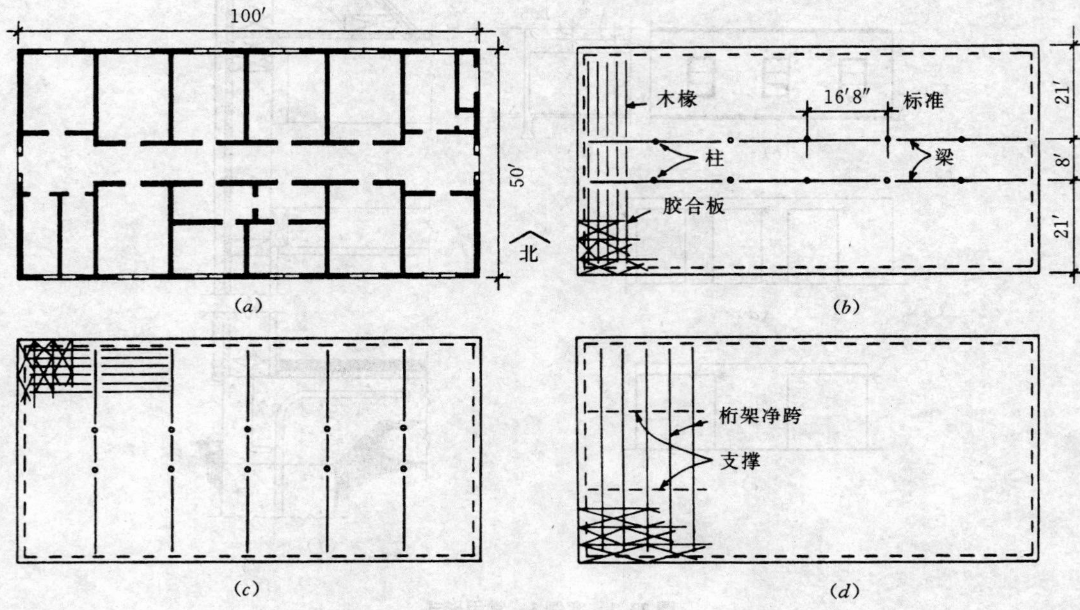

图23.2 内隔墙和屋面结构比较方案的平面图

图23.2（*b*）所示的木梁为两跨连续梁，总长为33.33ft，梁跨为16.67ft。对于此两跨梁，最大弯矩和简支梁相同，主要优点是变形减小。一跨的总承载面积为

$$A = \left(\frac{21+8}{2}\right) \times 16.67 = 242\text{ft}^2$$

表22.2标明，这种情况允许使用的活载为16psf。因此，均匀分布在梁上的荷载为

$$w = (16\text{psf}LL + 16\text{psf}DL) \times \left(\frac{21+8}{2}\right) = 464\text{lb/ft}$$

加上梁的自重，取设计值480lb/ft是合理的，所以最大弯矩为

$$M = \frac{wL^2}{8} = \frac{480 \times 16.67^2}{8} = 16673\text{lb} \cdot \text{ft}$$

梁一般的最小等级为一级，容许弯曲应力取决于梁的尺寸和荷载持续时间。假设荷载持续时间提高15%，表5.1中的值如下所示：

对于4×构件： $F_b = 1.15 \times 1000 = 1150\text{psi}$

对于5×或更大构件： $F_b = 1.15 \times 1350 = 1552\text{psi}$

对于 4in 厚的构件，所需 S 为

$$S=\frac{M}{F_b}=\frac{16673\times 12}{1150}=174\text{in}^3$$

根据表 4.10，查得最大的 4in 厚构件是 $S=135.7\text{in}^3$ 的 4×16 构件，这是不满足需要的

提示　高度更大的 4in 厚构件是可以得到的，但是它在侧向上非常不稳定，因此不建议使用。

对于更厚的构件，所需 S 的可确定为

$$S=\frac{1150}{1552}\times 174=129\text{in}^3$$

可能的选择有 $S=167\text{in}^3$ 的 6×14 构件或 $S=165\text{in}^3$ 的 8×12 构件两种。

尽管 6×14 构件有最小的横截面面积和看似较低的成本，但是与结构细部形成有关的其他各种因素可能会影响梁的选择。该梁可用许多 2in 厚的构件形成组合梁。在挠度或长期垂度是关键因素的位置，明智的选择可能是使用胶合木层板截面或甚至是轧制钢截面。如果剪力是关键因素，这通常是梁承受较大荷载的情况，也可以这样考虑。

屋面排水的最小坡度通常为 2%，或近似为 1/4in/ft。如图 23.3（a）所示，如果要实现排水，从中间到屋面边缘所需的总的坡度是 $1/4\times 25=6.25\text{in}$。实现这个坡面的方法有多种，例如椽子的简单倾斜。

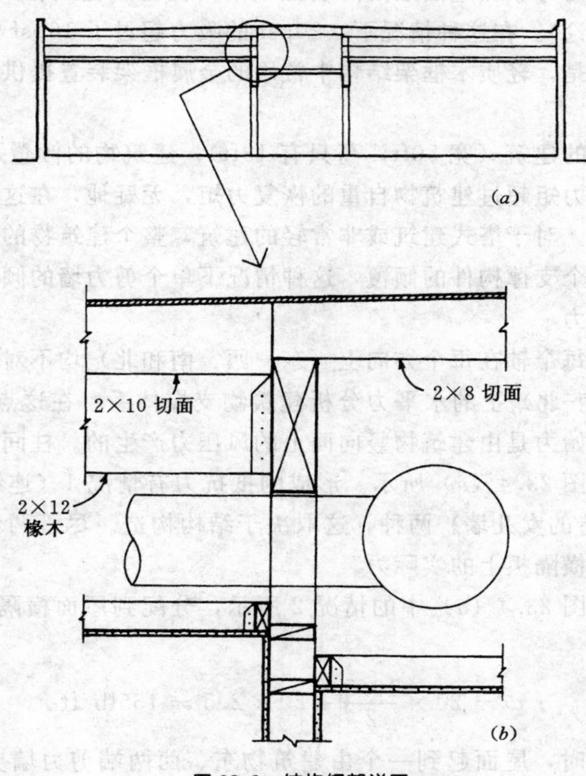

图 23.3　结构细部详图

图 23.3（*b*）所示的是建筑物中心结构构造的一些可能形式。如图所示，椽子保持水平，屋面纵向是通过在长椽顶上附加 2in 厚的构件和在走廊上使用小截面椽子实现的。走廊顶棚托架直接支承在走廊墙上。其他的顶棚托架端部支承于墙上，中间位置悬于木椽上。

走廊上的标准柱支承的荷载近似等于一个梁上的全跨荷载，即

$$P = 480 \times 16.67 = 8000\text{lb}$$

这是一个非常轻的荷载，但是柱的净高可能要求柱厚度大于 4in（见表 6.1）。如果 6×6 的柱是满足需要的，那么这在更低的应力等级下是足够的。但是一般的解决办法是使用圆形钢管或方形钢管截面，它们中的任意一种都可能被用于柱间隔墙中。

23.3 侧向荷载设计

建筑结构的风荷载设计包括以下考虑事项：

(1) 在外墙上的风压力和吸力，使墙柱产生弯曲。

(2) 建筑物上的总侧向（水平）力，需要通过屋面横隔板和剪力墙支承。

(3) 屋面的隆起，需要屋面结构锚固在它的支座上。

(4) 提升力和侧向力的总效应可能会导致整个建筑物的倾覆（倒塌）。

屋面的隆起取决于屋面形式和离地面的高度。对于低的平屋面建筑物，一般要求是提升效应的单位平面压力等于在地面以上高度区域竖向面上所需的值（见第 25.5 节建筑实例 3 不同风压力的讨论）。在这种情况下，20psf 的吸力超过了 16psf 的屋面恒载，于是屋面结构需要锚固。但是，轻质木框架结构中常用的金属框架装置提供的锚固对这种低的作用力是足够的。

对于这种短而粗的建筑（宽 50ft，高只有 13ft），建筑物的倾覆不可能是关键的。即使风荷载产生的倾覆力矩超过建筑物自重的恢复力矩，无疑地，在这种情况下，一些地脚螺栓将会支撑建筑物。对于塔式建筑或非常轻的建筑，整个建筑物的倾覆通常是比较重要的问题。单独考虑单个支撑构件的倾覆，这种情况下单个剪力墙的倾覆将在后面分析。

支撑体系上的风力

如果建筑物关于每个轴在每个方向上（东、西、南和北）均不对称，必须根据在两个基本方向（东-西、南-北）上的水平力分析建筑物支撑体系。在这点上，图 23.4 说明了水平风力的作用。初始力是由建筑物竖向面上的风压力产生的。柱间墙的竖向延伸抵制了均匀分布的荷载，如图 23.4（*a*）所示。形成的抵抗力有情况 1（连续的竖向柱）和情况 2（屋面以上单独建造的女儿墙）两种，这取决于结构构造。尽管两者差别很小，但是这也影响到分配到屋面横隔板上的实际力。

假设墙的作用如图 23.4（*a*）中的情况 2 所示，分配到屋面横隔板上的南-北方向上的风力为

$$w = 20 \times \frac{10.5}{2} + 20 \times 2.5 = 155\text{lb/ft}$$

在承受这个荷载时，屋面起到一个由建筑物东、西两端剪力墙支承的横跨构件的作用。对于承受均布荷载、跨度为 100ft 的简支梁的横隔板的分析，如图 23.5 所示。端部

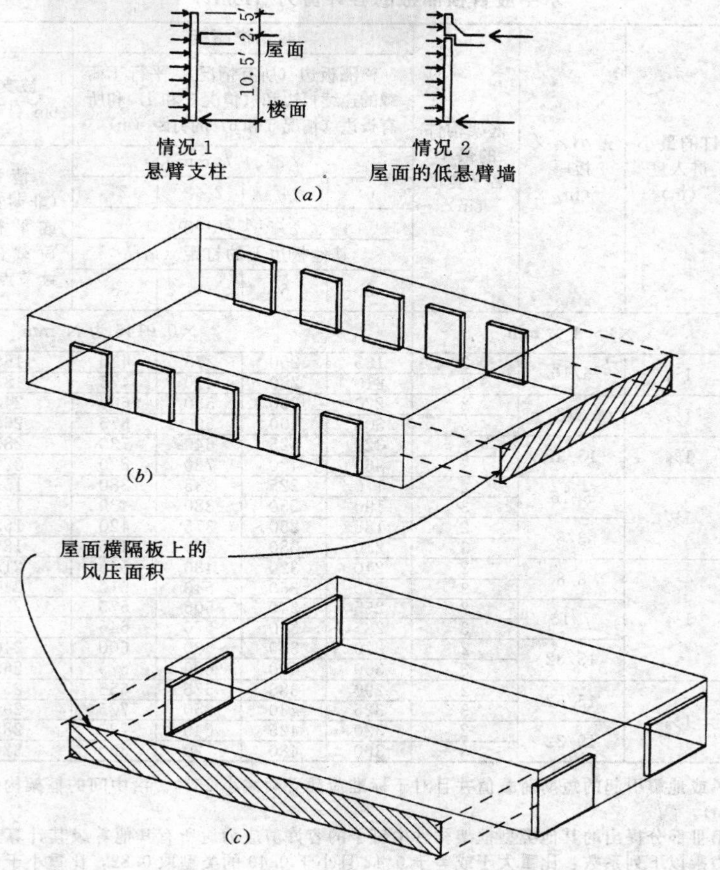

图 23.4　墙的作用和风压的形成

(a) 墙的抗风作用；(b) 东-西体系；(c) 南-北体系

的反力和最大的横隔板剪力为

$$R = V = 155 \times \frac{100}{2} = 7750\text{lb}$$

这个力在 50ft 宽的横隔板上产生的最大单位剪力为

$$v = \frac{\text{剪力}}{\text{屋面宽度}} = \frac{7750}{50} = 155\text{lb/ft}$$

根据表 23.1（UBC 表 23－Ⅱ－H），可知很多选择都是满足条件的。变量包括胶合板的分类、板厚、支承椽子的宽度、钉的尺寸和间距、木块的使用以及胶合板的布置模式。假设平屋顶的胶合板最小厚度为 1/2in（表 23.1 中给出的 15/32in），可以选择 15/32in 厚的 C－D 盖板、2in 厚的椽子，在所有板边用间距为 6in 的 8d 钉和分段横隔板。对于这些标准，表 23.1 给出的承载力为 270lb/ft。

在这个实例中，如果采用最小厚度的胶合板，最小构造对所需的侧向抵抗力是足够的。如果不是这样，并且所需的承载力导致使用超出最小值相当多的钉子，也可以从建筑物端部所需的值到屋面中部的最小值把钉间距分级（参考剪力沿屋面宽度的变化形式）。

表 23.1　　水平胶合横隔板的容许剪力 (lb/ft)①~③

板的等级	普通圆钢钉尺寸	钉的最小贯入度 (in)	最小名义板厚 (in)	框架构件的最小名义宽度 (in)	封闭横隔板				非封闭横隔板	
					横隔板边（所有情况）、平行于荷载的连续板边和（情况 3 和 4）和所有板边（情况 5 和 6）的钉距 (in)				被支承边的最大钉距为 6in (152mm)	
					×25.4 为 mm				情况 1（非封闭边或平行于荷载的连续节点）	所有的其他构造（情况 2、3、4、5、6）
					6	4	2½②	2②		
					×25.4 为 mm 其他板边上的钉距 (in)					
					6	6	4	3		
		×25.4 为 mm			×0.0146 为 N/mm					
结构 1	6d	1¼	5/16	2	185	250	375	420	165	125
				3	210	280	420	475	185	140
	8d	1½	3/8	2	270	360	530	600	240	180
				3	300	400	600	675	265	200
	10d③	1⅝	15/32	2	320	425	640	730	285	215
				3	360	480	720	820	320	240
C-C、C-D、盖板和 UBC 标准 23-2 或 23-3 中的其他等级板	6d	1¼	5/16	2	170	225	335	380	150	110
				3	190	250	380	430	170	125
			3/8	2	185	250	375	420	165	125
				3	210	280	420	475	185	140
	8d	1½	3/8	2	240	320	480	545	215	160
				3	270	360	540	610	240	180
			7/16	2	255	340	505	575	230	170
				3	285	380	570	645	255	190
			15/32	2	270	360	530	600	240	180
				3	300	400	600	675	265	200
	10d③	1⅝	15/32	2	290	385	575	655	255	190
				3	325	430	650	735	290	215
			19/32	2	320	425	640	730	285	215
				3	360	480	720	820	320	240

① 这些值是由风或地震引起的短期荷载值并且对于标准荷载必须减小 25%。沿中间的框架构件的钉子中心间距为 12in (305mm)。
在类别Ⅲ的第Ⅲ部分提出的其他类型框架构件中钉子的容许剪应力对所有其他等级其计算是结构Ⅰ中钉子的容许抗剪承载力乘以下列系数：比重大于或等于 0.42 且小于 0.49 的类型取 0.82，比重小于 0.42 的类型取 0.65。

② 邻接板边的框架的名义尺寸应为 3in (76mm) 或更宽，钉子中心间距为 2in (51mm) 或 2½in (64mm) 处应该交错布置。

③ 邻接板边的框架的名义尺寸应为 3in (76mm) 或更宽，10d 的钉子钉入框架的深度大于 1⅝in (41mm)，中心间距为 3in (76mm) 或更小处应该交错布置。

资料来源：在出版者国际建筑师联合会的允许下，复制于 1997 年版《统一建筑规范》第二卷，版权 1997。

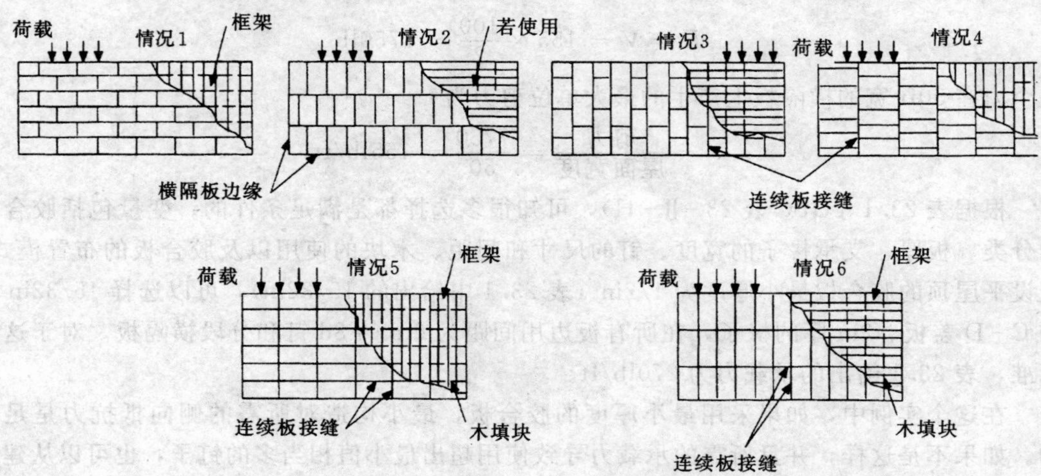

（注意：框架可以朝横隔板的另一个方向，所提供的盖板按竖向荷载设计。）

图 23.5 所示的弯矩图表明最大弯矩值 194kip・ft 出现在跨中。这个弯矩用于确定屋面边缘上的横隔板弦杆的最大力。因为风向会改变，所以这个力必须包括压力和拉力。在图 23.1（f）所示的构造中，柱间墙的顶板是最可能用于此功能的构件。在这种情况下，如图 23.5 所示，弦杆的力 3.88kip 非常小，2in 厚的复式构件应该能够抵抗这个力。但是，建筑物的长度要求使用几块板来形成连续板，因而应该分析复式构件之间的衔接。

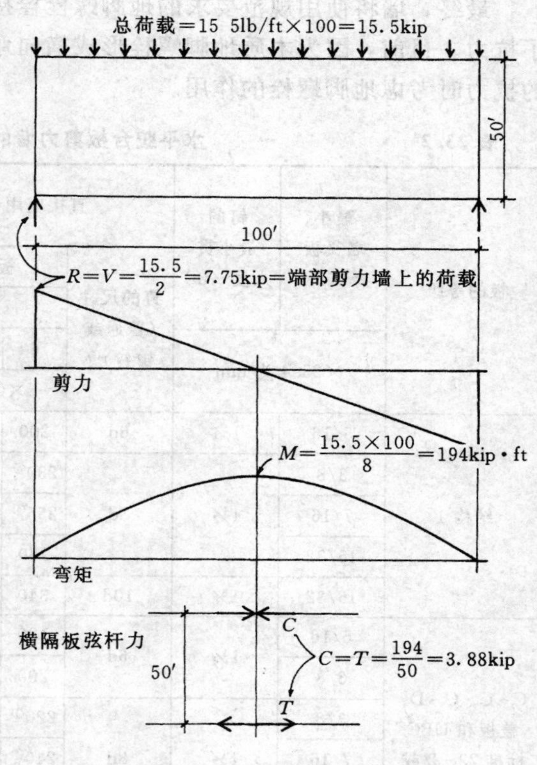

图 23.5 屋面横隔板的横跨作用

如图 23.5 所示，屋面横隔板端部反力必须由端部剪力墙产生。如图 23.1 所示，在平面图中两端各有一个 21ft 长的剪力墙。因此，总剪力被总长为 42ft 的剪力墙所抵抗，墙内的单位剪力为

$$v = \frac{7750}{42} = 185\text{lb/ft}$$

同屋面一样，墙结构的选择也存在各种考虑因素。各种材料可用在柱间墙的内外面上。图 23.1（f）所示的一般结构形式内墙为石膏干饰面，外墙为胶合板与水泥抹灰的组合。所有的这三种材料对墙的剪应力都具有成比例的抗力。但是，当使用组合材料时，一般情况只认为最强的材料为抵抗构件。在这种情况下，只是指外墙面上的胶合板。

根据表 23.2（UBC 表 23－Ⅱ－1），可能的选择是 3/8in 厚的 C－D 盖板和在所有板边缘使用间距为 6in 的 6d 钉。根据这些标准，表 23.2 容许单位剪力为 200lb/ft。而且这是一个最小的构造。对于更高的荷载，要获得更大的抗力可以使用更好的胶合板、较厚的面板、较大尺寸的钉子和更小的钉间距，有时也使用更宽的柱。遗憾的是钉的间距不能像屋面那样分级，这是因为在整个墙高度上的单位剪力是一个常数。

图 23.6（a）所示的是用于分析端部剪力墙倾覆效应的荷载条件。倾覆由墙上恒载（在这种情况下是墙重和墙支承的部分屋面恒载的组合）产生的所谓的恢复力矩所抵抗。如果恢复力矩至少是倾覆力矩的 1.5 倍，则认为足够安全。因此在 1.5 倍的倾覆力矩和恢复力矩间进行如下比较：

$$\text{倾覆力矩} = 3.875 \times 11 \times 1.5 = 64\text{kip} \cdot \text{ft}$$

$$\text{恢复力矩} = (3+6) \times 2\,\frac{1}{2} = 94.5\text{kip} \cdot \text{ft}$$

这表明在墙端部不需要向下的约束力（如图 23.6 所示的力 T）。墙的结构细部和其他功能可以提供额外的抗倾覆力。但是，一些设计人员不论荷载的大小，经常在所有剪力墙端部都使用锚固件（束缚锚栓）。

最终，墙将使用规范要求的地脚螺栓栓接在基础上，地脚螺栓对提升和倾覆效应提供了抗力。目前，因为木质地脚螺栓形成横向弯曲，所以大多数规范不允许在计算这些效应的抗力时考虑地脚螺栓的作用。

表 23.2　　水平胶合板剪力墙的容许剪力 lb/ft①~⑤

板的等级	最小名义板厚（in）	钉的最小贯入度（in）	直接应用于结构的板					用于 1/2in（13mm）或 5/6in（16mm）石膏罩面上的板				
			钉的尺寸（普通或镀锌）⑤	板边的钉距（in）×25.4 为 mm				钉的尺寸（普通或镀锌）⑤	板边的钉距（in）×25.4 为 mm			
	×25.4 为 mm			6	4	3	2		6	4	3	2
				×0.0146 为 N/mm					×0.0146 为 N/mm			
结构 1	5/16	1¼	6d	200	300	390	510	8d	200	300	390	510
	3/8	1½	8d	230④	360④	460④	610④	10d	280	430	550	730
	7/16			255④	395④	505④	670④					
	15/32			280	430	550	730					
	15/32	1⅝	10d	340	510	665	870	—	—	—	—	—
C-C、C-D、盖板和 UBC 标准 23-2 或 23-3 中的其他等级板	5/16	1¼	6d	180	270	350	450	8d	180	270	350	450
	3/8			200	300	390	510		200	300	390	510
	3/8	1½	8d	220④	320④	410④	530④	10d	260	380	490	640
	7/16			240④	350④	450④	585④					
	15/32			260	380	490	640					
	15/32	1⅝	10d	310	460	600	770	—	—	—	—	—
	19/32			340	510	665	870					
			钉的尺寸（镀锌）					钉的尺寸（镀锌）				
UBC 标准 23-2 的胶合板	5/16	1¼	6d	140	210	275	360	8d	140	210	275	360
	3/8	1½	8d	160	240	310	410	10d	160	240	310	410

① 所有板边要支承于名义尺寸 2in（51mm）或更宽的构件。板水平或竖直安装。对于安装在中心间距为 24in（305mm）的支柱上的 3/8in（9.5mm）和 7/16in（11mm）厚的板和中心间距为 12in（305mm）的其他条件和板厚，板钉沿中间框架构件上中心间距应为 6in（152mm）。这些值是对于由风或地震引起的短期荷载值的并且对于标准荷载必须减小 25%。

类别Ⅲ的第Ⅲ部分提出的其他类型结构构件中钉子的容许剪应力对所有其他等级的计算是结构Ⅰ中钉子的容许抗剪承载力乘以下面的系数：比重大于或等于 0.42 且小于 0.49 的类型取 0.82，比重小于 0.42 的类型取 0.65。

② 墙两侧都搁有板且每边钉子中心间距小于 6in（152mm）处，板的连接应该被偏移以落到不同的椽木构件上或椽木的名义尺寸为 3in（76mm）或更大并且每边的钉子交错布置。

③ 容许剪应力超过 350lb/ft（5.11N/mm）处，基础底板和所有与相邻板在边缘钉接的框架构件的名义尺寸应该不小于 3in（76mm），钉子应该交错布置。

④ 对于直接用于椽木的 3/8in（9.5mm）和 7/16in（11mm）板的值可以提高为 15/32in（12mm）板的值，假设支柱的最大中心间距为 16in（406mm）或板长边跨越支柱。

⑤ 镀锌钉应该被热浸或磨抛滚光。

资料来源：在出版者国际建筑师联合会的允许下，复制于 1997 年版《统一建筑规范》第二卷，版权 1997。

但是，地脚螺栓可用于抵抗墙的滑移。一般最小的螺栓连接使用 1/2in 螺栓，以最大中心间距 6ft 布置，并且有一个螺栓距墙端的间距不小于 12in。这形成了图 23.6（*b*）所示的墙的一种螺栓布置。使用规范给定的值，所示的 5 个螺栓应能抵抗侧向力。

对于基础相对较浅的建筑物，也应该分析剪力墙锚固力对基础构件的影响。例如，倾覆力矩也施加在地基上，这样可能会产生不希望存在的土应力，或要求基础构件具有一些结构抗力。

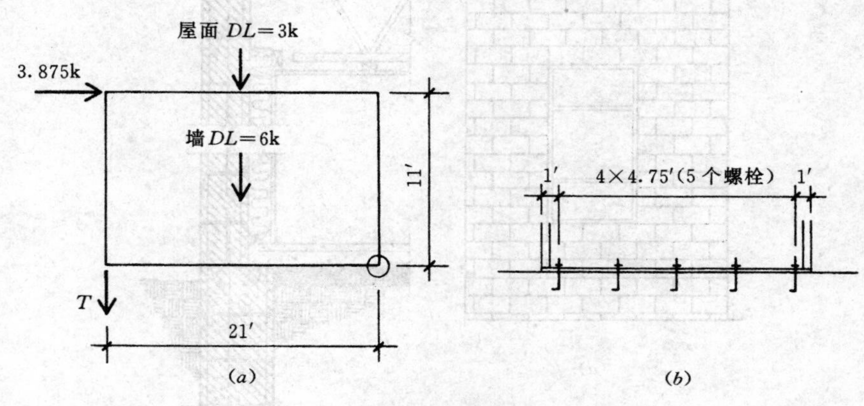

图 23.6　剪力墙端部作用

另一个所关注问题是在整个侧向力抵抗结构体系中构件之间力的传递。在此例中，关键位置是屋面和墙连接处。通过屋面横隔板传给剪力墙的力实际上必须通过这个连接。必须确定结构的精确性质和分析这些力的作用。

23.4　钢结构和砌体结构方案

建筑实例一的可选择结构如图 23.7 所示。在这种情况下，墙由混凝土砌块制成（混凝土砌体结构），并且由压型钢板组成的屋面结构支承于空腹钢托梁（轻型预制钢桁架）上。假设以下的资料用于设计：

屋面恒载＝15psf，不包括结构自重。

屋面活载＝20psf，对于较大支承面积可以减小。

结构包括：

K 系列空腹钢托梁（见第 9.10 节）。

配筋空心混凝土砌体结构（见第 18.2 节）。

压型钢板（见第 12.2 节）。

轻型绝缘混凝土填充板。

多层热沥青油毡和砾石屋面。

石膏干饰面悬挂顶棚。

图 23.7（*b*）所示的断面表明墙连续到屋面以上以形成女儿墙，并且钢桁架支承在墙面上。因此，确定托梁的跨度约为 48ft，这个值用于设计。

如构造断面所示，屋面板直接放置在桁架顶部，并且顶棚也直接悬挂在桁架底部。尽

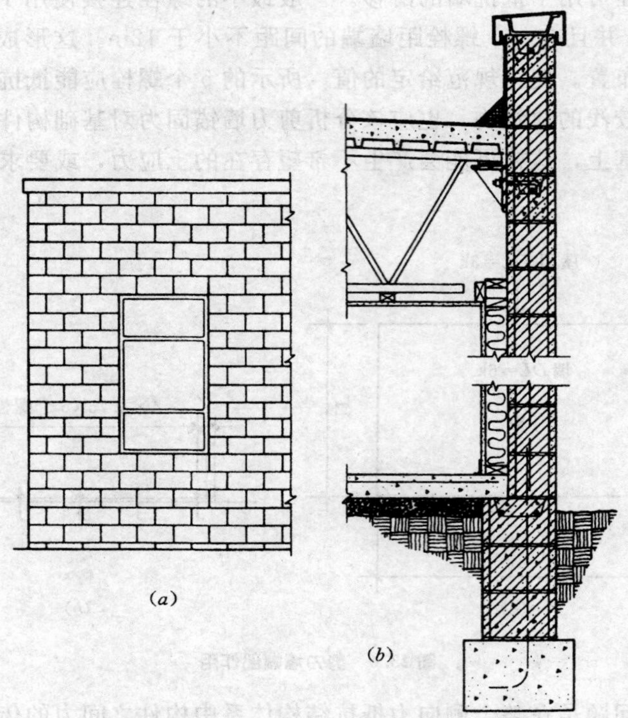

图 23.7 实例 1：钢结构和砌体结构方案

管下面的工作为了设计假设桁架等高度，为了有合理的屋面排水，坡度至少为 1/4in/ft (2%)。

1. 屋面结构设计

空腹托梁的间距必须与屋面压型钢板的选择和顶棚的构造细部相一致。对于试设计，假设间距为 4ft。根据表 12.1，可知一般板单元可达到三跨或更多跨，则使用表中最轻的压型钢板单元（22 gage)。压型钢板拱肋宽度的选择取决于放在压型钢板顶部的材料类型和支承与压型钢板的连接方法。

压型钢板的自重加上其他的屋面恒载得到托梁上部的总恒载为 17psf。如第 9.10 节中的说明，K 系列托梁的设计如下所示：

托梁活载＝4×20＝80lb/ft（plf)。

总荷载＝4×（20＋17）＝148plf＋托梁自重。

对于 48ft 的跨度，根据表 9.3 可以得到下面两种选择：

24K9，自重 12plf，总荷载＝148＋12＝160plf（小于表中的值 211plf)。

26K6，自重 10.6plf，总荷载＝148＋10.6＝158.6plf（小于表中的值 171plf)。

尽管 26K6 是可能的最轻选择，但可能有一些强制性的原因要求使用更深的托梁。例如，如果顶棚直接挂在托梁底部，较深的托梁将能够为服务性建筑构件提供更大的通道空间。如果使用较深的托梁，挠度也会减小。活载下的挠度极限值为（1/360）×48×12＝1.9in。尽管这对于屋面来说可能不关键，但是结构的底面可能出现问题，包括顶棚的下垂或顶棚下面非结构墙砌筑困难。

选择自重为 12.3plf 的 30K7，附加重量有一点点增加，但产生的挠度会小得多。

注意：表 9.3 是由参考文献中更大的表删减而成的，因此，托梁尺寸还有更多的选择。这里的实例只是用于说明这些参考文献的使用方法。

空腹托梁规范给出了端部支承细部和侧向支撑的要求（见参考文献 8）。例如，对于 48ft 的跨度，如果使用 30K7 的托梁，需要 4 排剪刀撑。

对于此例，尽管没有设计砌体墙，但是要注意图 23.7（*b*）所示的支承表明在墙上会导致偏心荷载。这会引起墙的弯曲，可能是不允许的。屋面和墙连接一个可供选择的构造如图 23.8 所示，在图中，托梁直接搁置在墙上，其上弦杆延伸形成短悬臂。这是一个常见的构造，参考文献提供了这种结构的资料和建议构造。

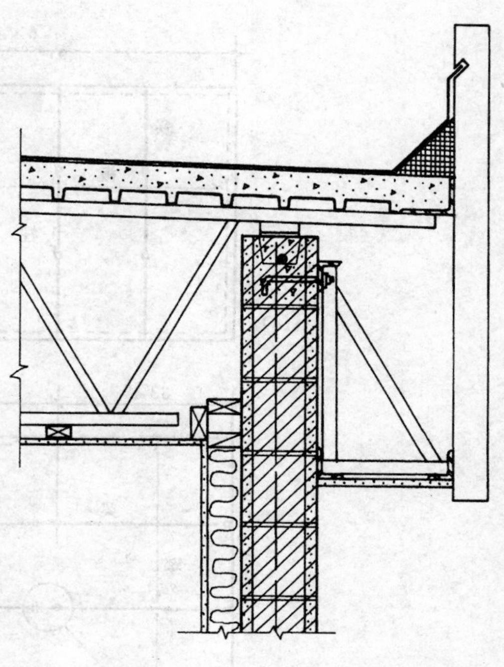

图 23.8　实例 1：屋面与墙连接的改变

2. 带有内柱的屋面结构方案

对于这种建筑，如果这种建筑不需要净跨屋面结构，对跨度适当的屋面可能使用内柱和框架体系。图 23.9（*a*）所示的是在各个方向柱距为 16.67ft 的体系的结构平面图。尽管这一体系可以使用短跨托梁，但也可以使用跨度更长的板，如平面图所示。虽然该跨度超出了拱肋为 1.5in 压型钢板的承受能力，但可选择拱肋更深的压型钢板。

另一种可能的结构布置如图 23.9（*b*）所示，图中压型钢板横跨另外一个方向并且只使用了两排柱。这种布置允许有更宽的柱距。尽管增加了梁的跨度，但是其主要的成本节省是减少了 60%的内柱及其基础。

有时使梁成排地连续起来以模仿不需要刚性连接的连续梁的作用。如图 23.9（*c*）所示，梁远离柱拼接，虽连接相对简单，但具有连续梁的一些优点。因此，可得到的主要优点是挠度减小。

对于图 23.9（*b*）中的梁，假设使用略重的压型钢板，近似的恒载 20psf 形成的梁荷载为

$$w = 16.67 \times (20 + 16) = 600\text{plf} + \text{梁自重，取 } 640\text{plf}$$

注意：梁外围面积 $33.3 \times 16.67 = 555\text{ft}^2$ 使梁上活载可折减，根据表 22.2，可使用 16psf。

跨度为 33.3ft 的简支梁弯矩为

$$M = \frac{wL^2}{8} = \frac{0.64 \times 33.3^2}{8} = 88.7\text{kip} \cdot \text{ft}$$

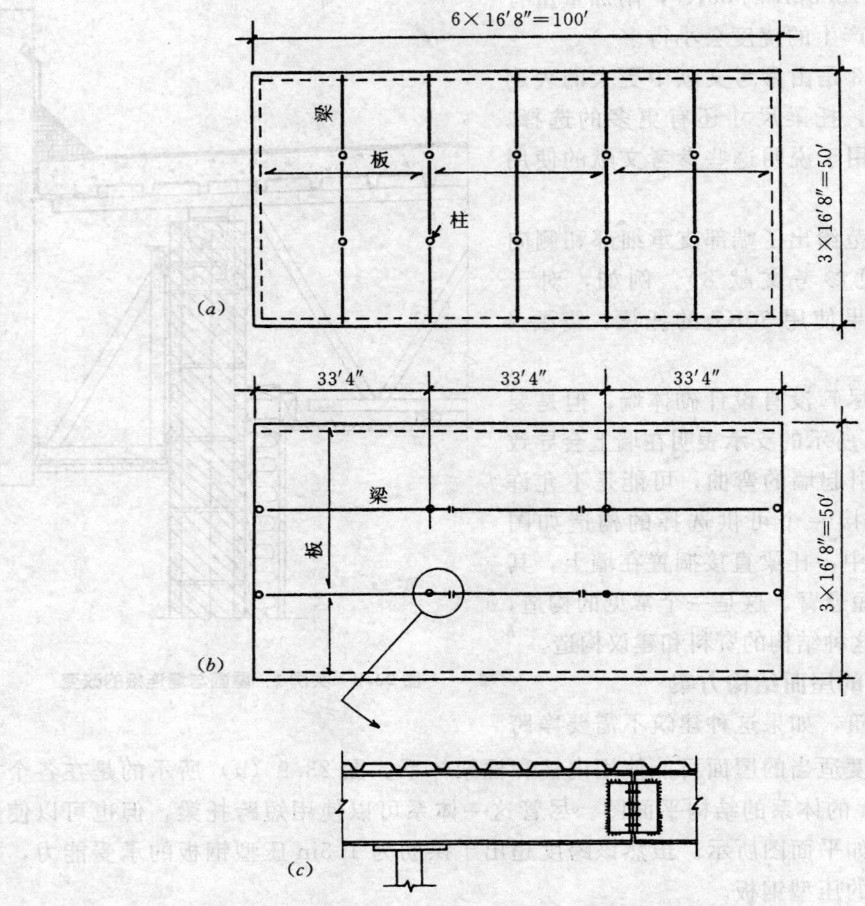

图 23.9 实例 1：带有内柱的屋面结构选择

根据表 9.1，可知允许使用的最轻的 W 型钢梁为 W16×31。根据表 9.5，总荷载下的挠度大约为 $L/240$，这对于屋面结构来说通常不是关键的。而且活荷载的挠度小于该值的一半，所以该值非常适当。

如果这个三跨梁用三个单跨部分建造，柱顶的构造如图 23.10 所示。尽管这是可以的，但是图 23.9 中梁与梁之间远离柱拼接连接是一种更好的框架构造。图 23.11 所示的是梁在距柱 4ft 处拼接的分析。因此，三跨梁的中心部分成为了一个 25.33ft 的简支跨。中心部分的端部反力成为了外伸梁延伸部分的端部荷载。梁反力、剪力和弯矩的结果如图 23.11 所示。

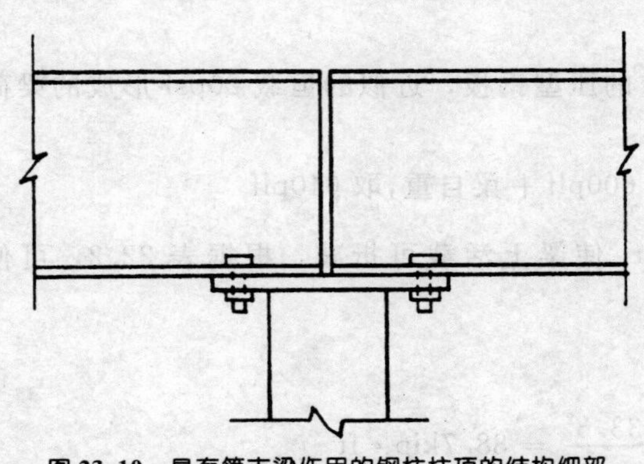

图 23.10 具有简支梁作用的钢柱柱顶的结构细部

在图 23.11 中确定的最大弯矩为 71.09kip・ft，近似为简支梁的 80%。参考表 9.1，表明型钢可减小为 W16×26。

在图 23.11 中，22.458kip 的支承反力是柱的全部设计荷载。假设柱高为 10ft，K＝1.0，柱可选择以下截面：

根据表 10.2，可选择 W4×13。

根据表 10.3，可选择 3in 圆形钢管（名义尺寸，标准重量）。

根据表 10.4，可选择 3in 方形钢管，3/16 厚。

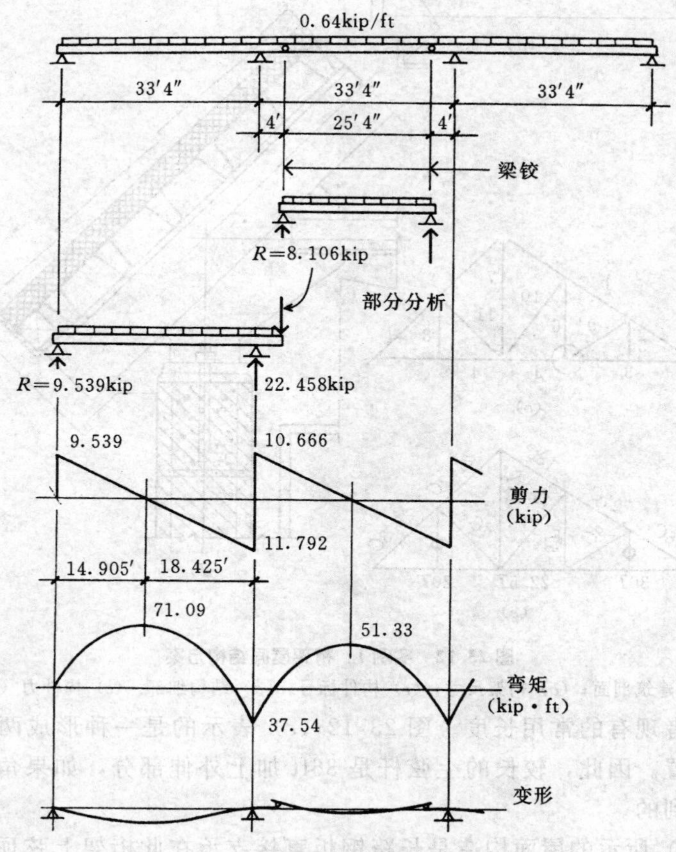

图 23.11　具有内部铰的连续梁分析

23.5　桁架屋面方案

如果希望实例 1 具有人字形（双坡）屋面，一种可能的屋面结构如图 23.12 所示。图 23.12（*a*）所示的建筑物剖面是一系列的桁架，桁架的平面间距如图 23.9（*a*）中的梁柱所示。桁架形式如图 23.12（*b*）所示。单位荷载作用在桁架上时，代数分析的全部结果如图 1.19 所示。此例中所用的实际的单位荷载源于结构形式，并且近似等于单位荷载的 10 倍。这样得到的构件内力值如图 23.12（*e*）所示。

图 23.12（*d*）中的构造是用连接板相连的双角钢构件。上弦杆被延伸以形成屋面的悬臂边。为了结构的清晰，细部只表示出了主要的结构构件。需要额外的结构形成屋面、顶棚和拱腹。

在这种尺寸的桁架中，一般要尽可能长地延伸无节点弦杆。可得到的长度取决于构件

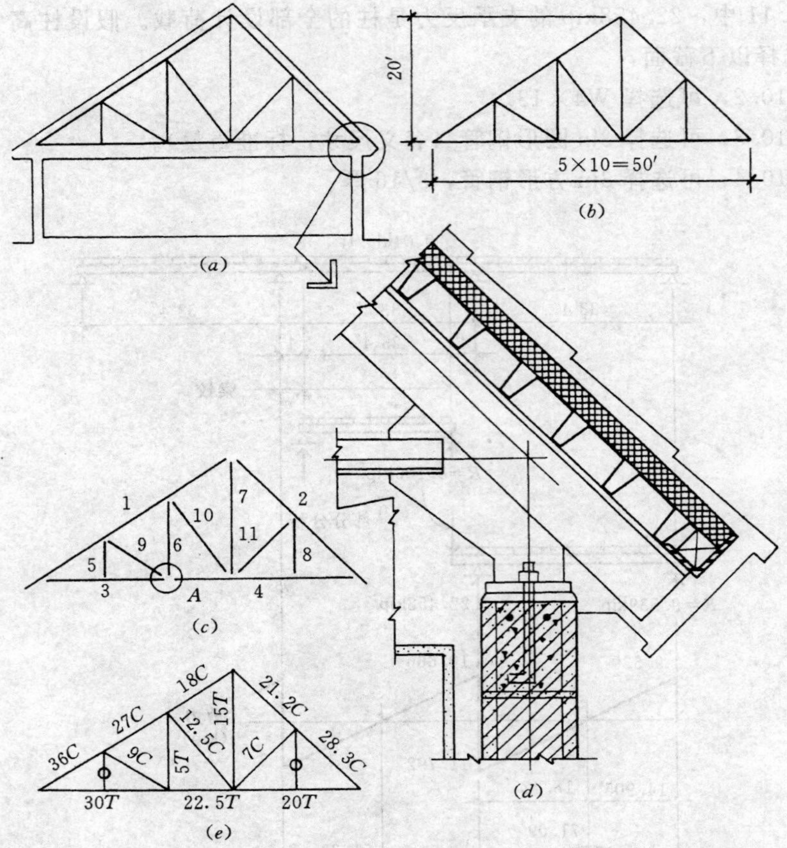

图 23.12 实例 1：桁架屋面结构方案

(*a*) 建筑剖面；(*b*) 桁架尺寸；(*c*) 构件标号；(*d*) 结构细部；(*e*) 构件力 (kip)

尺寸和当地制造者现有的常用长度。图 23.12 (*c*) 表示的是一种形成两根上弦杆和两根下弦杆的可能布置。因此，较长的上弦杆是 36ft 加上外伸部分，如果角度较小，这一外伸长度是很难得到的。

图 23.12 (*d*) 所示的屋面构造是长跨钢板直接支承在此桁架上弦顶部。这种选择取消了对桁架之间中间构件的需要，从而简化了结构。对于图 23.9 (*a*) 所示的桁架间距 16.67ft，压型钢板非常轻，这也是一种可行的体系。但是，压型钢板的直接支承对上弦杆增加了一种跨越作用，弦杆必须足够大以承担这些附加的荷载。

使用屋面活载 20psf，并假设屋面总恒载为 25psf（压型钢板＋隔热层＋屋面衬底＋屋面），上弦杆上的单位荷载为

$$w = (20 + 25) \times 16.67 = 750\text{lb/ft}$$

为保守设计，假设简支梁弯矩为

$$M = \frac{wL^2}{8} = \frac{0.75 \times 10^2}{8} = 9.375\text{kip} \cdot \text{ft}$$

使用容许弯曲应力 22ksi，所需的 S 为

$$S = \frac{M}{F_b} = \frac{9.375 \times 12}{8} = 5.11\text{in}^3$$

如果承受弯矩大约是弦杆作用力的 3/4，可以通过查找截面模量大约至少为 7.5 的一对双角钢来确定近似的尺寸。根据表 4.6 可查得一种可能的选择是一对 6in×4in×1/2in 角钢，其截面模量为 8.67in^2。

进一步推测之前，先分析桁架构件中的内力。在第 1.6 节中所示的桁架荷载情况是在每个上弦节点上有 1000lb 的集中力。注意到尽管实际荷载是沿上弦（屋面荷载）和下弦（顶棚荷载）分布的，但“假设这种形式的荷载”是一个典型方法。如果活载、屋面恒载、顶棚荷载和桁架自重的总和大约为 60psf，则单个节点上的荷载为

$$P = 60 \times 10 \times 16.67 = 10000\text{lb}$$

这个值是第 1.6 节中桁架上荷载的 10 倍，因此，重力荷载的内力为图 1.19 所示内力的 10 倍。此处这些值如图 23.12（*e*）所示。表 23.3 概括了除上弦杆以外的桁架构件的设计。表中的拉力构件是根据焊接连接和所希望的最小角肢厚度 3/8in 选择的。压力构件是从 AISC 的表中选择的。

同很多轻型桁架一样，构件的最小尺寸是根据布置、尺寸、力的大小和连接构造确定的。角肢宽度要足以容纳螺栓，或厚度要足以容纳焊缝就是这样的依据。构件最小的 L/r 值也是另外一个依据。有时候这样会形成形式、尺寸和建议的构造吻合不好的桁架设计。

这里桁架弦杆可使用结构 T 形钢，除非支座处取消大多数节点板。如果桁架能运输到现场并且是整体式安装，桁架内所有节点都可以是工厂焊接。否则，必须制定一些方案划分桁架和现场拼接单个构件，现场连接最有可能使用高强螺栓。

表 23.3　　　　**桁架构件的设计**

桁架构件			构件选择（均为双角钢）
等级	力（kip）	长度（ft）	
1	36*C*	12	压弯组合构件 6×4×1/2
2	28.3*C*	14.2	最大 $L/r=200$，最小 $r=0.85$，6×4×1/2
3	30*T*	10	最大 $L/r=240$，最小 $r=0.50$，$3\times2\frac{1}{2}\times3/8$
4	22.5*T*	10	$3\times2\frac{1}{2}\times3/8$
5	0	6.67	$2\frac{1}{2}\times2\frac{1}{2}\times3/8$
6	5*T*	13.33	最大 $L/r=240$，最小 $r=0.67$，$2\frac{1}{2}\times2\frac{1}{2}\times3/8$
7	15*T*	20	最大 $L/r=240$，最小 $r=1.0$，$3\frac{1}{2}\times3\frac{1}{2}\times3/8$
8	0	10	$2\frac{1}{2}\times2\frac{1}{2}\times3/8$
9	9*C*	12	$2\frac{1}{2}\times2\frac{1}{2}\times3/8$
10	12.5*C*	16.67	最大 $L/r=200$，最小 $r=1.0$，$3\frac{1}{2}\times2\frac{1}{2}\times3/8$
11	7*C*	14.2	最大 $L/r=200$，最小 $r=0.85$，$3\times2\frac{1}{2}\times3/8$

对于上弦杆的近似设计，考虑简单线性相互作用形式的组合作用方程：

$$\frac{f_a}{F_a}+\frac{f_b}{F_b}\leqslant 1$$

这可以通过考虑两个比值实施：一个是设计压力比抗压承载力，另一个是设计抗弯 S 比实际的 S。因此可得

设计压力＝36.06kip

承载力（表 10.5 使用 16ft 的长度）＝137kip

比值＝36.06/137＝0.263

设计抗弯 S＝5.11in^3

实际的 S（表 4.6）＝8.67in^3

比值＝5.11/8.67＝0.589

比值总和＝0.852

尽管 AISC 规范要求进行更精确的分析，但这些计算结果表明这个选择是合理的。

节点 A［见图 23.12（*c*）］的一种可能的构造如图 23.13（*a*）所示。因为下弦杆的拼接出现在这一点［见图 23.12（*c*）］，所以下弦杆在该点不连续。如果桁架是用两部分现场安装的，这个节点可现场连接，并且一个可供选择的方案如图 23.13（*b*）所示，用螺栓进行拼接。

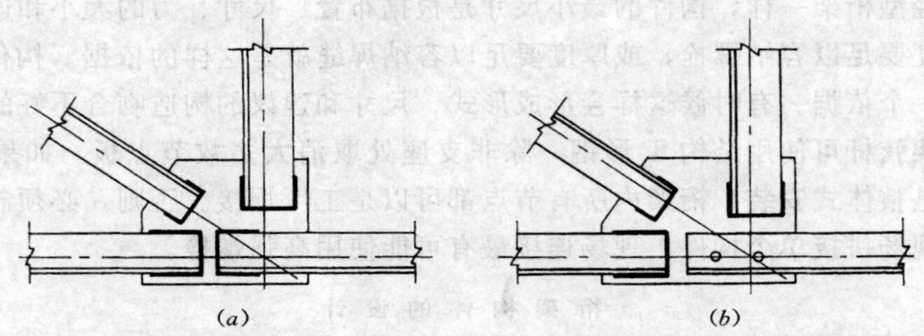

图 23.13 桁架节点 A 的设计

（*a*）全工厂连接；（*b*）备用的下弦螺栓现场连接

23.6 基础

实例 1 的基础应该是非常小的。对于外承重墙，其构造将取决于对霜冻和合适的承重材料的埋深的考虑。木结构的基础选择如图 23.14 所示。

当霜冻不成问题，且在参考水准面以下很短距离处就能实现合适的支承时，一般的解决方案是使用图 23.14（*a*）所示的构造，也称为基础梁。实际上这是底座和短基础墙的组合。这一般在顶部和底部使用钢筋加强以使其具有连续梁的一些能力，能够跨过支撑土壤中各孤立的软弱点。

当霜冻存在问题时，地方规范将会规定一个从参考水准面到基础底部的最小距离。为了达到这个距离，使用独立底座和基础墙可能更可行，如图 23.14（*b*）所示。这种短的连续墙也可以根据一些最小的类似梁的作用进行设计，类似于地基梁的设计。

对于每种基础，如果土的承压完全足够，屋面和木支柱墙的轻型荷载将需要一个最小的基础宽度。如果承压不满足，这类基础（浅承压底座）必须用一些深基础形式（桩基或沉箱基础）代替，这提出了主要的结构设计问题。

图 23.15 所示的是用于砌体结构墙的基础构造，类似于木结构的基础。在这里，砌体墙的附加重量可能需要更宽的承压构件，但是构造的基本形式是非常相似的。图 23.14

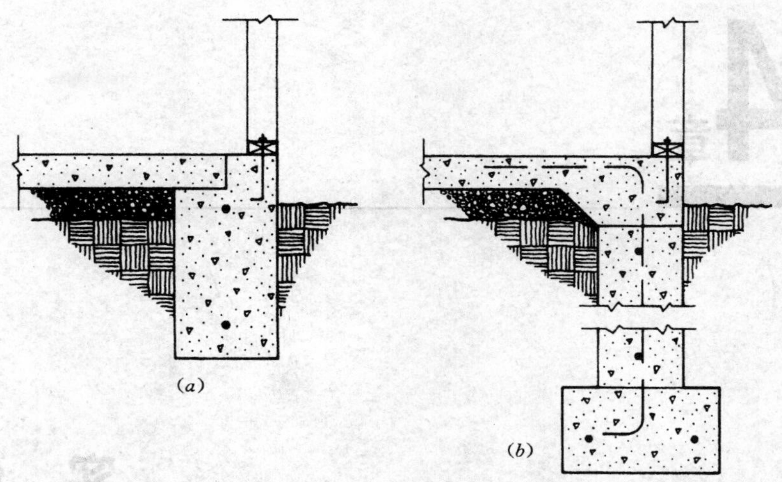

图 23.14 木结构外墙基础的选择

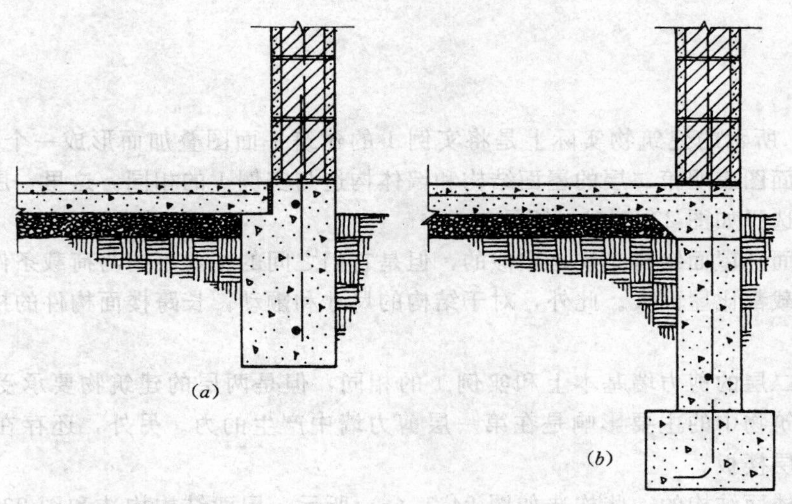

图 23.15 砌体结构外墙基础的选择

(b) 或 23.15 (b) 中的基础墙的另一种可供选择的方案是用灌浆混凝土砌块代替现浇混凝土墙。

因为屋面结构和较低的楼面活载形成的轻型荷载，实例一的任一内墙基础也是最小的。

第24章

实　例　2

图 24.1 所示的建筑物实际上是将实例 1 的建筑平面图叠加而形成一个两层建筑物。建筑物的剖面图表明第二层的屋面结构和墙体构造与实例 1 的相同。这里，屋面和第二层楼面的结构选择如图 23.2（*b*）所示。

尽管楼面和屋面结构布置是相似的，但是它们之间的主要不同与荷载条件有关。楼面的恒载和活载都比屋面大。此外，对于结构的尺寸和颤动，长跨楼面构件的挠度都是所关注的内容。

尽管第二层的剪力墙基本上和实例 1 的相同，但是两层的建筑物要承受更大的风荷载。在该建筑物中的主要影响是在第一层剪力墙中产生的力。另外，还存在一个水平隔板，即第二层楼板。

第二层楼面结构的一些构造如图 24.1（*c*）所示。屋面结构构造和图 23.3（*b*）中实例 1 的结构构造是相似的。与实例 1 相同，在这里选择使用净跨屋面结构——与轻型桁架非常相像——可以免去第二层楼面中走廊墙柱的需要。

24.1　重力荷载设计

对于第二层楼面结构的设计，假设有如下的构造，忽略顶棚的重量，假设它由第一层墙支承。

地毯和衬垫：	3.0psf
衬垫下面的纤维板：	3.0psf
混凝土填充料 1.5in：	12.0psf
胶合板 3/4in：	2.5psf
管道、灯、配线：	3.5psf

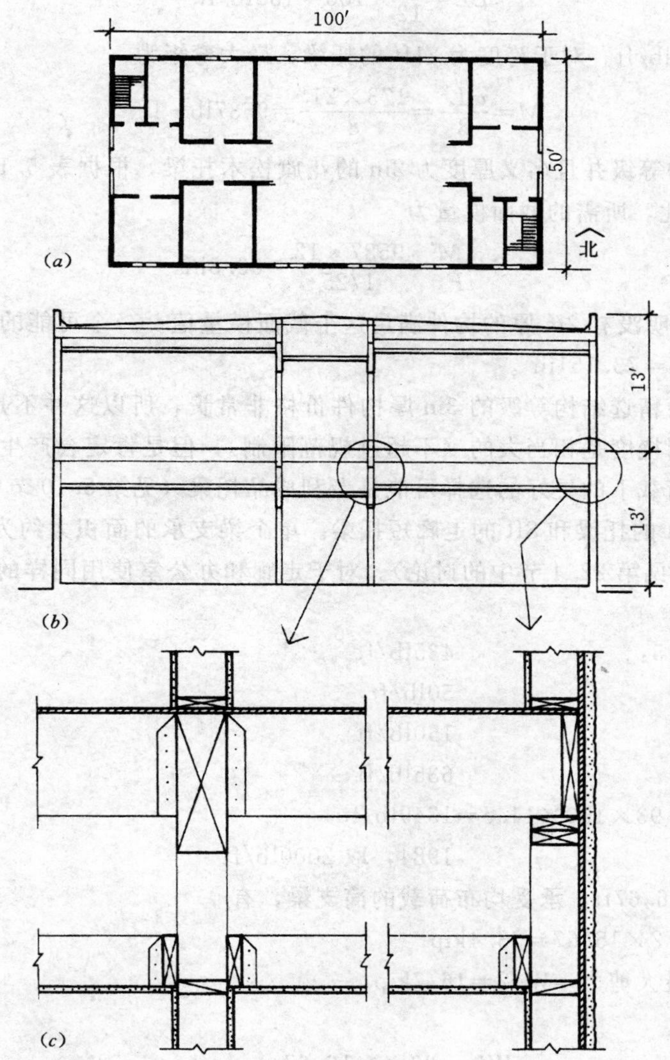

图 24.1　实例 2：基本形式和结构细部

总和（不包括托梁）：　　　　　　　24.0psf

对于办公室，其最小活载为 50psf，但是，规范要求包括一个附加荷载以考虑可能的附加隔断墙，一般为 25psf。因此总的设计活载为 75psf。走廊上的活载取 100psf。很多设计人员将更喜欢按 100psf 的活载设计整个楼面，从而考虑将来其他的布置或使用。因为附加隔墙荷载对于这个活载是不需要的，所以这只是总荷载提高 20%。按这样考虑，托梁总的设计荷载则为 124psf。

用中心间距为 16in 的托梁，单个托梁的上部均布荷载则为

$$DL=\frac{16}{12}\times 24=32\text{lb/ft}+\text{托梁自重，取 }40\text{lb/ft}$$

$$LL=\frac{16}{12}\times 100=133\text{lb/ft}$$

总荷载为 173lb/ft。对于跨度为 21ft 的托梁，最大弯矩为

$$M=\frac{wL^2}{8}=\frac{173\times 21^2}{8}=9537\text{lb}\cdot\text{ft}$$

对于精选结构等级并且名义厚度为 2in 的花旗松木托梁，根据表 5.1，查得重复构件 $F_b=1725$psi。因此，所需的截面模量为

$$S=\frac{M}{F_b}=\frac{9537\times 12}{1725}=66.3\text{in}^3$$

查表 4.8，表明没有 2in 厚的构件满足这个截面模量值。一个可能的选择是 3×14 构件，其截面模量 $S=73.151\text{in}^3$。

实际上，因为精选结构等级的 3in 厚构件价格非常贵，所以这并不是一个好的设计。此外，表 5.1 表明挠度是相当大的（不超过规范限制），但是肯定会产生一定的下垂和颤动。在该跨度和荷载下的更好的选择可能是专利成品托梁（见第 5.10 节中的讨论）。

梁支承着 21ft 的托梁和 8ft 的走廊短托梁。单个梁支承的面积大约为 240ft²，为此允许活载折减 7%（见第 22.4 节中的讨论）。对于走廊和办公室使用同样的荷载，梁的荷载被确定如下：

$DL=30\times 14.5$： 435lb/ft

＋梁自重： 50lb/ft

＋上面墙重： 150lb/ft

总的 DL： 635lb/ft

LL： $0.93\times 100\times 14.5=1349$lb/ft

梁上总荷载： 1984，取 2000lb/ft

对于跨度为 16.67ft，承受均布荷载的简支梁，有

总荷载 $=W=2\times 16.67=33.4$kip

端部反力 = 最大剪力 $=W/2=16.7$kip

最大弯矩为

$$M=\frac{WL}{8}=\frac{33.4\times 16.67}{8}=69.6\text{kip}\cdot\text{ft}$$

对于 1 号密实等级的花旗松木梁，表 5.1 给出 $F_b=1550$psi，$F_v=85$psi，$E=1700000$psi。为满足抗弯要求，所需截面模量为

$$S=\frac{M}{F_b}=\frac{69.6\times 12}{1.550}=539\text{in}^3$$

根据表 4.8，查得满足这个要求的最轻截面为 10×20 或 12×18。

如果使用 20in 高的截面，其有效抗弯承载力必须降低（见第 5.2 节中的讨论）。因此 10×20 的实际抗弯承载力要按表 5.3 中的系数折减，其值可确定为

$$M=C_F\times F_b\times S=\frac{0.947\times 1.550\times 602.1}{12}=73.6\text{kip}\cdot\text{ft}$$

由于这个值超过了设计值，所以选择是满足条件的。类似的分析表明其他尺寸的选择

也是满足条件的。

如果实际梁高为 19.5in，关键剪力可减小为距支座等于梁高距离处的剪力。因此，荷载的大小等于最大剪力减去梁高乘以单位荷载，所以这个关键剪力为

$$V = 实际端部剪力 - 梁高乘以单位荷载$$
$$= 16.67 - 2.0 \times (19.5/12) = 13.42\text{kip}$$

因此，对于 10×20，最大剪应力为

$$f_v = 1.5\frac{V}{A} = 1.5 \times \frac{13420}{185.25} = 108.7\text{psi}$$

甚至折减后的关键剪应力，还是超过容许应力 85psi。因此，梁截面必须提高到 10×24 或 12×22 以满足剪力要求。因为较大的截面将有一个被折减的弯曲应力，而且在表 5.1 中的剪应力值对于所有等级的木材截面都是相同的，所以通过减小木材的设计应力等级可能节省成本。

对于跨度相对较小和荷载相对较大的木梁，一般剪应力是控制因素。容许剪应力非常小的实心锯齿形截面一般是不允许使用的。改变结构以减小梁跨度或选择钢梁或胶合木板层截面代替实心锯齿形截面可能是合理的。

尽管挠度对承受轻型荷载的长跨梁通常是关键因素，但是它对承受重型荷载的短跨梁几乎不起作用。读者可以通过分析该梁的变形证明这一点，然而计算结果就不在此写出（见第 5.5 节）。

对于第一层的内柱，设计荷载近似等于第二层梁上的总荷载加上屋面结构的荷载。因为屋面荷载大约等于楼面荷载的 1/3，所以对于 10ft 高的柱，其设计荷载大约为 50kip。根据表 6.1，可以选择 8×10 或 10×10 的截面。考虑到各种因素，在这里使用钢构件——圆形钢管或方形钢管截面——可能更合理，实际上这种柱可以用在走廊处相对较薄的支柱墙内。

在东西墙上梁的端部也必须设置柱。在这些位置可以使用独立柱构件，但是也经常只简单建造由一些支柱形成的柱。

24.2　侧向荷载设计

实际上，实例 2 中第二层的侧向抵抗力和实例 1 的是相同的。此处的设计考虑的因素将限于第二层楼板的横隔作用和两层的端部剪力墙。

两层建筑物的风荷载条件如图 24.2（*a*）所示。压力的改变和实例 3 相同，并且其解释在第 25.5 节。在第二层楼面上，分配到横隔板边缘上的风荷载是 155lb/ft，产生的横隔板跨越作用如图 24.2（*b*）所示。参考建筑平面图 24.1（*a*）。

注意：楼梯所需的开口在横隔板端部的楼板上形成了一个空腔。

因此，在这一位置，横隔板的净宽大约被减小到 35ft，所以最大单位剪应力为

$$v = \frac{7750}{35} = 221\text{lb/ft}$$

根据表 25.1，可以确定对 15/32in 厚的胶合板只需要最小的钉合连接。因此，可以选择 15/32in 厚 C－D 盖板，边缘间距为 6in 的 8d 钉和全封闭板。

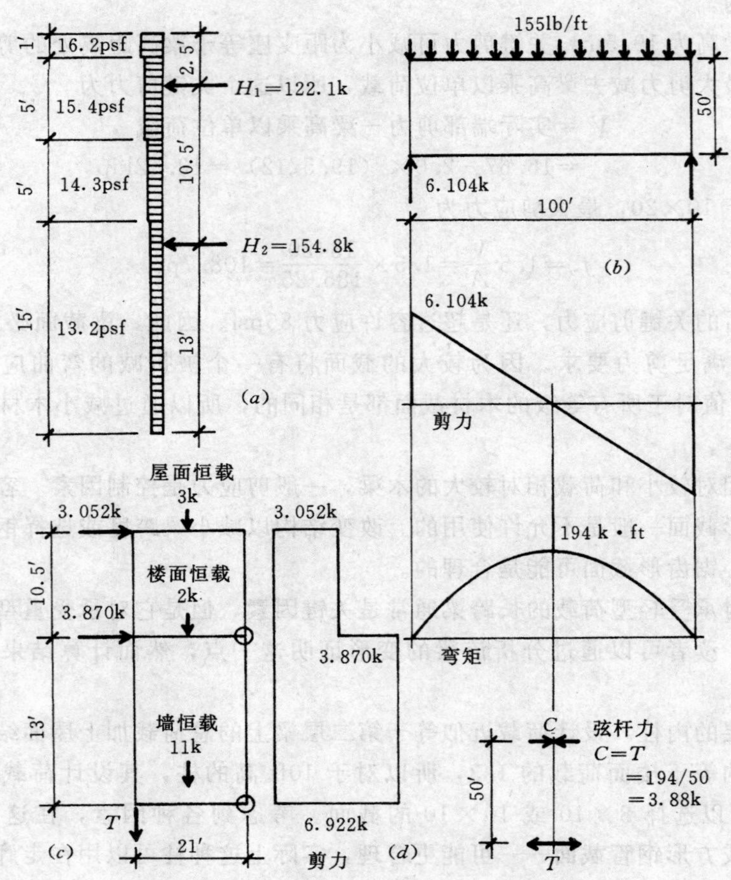

图 24.2 实例 2：风产生的侧向力设计

(*a*) 外墙在风压力作用下的功能以及屋面和楼面形成的支撑；(*b*) 第二层楼面横隔板的跨越作用；(*c*) 两层端部剪力墙上的荷载；(*d*) 剪力墙的剪力图

同第 23 章中对屋面横隔板的讨论一样，为承受 3.88kip 的计算拉（压）力，楼面横隔板边缘处的弦杆必须为框架构件。如果注意了 100ft 长的边缘构件拼接的完全连续性，普通的框架构件就可能具有这种作用。

我们必须认真分析屋面、楼面和外墙的结构细部以确保实现力的必要传递。这些传递包括以下内容：

(1) 力从屋面胶合板（水平横隔板）到胶合盖板（剪力墙）的传递。

(2) 力从第二层剪力墙到支承它的第一层剪力墙的传递。

(3) 力从第二层楼面板（水平横隔板）到第一层胶合盖板（剪力墙）的传递。

(4) 力从第一层剪力墙到建筑物基础的传递。

在第一层端部剪力墙中，总的侧向荷载为 6.922kip，如图 24.2（*d*）所示。对于 21ft 宽的墙，单位剪力为

$$v=\frac{6922}{21}=330\text{lb/ft}$$

根据表 23.2，尽管在板边所需的钉距比最小值 6in 还小，但是这个抵抗力是由 3/8in 厚的 C－D 等级胶合板提供的。

在第一层楼面上，对端部剪力墙的倾覆分析如下所示［见图 24.2（c）］：

倾覆力矩＝3.052×23.5×1.5＝107.6kip・ft

＋3.870×13×1.5＝75.5kip・ft

具有安全系数的总倾覆力矩：　183.1kip・ft

恢复力矩＝（3＋2＋11）×10.5＝168kip・ft

净倾覆效应＝183.1－168＝15.1kip・ft

净倾覆效应所需的锚固力为［见图 24.2（c）中的 T］

$$T=\frac{15.1}{21}=0.72\text{kip}$$

对于标准的固定锚栓，这是一个非常小的值。

实际上，在这个墙上还有其他的抵抗力。在建筑物角上，端部墙通过角椽木与南北墙很合理地连接起来，这需要被抬起以允许倾覆。在建筑物入口侧，墙端部的柱和所述的第二层椽木一起支承楼面梁的端部。总体说来，要求剪力墙端部锚固可能缺少计算基础，但是许多设计师习惯于采用这样的锚固。

24.3　钢结构和砌体结构方案

与实例 1 一样，对于该建筑物，可供选择的另一结构是砌体墙和内部钢框架，底层和

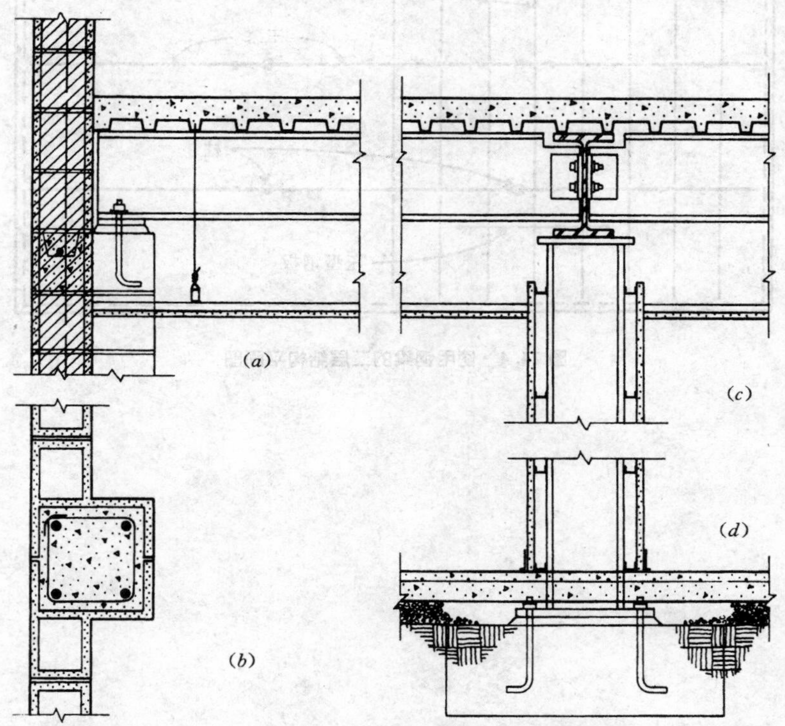

图 24.3　实例 2：钢结构和砌体结构的细部方案

屋面结构实质上和第 23.7 节实例 1 相同。第二层楼面可使用图 24.3 所示的结构。因为荷载较重，此处的楼板结构使用钢框架体系轧制钢梁在内部由钢柱支承而在外部的砌体墙上由壁柱支承。图 24.3（*b*）中的平面构造表示出了混凝土砌体结构中形成的标准壁柱。

楼板是由使用结构等级混凝土作填充料的压形钢板组成的。这种板横跨在钢梁之间，这些钢梁依次支承在柱直接支承的更大的梁上。所有的内部结构构件都能够使用本书所述的方法进行设计。

图 24.4 表示出了实例 2 中第二层楼面的一种可能的钢框架平面图，由图 23.9（*b*）中的屋面结构平面图变化而来。在这里，不用长跨的屋面板，而采用短跨楼面板，以及一系列支承在外墙和两个内部大梁上的中心间距为 8ft 的梁。

钢结构的防火构造取决于当地防火区域和建筑规范要求。防火构造中的钢结构外套可以满足这个小型建筑物的要求。

尽管承受屋面和楼面荷载的较高砌体墙具有比实例 1 中更大的应力，但是规范要求的最小结构仍是可以满足的。侧向荷载的抵抗方法取决于荷载的大小和规范要求。

实例 2 的另外一个可能的结构——取决于防火要求——建筑物内部使用的木结构。在 19 世纪和 20 世纪早期，很多建筑物是使用砌体墙和内部木结构建造的，这种结构形式被称为厂房结构。目前，一种类似的结构体系是使用木和钢结构构件的组合结构，如第 25.7 节实例 3 所述。

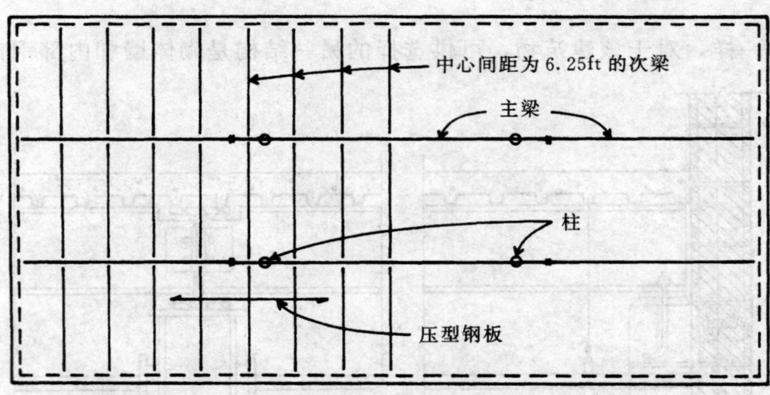

图 24.4 使用钢梁的二层结构平面图

第25章

实　例　3

这是一个中等规模的办公楼，一般具有较低的高度（见图 25.1)。在这类建筑物中，尽管在特定的位置、特定的时间，几种常用的结构形式易于统治这一领域，但是其结构形式还是有相当大的选择范围。

25.1　概述

这类建筑物通常需要进行一些模数设计，包括建筑物平面内柱间距、窗棂和内隔墙尺寸的协调。也可以把这些模数协调扩展到顶棚结构、照明设备、暖通空调构件以及电力、电话和其他信号配线管道体系的设计中。这种模数体系并不是幻数，在 3～5ft 之间的所有尺寸已经被使用，并且被很多设计人员强烈地提倡。对于外墙、内模数墙或完整的顶棚体系等具有特殊性质体系的选择可以建立一个参考尺寸。

对于具有投资性质的建筑物，不确定的使用可能会改变建筑物的寿命，为将来建筑物内部更舒适的重新设计提供方便一般是所希望的。对于基本结构，这就意味着使用尽可能少的永久性结构构件。如果是最少，一般要求结构具有主体结构（柱、楼板和屋面)、外墙、围住楼梯、电梯和建筑服务天井的内墙。如果可能，其他的所有构件在性质上应该是非结构或可拆卸的。

建筑物内部的柱间距应该尽可能地宽，主要是为了减小可用建筑平面内独立柱的数量。如果从中心核（组合的永久构件）到外墙边缘的距离对于单跨不是太大，内部可以不使用柱。建筑物周边的柱距不影响这个问题，因此，有时在这个位置使用附加柱以减小柱尺寸从而减小重力荷载，或形成更好的周边刚性框架体系以抵抗侧向荷载。

悬挂顶棚底面和屋面或楼面结构顶部之间的距离一般必须能够容纳除基本结构构件以外的很多构件。通常这一状态需要结合结构、暖通空调、电力、通信、照明和消防体系所

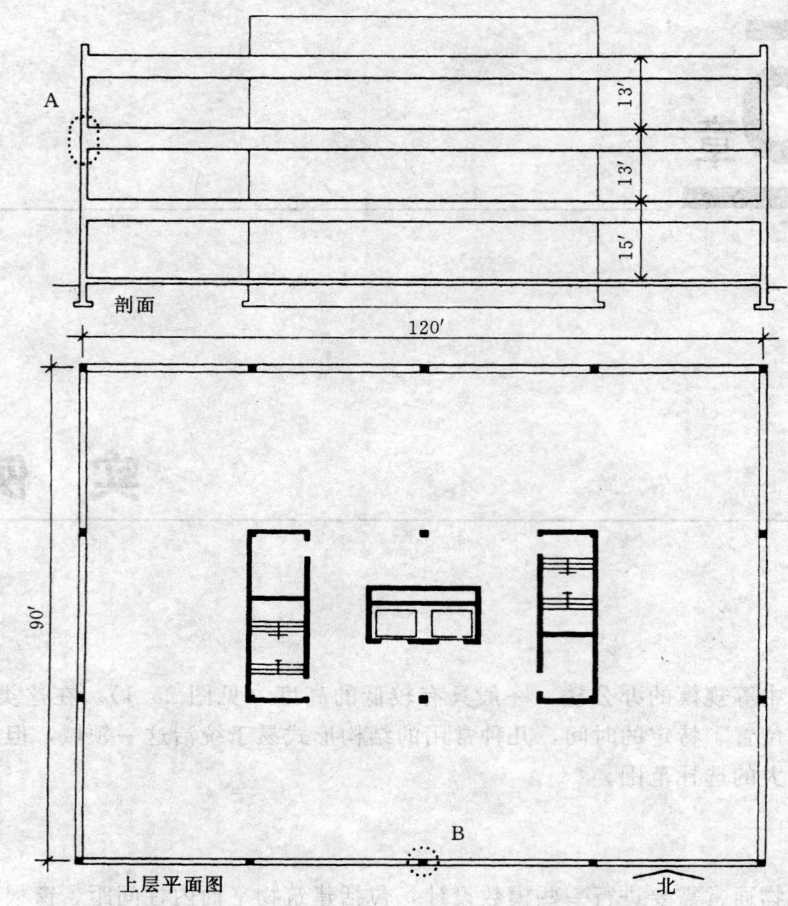

图 25.1 实例 3：基本形式

需要的空间进行协调。

设计早期通常主要必须确定构件装配在一起所需空间的总体尺寸。并且如果任一封闭体系的细部设计需要更大空间，还将确定横跨构件允许的厚度和一般的层高在以后将不轻易改变。

对建筑物构件的充足的预备空间使得其他各种建筑物子体系的设计更加容易，但是必须考虑对建筑设计的总体影响。外墙、楼梯、电梯和服务天井的附加高度都会产生附加成本，严格控制层高是非常重要的。

该建筑物主要的建筑设计问题是外墙构造基本形式的选择。对于柱框架结构，必须把柱和非结构填充墙这两个构件融为一体。图 25.2 所示的结构基本形式是柱并入墙中，窗户位于柱之间的水平带内。外柱和拱肩盖板形成一个连续表面，从而，窗单元成为墙内开孔。

此例中，窗户不作为连续幕墙体系的一部分。实际上它们是单个独立单元，放置并支承于一般墙体系。幕墙是一种支柱和面层体系，其特征类似于典型的轻质木支柱墙体系。在这种情况下，支柱采用轻型钢，外罩面为金属饰面夹芯板体系，若需要，内罩面为石膏干饰面墙，用螺丝连接于金属支柱上。

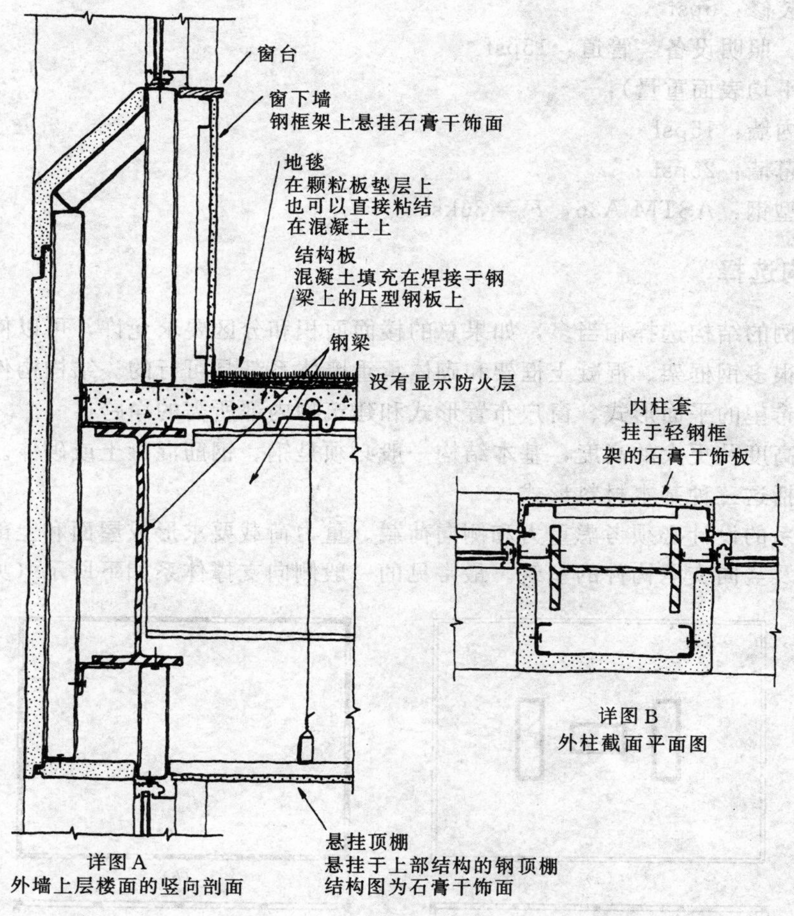

图 25.2 上面楼层处的墙、楼面和外柱构造

墙构造细部（如图 25.2 中的细部 A 所示）产生了相当大的填隙空位空间。尽管绝缘材料占据了部分空间，但是这个空间很容易就可以容纳一些电力体系或其他服务设施。在气候寒冷地区，最可能使用周边热水加热体系，并且该体系可以并入到此处所示的墙空间内。

设计标准

以下资料用于设计：

《统一建筑规范》1997 年版（参考文献 1）

活载：

屋面：见表 22.2

楼面：根据表 22.3，查得办公室区域最小为 50psf，大厅和走廊为 100psf，活动隔断板为 20psf

风：风速为 80mph，地面粗糙度为 B

假设结构荷载：

楼面装修：5psf

顶棚、照明设备、管道：15psf

墙（平均表面重量）：

固定内墙：15psf

外部幕墙：25psf

轧制型钢：ASTM A36，$F_y=36$ksi

25.2 结构选择

这个实例的结构选择相当多，如果总的楼面面积和分区要求允许，可以使用轻质木框架。当然，很多钢框架、混凝土框架和砌体承重墙体系都是可行的。结构构件的选择将主要取决于所希望的平面形式、窗户布置形式和建筑物内部所需的净跨。

在这个高度及更大的高度，基本结构一般必须是钢、钢筋混凝土或砌体。此处图解说明的选择包括这三种基本材料形式。

结构体系的设计必须考虑重力和侧向荷载。重力荷载要求形成屋面和上部楼面这一水平跨越体系及竖向支承构件的垒筑。最常见的一般侧向支撑体系如下所示（见图 25.3）。

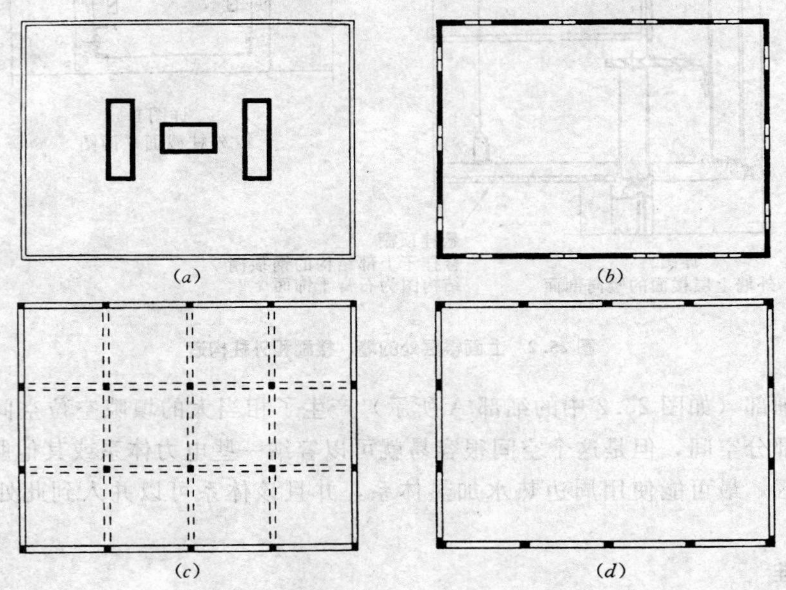

图 25.3 侧向支撑体系的竖向构件选择

(*a*) 核心支撑——剪力墙或桁架系统；(*b*) 周边支撑——剪力墙或桁架系统；(*c*) 完全发展的三维刚性框架；(*d*) 周边刚性框架

(1) 核心剪力墙体系［见图 25.3 (*a*)］。用核心构件（楼梯、电梯、休息室、通风道竖井）周围的实心墙形成了非常刚的竖向构件，其余结构可以依靠这个刚性核。

(2) 桁架支撑核。类似于剪力墙核，用桁构排架代替实心墙。

(3) 周边剪力墙［见图 25.3 (*b*)］。将建筑物变成一个管状结构，墙可以在结构上连续且开门窗洞口或可以建成竖向洞口带之间独立的相连接的墙墩。

(4) 内外混合剪力墙或桁构排架。对于一些建筑物平面，周边或核心体系可能是不可行的，这要求使用一些混合的墙与/或桁构排架。

(5) 完全刚性框架体系［见图 25.3 (*c*)］。使用所有可利用的梁柱竖向平面形成的排架。

(6) 周边刚性框架［见图 25.3 (*d*)］。只使用外墙平面内的柱和拱肩梁，建筑物平面的每个方向只形成两个排架。

在适当的情况下，所有的这些体系都可以用于这种规模的建筑物。从建筑和结构设计的角度看，每种都有各自的优点和不足。

在这里使用三种侧向支撑体系：桁架支撑核、刚性框架和多层剪力墙。对于水平的屋面和楼面结构，也提出了几种配置。

25.3　钢结构的设计

图 25.4 所示的是上部楼面的框架体系，该体系的轧制钢梁以与柱距相关的模数间隔布置。如图所示，次梁的中心间距为 7.5ft，且不在柱线上的次梁支承于柱线上的主梁上。因此，3/4 的次梁支承在主梁上，其余的直接支承在柱上。次梁依次支承着单向板。

在这个基本体系中，存在许多变量，如下所示：

(1) 次梁间距，影响板的跨度和次梁荷载。

(2) 板，可得到很多种，将在后面讨论。

(3) 平面中的梁/柱关系，如图所示，允许在两个方向上形成可能的竖向框架。

(4) 柱的定位，W 型钢有一个强轴并且在不同的方向可用于不同的框架。

(5) 防火，有各种方式，这和规范及一般的建筑构造有关。

以上这些和其他的问题将在下面的讨论中处理。

审查图 25.4 中的结构平面图可知，建筑物核心需要一些体系的普通构件和几根特殊的梁。下面的讨论仅限于对普通构件的处理（图 25.4 中标有“次梁”和“主梁”的构件）。

对于这种具有不确定性的租用式的建筑物的设计，我们必须假定楼面的平面布置可能不同。因此不可能完全预测哪里是办公室和哪里是走廊，每个地方要求不同的活载。因此，对于与该问题有关的一般体系荷载组合设计是很常见的。对于这里的设计，可使用以下条件。

楼板：活载＝100psf

次梁：活载＝80psf，对于活动隔断板，恒载增加 20psf

主梁和柱：活载＝50psf，恒载增加 20psf

1. 结构板

楼面板可以有好几种选择。除对重力荷载和侧向荷载的横隔板作用这些结构上的考虑外，还必须考虑钢材的防火，线路、管道、排泄管设施的调节以及楼面、屋面和顶棚结构的连接。对于办公建筑，电力和通信网通常必须建造在墙和楼面结构内。

如果结构楼板是现浇或预制混凝土板，非结构填充料通常放置在结构板顶部，可以把电力和通信网埋在这些填充料中。如果使用压型钢板，压型钢板的闭合部分可用于埋设这

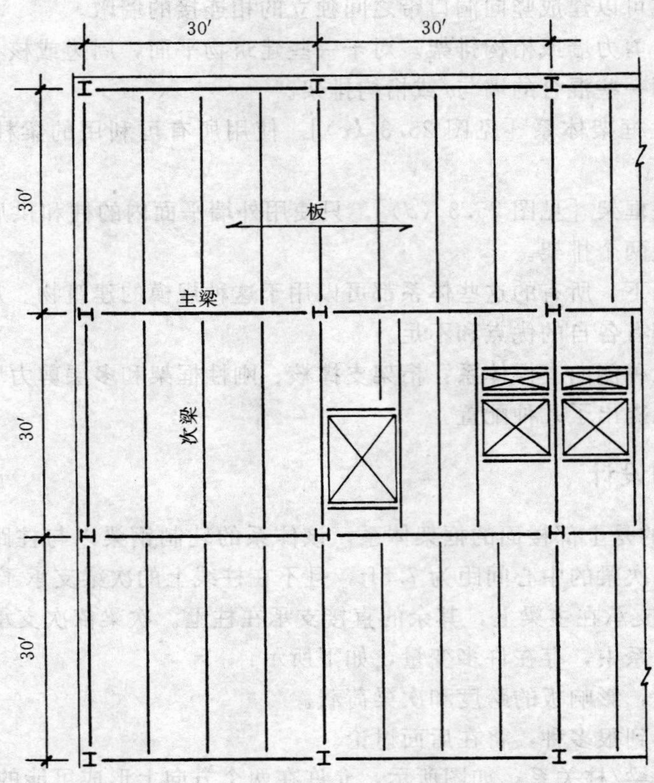

图 25.4 上层楼面结构的部分框架平面图

些配线。

对于此例，选择的板是拱肋高度为 1.5in 的压型钢板，其顶部浇筑在压型钢板以上最小厚度为 2.5in 的轻质混凝土填充料上。这个楼板的单位平均恒重取决于钢板的厚度、压型钢板折叠的形状和混凝土填充料的单位密度。对于此例，假设平均重量为 30psf，再加上假设的楼板饰面和悬挂部分的重量，楼板设计的总恒载为 50psf。

2. 普通次梁

如图 25.4 所示，该次梁跨度为 30ft 并且承受 7.5ft 宽的荷载带。这允许活载的折减为（见第 22.4 节）

$$R=0.08\ (A-150)\ =0.08\times\ (225-150)\ =6\%$$

因此，次梁的荷载如下：

活载＝7.5×0.94×80＝564plf

恒载＝7.5×50＝525plf＋梁自重，取 560plf

总单位荷载＝1124plf

总支承荷载＝1.124×30＝33.7kip

对于这个荷载和跨度，表 9.1 给出了以下可能的选择：W16×45、W18×46、W21×44。实际的选择可能要受很多考虑因素的影响。例如，使用的表格没有同时考虑挠度或侧向支撑。在这种情况下，尽管 16in 型钢在活载下的挠度在一般限制范围内（见图 9.5），但很明显，较深的型钢将产生较小的挠度。对于这些次梁，压型钢板实际上将最有可能真正地提供连续的上翼缘（受压翼缘）侧向支撑。其他需要考虑的问题可能包括结构中连接的设计和非结构构件的使用。

同特殊情况下设计的梁（包括柱线上的梁、拱肩梁等）相比，这个梁是标准构件。

3. 普通主梁

图 25.5 表示出了主梁的荷载条件，这只是由被支承梁产生的荷载。尽管这忽略了作为均布荷载的主梁自重的影响，但是因为主梁自重是一个较小的荷载，所以这样的近似设计是合理的。

因此，主梁支承三个次梁，并且其总荷载面积为 $3\times225=675\text{ft}^2$。允许活荷载折减，从而可得

$$R=0.08\times(675-150)=42\%$$

但是，水平跨越结构的最大折减为 40%。因此，主梁设计的单位梁荷载可确定为

恒载＝0.57×30＝17.1kip

活载＝0.60×0.050×7.5×30＝6.75kip

总荷载＝17.1＋6.75＝23.85kip，取 24kip

对这一条件可用各种资料选择构件。因为这种构件侧向支撑的间距只有 7.5ft，所以必须注意这一点。如图 25.5 所示，如果最大弯矩被确定，可以把这个值和侧向无支撑长度一起用于表 9.1 或表 9.2 以确定合理的选择。最轻的选择是 W24×84 或 W27×84。根据其他的考虑，可选择 W21×93 和 W30×90。更深的构件会有更小的挠度，但是更浅的构件对封入楼面和顶棚之间的建筑服务构件会提供更大的空间。

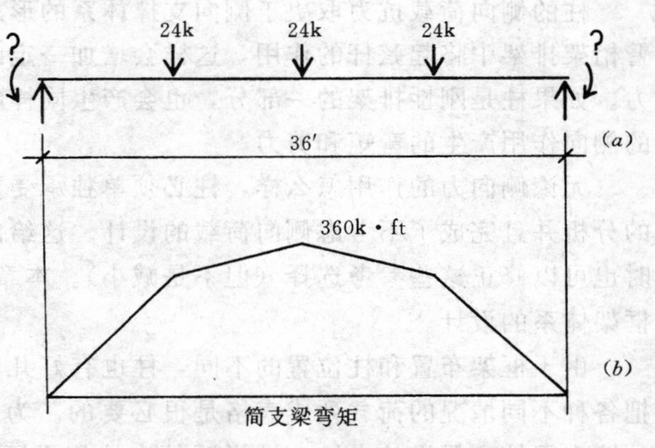

图 25.5　主梁的荷载条件

(a) 被支承梁在主梁上产生的重力荷载条件；(b) 简支梁弯矩图的形式

我们可以使用实际荷载形式下的挠度公式计算挠度。但是，使用第 9.4 节讨论的根据最大弯矩确定的等效荷载可求出近似挠度值。对于此例，等效均布荷载的计算如下所示：

$$M=\frac{WL}{8}=360\text{kip}\cdot\text{ft}$$

$$M=\frac{8M}{L}=\frac{8\times360}{30}=96\text{kip}$$

将这个假设的均布荷载用于简化公式以求得近似挠度。

尽管应该分析单个构件的挠度，但是关于挠度还存在更多的问题，如下所述：

(1) 楼面的颤动。这包括跨越构件的刚度和基本周期，并且可能和板/梁有关。一般来说，静力挠度极限的使用通常能够保证合理的无颤动，但只是通过提高刚度的办法改善

这种情况。

(2) 荷载向非结构墙的传递。在建筑结构工程完成后，结构的活载挠度可能会导致跨越构件压在非结构构件上。减小结构挠度将有利于改善这一点，但结构与非结构构件之间的连接需要一些特殊的构造细部。

(3) 施工期间的挠度。主梁的挠度加上次梁的挠度合计为柱开间中心的一个累积挠度。这对活载可能是关键的，但是在施工期间也会产生一些问题。如果钢次梁和压型钢板非常平地安装，随后增加的构件会产生挠度。在此例中，混凝土填充料在柱开间中心会产生相当大的挠度。一个可行办法是在工厂将梁反向起拱使其挠曲后达到水平位置。

4. 重力荷载下柱的设计

钢柱的设计必须考虑重力和侧向荷载。单个柱的重力荷载基于柱的外围，这通常定义为每层中支承面的面积。实际上，荷载是通过次梁和主梁传给柱的，但是周围面积用于荷载表格和活载折减的确定。

如果梁是通过抗弯连接与柱刚性连接在一起（如刚性框架中的那样），那么重力荷载也会在柱内产生弯矩和剪力。否则，重力荷载实际上只作为轴向荷载考虑。

柱的侧向荷载抗力取决于侧向支撑体系的形式。如果使用桁构排架，一些柱在竖向悬臂桁架排架中将起弦杆的作用，这样会增加一定的压力并且在柱中可能会产生反向的净拉力。如果柱是刚性排架的一部分，也会产生同样的弦杆作用，但是柱子也会承受刚性框架的侧向作用产生的弯矩和剪力。

无论侧向力的作用怎么样，柱必须单独承受重力荷载效应。在本部分，进行了这方面的分析并且完成了不考虑侧向荷载的设计。这给出了一些参考选择，在设计侧向抵抗体系时也可以修正这些参考选择（但不是减小）。本章后面的讨论介绍了桁构排架体系和刚性框架体系的设计。

由于框架布置和柱位置的不同，柱也有好几种不同的情况。对于所有柱的全部设计，把各种不同情况的荷载列成表格是很必要的。为了说明，给出了三种情况的表格：角柱、外墙中间柱和假设的内柱。被说明的内柱假设屋面或楼面的外围面积为 $900ft^2$。实际上，图 25.1 所示的楼面平面图表明所有的内柱都在核心区域内，因而不存在这样的柱。但是表中给出的柱是一般的内部条件可用于近似选择。如后面所述，所有内柱都与侧向力体系有关，因此这也给出了侧向力设计选择的估计尺寸。

表 25.1 是用来确定柱荷载的一种常见的表格形式。对于外柱，与三层高的柱相对应，需要确定三项独立的荷载。对于内柱，表格假定核心区上方存在屋顶结构（阁楼），从而这些柱有第四层。

表 25.1 便于以下各项的确定：

(1) 每层周围的恒载，根据面积乘以每平方英尺上的假设平均恒载确定。水平结构设计过程中荷载的确定可以用于这个估计。

(2) 外围区域上的活载。

(3) 每层上的活载折减，取决于该层上方总的被支撑外围面积。

(4) 承受的其他直接恒载，例如柱的自重和荷载周围内的所有固定墙。

(5) 每层上聚积的总荷载。

(6) 每层上的设计荷载，使用所有被支承层的总累积形式。

对于表 25.1 的列表值，有如下假设：

屋面单位活载＝20psf（可折减）

屋面恒载＝40psf（基于类似的楼面结构的估计值）

表 25.1　　柱 荷 载 表

楼层	荷载来源	角柱 225ft²			中间外柱 450ft²			内柱 900ft²		
		恒载	活载	总荷载	恒载	活载	总荷载	恒载	活载	总荷载
阁楼屋面	屋面							8	5	
	墙							5		
	总/层							13	5	
	设计荷载									18
屋面	屋面	9	5		18	9		36	18	
	墙	10			10			10		
	柱	3			3			3		
	总/层	22	5		31	9		49	23	
	设计荷载			27			40			72
第三层楼面	楼面	16	11		32	23		63	45	
	墙	10			10			10		
	柱	3			3			3		
	总/层	51	16		76	32		125	68	
	活载折减	24%	12		60%	13		60%	27	
	设计荷载			63			89			152
第二层楼面	楼面	16	11		32	23		63	45	
	墙	11			11			11		
	柱	4			4			4		
	总/层	82	27		123	55		203	113	
	活载折减	42%	16		60%	22		60%	45	
	设计荷载			98			145			248

阁楼楼面活载＝100psf（用于设备，平均值）

阁楼楼面恒载＝50psf

楼面活载＝50psf（可折减）

楼面恒载＝70psf（包括隔墙）

墙面上的内墙重为 15psf

墙面上的外墙重平均为 25psf

表 25.2 概括了这三种柱的设计。对于铰接结构，假设 $K=1.0$，并且使用全层高作为

柱的无支撑长度。

尽管在上面楼层的柱荷载非常低，并且一些小的柱截面尺寸就可以满足这个荷载，但出于两个原因，W 形钢柱的最小尺寸为 10in。

第一个考虑因素是水平结构构件的形式、柱与水平构件之间的连接类型。所有的 H 形钢柱通常必须方便在柱翼缘和腹板两个方向上与梁连接。对于与柱现场螺栓连接的标准构件连接，连接结构和螺栓的实际安装要求最小的柱深度和翼缘宽度。

第二个考虑的因素是实现多层柱的拼接问题。如果建筑物对于单个柱太高，必须在一些地方使用拼接，并且如果两个部分具有同样的名义尺寸，可把一部分叠加在另一部分的顶部来实现拼接。

现场运输和结构安装过程中，有关长钢构件处理的问题也可能是另外的考虑因素。横截面面积越小、长度越短的构件越容易处理。

考虑到所有的这些原因，经常认为最小柱为 W10×33，这是在翼缘宽度为 8in 的组中最轻的型钢，也是在表 25.2 的选择中最小的尺寸。在表 25.2 中，假设拼接出现在第二层上方 3ft 处（这是螺栓安装的方便位置），两个柱大约为 18ft 和 23ft 长。这些长度很容易得到，并且非常容易处理名义尺寸为 10in 的型钢。

表 25.2　　柱设计总结

位置	楼层	无支承长度(ft)	角柱		中间外柱		内柱	
			设计荷载(kip)	柱的选择	设计荷载(kip)	柱的选择	设计荷载(kip)	柱的选择
屋面	三层	13	27	W10×33	40	W10×33	72	W10×39
三层楼面								
	二层	13	63	W10×33	89	W10×33	152	W10×39
二层楼面								
	一层	15	98	W10×33	145	W10×33	248	W10×49
一层楼面								

25.4　桁架楼面结构方案

实例 3 的上部楼面的结构平面如图 25.6 所示，使用空腹钢托梁和桁架主梁。尽管这种结构可以延伸到中心和外部拱肩，但是对此例也可以保留对轧制型钢的使用。这种布置的侧向支撑也有很多种可能的形式，其中一种是使用和前面设计相同的中心桁构排架。尽管更适用于长跨和轻型荷载，但是这种体系也相当地适用于这种情况。

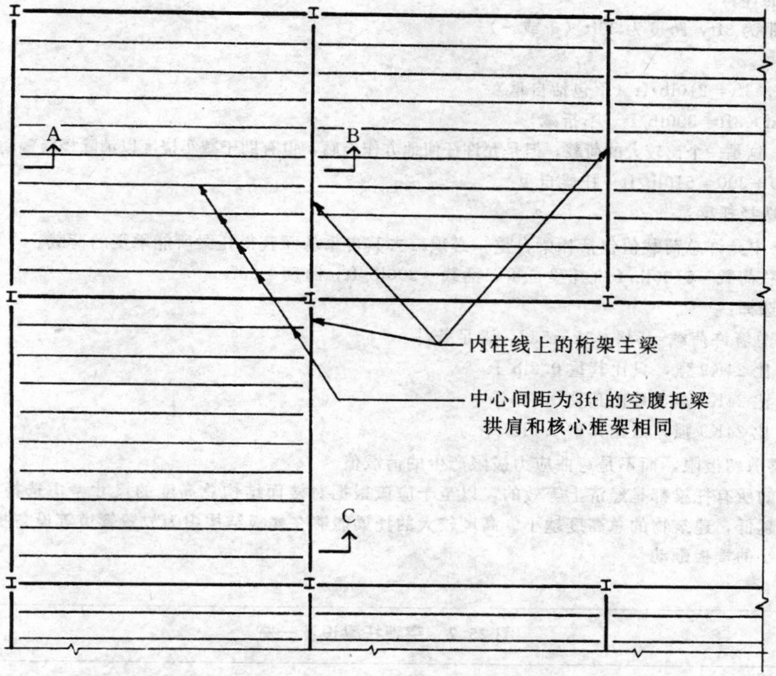

图 25.6　实例 3：使用空腹托梁和桁架主梁的上部楼面的部分结构平面图

水平结构使用全桁架结构的一个潜在优势是顶棚和其上部支承结构之间的封闭空间中的建筑服务构件的通道更灵活。一个缺点是需要更高的结构，增加了建筑物的层高——随着建筑物层数增加而出现的问题。

1. 空腹托梁的设计

在第 9.10 节介绍了空腹托梁的一般考虑事项和基本设计。使用此例的资料，图 25.7 概括了托梁的设计。实例使用了选择最有效（最轻）构件的一般方法。但是，对于楼面结构，主要的考虑因素是非常轻的结构中可能出现的颤动。由于非常轻，建议在楼面上使用可行的最深的托梁。一般来说，深度（桁架的全高）的提高将会减小静力挠度（下垂）和动力挠度（颤动）。

2. 桁架主梁的设计

在第 9.10 节也讨论了桁架主梁。托梁和主梁可能由一个承包商供应和安装。尽管存在行业标准（参考文献 8），但是具体的制造者应该提供这些产品设计和构造细部的有关资料。

桁架主梁构件的形式有些固定并且与被支承托梁的间距有关。为获得一个桁架平面单元的合理比例，主梁深度应该近似等于搁栅的间距。

对于此例中的桁架主梁设计如图 25.8 所示。主梁的假设高度为 3ft，应该认为是这个跨度的最小高度。任何增加的高度都可能会减小钢材的用量并且也会改善挠度响应。但是，对于多层建筑物的楼面结构，这个尺寸是很难预料的。

空腹钢托梁的计算

托梁中心间距为 3ft，跨度为 30ft（＋或－）

荷载：

恒载＝70psf×3ft＝210lb/ft（不包括自重）

活载＝100psf×3ft＝300lb/ft（不折减）

对于办公室，这是一个比较大的荷载，但是允许任何地方作走廊，也有助于减小挠度以消除楼板颤动。

总荷载＝210＋300＝510lb/ft＋托梁自重

根据表 9.3 选择托梁：

注意：表格中允许总荷载值包括托梁自重，必须减去其自重从而获得托梁所能承受的荷载。

表中数据：总荷载＝5100lb/ft＋托梁自重，活载＝300lb/ft，跨度＝30ft

从表 9.3 中选择：

24K9，总容许荷载＝544－12＝532，满足条件

26K9，比 24K9 强，只比其重 0.2lb/ft

28K8，比 24K9 强，只比其重 0.7lb/ft

30K7，比 24K9 强，只比其重 0.3lb/ft

注意：托梁剪切极限，而不是弯曲应力极限产生的荷载值。

列表中列出的所有托梁都是经济上等效的，以至于应该根据对楼面结构总高度的尺寸考虑选择托梁。托梁高度越小意味着楼板越低，建筑物的总高度越小。高度较大的托梁能够在楼板结构中为放置管道等设备提供更大的空间，并且可能得到更小的楼板颤动。

图 25.7 空腹托梁设计一览

对于桁架主梁：

使用 40%活载（活载＝50psf）折减，

因此，活载＝0.6×50＝30psf，并且总的托梁荷载为

30psf×3ft c/c×30ft＝2700lb，即 2.7kip

对于恒载，隔墙的 20psf 加上 40psf

60psf×3ft c/c×30ft＝5400lb

＋托梁自重：10lb/ft×30ft＝300lb

总恒载＝5400＋300＝5700lb，即 5.7kip

主梁上一个搁栅的总荷载为

恒载＋活载＝2.7＋5.7＝8.4kip

手册的荷载表中主梁选择的说明：

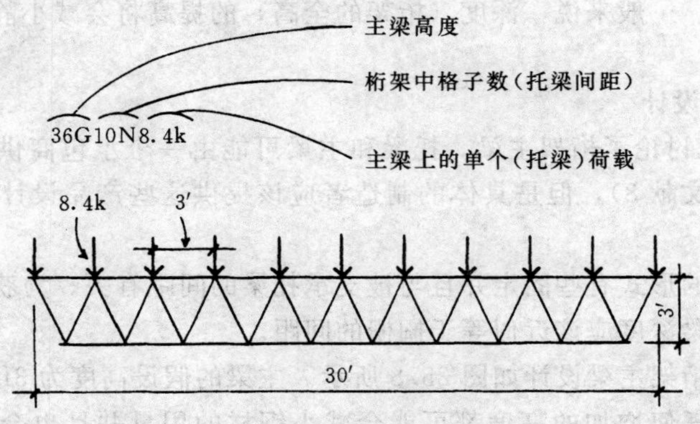

图 25.8 桁架主梁设计一览

3. 桁架结构的构造细部

图 25.9 表示出了桁架体系的一些构造细部。尽管较短的跨可能允许使用较轻的压型钢板，但在这里所示的压型钢板实际上和 W 型钢结构中的形式是相同的。然而压型钢板还必须发挥横隔板作用，因此这可能限制了它的折减。

涉及该结构的全高问题是托梁支座的构造，在托梁支座中，托梁必须放置在支承构件的顶部，然而在所有 W 型钢体系中，次梁和主梁顶端齐平。

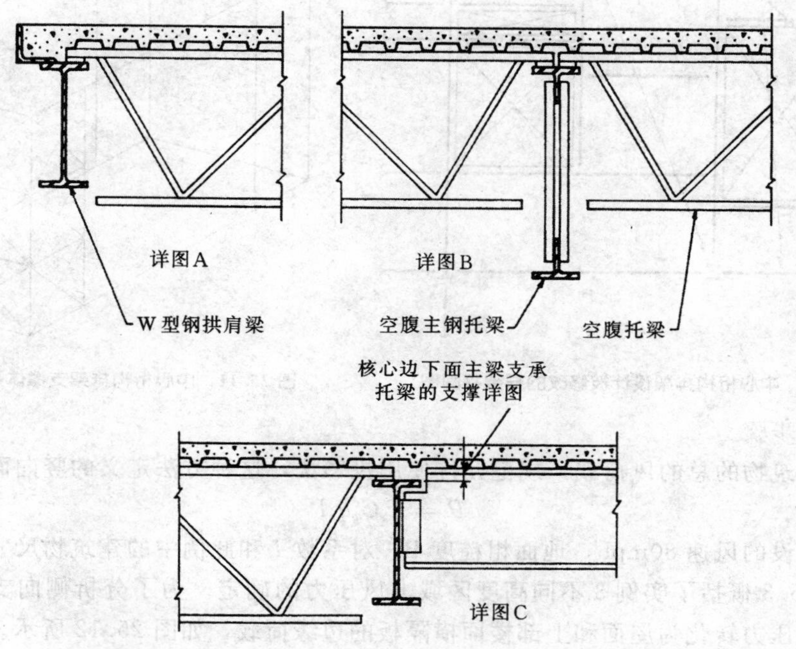

图 25.9　空腹托梁和桁架主梁楼面体系的细部。对于细部的位置见图 25.6 中的结构平面图

由于空腹托梁相对间距较小，顶棚结构可以直接支承在托梁的底部弦杆上。这实质上可能是屋面结构中托梁深度选择的一个原因。但是也可以从压型钢板上悬挂顶棚，这一般是具有较大宽度的 W 型钢结构要求使用的。

由于把托梁或主梁包裹在防火材料中是不可能的，所以，此处的另外一个问题是一般有必要使用防火顶棚结构。

25.5　桁构排架的抗风设计

图 25.10 所示为核心区的部分结构平面，偏离网格 30ft 的梁设置一些附加柱。这些柱和普通柱以及一些水平构件一起为图 25.11 所示的桁架支撑体系的形成定义了一系列的竖向排架。对于相对柔的对角构件，假设 X 形支撑的性能为在对角方向上受拉力作用。因此，可以存在四个竖向悬臂静定桁架在每个方向上支撑建筑物。

对称的建筑外观和对称设置的中心支撑与水平屋面及上部楼面结构一起是抵抗风荷载形成的水平力的一个合理体系。下面的内容说明了使用 UBC 中的风荷载标准（参考文献 1）

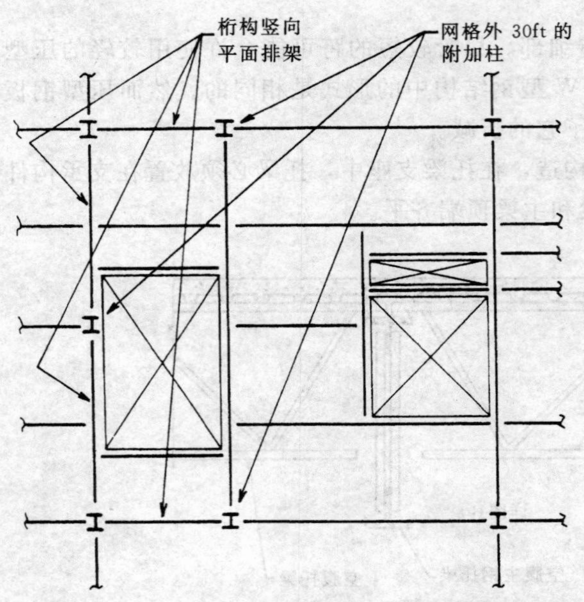

图 25.10 中心桁构排架设计被修改的框架平面图

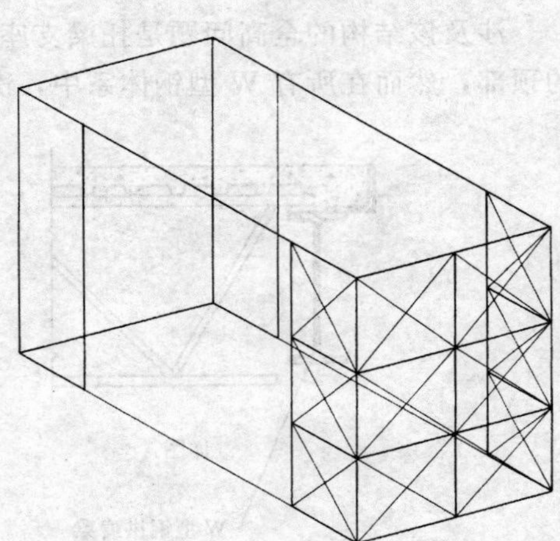

图 25.11 中心桁构排架支撑体系的一般形式

进行设计的步骤。

对于建筑物的总的风荷载，规范允许使用投影法，这种方法定义的竖向面上的压力为

$$P = C_e C_q q_s I$$

对于假设的风速 80mph，地面粗糙度 B，对系数 I 和此例中的建筑物尺寸没有特殊的要求，表 25.3 概括了实例 3 不同高度区域上风压力的确定。为了分析侧向支撑体系，外墙表面的风压力转化为屋面和上部楼面横隔板的边缘荷载，如图 25.12 所示。

提示 为了在图 25.12 中使用，表 25.3 中的风压力已经有些舍入。

表 25.3 **实例 3 的设计风压力（地面粗糙度情况 B）**①

建筑物表面区域	距地面高度（ft）	C_e	C_q	压力 p（psf）
1	0～15	0.62	1.3	13.2
2	15～20	0.67	1.3	14.3
3	20～25	0.72	1.3	15.4
4	25～30	0.76	1.3	16.2
5	30～40	0.84	1.3	17.9
6	40～60	0.95	1.4	21.8

① 在竖向面上的水平直接压力：$P=C_e\times C_q\times 16.4$psf。

在图 25.12 中用 H_1、H_2 和 H_3 表示的累计力适用于图 25.13（a）所示的竖向桁构排架。对于其中东西方向上的一个排架，使用图 25.12 中的数据，荷载等于横隔板的边缘荷载乘以建筑物的宽度再除以排架的个数，由此可得

$$H_1 = 185.7 \times 92/4 = 4271\text{lb}$$

$$H_2 = 215.5 \times 92/4 = 4957\text{lb}$$

$$H_3 = 193.6 \times 92/4 = 4453\text{lb}$$

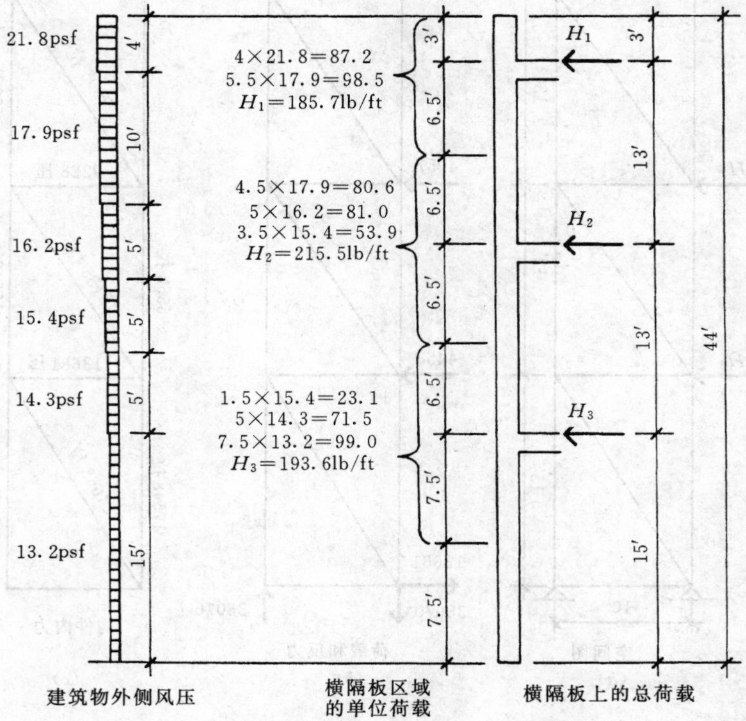

图 25.12　实例 3：传递给上部水平横隔板（屋面和屋面板）的风荷载设计

参见表 25.2 的建筑物外墙的设计风压。横隔板区域根据柱高度的中点定义。每层横隔板上的总荷载等于横隔板区域每英尺上的单位荷载乘以建筑物的宽度

桁架荷载和支座的反力如图 25.13（*b*）所示。由这些荷载产生的桁架构件内力如图 25.13（*c*）所示，其中力的单位为 lb，*C* 表示压力，*T* 表示拉力。

在对角方向上的力可用于设计受拉构件，对于 ASD 法，一般使用提高的容许应力。在柱中的压力可以加到重力荷载上以查看荷载组合对柱的设计是否关键。在柱中的提升拉力应该和恒载比较以查看柱的基础是否需要根据锚固拉力设计。

水平力应该加到中心结构的梁上并且应该分析压弯的组合作用。因为梁在次轴（*y* 轴）上一般是较弱的，所以可以垂直于这些梁增设一些结构构件以支撑它们防止侧向屈曲。

对角支撑及其与梁柱结构连接的设计必须考虑构件形式和它们所埋入的墙的构造。图 25.14 表示出了对角支撑及其连接的一些可能的细部。必须解决的细部问题是排架中间两对角支撑的交叉。如果对角支撑使用双角钢（普通桁架形式），图 25.14 所示的拼接节点是必要的。一种选择是使用单角钢或槽钢的对角支撑，允许构件在中心处互相肢背对肢背地彼此通过。但是，后一种选择在构件和连接中存在着一定的偏心，并且单角钢的剪力作用在螺栓上，因此如果荷载值较大，这是不可取的。

下面是对承受 24.7kip 风荷载的底部对角支撑设计需要考虑事项的概括，假设使用

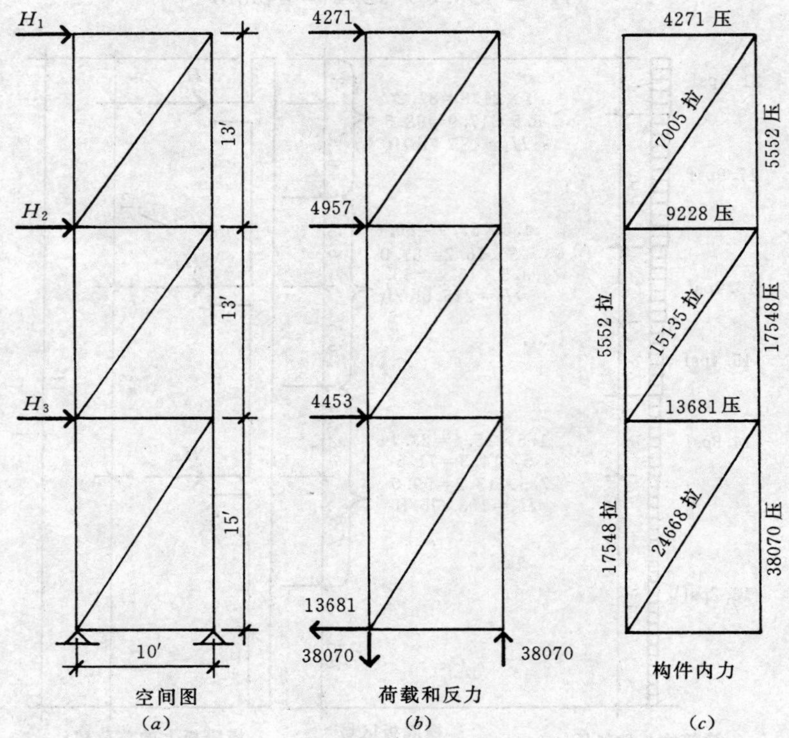

图 25.13 实例 3：对一个东西向核心排架的分析（单位：lb）

（*a*）排架布置和荷载，荷载为对角钢总荷载的 1/4；（*b*）悬臂桁架上的外力（荷载和反力）；（*c*）桁架构件中的内力

3/4in的 A325 螺栓和双角钢构件连接。

$$构件长度\ L=\sqrt{10^2+15^2}=18\text{ft}$$

对于受拉构件，建议的最小长细比是用 $L/r=300$ 表示的，因此可得

$$最小\ r=\frac{18\times12}{300}=0.72\text{in}$$

根据毛截面上的容许应力 1.33×22=29.3ksi，成对角钢的毛截面面积必须为

$$A_g=\frac{24.7}{29.3}=0.84\text{in}^2$$

假设 $F_u=58$ksi，净截面的允许应力为 $0.5F_u$，在螺栓孔位置所需的净截面面积为

$$A_n=\frac{24.7}{1.33\times0.50\times58}=0.64\text{in}^2$$

假设一个对 3/4in 螺栓的最小角肢，螺栓孔的设计尺寸为 7/8in，被连接的角肢的净宽为

$$w=2.5\times0.875=1.625\text{in}$$

然后假设被连接角肢仅受拉力作用，则被连接角肢所需的厚度为

$$t=\frac{0.64}{2\times1.625}=0.197\text{in}$$

取厚度 1/4in，这个值可能是使用这种尺寸螺栓所需的最小实际厚度。

表 4.3 给出了肢背对肢背间距为 3/8in 的 2½in×2in×1/4in 角钢并且 $X-X$ 轴的最小 r 值为 0.784in。

对于螺栓，表 11.1 给出的单个双剪螺栓的值为 15kip，这表明只需要最少的两个螺栓。

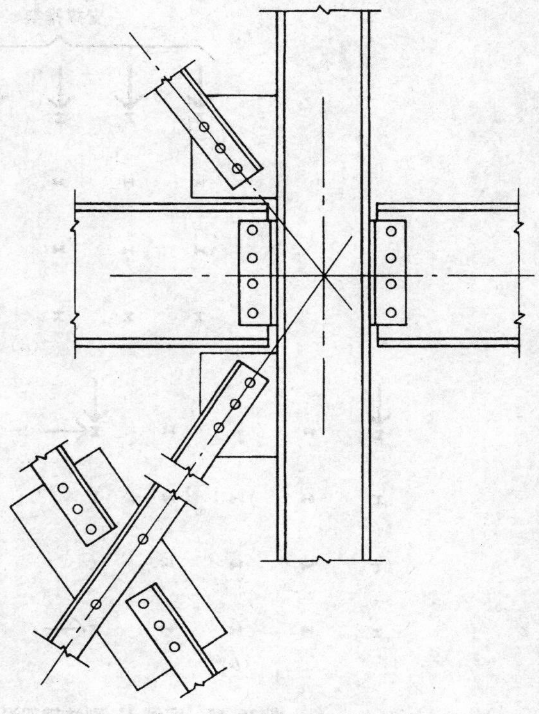

图 25.14 螺栓连接的排架结构的细部

25.6 刚性钢框架需要考虑的因素

刚性结构的一般性质已在第 3.12 节中讨论。对于多层多跨结构需要考虑的关键问题是柱的侧向强度和刚度。因为必须设计建筑物抵抗所有方向上的侧向荷载，所以在很多情况下考虑柱两个方向（例如南北、东西）上的抗弯和抗剪是有必要的。这就对 W 型钢柱提出了难题，因为与弱轴（$Y-Y$）相比，其主轴（$X-X$）的抗力大得多。因此，有时 W 型钢柱在平面图上的定位是结构设计中的一个主要考虑因素。

图 25.15（*a*）展示了实例 3 中柱定位的一种可能的平面布置，涉及东-西方向上的两个主要支撑排架和南-北方向上五个较短和刚度较小的排架。两个刚性排架可能近似等于五个较短排架的抵抗力，使得建筑物在两个方向上的反应合理地对称。

图 25.15（*b*）展示了设计为在建筑周边产生近似对称的排架的柱平面布置图。这种周边支撑形式如图 25.16 所示。

周边支撑的优点是可以使用较深（刚度较大）的拱肩梁，因为适用于内梁的深度限制在外墙平面内并不存在。另外一种可能是增加了外围柱的数量，如图 25.15（*c*）所示，这样可能和建筑物内部间距不一致。使用较深的拱肩梁和较小间距的外柱可能形成非常刚的周边排架。实际上，这样的排架在构件中有非常小的挠曲，并且它的性能接近有孔墙，而不是弹性框架。

由于更强（更重或更大）的柱所需的费用和昂贵的抗弯连接，刚框架支撑取消了实心剪力墙或墙中桁架对角支撑，这有利于建筑上的平面布置。但是，必须严格控制结构的侧向位移，特别是考虑到建筑物非结构部分的破坏。

25.7 砌体墙结构需要考虑的因素

实例 3 中结构的一种选择是外墙使用砌体结构。把墙用作竖向承重墙和侧向剪力墙。砌体形式和构造细部的选择主要取决于当地条件（气候、规范、当地的施工实践等）和一般的建筑设计。主要区别在于室外温度极值的范围和对侧向力需要考虑的特定的关键

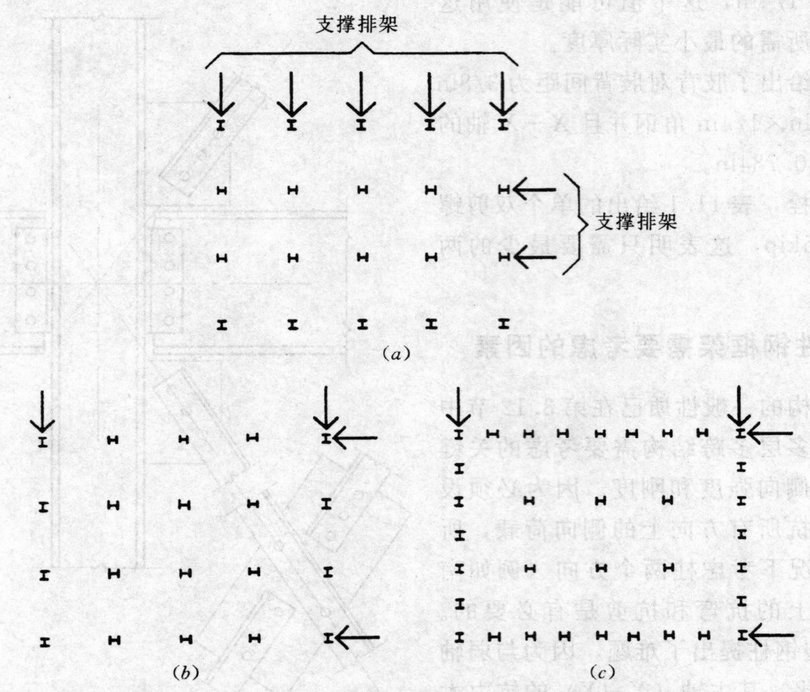

图 25.15 实例 3：刚性排架设计中 W 型钢柱的可选择布置

因素。

1. 概述

图 25.17 表示出了砌体墙结构的部分正立面图和上面楼层的部分框架平面图。如第 25.3 节中的讨论，在这里使用木结构对于满足防火规范是有问题的。介绍此例只是为了说明一般的结构形式。

使用混凝土砌块结构其平面尺寸考虑标准混凝土砌块的模数尺寸。虽然有一些广泛使用的标准尺寸，但是个别生产者经常有一些特殊的砌块或适应特殊形式或尺寸的要求。然而，尽管实心砖或石块能切割成精确的无模数尺寸，但空心的混凝土砌块通常不能。因此必须严格设计混凝土砌体结构本身的尺寸以使得墙的交叉、墙角、墙端、墙顶和门窗开口具有固定的模数［见图 23.7（*a*）］。

混凝土砌体结构有很多种形式。在这里所示的是一种广泛应用于强风暴或强地震区的结构。这称为配筋砌体，并且基本上是模仿钢筋混凝土结构制成，通过砌块结构空心灌浆中的钢筋抵抗拉力。这种结构形式在第 17、18 章中已详细地论述。

为一般结构所作的另外一个考虑包括结构砌体与形成的整个建筑的关系，涉及内外墙饰面、隔热和配线结合等方面。

2. 标准楼面

这里的楼面结构体系是使用柱线上的主梁支承装配式托梁和胶合板。主梁可以是胶合木层板，但是这里所示的是轧制型钢。主钢梁的支座是内部的钢柱和外墙上的砌体壁柱。

如图 25.18 中的细部所示，外砌体墙通过栓接和锚固在内墙面上的横木直接支承板和

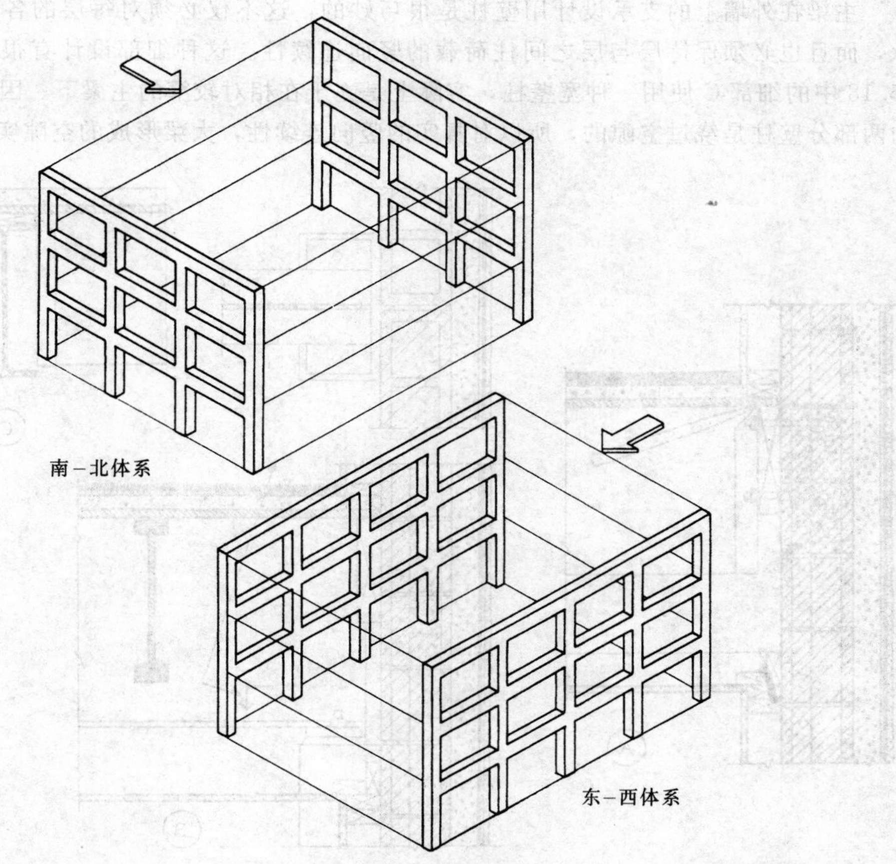

图 25.16　实例 3：周边排架支撑体系的形式

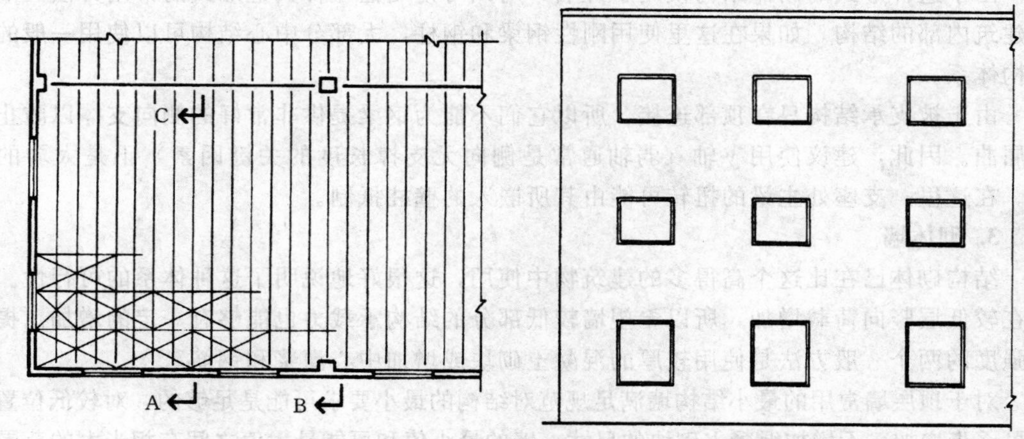

图 25.17　实例 3：上部楼面的部分结构平面图和砌体墙结构的部分正立面图

托梁。因为胶合板也用作承受水平荷载的水平横隔板，因此必须认真设计重力和侧向荷载在这个结构细部中的传递。

主梁在外墙上的支承设计用壁柱是很巧妙的，这不仅必须对每层的各个主梁提供支承，而且也必须保持层与层之间柱荷载的竖向连续性。这种细部设计有很多种选择。图 25.18 中的细部 C 使用一种宽壁柱，实际上是立于在相对较窄的主梁下。因为主梁端部外的两部分壁柱是绕过空隙的，所以对真实的竖向连续性，大梁形成的空隙实际上被忽略。

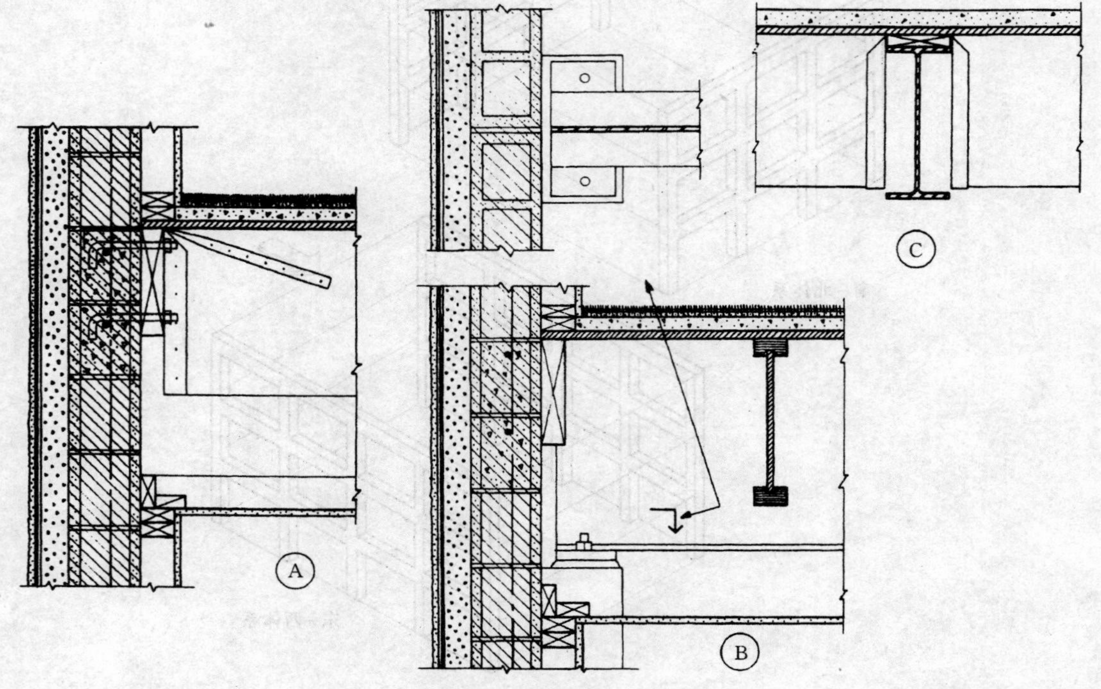

图 25.18 上部楼面和外墙构造的细部

由于这种形式的砌体结构仅用于外墙，所以可使用任一种其他形式的常用方法灵活设计建筑内部的结构。如果在这里使用刚性钢梁和钢柱，大部分中心结构可以使用一般的钢结构体系。

由于被支承结构只在顶部连接，所以它们不能为钢梁提供非常好的侧向支撑以防止扭转屈曲。因此，建议使用 y 轴（弱轴通常是侧向无支撑长度的关键因素）不是太弱的型钢。在这里，支座处主梁的扭转可能由其所嵌入的壁柱抵制。

3. 砌体墙

结构砌体已在比这个高得多的建筑物中使用，这很好地说明了这种体系的可行性。因为在较低层竖向荷载增加，所以希望墙较低部分的结构承载力也能够有一定的增加。提高墙强度的两个一般方法是使用较厚的混凝土砌块或增加中心灌浆和钢筋。

对于顶层墙常用的最小结构墙满足规范对结构的最小要求可能是足够的，对较低位置的墙可逐步增加。不增加混凝土砌块的尺寸，墙的最小值和可能最大值之间有相当大的范围。

对于混凝土砌体剪力墙，一般是使用全灌浆墙（所有核心被填满）。这种形式在理论上是所有的外墙都使用全灌浆结构，但是，这种形式的经济可行性是有问题的。再加上沿墙长的温度变化，可能使用一些伸缩缝定义单独的墙段是比较合理的。

4. 侧向荷载设计

整个砌体墙用作剪力墙，其开口产生刚度很大的刚性框架效应，这些在第 15.4 节中已论述。与重力荷载一样，总的侧向剪力在较低层也会增加。从而也可考虑使用墙体可能的范围，从最小结构（定义为最小的结构承载力）到全灌浆和可行的配筋上限得到的最大可能强度。

一般的方法是使用每层的总剪力设计每层所需的墙。但是，最后单独层的设计必须和多层构造的连续性相协调。然而，如果符合建筑设计的要求，每层的结构本身也可以有非常大的改变。

5. 结构细部

对于实现剪力墙作用的砌体结构的合适细部有很多问题需要考虑。对于实现水平结构和墙之间力传递的合适细部也有很多问题需要考虑。上部楼层的一般结构平面图如图 25.17 所示。此处讨论并示于图 25.18 的构造的位置在平面图上用剖断符号标明。

(1) 细部 A。这个细部表示出了一般外墙结构和外墙上的楼面托梁结构。横木用作托梁的竖向支座，托梁悬挂到扣于横木的钢结构装置上。胶合板直接钉在横木上以将其水平横隔板荷载传递给墙。

我们必须使用直接在墙和托梁之间的锚具抵抗墙的外力。尽管实际的细部取决于力的类型（风或地震作用）、大小、托梁的细部和墙构造细部，但普通金属件就可用作这种锚具。细部中所示的锚具实际上只是标记符号。

此处的一般构造设计是在屋面板顶部使用混凝土填充料，墙内侧覆盖层为粘土质页岩隔热层且顶棚悬挂于托梁。

(2) 细部 B。这个细部为主梁和壁柱之间连接处的截面和平面细部。在这种形式中，壁柱不可避免地会在墙内侧凸出。

(3) 细部 C。这个细部展示了钢梁支承托梁和板的使用。木块栓接在钢梁顶部以后，托梁和板的连接本质上和在木梁中的连接相同。

25.8　混凝土结构

实例 3 上部楼面的结构平面图如图 25.19 所示，使用现浇混凝土板和梁体系。跨越结构的支承由混凝土柱提供。侧向支撑体系使用了建筑物周边的外柱和拱肩梁组成的刚性框架，如图 25.16 所示。对于重力和侧向荷载，这是一个高度静不定结构，它的精确设计必须使用计算机辅助设计方法进行。这里的介绍解决了主要问题并说明了使用高度简化方法的近似设计。

1. 板梁楼面结构的设计

如图 25.19 所示，楼面结构体系是由一系列中心间距为 10ft 相互平行的梁组成的，这些梁支承着连续的单向板并且依次被支承于柱线上的主梁或直接支承于柱。尽管对于中心结构需要一些特殊的梁，但是这个体系主要由一些相同的构件制成。在这里重点讨论其中的三种构件：连续板、四跨的内梁和三跨的拱肩主梁。

使用第 14.1 节中所述的近似方法，板、次梁和主梁的关键条件如图 25.20 所示。对于承受均布荷载的板和梁使用这些系数是合理的。但是对于主梁，主要为集中力使得这些系数的使用存在着一些问题。因此，对于主梁的使用，后面将介绍调整方法。对于只承受均布荷载（例如主梁的自重）的主梁系数如图 25.20 所示。

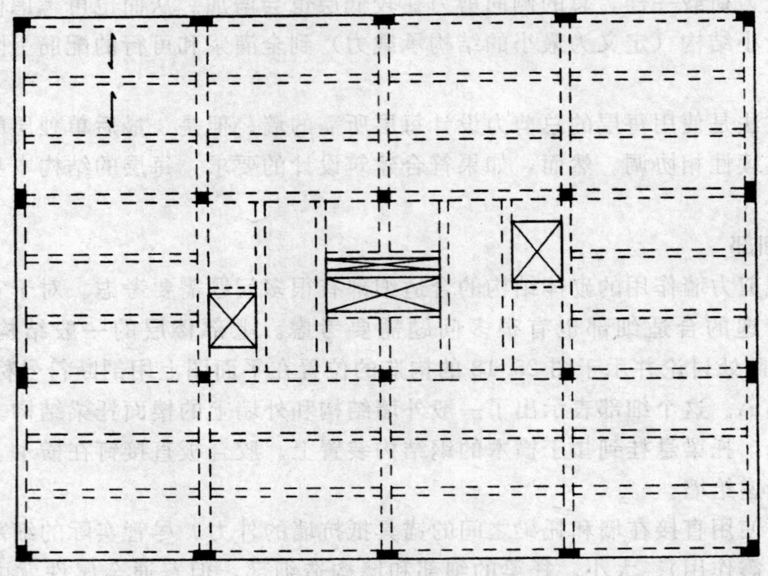

图 25.19　实例 3：上部楼面为混凝土结构的框架平面图

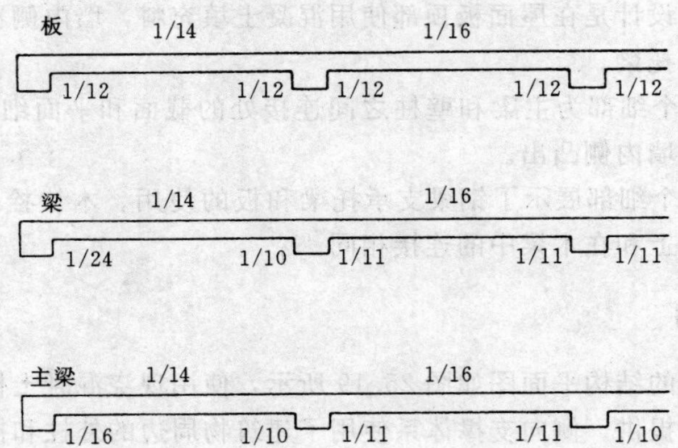

图 25.20　板梁楼面结构的近似设计系数

图 25.21 为外墙剖面图，说明了结构的一般形式，也显示了外柱和拱肩梁。使用拱肩梁可利用的全部深度在建筑物外围产生非常刚的排架。这和外围矩形柱结合在一起形成周边排架，吸收结构的大部分侧向力，这部分内容将在后面介绍。

第 14.1 节中给出了连续板设计一个例子。使用 5in 板是基于假设的最小防火要求。如果板可以更薄，9ft 的净跨度不需要根据弯曲极限、剪力条件或挠度控制的建议得到这一厚度。但是，如果使用 5in 厚的板，结果板会具有低的配筋率，这种情况通常会使结构成本较低。

用于板设计的单位荷载确定如下：

楼面活载：100psf（4.79kPa）（走廊外）

楼面恒载（见表 16.1）：

地毯和衬垫：5psf

顶棚、照明和管道：15psf

2in 厚的轻质混凝土填充料：18psf

5in 厚的板：62psf

总恒载：100psf（4.79kPa）

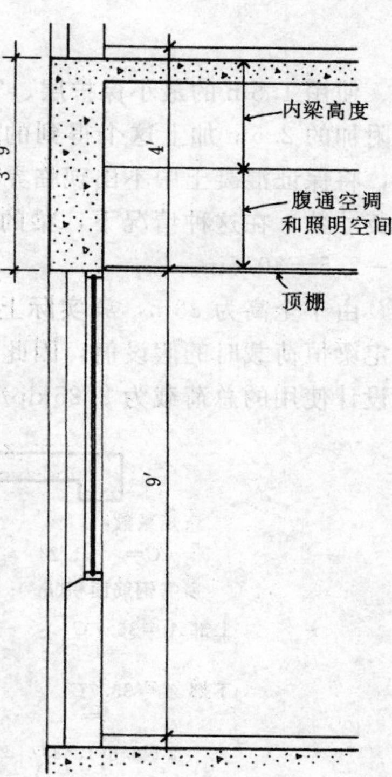

图 25.21　实例 3：混凝土结构外墙的剖面

现在，在板确定的情况下，可以考虑其中承受 10ft 宽板带荷载的标准内梁设计，如图 25.19 所示。梁支座中心间距为 30ft。假设梁和柱的最小宽度为 12in，梁的净跨为 29ft，并且它的受载面积为 29×10＝290ft^2。使用 UBC 中的活载折减规定（见第 16.4 节）可得

$R=0.08（A-150）=0.08×（290-150）=11.2\%$

把这个值四舍五入为 10%，并且使用前面板的设计荷载，用 lb/ft 表示的梁荷载确定如下：

活载：0.90×100psf×10ft＝900lb/ft（13.1kN/m）

恒载不包括延伸到板下的梁腹板的重量：

100psf×10ft＝1000lb/ft（14.6kN/m）

估计一个 12in 宽、20in 高的延伸到板下的梁腹板，附加的恒载为

$$\frac{12\times20}{144}\times150\text{lb/ft}^3=250\text{lb/ft（3.65kN/m）}$$

因此，梁上总的均布荷载为

900＋1000＋250＝2150lb/ft，或 2.15kip/ft（31.35kN/m）

现在考虑由南北柱线上主梁支承的四跨连续梁。图 25.20 给出了这个梁设计弯矩的近似系数，并且图 25.22 给出了设计资料的总结。

提示　设计只提供了受拉钢筋，这基于混凝土截面对承受混凝土中的临界弯曲压应力是足够这一假设。

下面的设计使用应力法（见第 13.2 节）。

根据图 25.20，可知梁中的最大弯矩为

$$M=\frac{wL^2}{10}=\frac{2.15\times29^2}{10}=181\text{kip}\cdot\text{ft（245kN}\cdot\text{m）}$$

使用表 13.2 中的平衡截面系数，所需的 bd^2 值确定为

$$bd^2=\frac{M}{R}=\frac{181\times12}{0.204}=10647$$

根据 M 和 R 的单位值，这个值的单位为 in^3。现在，b 和 d 的各种组合源于 $bd^2=10647$，这已在第 13.2 节中说明。对于此例，假设梁的宽度为 12in，可得

$$d=\sqrt{\frac{10647}{12}}=29.8\text{in}$$

使用1.5in的最小保护层、3号箍筋和适当尺寸的受拉钢筋，梁所需的总高度等于近似附加的2.5in加上这个得到的有效高度值。因此，至少选择32.4in或者更大的任一尺寸，将保证混凝土中不出现临界弯矩应力。在大多数情况下，给定的尺寸都化为最接近的整英寸数，在这种情况下，梁的全高指定为33in。这个值产生的实际有效高度近似等于33－2.5＝30.5in。

由于全高为33in，梁实际上延伸到板下的距离为33－5＝28in。这里有8in超过了在确定梁恒荷载时的假设值，因此，荷载被调整为（28/20）×250＝350lb/ft，并且现在梁的设计使用的总荷载为2.25kip/ft。

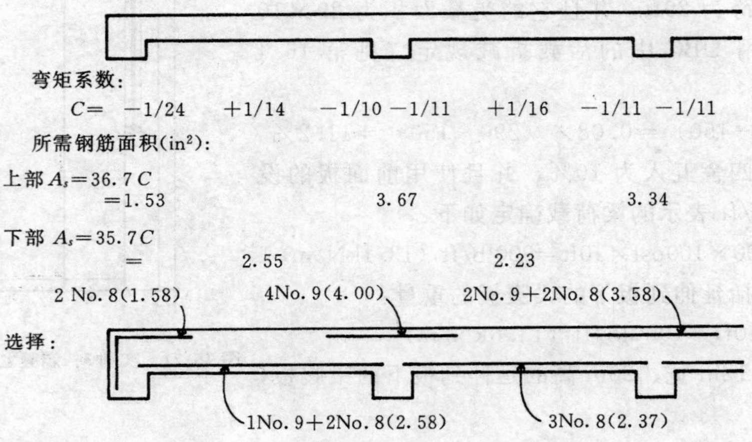

图25.22 实例3：四跨楼面梁设计一览

对于梁，支座顶部所需的抗弯钢筋必须从主梁钢筋的下面或上面通过。图25.23展示了后面是主梁立面的次梁剖面。假设荷载较大的主梁比次梁高，因此钢筋交叉问题在交叉构件底部是不存在的。但是在顶部，次梁的钢筋放在了主梁钢筋的下面，这更有利于受荷较大的主梁。对于近似的考虑，次梁全高应该减去3.5～4in的调整尺寸，以得到次梁设计的有效高度。对余下的计算，次梁的有效高度设为29in。

次梁的横截面也必须抵抗剪力，并且在进行抗弯设计之前应该检验次梁尺寸对于抗剪是否足够。参考图14.2，最大剪力近似等于简支跨剪力$wL/2$的1.15倍。对于次梁，最大剪力为

$$V=1.15\times\frac{wL}{2}=1.15\times\frac{2.25\times29}{2}=37.5\text{kip}$$

如第13.5节的讨论，这个值可以通过支座和距支座的距离等于梁有效高度处二者之间的剪力来减小，因此可得

$$\text{设计剪力 }V=37.5-\left(\frac{29}{12}\times2.25\right)=32.1\text{kip}$$

使用$d=29$in，关键剪应力为

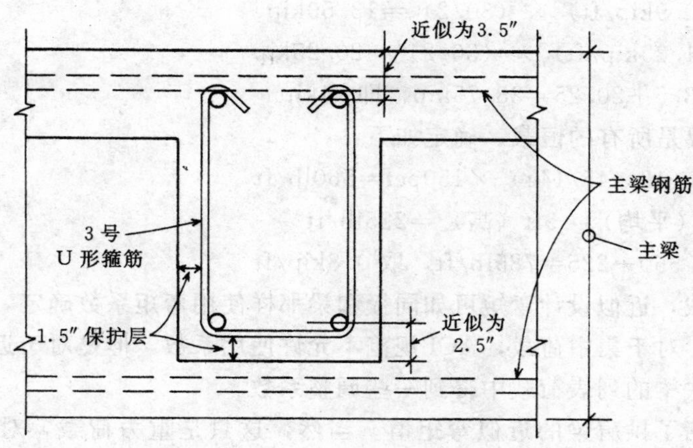

图 25.23 次梁和主梁钢筋布置需要考虑的因素

$$v=\frac{V}{bd}=\frac{32100}{29\times12}=92\text{psi}$$

因为允许剪应力为 60psi（见第 13.5 节），这产生了 32psi 的过剪应力，必须由箍筋承担。使用 3 号箍筋，因此，最小间距为（见第 13.5 节）

$$s=\frac{A_v f_s}{v'b}=\frac{0.22\times24000}{32\times12}=13.75\text{in}$$

这个值只略超过数值为有效高度一半的最小间距，从而表明一般最小的抗剪钢筋对这个梁可能是足够的。

对于图 25.22 所示的近似设计，支座位置所需的钢筋面积确定为

$$A_s=\frac{M}{f_s jd}=\frac{C\times2.25\times29^2\times12}{24\times0.89\times29}=36.7C$$

在梁的中跨位置，正弯矩由板和次梁形成的 T 形梁抵抗（见第 13.3 节）。对于这种情况，一个近似的内力矩力臂为 $d-t/2$，所需的钢筋面积近似为

$$A_s=\frac{M}{f_s(d-t/2)}=\frac{C\times2.25\times29^2\times12}{24\times(29-2.5)}=35.7C$$

图 25.19 中的结构平面图表明在南北柱线上的主梁的三分点上（支承点间距为 10ft）承受着由次梁端部传来的集中荷载。建筑物端部的拱肩梁承受着由梁外侧端部传来的荷载和它们的自重。另外，所有的拱肩梁支承着外墙的重量。拱肩梁的形式和外墙结构如图 25.21 所示。

结构平面图也显示出了在外墙内加宽柱的使用。假设最小宽度为 2ft，因此拱肩梁净跨为 28ft。这种使用非常深的拱肩梁和加宽柱的非常刚的框架用作侧向支撑，这将在本节的后面讨论。

拱肩梁承受均布荷载（拱肩梁自重加墙重）和集中荷载（次梁端部荷载）的组合作用。这些荷载确定如下。对于活载的折减，楼面荷载面积等于半个次梁承受荷载面积的 2 倍，即近似等于一个全次梁承受荷载的面积 290ft^2。因此，拱肩梁的设计活载的折减与次梁相同。因此可确定如下：

次梁活载：(0.9kip/ft) × (30/2) =13.50kip

次梁恒载：(1.35kip/ft) × (30/2) =20.25kip

集中荷载：13.5+20.25=33.75kip，即 34kip

均布荷载主要是所有的恒载，确定如下：

拱肩梁自重：(12×45/144) ×150pcf=560lb/ft

墙重：25psf (平均) ×9ft (高) =225lb/ft

总均布荷载：560+225=785lb/ft，取 0.8kip/ft

对于均布荷载，近似设计弯矩可如同板和梁那样使用弯矩系数确定，该过程的系数在图 25.20 中给出。对于集中荷载，ACI 规范不允许使用系数，但是对于近似设计，可以从在三分点处受荷次梁的列表荷载中得到一些调整系数。

图 25.24 概括了拱肩梁的近似弯矩值。当然，这只是重力荷载，对于排架的完全设计，必须和侧向荷载效应结合起来。因此，拱肩梁的设计放在本节侧向荷载的讨论之后介绍。

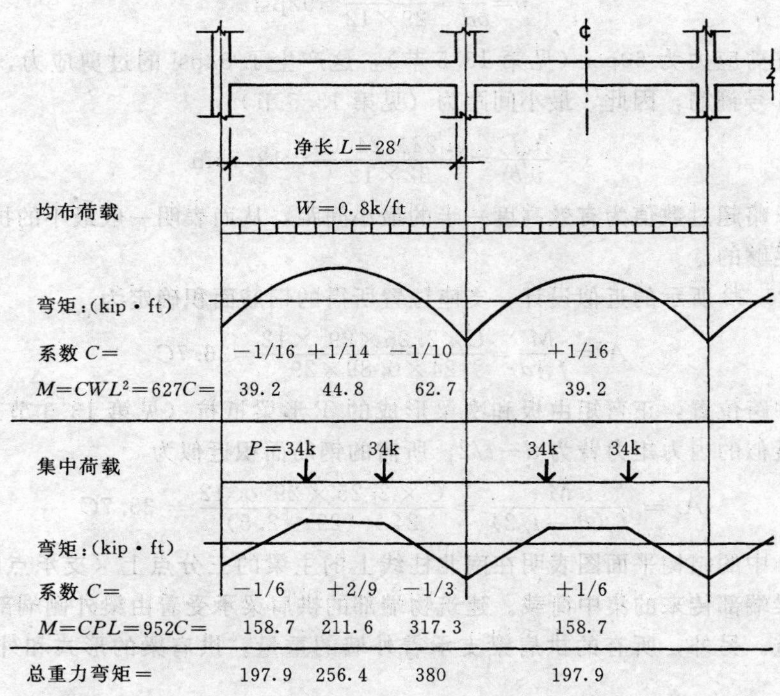

图 25.24 拱肩梁上的重力荷载效应

2. 混凝土柱的设计

混凝土柱的一般情况如下所示 (见图 25.25)：

(1) 内柱，由于加强的周边排架，内柱主要只支承重力荷载。

(2) 角柱，支承拱肩梁端部且充当两个方向上周边排架的构件。

(3) 南北侧的中间柱，支承内部主梁的端部并且充当周边排架构件。

(4) 东西侧的中间柱，支承柱线上次梁的端部并且充当周边排架构件。

可以根据前面给出的资料总结柱的设计荷载。因为所有的柱都承受轴向荷载和弯矩的组合作用，所以这些重力荷载只起到轴力的作用。内柱上的弯矩在数量上相对较低，这是因为弯矩为四边上的梁所承担。正如第 15 章的讨论，甚至只有轴力作用时所有的柱也按最小弯矩设计，因此，普通设计也能提供一定的多余抗弯承载力。从而，对于近似设计，内柱设计只考虑轴向重力荷载的合理性。

图 25.26 给出了内柱设计的总结，使用的荷载是根据本节前面给出的柱荷载资料确定的。

提示　所有三层柱使用一个边长为 20in 的正方形截面，这种常用做法允许柱形式的重复使用以节约成本。图 25.26 中的使用荷载承载力是根据第 15 章的图表得到的。

节省费用的一般因素是使用相对较小的配筋率。因此，一个经济柱是具有最小配筋率（一般 1% 为毛截面的最低极限）的柱。但是，其他因素经常影响柱的设计选择，其中一些影响因素如下所述：

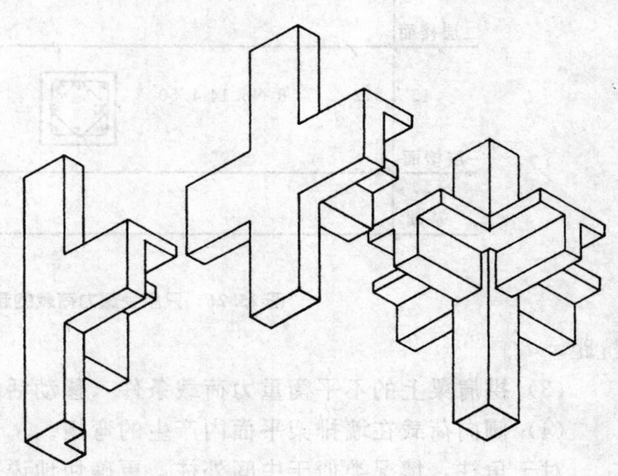

图 25.25　柱与楼面结构的关系

(1) 建筑物内部的建筑设计。大型柱放在室内、走廊、楼梯开口等处一般是比较困难的。因此，经常希望使用配筋率最大而尺寸可能最小的柱。

(2) 小配筋率钢筋混凝土柱的极限荷载反应接近脆性破坏，然而大配筋率钢筋混凝土柱易于发生屈服形式的极限破坏。一般来说，对于刚性结构作用，特别希望具有屈服特征，特别是在地震荷载情况下。

(3) 刚性结构侧向荷载（风或地震作用）设计的一般实践经验倾向于具有一定的强柱/弱梁破坏这一极限反应性质。在此例中，这和周边排架柱更相关，但因为在建筑物整体侧向变形时内柱也承受一定的侧向荷载，所以在一定程度上也可能作为内柱设计选择的条件。

柱的形式也可能与建筑设计或结构考虑有关。圆形柱能很好地发挥结构作用并且成型非常经济，但是除非它们完全独立，否则就不能很好地适合其余建筑结构布置。在一些情况下，甚至大尺寸的正方形柱也可能很难布置，例如在楼梯间和电梯井的角上。在这种特殊情况下可以使用 T 形柱和 L 形柱。

与轴向压力成比例的较大弯矩也可能要求对柱的形式或钢筋布置进行一些调整。当柱的作用实际上类似梁时，要考虑梁设计的一些实际考虑因素。在此例中，这些考虑因素在一定程度上适用于外柱。

对于中间外柱，有以下四个作用需要考虑：

(1) 重力产生的竖向压力。

(2) 与墙交叉的内框架产生的弯矩。这些柱提供图 25.22 和图 25.24 所示的端部抵

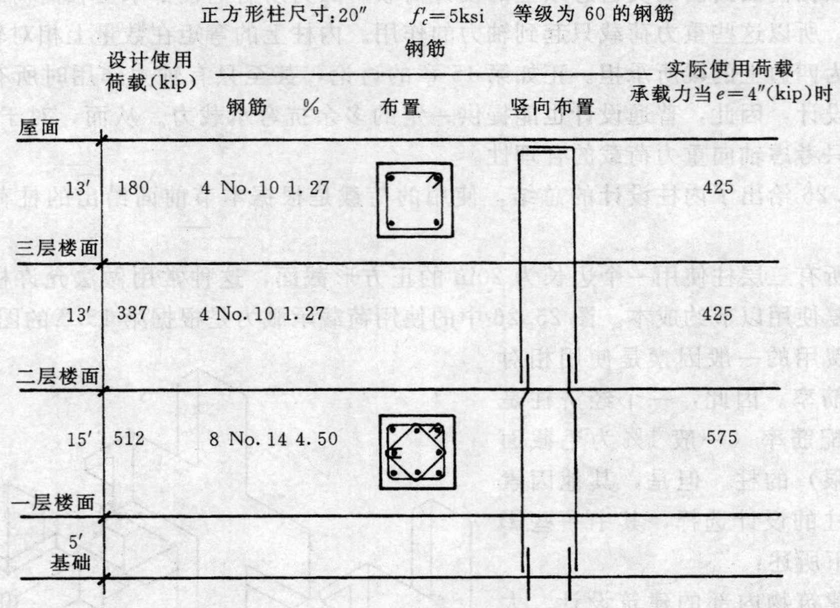

图 25.26 只承受重力荷载的混凝土内柱设计

抗距。

(3) 拱肩梁上的不平衡重力荷载条件（移动活载）在墙排架平面内产生的弯矩。

(4) 侧向荷载在墙排架平面内产生的弯矩。

对于角柱，情况类似于中间外柱，更确切地说，在两个轴上都存在弯矩。重力荷载会在两个轴同时产生弯矩，形成了在柱的对角线上的净弯矩。侧向荷载也会产生同样的效应，这是因为风或地震力都不会恰好地作用在建筑物的主轴上，尽管设计分析是这样做的。

在下面对侧向荷载效应的考虑中将对外柱进行进一步的讨论。

3. 侧向荷载设计

这个结构的主要抗侧力体系如图 25.16 所示。事实上，结构的其他构件也可以抵抗结构的侧向变形，但通过加宽墙平面内的外柱并使用非常深的拱肩梁可使这些框架的刚度变得相当大。

无论什么时候出现侧向荷载，刚度较大的构件总是首先吸收力。当然，刚度最大的构件可能不具备必要的强度并因此产生结构破坏，终止抵抗力传给其他抵抗构件。因此在侧向移动下（这是经常出现的），紧密安装在柔性窗框内的玻璃、轻木结构框架上的粉墙灰泥、轻质混凝土砌块墙或轻金属隔墙结构上的石膏隔板可能会最先破裂。对这个建筑物的成功设计，不管周边排架的相对刚度大小，都应该严格设计构造细部以保证不出现这些情况。无论怎样，图 25.16 所示的排架根据整个侧向荷载设计。因此，如果不能保证结构不受损失，它们代表了结构的安全保证。

使用同样的建筑剖面，在此结构上的风荷载将与第 25.4 节中描述钢结构的风荷载相同。如第 25.4 节的实例，使用图 25.12 给出的数据以确定支撑排架的水平力，如下所示：

$$H_1 = 185.7 \times 122/2 = 11328\text{lb},取\ 11.3\text{kip}$$

$$H_2 = 215.5 \times 122/2 = 13146\text{lb},取\ 13.2\text{kip}$$

$$H_3 = 193.6 \times 122/2 = 11810\text{lb},取\ 11.8\text{kip}$$

图 25.27（*a*）展示了这些荷载作用下的南北向排架剖面。

对于近似分析，认为各层排架的反应如图 25.27（*b*）所示，柱在中间高度位置形成反弯点。因为所有柱具有相同的侧向变形，所以可以假设单个柱的剪力和柱的相对刚度成正比。如果所有的柱具有相同的刚度，每层排架上的总剪力可简单地除以 4 得到每根柱的剪力。

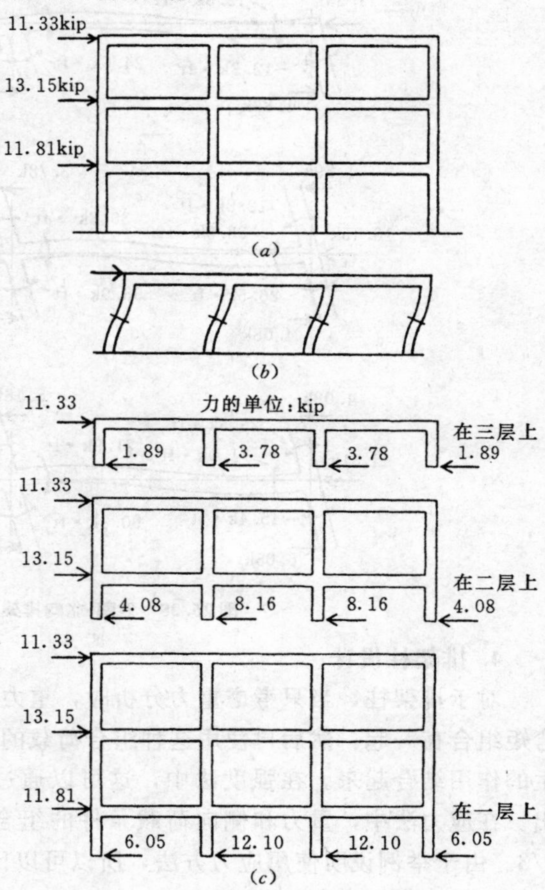

图 25.27　南北向外围排架荷载反应的平面图示

（*a*）排架上的风荷载；（*b*）排架柱的假设变形形式；（*c*）柱剪力

即使所有柱都具有相同尺寸，但它们也不一定具有同样的抵抗侧向变形能力。排架上的端柱其端部（顶部和底部）所受的约束稍微小一点，这是因为它们只在一边具有梁。从而，对于这个近似法，假设端柱的相对刚度等于中间柱的一半。因此，端柱的剪力等于总排架剪力的 1/6，并且中间柱的剪力等于总剪力的 1/3。所以三层中的每一层柱剪力如图 25.27（*c*）所示。

柱的剪力产生了柱中的弯矩。假设柱的反弯点（弯矩为 0 的点）在高度的中点，单个剪力产生的弯矩简单地等于力和一半柱高的乘积。这些柱中的弯矩必须由刚性连接梁中的端部弯矩抵抗，这个作用如图 25.28 所示。在梁/柱交叉位置，梁和柱的总弯矩必须平衡。因此，可以令总的梁弯矩等于总的柱弯矩，从而在知道柱弯矩后确定梁的弯矩。

例如，在二层楼面内柱上，根据图 25.28，可知柱的总弯矩为

$$M = 53.0 + 90.8 = 143.8\text{kip} \cdot \text{ft}$$

假设两个组织柱的梁在端部具有同样的刚度，梁应该平均分配这个弯矩，因此，如图 25.28 所示，每个梁上的端部弯矩为

$$M = 143.8/2 = 71.9\text{kip} \cdot \text{ft}$$

现在，在图 25.28 中显示的数据可以和重力荷载分析数据结合起来以进行组合荷载分析和排架构件的最终设计。

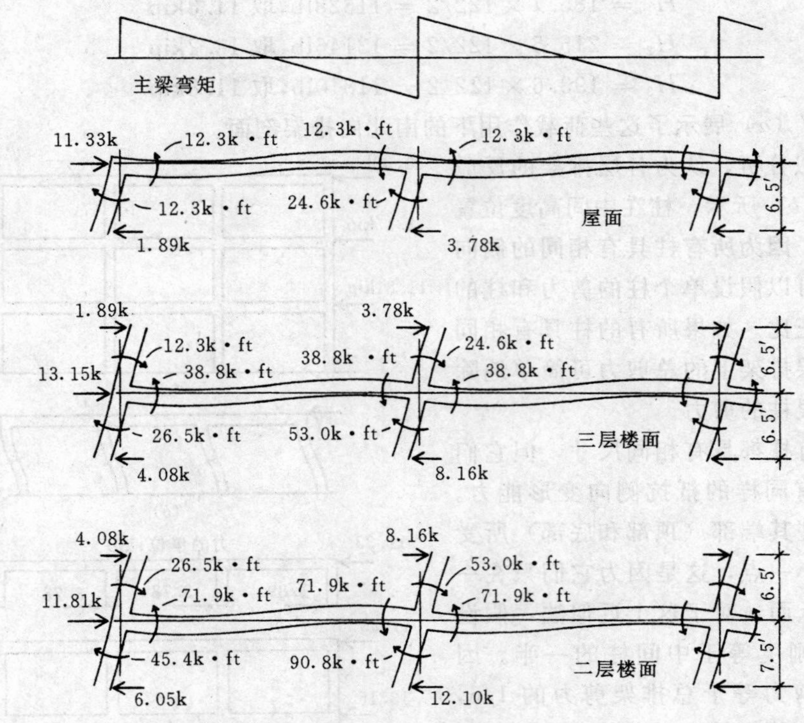

图 25.28 对南-北向排架上主梁弯矩和柱的分析

4. 排架柱设计

对于排架柱，当只考虑重力分析时，重力产生的轴向压力必须首先和重力产生的所有弯矩组合在一起。然后再使用这种组合荷载的一般调整把重力荷载作用和侧向荷载分析产生的作用结合起来。在强度法中，这可以通过对不同荷载使用不同的荷载系数自动地求出。在应力法中，重力和侧向荷载条件的组合使用一个调整应力——在这种情况下提高1/3。由于举例说明使用应力方法，所以可以比较只有重力产生的效应和重力加上侧向荷载产生的 3/4 的效应。这等于使用由应力调整系数的倒数形成的荷载调整系数。

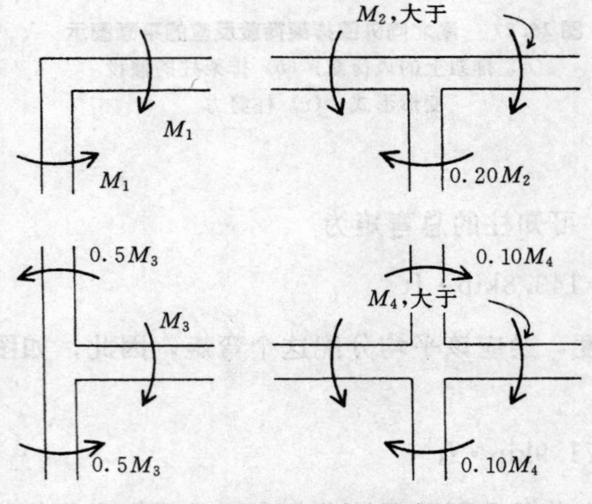

图 25.29 对重力荷载产生的弯矩值在排架柱中近似分配的假设

主梁上重力产生的弯矩来源于图 25.24 中的主梁分析，并且假设其产生如图 25.29 所示的柱弯矩。图 25.30 给出了角柱和中间柱设计条件的一览表。在图 25.30 中表的底下两行给出了柱的双重要求。

注意：根据图 15.8 选择的单个柱能够满足所有柱的要求。

由于荷载大小和弯矩大小关系的变化，这并不是偶然的。在 CRSI 手册（参考文献 6）中大量的柱设计图表给出了更大范围的柱选择资料。

当弯矩和轴向荷载相比非常大（非常大的偏心）时，一种有效的柱近似设计可通过简单设计配有受拉钢筋的梁截面确定，然后钢筋在柱两侧相同设置。

排架柱一览表：南北向排架

f'_c=6ksi，f_y=75ksi	中间柱			角柱		
层	1	2	3	1	2	3
重力荷载						
轴向重力荷载（kip）	277	179	90	176	117	55
重力弯矩（kip·ft）	39	39	60	100	100	120
重力偏心（in）	1.7	2.6	8	6.8	10.3	26.2
组合荷载：						
风弯矩（kip·ft）	90.8	53.0	24.6	45.4	26.5	12.3
风＋重力弯矩	129.8	92.0	84.6	145.4	126.5	132.3
3/4（风＋重力弯矩）	97	69	64	109	95	99
3/4 轴向重力荷载	208	134	68	132	88	41
组合荷载偏心（in）	5.6	6.2	11.3	9.9	13.0	30.0
设计要求： 只受重力荷载，P 和 e	277/1.7	179/2.6	90/8	176/6.8	117/10.3	55/26.2
受组合荷载，P 和 e	208/5.6	134/6.2	68/11.3	132/9.9	88/13.0	41/30.0

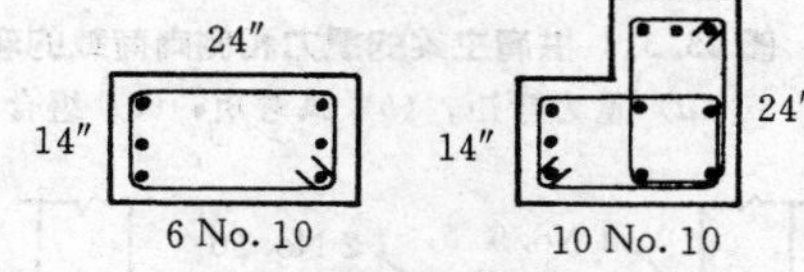

柱设计所有层

三层角柱：

使用 M=120k·ft，14×21 截面，$A_s=M/f_sjd=120\times12/30\times0.8\times21=2.86\text{in}^2$

这里仅需要 1%的受拉钢筋

图 25.30　受重力和侧向荷载组合作用的南北向排架柱的设计

5. 排架主梁设计

拱肩梁必须根据柱的两个基本荷载情况进行设计。第三层楼面拱肩梁的弯矩一览如图 25.31 所示。重力产生的弯矩值来源于图 25.24。风荷载产生弯矩值如图 25.28 所示。从图 25.31 中的数据可以看出对于主梁重力荷载影响是主要的，而风荷载不是需要考虑的关键因素（重力荷载产生弯矩比组合弯矩的 3/4 大）。这种情况在较高建筑的较低层中或组合荷载可能包括主要地震效应的情况下不可能出现。

图 25.32 给出了第三层拱肩梁的设计因素一览。在这里假设构造如图 25.21 所示，有非常深的外露梁。应该注意柱和梁的相对刚度，这已在第 3.12 节中讨论。但是，请记住主梁几乎是柱的 3 倍长，因此主梁可以使用不会产生不均衡关系的相当刚的截面。

对于所需抗弯钢筋的计算，假设 T 形梁效应并且假设有效高度为 40in。因此，所需的钢筋面积可确定为

$$A_s=\frac{M}{f_sjd}=\frac{M\times12}{24\times0.9\times40}=0.0139M$$

对不同关键位置确定的值如图 25.32 所示。在如此深的梁中考虑叠放两层布置钢筋也是合理的，但是对于图中所示的钢筋选择这种布置是不必要的。

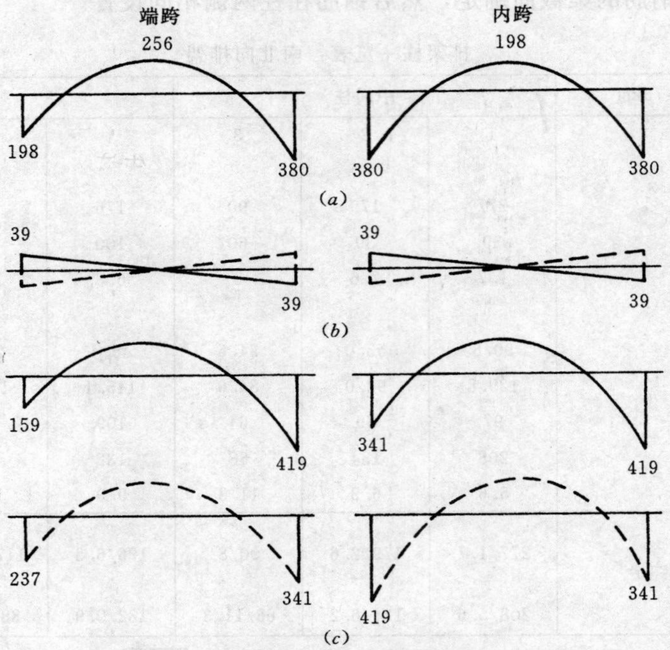

图 25.31 拱肩主梁的重力和侧向荷载的弯矩组合

(*a*) 重力弯矩；(*b*) 风弯矩；(*c*) 组合弯矩

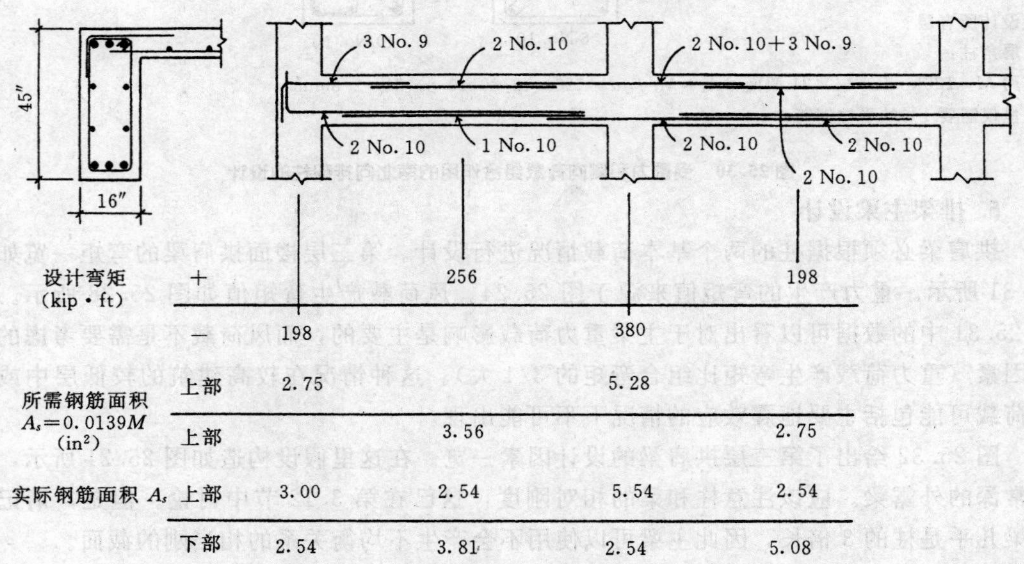

图 25.32 重力和侧向荷载组合作用下的拱肩梁的设计

非常深且相对薄的拱肩梁应该按墙/板处理，因此，图 25.32 中的剖面图显示出了在中间高度位置的一些附加水平钢筋。此外，图中所示的箍筋也应该是封闭形式（见图

13.18）以同时用作箍筋、墙/板竖向筋和相邻板的负弯矩钢筋（顶部被延伸）。在这种情况下，可以在整个主梁跨度上使用最大间距为 18in 左右的连续箍筋。如果端部剪力需要，有必要在支座附近使用更小间距的箍筋。

在拱肩梁中可以使用一些连续的上部和下部钢筋。这和下面可能需要考虑的事项有关：

（1）侧向效应的计算误差，使主梁储备一些抗弯承载力。

（2）整个梁长上的一般抗扭承载力（相交叉的次梁会产生这种效应）。

（3）建立连续布置的箍筋。

（4）所有截面双筋使长期徐变挠度减小，有助于防止荷载接近窗框和玻璃。

25.9　基础设计

对于实例 3，如果现场条件不需要使用更复杂的基础体系，考虑使用简单的浅承压基础是合理的。不同的柱荷载取决于前面所选择的结构形式。最大的荷载可能出现在第 25.8 节中的全混凝土结构中。

集中柱荷载的最直接的解决办法是使用正方形基础，如第 16.3 节所述。表 16.4 给出了这些基础的尺寸范围。对于独立柱，一旦确定支承土层的容许设计土压力，选择就相对简单。

当柱基础上不是独立柱时会出现一些问题。实际上在实例 3 中，大部分柱都是这种情况。考虑图 25.19 所示的结构平面图，几乎所有的两排内柱都和楼梯间或电梯井结构相毗连。

对于三层建筑物，尽管在一些建筑物中楼梯间是使用较重砌体或混凝土建造并且用作部分侧向支撑体系，但楼梯间可能不成问题。第 25.7 节中的结构可能是这种情况。

假设电梯的运行范围包括了建筑物的最低使用层，则在该层以下要有很深的结构作电

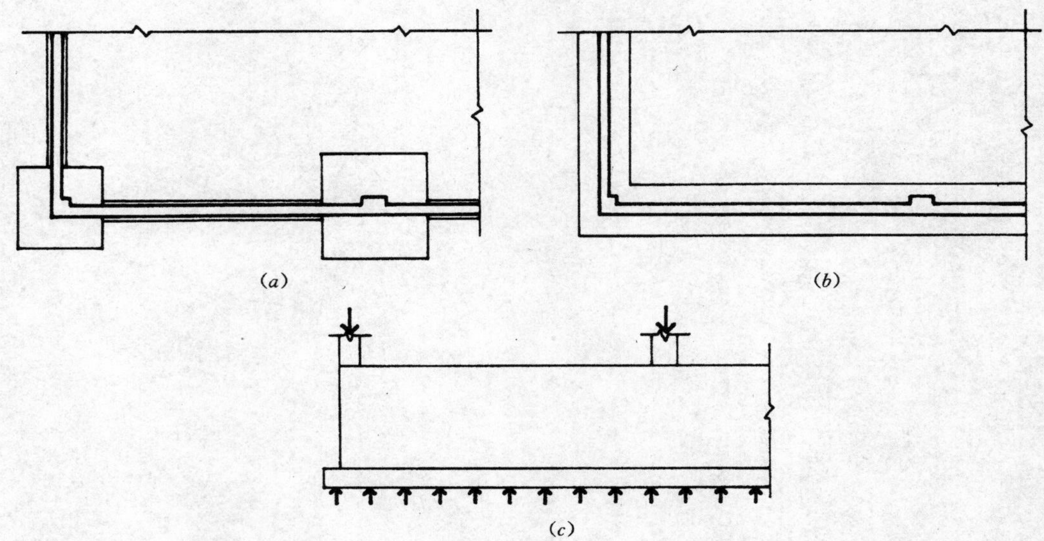

图 25.33　实例 3：基础需要考虑的事项

（*a*）独立柱基础的部分平面图；（*b*）连续墙基础的部分平面图；（*c*）作为分配主梁的高地下室墙的使用

梯底坑。如果内部基础非常大，可能距电梯底坑结构的距离就会非常近。在这种情况下，基础的底部需要降到接近于电梯底坑底部的水平面。如果平面布置使得柱恰好在电梯井边上，因为电梯底坑需要在柱基础的顶部，所以这是一个更复杂的问题。

对于建筑物边上的外柱，有两个需要考虑的特殊问题。第一个问题和外墙的必要支承有关，该支承和柱的位置一致。如果没有地下室，并且外墙的重量非常轻（可能是支承在各个上部楼层上的金属外墙），外柱可以使用独立的正方形基础，并且墙只需要在柱基础之间使用很小的条形基础。这种形式如图 25.33（*a*）中的部分基础平面图所示。在柱的附近，轻型墙完全支承在柱基础上。

如果墙非常重，图 25.33（*a*）中的方法是不可行的，并且需要考虑使用宽条形基础的支承墙和柱，如图 25.33（*b*）所示。必须考虑用作条形基础上均布压力的分配构件的墙的能力，这也提出了另外一个需要考虑的问题。

另外一个需要考虑的问题与有无地下室有关。如果没有地下室，使用最小的基础结构埋深，基础距地面非常近在理论上是可能的。如果有地下室，在建筑物边上使用合理高度的混凝土墙是可能的。不管地面以上的墙结构如何，考虑使用地下室墙作为柱荷载的分配构件是合理的，如图 25.33（*c*）所示。此外，这只对具有相对适中外柱荷载的低层建筑物是可行的。

习 题 答 案

这里给出了一些需要计算过程和存在唯一答案的习题的答案。在大多数情况下，都有两个习题和正文中的例题是相似的。在这些情况下，这里只给出了其中一个习题的答案。

第1章

1.3.A　R=80.62lb，向上为正，与水平方向成29.74°角

1.3.C　R=94.87lb，向上为正，与水平方向成18.43°角

1.3.E　R=100lb，向下为正，与水平方向成53.13°角

1.4.A　R=58.07lb，向下为正，与水平方向成7.49°角

1.4.C　R=91.13lb，向上为正，与水平方向成9.49°角

1.6.A　样本值：CI=2000C，IJ=812.5T，JG=1250T

1.7.A　同1.6.A

第2章

2.1.A　3.33in^2（2150mm^2）

2.1.C　0.874in或7/8in（22.2mm）

2.1.E　18.4kip（81.7kN）

2.1.G　2.5in^2（1613mm^2）

2.4.A　19333lb（86kN）

2.4.C　29550000psi（203GPa）

2.5.A　1.18in^2（762mm^2）

2.5.C　27000lb（120kN）

2.5.E　f=1212psi（8.36MPa），容许f=1150psi，因此柱是不满足要求的。

第3章

3.1.A　样本：M为R_1=+（500×4）+（400×6）+（600×10）−（650×16）

3.2.A　R_1=3593.75lb（15.98kN），R_2=4406.25lb（19.60kN）

3.2.C　R_1=7667lb（34.11kN），R_2=9333lb（41.53kN）

3.2.E　R_1=7413lb（31.79kN），R_2=11857lb（52.76kN）

3.3.A　最大剪力=10kip（44.5kN）

3.3.C　最大剪力=1114lb（4.956kN）

3.3.E　最大剪力=9.375kip（41.623kN）

3.4.A　最大M=60kip·ft（80.1kN·m）

3.4.C　最大M=4286lb·ft（5.716kN·m）

3.4.E　最大M=18.35kip·ft（24.45kN·m）

3.5.A　R_1=1860lb（8.27kN），最大V=1360lb（6.05kN），最大−M=2000lb·ft（2.66kN·m），最大+M=3200lb·ft（4.27kN·m）

3.5.C　R_1=2760lb（12.28kN），最大V=2040lb（9.07kN），最大−M=2000lb·ft（2.67kN·m），最大+M=5520lb·ft（7.37kN·m）

3.5.E　最大V=1500lb（6.67kN），最大M=12800lb·ft（17.1kN·m）

3.5.G　最大V=1200lb（5.27kN），最大M=8600lb·ft（11.33kN·m）

3.6.A　M=32kip·ft（43.3kN·m）

3.6.C M=90kip·ft（122kN·m）

3.8.A 中性轴处 f_v=811.4psi，腹板和翼缘连接处 f_v=175psi 和 700psi

3.9.A R_1=7.67kip，R_2=35.58kip，R_3=12.75kip，+M=14.69kip·ft 和 40.64kip·ft，−M=52 kip·ft

3.9.C 最大 V=8kip，最大+M=最大−M=44kip·ft，反弯点在距端部 5.5ft 处

3.10.A A_x=C_x=2.143kip（9.643kN），A_y=2.857kip（12.857kN），C_y=7.143kip（32.143kN）

3.10.C R_1=16kip（72kN），R_2=48kip（216kN），最大+M=64kip·ft（86.4kN·m），最大−M=80kip·ft（108kN·m），反弯点在两跨连接位置

3.10.E R_1=6.4kip（28.8kN），R_2=19.6kip（88.2kN），+M=20.48kip·ft（27.7kN·m）在端跨，−M=25.6kip·ft（34.4kN·m）在中跨，反弯点在端跨距 R_2 端 3.2ft 处

3.11.A （a）3.04ksf；（b）5.33ksf

3.12.A R=10kip 向上，110kip·ft 逆时针方向

3.12.C R=6kip 向左，72kip·ft 逆时针方向

3.12.E 左 R=4.5kip 向下，6kip 向左，右 R=4.5kip 向上，6kip 向左

第 4 章

4.1.A c_y=2.6in（70mm）

4.1.C c_y=4.2895in（107.24mm）

4.1.E c_y=4.4375in（110.9mm），c_x=1.0625in（26.6mm）

4.3.A I=535.86in^4（2.11×10^{8}mm^4）

4.3.C I=447.33in^4（174.7×10^{6}mm^4）

4.3.E I=205.33in^4（80.21×10^{6}mm^4）

4.3.G I=438in^4

4.3.I I=1672.4in^4

第 5 章

5.2.A 3×16

5.2.C （a）2×10；（b）2×10

5.3.A f_v=83.1psi，小于允许值 85psi，梁是满足要求的

5.3.C f_v=68.65psi，小于允许值 85psi，梁是满足要求的

5.4.A 应力=303psi，允许值为 625psi，梁是满足要求的

5.5.A D=0.31in（7.6mm），允许值为 0.8in，梁是满足要求的

5.5.C D=0.23in（6mm），允许值为 0.75in，梁是满足要求的

5.5.E 所需 I=911in^4，最轻的选择是 4×16

5.6.A 2×10

5.6.C 2×12

5.6.E 2×8

5.6.G 2×12

第 6 章

6.1.A 6996lb

6.1.C 21380lb

6.2.A 6×6

6.2.C 10×10

6.4.A 间距为 24in 的 2×4 支柱是满足要求的

6.4.C 非常接近极限值，但 10×10 是满足要求的

第 7 章

7.1.A 14400lb，由螺栓限制

7.1.C 1700lb，由螺栓限制

7.1.E 从图中可知单个螺栓的 N 近似等于 1600lb，总的承载力为 3200lb

7.2.A 1050lb

第 9 章

9.2.A M14×18 是最轻的，W10×19 是

最轻的 W 型钢

9.2.C M14×18 是最轻的，W10×19 是最轻的 W 型钢

9.2.E W12×26（美制数据），W14×22（公制数据）

9.2.G M14×18 是最轻的，W10×19 是最轻的 W 型钢

9.2.I W14×22

9.3.A 168.3kip

9.3.C 37.1kip

9.4.A D＝0.80in（20mm）

9.4.C D＝0.83in（21mm）

9.5.A (a) W27×94；(b) W30×99；(c) W21×111

9.5.C (a) W21×68；(b) W24×68；(c) W24×76

9.6.A (a) M12×11.8；(b) W8×15

9.6.C (a) W21×50；(b) W16×57

9.6.E (a) W12×19；(b) W10×26

9.6.G (a) W24×76；(b) W21×101

9.10.A 28K7

9.10.C (a) 22K4；(b) 18K7

第 10 章

10.3.A 235kip（1045kN）

10.3.C 274kip（1219kN）

10.4.A W8×31

10.4.C W12×79

10.4.E 4in

10.4.G 6in

10.4.I 74kip

10.4.K TS 4×4×1/4

10.4.M 78kip

10.4.O 4×3×5/16 或 $3\frac{1}{2}\times2\frac{1}{2}$×3/8（相同重量）

10.5.A W12×58

10.5.C 确实是 W14×120，可以是 W14×109

第 11 章

11.3.A 6 个螺栓，外侧板厚 1/2in，中间板厚 5/8in

11.7.A 取下一个整英寸数，$L_1=11$in，$L_2=5$in

11.7.C 每边的最小焊缝为 4.25in

第 12 章

12.2.A WR20

12.2.C WR18

12.2.E IR22 或 WR22

第 13 章

13.2.A 单排布置钢筋的所需宽度是关键的，H＝31in 和 5 根 10 号钢筋的最小宽度为 16in

13.2.C 根据习题 13.2.A 的结果，这个截面是欠加强的，求得 $j=0.886$，所需面积＝5.09in^2，使用 4 根 10 号钢筋

13.3.A 5.76in^2（3.71×10^3 mm^2）

13.3.C M_R＝150kip·ft，使用 2 根 11 号加上 3 根 10 号的受拉钢筋和 3 根 9 号的受压钢筋

13.4.A 使用间距为 3in 的 4 号钢筋、间距为 5in 的 5 号钢筋、间距为 7in 的 6 号钢筋或间距为 10in 的 7 号钢筋的 8in 厚的板，使用间距为 12in 的 4 号分布钢筋

13.5.A 3 号钢筋的可能布置：1@6in、8@13in

13.5.C 1@6in、4@13in

13.6.A 所需的锚固长度 L_1 为 19in、36in，L_2 为 15in、24in

13.6.C 所需的锚固长度 L_1 为 9in、36in，L_2 为 9in、24in

第 14 章

14.1.A 对于最大弯矩需要 5in 厚的板，对于其他弯矩板是少筋的；全部使用 5 号钢筋，间距分别是在外端部和

第二个内支座上为 9in，在第一个内支座上为 7in，在第一跨中间为 10in，在第二跨中间为 12in

第 15 章

15.3.A 根据图 15.6，可知对于荷载 100kip 和 $e=3$in，可选择 12in 的柱，4 根 6 号钢筋

15.3.C 根据图 15.7，可知对于荷载 300kip 和 $e=8$in，可选择 20in 的柱，8 根 14 号钢筋

15.3.D 根据图 15.8，可知对于荷载 100kip 和 $e=3$in，可选择 12×16 的柱，6 根 7 号钢筋，不节省（过强，但是图中的最小选择）

15.3.F 根据图 15.8，可知对于荷载 300kip 和 $e=8$in，可选择 14×24 的柱，6 根 7 号钢筋，节省 58%

15.3.G 根据图 15.9，可知对于荷载 300kip 和 $e=3$in，可选择直径为 12in 的柱，4 根 9 号钢筋

15.3.I 根据图 15.9，可知对于荷载 300kip 和 $e=8$in，可选择直径为 24in 的柱，6 根 14 号钢筋

第 16 章

16.2.A 可能选择：$w=6$ft10in，$h=18$in，长边上使用 5 根 6 号钢筋，短边上使用间距为 14in 的 6 号钢筋

16.3.A 可能选择：正方形边长 9ft，$h=21$in，每边使用 10 根 8 号钢筋；计算结果应该可以证明是足够的；可以有其他的设计结果

16.4.A （1）可能选择：正方形边长 10ft，$h=23$in，每边使用 10 根 9 号钢筋；11 号的柱筋需要 31in 的锚固长度，因此实际上必须使用 34in 厚的基础并重新选择基础钢筋；正方形边长 10ft，$h=34$in，每边使用 6 根 9 号钢筋

（2）可能选择：23in 厚的基础带有 30in 正方形且高度为 32in 的柱脚；使用柱脚宽度的计算结果能够把每边上的钢筋减小到 7 根 7 号钢筋。

第 20 章

20.2.A 用 $d=11$in，$A_s=3.67\text{in}^2$；用 $d=16.5$in，$A_s=1.97\text{in}^2$

20.2.C 用 $d=14$in，$A_s=7.00\text{in}^2$；用 $d=21$in，$A_s=3.87\text{in}^2$

第 21 章

21.1.A 13.6%

21.2.A 51.5%

参考文献

1 *Uniform Building Code, Volume 2: Structural Engineering Design Provisions*, International Conference of Building Officials, Whittier, CA, 1997 (Called simply the UBC.)

2 *National Design Specification for Wood Construction*, American Forest and Paper Association, Washington, DC, 1997 (Called simply the NDS.)

3 *Manual of Steel Construction*, 8th ed., American Institute of Steel Construction, Chicago, IL, 1981 (Called simply the AISC Manual.)

4 *Building Code Requirements for Reinforced Concrete*, ACI 318－95, American Concrete Institute, Detroit, MI, 1995

5 *Timber Construction Manual*, 3rd ed., American Institute of Timber Construction, Wiley, New York, 1985

6 *CRSI Handbook*, 5th ed., Concrete Reinforcing Steel Institute, Schaumburg, IL, 1985

7 *Masonry Design Manual*, 4th ed., Masonry Institute of America, Los Angeles, CA, 1989

8 *Standard Specifications, Load Tables, and Weight Tables for Steel Joists and Joist Girders*, Steel Joist Institute, Myrtle Beach, SC, 1988

9 *Steel Deck Institute Design Manual for Composite Decks, Form Decks, and Roof Decks*, Steel Deck Institute, St. Louis, MO, 1981

10 C. G. Ramsey and H. R. Sleeper, *Architectural Graphic Standards*, 9th ed., Wiley, New York, 1994

11 J. Ambrose and D. Vergun, *Simplified Building Design for Wind and Earthquake Forces*, 3rd ed., Wiley, New York, 1995

12 James Ambrose, *Design of Building Trusses*, Wiley, New York, 1994

13 James Ambrose, *Simplified Design of Building Foundations*, 2nd ed., Wiley, New York, 1988

译后记

终于完成了《建筑师和承包商用简化设计》（《SIMPLIFIEDENGINEERING FOR ARCHITECTS AND BUILDERS》）译稿清样作的校对润色，随着厚厚的清样用特快专递发往出版社，一种如释重负的感觉油然而生。

该书是“帕克/安布罗斯简化设计指南丛书”（PARKER－AMBROSE SERIES OF SIMPLIFED DESIGN GUIDES）中的一本。引进翻译“帕克/安布罗斯简化设计指南丛书”（PARKER－AMBROSE SERIES OF SIMPLIFED DESIGN GUIDES）是我2002年初给北京城市节奏科技发展有限公司（中国水利水电出版社和知识产权出版社联合成立的以图书策划出版为主的科技公司）提出的建议，主要起因是我发现“帕克/安布罗斯简化设计指南丛书”非常畅销，丛书中各分册不断再版，本书已达第九版。丛书内容包括了建筑设计的各个方面，编著者均是具有丰富设计、研究经验的著名专家；而且难能可贵的是，作者力图用通俗易懂的语言将有关设计的关键问题明白晓畅地表达出来，便于不同层次的读者学习。相比之下，我国还找不到类似的图书，而我国蓬勃发展的建筑业急需此类图书，以满足业主、开发商、设计人员、施工人员、在校学生等大量对设计感兴趣的人员学习了解设计有关知识的需要。公司阳淼总经理、张宝林总编对所提的建议高度重视，及时与丛书出版商国际著名的“JOHN WILEY & SONS，INC”取得了联系，经过多次洽谈，终于在2003年6月达成了引进翻译出版合同。北京城市节奏科技发展有限公司随即委托南京工业大学组织力量进行翻译，并从2003年底分期分批将译稿交到了出版社。

能顺利完成本书的翻译、及时交出高质量的电子文档和打印稿，我的研究生王士奇、肖军利付出了辛勤的劳动，是他们完成了原书的初译并将译稿全部录入电脑，使我得以集中精力在译文的准确性、可读性上下功夫，并最终可以提交给出版社完整的电子文档，减少了后续排版过程出错的可能性。我的其他研究生如张雪姣、贾照远、于雷等在文字校对、复印、邮寄等方面做了大量工作，其他几名研究生如彭雅珮、周丰富、吴建霞等也参加了部分工作。在清样校对中，研究生周伟花费了大量心血，细致地阅读了全稿，找出了多处可能存在问题的地方。总之，没有大家的齐心协力，完成本书翻译是不可能的，在此我衷心地感谢他们。

感谢出版社阳森女士和张宝林先生自始至终对本书翻译的关注和大力支持，感谢编辑周媛小姐在编辑方面的出色工作。

虽然我已尽了自己的努力，但由于学识和能力所限，译稿中一定还有诸多值得商榷改进之处，诚挚希望读者诸君能不吝赐教。

2006年4月5日

于南京工业大学新型钢结构研究所

简化设计丛书

《混凝土结构简化设计》原第7版

《钢结构简化设计》原第7版

《砌体结构简化设计》

《木结构简化设计》原第5版

《建筑基础简化设计》原第2版

《建筑师和承包商用简化设计》原第9版

《建筑物在风及地震作用下的简化设计》原第3版

《材料力学与强度简化分析》原第6版

《建设场地简化分析》原第2版